电力专业技术监督培训教材

电气设备性能监督

变压器类设备

国家电网有限公司　编

中国电力出版社

CHINA ELECTRIC POWER PRESS

内 容 提 要

国家电网有限公司编写了《电力专业技术监督培训教材》，包括电气设备性能监督（7 类设备）、金属监督、电能质量监督、化学监督 10 个分册。

本书为《电气设备性能监督　变压器类设备》分册，共 4 章，主要内容为概述，变压器类设备的技术监督基本知识、《全过程技术监督精益化管理实施细则》条款解析、技术监督典型案例。

本书主要可供电力企业及相关单位从事变压器类设备技术监督工作的各级管理和技术人员学习使用。

图书在版编目（CIP）数据

电气设备性能监督. 变压器类设备 / 国家电网有限公司编. —北京：中国电力出版社，2022.3
电力专业技术监督培训教材
ISBN 978-7-5198-5413-3

Ⅰ. ①电… Ⅱ. ①国… Ⅲ. ①电气设备–技术监督–技术培训–教材–变压器–技术监督–技术培训–教材
Ⅳ. ①TM92②TM407

中国版本图书馆 CIP 数据核字（2021）第 035557 号

出版发行：中国电力出版社
地　　址：北京市东城区北京站西街 19 号（邮政编码 100005）
网　　址：http://www.cepp.sgcc.com.cn
责任编辑：肖　敏（010-63412363）
责任校对：黄　蓓　郝军燕　李　楠
装帧设计：张俊霞
责任印制：石　雷

印　　刷：三河市万龙印装有限公司
版　　次：2022 年 3 月第一版
印　　次：2022 年 3 月北京第一次印刷
开　　本：889 毫米×1194 毫米　16 开本
印　　张：23.75
字　　数：650 千字
印　　数：0001—3000 册
定　　价：98.00 元

《电力专业技术监督培训教材
电气设备性能监督 变压器类设备》
编 委 会

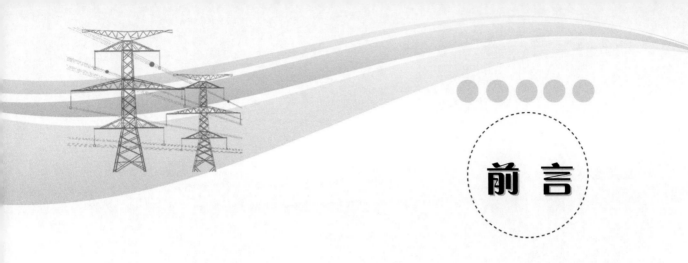

前　言

　　随着我国电网规模的不断扩大，经济社会发展对电力供应可靠性和电能质量的要求不断提升，保障电网设备安全稳定运行意义重大。技术监督工作以提升设备全过程精益化管理水平为中心，依据技术标准和预防事故措施，针对电网设备开展全过程、全方位、全覆盖的监督、检查和调整，是电力企业的基础和核心工作之一。为加大技术监督管控力度，突出监督工作重点，国家电网有限公司设备管理部于 2020 年发布修订版《全过程技术监督精益化管理实施细则》，明确了规划可研、工程设计、设备采购、设备制造、设备验收、设备安装、设备调试、竣工验收、运维检修和退役报废等监督阶段的具体监督要求。

　　为进一步加强技术监督工作培训学习，深化技术监督工作开展，提升技术监督工作水平，确保修订版《全过程技术监督精益化管理实施细则》精准落地、有效执行，国家电网有限公司编写了《电力专业技术监督培训教材》，包括电气设备性能监督（7 类设备）、金属监督、电能质量监督、化学监督 10 个分册。

　　本书为《电气设备性能监督　变压器类设备》分册，共 4 章，主要内容为概述，变压器类设备的技术监督基本知识、《全过程技术监督精益化管理实施细则》条款解析、技术监督典型案例。

　　本书由国家电网有限公司设备管理部组织，国网安徽省电力有限公司、国网北京市电力公司、国网天津市电力公司、国网河北省电力有限公司、国网山东省电力公司、国网江西省电力有限公司、全球能源互联网研究院有限公司及国家电网有限公司技术学院分公司等选派专家共同编写。本套教材在编写过程中得到了许多单位的大力支持，也得到了许多专家的指导帮助，在此表示衷心感谢！

　　鉴于编写人员水平有限、编写时间仓促，书中难免有不妥或疏漏之处，敬请读者批评指正。

编　者

2021 年 12 月

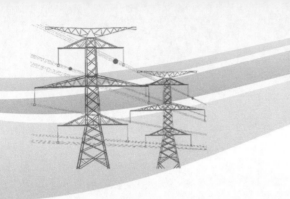

目 录

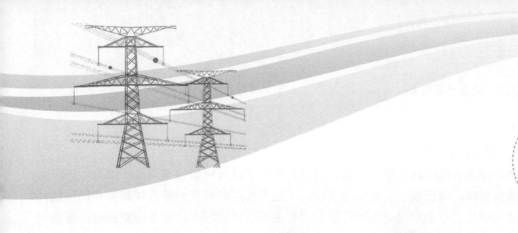

概　　述

1.1　技术监督工作简介

1.1.1　总体要求

技术监督是指在电力设备全过程管理的规划可研、工程设计、设备采购、设备制造、设备验收、设备安装、设备调试、竣工验收、运维检修、退役报废等阶段，采用有效的检测、试验、抽查和核查资料等手段，监督国家电网有限公司有关技术标准和预防设备事故措施在各阶段的执行落实情况，分析评价电力设备健康状况、运行风险和安全水平，并反馈到发展、基建、运检、营销、科技、信通、物资、调度等部门，以确保电力设备安全可靠经济运行。

技术监督工作以提升设备全过程精益化管理水平为中心，在专业技术监督基础上，以设备为对象，依据技术标准和预防事故措施并充分考虑实际情况，全过程、全方位、全覆盖地开展监督工作。

技术监督工作实行统一制度、统一标准、统一流程、依法监督和分级管理的原则，坚持技术监督管理与技术监督执行分开、技术监督与技术服务分开、技术监督与日常设备管理分开，检查技术监督工作独立开展。

技术监督工作应坚持"公平、公正、公开、独立"的工作原则，按全过程、闭环管理方式开展工作，并建立动态管理、预警和跟踪、告警和跟踪、报告、例会五项制度。

1.1.2　全过程技术监督简述

技术监督贯穿设备的全寿命周期，在电能质量、电气设备性能、化学、电测、金属、热工、保护与控制、自动化、信息通信、节能、环保、水机、水工、土建等各个专业方面，对电力设备（电网输变配电一、二次设备，发电设备，自动化、信息通信设备等）的健康水平和安全、质量经济运行方面的重要参数、性能和指标，以及生产活动过程进行监督、检查、调整及考核评价。

技术监督工作以技术标准和预防事故措施为依据，以《全过程技术监督精益化管理实施细则》为抓手，对当年所有新投运工程开展全过程技术监督，选取一定比例对已投运工程开展运维检修阶段的技术监督，对设备质量进行抽检，有重点、有针对性地开展专项技术监督工作，后一阶段应对前一阶段开展闭环监督。

全过程技术监督不同阶段具体要求如下：

（1）规划可研阶段。规划可研阶段是指工程设计前进行的可研及可研报告审查工作阶段。该阶段技术监督工作由各级发展部门组织技术监督实施单位，通过参加可研审查会等方式监督并评价规划可研阶段工作是否满足国家、行业和国家电网有限公司有关可研规划标准、设备选型标准、预防事故措施、差异化设计、环保等要求。

各级发展部门应组织各级经研院（所）将规划可研阶段的技术监督工作计划和信息及时录入管理系统。

（2）工程设计阶段。工程设计阶段是指工程核准或可研批复后进行工程设计的工作阶段。该阶段技术监督工作由各级基建部门组织技术监督实施单位通过参加初设（初步设计）评审会等方式监督并评价工程设计工作是否满足国家、行业和国家电网有限公司有关工程设计标准、设备选型标准、预防事故措施、差异化设计、环保等要求，对不符合要求的出具技术监督告（预）警单。

各级基建部门应组织各级经研院（所）将工程设计阶段的技术监督工作计划和信息及时录入管理系统。

（3）设备采购阶段。设备采购阶段是指根据设备招标合同及技术规范书进行设备采购的工作阶段。该阶段技术监督工作由各级物资部门组织技术监督实施单位通过参与设备招标技术文件审查、技术协议审查及设计联络会等方式监督并评价设备招、评标环节所选设备是否符合安全可靠、技术先进、运行稳定、高性价比的原则，对明令停止供货（或停止使用）、不满足预防事故措施、未经鉴定、未经入网检测或入网检测不合格的产品以技术监督告（预）警单形式提出书面禁用意见。

各级物资部门应组织各级电力科学研究院（简称电科院）（地市检修分公司）将设备采购阶段的技术监督工作计划和信息及时录入管理系统。设备采购阶段存在的问题如不能及时发现，可能导致后续安装、竣工等阶段出现问题，整改周期较长。因此，应尽量在设备采购阶段对设备质量进行把关，避免因设备采购不到位引起的系列问题。

（4）设备制造阶段。设备制造阶段是指在设备完成招标采购后，在相应厂家进行设备制造的工作阶段。该阶段技术监督工作由各级物资部门组织技术监督实施单位监督并评价设备制造过程中订货合同、有关技术标准及《国家电网有限公司关于印发十八项电网重大反事故措施（修订版）的通知》（国家电网设备〔2018〕979号）（简称反措）的执行情况，必要时可派监督人员到制造厂采取过程见证、部件抽测、试验复测等方式开展专项技术监督，对不符合要求的出具技术监督告（预）警单。

各级物资部门应组织各级电科院（地市检修分公司）将设备制造阶段的技术监督工作计划和信息及时录入管理系统。

（5）设备验收阶段。设备验收阶段是指设备在制造厂完成生产后，在现场安装前进行验收的工作阶段，包括出厂验收和现场验收。该阶段技术监督工作由各级物资部门组织技术监督实施单位在出厂验收阶段通过试验见证、报告审查、项目抽检等方式监督并评价设备制造工艺、装置性能、检测报告等是否满足订货合同、设计图纸、相关标准和招投标文件要求；在现场验收阶段，监督并评价设备供货单与供货合同及实物一致性以及设备运输、储存过程是否符合要求，对不符合要求的出具技术监督告（预）警单。

各级物资部门应组织各级电科院（地市检修分公司）将设备验收阶段的技术监督工作计划和信息及时录入管理系统。

（6）设备安装阶段。设备安装阶段是指设备在完成验收工作后，在现场进行安装的工作阶段。该阶段技术监督工作由各级基建部门组织技术监督实施单位通过查阅资料、现场抽查、抽检等方式监督并评价安装单位及人员资质、工艺控制资料、安装过程是否符合相关规定，对重要工艺环节开展安装质量抽检，对不符合要求的出具技术监督告（预）警单。

各级基建部门应组织各级电科院（地市检修分公司）将设备安装阶段的技术监督工作计划和信息及时录入管理系统。

（7）设备调试阶段。设备调试阶段是指设备完成安装后，进行调试的工作阶段。该阶段技术监督工作由各级基建部门组织技术监督实施单位通过查阅资料、现场抽查、抽检等方式监督并评价调试方式、参数设置、试验成果、重要记录、调试仪器设备、调试人员是否满足相关标准和反措的要求，对不符合要求的出具技术监督告（预）警单。

各级基建部门应组织各级电科院（地市检修分公司）将设备调试阶段的技术监督工作计划和信息及时录入管理系统。

（8）竣工验收阶段。竣工验收阶段是指输变电工程项目竣工后，检验工程项目是否符合设计规划及设备安装质量要求的阶段。该阶段技术监督工作由各级基建部门组织技术监督实施单位对前期各阶段技术监督发现问题的整改落实情况进行监督检查和评价，运检部门参与竣工验收阶段中设备交接验收的技术监督工作，对不符合要求的出具技术监督告（预）警单。

各级基建部门应组织各级电科院（地市检修分公司）将竣工验收阶段的技术监督工作计划和信息及时录入管理系统。

（9）运维检修阶段。运维检修阶段是指设备运行期间，对设备进行运维检修的工作阶段。该阶段技术监督工作由各级运检部门组织技术监督实施单位通过现场检查、试验抽检、系统远程抽查、单位互查等方式监督并评价设备状态信息收集、状态评价、检修策略制订、检修计划编制、检修实施和绩效评价等工作中相关技术标准和反措的执行情况，对不符合要求的出具技术监督告（预）警单。

各级运检部门应组织各级电科院（地市检修分公司）将运维检修阶段的技术监督工作计划和信息及时录入管理系统。

（10）退役报废阶段。退役报废阶段是指设备完成使用寿命后，退出运行的工作阶段。该阶段技术监督工作由各级运检部门组织技术监督实施单位通过报告检查、台账检查等方式监督并评价设备退役报废处理过程中相关技术标准和反措的执行情况，对不符合要求的出具技术监督告（预）警单。

各级运检部门应组织各级电科院（地市检修分公司）将退役报废阶段的技术监督工作计划和信息及时录入管理系统。

1.2　变压器类设备全过程技术监督工作简介

1.2.1　规划可研阶段

对于变压器，应重点关注主接线方式、容量和台（组）数规划、电压比与短路阻抗等基本参数，调压方式，防短路措施，直流偏磁耐受能力以及大件运输等是否满足可研深度规定、设计规程、技术规范和后期运行可靠性需求。

对于电流互感器和电压互感器，电气设备性能专业应重点关注设备配置及选型合理性、外绝缘配置等是否满足反措、标准等的要求；电测专业应重点关注电能计量点设置是否满足设计标准等的要求。对于电流互感器，保护与控制专业应重点关注保护性能要求是否满足反措、设计标准等的要求。

对于干式电抗器，应重点关注容量选择的合理性、断路器保护配置等是否满足可研深度规定、设计规程和后期运行可靠性需求。

对于站用变压器，电气设备性能专业应重点关注站用变压器数量、站用变压器电源配置是否符合国家电网有限公司相关管理评价规范，每台站用变压器容量应按照能带全站负荷选择容量。

1.2.2　工程设计阶段

对于变压器，应重点关注设备型式及参数、外绝缘配置、防短路措施、消防装置选型、中性点接地方式等是否满足国家电网有限公司反措、设计规范、相关技术标准的要求。

对于电流互感器，电气设备性能专业应重点关注设备选型及性能参数合理性、巡视路径设计等是否满足反措、标准和实际需求等的要求；电测专业应重点关注计量用互感器配置是否满足设计标准等的要求；保护与控制专业应重点关注保护配置要求、保护用二次绕组分配是否满足反措、设计标准等的要求。

对于电压互感器，电气设备性能专业应重点关注设备选型合理性是否满足反措、标准等的要求；电测专业应重点关注计量用互感器性能选择是否满足设计标准等的要求；保护与控制专业应重点关注保护配置、保护用二次绕组要求是否满足反措、设计标准等的要求。

对于干式电抗器，应重点关注选型与参数设计、设备选型的合理性、电抗率选择的合理性、接线方式的合理性、安装设计、接地、保护、并联电抗器布置、声级水平、防火等是否满足国家电网有限公司反措、设计规范、相关技术标准的要求。

对于站用变压器，电气设备性能专业应重点关注使用环境条件、安装方式、选型是否满足相关设计规范及技术标准，油浸式站用变压器安全保护装置是否满足保护应用的要求。

1.2.3　设备采购阶段

对于变压器，应重点关注设备选型、铁心和绕组使用的原材料、重要组附件选型、在线监测装置、直流偏磁和过励磁能力、消防装置等是否满足采购文件、相关技术规范及反措的要求，并要求厂家按照反措要求提供相应的油样检测报告；金属专业应重点关注主要部件所用金属材料是否满足技术标准的要求。

对于电流互感器和电压互感器，电气设备性能专业应重点关注物资采购技术规范书（或技术协议）、设备技术参数、设备结构及组部件、重要试验等是否满足反措、标准等的要求；电测专业应重点关注计量性能要求是否满足设计标准等的要求；保护与控制专业应重点关注保护性能要求是否满足反措、设计标准等的要求；金属专业应重点关注材质选型是否满足规范标准等的要求。

对于干式电抗器，应重点关注容量选择的合理性及断路器保护配置。

对于站用变压器，电气设备性能专业应重点关注资格文件审查管理是否满足采购标准的要求，其设备性能参数、材质、冷却系统、耐热等级、防护等级、绝缘介质以及局部放电、温度报警、温升是否符合国家电网有限公司管理评价规范和技术规范。

1.2.4　设备制造阶段

对于变压器，应重点关注产品设计核查、原材料及组附件验收、油箱制作、铁心制作、线圈制作、器身装配、器身干燥、总体装配等是否满足订货合同、相关技术标准、反措以及制造厂工艺的要求；金属专业应重点关注所选择金属材料、焊接工艺等是否满足相关标准及反措的要求。

对于电流互感器和电压互感器，电气设备性能专业应重点关注原材料和组部件是否满足抽检作业规范的要求；金属专业应重点关注设备材质选型是否满足反措、规范标准等的要求。对于电压互感器，还应重点关注设备监造的要求。

对于干式电抗器，应重点关注设备监造管理、原材料和外购件、生产工艺、主要生产检测设备和项目、零部件等是否满足相关标准及反措的要求。

对于站用变压器，电气设备性能专业应重点关注站用变压器原材料、制造工艺、局部放电以及冷却系统是否满足订货合同、相关技术标准以及制造厂工艺的要求。

1.2.5　设备验收阶段

对于变压器，应重点关注出厂技术文件检查、空载电流和空载损耗测量、短路阻抗和负载损耗测量、感应耐压试验及局部放电测量、雷电冲击试验、温升试验、密封检查等是否满足相关技术标准、订货合同、验收规范、反措以及制造厂工艺的要求；金属专业应重点关注金属部件防腐性能是否满足相关技术标准和验收规范的要求。

对于电流互感器，电气设备性能专业应重点关注出厂资料准确完整性、直流电阻试验、电容量和介质损耗因数测量、局部放电和耐压试验、伏安特性试验、密封性试验、运输存储、设备本体及组部件等是否满足反措、标准等的要求；电测专业应重点关注准确度试验是否满足技术标准等的要求。

对于电压互感器，电气设备性能专业应重点关注出厂资料准确完整性、交流耐压和局部放电试验、密封性试验、电容量和介质损耗因数测量、伏安特性试验、铁磁谐振试验、设备本体及组部件等是否满足反措、标准等的要求；电测专业应重点关注准确度试验是否满足技术标准等的要求。

对于干式电抗器，应重点关注绕组直流电阻测量、绝缘电阻测试、电抗值测量、损耗测量、工频耐压试验、绕组匝间绝缘试验、声级水平、电抗器本体、组部件、铭牌、螺栓、厂家资料等是否满足相关标准及反措的要求。

对于站用变压器，电气设备性能专业应重点关注技术资料是否齐全、是否符合国家电网有限公司技术监督导则，出厂外观标识验收、出厂试验以及冷却系统是否符合相关技术规范；化学专业应重点关注绝缘油试验是否满足采购标准和试验导则。

1.2.6　设备安装阶段

对于变压器，应重点关注安装质量管理、隐蔽工程检查、组附件安装、关键环节油处理等是否满足相关技术标准、施工验收规范及反措的要求；金属专业应重点关注现场防腐涂装质量、补焊管理控制措施及工艺是否满足相关技术标准及施工验收规范的要求。

对于电流互感器和电压互感器，电气设备性能专业应重点关注设备安装质量管理、本体及组部件、设备接地等是否满足反措、标准等的要求；保护与控制专业应重点关注保护用二次绕组是否满足反措、设计标准等的要求。

对于干式电抗器，应重点关注现场安置、基础施工、围栏安装、部件安装、接线端子安装、接地安装、本体、接地铜排等是否满足相关标准及反措的要求。

对于站用变压器，电气设备性能专业应重点关注总体工艺控制是否符合国家电网有限公司技术监督导则，附件是否符合相关采购标准及技术规范，与站用变压器连接电缆接头工艺是否满足国家电网有限公司相关管理评价规范；土建专业应重点关注接地电阻值是否满足相关规范的要求。

1.2.7 设备调试阶段

对于变压器，电气设备性能专业应重点关注交接试验项目是否齐全、各项试验结果是否满足交接试验规程和反措的要求；化学专业应重点关注安装调试各环节绝缘油试验是否满足相关技术标准、施工验收规范及反措的要求。

对于电压互感器，电气设备性能专业应重点关注电容式电压互感器（CVT）检测、电磁式电压互感器的励磁曲线测量、电磁式电压互感器交流耐压试验、电磁式电压互感器局部放电、电磁式电压互感器绕组直流电阻等是否满足反措、试验规程等的要求；保护与控制专业应重点关注二次绕组参数检验是否满足反措、技术规范和检验规程的要求。

对于电流互感器和电压互感器，化学专业应重点关注交流耐压试验前后绝缘油油中溶解气体分析、SF_6 气体试验等是否满足反措、试验规程等的要求；电测专业应重点关注误差试验等是否满足电能计量装置技术管理规程、试验规程等的要求；热工专业应重点关注气体密度继电器和压力表检查是否满足工程施工及验收的要求。

对于干式电抗器，应重点关注绕组直流电阻、绝缘电阻、交流耐压、电抗值测量、冲击合闸等是否满足相关标准及反措的要求。

对于站用变压器，电气设备性能专业应重点关注交接试验报告、绕组连同套管直流电阻、分接头电压比、三相联结组别、与铁心连接的紧固件以及铁心绝缘电阻、绕组连同套管的绝缘电阻、绕组连同套管的耐压试验以及绝缘油试验是否符合交接试验标准。

1.2.8 竣工验收阶段

对于变压器，应重点关注前期各阶段反措落实情况、组附件外观和功能等是否满足相关标准和反措的要求。

对于电流互感器，电气设备性能专业应重点关注前期各阶段遗留问题、技术资料完整性、试验报告完整性、外绝缘、设备本体及组部件、设备连接、设备接地等是否满足反措、标准等的要求；保护与控制专业应重点关注保护性能参数、二次回路接地是否满足反措、规范标准等的要求；金属专业应重点关注金属材质检测是否满足管理要求。

对于电压互感器，电气设备性能专业应重点关注前期各阶段遗留问题、技术资料完整性、试验报告完整性、外绝缘、设备本体及组部件、设备连接、设备接地、端子箱等是否满足反措、标准等的要求；保护与控制专业应重点关注二次绕组性能参数校核、二次绕组接地是否满足反措、规范标准等的要求；金属专业应重点关注金属材质检测是否满足管理要求。

对于干式电抗器，应重点关注竣工验收准备工作、技术资料、文件完整性、交接试验报告检查、接地铜排、紧固件、接线端子与母线连接等是否满足相关标准及反措的要求。

对于站用变压器，电气设备性能专业应重点关注竣工交接材料、户外站用变压器安全防护、分接引线、引线及线夹是否符合相关技术规范、施工及验收规范和技术监督导则，现场检查是否符合施工及验收规范，反措执行是否到位。

1.2.9　运维检修阶段

对于变压器类设备，在运维检修阶段应重点关注运行巡视、状态检测、状态评价与检修决策、故障缺陷处理、反措落实等是否满足相关运行检修规程及反措的要求。

1.2.10　退役报废阶段

对于变压器类设备，电气设备性能专业应重点关注退役报废设备的技术鉴定；化学专业应重点关注废油、废气处理是否符合相关管理导则，若确需在现场处理，应统一回收，集中处理。

变压器类设备技术监督基本知识

2.1 变压器类设备简介

2.1.1 变压器

变压器是利用电磁感应原理实现电能传递的一种静止电器设备，其主要部件包括铁心、绕组、绝缘件、油箱和必要的组件等。由于容量、电压的不同，变压器的铁心、绕组、绝缘件和必要的组件的结构形式也不同。

2.1.1.1 变压器的型号及分类

1. 变压器的型号

通常变压器的产品型号采用汉语拼音大写字母或其他合适字母来表示其主要特征，用阿拉伯数字表示产品性能水平代号、设计序号或规格代号等。变压器产品型号说明如图 2-1 所示，变压器产品型号字母排列顺序及含义见表 2-1。

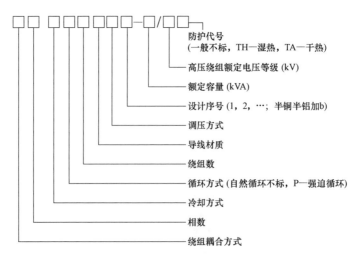

图 2-1 变压器产品型号说明

表 2-1   变压器产品型号字母排列顺序及含义

分类	类别	代表符号
绕组耦合方式	独立	—
	自耦	O
相数	单相	D
	三相	S
冷却方式	自然循环冷却	—
	风冷	F
	水冷	S
油循环方式	自然循环	—
	强迫油循环	P
绕 组 数	双绕组	—
	三绕组	S
	分裂绕组	F
导线材质	铜	—
	铜箔	B
	铝	L
	铝箔	LB
调压方式	无励磁调压	—
	有载调压	Z

2. 变压器的分类

变压器可以按结构、相数、绕组数、冷却方式等特征分类。按结构主要分为心式变压器和壳式变压器，按相数分为单相变压器和三相变压器，按绕组型式不同可分为双绕组变压器、三绕组变压器和自耦变压器；按调压方式不同可分为有载调压、无励磁调压变压器和无调压变压器；按冷却方式不同可分为油浸自冷、油浸风冷、强油风冷、强油导向风冷变压器等。

从结构上看，心式变压器的绕组是圆筒型的，铁心的铁心柱有近似圆形的截面，变压器的高压绕组和低压绕组是同心排列的，器身（铁心连同绕组）是垂直布置的。三相心式变压器的结构如图 2-2 所示。绕组可以是圆筒式、螺旋式、连续式、层式、纠结式、内屏蔽式等不同结构形式，但铁心的铁心柱都是多级近似圆形截面，铁轭在不同的设计中可以有不同的形状。

从结构上看，壳式变压器的绕组是扁平矩形的，高压绕组和低压绕组的线饼是垂直布置、交错排列的，铁心水平布置。壳式变压器绕组的结构如图 2-3 所示。

国内外绝大多数变压器厂生产的都是心式变压器，只有很少的变压器厂生产壳式变压器。

2.1.1.2 变压器的功能单元

1. 绕组

绕组（见图 2-4）是变压器的电路部分，变压器绕组应采用铜线绕制。绕组按电压等级可分为高压绕组和低压绕组，有的三绕组变压器还有中压绕组，高、中、低压绕组同心套在铁心柱上。

为便于配置绝缘，一般低压绕组绕在内侧，高压绕组绕在低压绕组外侧。低压绕组与铁心柱之间以及高、低压绕组之间都必须留有一定的绝缘间隙和散热通道，并用绝缘纸筒隔开。

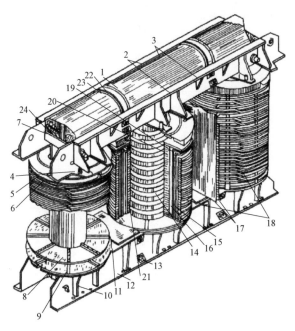

图 2-2 三相心式变压器的结构示意图

1—铁轭；2—上夹件；3—上夹件绝缘；4—压钉；5—绝缘纸圈；6—压板；7—方铁；8—下铁轭绝缘；9—平衡绝缘；
10—下夹件加强筋；11—下夹件上肢板；12—下夹件下肢板；13—铁轭螺杆；14—铁心柱；15—绝缘纸筒；16—油隙撑条；
17—相间隔板；18—高压绕组；19—角环；20—静电环；21—低压绕组；22—钢拉板；23—绝缘板；24—方铁绝缘

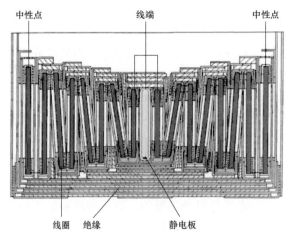

图 2-3 壳式变压器绕组的结构示意图

2. 铁心

铁心由铁心柱和铁轭两部分组成，铁心柱上套装绕组，铁轭使整个铁心构成闭合回路。运行时，变压器的铁心必须单点可靠接地。为了减少铁心中的磁滞损耗和涡流损耗，铁心通常采用高导磁系数的磁性材料（硅钢片）叠成三相三柱形式，心式三相三柱铁心的结构如图 2-5 所示。变压器铁心所用的硅钢片，厚度通常为 0.3mm 左右，硅钢片的两面涂以 0.01～0.013mm 厚的涂膜绝缘，使片与片之间绝缘隔开，以便增加铁心电阻，限制涡流损耗。

图 2-4　绕组

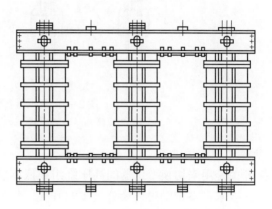

图 2-5　心式三相三柱铁心结构示意图

3. 油箱

油浸式变压器的铁心和绕组器身装在充满变压器油的箱体内。油箱是保护变压器器身的外壳和盛装变压器油的容器，又是变压器外部结构件的装配骨架，同时通过变压器油将器身损耗产生的热量以对流和辐射的方式散至大气中。

变压器油箱按其结构形式不同，一般可分为桶式和钟罩式。桶式油箱的特点是其下部为长方形或椭圆形的油桶结构，箱沿设在油箱的顶部，顶盖与箱沿用螺栓相连。桶式油箱的变压器大修时需要吊心检修，对大型变压器而言工作难度较大，因此该结构以前主要在小型变压器及配电变压器上使用。但该结构的密封效果较好，随着变压器质量水平的提升和定期检修概念的淡化，大型变压器也越来越多地开始采用桶式结构的油箱。

4. 冷却系统

变压器运行时，铁心、绕组、引线和钢结构件中均产生损耗。这些损耗将转变成热量发散于周围的介质中，从而引起变压器发热和温度升高。为使变压器各部分温升不超过规定的值，应采取有效的冷却措施。变压器不同的冷却方式有着不同的冷却系统结构形式。常用的冷却装置有片式散热器、管式散热器和强迫油循环风冷却器。

5. 套管

变压器的套管将变压器内部的高、低压绕组的出线头引到油箱外部，既起到使引线对地绝缘的作用，也对引线与外电路起连接作用；因此，套管必须具有规定的电气强度和机械强度。同时，套管中间的导电体也是载流元件，运行中长期通过负载电流，因此必须具有良好的热稳定性，还需能承受短路时的瞬间过热。

套管是变压器箱体外的主要绝缘装置，高压套管外绝缘大多采用瓷质绝缘套管，内部多采用油纸绝缘。

根据载流方式不同，变压器套管可分为穿缆式、导杆式、底部接线式和拉杆式四种类型，其结构如图 2-6 所示。

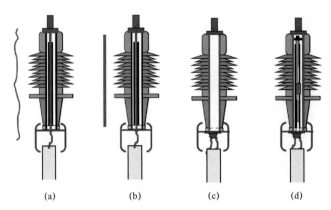

图 2-6 变压器套管结构示意图

(a) 穿缆式；(b) 导杆式；(c) 底部接线式；(d) 拉杆式

6. 分接开关

分接开关是用来切换变压器的高压绕组或低压绕组的分接头，以满足因电网电压变化而需调整输出电压的要求。不带励磁切换分接头的开关，称为无励磁分接开关；带负荷切换的开关，称为有载分接开关。

（1）无励磁分接开关。无励磁分接开关又称无载分接开关，是在变压器一、二次侧均与电网断开的情况下，用以变换高压绕组或低压绕组的分接头，改变其有效匝数，进行分级调压。为使其小巧，一般都装在高压侧。无励磁分接开关的结构及工作原理如图 2-7 所示。

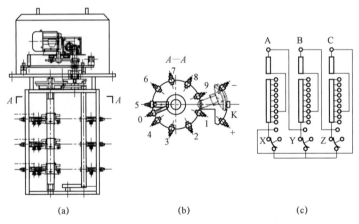

图 2-7 无励磁分接开关结构及工作原理图

（a）侧视图；（b）俯视图；（c）电路原理

（2）有载分接开关。有载分接开关在变压器带负荷运行中，可手动或电动变换高压绕组分接头，以改变绕组匝数，进行分级调压。其调压范围可以达到额定电压的±15%，甚至更多。有载调压变压器所使用的调压开关就是有载分接开关。有载分接开关的结构及工作原理如图 2-8 所示。

7. 本体保护装置

（1）储油柜。储油柜在电力变压器运行过程中具有重要作用，可以实现变压器油的温度伸缩效应，保障变压器安全可靠运行。大型变压器储油柜主要采用全密封结构，依据补偿元件的不同可分为胶囊式、隔膜式和金属波纹式。补偿元件在补偿绝缘油体积变化的同时，必须能可靠地将绝缘油与外界隔绝，避免空气中的氧和水分对绝缘油的油质产生影响。隔膜式储油柜因其密封容易失效、使用寿命短等缺陷，已经逐步被淘汰。胶囊容易老化破损，而且内部可能凝露影响绝缘油性能，为提高可靠性需要定期停电检查或者更换。常见的储油柜结构如图2-9所示。

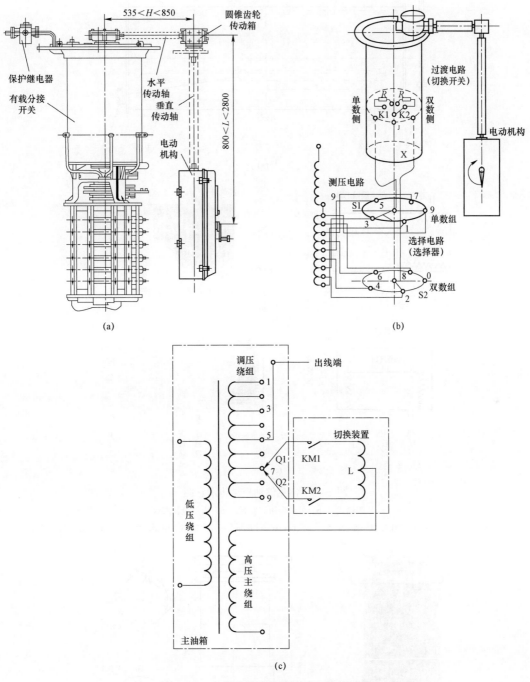

图2-8　有载分接开关结构及工作原理图

(a) 结构图；(b) 工作原理图；(c) 电路原理图

（2）吸湿器。吸湿器又称呼吸器，当变压器油因气温或油温变化而产生体积变化时，储油柜上部空气便通过吸湿器与外界进行气体交换。在此过程中，吸湿器可除去外界空气中的水分。当储油柜上部空气室内的空气涨、缩时，内部空气的排出或外部空气的吸入，都要通过吸湿器，这样外界空气中所含有的潮气将首先被吸湿器内的硅胶所吸收。吸湿器实物及结构如图2-10所示。

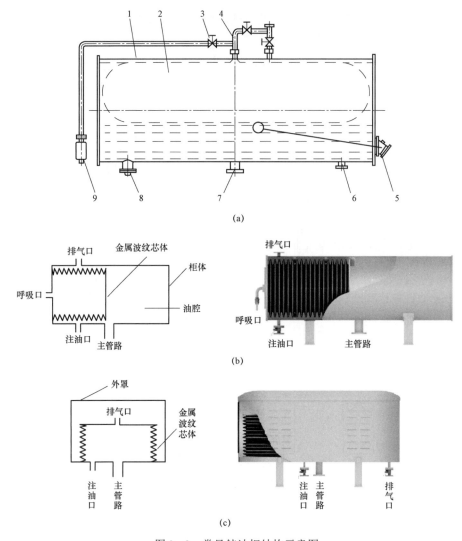

(a)

(b)

(c)

图 2-9　常见储油柜结构示意图

（a）胶囊式；（b）外油金属波纹式；（c）内油金属波纹式

1—柜体；2—胶囊；3—阀门；4—连管；5—油位计；6—注放油管；7—气体继电器连管；8—积污盒；9—吸湿器

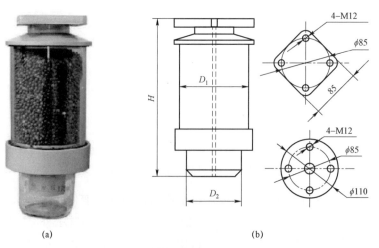

(a)　　　　　　　　　　　　　　　(b)

图 2-10　吸湿器实物及结构示意图

（a）实物图；（b）结构图

（3）气体继电器。气体继电器安装在油箱与储油柜相连的连管上，其实物及结构如图 2-11 所示。当变压器内部发生故障时，故障处绝缘材料或变压器油受热分解产生气体，引起油流涌动，使气体继电器发出轻瓦斯报警信号或重瓦斯跳闸信号，及时切除变压器，避免故障进一步扩大。

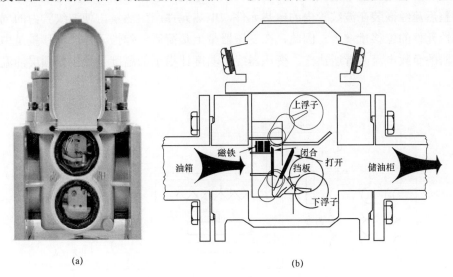

(a)   (b)

图 2-11 气体继电器实物及结构示意图
(a) 实物图；(b) 结构图

（4）压力释压阀。压力释放阀一般安装在变压器的油箱顶部。变压器发生严重故障时，故障能量会使变压器油在瞬间产生大量气体，油箱内的压力剧增。当压力达到开启压力阈值时，压力释放阀开启、释放压力；在压力值低于关闭阈值时，压力释放阀自动关闭。这样，使变压器油箱不致因压力过大而变形爆炸。压力释放阀实物及结构如图 2-12 所示。

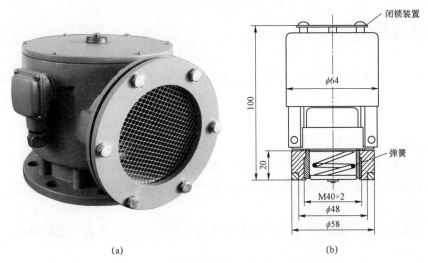

(a)   (b)

图 2-12 压力释压阀实物及结构示意图
(a) 实物图；(b) 结构图

（5）测温装置。变压器的测温装置主要有油温测量和绕组温度测量装置。

1）变压器油温测量装置主要有水银温度计、压力式温度计和电阻式温度计等。水银温度计放置在变压器箱盖上部注满油的温度计座中。

2）绕组的温度测量一般通过光纤测量或者绕组温控器实现，绕组温控器的工作原理如图 2-13

所示。温控器主要是在一个油温表的基础上，配备一台电流匹配器和一个电热元件。温度表的传感器（温包）插在变压器油箱顶部的油孔内，当变压器负荷为零时，绕组温度计的读数为变压器油箱顶层油面的温度。当变压器带上负荷后，通过变压器电流互感器取出的与负荷成正比的电流，经电流匹配器调整后流经嵌装在波纹管内的电热元件，电热元件产生热量，使波纹管内的气体进一步膨胀，表计弹性元件的位移量增大。因此，在变压器带上负荷后，弹性元件的位移量是由变压器顶层油温和变压器的负载电流两者所决定。变压器绕组温度计指示的温度是变压器顶层油温与线圈对油的温升之和。

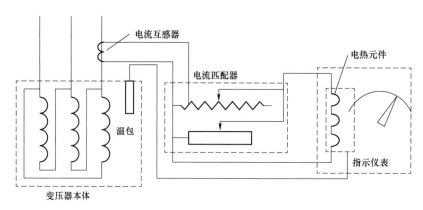

图 2-13 绕组温控器工作原理图

在整套测温装置中，电热元件是核心部件，因为它的发热特性能否真实地反映变压器绕组的发热特性，将直接影响到测量结果。为此，需在变压器做温升试验时，测量变压器绕组的温升，从而对流经发热元件的电流通过电流匹配器进行调节，使得电热元件的发热特性与变压器绕组对油的温升特性更为接近，使得温度计的值能更准确地反映变压器绕组的温度。

2.1.2 电流互感器

电流互感器是一种利用电磁原理或者光电变换原理为测量仪器、仪表、继电器和其他类似电器进行电流变换的变压器；或者与继电保护和自动装置配合，对电网各种故障进行电气保护以及实现自动控制。

电流互感器的主要作用是：

（1）将一次系统的电流信息准确地传递到测量仪表和保护控制装置；

（2）由于互感器一、二次之间有足够的绝缘强度，使测量和保护设备与高压线路相隔离，保证二次设备和工作人员的人身安全；

（3）将一次系统的大电流变换为二次侧的小电流，降低对二次设备的绝缘要求，使二次设备装置标准化、小型化。

2.1.2.1 电流互感器的型号及主要技术参数

1. 电流互感器的型号

电流互感器产品型号说明如图 2-14 所示。

2. 主要技术参数

（1）额定电压。电流互感器的额定电压是指一次绕组所接线路的线电压。它是标志一次绕组对二次绕组及地的绝缘水平的基准技术数据。

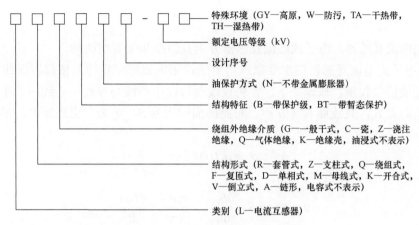

图 2-14　电流互感器产品型号说明

（2）额定一次电流。电流互感器的额定一次电流是决定互感器误差性能和温升的一个技术要求，它取决于系统的额定电流。额定一次电流可用下式选择：

$$I_r \geqslant KI_L \tag{2-1}$$

式中：I_r 为互感器额定一次电流；I_L 为电气设备额定一次电流和电器元件的最大负载电流；K 为可靠系数，一般可取 1.2～1.5，对于发电机一般取 1.5～2.0，对于 S 级电流互感器可取 3～5。

（3）额定二次电流。额定二次电流的标准为 1A 和 5A，它取决于二次设备的标准化。

（4）额定电流比。额定一次电流与额定二次电流之比，一般不以其比值表示，而是写成比式。

（5）额定连续热电流。是指一次绕组连续流过而不使互感器温升超过规定限值的电流。通常额定一次电流即额定连续热电流，某些情况下，额定连续热电流大于额定一次电流。

（6）额定负载。是规定互感器准确度等级的二次回路阻抗，以伏安（VA）表示，它是二次回路在规定功率因数和额定二次电流下所吸取的视在功率。

（7）准确度等级。电流互感器的准确度以标准准确度等级来表征，对应不同的准确度等级有不同的误差要求。测量用电流互感器的标准准确度等级有 0.1、0.2、0.5、1、3、5 级，对于特殊要求的还有 0.2S 和 0.5S 级；保护用电流互感器的标准准确度等级有 5P、10P 级和暂态保护 TP 级。

2.1.2.2　电流互感器的分类

按照不同的方式，电流互感器分类如下。

1. 按电流变化原理分

电流互感器按电流变化原理主要分为电磁式和电子式电流互感器。

（1）电磁式电流互感器。根据电磁感应原理实现电流变换的电流互感器。电磁式电流互感器是一种专门用于变换电流的特种变压器。它的一次绕组匝数很少，与线路串联；二次绕组外部回路串接有测量仪表、继电保护、自动装置等二次设备。由于二次侧各类阻抗很小，正常运行时二次侧接近于短路状态。电流互感器的二次电流 I_2 在正常使用条件下实质上与一次电流成正比，二次负荷对一次电流不会产生影响。电流互感器的工作原理如图 2-15 所示。

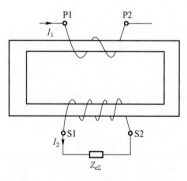

图 2-15　电流互感器工作原理图

额定电流比为：

$$K_N = \frac{I_{1N}}{I_{2N}} = \frac{N_2}{N_1} \tag{2-2}$$

（2）电子式电流互感器。电子式电流互感器分为有源型和无源型两种。

1）有源型电子式电流互感器的主要原理仍为法拉第电磁感应定律，依靠罗氏线圈（罗戈夫斯基线圈）采样完成信号收集，原理如下：首先设线圈每匝中心线与导线中心线间的距离为 r，穿过线圈每匝的磁场均为 B_r，且线圈共有 n 匝，每匝的面积均为 S，μ_0 为真空磁导率，则可得导线电流 $I(t)$ 与 B_r 的关系为：

$$B_r = \mu_0 I(t)/2\pi r \tag{2-3}$$

感应电压 $u_2(t)$ 与 $I(t)$ 的关系为：

$$u_2(t) = -nS \times \frac{dB_r}{dt} = -\frac{\mu_0 nS}{2\pi r} \times \frac{dI(t)}{dt} \tag{2-4}$$

输出信号是电流对时间的微分。通过一个对输出的电压信号进行积分的电路，就可以真实还原输入电流。有源型电子式电流互感器的工作原理如图 2-16 所示。

2）无源型电子式电流互感器传感器部分一般由具有法拉第磁光效应的材料制成。当线偏振光通过磁光晶体材料（如铅玻璃）时在外界磁场作用下产生偏振面旋转，其旋转角度 θ 与磁场强度 H 成正比。通过偏振检测系统，将磁光效应转化为光强信号，那么输出光强正比于磁场强度（即电流大小），因而只要测得输出光强即可得出一次电流大小。无源型电子式电流互感器的工作原理如图 2-17 所示。

图 2-16 有源型电子式电流互感器工作原理图

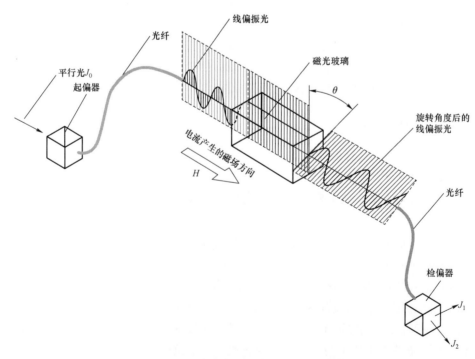

图 2-17 无源型电子式电流互感器工作原理图

2. 按用途分

电流互感器按用途主要分为测量用电流互感器（或电流互感器的测量绕组）和保护用电流互感器（或电流互感器的保护绕组）。

（1）测量用电流互感器二次侧接测量仪表，在正常工作电流范围内，向测量、计量等装置提供电网的电流信息。

（2）保护用电流互感器二次侧接保护控制装置，在电网故障状态下，向继电保护等装置提供电网故障电流信息。

3. 按绝缘介质分

电流互感器按绝缘介质主要分为干式、油浸式和气体绝缘电流互感器。

（1）干式电流互感器以合成树脂、填料、固化剂等组成的混合胶固化后形成的固体作为绝缘介质，具有绝缘强度高、机械性能好、防火、防潮等特点，适用于中、高压互感器。

（2）油浸式电流互感器以绝缘纸和绝缘油作为绝缘介质，一般为户外型，适用于较高电压等级的互感器。按主绝缘结构不同，油浸式电流互感器可分为纯油纸绝缘的链型结构和电容型油纸绝缘结构，66kV 及以下电流互感器多采用链型结构，110kV 及以上电流互感器主要采用电容型绝缘结构。

（3）气体绝缘电流互感器以 SF_6 气体作为主绝缘介质，多用在较高电压等级。

4. 按安装方式分

电流互感器按安装方式分为贯穿式、支柱式、套管式电流互感器和母线式电流互感器。

（1）贯穿式电流互感器：用来穿过屏板或墙壁的电流互感器。

（2）支柱式电流互感器：安装在平面或支柱上，兼做一次电路导体支柱用的电流互感器。

（3）套管式电流互感器：没有一次导体和一次绝缘，直接套装在绝缘的套管上的电流互感器。

（4）母线式电流互感器：没有一次导体但有一次绝缘，直接套装在母线上的电流互感器。

5. 按二次绕组所在位置分

电流互感器按二次绕组所在位置主要分为正立式和倒立式电流互感器。

（1）正立式电流互感器：二次绕组在产品的下部，主绝缘全部包扎在一次绕组上，是较常用的结构形式。

（2）倒立式电流互感器：二次绕组在产品的头部，主绝缘全部包扎在二次绕组上。

2.1.2.3 电流互感器的部件

1. 电磁式电流互感器的主要部件

（1）铁心。电流互感器铁心的材料一般采用冷轧硅钢片、坡莫合金和铁基超微晶合金等。硅钢片应用普遍，价格也较低廉，适用于保护级和一般测量级铁心；坡莫合金和铁基超微晶合金铁心价格较高，具有初始磁导率高、饱和磁密低的特点，宜用于要求测量精度较高、仪表保安系数要求严格的测量级铁心。

电流互感器常用的铁心结构有叠片铁心、卷铁心、开口卷铁心等，其铁心的结构形式如图 2−18 所示。

（2）绕组。绕组分为一次绕组和二次绕组。一次绕组通常用铜母线、铜棒、铜管、圆铜线、扁铜线、软铜带或软电缆等。根据铁心和绝缘结构，一次绕组可绕成圆形、矩形、U 形或吊环形。一次绕组形状及出线方式如图 2−19 所示。

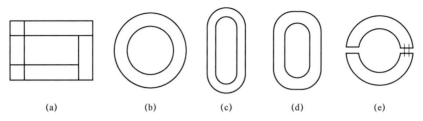

图 2-18 电流互感器铁心结构形式示意图

(a) 叠片铁心；(b) 圆环形卷铁心；(c) 矩形卷铁心；(d) 扁圆形卷铁心；(e) 开口卷铁心

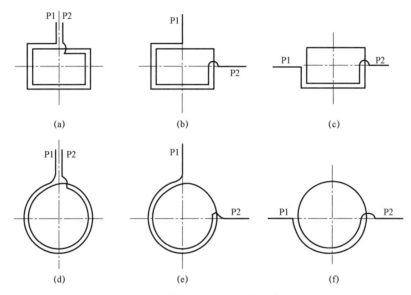

图 2-19 一次绕组形状及出线方式示意图

(a)、(b)、(c) 矩形；(d)、(e)、(f) 圆形

二次绕组都采用圆铁线，导线截面应满足误差要求、温升要求以及机械强度的要求。二次绕组分为矩形绕组和环形绕组两种，矩形绕组用于叠片铁心，环形绕组用于卷铁心。

（3）金属膨胀器。金属膨胀器是由 0.3～0.5mm 厚的不锈钢薄板制成的容积可变化的容器，安装在高压互感器顶部，作为互感器全密封油保护装置，有内充油式和外充油式两种，其结构如图 2-20 所示。

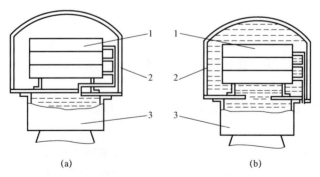

图 2-20 金属膨胀器结构示意图

(a) 内充油式；(b) 外充油式

1—膨胀器；2—外罩；3—互感器器身

（4）套管。套管作为互感器外绝缘的重要部件，可防止产品表面放电和外闪。一般油浸绝缘产品使用瓷套管，气体绝缘产品可使用瓷套和硅橡胶套管。为密封可靠，套管带有金属法兰，或与上储油柜及下底座粘接在一起。

2. 电子式电流互感器的主要部件

（1）一次传感器。

1）有源型电子式电流互感器的一次传感器通常为罗氏线圈，是一个均匀缠绕在非铁磁性材料上的环形线圈，因而无磁滞、饱和效应，相位误差几乎为零，可测量从数安培到数百千安培的电流，并且和被测电流之间没有直接的电路联系。与传统电磁式电流互感器相比，罗氏线圈测量范围宽、精度高、稳定可靠、响应频带宽，同时具有测量和保护功能、体积小、重量轻、安全且符合环保要求。

2）无源型电子式电流互感器的一次传感器主要为法拉第光玻璃传感器，其结构简单，不需要供电电源，线性度比较好，受电磁干扰、温度和振动影响小，频率响应范围较大。

（2）光纤。光纤用于传输一次传感器输出的光信号，具有灵敏度高、不受电磁噪声的干扰、带宽高、通信量大且衰减小、传输质量高、保密性好等优点。

（3）套管。

（4）光电探测器。光电探测器由光电转换器、模拟信号处理电路、数字信号处理电路、光源驱动电路、电源和温控器等构成。其将光纤传输过来的光信号变换成电信号，并经过放大处理传输给二次系统。

电子式电流互感器如图 2-21 所示。

图 2-21　电子式电流互感器

2.1.2.4 电流互感器的结构

1. 电磁式电流互感器的结构

电磁式电流互感器按其一次绕组主绝缘介质划分，有干式、油纸绝缘式和 SF_6 气体绝缘式等多种类型，其结构有很大的不同。

（1）干式电流互感器。干式电流互感器分为半浇注（或称半封闭）和全浇注（或称全封闭）两种。

1）半浇注式电流互感器只能用于户内，是将互感器的电气回路，即一、二次绕组及其引线、引线端子用环氧树脂混合胶浇注成一个整体，再将这个整体与铁心、底座等组装在一起，其结构如图 2-22 所示。

2）全浇注式电流互感器是将电流互感器的电回路、磁回路包括一、二次绕组及其引线、铁心等全部用环氧树脂混合胶浇注成一个整体，再将整体与底座等组装在一起，多采用环形铁心，其结构如图 2-23 所示。全浇注式电流互感器可用在户内和户外；户外型外绝缘浇注成一个真空的圆柱体，并从一次绕组引线端子到底座之间浇注出满足户外绝缘要求的伞裙，以满足不同污秽等级环境条件要求。

（2）油浸式电流互感器。油浸式电流互感器按主绝缘结构不同，可以分为纯油纸绝缘的链形绝缘结构和电容式绝缘结构两种。

1）链形绝缘结构电流互感器，其一次绕组和二次绕组构成互相垂直的圆环，像两个链环，其主绝缘是纯油纸绝缘。各个二次绕组分别绕在不同的圆形铁心上，将几个二次绕组合在一起，装好支架，用电缆纸带包扎绝缘，然后绕一次绕组并包扎好绝缘。链形绝缘结构电流互感器的结构如图 2-24 所示。

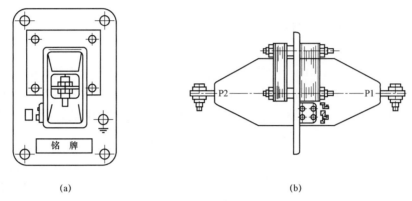

图 2-22　半浇注式电流互感器结构示意图

（a）俯视图；（b）侧视图

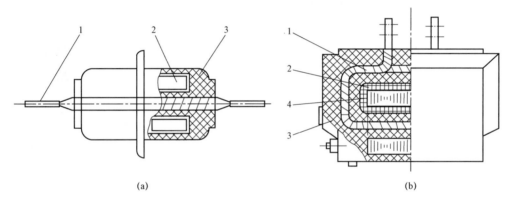

图 2-23　全浇注式电流互感器结构示意图

（a）单匝贯穿式；（b）支柱式

1—一次绕组；2—二次绕组；3—环氧树脂混合胶；4—铁心

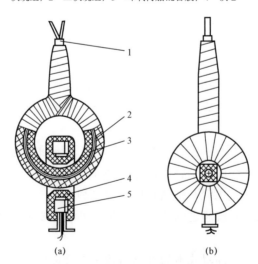

图 2-24　链形绝缘结构电流互感器结构示意图

（a）剖面图；（b）整体图

1——一次引线支架；2——一次绕组主绝缘；3——一次绕组；4——二次绕组主绝缘；5——二次绕组装配

2）电容式绝缘结构电流互感器，内部结构有 U 形、吊环形（正立式和倒立式）两种。主绝缘包在一次绕组（或二次绕组）上，在绝缘中沿一次绕组到二次绕组方向设置若干电屏，靠近一次绕组为高压电屏，靠近二次绕组为地电屏，高压电屏、地电屏之间为中间电屏，其结构如图 2-25 所示。

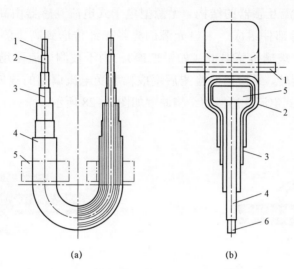

图 2-25　电容式绝缘结构电流互感器结构示意图

（a）U 形电容式绝缘；（b）吊环形（倒立式）电容式绝缘

1—一次导体；2—高压电屏；3—中间电屏；4—地电屏；5—二次绕组；6—支架

（3）SF₆ 气体绝缘电流互感器。SF₆ 气体绝缘电流互感器分为独立式和套装式两类。独立式即单独安装使用；套装式即与其他变电装置配套使用，如 GIS 用电流互感器。

倒立式 SF₆ 气体绝缘电流互感器的结构如图 2-26 所示。独立式 SF₆ 气体绝缘电流互感器大多采用倒立式结构，外形与油浸倒立式互感器相似，由头部（金属外壳）、防爆片、压力表、密度继电器、高压绝缘套管、底座和阀门组成。外壳通常由铝铸件或锅炉钢板做成，内装有一、二次绕组及铁心构成的器身。一次绕组为 1~2 匝，为直线型，从二次绕组几何中心穿过，处于高电位，置于高压绝缘套管的上部；二次绕组在环形铁心上，装入接地的屏蔽外壳中，引出线通过屏蔽金属套管引至互感器底座接线盒中，二次屏蔽外壳由环氧树脂浇注的绝缘柱或盆式绝缘子支撑。

2. 电子式电流互感器的结构

（1）有源型电子式电流互感器的结构。有源型电子式电流互感器高压侧电流信号通过采样线圈（罗氏线圈）将母线电流变成电压信号，该电压信号为模拟量，经过积分环节、A/D 转换成数字信号，

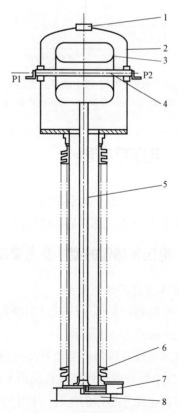

图 2-26　倒立式 SF₆ 气体绝缘电流互感器结构示意图

1—防爆片；2—壳体；3—二次绕组及屏蔽筒；4—一次绕组；
5—二次出线管；6—套管；7—二次端子盒；8—底座

用电光转换（LED）电路将此数字信号变为光信号，通过绝缘的光纤传递到低压侧，再由光电转换器件（PIN）将光信号转换为数字电信号放大输出，供继电保护与电能计量之用。有源型电子式电流互感器的结构原理如图 2-27 所示。

（2）无源型电子式电流互感器的结构。无源型电子式电流互感器由高压部件、光纤电流传感器、光纤、光电探测器等部件组成。来自光源的光经光纤传送到高压侧，经过起偏器变成直线偏振光入射到法拉第磁光玻璃传感器上（如铅玻璃）。由于被测电流磁场沿光路方向作用，偏振光的偏振面以 θ 角进行旋转，经检偏器检测后变成幅度受电流调制的线偏振光，经光纤输出到二次处理系统。无源型电子式电流互感器的结构原理如图 2-28 所示。

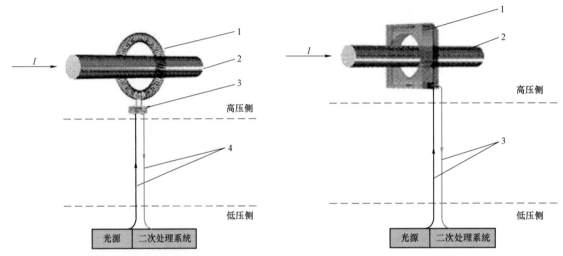

图 2-27 有源型电子式电流互感器结构原理图
1—空心线圈；2——次导体；3—电子线路板；4—光纤

图 2-28 无源型电子式电流互感器结构原理图
1—磁光玻璃；2——次导体；3—光纤

2.1.3 电压互感器

电压互感器是将一次系统的高电压变换成标准低电压（100V 或 $100/\sqrt{3}$ V）的电器，其主要功能是传递电压信息，而不是输送电能。

2.1.3.1 电压互感器的型号及主要技术参数

1. 电压互感器的型号

电压互感器产品型号均以汉语拼音字母表示，电磁式和电容式电压互感器的产品型号说明分别如图 2-29 和图 2-30 所示。

电容式电压互感器产品型号尾注特征代号字母：H 为防污型（Ⅲ级）；TH 为湿热带型；G 为高原型；F 为中性点非有效接地系统用（无此字母为中性点有效接地系统用）。老产品曾采用 YDR-□作为电容式电压互感器的型号，其中 Y 为电压互感器，D 为单相，R 为电容式，方框内所填数字表示系统电压值。

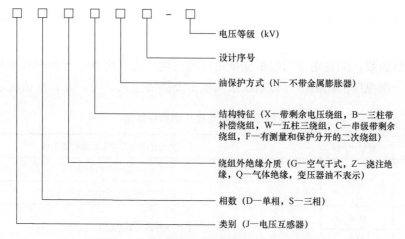

图 2-29　电磁式电压互感器产品型号说明

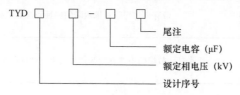

图 2-30　电容式电压互感器产品型号说明

T—成套装置；YD—电容式电压互感器

2. 主要技术参数

（1）设备的额定电压及额定一次电压。设备的额定电压与电压互感器运行的系统额定电压相同。电压互感器的额定一次电压是指运行时一次绕组所承受的电压。用在相与相之间的单相电压互感器及三相电压互感器，其额定一次电压与设备额定电压相同；用在相与地间的电压互感器，其额定一次电压为设备额定电压值的 $1/\sqrt{3}$。

（2）额定二次电压。额定二次电压是作为互感器性能基准的二次电压值。对于三相电压互感器及相与相间连接用的电压互感器，其额定二次电压为 100V；对于相对地连接的电压互感器，其额定二次电压为 $100/\sqrt{3}$ V。用于接地保护的电压互感器，其剩余电压绕组的额定电压视互感器所接系统状况而定，对于中性点有效接地系统为 100V，对于中性点非有效接地系统为 $100/\sqrt{3}$ V。这是由于在系统发生单相接地故障时，其开口三角电压必须保证为 100V。

（3）额定输出或额定负荷。互感器的额定输出，按互感器二次绕组所带的计量、测量、保护装置的实际负荷提出，按国家标准规定的额定输出标准值确定。按国家标准规定，电压互感器测量误差极限在二次负荷为额定输出的 25%~100% 范围内，因此选择额定输出时，只要略大于实际负荷即可，一般裕度系数为 1.3~1.5。如果额定输出选择过大，实际负荷就可能小于 25%，误差值将不能保证在规定的范围内。

（4）准确度等级及误差限值。误差性能是电压互感器的主要技术要求，以准确度等级衡量其优劣。电压互感器和变压器一样，一次电压变换到二次电压时，由于励磁电流和负载电流在绕组中产生压降，因而二次电压折算到一次侧与一次电压比较，大小及相位均有差别，即互感器出现了误差；数量上的误差称为电压误差，相位上的差别称为相位差。

测量、计量用电压互感器的准确度等级，以该准确度等级在额定电压下规定的最大允许电压误差的百分数标称。测量、计量用电压互感器的标准准确度等级有 0.1、0.2、0.5 级。保护用电压互感器的准确度等级，以该准确度等级在 5% 额定电压到额定电压因数相对应的电压范围内最大允许电压误差的百分数标称，其后标以字母"P"（表示保护级）。保护用电压互感器的标准准确度等级为 3P 和 6P。

（5）额定电压因数。额定电压因数是在规定时间内能满足互感器温升要求及准确度等级要求的最大电压与额定一次电压的比值，它与系统最高电压及接线方式有关，其标准值见表 2-2。

表 2-2　　　　　　　　　　　　　　电压互感器额定电压因数标准值

额定电压因数	额定时间	一次绕组连接方式和系统接地条件
1.2	连续	任一点网中的相间
1.2	连续	任一点网中的变压器中性点与地之间
1.2	连续	中性点有效接地系统中的相与地之间
1.5	30s	
1.2	连续	带有自动切除对地故障的中性点非有效接地系统中的相与地之间
1.9	30s	
1.2	连续	无自动切除对地故障的中性点绝缘系统或无自动切除对地故障的谐振接地系统中的相与地之间
1.9	8h	

2.1.3.2　电压互感器的分类

1. 按电压变换原理分

电压互感器按电压变换原理主要分为电磁式、电容式电压互感器和电子式电压互感器。

（1）电磁式电压互感器实质上是一种小容量、大电压比的降压变压器，接近于变压器空载运行情况。运行中电压互感器一次电压不会受二次负荷的影响，二次电压在正常使用条件下实质上与一次电压成正比。

（2）电容式电压互感器由电容分压单元和电磁单元两部分组成。通过电容分压单元获得系统电压的分压，再通过电磁单元实现一、二次的隔离和电压的变换，在 110～500kV 电压等级均采用。电容式电压互感器原理接线及等效电路如图 2-31 所示。

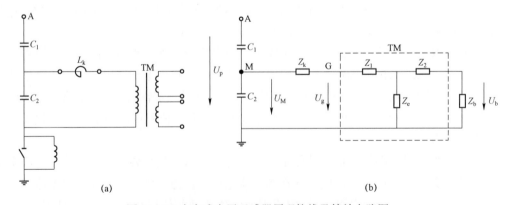

图 2-31　电容式电压互感器原理接线及等效电路图

(a) 原理接线图；(b) 等效电路图

C_1、C_2—由耦合电容器组成的分压器；L_k—电抗器；TM—电磁式中间变压器；Z_b—中间变压器的二次负荷；Z_k—电抗器阻抗；Z_e—中间变压器励磁阻抗；Z_1—中间变压器一次绕组阻抗；Z_2—中间变压器二次绕组阻抗；U_p—电容分压电压，归算到中间变压器输入端的电压；U_M—M 点的电压；U_g—中间变压器一次侧电压；U_b—中间变压器二次侧电压

（3）电子式电压互感器通过光电变换原理实现电压变换，分为有源型和无源型两种。

1）有源型电子式电压互感器是将高压侧通过采样后将电压信号传递到发光二极管变成光信号，经光纤传递到低压侧，再逆变换成电信号后放大输出。由于二极管的发光强度与施加电压成正比，故信号输出也与施加电压成正比。

2）无源型电子式电压互感器是利用某些晶体（如常用的普克尔斯电光晶体，即 BGO 晶体）的普克尔斯电光效应，偏振光在电场作用下，晶体输出光强度随加在晶体上的电场强度（即电压）的变化而变化。因此，只要测出输出光强度，便可得到被测电压。无源型电子式电压互感器的工作原理如图 2-32 所示。

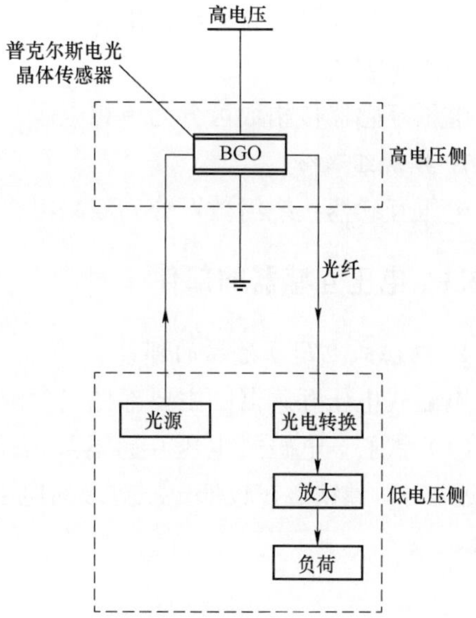

图 2-32　无源型电子式电压互感器工作原理图

2. 按用途分

电压互感器按用途主要分为测量用电压互感器（或电压互感器的测量绕组）和保护用电压互感器（或电压互感器的保护绕组）。

（1）测量用电压互感器在正常电压范围内，向测量、计量等装置提供电网的电压信息。

（2）保护用电压互感器在电网故障状态下，向继电保护等装置提供电网故障电压信息。

3. 按绝缘介质分

电压互感器按绝缘介质主要分为干式、油浸式电压互感器和气体绝缘电压互感器。

（1）干式电压互感器是用环氧树脂和其他树脂混合材料浇注成型的电压互感器，以合成树脂、填料、固化剂等组成的混合胶固化后形成的固体作为绝缘介质，具有绝缘强度高、机械性能好、防火、防潮等特点，适用于 35kV 及以下电压等级。

（2）油浸式电压互感器以绝缘纸和绝缘油作为绝缘介质，一般为户外型，适用于较高电压等级的互感器，常用在 220kV 及以下电压等级。

（3）气体绝缘电压互感器以 SF_6 气体作为主绝缘介质，多用在较高电压等级。

4. 按一次绕组对地运行状态分

电压互感器按一次绕组对地运行状态主要分为一次绕组接地电压互感器和一次绕组不接地电压互感器。

（1）一次绕组接地的电压互感器：单相电压互感器一次绕组的末端或三相电压互感器一次绕组的中性点直接接地。

（2）一次绕组不接地的电压互感器：单相电压互感器一次绕组两端对地都是绝缘的；三相电压互感器一次绕组的各部分包括接线端子对地都是绝缘的，而且绝缘水平与额定绝缘水平一致。

5. 按磁路结构分

电压互感器按磁路结构主要分为单极式电压互感器和串级式电压互感器。

（1）单极式电压互感器：一次绕组和二次绕组同绕在一个铁心上，铁心为地电位，一般 35kV 及以下均采用单极式。

（2）串级式电压互感器：一次绕组分成几个匝数相同的单元串接在相与地之间，每一个单元有各自独立的铁心，具有多个铁心，且铁心带有高电压，二次绕组处在最末一个与地连接的单元，66～

220kV 电压等级采用此种结构型式。

6. 按相数分

电压互感器按相数可分为单相电压互感器和三相电压互感器。

7. 按绕组数分

电压互感器按绕组数可分为双绕组、三绕组电压互感器和四绕组电压互感器。

2.1.3.3　电压互感器的部件

1. 电磁式电压互感器的部件

电磁式电压互感器的主要部件包含由铁心和绕组组成的器身、绝缘套管及零部件等。

（1）铁心。电磁式电压互感器最常采用的铁心材料为冷轧硅钢片，常用的结构形式是叠片铁心。近年来，卷铁心在较低电压等级的电压互感器上得到广泛应用。电压互感器铁心结构如图 2-33 所示。

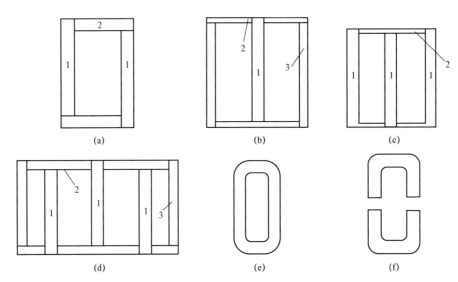

图 2-33　电压互感器铁心结构示意图

（a）单相双柱式；（b）单相三柱式；（c）三相三柱式；（d）三相五柱式；（e）矩形卷铁心；（f）C 形铁心

1—铁心柱；2—主铁轭；3—旁铁轭

（2）绕组。电磁式电压互感器绕组的结构大多数采用同心圆筒式，少数电压较低的互感器如干式或浇注式电压互感器采用同心矩形筒式。绕组导线类型应考虑互感器的绝缘介质对导线本身绝缘的相容性而有所不同。为了改善电场分布，一般在一次绕组首尾端分别加静电屏，绕组分段或绕制成宝塔形，并辅以甬环、端圈、隔板以加强绝缘。

2. 电容式电压互感器的部件

电容式电压互感器主要由电容分压器和电磁单元两部分组成，电磁单元则由中间变压器、补偿电抗器及限压装置、阻压器等组成。

（1）电容分压器作为电容式电压互感器的一个主要部件，主要作用为承担设备的一次主绝缘，将一次电压转换成较低的中间电压并引入电磁装置，同时可兼作耦合电容器用于电力线路载波通信。电容分压器的结构如图 2-34 所示。

电容分压器由 1～4 节套管式电容分压器叠装而成，每节电容分压器单元装有数十只串联而成的膜纸复合介质组成的电容元件，并充以绝缘油密封，高压电容 C_1 和中压电容 C_2 的全部电容元件被装在 1～4 节瓷套内。

（2）电磁单元包括中间变压器、补偿电抗器以及抑制铁磁谐振的阻尼器。补偿电抗器的电抗值与电容分压器的等值电容在额定频率下的容抗相等，以便在不同的二次负载下使一次电压和二次电压之间能获得正确的相位和变压比。电磁单元的结构如图 2-35 所示。

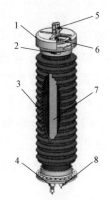

图 2-34　电容分压器结构示意图

1—膨胀器外罩；2—铭牌；3—高强度绝缘瓷套；4—中压接线端子；5—高压接线端子；6—膨胀器；7—电容器叠柱；8—低压接线端子

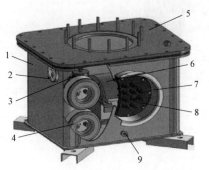

图 2-35　电磁单元结构示意图

1—油箱；2—油位视察窗；3—避雷器；4—阻尼器；5—油箱盖；6—中间变压器；7—出线盒；8—二次接线盒；9—接地座

3. 电子式电压互感器的部件

（1）高压部分。

1）有源型电子式电压互感器的高压部分主要为分压器，有电阻分压器、电容分压器和阻容分压器三种，均是将一次高压按一定分压比降低后再利用串行模数变换器将其变为数字信号，利用光纤将此数字信号送至控制室进行处理。

2）无源型电子式电压互感器的高压部分主要为 BGO 晶体传感器。一次高压加在上电极上，下电极接地，BGO 晶体处于电场内。光源发出的光经起偏器和 1/4 波长板产生圆偏振光，入射到 BGO 晶体后发生双折射，变成椭圆偏振光；经检偏器检测后变成幅度受电压调制的线偏振光，由光纤传递到光电探测器。

（2）光纤。光纤用于传输一次传感器输出的光信号，具有灵敏度高、不受电磁噪声的干扰、带宽高、通信量大且衰减小、传输质量高、保密性好等优点。

（3）套管。

（4）光电探测器。光电探测器由光电转换器、模拟信号处理电路、数字信号处理电路、光源驱动电路、电源和温控器等构成。其将光纤传输过来的光信号变换成电信号，并经过放大处理传输给二次设备。

2.1.3.4　电压互感器的结构

1. 电磁式电压互感器的结构

（1）干式电压互感器的结构。干式电压互感器采用浇注绝缘，浇注绝缘有其独特的电气性能和机械性能，防火、防潮、寿命长、制造简单、结构紧凑、维护方便。该类结构用于 35kV 及以下电压互感器。

浇注式电压互感器可分为全封闭（或称为全浇注）和半封闭（或称为半浇注）两种结构。铁心一般用旁轭式，也有采用 C 形铁心的。一次绕组为分段式，二次绕组为圆筒式，绕组同心排列，导线采用高强度漆包线。层间和绕组间绝缘均用电缆纸或复合绝缘纸。为了改善绕组在冲击电压作用时的初始电压分布，降低匝间和层间的冲击梯度，一次绕组首、末端均设有静电屏。环氧浇注固体绝缘电压互感器的结构如图 2-36 所示。

图 2-36　环氧浇注固体绝缘电压
互感器结构示意图

1—一次接线端子；2—环氧浇注绝缘；3—硅橡胶伞裙；
4—一次绕组屏蔽；5—一次绕组；6—二次绕组；
7—铁心；8—底座安装板

（2）油浸式电压互感器的结构。油浸式电压互感器分为单级式和串级式两种。单级式电压互感器的一次绕组和二次绕组全部套在一个铁心上，其制造工艺较为复杂，但无瓷套爆炸的危险，多用于 110kV 电压等级及以下。串级式电压互感器的一次绕组分别套在几个铁心上，一次绕组分成匝数接近相等的几个绕组，然后串联起来，只有最下面一个绕组带有二次绕组，多用于 110kV 及以上电压等级。

1）单级式电压互感器的结构与小型变压器很相似，由铁心和绕组组成的器身置于油箱内，一次绕组高压引线通过高压套管引出。35kV 油浸式电压互感器的结构如图 2-37 所示，其中图（a）为接地电压互感器，一次绕组的 A 端接高压，N 端接地，所以只需要一个高压套管；图（b）为不接地电压互感器，一次绕组的两个出线端均接地，所以用两个高压套管。这两种产品的油箱很相似，均采用了圆形结构，用油量少，储油柜容积也很小，直接装在高压套管顶部。

2）串级式电压互感器的结构。串级式电压互感器由底座、器身、瓷套、储油柜等部分组成，瓷套既做外绝缘，又做油箱用。

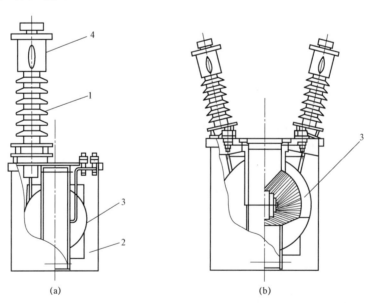

(a)　　　　　　　　　　　(b)

图 2-37　35kV 油浸式电压互感器结构示意图

（a）接地电压互感器；（b）不接地电压互感器

1—瓷套；2—底座；3—绕组；4—储油柜

串级式电压互感器的铁心采用双柱式，110kV 互感器为 1 个铁心，220kV 互感器为 2 个铁心。

一次绕组：110kV 分成 2 级，有 2 个一次绕组；220kV 分成 4 级，有 4 个一次绕组。不论 110kV 或者 220kV 互感器，只有最下面一个绕组带有二次绕组。

110、220kV 串级式电压互感器绕组连接原理如图 2-38 所示。

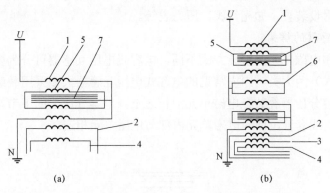

图 2-38　110、220kV 串级式电压互感器绕组连接原理图

(a) 110kV 电压互感器；(b) 220kV 电压互感器

1—一次绕组；2—测量二次绕组；3—保护二次绕组；4—剩余电压绕组；5—平衡绕组；6—连耦绕组；7—铁心

为了使上、下两铁心安匝数相等以减少漏磁通，同一铁心上、下两个一次绕组在运行中所分配的电压相同，故在上、下两铁心柱上还绕有平衡绕组，并与铁心同电位。串级式电压互感器的铁心是带有电位的，因而要用绝缘支架支撑在瓷箱内。绝缘支架的材质既要有良好的绝缘性能，又要有很高的机械强度。四级串级式电压互感器除了在每个铁心的上、下铁心柱上绕有平衡绕组外，上、下两个铁心之间还绕有连耦绕组，其作用是保持上、下两铁心的磁通势平衡并传递能量。

（3）SF_6 气体绝缘电压互感器的结构。SF_6 气体绝缘电压互感器有两种结构，一种是独立式，另一种是与 GIS 配套使用的组合式，其结构分别如图 2-39 和图 2-40 所示。SF_6 气体绝缘电压互感器采用单相双柱式铁心，器身结构与油浸单级式电压互感器相似。

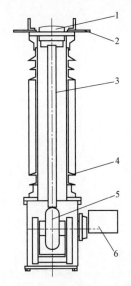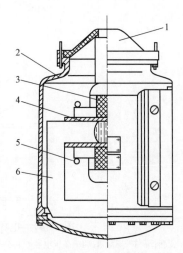

图 2-39　独立式 SF_6 气体绝缘电压互感器结构示意图

1—防爆片；2—一次出线端子；3—高压引线；
4—瓷套；5—器身；6—二次出线

图 2-40　组合式 SF_6 气体绝缘电压互感器结构示意图

1—盒式绝缘子；2—外壳；3—一次绕组；
4—二次绕组；5—电屏；6—铁心

与组合式 SF₆ 气体绝缘电压互感器相比，独立式 SF₆ 气体绝缘电压互感器主要增加了高压引出线部分，包括一次绕组高压引出线、高压瓷套及其夹持件等。下部外壳与高压瓷套分为统仓结构和隔仓结构。统仓结构是高压瓷套与外壳相通，SF₆ 气体从一个充气阀注入后即可充满互感器内部；隔仓结构是通过绝缘子把外壳与高压瓷套隔离开，使气体互不相通，因而隔仓结构需装设两套吸附剂、防爆片以及其他附设装置，如充气阀、压力表等。

2. 电容式电压互感器的结构

按照电容分压器和电磁单元的组装方式不同，电容式电压互感器可分为叠装式（又称一体式）和分装式（又称分体式）两大类。国内常见的电容式电压互感器大多采用叠装式结构，其典型结构如图 2-41 所示，电容分压器叠装在电磁单元油箱之上，电容分压器的下节端盖上有一个中压出线套管和一个低压端子出线套管，伸入电磁单元内部与电磁单元相连。

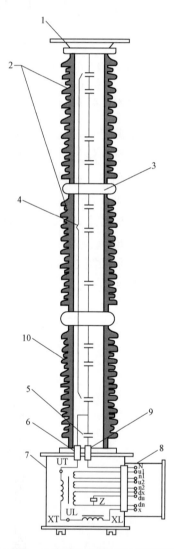

图 2-41 电容式电压互感器结构示意图

1—防晕环；2—瓷套管；3—屏蔽罩；4—高压电容 C_1；5—中压电容 C_2；6—中压套管；7—电磁单元油箱；8—二次接线端子盒；9—低压套管；10—分压电容器；UT～XT—中间变压器一次绕组；UL～XL—补偿电抗器绕组；Z—阻尼器

电容式电压互感器有以下特点：

（1）除具有电磁式电压互感器的全部功能外，同时可兼作载波通信的耦合电容器。

（2）绝缘可靠性高，耦合电容器耐雷电冲击能力强。

（3）不存在电磁式电压互感器与断路器断口电容的串联铁磁谐振。

（4）价格比较便宜，电压等级越高越有优势。

3. 电子式电压互感器的结构

（1）有源型电子式电压互感器先由分压器按一定比例将一次高压降低，并传递到发光二极管变成光信号，经光纤传递到低压侧，再逆变换成电信号后放大输出到二次系统中，用作计量或保护信号。有源型电子式电压互感器的工作原理如图2-42所示。

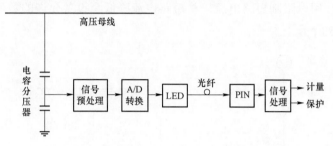

图2-42　有源型电子式电压互感器工作原理图

（2）无源型电子式电流互感器的 BGO 晶体传感器在一次高压产生的电场作用下使原圆偏振光发生双折射，变成椭圆偏振光；经检偏器检测后变成幅度受电压调制的线偏振光，由光纤传递到光电探测器；再经过逆变换，恢复成电信号后放大输出到二次系统中，用作计量或保护信号。无源型电子式电压互感器的结构及工作原理如图2-43所示，图中 DOIU 为数字光电接口装置。

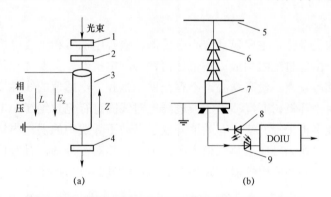

图2-43　无源型电子式电压互感器结构及工作原理图
（a）结构图；（b）工作原理图
1—偏振片；2—λ/4 波片；3—BGO 晶体；4—分解片；5—一次导线；
6—绝缘子；7—光电压变换器；8—发光二极管 LED；9—光电二极管 PD

2.1.4　干式电抗器

2.1.4.1　干式电抗器的分类

1. 按用途分

干式电抗器按用途分，主要包括并联电抗器、串联电抗器和限流电抗器等。

（1）并联电抗器：主要用于 500kV 及以上变电站中的低压侧或变压器的三次绕组上，用于补偿

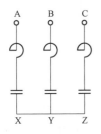

图2-44　串联电抗器接线示意图

长距离线路的电容性充电电流，限制系统电压升高和操作过电压，从而降低系统的绝缘水平要求，保证线路可靠运行。

（2）串联电抗器：在并联补偿装置中与并联电容器串联，在电容器回路投入时起抑制冲击电流的作用；同时，还与电容器组一起组成谐波回路，起特定谐波的滤波作用。串联电抗器的接线如图2-44所示。

（3）限流电抗器：一般串联连接于变电站低压馈线分支，在馈线分支发生短路时，用以限制短路电流，将短路电流降低至设备允许的数值。限流电抗器的接线及工作原理如图2-45所示。

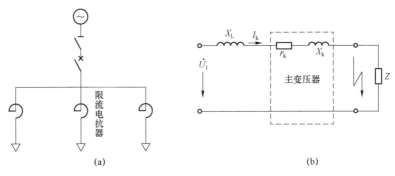

图2-45　限流电抗器接线及工作原理图
（a）接线图；（b）工作原理图

2. 按结构类型分

干式电抗器按结构类型分，主要包括空心电抗器、铁心电抗器和半心电抗器等。

（1）空心电抗器：由包封绕组构成、不带任何铁心的电抗器。主要优点是因干式无油而杜绝了油浸电抗器漏油、易燃等缺点；没有铁心，不存在铁磁饱和，电感值的线性度好；一般由多个并联的包封组成，每个包封由环氧树脂浸渍过的玻璃纤维对线圈进行包封绝缘。电抗器线圈采用截面很小的绝缘铝导线单根或多根平行并绕，有效地降低了谐波下导线中的涡流损耗。电抗器线圈包封间采用聚酯玻璃纤维引拔棒作为轴向散热气道支撑，形成自然对流冷却，具有优良的散热性能。干式空心串联电抗器和干式空心并联电抗器分别如图2-46和图2-47所示。

 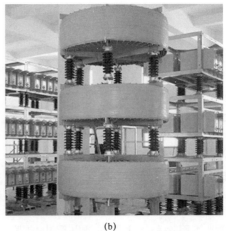

（a）　　　　　　　　　　　　　（b）

图2-46　干式空心串联电抗器
（a）平装示意图；（b）叠装示意图

图 2-47 干式空心并联电抗器

（2）铁心电抗器：主要是由铁心和绕组组成。铁心是电抗器的磁路，是由磁导率极高的铁磁介质即硅钢片组成，因为其磁化曲线是非线性的，故在铁心电抗器中的铁心柱是带间隙的。带间隙的铁心，其磁阻主要取决于气隙的尺寸。由于气隙的磁化特性基本上是线性的，所以铁心电抗器的电感值将不取决于外在的电压和电流，而是取决于其自身线圈匝数以及线圈和铁心气隙的尺寸。

干式铁心电抗器采用环氧树脂浇注成型固体绝缘结构，三相共体（大容量也有单相分体的）。电抗器铁心以硅钢片为导磁介质，由铁轭、高填充系数的铁心柱（带气隙叠片式或辐射式铁饼）组成框形磁路结构。夹紧装置使铁轭、铁心柱彼此连接在一起，形成完整而牢固的整体。套有绕组的铁心部分称铁心柱，不套绕组连接各铁心柱构成闭合磁路的铁心部分称铁轭。其绕组由单个或多个包封组成，并以小截面多股扁铜导线平行并绕而成，有效地减少了产品体积和损耗。干式铁心电抗器如图 2-48 所示。

（3）半心电抗器：绕组包封结构与空心电抗器相同，主要区别在于在空心电抗器中放置了由高导磁材料做成的心柱，从而使通过绕组中磁通大大增加。因此，半心电抗器体积小、能耗低。其铁心采用优质的导磁材料，具有良好的线性度，经特殊处理，适用于户内外运行。与铁心电抗器相比，由于铁心无须包围整个绕组，因此节约了大量的铁心材料。目前，还有一种磁屏蔽电抗器，它是在干式半心电抗器基础上，在其绕组外部增加一个环形磁屏蔽包封，能够降低电抗器周围的漏磁。干式半心电抗器如图 2-49 所示。

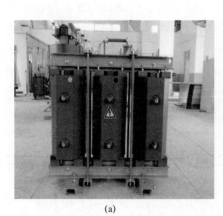

(a)

(b)

图 2-48 干式铁心电抗器

（a）铁心串联电抗器；（b）铁心并联电抗器

图 2-49 干式半心电抗器

2.1.4.2　干式电抗器的部件

1. 干式铁心电抗器的部件

（1）绕组。干式电抗器绕组的结构多使用饼式及圆筒式，另外还有箔绕层式及导线螺旋式等。

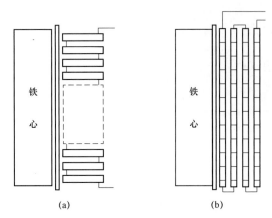

图 2-50　干式铁心电抗器绕组结构示意图
（a）饼式绕组；（b）圆筒式绕组

1）饼式绕组由若干个用扁铜线绕制成的线饼组成，线饼间有垫块，以形成饼间绝缘及油（气）道，利于绕组的散热。但由于饼间的导线需跨层或焊接，工艺繁杂，这种绕制方式多用于 35kV 以上的绕组中。干式铁心电抗器饼式绕组的结构如图 2-50（a）所示。

2）干式铁心电抗器圆筒式绕组的结构如图 2-50（b）所示，其又分为单包封和多包封两种形式。单包封圆筒式绕组多用于小容量铁心串联电抗器。多包封圆筒式绕组的绕制工艺较为简单，且不受容量限制，还可以根据各层导线规格匝数不同，使各层导线对轭间具有不同的绝缘距离；更为突出的优点是由于它层间电容大、对地电容小，在冲击电压下层间电压分布较均匀。

（2）铁心。铁心可分为铁心柱与铁轭两部分，铁心柱通常是由铁饼与气隙组成。绕组与铁心柱套装，并由端部垫块固定。铁心柱则由螺杆与上、下铁轭夹件固定成整体。对于三相电抗器常采用三心柱结构，但对于三相不平衡运行条件下，须采用多心柱结构，否则容易造成铁心磁饱和问题。

铁心结构带气隙是铁心电抗器铁心的特点，由于衍射磁通包括很大的横向分量，它将在铁心和绕组中引起极大的附加损耗。所以，为减小衍射磁通，须将总体气隙用铁心饼划分成若干个小气隙，铁心饼的高度通常为 50～100mm，视电抗器容量大小而定。与铁轭相连的上、下铁心柱的高度应不小于铁心饼的高度。

铁心中的气隙是靠垫在气隙中的绝缘垫板形成的，绝缘垫板的材质可选用环氧玻璃板或石块等。

2. 干式半心电抗器的部件

半心电抗器是近几年才出现的产品，它结合了空心电抗器与铁心电抗器的优点，既可以做到体积小，又可以使得电感在较大范围内呈线性关系，可以直接用于户外，其结构如图 2-51 所示。半心电抗器是由绕组与含在绕组内的一段铁心组成的。其中，绕组可以采用多种绕制形式，目前以户外干式空心电抗器的绕组结构为主。铁心采取辐射叠片式结构，防止存在垂直于硅钢片表面磁力线现象，减小了铁心损耗。

半心电抗器可看作介于空心电抗器与铁心电抗器之间的电抗器，其性能也同样在两者之间。相对于空气来说，铁心的相对磁导率为空气的几十倍以上，半心电抗器的电感仍然呈线性。由于铁心仅对部分磁路短路，铁心内的磁通较低，不易出现磁饱和。所以，半心电抗器的线性度要优于铁心电抗器。

（1）铁心。干式半心电抗器的铁心一般可做成平行叠片式和辐射叠片式，其结构如图 2-52 所示。

1）平行叠片式铁心饼是由中间冲孔的矽钢片平叠而成，再用穿心螺杆、压板夹紧成整体。它工艺简单，但由于气隙附近的边缘效应，电抗器在运行时，使得铁心饼中向外扩散的磁通的一部分在进入相邻的铁心饼叠片时，与硅钢片平面垂直，这样会引起很大的涡流损耗，可能在局部形成过热，并且可能引起较大的噪声。因此，它通常适用于容量较小的电抗器产品。

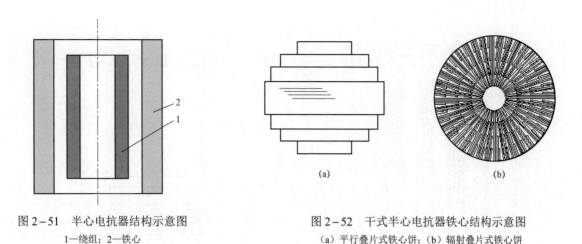

图 2-51　半心电抗器结构示意图
1—绕组；2—铁心

图 2-52　干式半心电抗器铁心结构示意图
（a）平行叠片式铁心饼；（b）辐射叠片式铁心饼

2）辐射叠片式铁心饼，其向外扩散的衍射磁通在横向进入相邻的铁心饼叠片时磁力线与硅钢片平面平行，因而附加涡流损耗减少，因此大容量铁心电抗器产品多采用辐射叠片式圆形铁心饼结构。

在辐射叠片式的铁心饼中，由于硅钢片之间没有拉螺杆和压板夹紧，因此必须借助其他的方式进行固定。在干式变压器类产品中，高（中）分子材料（如环氧树脂、双 H 胶）主要用于绕组对铁心、夹件、绕组之间以及绕组中匝间、层间等部位的粘接和绝缘。与此同时，还通常用于铁心饼、柱的浇注和粘接。在铁心饼浇注中，它除了填充了硅钢片之间的间隙、承受并传递应力之外，还将硅钢片的铁损产生的热量通过热传导作用传递到铁心外表面。高分子浇注材料的好坏直接影响着铁心部件的产品质量。

（2）绕组。干式半心电抗器的结构如图 2-53 所示，其绕组采用包封式结构，对绕制绕组导线的要求与户外干式空心电抗器的绕组相同。绕组内各个支路可采用整数匝或等分数匝技术，使得各个支路的进出线位置相同。绕组的导线可采用圆导线或组合型导线。由于采取整数匝或等分数匝技术，金属星型支架失去了意义，可采用绝缘压块实现绕组与铁心的固定绑扎以及与绝缘子的机械连接，从而防止了金属星型支架过热现象。绕组可采用绕包、浇注或浸漆形式。当包封内部采用多个并联的筒式绕组时，其绕制方法与户外干式空心电抗器相同。包封内的绕组需经绝缘包绕并由环氧绝缘胶填充形成整体，以对抗外部的大气环境。包封的端部与铁心的上端部由绝缘填充物填充成斜坡状，防止雨水、污物堆积。为了满足散热，包封间有散热气道，使得包封与包封相分隔，包封之间的气道由绝缘引拔条形成。

对于串联连接于系统中的电抗器，由于电抗器的分压通常很小，因而电抗器的首尾两端都处于系统电压下。对于 66kV 及以下并联电抗器，当发生单相对地短路故障时，中性点电压随之升高。因此，空心电抗器与半心电抗器均需要与地之间绝缘。半心电抗器的结构如图 2-54 所示，其绕组对地绝缘靠绝缘子承担，绝缘子的耐电特性决定了电抗器的对地绝缘特性，而电抗器相间安装距离通常足以满足相间绝缘要求。

与空心电抗器不同，半心电抗器绕组内部含有一段铁心，铁心的电位被指定为首端电压。若铁心电位悬浮，由于电容效应，铁心上可能感应出很高的电压。若与系统电压联合作用，可能会造成严重的事故。当发生对地短路故障时，铁心的另一端与绕组之间将会存在高压。另外，当线路遭受雷击或者在操作过电压作用下，铁心与绕组之间同样会出现瞬间过电压，这要求铁心与绕组之间的绝缘应按照绕组对地绝缘考虑。

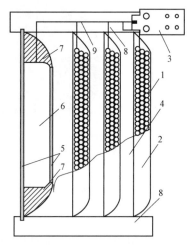

图 2-53 干式半心电抗器结构示意图
1—绕组；2—包封；3—接线端子；4—气道；5—绝缘筒；
6—铁心；7—绝缘填充；8—端部压块；9—绕组引线

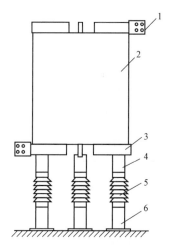

图 2-54 半心电抗器结构示意图
1—接线端子；2—绕组；3—压块；
4—绝缘支撑件；5—绝缘子；6—地脚

在系统发生故障以及雷电、操作过电压作用下，电感的特性是通低频、阻高频，故可近似于电压直接作用于绕组两端。在这些电压作用下，绕组不应该发生匝间绝缘击穿；否则在故障消除之后的系统电压作用下，绕组将由于存在短路匝而烧毁。半心电抗器通常采用 B 级耐热等级的聚酯薄膜作为匝绝缘。

3. 干式空心电抗器的部件

（1）绕组。户外空心干式电抗器的绕组是由多个同轴同心的圆筒式线圈并联组成。为了满足容量的需要并降低导线的附加损耗，线圈通常采用直径 2.0～4.4mm 的多根圆导线绕制而成。线圈导线由环氧树脂浸透的玻璃纤维包封，电抗器整体经高温固化，每层线圈的导线引出端均焊接在上、下铝合金星型支架上。由于绕包环氧绝缘胶与铜、铝导线的膨胀系数之比与铝导线接近，以及经济性的原因，户外空心干式电抗器的绕组多采用铝导线。若用户有特殊要求，也可采用铜导线。绕组包封的绝缘材料及导线常用的绝缘材料，决定了干式空心电抗器的绝缘耐热等级。为了使绕组具有足够的散热面积，满足绝缘材料长期使用的要求，绕组采用轴向气道间隔，形成空气对流自然冷却。包封的目的在于确保绕组完全与大气隔离，不受大气恶劣环境影响。由于环氧树脂绝缘胶会在大气环境下快速老化，失去原有的性能，为此，需在包封表面喷涂耐候表面漆加以保护，即产品外表经喷砂处理后喷涂抗老化、抗紫外线的绝缘漆。对于并联电抗器等端电压高的产品，还应在电抗器表面喷涂憎水性 RTV 防污闪涂料。

包封不仅有隔离绕组与形成气道的作用，而且包封绕包层的厚度也决定了绕组抗短路电动力的机械性能，即动稳定特性，而绕组的电流密度与材质决定热稳定性能。由于采用了多线圈并联结构，为了使得每个线圈承受适度的负载，线圈采取分数匝以尽可能使得电流分配合理，避免了通过换位减小环流的问题。为了实现分数匝，电抗器的进、出线端子采用上、下铝合金星型支架的结构，星臂数目越多分数匝越精确。如每个星型支架采用 8 个星臂，则匝数最大误差为 1/8＝0.125 匝。

（2）干式空心电抗器的绝缘。

1）相间绝缘与绕组对地绝缘。单相户外干式空心电抗器的结构如图 2-55 所示。由于干式空心电抗器的漏磁较大，根据理论计算与实际测量，水平排列时当相间距离大于电抗器绕组外径的 1.7 倍时，相间电磁耦合的影响可忽略不计；当绕组对地距离大于 0.5 倍电抗器绕组外径时，大地的去磁作用可以忽略不计。根据以上研究结果，通常在 66kV 及以下应用场合，电抗器相间的安装距离可以满足相间绝缘要求。电抗器的对地绝缘是靠支撑绝缘子承担的。

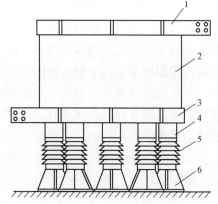

图 2-55　单相户外干式空心电抗器结构示意图

1—上星型支架；2—绕组；3—下星型支架；
4—支撑件；5—绝缘子；6—地脚

2）包封内部绝缘。在正常运行条件下，绕组内圆筒式线圈上的电位分布如图 2-56 所示。图 2-56 中曲线 1 表示在工作频率下，圆筒式线圈的实际电位沿轴向分布；曲线 2 代表理想的均匀电位分布曲线。在线圈的中部，由于受互感影响最大，所以每匝感应电势较大、曲线较陡，在绕组当中受互感影响最大的线圈具有最大的陡度。而一个包封内的各个并联线圈通常具有十分接近的分布曲线，曲线之间的差异可以忽略不计。在同一个包封内，各个并联线圈在轴向上任意点满足在包封的端部最大相差 2～3 匝电势。

3）包封匝绝缘。户外空心干式电抗器的匝绝缘通常采用聚酯薄膜带叠包导线，外包玻璃丝或玻璃丝无纺布带，其中匝间绝缘主要由聚酯薄膜承担。由于聚酯薄膜与环氧绝缘胶的粘接性能差，而玻璃丝纤维与环氧绝缘胶的亲和较好，因此外包玻璃丝或玻璃丝无纺布带主要承担导线间浸润环氧绝缘胶的固化粘接媒介。当采用 0.035mm 聚酯薄膜 1/3 叠包圆导线，一层薄膜的匝间工频耐压大于 2kV；两层薄膜的匝间工频耐压大于 17kV；三层薄膜的匝间工频耐压大于 28kV。对于不同容量的产品，可根据绕组中的最少匝数，并参考系统电压进行匝间绝缘校核。

4）端部绝缘。由于户外干式空心电抗器的端部是由浸润环氧绝缘胶的玻璃丝填充而成的，为了满足阻燃的要求，玻璃丝纤维含量应超过 80%，其固化后相对介电常数约为 4.5。已有研究结果表明，较高的介电常数作为端部材料对均匀端部电场是有帮助的，可以大幅度地降低端部导线表面的电场强度。以并联电抗器为例，其 1/2 绕组的等电位线分布如图 2-57 所示。对于串联连接于线路中的各类电抗器，其两个端部均近似于并联电抗器的上端部。可见，靠近外径包封的产品更易发生端部放电事故。

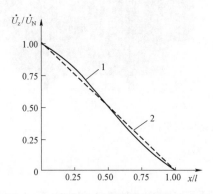

图 2-56　绕组内圆筒式线圈电位分布图

1—实际电位分布；2—理想均匀电位分布

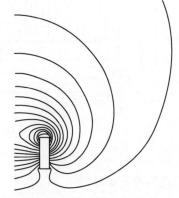

图 2-57　并联电抗器 1/2 绕组等电位线分布图

5）包封绝缘。包封绝缘，特别是对并联电抗器而言，其重要性尤为突出。若产品表面受污，恰逢阴雨天气，在电抗器端电压作用下，沿受污表面形成泄漏电流场；当电极的一端附近局部出现干燥后，局部干燥表面变成绝缘体，泄漏电流在此处中断；而另一端电极通过表面未干燥区域将电压直接传递到泄漏电流中断区域的边缘，在极端情况下，可能造成端电压直接施加于包封绝缘上。此时，若包封绝缘薄弱，则发生包封绝缘被击穿，形成包封内部线圈与外部大气环境通道。当表面树枝状放电痕迹发展到击穿点时，线圈内部与表面形成闭合短路匝，造成电抗器烧毁事故。对于串联连接于系统中的电抗器，其两端电压不高，不易造成包封绝缘击穿现象。对于户外空心并联电抗器，由于绕组的端电压较高，故应该引起足够的重视。并联电抗器包封绝缘的厚度应比同电压等级串联连接于系统中的各类电抗器取值更大。

2.1.5　站用变压器

2.1.5.1　站用变压器的分类

站用变压器是在变电站中直接从母线取电的一种变压器。站用变压器的作用主要有：作为变电站内的生活、生产用电电源；为变电站内的保护屏、高压开关柜内储能电机、开关储能等需要操作电源的设备提供交流电；为直流系统充电。站用变压器可以按相数、绕组数、冷却方式和调压方式等特征分类。按相数可分为单相变压器和三相变压器，按绕组数可分为双绕组变压器、三绕组变压器和自耦变压器，按冷却方式可分为干式变压器和油浸变压器，按调压方式可分为有载调压变压器和无励磁变压器。以下重点介绍常用的油浸式和干式两类站用变压器。

1. 油浸式站用变压器

油浸式站用变压器是将变压器的铁心、绕组等功能单元封闭在完整并接地的金属壳体内，采用绝缘油（一般为变压器油）作为主要绝缘介质的变压器，其结构及实物如图 2-58 所示。

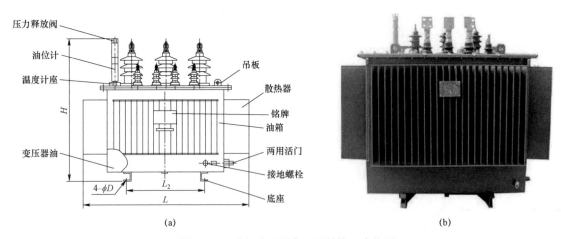

图 2-58　油浸式站用变压器结构及实物图

（a）结构图；（b）实物图

2. 干式站用变压器

干式站用变压器与油浸式站用变压器的结构基本相同，但它是一种铁心和绕组不浸在绝缘液体中的变压器。干式站用变压器按绕组制造形式可分为环氧树脂浇注式、包封式和浸渍式，如图 2-59 所示，其中环氧树脂浇注式干式变压器较为常见。绕组绕好后，绕组外面再包固体绝缘或浇注绝缘的称为包封式干式变压器；绕组绕好后，外面不再包固体绝缘，只到漆中浸渍，称为浸渍式干式变压器，也称敞开通风式干式变压器。

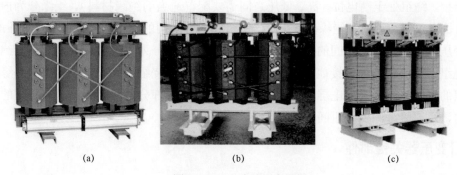

图 2-59　干式站用变压器
（a）环氧树脂浇注式；（b）包封式；（c）浸渍式

与油浸式站用变压器相比，干式站用变压器最大的特点是运输方便、清洁易维护、结构紧凑、占用空间少等。另外，干式变压器具有环保、阻燃、抗冲击等优点，特别适合防火要求高的变电站工程应用。为保证变压器绕组有良好的散热性能，必要时配备自动控制的风机进行强迫风冷却。

2.1.5.2　站用变压器的结构及功能

站用变压器主要由铁心、绕组、绝缘、夹件及附件组成。其中，铁心和绕组是变压器的核心功能部件，铁心为变压器提供磁通通路，绕组为变压器提供励磁电流，二者共同构成了变压器的电磁部分。站用变压器的结构如图 2-60 所示。

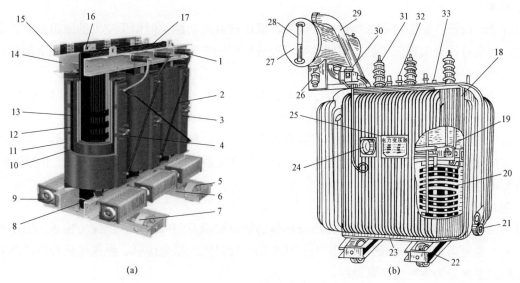

图 2-60　站用变压器结构示意图
（a）干式；（b）油浸式

1—高压端子；2—高压连接杆；3—高压分接头；4—高压连接片；5—底座；6—接地螺钉；7—双向轮；8—垫块；9—风机；
10—冷却气道；11—高压绕组；12—低压绕组；13—铁心；14—夹件；15—低压出线铜排；16—吊环；17—上铁轭；
18—油箱；19—铁心；20—绕组及绝缘；21—放油阀门；22—小车；23—接地螺栓；24—信号温度计；25—铭牌；26—吸湿器；
27—储油柜；28—油位计；29—安全气道；30—气体继电器；31—高压套管；32—低压套管；33—分接开关

变压器内部有多种元件属于带电体,同时变压器壳体、铁心等构件是接地体,在变压器的带电体和接地体之间需要配置有效的绝缘措施(站用变压器本身存在多种带电体,铁心、夹件、外壳等部件处于低电位,绕组处于高电位,高、低压之间需要配置适当的绝缘材料)。绝缘分为内绝缘和外绝缘:内绝缘是变压器油箱内的绝缘,如变压器绕组和铁心之间的绝缘;外绝缘是油箱外部的绝缘,如引出线与变压器壳体(地)之间的绝缘。其中,内绝缘又可分为主绝缘和纵绝缘:主绝缘通常指绕组之间,绕组对铁心、油箱等接地部分,引线、分接开关对绕组、铁心以及油箱的绝缘;纵绝缘是指同一绕组的匝间、层间及静电屏之间以及分接开关同相各部分之间的绝缘。在绕组的同一层或同一个线饼内,匝与匝之间要有匝间的绝缘。

2.1.5.3 站用变压器关键部件

1. 绕组

绕组是变压器实现功能的核心元件,是变压器的电路部分。站用变压器绕组应采用铜线或者铜箔绕制。绕组按电压等级可分为高压绕组和低压绕组,高、低压绕组同心套装在铁心柱上,一般低压绕组在内侧,高压绕组在外侧。低压绕组与铁心柱之间以及高、低压绕组之间都必须留有一定的绝缘间隙和散热通道,并用绝缘介质隔开。

下面简单介绍一下环氧树脂浇注绕组的结构和工艺,绕组结构一般有三种类型:① 高、低压绕组均采用导线绕制的层式绕组;② 高压绕组采用分段圆筒式,低压绕组采用多层圆筒式;③ 高、低压绕组均采用铜箔绕制。在用导线绕制时,一般采用绝缘材料和导线一起伴绕,绕制后装模,放置在浇注真空罐内浇注,然后固化成型,绕组具有较高的耐压水平和较高的机械强度。采用箔式绕组时,在层间设置 DMD 预浸布(由一层聚酯薄膜涂以黏合剂,一面为聚酯纤维非织布复合,轧光而成的一种复合绝缘材料制品)作为层间绝缘,绕制完成只需加热固化即可。

2. 铁心

只有绕组而没有铁心的变压器也能实现高、低压转换的功能;但由于空气的磁阻很大,漏磁十分严重,要求有很大的励磁电流,因此实际工程应用中的变压器必须采用铁心,以减小漏磁,提高变压器的效率。

铁心是变压器的磁路部分,常用铁心材料分热轧和冷轧、有取向和无取向硅钢片以及非晶合金,通常采用 0.3mm 厚的冷轧硅钢片叠装而成,硅钢片表面涂以绝缘漆。

目前,还有部分变压器铁心采用非晶合金带卷制而成,称为非晶合金铁心变压器。非晶合金材料的单位损耗和励磁特性都大大优于硅钢片,但存在填充系数低、加工困难等缺点,加之价格昂贵,在站用变压器上的应用较少。

3. 绝缘

(1)油浸式站用变压器。油浸式站用变压器的绕组浸没在绝缘油中,绝缘油带走绕组所产生热量的同时,也充当主要的绝缘介质,应用的其他绝缘材料还包括电缆纸、绝缘纸板及浸渍漆等。站用变压器的绝缘分为主绝缘和纵绝缘。

1)主绝缘通常指绕组之间,绕组对铁心、油箱等接地部分,引线、分接开关对绕组、铁心以及油箱的绝缘,常用绝缘方式有油屏障绝缘和油浸纸绝缘。

无论何种绝缘结构,都由纯油间隙、屏障和绝缘层三部分组成:① 纯油间隙指两个裸电极之间不设置任何固体绝缘,完全靠油绝缘;② 屏障就是设置在电极之间的绝缘纸板,可以做成和电极形状无关的各种形状,屏障可以设置多层,层间用撑条或垫块隔开一定的距离,形成油道,油间隙中采用屏障以后,可以在不同程度上提高击穿电压;③ 绝缘层就是在导体表面贴上或缠绕上固体绝缘,如导线匝绝缘和引线包绝缘纸等,除能承受一部分电压外,不仅能隔断油中杂质的导电小桥,还能明显地改变油中的电场分布,降低油中的最大电场强度。

2)纵绝缘是指同一绕组的匝间、层间及静电屏之间以及分接开关同相各部分之间的绝缘。在绕组的同一层或同一个线屏内,匝与匝之间要有匝间绝缘。匝间绝缘可由绝缘漆或有包绕的绝缘纸构成。层间绝缘是指相邻层之间或线饼与相邻线饼之间的绝缘,此绝缘有时兼作油道。

(2)干式站用变压器。干式站用变压器根据绕组结构可分为真空浸漆、环氧树脂浇注、树脂包封三大类。主绝缘采用的绝缘材料主要有环氧树脂、玻璃纤维、NOMEX 纸等,匝间绝缘常采用复合聚酯薄膜,高、低压绕组之间放置软绝缘纸筒。在制造干式变压器时,要求真空浇注环氧树脂应一次成型、不得修补,所采用的环氧树脂等应具有阻燃性好、自动熄火的特性,遇到火源时不应产生有害气体。

4. 冷却系统

变压器运行时,铁心、绕组、引线和钢结构件中均产生损耗。这些损耗将转变成热量散发于周围的介质中,从而引起变压器发热和温度升高。为使变压器各部分温升不超过规定值,应采取有效的冷却措施。

(1)油浸式站用变压器。在满足温升限值的情况下,冷却方式尽量采用自冷、风冷,冷却装置尽量采用片式散热器。油浸式变压器的铁心和绕组器身装在充满变压器油的箱体内。变压器油的两个作用:① 在变压器绕组与绕组、绕组与铁心及油箱之间起绝缘作用;② 变压器油受热后产生对流,对变压器铁心和绕组起散热作用。对于容量较小的站用变压器,散热器直接与油箱外壁焊接;也可采用波纹油箱,波纹油箱可自行补偿油的体积膨胀,可不装设储油柜。站用变压器的油箱如图 2-61 所示。

装有脐带、隔膜或波纹结构的储油柜,能使油与空气隔开,实现全密封。储油柜通过连管与油箱连通,储油柜中的油面高度随着变压器油的热胀冷缩而变动,因此使变压器油与空气接触面积减少,从而减少油的氧化和水分的侵入。

图 2-61 站用变压器油箱

变压器不同的冷却方式有着不同的冷却系统结构形式。对于采用自然冷却的小产品,有些靠箱壁本身的散热就能满足降低产品温升的要求,就不需要增加额外的冷却系统。但随着变压器容量的增加,器身的损耗也加大,产生更多的热量,为保证温升要求则必须增加散热面积。办法是直接在油箱箱壁上焊接扁管式和片式散热器,也可以将需焊接的成组散热器用法兰安装在油箱箱壁的管接头上,后者在运输时可将散热器拆下,比较方便。

(2)干式站用变压器。干式变压器的冷却方式分为自然冷却和强迫空气冷却(强迫风冷)。强迫风冷主要采用冷却风机,将其安装在绕组下部风道处,在变压器温升高于设定值时开启,低于设定值时自动停止。自然冷却时,变压器可在额定负荷下长期连续运行。强迫风冷时,变压器输出容量可提高 50%,适用于断续过负荷运行,或应急事故过负荷运行;由于过负荷时负载损耗和阻抗电压增幅较大,处于非经济运行状态,故不应使变压器长时间连续过负荷运行。干式站用变压器冷却风机如图 2-62 所示。

图 2-62　干式站用变压器冷却风机

5. 本体保护装置

（1）油位计。油位计是用于指示运行中变压器油位变化的装置，有板式油位计、普通管式油位计和带浮球管式油位计等结构形式。全密封变压器采用带浮球管式油位计，如图 2-63 所示。

（2）压力释放阀。小型站用变压器释压阀常配置在管式油位计顶端，在大、中型变压器中采用压力释放阀，一般安装在变压器的油箱顶部。在变压器正常工作时，压力释放阀保证变压器油与外部空气隔离。变压器一旦发生短路故障，变压器绕组将发生电弧和火花，使变压器油在瞬间产生大量气体，油箱内的压力剧增。当达到开启压力时，压力释放阀开启时间不应大于 2ms；当达到关闭压力时，压力释放阀自动关闭，这样，使变压器油箱不致因压力过大而变形爆炸。压力释放阀如图 2-64 所示。

图 2-63　全密封变压器管式油位计

图 2-64　压力释放阀

6. 气体继电器

气体继电器利用变压器内部故障时产生的热油流和热气流推动继电器动作，是变压器的保护元件，安装在变压器的储油柜和油箱之间的管道上。如果油浸式变压器内部发生放电故障，放电电弧会使变压器油发生分解，产生甲烷（CH_4）、乙炔（C_2H_2）、氢气（H_2）、一氧化碳（CO）、二氧化碳（CO_2）、乙烯（C_2H_4）、乙烷（C_2H_6）等多种特征气体，故障越严重，气体的量越大。这些气体产生后从变压器内部上升到上部储油柜的过程中，流经气体继电器：若气体量较少，则气体在气体继电器内聚积，使浮子下降，使继电器的动合触点闭合，作用于轻瓦斯保护发出警告信号；若气体量很大，油气通过气体继电器快速冲出，推动气体继电器内挡板动作，使另一组动合触点闭合，重瓦斯保护则直接启动继电保护跳闸，断开断路器，切除故障变压器。

7. 套管

变压器的套管将变压器内部的高、低压绕组的出线头引到油箱外部，既起到使引线对地绝缘的作用，也对引线与外电路起连接作用。因此，套管必须具有规定的电气强度和机械强度；同时，套管中间的导电体也是载流元件，运行中长期通过负载电流，因此必须具有良好的热稳定性，还需能承受短路时的瞬间过热。套管应具有外形小、绝缘好、质量轻、通用性强、密封性能好和维护检修方便等要求。

变压器套管是变压器箱外的主要绝缘装置，变压器绕组的引出线必须穿过绝缘套管，使引出线之间及引出线与变压器外壳之间绝缘，同时起固定引出线的作用。因电压等级不同，绝缘套管有纯瓷套管、充油套管和电容套管等形式：① 纯瓷套管多用于 10kV 及以下变压器，它是在瓷套管中穿一根导电铜杆，瓷套内为空气绝缘；② 充油套管多用在 35kV 级变压器，它是在瓷套管充油，在瓷套管内穿一根导电铜杆，铜杆外包绝缘纸；③ 电容套管由主绝缘电容芯子、外绝缘上、下瓷件、连接套筒、储油柜、弹簧装配、底座、均压球、测量端子、接线端子、橡皮垫圈、绝缘油等组成，用于 100kV 以上的高电压变压器上。

随着电缆绝缘技术的不断发展，插拔式电缆终端逐渐取代了现状变压器套管产品，结构紧凑，无油、无气运行，维护更为可靠和方便，且产品的电压等级也在不断地提高，满足了国内市场需求。

8. 分接开关

分接开关是用来切换变压器的高压绕组或低压绕组的分接头，以满足因电网电压变化而需调整输出电压的要求。不带励磁切换分接头的开关，称为无励磁分接开关；带负荷切换的开关，称为有载分接开关。

2.2 变压器类设备技术监督依据的标准体系

2.2.1 变压器

变压器包含本体、分接开关、非电量保护装置、冷却系统等诸多功能单元，其标准体系包含对多类功能单元技术条件、设计选型、安装施工、交接试验、运行维护、状态评价、竣工验收等方面的要求以及国家电网有限公司发布的一系列反措文件，各阶段具体参考的标准如下。

1. 规划可研阶段

《电力变压器选用导则》（GB/T 17468—2019）；

《35kV～110kV 变电站设计规范》（GB 50059—2011）；

《35kV～220kV 城市地下变电站设计规程》（DL/T 5216—2017）；

《220kV～750kV 变电站设计技术规程》（DL/T 5218—2012）；

《330 千伏及以上输变电工程可行性研究内容深度规定》（Q/GDW 10269—2017）；

《220kV 及 110（66）kV 输变电工程可行性研究内容深度规定》（Q/GDW 10270—2017）；

《国家电网有限公司关于印发十八项电网重大反事故措施（修订版）的通知》（国家电网设备〔2018〕979 号）；

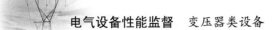

《国家电网公司关于印发电网设备技术标准差异条款统一意见的通知》（国家电网科〔2017〕549号）；

《国家电网有限公司输变电工程通用设备 35～750kV变电站分册（上册）（2018年版）》；

《国家电网有限公司输变电工程通用设备 35～750kV变电站分册（下册）（2018年版）》。

2. 工程设计阶段

《绝缘配合 第1部分：定义、原则和规则》（GB 311.1—2012）；

《火力发电厂与变电站设计防火标准》（GB 50229—2019）；

《变电站噪声控制技术导则》（DL/T 1518—2016）；

《电力设备典型消防规程》（DL 5027—2015）；

《220kV～750kV变电站设计技术规程》（DL/T 5218—2012）；

《电力安全工作规程 变电部分》（Q/GDW 1799.1—2013）；

《国家电网有限公司输变电工程初步设计内容深度规定 第2部分：110（66）kV智能变电站》（Q/GDW 10166.2—2017）；

《国家电网有限公司输变电工程初步设计内容深度规定 第8部分：220kV智能变电站》（Q/GDW 10166.8—2017）；

《国家电网有限公司输变电工程初步设计内容深度规定 第9部分：330kV～750kV智能变电站》（Q/GDW 10166.9—2017）；

《110（66）～1000kV油浸式电力变压器技术条件》（Q/GDW 11306—2014）；

《国家电网有限公司关于印发十八项电网重大反事故措施（修订版）的通知》（国家电网设备〔2018〕979号）；

《国家电网公司关于印发电网设备技术标准差异条款统一意见的通知》（国家电网科〔2017〕549号）；

《变电站（换流站）消防设备设施完善化改造原则（试行）》（设备变电〔2018〕15号）。

3. 设备采购阶段

《电力变压器 第1部分：总则》（GB 1094.1—2013）；

《电工流体 变压器和开关用的未使用过的矿物绝缘油》（GB 2536—2011）；

《火力发电厂与变电站设计防火标准》（GB 50229—2019）；

《电力变压器用吸湿器选用导则》（DL/T 1386—2014）；

《电网金属技术监督规程》（DL/T 1424—2015）；

《电网设备金属技术监督导则》（Q/GDW 11717—2017）；

《110（66）～750kV智能变电站通用一次设备技术要求及接口规范 第1部分：变压器》（Q/GDW 11071.1—2013）；

《油浸式电力变压器（电抗器）技术监督导则》（Q/GDW 11085—2013）；

《110（66）～1000kV油浸式电力变压器技术条件》（Q/GDW 11306—2014）；

《110kV油浸式电力变压器采购标准 第1部分：通用技术规范》（Q/GDW 13007.1—2018）；

《国家电网有限公司关于印发十八项电网重大反事故措施（修订版）的通知》（国家电网设备〔2018〕979号）；

《输变电工程设备安装质量管理重点措施（试行）》（基建安质〔2014〕38号）。

4. 设备制造阶段

《油浸式电力变压器（电抗器）技术监督导则》（Q/GDW 11085—2013）；

《电网设备金属技术监督导则》（Q/GDW 11717—2017）；

《电力变压器监造规范（试行）》（物资质监〔2017〕2 号）；

《国家电网有限公司关于印发十八项电网重大反事故措施（修订版）的通知》（国家电网设备〔2018〕979 号）。

5. 设备验收阶段

《电力变压器 第 2 部分：液浸式变压器的温升》（GB 1094.2—2013）；

《电力变压器 第 3 部分：绝缘水平、绝缘试验和外绝缘空气间隙》（GB/T 1094.3—2017）；

《油浸式电力变压器技术参数和要求》（GB/T 6451—2015）；

《电气装置安装工程 电力变压器、油浸电抗器、互感器施工及验收规范》（GB 50148—2010）；

《电网金属技术监督规程》（DL/T 1424—2015）；

《电力变压器试验导则》（JB/T 501—2006）；

《电网设备金属技术监督导则》（Q/GDW 11717—2017）；

《国家电网公司变电验收管理规定（试行）》〔国网（运检/3）827—2017〕；

《国家电网有限公司关于印发十八项电网重大反事故措施（修订版）的通知》（国家电网设备〔2018〕979 号）；

《国网设备部关于印发加强 66 千伏及以上电压等级变压器抗短路能力工作方案的通知》（设备变电〔2019〕1 号）；

《国网设备部关于印发 2019 年电网设备电气性能、金属及土建专项技术监督工作方案的通知》（设备技术〔2019〕15 号）。

6. 设备安装阶段

《电气装置安装工程 电力变压器、油浸电抗器、互感器施工及验收规范》（GB 50148—2010）；

《电网金属技术监督规程》（DL/T 1424—2015）；

《电网设备金属技术监督导则》（Q/GDW 11717—2017）；

《油浸式电力变压器（电抗器）技术监督导则》（Q/GDW 11085—2013）；

《输变电工程设备安装质量管理重点措施（试行）》（基建安质〔2014〕38 号）；

《国家电网公司输变电工程质量通病防治工作要求及技术措施》（基建质量〔2010〕19 号）；

《国家电网公司输变电工程验收管理办法》〔国网（基建 3）188—2015〕；

《国家电网有限公司关于印发十八项电网重大反事故措施（修订版）的通知》（国家电网设备〔2018〕979 号）。

7. 设备调试阶段

《六氟化硫电气设备中气体管理和检测导则》（GB/T 8905—2012）；

《电气装置安装工程 电力变压器、油浸电抗器、互感器施工及验收规范》（GB 50148—2010）；

《电气装置安装工程 电气设备交接试验标准》（GB 50150—2016）；

《1000kV 电气安装工程 电气设备交接试验规程》（Q/GDW 10310—2016）；

《油浸式电力变压器（电抗器）技术监督导则》（Q/GDW 11085—2013）；

《国家电网有限公司关于印发十八项电网重大反事故措施（修订版）的通知》（国家电网设备〔2018〕979 号）；

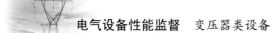

《国家电网公司关于印发电网设备技术标准差异条款统一意见的通知》（国家电网科〔2017〕549号）。

8. 竣工验收阶段

《电气装置安装工程 电力变压器、油浸电抗器、互感器施工及验收规范》（GB 50148—2010）；

《工程测量规范》（GB 50026—2007）；

《电力建设施工技术规范 第1部分：土建结构施工程》（DL 5190.1—2012）；

《电气安装工程质量检验及评定规程 第3部分：电力变压器、油浸电抗器、互感器施工质量检验》（DL/T 5161.3—2018）；

《电力安全工作规程 变电部分》（Q/GDW 1799.1—2013）；

《油浸式电力变压器（电抗器）技术监督导则》（Q/GDW 11085—2013）；

《国家电网公司变电验收管理规定（试行）》[国网（运检/3）827—2017]；

《国家电网有限公司关于印发十八项电网重大反事故措施（修订版）的通知》（国家电网设备〔2018〕979号）；

《变压器固定自动灭火系统完善化改造原则（试行）》（设备变电〔2018〕15号）；

《回弹法检测混凝土抗压强度技术规程》（JGJ/T 23—2011）；

《国家电网公司输变电工程标准工艺 （三）工艺标准库（2016年版）》。

9. 运维检修阶段

《油浸式变压器（电抗器）状态检修导则》（DL/T 1684—2017）；

《输变电设备状态检修试验规程》（Q/GDW 1168—2013）；

《油浸式电力变压器（电抗器）技术监督导则》（Q/GDW 11085—2013）；

《国家电网公司变电检测管理规定（试行）》[国网（运检/3）829—2017]；

《国家电网公司变电评价管理规定（试行）》[国网（运检/3）830—2017]；

《国家电网有限公司关于印发十八项电网重大反事故措施（修订版）的通知》（国家电网设备〔2018〕979号）。

10. 退役报废阶段

《六氟化硫电气设备中气体管理和检测导则》（GB/T 8905—2012）；

《电网一次设备报废技术评估导则》（Q/GDW 11772—2017）；

《变压器油维护管理导则》（GB/T 14542—2017）。

2.2.2 电流互感器

按照规划可研、工程设计、设备采购、设备制造、设备验收、设备安装、设备调试、竣工验收、运维检修、退役报废十个技术监督阶段进行划分，具体分类如下。

1. 规划可研阶段

该阶段主要是监督并评价规划可研阶段工作是否满足国家、行业和国家电网有限公司有关可研规划标准、设备选型标准、预防事故措施、差异化设计、环保等的要求。电流互感器在该阶段开展技术监督工作时所依据的标准如下：

《电流互感器技术监督导则》（Q/GDW 11075—2013）；

《国家电网有限公司关于印发十八项电网重大反事故措施（修订版）的通知》（国家电网设备〔2018〕979号）；

《电流互感器和电压互感器选择及计算规程》（DL/T 866—2015）；

《电子式电流互感器技术规范》（Q/GDW 1847—2012）；

《电能计量装置通用设计规范》（Q/GDW 10347—2016）；

《火力发电厂、变电站二次接线设计技术规程》（DL/T 5136—2012）；

《智能变电站继电保护技术规范》（Q/GDW 441—2010）。

2. 工程设计阶段

该阶段主要监督并评价工程设计工作是否满足国家、行业和国家电网有限公司有关工程设计标准、设备选型标准、预防事故措施、差异化设计、环保等的要求，对不符合要求的出具技术监督告（预）警单。电流互感器在该阶段开展技术监督工作时所依据的标准如下：

《国家电网有限公司关于发布 35～750kV 输变电工程通用设计、通用设备应用目录（2019 年版）的通知》（国家电网基建〔2019〕168 号）；

《国家电网有限公司关于印发十八项电网重大反事故措施（修订版）的通知》（国家电网设备〔2018〕979 号）；

《变电站设备验收规范 第 6 部分：电流互感器》（Q/GDW 11651.6—2016）；

《电流互感器和电压互感器选择及计算规程》（DL/T 866—2015）；

《电能计量装置通用设计规范》（Q/GDW 10347—2016）；

《火力发电厂、变电站二次接线设计技术规程》（DL/T 5136—2012）；

《智能变电站继电保护技术规范》（Q/GDW 441—2010）。

3. 设备采购阶段

该阶段主要是监督并评价设备招、评标环节所选设备是否符合安全可靠、技术先进、运行稳定、高性价比的原则，是否存在对明令停止供货（或停止使用）、不满足预防事故措施、未经鉴定、未经入网检测或入网检测不合格的产品。电流互感器在该阶段开展技术监督工作时所依据的标准如下：

《国家电网有限公司关于印发十八项电网重大反事故措施（修订版）的通知》（国家电网设备〔2018〕979 号）；

《500kV 电流互感器采购标准 第 1 部分：通用技术规范》（Q/GDW 13023.1—2018）；

《10kV～35kV 计量用电流互感器技术规范》（Q/GDW 11681—2017）；

《电流互感器和电压互感器选择及计算规程》（DL/T 866—2015）；

《智能变电站继电保护技术规范》（Q/GDW 441—2010）；

《电网设备金属技术监督导则》（Q/GDW 11717—2017）。

4. 设备制造阶段

该阶段主要是监督并评价设备制造过程中订货合同、有关技术标准及反措的执行情况，必要时可派监督人员到制造厂采取过程见证、部件抽测、试验复测等方式开展专项技术监督。电流互感器在该阶段开展技术监督工作时所依据的标准如下：

《电流互感器抽检工作规范》（国家电网有限公司物资部组编，中国电力出版社出版）；

《国家电网有限公司关于印发十八项电网重大反事故措施（修订版）的通知》（国家电网设备〔2018〕979 号）；

《电网设备金属技术监督导则》（Q/GDW 11717—2017）。

5. 设备验收阶段

该阶段主要是监督并评价设备制造工艺、装置性能、检测报告等是否满足订货合同、设计图纸、

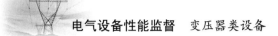

相关标准和招投标文件的要求；设备供货单与供货合同及实物一致性以及设备运输、储存过程是否符合要求。电流互感器在该阶段开展技术监督工作时所依据的标准如下：

《互感器　第 2 部分：电流互感器的补充技术要求》（GB 20840.2—2014）；

《互感器试验导则　第 1 部分：电流互感器》（GB/T 22071.1—2018）；

《国家电网有限公司关于印发十八项电网重大反事故措施（修订版）的通知》（国家电网设备〔2018〕979 号）；

《互感器　第 1 部分：通用技术要求》（GB 20840.1—2010）；

《电力用电流互感器使用技术规范》（DL/T 725—2013）；

《10kV～35kV 计量用电流互感器技术规范》（Q/GDW 11681—2017）。

6. 设备安装阶段

该阶段主要是监督并评价安装单位及人员资质、工艺控制资料、安装过程是否符合相关规定，对重要工艺环节开展安装质量抽检。电流互感器在该阶段开展技术监督工作时所依据的标准如下：

《电气装置安装工程质量检验及评定规程　第 3 部分：电力变压器、油浸电抗器、互感器施工质量检验》（DL/T 5161.3—2018）；

《国家电网有限公司关于印发十八项电网重大反事故措施（修订版）的通知》（国家电网设备〔2018〕979 号）；

《直流换流站电气装置安装工程施工及验收规范》（DL/T 5232—2019）；

《电气装置安装工程　电力变压器、油浸电抗器、互感器施工及验收规范》（GB 50148—2010）；

《智能变电站继电保护技术规范》（Q/GDW 441—2010）。

7. 设备调试阶段

该阶段主要是监督并评价调试单位及人员资质、工艺控制资料、调试过程是否符合相关规定，对重要工艺环节开展抽检。电流互感器在该阶段开展技术监督工作时所依据的标准如下：

《电流互感器技术监督导则》（Q/GDW 11075—2013）；

《电气装置安装工程　电气设备交接试验标准》（GB 50150—2016）；

《国家电网有限公司关于印发十八项电网重大反事故措施（修订版）的通知》（国家电网设备〔2018〕979 号）；

《变压器油中溶解气体分析和判断导则》（DL/T 722—2014）；

《六氟化硫电气设备中气体管理和检测导则》（GB/T 8905—2012）；

《电能计量装置技术管理规程》（DL/T 448—2016）；

《电气装置安装工程　电力变压器、油浸电抗器、互感器施工及验收规范》（GB 50148—2010）；

《电流互感器和电压互感器选择及计算规程》（DL/T 866—2015）；

《继电保护和电网安全自动装置检验规程》（DL/T 995—2016）；

《智能变电站继电保护技术规范》（Q/GDW 441—2010）。

8. 竣工验收阶段

该阶段主要是对前期各阶段技术监督发现问题的整改落实情况进行监督检查和评价，参与竣工验收阶段中设备交接验收的技术监督工作。电流互感器在该阶段开展技术监督工作时所依据的标准如下：

《电气装置安装工程　电力变压器、油浸电抗器、互感器施工及验收规范》（GB 50148—2010）；

《电气装置安装工程 电气设备交接试验标准》（GB 50150—2016）；

《变电站设备验收规范 第 6 部分：电流互感器》（Q/GDW 11651.6—2016）；

《国家电网有限公司关于印发十八项电网重大反事故措施（修订版）的通知》（国家电网设备〔2018〕979 号）；

《六氟化硫电气设备中气体管理和检测导则》（GB/T 8905—2012）；

《电力用电流互感器使用技术规范》（DL/T 725—2013）；

《继电保护及安全自动装置验收规范》（Q/GDW 1914—2013）；

《智能变电站继电保护技术规范》（Q/GDW 441—2010）。

9. 运维检修阶段

该阶段主要是监督并评价设备状态信息收集、状态评价、检修策略制订、检修计划编制、检修实施和绩效评价等工作中相关技术标准和预防事故措施的执行情况。电流互感器在该阶段开展技术监督工作时所依据的标准如下：

《国家电网有限公司关于印发十八项电网重大反事故措施（修订版）的通知》（国家电网设备〔2018〕979 号）；

《国家电网公司变电运维管理规定（试行）》[国网（运检/3）828—2017]；

《电流互感器技术监督导则》（Q/GDW 11075—2013）；

《输变电设备状态检修试验规程》（Q/GDW 1168—2013）；

《电流互感器状态检修导则》（Q/GDW 445—2010）；

《电流互感器状态评价导则》（Q/GDW 10446—2016）；

《国网运检部关于印发变电设备带电检测工作指导意见的通知》（运检一〔2014〕108 号）；

《电能计量装置技术管理规程》（DL/T 448—2016）；

《电力互感器检定规程》（JJG 1021—2007）。

10. 退役报废阶段

该阶段主要是监督并评价设备退役报废处理过程中相关技术标准和预防事故措施的执行情况。电流互感器在该阶段开展技术监督工作时所依据的标准如下：

《电网一次设备报废技术评估导则》（Q/GDW 11772—2017）；

《变压器油维护管理导则》（GB/T 14542—2017）；

《六氟化硫电气设备中气体管理和检测导则》（GB/T 8905—2012）；

《电能计量装置技术管理规程》（DL/T 448—2016）。

2.2.3 电压互感器

按照规划可研、工程设计、设备采购、设备制造、设备验收、设备安装、设备调试、竣工验收、运维检修、退役报废十个技术监督阶段进行划分，具体分类如下。

1. 规划可研阶段

该阶段主要是监督并评价规划可研阶段工作是否满足国家、行业和国家电网有限公司有关可研规划标准、设备选型标准、预防事故措施、差异化设计、环保等的要求。电压互感器在该阶段开展技术监督工作时所依据的标准如下：

《电压互感器技术监督导则》（Q/GDW 11081—2013）；

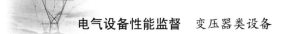

《火力发电厂、变电站二次接线设计技术规程》（DL/T 5136—2012）；

《电流互感器和电压互感器选择及计算规程》（DL/T 866—2015）；

《国家电网有限公司关于印发十八项电网重大反事故措施（修订版）的通知》（国家电网设备〔2018〕979 号）；

《变电站设备验收规范　第 7 部分：电压互感器》（Q/GDW 11651.7—2016）；

《电能计量装置通用设计规范》（Q/GDW 10347—2016）。

2. 工程设计阶段

该阶段主要是监督并评价工程设计工作是否满足国家、行业和国家电网有限公司有关工程设计标准、设备选型标准、预防事故措施、差异化设计、环保等的要求，对不符合要求的出具技术监督告（预）警单。电压互感器在该阶段开展技术监督工作时所依据的标准如下：

《国家电网公司输变电工程通用设备　110（66）～750kV 智能变电站一次设备（2012 年版）》；

《火力发电厂、变电站二次接线设计技术规程》（DL/T 5136—2012）；

《1000kV 变电站设计规范》（GB 50697—2011）；

《国家电网有限公司关于印发十八项电网重大反事故措施（修订版）的通知》（国家电网设备〔2018〕979 号）；

《电流互感器和电压互感器选择及计算规程》（DL/T 866—2015）；

《电力用电磁式电压互感器使用技术规范》（DL/T 726—2013）；

《电能计量装置通用设计规范》（Q/GDW 10347—2016）；

《智能变电站继电保护技术规范》（Q/GDW 441—2010）。

3. 设备采购阶段

该阶段主要是监督并评价设备招、评标环节所选设备是否符合安全可靠、技术先进、运行稳定、高性价比的原则，是否存在明令停止供货（或停止使用）、不满足预防事故措施、未经鉴定、未经入网检测或入网检测不合格的产品。电压互感器在该阶段开展技术监督工作时所依据的标准如下：

《电压互感器技术监督导则》（Q/GDW 11081—2013）；

《电流互感器和电压互感器选择及计算规程》（DL/T 866—2015）；

《国家电网有限公司关于印发十八项电网重大反事故措施（修订版）的通知》（国家电网设备〔2018〕979 号）；

《220kV 电压互感器采购标准　第 1 部分：通用技术规范》（Q/GDW 13027.1—2018）；

《330kV 电压互感器采购标准　第 1 部分：通用技术规范》（Q/GDW 13028.1—2018）；

《互感器　第 3 部分：电磁式电压互感器的补充技术要求》（GB 20840.3—2013）；

《1000kV 交流系统用电容式电压互感器技术规范》（GB/T 24841—2018）；

《互感器　第 5 部分：电容式电压互感器的补充技术要求》（GB/T 20840.5—2013）；

《电力互感器检定规程》（JJG 1021—2007）；

《电能计量装置通用设计规范》（Q/GDW 10347—2016）；

《火力发电厂、变电站二次接线设计技术规程》（DL/T 5136—2012）；

《智能变电站继电保护技术规范》（Q/GDW 441—2010）；

《500kV 电压互感器采购标准　第 1 部分：通用技术规范》（Q/GDW 13029.1—2018）。

4. 设备制造阶段

该阶段主要是监督并评价设备制造过程中订货合同、有关技术标准及反措的执行情况，必要时可派监督人员到制造厂采取过程见证、部件抽测、试验复测等方式开展专项技术监督。电压互感器在该阶段开展技术监督工作时所依据的标准如下：

《电压互感器抽检工作规范》（国家电网有限公司物资部组编，中国电力出版社出版）；

《1000kV 电气设备监造导则》（DL/T 1180—2012）；

《电网设备金属技术监督导则》（Q/GDW 11717—2017）；

《国家电网有限公司关于印发十八项电网重大反事故措施（修订版）的通知》（国家电网设备〔2018〕979 号）。

5. 设备验收阶段

该阶段主要是监督并评价设备制造工艺、装置性能、检测报告等是否满足订货合同、设计图纸、相关标准和招投标文件的要求；设备供货单与供货合同及实物一致性以及设备运输、储存过程是否符合要求。电压互感器在该阶段开展技术监督工作时所依据的标准如下：

《互感器试验导则　第 2 部分：电磁式电压互感器》（GB/T 22071.2—2017）；

《国家电网有限公司关于印发十八项电网重大反事故措施（修订版）的通知》（国家电网设备〔2018〕979 号）；

《互感器　第 3 部分：电磁式电压互感器的补充技术要求》（GB 20840.3—2013）；

《互感器　第 5 部分：电容式电压互感器的补充技术要求》（GB/T 20840.5—2013）；

《1000kV 交流系统用电容式电压互感器技术规范》（GB/T 24841—2018）；

《10kV～35kV 计量用电压互感器技术规范》（Q/GDW 11682—2017）。

6. 设备安装阶段

该阶段主要是监督并评价安装单位及人员资质、工艺控制资料、安装过程是否符合相关规定，对重要工艺环节开展安装质量抽检。电压互感器在该阶段开展技术监督工作时所依据的标准如下：

《国家电网有限公司关于印发十八项电网重大反事故措施（修订版）的通知》（国家电网设备〔2018〕979 号）；

《电气装置安装工程　电力变压器、油浸电抗器、互感器施工及验收规范》（GB 50148—2010）；

《火力发电厂、变电站二次接线设计技术规程》（DL/T 5136—2012）；

《智能变电站继电保护技术规范》（Q/GDW 441—2010）。

7. 设备调试阶段

该阶段主要是监督并评价调试单位及人员资质、工艺控制资料、调试过程是否符合相关规定，对重要工艺环节开展抽检。电压互感器在该阶段开展技术监督工作时所依据的标准如下：

《电气装置安装工程　电气设备交接试验标准》（GB/T 50150—2016）；

《变压器油中溶解气体分析和判断导则》（DL/T 722—2014）；

《电能计量装置技术管理规程》（DL/T 448—2016）；

《1000kV 系统电气装置安装工程电气设备交接试验标准》（GB/T 50832—2013）；

《继电保护和电网安全自动装置检验规程》（DL/T 995—2016）；

《智能变电站继电保护技术规范》（Q/GDW 441—2010）；

《国家电网有限公司关于印发十八项电网重大反事故措施（修订版）的通知》（国家电网设备

〔2018〕979 号）。

8. 竣工验收阶段

该阶段主要是对前期各阶段技术监督发现问题的整改落实情况进行监督检查和评价，参与竣工验收阶段中设备交接验收的技术监督工作。电压互感器在该阶段开展技术监督工作时所依据的标准如下：

《电气装置安装工程　电力变压器、油浸电抗器、互感器施工及验收规范》（GB 50148—2010）；

《电气装置安装工程　电气设备交接试验标准》（GB 50150—2016）；

《变电站设备验收规范　第 7 部分：电压互感器》（Q/GDW 11651.7—2016）；

《输变电工程设备安装质量管理重点措施（试行）》（基建安质〔2014〕38 号）；

《国家电网有限公司关于印发十八项电网重大反事故措施（修订版）的通知》（国家电网设备〔2018〕979 号）；

《六氟化硫电气设备中气体管理和检测导则》（GB/T 8905—2012）；

《互感器运行检修导则》（DL/T 727—2013）；

《继电保护及安全自动装置验收规范》（Q/GDW 1914—2013）；

《智能变电站继电保护技术规范》（Q/GDW 441—2010）；

《火力发电厂、变电站二次接线设计技术规程》（DL/T 5136—2012）。

9. 运维检修阶段

该阶段主要是监督并评价设备状态信息收集、状态评价、检修策略制订、检修计划编制、检修实施和绩效评价等工作中相关技术标准和预防事故措施的执行情况。电压互感器在该阶段开展技术监督工作时所依据的标准如下：

《国家电网有限公司关于印发十八项电网重大反事故措施（修订版）的通知》（国家电网设备〔2018〕979 号）；

《电压互感器技术监督导则》（Q/GDW 11081—2013）；

《国家电网公司变电运维管理规定（试行）》［国网（运检/3）828—2017］；

《输变电设备状态检修试验规程》（Q/GDW 1168—2013）；

《电磁式电压互感器状态评价导则》（Q/GDW 458—2010）；

《电容式电压互感器、耦合电容器状态评价导则》（Q/GDW 10460—2017）；

《电磁式电压互感器状态检修导则》（Q/GDW 457—2010）；

《电容式电压互感器、耦合电容器状态检修导则》（Q/GDW 459—2010）；

《电能计量装置技术管理规程》（DL/T 448—2016）；

《电网设备金属技术监督导则》（Q/GDW 11717—2017）。

10. 退役报废阶段

该阶段主要是监督并评价设备退役报废处理过程中相关技术标准和预防事故措施的执行情况。电压互感器在该阶段开展技术监督工作时所依据的标准如下：

《电网一次设备报废技术评估导则》（Q/GDW 11772—2017）；

《变压器油维护管理导则》（GB/T 14542—2017）；

《六氟化硫电气设备中气体管理和检测导则》（GB/T 8905—2012）；

《电能计量装置技术管理规程》（DL/T 448—2016）。

2.2.4　干式电抗器

1. 规划可研阶段

主要是电网规划设计单位在开展干式电抗器选型、参数核算以及零部件设计等工作时依据的产品设计、计算规程及选用导则，具体包括：

《并联电容器装置设计规范》（GB 50227—2017）；

《高压并联电容器用串联电抗器订货技术条件》（DL 462—1992）；

《导体和电器选择设计技术规定》（DL/T 5222—2005）；

《35kV～220kV 变电站无功补偿装置设计技术规定》（DL/T 5242—2010）；

《电力系统无功补偿配置技术导则》（Q/GDW 212—2015）。

2. 工程设计阶段

主要是电网规划设计单位在开展干式电抗器选型、参数核算以及零部件设计等工作时依据的产品设计、计算规程及选用导则，具体包括：

《高压并联电容器用串联电抗器订货技术条件》（DL 462—1992）；

《导体和电器选择设计技术规定》（DL/T 5222—2005）；

《10kV～66kV 干式电抗器技术标准》［国网（运检4）625—2005］；

《35kV～220kV 变电站无功补偿装置设计技术规定》（DL/T 5242—2010）；

《国家电网有限公司关于印发十八项电网重大反事故措施（修订版）的通知》（国家电网设备〔2018〕979 号）。

3. 设备采购阶段

《高压并联电容器用串联电抗器订货技术条件》（DL 462—1992）；

《10kV 干式空心并联电抗器采购标准　第 1 部分：通用技术规范》（Q/GDW 13055.1—2018）；

《10kV～35kV 干式空心限流电抗器采购标准　第 2 部分：10kV 干式空心限流电抗器专用技术规范》（Q/GDW 13064.2—2018）；

《10～66kV 干式电抗器技术标准》［国网（运检4）625—2005］；

《国家电网有限公司关于印发十八项电网重大反事故措施（修订版）的通知》（国家电网设备〔2018〕979 号）。

4. 设备制造阶段

主要是对干式电抗器的使用条件、额定参数、设计与结构以及试验等方面的相关要求，具体包括：

《电力变压器　第 6 部分：电抗器》（GB/T 1094.6—2011）；

《高压并联电容器用串联电抗器》（JB/T 5346—2014）；

《6kV～35kV 级干式并联电抗器技术参数和要求》（JB/T 10775—2007）；

《干式电抗器技术监督导则》（Q/GDW 11077—2013）；

《10kV 干式空心并联电抗器采购标准　第 1 部分：通用技术规范》（Q/GDW 13055.1—2018）；

《10kV 干式铁心并联电抗器采购标准　第 1 部分：通用技术规范》（Q/GDW 13056.1—2018）。

5. 设备验收阶段

主要是设备安装单位在开展干式电抗器验收时依据的相关规范，具体包括：

《电力变压器　第6部分：电抗器》（GB/T 1094.6—2011）；

《6kV～35kV级干式并联电抗器技术参数和要求》（JB/T 10775—2007）；

《国家电网有限公司关于印发电网设备技术标准差异条款统一意见的通知》（国家电网科〔2017〕549号）；

《国家电网有限公司关于印发十八项电网重大反事故措施（修订版）的通知》（国家电网设备〔2018〕979号）。

6. 设备安装阶段

主要是设备安装单位在开展干式电抗器安装工程的施工时依据的相关规范，具体包括：

《导电用铜板和条》（GB/T 2529—2012）；

《电气装置安装工程　高压电器施工及验收规范》（GB 50147—2010）；

《电气装置安装工程　母线装置施工及验收规范》（GB 50149—2010）；

《国家电网有限公司关于印发十八项电网重大反事故措施（修订版）的通知》（国家电网设备〔2018〕979号）。

7. 设备调试阶段

《电力变压器　第6部分：电抗器》（GB/T 1094.6—2011）；

《电气装置安装工程　电气设备交接试验标准》（GB 50150—2016）；

《高压并联电容器用串联电抗器》（JB/T 5346—2014）；

《国家电网有限公司关于印发电网设备技术标准差异条款统一意见的通知》（国家电网科〔2017〕549号）；

《国家电网有限公司关于印发十八项电网重大反事故措施（修订版）的通知》（国家电网设备〔2018〕979号）。

8. 竣工验收阶段

主要是设备检测试验负责单位在开展干式电抗器现场调试、交接试验以及检验测量等工作时依据的相关标准，具体包括：

《电气装置安装工程质量检验及评定规程　第3部分：电力变压器、油浸电抗器、互感器施工质量检验》（DL/T 5161.3—2018）；

《电气装置安装工程　母线装置施工及验收规范》（GB 50149—2010）；

《电气装置安装工程　电气设备交接试验标准》（GB 50150—2016）。

9. 运维检修阶段

主要是指设备运维单位在开展干式电抗器状态检修、运行维护、预防性试验、状态评价等工作时依据的相关标准。具体包括：

《干式并联电抗器状态检修导则》（Q/GDW 598—2011）；

《输变电设备状态检修试验规程》（Q/GDW 1168—2013）；

《干式并联电抗器状态评价导则》（Q/GDW 10599—2017）；

《干式电抗器技术监督导则》（Q/GDW 11077—2013）；

《国家电网有限公司关于印发十八项电网重大反事故措施（修订版）的通知》（国家电网设备〔2018〕979号）。

10. 退役报废阶段

《电网一次设备报废技术评估导则》（Q/GDW 11772—2017）。

2.2.5　站用变压器

按照规划可研、工程设计、设备采购、设备制造、设备验收、设备安装、设备调试、竣工验收、运维检修、退役报废十个技术监督阶段进行划分，具体分类如下。

1. 规划可研阶段

主要是开展规划可研阶段技术监督工作时所依据的设计技术规程、预防事故措施等要求，具体包括：

《国家电网公司变电专业精益化管理评价规范》（国家电网运检〔2015〕224 号）；

《35kV～220kV 城市地下变电站设计规程》（DL/T 5216—2017）；

《国家电网有限公司关于印发十八项电网重大反事故措施（修订版）的通知》（国家电网设备〔2018〕979 号）；

《国家电网公司变电验收管理规定（试行）》[国网（运检/3）827—2017]；

《220kV～1000kV 变电站站用电设计技术规程》（DL/T 5155—2016）。

2. 工程设计阶段

主要是开展工程设计阶段技术监督工作时所依据的设计技术规程、预防事故措施等要求，具体包括：

《导体和电器选择设计技术规定》（DL/T 5222—2005）；

《高压配电装置设计规范》（DL/T 5352—2018）；

《220kV～1000kV 变电站站用电设计技术规程》（DL/T 5155—2016）；

《35kV～220kV 城市地下变电站设计规程》（DL/T 5216—2017）；

《油浸式电力变压器技术参数和要求》（GB/T 6451—2015）；

《国家电网有限公司关于印发十八项电网重大反事故措施（修订版）的通知》（国家电网设备〔2018〕979 号）；

《国家电网公司变电验收管理规定（试行）》[国网（运检/3）827—2017]。

3. 设备采购阶段

主要是开展设备采购阶段技术监督工作时所依据的技术监督导则、设备采购标准等要求，具体包括：

《油浸式电力变压器（电抗器）技术监督导则》（Q/GDW 11085—2013）；

《油浸式电力变压器技术参数和要求》（GB/T 6451—2015）；

《10kV 变压器采购标准　第 1 部分：通用技术规范》（Q/GDW 13002.1—2018）；

《电气装置安装工程　电气设备交接试验标准》（GB/T 50150—2016）；

《35kV 站用变压器采购标准　第 1 部分：通用技术规范》（Q/GDW 13004.1—2018）；

《国家电网公司变电专业精益化管理评价规范》（国家电网运检〔2015〕224 号）；

《10kV 变压器采购标准　第 3 部分：10kV 三相干式变压器专用技术规范》（Q/GDW 13002.3—2018）；

《10kV 配电变压器选型技术原则和检测技术规范》（Q/GDW 11249—2014）；

《35kV 站用变压器采购标准　第 2 部分：35kV 三相双绕组油浸无励磁电力变压器（站用变压器）专用技术规范》（Q/GDW 13004.2—2018）。

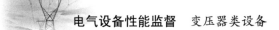

4. 设备制造阶段

主要是开展设备制造阶段技术监督工作时所依据的设备采购标准、设备导则等要求，具体包括：

《干式电力变压器技术参数和要求》（GB/T 10228—2015）；

《电力变压器 第 11 部分：干式变压器》（GB 1094.11—2007）；

《电力变压器 第 12 部分：干式电力变压器负载导则》（GB/T 1094.12—2013）；

《10kV 变压器采购标准 第 1 部分：通用技术规范》（Q/GDW 13002.1—2018）；

《10kV 变压器采购标准 第 3 部分：10kV 三相干式变压器专用技术规范》（Q/GDW 13002.3—2018）；

《35kV 站用变压器采购标准 第 1 部分：通用技术规范》（Q/GDW 13004.1—2018）。

5. 设备验收阶段

主要是开展设备验收阶段技术监督工作时所依据的设备采购标准、交接试验标准等要求，具体包括：

《10kV 变压器采购标准 第 1 部分：通用技术规范》（Q/GDW 13002.1—2018）；

《电力变压器 第 1 部分：总则》（GB 1094.1—2013）；

《10kV 变压器采购标准 第 3 部分：10kV 三相干式变压器专用技术规范》（Q/GDW 13002.3—2018）；

《35kV 站用变压器采购标准 第 1 部分：通用技术规范》（Q/GDW 13004.1—2018）；

《10kV 配电变压器选型技术原则和检测技术规范》（Q/GDW 11249—2014）；

《35kV 站用变压器采购标准 第 2 部分：35kV 三相双绕组油浸无励磁电力变压器（站用变压器）专用技术规范》（Q/GDW 13004.2—2018）；

《电气装置安装工程 电气设备交接试验标准》（GB 50150—2016）；

《35kV 站用变压器采购标准 第 3 部分：35kV 三相双绕组油浸有载调压电力变压器（站用变压器）专用技术规范》（Q/GDW 13004.3—2018）；

《66kV 站用变压器采购标准 第 3 部分：66kV/0.4kV/1000kVA 油浸式三相双绕组有载调压电力变压器专用技术规范》（Q/GDW 13005.3—2018）；

《国家电网公司变电验收管理规定（试行）》［国网（运检/3）827—2017］。

6. 设备安装阶段

主要是开展设备安装阶段技术监督工作时所依据的预防事故措施、设备采购标准等要求，具体包括：

《国家电网公司变电专业精益化管理评价规范》（国家电网运检〔2015〕224 号）；

《国家电网公司十八项电网重大反事故措施（修订版）》（国家电网设备〔2018〕979 号）；

《10kV 变压器采购标准 第 1 部分：通用技术规范》（Q/GDW 13002.1—2018）；

《35kV 站用变压器采购标准 第 1 部分：通用技术规范》（Q/GDW 13004.1—2018）。

7. 设备调试阶段

主要是开展设备调试阶段技术监督工作时所依据的精益化管理评价规范、交接试验标准等要求，具体包括：

《电气装置安装工程 电气设备交接试验标准》（GB 50150—2016）；

《干式电力变压器技术参数和要求》（GB/T 10228—2015）；

《国家电网公司变电专业精益化管理评价规范》（国家电网运检〔2015〕224 号）。

8. 竣工验收阶段

主要是开展竣工验收阶段技术监督工作时所依据的施工验收规范、运维规程等要求，具体包括：

《电气装置安装工程　电力变压器、油浸式电抗器、互感器施工及验收规范》（GB/T 50148—2010）；

《国家电网公司变电验收管理规定（试行）》[国网（运检/3）827—2017]；

《配电网运维规程》（Q/GDW 1519—2014）；

《干式电力变压器技术参数和要求》（GB/T 10228—2015）；

《10kV 变压器采购标准　第 1 部分：通用技术规范》（Q/GDW 13002.1—2018）；

《国家电网公司变电专业精益化管理评价规范》（国家电网运检〔2015〕224 号）；

《国家电网有限公司关于印发十八项电网重大反事故措施（修订版）的通知》（国家电网设备〔2018〕979 号）。

9. 运维检修阶段

主要是开展运维检修阶段技术监督工作时所依据的试验规程、运行规程等要求，具体包括：

《输变电设备状态检修试验规程》（Q/GDW 1168—2013）；

《电力变压器运行规程》（DL/T 572—2010）；

《油浸式变压器（电抗器）状态检修导则》（DL/T 1684—2017）；

《油浸式电力变压器（电抗器）技术监督导则》（Q/GDW 11085—2013）；

《输变电一次设备缺陷分类标准》（Q/GDW 1906—2013）；

《国家电网公司变电运维管理规定（试行）》[国网（运检/3）828—2017]；

《国家电网有限公司关于印发十八项电网重大反事故措施（修订版）的通知》（国家电网设备〔2018〕979 号）；

《电气装置安装工程　电气设备交接试验标准》（GB 50150—2016）；

《干式电力变压器技术参数和要求》（GB/T 10228—2015）；

《国家电网公司变电专业精益化管理评价规范》（国家电网运检〔2015〕224 号）。

10. 退役报废阶段

主要是开展退役报废阶段技术监督工作时所依据的评估导则等要求，具体包括：

《电网一次设备报废技术评估导则》（Q/GDW 11772—2017）；

《变压器油维护管理导则》（GB/T 14542—2017）。

2.3　变压器类设备技术监督方法

2.3.1　资料检查

2.3.1.1　变压器

通过查阅工程可研报告、产品图纸、技术规范书、工艺文件、试验报告、试验方案等文件资料，判断监督要点是否满足监督要求。

1. 规划可研阶段

规划可研阶段变压器资料检查监督要求见表2－3。

表2－3 规划可研阶段变压器资料检查监督要求

监督项目	检查资料	监督要求
主接线	可研报告、可研审查意见、可研批复	1. 对3/2接线方式的变电站，当变压器为两台及以下时，不得将主变压器直接接在母线上；当变压器超过两台时，其中两台进串，其他变压器可不进串，直接经断路器接母线。 2. 330～750kV变电站主变压器低压侧应设置总断路器
容量和台（组）数	可研报告、可研审查意见、可研批复	1. 主变压器容量和台（组）数的选择，应与经审批的电力系统规划设计一致。 2. 根据分层分区电力平衡结果，结合系统潮流、工程供电范围内负荷及负荷增长情况、电源接入情况和周边电网发展情况，合理确定本工程变压器单台（组）容量、变比、本期建设的台数和终期建设的台数。 3. 受端电网330kV及以上变电站设计时应考虑一台变压器停运后对地区供电的影响，对变压器投运台数进行分析计算。 4. 对于35～110kV变电站，在有一、二级负荷的变电站中应装设两台或更多台主变压器。变电站可由中、低压侧电网取得足够容量的工作电源时，可装设一台主变压器。 5. 凡装有两台（组）及以上主变压器的变电站，其中一台（组）事故停运后，其余主变压器的容量应保证该站在全部负荷70%时不过载，并在计及过负荷能力后的允许时间内，应保证用户的一级和二级负荷。 6. 对于装有两台及以上主变压器的地下变电站，当断开一台主变压器时，其余主变压器的容量（包括过负荷能力）应满足全部负荷用电要求。 7. 三绕组变压器的高、中、低绕组容量的分配应按各侧绕组所带实际负荷进行分配，并应满足国家电网有限公司通用设备的规定。 8. 330kV及以上电网并联电抗器的容量、安装地点和台数，应首先满足限制工频过电压的需求，并结合限制潜供电流、防止自励磁、同期并列及无功平衡等方面的要求，进行技术经济论证
基本参数确定	可研报告、可研审查意见、可研批复	1. 结合潮流、调相调压及短路电流计算，确定变压器的额定主抽头、阻抗、调压方式等，相关参数应满足国家电网有限公司通用设备的规定。 2. 对于有并联运行要求的变压器：① 联结组标号应一致；② 电压和电压比要相同，允许偏差也要相同（尽量满足电压比在允许偏差范围内），调压范围与每级电压也要相同；③ 频率应相同；④ 短路阻抗相同，尽量控制在允许偏差范围±10%以内，还应注意极限正分接位置短路阻抗与极限负分接位置短路阻抗要分别相同；⑤ 容量比在0.5～3之间。 3. 应确定中性点接地方式：直接接地、经小电抗接地、经小电阻接地、经放电间隙接地等。必要时对变压器第三绕组电压等级及容量提出要求。 4. 优先选用自然油循环风冷或自冷方式的变压器，新建或扩建变压器一般不宜采用水冷方式。 5. 220kV及以上电压等级油浸式变压器和位置特别重要或存在绝缘缺陷的110（66）kV油浸式变压器，应配置多组分油中溶解气体在线监测装置
调压方式	可研报告、可研审查意见、可研批复	当系统各种运行方式下变电站母线的运行电压不符合电压质量标准，且增加无功补偿设备无效或不经济时，可选用有载调压变压器
防短路	可研报告、可研审查意见、可研批复	1. 应根据接线、运行方式、设计规划容量及系统远景发展规划等计算短路电流，确定安装地点最大运行方式下变压器出口短路电流，对短路电流问题突出的电网，应对工程投产前后系统的短路电流水平进行分析，以分析方案的合理性，并校核已有电气设备的适应性。 2. 变压器中、低压侧与配电装置采用电缆连接时，应采用单芯电缆。 3. 220kV及以下主变压器的6～35kV中（低）压侧引线、户外母线（不含架空软导线型式）及接线端子应绝缘化；500（330）kV变压器35kV套管至母线的引线应绝缘化
直流偏磁耐受能力	可研报告、可研审查意见、可研批复	有中性点接地要求的变压器应在规划阶段提出直流偏磁抑制需求，在接地极50km内的中性点接地运行变压器应重点关注直流偏磁情况

监督项目	检查资料	监督要求
大件运输	可研报告、可研审查意见、可研批复、大件运输方案	说明大件运输的条件并根据水路、陆路、铁路情况综合比较运输方案，1000kV 及以上电压等级变电站、偏远及运输条件困难地区应做大件运输专题报告

2. 工程设计阶段

工程设计阶段变压器资料检查监督要求见表 2-4。

表 2-4   **工程设计阶段变压器资料检查监督要求**

监督项目	检查资料	监督要求
设备型式及参数	设计图纸、设计说明书	1. 设备型式及参数选择，包括容量、台（组）数、绕组数、接线组别、主抽头电压、调压方式（有载或无励磁、调压范围、分接头挡位数）及阻抗等参数的选择应满足通用设备的选用要求，若不满足应重点论述。 2. 优先选用自然油循环风冷或自冷方式的变压器，新建或扩建变压器一般不宜采用水冷方式
外绝缘配置	设计图纸、设计说明书	1. 新、改（扩）建输变电设备的外绝缘配置应以最新版污区分布图为基础，综合考虑附近的环境、气象、污秽发展和运行经验等因素确定。 2. 变电站设计时，c 级以下污区外绝缘按 c 级配置；c、d 级污区可根据环境情况适当提高配置；e 级污区可按照实际情况配置。 3. 高海拔地区设备外绝缘配置应按要求进行修正
防短路	设计图纸、设计说明书	1. 220kV 及以下主变压器的 6~35kV 中（低）压侧引线、户外母线（不含架空软导线型式）及接线端子应绝缘化；500（330）kV 变压器 35kV 套管至母线的引线应绝缘化，变电站出口 2km 内的 10kV 线路应采用绝缘导线。 2. 变压器在任何分接头位置时，应能承受三相对称短路电流。 3. 应根据接线、运行方式及系统容量等计算短路电流，确定安装地点最大运行方式下变压器出口短路电流。 4. 变压器中、低压侧至配电装置采用电缆连接时，应采用单芯电缆
消防装置选型	设计图纸、设计说明书	1. 单台容量为 125MVA 及以上的油浸变压器、200Mvar 及以上的油浸电抗器应设置水喷雾灭火系统或其他固定式灭火装置。地下变电站的油浸式变压器、油浸式电抗器，宜采用固定灭火系统。在室外专用贮存场地贮存作为备用的油浸式变压器、油浸式电抗器，可不设置火灾自动报警系统和固定式灭火系统。 2. 水喷淋动作功率应大于 8W，其动作逻辑关系应满足变压器超温保护与变压器断路器开关跳闸同时动作的要求。 3. 采用排油注氮保护装置的变压器应采用具有联动功能的双浮球结构的气体继电器。排油注氮灭火系统装置动作逻辑关系应满足本体重瓦斯保护、主变压器断路器跳闸、油箱超压开关（火灾探测器）同时动作才能启动排油充氮保护；排油注氮启动（触发）功率应大于 220V×5A（DC）；排油及注氮阀动作线圈功率应大于 220V×6A（DC）；注氮阀与排油阀间应设有机械连锁阀门。 4. 地下变电站与采用固定灭火系统的油浸式变压器、油浸式电抗器应设置火灾自动报警系统
中性点接地	设计图纸、设计说明书	1. 明确变压器、高压电抗器中性点接地方式。在接地极 50km 内的中性点接地运行变压器应重点关注直流偏磁情况。 2. 110~220kV 不接地变压器的中性点过电压保护应采用水平布置的棒间隙保护方式。对于 110kV 变压器，当中性点绝缘的冲击耐受电压≤185kV 时，还应在间隙旁并联金属氧化物避雷器，间隙距离及避雷器参数配合应进行校核。 3. 变压器中性点应有两根与地网主网格的不同边连接的接地引下线，并且每根接地引下线均应符合热稳定校核的要求。 4. 500kV 及以上主变压器、高压电抗器中性点接地部位应按绝缘等级增加防护措施，采取加装隔离围栏等措施

监督项目	检查资料	监督要求
环境保护	设计图纸、设计说明书、环评报告	1. 变压器在 $1.1U_m$ 下的无线电干扰电压应不大于 $500\mu V$，且在晴天夜晚无可见电晕。 2. 变电站位于 0 类、1 类或周围噪声敏感建筑物较多的 2 类声环境功能区时，应严格控制主变压器、高压电抗器等主要噪声源的噪声水平，各电压等级变电站应根据布置形式、周围声环境功能区要求计算确定主变压器、高压电抗器的噪声水平，并保留适当裕度作为主变压器、高压电抗器的噪声控制值
基础设施	设计图纸、设计说明书	1. 户内单台总油量为 100kg 以上的电气设备，应设置挡油设施及将事故油排至安全处的设施。挡油设施的容积宜按油量的 20% 设计。当不能满足上述要求时，应设置能容纳全部油量的贮油设施。 2. 户外单台油量为 1000kg 以上的电气设备，应设置贮油或挡油设施，其容积按设备油量的 20% 设计，并能将事故油排至总事故贮油池。总事故贮油池的容量应按其接入的油量最大的一台设备确定，并设置油水分离装置。当不能满足上述要求时，应设置能容纳相应电气设备全部油量的贮油设施，并设置油水分离装置。 3. 总油量超过 100kg 的户内油浸式变压器应设置单独的变压器室。 4. 重要电力设施中的电气设施，当抗震设防烈度为 7 度及以上时，应进行抗震设计。 5. 靠近变压器的电缆沟，应设有防火延燃措施，盖板应封堵。可采用防止变压器油流入电缆沟内的卡槽式电缆沟盖板或在普通电缆沟盖板上覆盖防火玻璃丝纤维布等措施
防火墙	设计图纸、设计说明书	1. 当油量为 2500kg 及以上的户外油浸式变压器之间的防火间距不能满足要求（66kV 6m，110kV 8m，220kV 及 330kV 10m，500kV 及 750kV 15m，1000kV 17m）时，应设置防火墙。 2. 在户外油浸式变压器之间设置防火墙时，防火墙的高度应高于变压器储油柜，防火墙的长度不应小于变压器贮油池两侧各 1m；防火墙与变压器散热器外廓距离不应小于 1m；防火墙应达到一级耐火等级。 3. 主变压器防火墙耐火极限按 3h 考虑
大件运输及交货方式	大件运输方案	1. 应提供设备运输参数，包括运输外形尺寸、单件运输重量、件数、对运输的要求及应注意的问题。 2. 应说明大件设备卸货点至站址的运输方案（含公路、铁路、水运、码头及装卸等设施）及需要采取的特殊措施（如桥涵加固、拆迁、修筑便道等情况），并提供有关单位的书面意见。 3. 大件设备运输所需主要机具及技术参数应满足运输要求

3. 设备采购阶段

设备采购阶段变压器资料检查监督要求见表 2-5。

表 2-5　　　　　　　　**设备采购阶段变压器资料检查监督要求**

监督项目	检查资料	监督要求
设备选型合理性	技术规范书、投标文件	1. 不应选用明令停止供货（或停止使用）、家族缺陷、不满足预防事故措施的产品。 2. 变压器在规定的工作条件和负载条件下运行，预期寿命应不少于 40 年。 3. 240MVA 及以下容量变压器应选用通过短路承受能力试验验证的产品；500kV 变压器和 240MVA 以上容量变压器应优先选用通过短路承受能力试验验证的相似产品。生产厂家应提供同类产品短路承受能力试验报告或短路承受能力计算报告。在变压器设计阶段，应取得所订购变压器的短路承受能力计算报告，并开展短路承受能力复核工作，220kV 及以上电压等级的变压器还应取得抗震计算报告
铁心和绕组	技术规范书、投标文件	1. 铁心应使用优质低耗、晶粒取向冷轧硅钢片。 2. 全部绕组均应采用铜导线，优先采用半硬铜导线，低压及中压绕组应采用自粘性换位导线。容量大于 100MVA 绕组的高温区匝绝缘宜采用热改性绝缘纸

监督项目	检查资料	监督要求
油箱选型	技术规范书、投标文件	1. 有高、中压套管升高座的应设集气管，连接至油箱与气体继电器之间的连管上。通向气体继电器的管道应有 1.5%的坡度。 2. 110（66）kV 及以上变压器的油箱应具有能承受住真空度为 13.3Pa 和 0.1MPa 液压的机械强度的能力。当选用释放阀的释放动作压力大于 0.07MPa 时，油箱承受正压力的机械强度应相应提高，一般 500kV 以上变压器油箱应能承受不低于 0.12MPa 的正压力。 3. 变压器本体油箱的箱沿若是焊接密封，则应采用可重复焊接法兰（重复次数不少于 3 次），并设有合适的垫圈和挡圈等以防止密封垫被挤出或过量压缩和焊渣溅入油箱内部。 4. 有载调压分接开关附近应设置人孔。 5. 所有橡胶密封面应配置限位槽。 6. 所有安装调试过程中需拆卸的密封垫（圈）均应提供一套完整备件用于更换，密封圈不得重复使用
储油柜选型	技术规范书、投标文件	1. 储油柜的容积应保证在变压器允许的极端工况下，应能正确显示油位并不发生高/低油位信号报警，推荐容积按油箱内油重的 10%考虑。 2. 如选用波纹式结构，宜选用具有漏油保护的金属波纹（内油）密封式储油柜或金属波纹（外油立式）密封式储油柜，波纹伸缩时对变压器油产生的附加压力应不影响变压器压力释放阀和气体继电器参数设定。油位计应与绝缘油隔离，以方便检修维护。 3. 有载分接开关储油柜容积应有足够裕度满足检修取油样要求。 4. 变压器吸湿器吸湿剂重量不低于变压器储油柜油重的 1‰
分接开关选型	技术规范书、投标文件	1. 有载分接开关的选择开关应有机械限位功能，束缚电阻应采用常接方式。 2. 变压器的无励磁分接开关应带有外部的操动机构用于手动操作，该装置应具有闭锁功能，以防止带电误操作、分接头未合在正确的位置时投运。无励磁分接开关就地应有挡位显示并能远传
套管选型	技术规范书、投标文件	1. 新型或有特殊运行要求的套管，在首批次生产系列中应至少有一支通过全部型式试验，并提供第三方权威机构的型式试验报告。 2. 新采购油纸电容套管在最低环境温度下不应出现负压。生产厂家应明确套管最大取油量，避免因取油样而造成负压。 3. 35kV 及以下套管宜采用法兰式纯瓷套管；220kV 及以上的高压套管宜采用导杆式结构；采用穿缆式结构套管时，其穿缆引出头处密封结构应为压密封。 4. 套管顶部储油柜注油孔应布置在侧面不易积水的位置。 5. 电容套管末屏应采用固定导杆引出，通过端帽或接地线可靠接地。新采购的套管末屏接地方式不应选用圆柱弹簧压接式接地结构。 6. 新安装的 220kV 及以上电压等级变压器，应核算引流线（含金具）对套管接线柱的作用力，确保不大于套管及接线端子弯曲负荷耐受值
铁心和夹件接地方式	技术规范书、投标文件	应将变压器铁心、夹件接地引线引至便于测量的适当位置，以便在运行时监测接地线中是否有环流
冷却系统选型	技术规范书、投标文件	1. 变压器冷却系统应优先选用自然油循环风冷或自冷方式；高压并联电抗器宜采用自冷。 2. 新建或扩建变压器一般不采用水冷方式，对特殊场合，必须采用水冷方式的变压器应采用双层铜管。 3. 潜油泵的轴承应采取 E 级或 D 级，强迫油循环变压器的潜油泵应选用转速不大于 1500r/min 的低速潜油泵，禁止使用无铭牌、无级别的轴承的潜油泵。强迫油循环结构的潜油泵启动应逐台启用，延时间隔应在 30s 以上，以防止气体继电器误动。 4. 变压器冷却系统应配置两个相互独立的电源，并具备自动切换功能；冷却系统电源应有三相电压监测，任一相故障失电时，应保证自动切换至备用电源供电
非电量保护装置配置	技术规范书、投标文件	1. 220kV 及以上变压器本体采用双浮球并带挡板结构的气体继电器。采用排油注氮保护装置的变压器，应配置具有联动功能的双浮球结构的气体继电器。 2. 户外布置变压器的气体继电器、油流速动继电器、温度计、油位表应加装防雨罩，压力释放阀等其他组件应结合地域情况自行规定。加强与其相连的二次电缆结合部的防雨措施，二次电缆应采取防止雨水顺电缆倒灌的措施（如反水弯）。 3. 油灭弧有载分接开关应选用油流速动继电器，不应采用具有气体报警（轻瓦斯）功能的气体继电器；真空灭弧有载分接开关应选用具有油流速动、气体报警（轻瓦斯）功能的气体继电器。新安装的真空灭弧有载分接开关，宜选用具有集气盒的气体继电器。集气盒应安装在便于取气的位置。 4. 变压器本体保护宜采用就地跳闸方式，即将变压器本体保护通过两个较大启动功率中间继电器的两副触点分别直接接入断路器的两个跳闸回路。 5. 变压器本体气体继电器应配备采气盒，采气盒应安装在便于取气的位置

监督项目	检查资料	监督要求
在线监测装置	技术规范书、投标文件	1. 所配置的在线监测装置不应降低变压器主体的安全可靠性。 2. 绝缘油色谱在线监测取样口应设置在循环油回路上
直流偏磁耐受能力	技术规范书、投标文件	变压器应满足高压绕组在至少 4A 直流偏磁电流作用下的耐受要求： （1）变压器在额定负荷下长时间运行； （2）变压器油色谱无异常；铁心和绕组温升不应超过规定的限值；单台变压器噪声不应大于 90dB（A）；空载损耗增量不应大于 4%
过励磁能力	技术规范书、投标文件	1. 在设备最高电压规定值内，当电压与频率之比超过额定电压与额定频率之比，但不超过 5%的"过励磁"时，变压器应能在额定容量下连续运行而不损坏。 2. 空载时，变压器应能在电压与频率之比为 110%的额定电压与额定频率之比下连续运行
消防装置	技术规范书、投标文件	1. 单台容量为 125MVA 及以上的油浸式变压器、200Mvar 及以上的油浸式电抗器应设置水喷雾灭火系统或其他固定式灭火装置。地下变电站的油浸式变压器、油浸式电抗器，宜采用固定灭火系统。在室外专用贮存场地贮存作为备用的油浸式变压器、油浸式电抗器，可不设置火灾自动报警系统和固定式灭火系统。 2. 水喷淋动作功率应大于 8W，其动作逻辑关系应满足变压器超温保护与变压器断路器开关跳闸同时动作的要求。 3. 采用排油注氮保护装置的变压器应采用具有联动功能的双浮球结构的气体继电器。排油注氮灭火系统装置动作逻辑关系应满足本体重瓦斯保护、主变压器断路器跳闸、油箱超压开关（火灾探测器）同时动作才能启动排油充氮保护；排油注氮启动（触发）功率应大于 220V×5A（DC）；排油及注氮阀动作线圈功率应大于 220V×6A（DC）；注氮阀与排油阀间应设有机械连锁阀门。装有排油注氮装置的变压器本体储油柜与气体继电器间应增设断流阀。 4. 地下变电站与采用固定灭火系统的油浸式变压器、油浸式电抗器应设置火灾自动报警系统
绝缘油	技术规范书、投标文件	1. 应根据当地环境最低温度和运行经验选择合适的油种、油号。 2. 提供的新油，应包括总油量 10%的备用油，单独封装。 3. 厂家须提供绝缘油无腐蚀性硫、结构簇、糠醛及油中颗粒度报告。对 500kV 及以上电压等级的变压器还应提供 T501 等检测报告
主要金属部件	技术规范书、投标文件	1. 不锈钢连接螺栓、油管连接波纹管、传动连杆及抱箍、本体油位计、压力释放阀、气体继电器、排油注氮继电器、油流速动继电器及压力突变继电器等外露附件的防雨罩和电缆槽盒等部件应选用奥氏体不锈钢。 2. 主变压器接线端子的材质含铜量不应低于 90%。变压器套管、升高座、带阀门的油管等法兰连接面跨接软铜线及铁心、夹件接地引下线、纸包铜扁线、换位导线及组合导线，铜含量不应低于 99.9%。 3. 油箱、储油柜、散热器等壳体的防腐涂层应满足腐蚀环境要求，其涂层厚度应不少于 120μm，附着力不应少于 5MPa；波纹储油柜的不锈钢芯体宜为奥氏体不锈钢，重腐蚀环境散热片表面宜采用锌铝合金镀层防腐

4. 设备制造阶段

设备制造阶段变压器资料检查监督要求见表 2－6。

表 2－6　　　　　　　　　　　　设备制造阶段变压器资料检查监督要求

监督项目	检查资料	监督要求
产品设计核查	技术规范书、投标文件、设计图纸、工艺文件	1. 产品应全面、准确落实订货合同、设计联络文件的要求。 2. 240MVA 容量及以下变压器，核查其产品是否通过短路承受能力试验验证。500kV 变压器和 240MVA 以上容量变压器，核查制造厂提供的同类产品短路承受能力试验报告或短路承受能力计算报告
抽检	监造记录	1. 在变压器制造阶段，应进行电磁线、绝缘材料等抽检，并抽样开展变压器短路承受能力试验验证。 2. 对频繁出现问题的变压器厂家产品，应加大抽检力度、频度，包括整体、组附件、原材料、工艺等，可结合实际委托第三方进行抽检

5. 设备验收阶段

设备验收阶段变压器资料检查监督要求见表 2－7。

表 2−7   设备验收阶段变压器资料检查监督要求

监督项目	检查资料	监督要求
技术文件检查	查阅资料（技术规范书/投标文件/设计图纸/工艺文件）	1. 出厂试验见证时，见证人员对制造厂提供的试验方案进行审核，试验过程中见证人员应旁站确认。 2. 新型或有特殊运行要求的套管，在首批次生产系列中应至少有一支通过全部型式试验，并提供第三方权威机构的型式试验报告。 3. 变压器新油应由厂家提供新油无腐蚀性硫、结构簇、糠醛及油中颗粒度报告。对 500kV 及以上电压等级的变压器还应提供 T501 等检测报告。 4. 新购变压器交货时要提供变压器抗短路中心出具的抗短路能力校核报告，供货产品设计方案的抗短路相关参数必须在抗短路中心备案
空载电流和空载损耗测量	出厂试验报告	1. 在绝缘试验前应进行初次空载损耗的测量，并记录额定电压 90%~115% 之间的每 5% 级损耗。 2. 变压器空载损耗应满足订货合同要求
短路阻抗和负载损耗测量	出厂试验报告	变压器的短路阻抗和负载损耗应满足订货合同要求
感应耐压试验及局部放电测量	出厂试验报告	1. 出厂局部放电试验，110（66）kV 电压等级变压器高压侧的局部放电量不大于 100pC；220~750kV 电压等级变压器高、中压端的局部放电量不大于 100pC；1000kV 电压等级变压器高压端的局部放电量不大于 100pC，中压端的局部放电量不大于 200pC，低压端的局部放电量不大于 300pC。 2. 330kV 及以上电压等级强迫油循环变压器应在油泵全部开启时（除备用油泵）进行局部放电试验
雷电冲击试验	出厂试验报告	1. 试验冲击波应是标准雷电冲击全波：1.2μs±30%/50μs±20%。 2. 如果分接范围不超过±5%，且变压器的额定容量不大于 2500kVA，则雷电冲击试验应在变压器的主分接进行。 3. 如果分接范围超过±5%，或变压器的额定容量大于 2500kVA，则除非经过同意，否则雷电冲击试验应在变压器的两个极限分接和主分接进行，在三相变压器的每相或三相组变压器的每台单相变压器上各使用其中的一个分接进行试验
温升试验	出厂试验报告	1. 温升试验应模拟试品在运行中最严格的状态，应在额定容量、最大电流分接进行。 2. 在特殊条件下，如果安装场所的条件不符合正常使用条件的要求，则对变压器的温升限值应做相应的修正
密封检查	资料检查	1. 变压器组装后，对于胶囊储油柜采用储油柜油面加压法，在储油柜顶部施加 0.03MPa 的压力，110~750kV 变压器进行密封试验持续时间应为 24h，应无渗漏。 2. 冷却器应进行 0.5MPa（散热器 0.05MPa）、10h 压力试验，应无渗漏。 3. 密封性试验应将供货的散热器（冷却器）安装在变压器上进行试验
运输与储存管理	查阅资料	1. 110（66）kV 及以上电压等级变压器在运输过程中，应按照相应规范安装具有时标且有合适量程的三维冲击记录仪。变压器就位后，制造厂、运输部门、监理单位、用户四方人员应共同验收，记录纸和押运记录应提供给用户留存。 2. 变压器、电抗器运和装卸过程中冲击加速度出现大于 3g 或冲击加速度监视装置出现异常情况时，应由建设、监理、施工、运输和制造厂等单位代表共同分析原因并出具正式报告。 3. 充气运输的变压器应密切监视气体压力，压力低于 0.01MPa 时要补干燥气体，现场充气保存时间不应超过 3 个月，否则应注油保存，并装上储油柜
在线监测装置	查阅资料	对入网的变压器油中溶解气体在线监测装置，应抽取样品开展试验
金属材料选型及防腐	查阅资料	1. 电气类设备金属材料的选用应避免磁滞、涡流发热效应，套管支撑板等有特殊要求的部位，应使用非导磁材料或采取可靠措施避免形成闭合磁路。 2. 户外密闭箱体（控制、操作及检修电源箱等）应具有良好防腐性能，其户外密闭箱体的材质应为奥氏体不锈钢或耐蚀铝合金，不能使用 2 系或 7 系铝合金；防雨罩材质应为奥氏体不锈钢或耐蚀铝合金。 3. 变压器油箱、储油柜、散热装置及连管等的外表面均应涂漆，变压器油箱内表面、铁心上下夹件等均应涂以浅色漆，并与变压器油有良好的相容性。所有需要涂漆的表面在涂漆前应进行彻底的表面处理（如采用喷砂处理或喷丸处理）。 4. 紧固件螺栓应采用铜质螺栓或奥氏体不锈钢螺栓；导电回路应采用 8.8 级热浸镀锌螺栓

6. 设备安装阶段

设备安装阶段变压器资料检查监督要求见表2-8。

表2-8　　　　　　　　　　　　设备安装阶段变压器资料检查监督要求

监督项目	检查资料	监督要求
变压器安装质量管理	安装单位及人员资质、工艺控制资料、安装作业指导书	1. 安装单位及人员资质、工艺控制资料、安装过程应符合相关规定。 2. 对重要工艺环节开展安装质量抽检。 3. 变压器安装时，应制定安装作业指导书及安装记录卡等工艺控制资料，制造厂、安装单位及监理单位均应做好安装记录。安装结束后，要及时提交各自安装报告。 4. 变压器安装前，厂家应提供安装工艺设计，并向业主、施工、监理有关人员进行交底；施工项目部根据设备厂家提供的安装工艺设计编制主变压器施工方案，向监理报审批准，向全体施工人员交底后方可进行施工
隐蔽工程检查	查阅资料	1. 隐蔽工程（土建工程质量、接地引下线、地网）、中间验收应该按要求开展、资料应该齐全完备。 2. 变压器隐蔽工程检查（器身检查、组部件安装）应该按要求开展、资料应该齐全完备。 3. 所有法兰连接处应用耐油密封垫圈密封，密封垫圈应无扭曲、变形、裂纹和毛刺，密封垫圈应与法兰面的尺寸相配合。 4. 法兰连接面应平整、清洁；密封垫圈使用产品技术文件要求的清洁剂擦拭干净，其安装位置应准确；其搭接处的厚度应与其原厚度相同，橡胶密封垫的压缩量不宜超过其厚度的1/3
组附件安装	查阅资料	1. 外接油管路安装前，应进行彻底除锈并清洗干净。变压器所有一端固定的管路、波纹管在另一端安装时应先进行水平高度一致性测量，同时明确波纹管限位螺栓的安装方式，确保波纹管可以正常伸缩。 2. 冷却器与本体、气体继电器与储油柜之间连接的波纹管，两端口同心偏差不应大于10mm。 3. 套管顶部结构的密封垫安装正确，密封良好，连接引线时，不应使顶部结构松扣。充油套管的油位指示应面向外侧，末屏连接符合产品技术文件要求。 4. 储油柜注油时，应打开胶囊（隔膜）或波纹储油柜的放气塞（阀门）。注油后，排净储油柜内空气后拧紧放气塞（阀门），检查油位表应与胶囊（隔膜）或波纹实际位置对应，防止出现假油位。油位调整应与油温—油位曲线一致。 5. 气体继电器应在真空注油完毕后再安装；新安装的气体继电器、压力释放阀、温度计应经校验合格后方可使用；户外布置变压器的气体继电器、油流速动继电器、温度计、油位表应加装防雨罩（压力释放阀等其他组部件结合地域情况自行规定），并加强与其相连的二次电缆结合部的防雨措施，二次电缆应采取防止雨水顺电缆倒灌的措施（如反水弯）。变压器顶盖沿气体继电器气流方向应有1%～1.5%的升高坡度。 6. 密封圈不得重复使用。 7. 吸湿器安装后，应保证呼吸顺畅且油杯内有可见气泡。 8. 均压环易积水部位最低点应有排水孔。 9. 套管均压环应采用单独的紧固螺栓，禁止紧固螺栓与密封螺栓共用，禁止密封螺栓上、下两道密封共用
干燥、抽真空、真空注油、热油循环	查阅资料	1. 现场进行变压器干燥时，应做好防火措施，防止加热系统故障或线圈过热烧损。 2. 对于分体运输、现场组装的变压器宜进行真空煤油气相干燥。 3. 强迫油循环变压器安装结束后应进行油循环，并经充分排气、静放后方可进行交接试验。 4. 有载调压变压器抽真空注油时，应接通变压器本体与开关油室旁通管，保持开关油室与变压器本体压力相同。真空注油后应及时拆除旁通管或关闭旁通管阀门，保证正常运行时变压器本体与开关油室不导通。 5. 装有密封胶囊、隔膜或波纹管式储油柜的变压器，必须严格按照制造厂说明书规定的工艺要求进行注油。 6. 330kV及以上变压器、电抗器真空注油后应进行热油循环。热油循环持续时间不应少于48h
现场补焊	施工工艺文件、焊接施工人员资质	1. 从事受监部位焊接工作的焊工，应取得相应的资格证书。对有特殊要求部件的焊接，焊工应做焊前模拟性练习，熟悉该部件材料的焊接特性。 2. 受监金属部位的焊接应进行工艺评定，并在焊接施工中严格执行相应的焊接工艺规程。 3. 焊接材料（包括焊条、焊剂、焊丝、钨极、保护气体等）的质量应符合相应的国家标准或行业标准。焊接使用前按规定进行烘干。焊条、焊丝使用前应检查确认未受潮、无油污、无锈迹。 4. 焊接前应检查焊接文件、焊工资格、焊接参数测量仪器、焊材、待焊表面和焊接环境等，符合要求方可施焊。焊接文件中应明确焊接工艺参数。 5. 受监焊接接头的技术资料应包含焊缝等级、检测方法、检测比例以及验收等级

监督项目	检查资料	监督要求
基础施工	查阅资料	1. 当需要采用减水剂来提高混凝土性能时，应采用减水率高、分散性能好、对混凝土收缩影响较小的外加剂，其减水率不应低于8%。 2. 预拌混凝土进场时按规范检查入模坍落度，坍落值按施工规范采用。 3. 外露部分应采用清水混凝土工艺，表面不得进行二次粉刷或贴面砖。 4. 基础施工应一次连续浇筑完成，禁止留设垂直施工缝；未经设计认可，不得留设水平施工缝。 5. 运输过程中，应控制混凝土不离析、不分层、组成成分不发生变化，并能保证施工所需的稠度。 6. 设备预埋螺栓宜与基础整体浇筑，如采取二次浇筑应采用高强度等级微膨胀混凝土振捣密实。 7. 基础混凝土浇筑时，应派专人进行跟踪测量，保证预埋铁件与混凝土面平整，埋件中间应开孔并二次振捣，防止空鼓。埋件应采用热浸镀锌处理，不得采用普通铁件。 8. 大体积混凝土的养护，应进行温控计算确定其保温、保湿或降温措施，并应设置测温孔测定混凝土内部和表面的温度，使温度控制在设计要求的范围以内，当无设计要求时，温差不超过25℃。 9. 构支架吊装完毕后，杯口及管内二次灌浆应浇筑密实并保证管内混凝土浇筑高度。 10. 保护帽混凝土浇筑前，应对保护帽顶面以上钢构支架500mm范围内进行保护
本体绝缘油	新油或者混合油试验报告	1. 绝缘油必须按现行规定试验合格后，方可注入变压器、电抗器中。 2. 不同牌号的绝缘油或同牌号的新油与运行过的油混合使用前，必须做混油试验。 3. 新安装的变压器、电抗器不应使用混合油

7. 设备调试阶段

设备调试阶段变压器资料检查监督要求见表2-9。

表2-9 设备调试阶段变压器资料检查监督要求

监督项目	检查资料	监督要求
调试准备工作	调试方案记录、仪器仪表校验报告、人员资质证明	设备调试方案、重要记录、调试仪器设备、调试人员应满足相关标准和预防事故措施的要求
交接试验	交接试验报告	试验项目齐全，包括分接开关、套管、套管电流互感器等部件的试验，本体绝缘油试验、本体绝缘电阻、铁心及夹件绝缘电阻、直流电阻、变比、介质损耗、绕组变形（对于66kV及以上主变压器应包含频响法、低电压短路阻抗法两种方法）、局部放电等相关试验。试验方案、试验结果满足标准要求
局部放电试验	试验方案、试验报告	1. 110（66）kV及以上电压等级的变压器在新安装时应进行现场局部放电试验。 2. 110（66）kV电压等级变压器高压端的局部放电量不大于100pC；220～750kV电压等级变压器高、中压端的局部放电量不大于100pC；1000kV电压等级变压器高压端的局部放电量不大于100pC，中压端的局部放电量不大于200pC，低压端的局部放电量不大于300pC。 3. 局部放电测量前、后本体绝缘油色谱试验比对结果应合格
分接开关测试	试验方案、试验报告	1. 新投或检修后的有载分接开关，应对切换程序与时间进行测试。 2. 在变压器无电压下，手动操作不少于2个循环、电动操作不少于5个循环。其中，电动操作时电源电压为额定电压的85%及以上。操作无卡涩，联动程序、电气和机械限位正常
冷却装置调试	试验方案、试验报告	1. 冷却装置应试运行正常，联动正确；强迫油循环的变压器、电抗器应启动全部冷却装置，循环4h以上，并应排除残留空气。 2. 油流继电器指示正确、潜油泵转向正确，无异常噪声、振动或过热现象。油泵密封良好，无渗油或进气现象。 3. 强迫油循环结构的潜油泵启动应逐台启用，延时间隔应在30s以上，以防止气体继电器误动
绝缘油静置时间	现场施工记录	变压器注油（热油循环）完毕后，在施加电压前，应进行静置。110（66）kV及以下变压器静置时间不少于24h，220kV及330kV变压器不少于48h，500kV及750kV变压器不少于72h，1000kV变压器不少于168h

监督项目	检查资料	监督要求
绝缘油试验	绝缘油试验报告	1. 应在注油静置后、耐压和局部放电试验 24h 后、冲击合闸及额定电压下运行 24h 后，各进行一次变压器身内绝缘油的油中溶解气体的色谱分析。 2. 新装变压器油中总烃含量不应超过 20μL/L、H_2 含量不应超过 10μL/L、C_2H_2 含量不应超过 0.1μL/L。 3. 准备注入变压器、电抗器的新油应按要求开展简化分析；绝缘油当需要进行混合时，在混合前，应按混油的实际使用比例先取混油样进行分析，其结果应符合现行国家标准《变压器油维护管理导则》（GB/T 14542）有关规定。 4. 变压器本体、有载分接开关绝缘油击穿电压应符合 GB 50150 的规定
SF_6 气体试验	SF_6 气体试验报告	1. SF_6 气体在充入电气设备 24h 后方可进行试验。48h 后方可进行气体含水量测试。SF_6 气体含水量（20℃的体积分数）一般不大于 250μL/L，变压器应无明显泄漏点。 2. SF_6 气体年泄漏率应≤0.5%

8. 竣工验收阶段

竣工验收阶段变压器资料检查监督要求见表 2-10。

表 2-10 竣工验收阶段变压器资料检查监督要求

监督项目	检查资料	监督要求
竣工验收准备工作	竣工验收报告、生产管理信息系统	1. 前期各阶段发现的问题已整改，并验收合格。 2. 相关反事故措施已落实。 3. 相关安装调试信息已录入生产管理信息系统
套管	查阅资料	1. 套管的末屏接地应符合产品技术文件的要求。 2. 新安装的 220kV 及以上电压等级变压器，应检查引流线（含金具）对套管接线柱的作用力核算报告，确保不大于套管及接线端子弯曲负荷耐受值。 3. 套管均压环应采用单独的紧固螺栓，禁止紧固螺栓与密封螺栓共用，禁止密封螺栓上、下两道密封共用。 4. 套管清洁，无损伤；法兰连接螺栓齐全、紧固（用力矩扳手检查）
分接开关	查阅资料	1. 分接头的位置应符合运行要求，且指示位置正确。 2. 电动机构极限位置机械闭锁和电气联锁应动作正确可靠
冷却装置	查阅资料	1. 新订购强迫油循环变压器的潜油泵应选用转速不大于 1500r/min 的低速潜油泵。潜油泵的轴承应采取 E 级或 D 级，油泵转动时应无异常噪声、振动，潜油泵工作电流正常，禁止使用无铭牌、无级别的轴承的潜油泵。 2. 对强迫油循环冷却系统的两个独立电源的自动切换装置，有关信号装置应齐全可靠。冷却系统电源应有三相电压监测，任一相故障失电时，应保证自动切换至备用电源供电。强迫油循环结构的潜油泵启动应逐台启用，延时间隔应在 30s 以上，以防止气体继电器误动。 3. 冷却装置应试运行正常，联动正确
接地及引线连接	导通测试报告	1. 变压器本体应有两根与地网主网格的不同边连接的接地引下线。 2. 应将变压器铁心、夹件接地引线引至便于测量的适当位置，以便在运行时监测接地线中是否有环流。 3. 本体及附件的对接法兰应用等电位跨接线（片）连接。 4. 500kV 及以上主变压器、高压电抗器中性点接地部位应按绝缘等级增加防护措施，加装隔离围栏。 5. 变压器中性点应有两根与地网主网格的不同边连接的接地引下线，并且每根接地引下线均应符合热稳定校核的要求。 6. 110~220kV 不接地变压器的中性点过电压保护应采用水平布置的棒间隙保护方式。对于 110kV 变压器，当中性点绝缘的冲击耐受电压≤185kV 时，还应在间隙旁并联金属氧化物避雷器，避雷器为主保护，间隙为避雷器的后备保护，间隙距离及避雷器参数配合应进行校核。 7. 220kV 及以下主变压器的 6~35kV 中（低）压引线、户外母线（不含架空软导线型式）及接线端子应绝缘化；500（330）kV 变压器 35kV 套管至母线的引线应绝缘化。 8. 变压器中、低压侧至配电装置采用电缆连接时，应采用单芯电缆。 9. 不应采用铜铝对接过渡线夹，引线接触良好、连接可靠，引线无散股、扭曲、断股现象

监督项目	检查资料	监督要求
非电量保护装置	非电量保护装置校验报告	1. 气体继电器、压力释放阀、温度计必须经校验合格后方可使用，校验报告需满足要求。 2. 户外布置变压器的气体继电器、油流速动继电器、温度计、油位表应加装防雨罩（压力释放阀等其他组部件应结合地域情况自行规定），并加强与其相连的二次电缆结合部的防雨措施，二次电缆应采取防止雨水顺电缆倒灌的措施（如反水弯）。 3. 本体压力释放阀喷口不应靠近控制柜或其他附件。本体压力释放阀导向管方向不应直喷巡视通道，威胁到运维人员的安全，并且不致喷向电缆沟、母线及其他设备上。 4. 变压器顶盖沿气体继电器气流方向应有 1%～1.5%的升高坡度。 5. 冷却器与本体、气体继电器与储油柜之间连接的波纹管，两端口同心偏差不应大于 10mm。 6. 现场多个温度计指示的温度、控制室温度显示装置或监控系统的温度应基本保持一致，误差不超过 5K。变压器投运前，油面温度计和绕组温度计记忆最高温度的指针应与指示实际温度的指针重叠。温度计座应注入适量变压器油，密封良好
在线监测装置	装置说明书、验收报告	1. 应运行正常（无渗漏油、欠压现象），数据上传准确。 2. 数据上传周期设定应符合要求
变压器消防装置	查阅资料	1. 泡沫灭火剂的灭火性能级别应为 I 级，抗烧水平不应低于 C 级。宜选用使用寿命长、环境污染小的产品。 2. 排油注氮装置火灾探测器可采用玻璃球型火灾探测装置和易熔合金型火灾探测器。应布置成两个及以上的独立回路。 3. 采用排油注氮保护装置的变压器，应配置具有联动功能的双浮球结构的气体继电器。 4. 排油注氮保护装置应满足以下要求： （1）排油注氮启动（触发）功率应大于 220V×5A（DC）； （2）排油及注氮阀动作线圈功率应大于 220V×6A（DC）； （3）注氮阀与排油阀间应设有机械连锁阀门； （4）动作逻辑关系应为本体重瓦斯保护、主变压器断路器跳闸、油箱超压开关（火灾探测器）同时动作时才能启动排油充氮保护。 5. 水喷淋动作功率应大于 8W，其动作逻辑关系应满足变压器超温保护与变压器断路器跳闸同时动作。 6. 装有排油注氮装置的变压器本体储油柜与气体继电器间应增设断流阀，以防因储油柜中的油下泄而致使火灾扩大
主变压器基础	查阅资料	1. 基础采用清水混凝土工艺，无明显色差及修补痕迹，外露阳角设置圆弧倒角。 2. 预埋件高度高出基础顶面 3～5mm，预埋件水平偏差≤3mm，相邻高差≤3mm。 3. 主变压器基础应用沉降观测加强过程监控，指导施工工序，预防不均匀沉降。施工期内进行的沉降观测不得少于 4 次。 4. 沉降观测点应沿基础周边对称设置，具体由设计单位负责确定。对设计未作规定而按有关规定需作沉降观测的建筑或构筑物，其沉降观测点布置位置则由施工企业技术部门负责确定

9. 运维检修阶段

运维检修阶段变压器资料检查监督要求见表 2-11。

表 2-11　　　　　　　　运维检修阶段变压器资料检查监督要求

监督项目	检查资料	监督要求
运行巡视	巡视记录	1. 运行巡视周期应符合相关规定。 2. 巡视项目重点关注：强迫油循环冷却器负压区及套管渗漏油、储油柜和套管油位、顶层油温和绕组温度、声响及振动等是否正常
状态检测	测试记录	1. 带电检测周期、项目应符合相关规定。 2. 停电试验应按规定周期开展，试验项目齐全；当对试验结果有怀疑时应进行复测，必要时开展诊断性试验。 3. 在线监测装置应运行正常（无渗漏油、欠压现象），数据上传准确，必要时应开展离线数据比对分析

监督项目	检查资料	监督要求
状态评价与检修决策	查阅资料	1. 状态评价应基于巡检及例行试验、诊断性试验、在线监测、带电检测、家族缺陷、不良工况等状态信息，包括其现象强度、量值大小以及发展趋势，结合与同类设备的比较，作出综合判断。 2. 依据设备状态评价的结果，考虑设备风险因素，动态制订设备的检修策略，合理安排检修计划和内容
故障/缺陷处理	缺陷、故障记录	1. 发现缺陷应及时记录，缺陷定性应正确，缺陷处理应闭环。 2. 220kV 及以上电压等级变压器受到近区短路冲击未跳闸时，应立即进行油中溶解气体组分分析，并加强跟踪，同时注意油中溶解气体组分数据的变化趋势，若发现异常，应进行局部放电带电检测，必要时安排停电检查。变压器受到近区短路冲击跳闸后，应开展油中溶解气体组分分析、直流电阻、绕组变形及其他诊断性试验，综合判断无异常后方可投入运行。 3. 220kV 及以上电压等级变压器拆装套管、本体排油暴露绕组或进人内检后，应进行现场局部放电试验。 4. 油浸式真空有载分接开关轻瓦斯报警后应暂停调压操作，并对气体和绝缘油进行色谱分析，根据分析结果确定恢复调压操作或进行检修。 5. 当套管油位异常时，应进行红外精确测温，确认套管油位。当套管渗漏油时，应立即处理，防止内部受潮损坏
反措落实	查阅资料	1. 对运行超过 20 年的薄绝缘、铝绕组变压器，不再对本体进行改造性大修，也不应进行迁移安装，应加强技术监督工作并安排更换。 2. 变压器中、低压侧至配电装置采用三相统包电缆的，应结合全寿命周期及运行情况进行逐步改造。 3. 加强套管末屏接地检测、检修和运行维护，每次拆/接末屏后应检查末屏接地状况，在变压器投运时和运行中开展套管末屏的红外检测。对结构不合理的套管末屏接地端子进行改造。 4. 真空有载分接开关绝缘油检测的周期和项目应与变压器本体保持一致。 5. 对强迫油循环冷却系统的两个独立电源的自动切换装置，应定期进行切换试验，有关信号装置应齐全可靠。 6. 加强对冷却器与本体、继电器与储油柜相连的波纹管的检查，老旧变压器应结合技改大修工程对存在缺陷的波纹管进行更换
消防装置管理	查阅资料	应由具有消防资质的单位定期对变压器灭火装置进行维护和检查，以防止误动和拒动

10. 退役报废阶段

退役报废阶段变压器资料检查监督要求见表 2-12。

表 2–12　　　　　　　　　　退役报废阶段变压器资料检查监督要求

监督项目	检查资料	监督要求
技术鉴定	项目可研报告、项目建议书、设备鉴定意见、资产管理相关台账、退役设备评估报告、报废处理记录等	1. 变压器（电抗器）进行报废处理，应满足以下条件之一：① 国家规定强制淘汰报废；② 设备厂家无法提供关键零部件供应，无备品备件供应，不能修复，无法使用；③ 运行日久，其主要结构、机件陈旧，损坏严重，经大修、技术改造仍不能满足安全生产要求；④ 退役设备虽然能修复但费用太大，修复后可使用的年限不长、效率不高，在经济上不可行；⑤ 腐蚀严重，继续使用存在事故隐患，且无法修复；⑥ 退役设备无再利用价值或再利用价值小；⑦ 严重污染环境，无法修治；⑧ 技术落后不能满足生产需要；⑨ 存在严重质量问题不能继续运行；⑩ 因运营方式改变全部或部分拆除，且无法再安装使用；⑪ 遭受自然灾害或突发意外事故，导致毁损，无法修复。 2. 变压器（电抗器）满足下列技术条件之一，宜进行整体或局部报废：① 运行超过 20 年，按照 GB 1094.5 规定的方法进行抗短路能力校核计算，抗短路能力严重不足，无改造价值；② 经抗短路能力校核计算确定抗短路能力不足、存在绕组严重变形等重要缺陷，或同类型设备短路损坏率较高并判定为存在家族性缺陷；③ 容量已明显低于供电需求，不能通过技术改造满足电网发展要求，且无调拨再利用需求；④ 设计水平低、技术落后的变压器，如铝绕组、薄绝缘等老旧变压器，不能满足经济、安全运行要求；⑤ 同类设计或同批产品中已有绝缘严重老化或多次发生严重事故，且无法修复；⑥ 运行超过 20 年，试验数据超标、内部存在危害绕组绝缘的局部过热或放电故障；⑦ 运行超过 20 年，油中糠醛含量超过 4mg/L，按 DL/T 984 判断设备在纸绝缘非正常老化；⑧ 运行超过 20 年，油中 CO_2/CO 大于 10，按 DL/T 984 判断设备内部存在纸绝缘非正常老化；⑨ 套管出现严重渗漏、介质损耗值超过 Q/GDW 1168 标准要求，套管内部存在严重过热或放电性缺陷，同类型套管多次发生严重事故，无法修复，可局部报废；⑩ 按 Q/GDW 10169 规定的方法评价为严重状态的分接开关，存在无法修复的严重缺陷，可局部报废

监督项目	检查资料	监督要求
废油、废气处置	查阅退役报废设备处理记录，废油、废气处置应符合标准要求	退役报废设备中的废油、废气严禁随意向环境中排放，确需在现场处理的，应统一回收、集中处理，并做好处置记录

2.3.1.2 电流互感器

各个技术监督阶段可通过相关资料检查，判断监督点是否满足监督要求。

1. 规划可研阶段

规划可研阶段电流互感器资料检查监督要求见表 2-13。

表 2-13 规划可研阶段电流互感器资料检查监督要求

监督项目	检查资料	监督要求
电流互感器配置及选型合理性	可研报告和审查批复等资料	应按照现场运行实际要求和远景发展规划需求，确定电流互感器选型、容量、变比、准确级、二次绕组数量、环境适用性等
电能计量点设置	可研报告和审查批复等资料	1. 贸易结算用电能计量点设置在购售电设施产权分界处，出现穿越功率引起计量不确定或产权分界处不适宜安装等情况的，由购售电双方或多方协商。 2. 考核用电能计量点，根据需要设置在电网企业或发、供电企业内部用于经济技术指标考核的各电压等级的变压器侧、输电和配电线路端以及无功补偿设备处
电流互感器保护性能要求	可研报告和审查批复等资料	1. 电流互感器实际二次负荷在稳态短路电流下的准确限值系数或励磁特性（含饱和拐点）应满足所接保护装置动作可靠性的要求。 2. 线路各侧或主设备差动保护各侧的电流互感器的相关特性（如励磁特性）宜一致

2. 工程设计阶段

工程设计阶段电流互感器资料检查监督要求见表 2-14。

表 2-14 工程设计阶段电流互感器资料检查监督要求

监督项目	检查资料	监督要求
设备选型及性能参数合理性	初步设计、施工图设计、电网运行方式、二次负荷计算书	1. 设备选型应满足通用设备的技术参数、电气接口、二次接口和土建接口要求。 2. 电子式互感器与其他一次设备组合安装时，不得改变其他一次设备结构、性能以及互感器自身性能。 3. 震区宜采用抗震性能较好的正立式电流互感器，系统短路电流较大的区域宜采用抗冲击性能较好的倒立式电流互感器
计量用互感器配置	初步设计、施工图设计、电网运行方式、二次负荷计算书	1. 计量专用电流互感器或专用绕组准确度等级根据电能计量装置的类别确定并满足 Q/GDW 10347—2016《电能计量装置通用设计规范》中表 2 的规定，基本误差、稳定性和运行变差应分别符合 JJG 1021—2007《电力互感器检定规程》中 4.2、4.3 和 4.4 的规定。 2. 经互感器接入的贸易结算用电能计量装置按计量点配置计量专用电压、电流互感器或专用二次绕组，不准接入与电能计量无关的设备

监督项目	检查资料	监督要求
电流互感器保护配置要求	初步设计、施工图设计、电网运行方式、二次负荷计算书	1. 电流互感器的类型、容量、变比、二次绕组的数量、一次传感器数量（电子式互感器）和准确级应满足继电保护、自动装置和测量表计的要求；电流互感器额定二次负荷应不小于实际二次负荷。 2. 保护用电流互感器的配置应避免出现主保护的死区。 3. 当采用 3/2、4/3、角形接线等多断路器接线形式，应在断路器两侧均配置电流互感器；对经计算影响电网安全稳定运行重要变电站的 220kV 及以上电压等级双母线接线方式的母联、分段断路器，应在断路器两侧配置电流互感器。 4. 母线差动保护各支路电流互感器变比差不宜大于 4 倍
电流互感器保护用二次绕组分配	初步设计、施工图设计、电网运行方式、二次负荷计算书	1. 双重化配置的保护装置的交流电流回路应分别取自电流互感器互相独立的二次绕组，电子式电流互感器用于双重化保护的一次传感器应分别独立配置；电子式电流互感器内应由两路独立的采样系统进行采集，每路采样系统应采用双 A/D 系统接入 MU（合并单元），两个采样系统应由不同的电源供电。 2. 330kV 及以上和涉及系统稳定的 220kV 新建、扩建或改造的智能变电站采用常规互感器时，应通过二次电缆直接接入保护装置。 3. 引入两组及以上电流互感器构成合电流的保护装置，各组电流互感器应分别引入保护装置

3. 设备采购阶段

设备采购阶段电流互感器资料检查监督要求见表 2-15。

表 2-15　　　　　　　　设备采购阶段电流互感器资料检查监督要求

监督项目	检查资料	监督要求
物资采购技术规范书（或技术协议）	技术规范书或技术协议、厂家投标文件	1. 技术规范书中应明确运输存储要求： （1）220kV 及以上电压等级油浸式电流互感器运输时应满足卧倒运输的要求，且每辆运输车上安装冲击记录仪，其中 220kV 产品每台安装 10g 冲击加速度振动子 1 个；330kV 及以上电压等级每台安装带时标的三维冲击记录仪。 （2）110kV 及以下电压等级气体绝缘互感器应直立安放运输，运输时 110（66）kV 产品每批次超过 10 台时，每车装 10g 冲击加速度振动子 2 个，低于 10 台时每车装 10g 冲击加速度振动子 1 个。运输时所充气压应严格控制在微正压状态。 2. 供应商应提供有效的同型号设备型式试验报告
设备技术参数	技术规范书或技术协议、厂家投标文件	1. 电流互感器选型、结构设计、误差特性、短路电流、动、热稳定性能、外绝缘水平、环境适用性（海拔、污秽、温度、抗震、风速等）应满足现场实际运行要求和远景发展规划要求。 2. 所选用电流互感器的动、热稳定性能应满足安装地点系统短路容量的远期要求，一次绕组串联时也应满足安装地点系统短路容量的要求
设备结构及组部件	技术规范书或技术协议、厂家投标文件	1. 电容屏结构的气体绝缘电流互感器，电容屏连接筒应具备足够的机械强度，以免因材质偏软导致电容屏连接筒变形、移位。 2. 互感器的二次引线端子和末屏引出线端子应有防转动措施，二次出线端子及接地螺栓直径应分别不小于 6mm 和 8mm；电流互感器末屏接地引出线应在二次接线盒内就地接地或引至在线监测装置箱内接地。末屏接地线不应采用编织软铜线，末屏接地线的截面积、强度均应符合相关标准。 3. 油浸式电流互感器应选用带金属膨胀器微正压结构型式。油浸式互感器应装有油面（油位）指示装置，SF$_6$ 气体绝缘互感器应装有压力指示装置，应放在运行人员便于观察的位置。 4. SF$_6$ 密度继电器与互感器设备本体之间的连接方式应满足不拆卸校验密度继电器的要求，户外安装应加装防雨罩。 5. 油浸式互感器的膨胀器外罩应标注清晰耐久的最高（MAX）、最低（MIN）油位线及 20℃ 的标准油位线。油位观察窗应选用具有耐老化、透明度高的材料进行制造。油位指示器应采用荧光材料。 6. 对于允许取油的设备，油箱（底座）下部应装有取样样或放油用的阀门，放油阀门装设位置应能放出电流互感器中最低处的油

监督项目	检查资料	监督要求
局部放电和耐压试验	技术规范书或技术协议、厂家投标文件	1. 110（66）～750kV 油浸式电流互感器在出厂试验时，局部放电试验的测量时间延长到 5min。 2. 10（6）kV 及以上干式互感器出厂时应逐台进行局部放电试验
10～35kV 计量用电流互感器的全性能试验要求	技术规范书或技术协议、厂家投标文件	10～35kV 计量用电流互感器的招标技术规范中应要求投标方提供由国家电网有限公司计量中心出具的全性能试验报告或能证明其产品通过国家电网有限公司计量中心全性能试验的相关资料
保护性能要求	技术规范书或技术协议、厂家投标文件	1. 电流互感器二次绕组的数量、准确级、变比、负荷应满足继电保护自动装置和测量仪表的要求。 2. 电子式电流互感器应能真实地反映一次电流，额定延时时间不大于 2ms，唤醒时间为 0；电子式电流互感器的额定延时不大于 $2T_s$（2 个采样周期，采样频率为 4000Hz 时 T_s 为 250μs）；电子式电流互感器的复合误差应满足 5P 级或 5TPE 级要求
材质选型	技术规范书或技术协议、厂家投标文件	1. 膨胀器防雨罩应选用耐蚀铝合金或 06Cr19Ni10 奥氏体不锈钢。 2. 二次绕组屏蔽罩宜采用铝板旋压或铸造成型的高强度铝合金材质，电容屏连接筒应要求采用强度足够的铸铝合金制造。 3. 气体绝缘互感器充气接头不应采用 2 系或 7 系铝合金。 4. 除非磁性金属外，所有设备底座、法兰应采用热浸镀锌防腐

4. 设备制造阶段

设备制造阶段电流互感器资料检查监督要求见表 2-16。

表 2-16   设备制造阶段电流互感器资料检查监督要求

监督项目	检查资料	监督要求
油浸式互感器外观及结构	设备原材料及组部件的出厂资料及抽样报告	1. 油浸式互感器生产厂家应根据设备运行环境最高和最低温度核算膨胀器的容量，并应留有一定裕度。 2. 油浸式互感器的膨胀器外罩应标注清晰耐久的最高（MAX）、最低（MIN）油位线及 20℃的标准油位线。油位观察窗应选用具有耐老化、透明度高的材料进行制造。油位指示器应采用荧光材料。 3. 生产厂家应明确倒立式电流互感器的允许最大取油量。 4. 220kV 及以上电压等级电流互感器必须满足卧倒运输的要求。 5. 互感器的二次引线端子和末屏引出线端子应有防转动措施。 6. 电流互感器末屏接地引出线应在二次接线盒内就地接地或引至在线监测装置箱内接地。末屏接地线不应采用编织软铜线，末屏接地线的截面积、强度均应符合相关标准
气体绝缘互感器外观及结构	设备原材料及组部件的出厂资料及抽样报告	1. 气体绝缘互感器的防爆装置应采用防止积水、冻胀的结构，防爆膜应采用抗老化、耐锈蚀的材料。 2. SF_6 密度继电器与互感器设备本体之间的连接方式应满足不拆卸校验密度继电器的要求，户外安装应加装防雨罩。 3. 气体绝缘互感器应设置安装时的专用吊点并有明显标识。 4. 电容屏结构的气体绝缘电流互感器，电容屏连接筒应具备足够的机械强度，以免因材质偏软导致电容屏连接筒变形、移位

5. 设备验收阶段

设备验收阶段电流互感器资料检查监督要求见表 2-17。

表 2-17 设备验收阶段电流互感器资料检查监督要求

监督项目	检查资料	监督要求
电容量和介质损耗因数测量	设备出厂资料,如设备安装使用说明书,设备出厂试验报告及型式试验报告等	1. 电容型绝缘电流互感器,出厂试验报告应提供 $U_m/\sqrt{3}$(U_m 为设备最高电压)及 10kV 两种试验电压下的试验数值。 2. 应在一次端工频耐压试验后进行。 3. 试验数据合格,符合以下要求。 (1) 电容型绝缘:U_m 为 550kV,测量电压为 $U_m/\sqrt{3}$ 时,$\tan\delta \leqslant 0.004$;$U_m \leqslant 363kV$,测量电压为 $U_m/\sqrt{3}$ 时,$\tan\delta \leqslant 0.005$。 (2) 非电容型绝缘:$U_m > 40.5kV$,测量电压为 10kV 时,$\tan\delta \leqslant 0.015$;$U_m$ 为 40.5kV,测量电压为 10kV 时,$\tan\delta \leqslant 0.02$
局部放电和耐压试验	设备出厂资料,如设备安装使用说明书,设备出厂试验报告及型式试验报告等	1. 110(66)~750kV 油浸式电流互感器在出厂试验时,局部放电试验的测量时间延长至 5min。 2. 局部放电试验数据合格,符合以下要求。 (1) 中性点有效接地系统:测量电压为 U_m 时,液体浸渍或气体绝缘互感器放电量为 10pC,固体绝缘互感器放电量为 50pC;测量电压为 $1.2U_m/\sqrt{3}$ 时,液体浸渍或气体绝缘互感器放电量为 5pC,固体绝缘互感器放电量为 20pC。 (2) 中性点非有效接地系统:测量电压为 $1.2U_m$ 时,液体浸渍或气体绝缘互感器放电量为 10pC,固体绝缘互感器放电量为 50pC;测量电压为 $1.2U_m/\sqrt{3}$ 时,液体浸渍或气体绝缘互感器放电量为 5pC,固体绝缘互感器放电量为 20pC
伏安特性试验	设备出厂资料,如设备安装使用说明书,设备出厂试验报告及型式试验报告等	外施电压和励磁电流数据的涵盖范围应包含从低励磁值直到 1.1 倍拐点电势值
密封性试验	设备出厂资料,如设备安装使用说明书,设备出厂试验报告及型式试验报告等	对于带膨胀器的油浸式互感器,应在未装膨胀器之前,对互感器进行密封性能试验。试验后,将装好膨胀器的产品按规定时间(一般不少于 12h)静放,外观检查是否有渗、漏油现象
运输存储	设备出厂资料,如设备安装使用说明书,设备出厂试验报告及型式试验报告等	1. 220kV 及以上电压等级油浸式电流互感器运输时应在每辆运输车上安装冲击记录仪,设备运抵现场后应检查确认,记录数值超过 10g 冲击速度应返厂检查。110kV 及以下电压等级电流互感器应直立安放运输。 2. 110kV 及以下电压等级气体绝缘互感器应直立安放运输,220kV 及以上电压等级互感器应满足卧倒运输的要求。运输时,110(66)kV 产品每批次每车装 10 台时,每车装 10g 冲击加速度振动子 2 个,低于 10 台时每车装 10g 冲击加速度振动子 1 个;220kV 产品每台安装 10g 冲击加速度振动子 1 个;330kV 及以上电压等级每台安装带时标的三维冲击记录仪。到达目的地后检查振动记录装置的记录,若记录数值超过 10g 冲击加速度一次或 10g 振动子落下,则产品应返厂解体检查
10~35kV 计量用电流互感器的抽样验收试验和全检验收试验	设备出厂资料,如设备安装使用说明书,设备出厂试验报告及型式试验报告等	10~35kV 计量用电流互感器到货后应进行抽样验收试验和全检验收试验,试验项目及试验方法应符合《10kV~35kV 计量用电流互感器技术规范》(Q/GDW 11681—2017)的要求;实验室参比条件下全检验收基本误差的误差限值为《电力互感器检定规程》(JJG 1021—2007)中规定的电流互感器误差限值的 60%

6. 设备安装阶段

设备安装阶段电流互感器资料检查监督要求见表 2-18。

表 2-18 设备安装阶段电流互感器资料检查监督要求

监督项目	检查资料	监督要求
保护用二次绕组	设备施工图纸等	1. 双重化配置的保护装置的交流电流回路应分别取自电流互感器互相独立的二次绕组,电子式电流互感器用于双重化保护的一次传感器应分别独立配置;电子式电流互感器一、二次转换器应双重化(或双套)配置;电子式互感器内宜由两路独立的采样系统进行采集,每路采样系统应采用双 A/D 系统接入 MU。 2. 当采用 3/2、4/3、角形接线等多断路器接线形式,应在断路器两侧均配置电流互感器。 3. 330kV 及以上和涉及系统稳定的 220kV 新建、扩建或改造的智能变电站采用常规互感器时,应通过二次电缆直接接入保护装置。 4. 电流互感器的二次回路均必须且只能有一个接地点;独立的、与其他电流互感器的二次回路没有电气联系的电流互感器二次回路可在开关场一点接地;由几组电流互感器二次组合的电流回路,应在有电气连接处一点接地

7. 设备调试阶段

设备调试阶段电流互感器资料检查监督要求见表 2-19。

表 2-19 设备调试阶段电流互感器资料检查监督要求

监督项目	检查资料	监督要求
交流耐压试验	设备交接试验报告，密度继电器、压力表校验报告及检定证书等	1. 气体绝缘电流互感器安装后应进行现场老练试验，老练试验后进行耐压试验，试验电压按出厂试验值的 80%。 2. 110（66）kV 及以上电压等级的油浸式电流互感器，应逐台进行交流耐压试验，试验前后应进行油中溶解气体对比分析。 3. 油浸式设备在交流耐压试验前，110（66）kV 互感器静置时间不少于 24h、220～330kV 互感器静置时间不少于 48h、500kV 互感器静置时间不少于 72h、1000kV 设备静置时间不少于 168h
绕组直流电阻	设备交接试验报告，密度继电器、压力表校验报告及检定证书等	同型号、同规格、同批次电流互感器绕组的直流电阻和平均值的差异不宜大于 10%，一次绕组有串、并联接线方式时，对电流互感器的一次绕组的直流电阻测量应在正常运行方式下测量，或同时测量两种接线方式下的一次绕组的直流电阻，倒立式电流互感器单匝一次绕组的直流电阻之间的差异不宜大于 30%。当有怀疑时，应提高施加的测量电流，测量电流（直流值）不宜超过额定电流（方均根值）的 50%
励磁特性曲线	设备交接试验报告，密度继电器、压力表校验报告及检定证书等	继电保护有要求和带抽头互感器的励磁特性曲线测量，测量当前拟定使用的抽头或最大变比的抽头。测量后应核对是否符合产品技术条件要求，核对方法应符合标准的规定；如果励磁特性测量时施加的电压高于绕组允许值（电压峰值 4.5kV），应降低试验电源频率
交流耐压试验前后绝缘油油中溶解气体分析	设备交接试验报告，密度继电器、压力表校验报告及检定证书等	110（66）kV 及以上电压等级的油浸式电流互感器交流耐压试验前后应进行油中溶解气体分析（厂家有明确要求不允许取油的除外），两次测得值相比不应有明显的差别，且满足 220kV 及以下：$H_2<100\mu L/L$、$C_2H_2<0.1\mu L/L$、总烃$<10\mu L/L$；330～500kV：$H_2<50\mu L/L$、$C_2H_2<0.1\mu L/L$、总烃$<10\mu L/L$
SF_6 气体试验	设备交接试验报告，密度继电器、压力表校验报告及检定证书等	1. SF_6 气体微水测量应在充气静置 24h 后进行，且不应大于 250μL/L（20℃体积百分数），对于 750kV 电压等级，不应大于 200μL/L。 2. SF_6 气体年泄漏率应≤0.5%。 3. SF_6 气体分解产物应<5μL/L，或（SO_2+SOF_2）<2μL/L、HF<2μL/L，且 220kV 及以上 SF_6 电流互感器在交流耐压试验前后气体分解产物测试结果不应有明显的差别
误差试验	设备交接试验报告，密度继电器、压力表校验报告及检定证书等	1. 关口电能计量用电流互感器的误差试验应由法定计量检定机构进行，应符合计量检定规程要求。 2. 电磁式电流互感器误差交接试验用试验设备应经过有效的技术手段核查、确认其计量性能符合要求（通常这些技术手段包括检定、校准和比对）
气体密度继电器和压力表检查	设备交接试验报告，密度继电器、压力表校验报告及检定证书等	气体绝缘互感器所配置的密度继电器、压力表等应经校验合格
保护性能参数检验	调试报告	1. 应对电流互感器的类型、变比、容量、二次绕组数量、一次传感器数量（电子式互感器）和准确级进行核查，应符合设计要求。 2. 应对电流互感器各绕组间的极性关系进行测试，铭牌上的极性标志、相别标识、互感器各次绕组的连接方式及其极性关系应与设计符合。 3. 应对电流互感器二次回路负担进行实测；应对电流互感器进行 10%误差曲线检验。 4. 应对用于双重化保护的电子式互感器的两个采样系统直流电源进行检查，应由不同的电源供电并与相应保护装置使用同一组直流电源。 5. 应对电子式电流互感器进行一次通流试验。 6. 应对电子式电流互感器通入一定的直流分量，验证极性的正确性

8. 竣工验收阶段

竣工验收阶段电流互感器资料检查监督要求见表 2-20。

表 2-20　　　　　　　竣工验收阶段电流互感器资料检查监督要求

监督项目	检查资料	监督要求
试验报告完整性	设备出厂试验报告及交接试验报告、检定证书	1. 交接试验报告的数量与实际设备应相符，试验项目齐全并符合标准规程要求。 2. 气体绝缘互感器所配置的密度继电器、压力表等应具有有效的检定证书
保护性能参数	设计图纸、验收记录	1. 应核对保护使用的二次绕组变比与定值单的一致性，核对保护使用的二次绕组接线方式和电流互感器的类型、准确度和容量。 2. 电流互感器的 P1 端应指向母线侧，对于装有小瓷套的电流互感器，小瓷套侧应放置在母线侧。 3. 核对所有绕组极性的正确性。 4. 核对 10%误差分析计算结果是否满足保护使用要求。 5. 用于双重化保护的电子式互感器，其两个采样系统应由不同的电源供电并与相应保护装置使用同一组直流电源
二次回路接地	设计图纸、验收记录	1. 电流互感器的二次回路均必须且只能有一个接地点。 2. 独立的、与其他电流互感器的二次回路没有电气联系的电流互感器二次回路可在开关场一点接地。 3. 由几组电流互感器二次组合的电流回路，应在有电气连接处一点接地

9. 运维检修阶段

运维检修阶段电流互感器资料检查监督要求见表 2-21。

表 2-21　　　　　　　运维检修阶段电流互感器资料检查监督要求

监督项目	检查资料	监督要求
运行巡视	设备运行巡视记录料等	1. 运行巡视周期应符合相关规定。 2. 巡视项目重点关注：本体及接头发热、声响、外绝缘表面、接地部件接地、油浸电流互感器油位及渗漏、SF_6 电流互感器压力表指示、二次线缆封堵等是否正常
状态检测	设备运行巡视记录、例行试验报告、设诊断性试验报告等	1. 例行试验：绝缘电阻、电容量和介质损耗因数、红外热成像检测、油中溶解气体分析（油纸绝缘）检测等例行试验项目齐全，试验周期与结论正确，应符合规程规定。 2. 诊断性试验：交流耐压、局部放电等诊断性试验结论正确，应符合规程规定。 电子式电流互感器应进行如下在线监测项目：误码率、激光器输出光功率或驱动电流、一次转换器温度、激光器温度等，并应加强在线监测装置光功率显示值及告警信息的监视。电子式互感器更换器件后，应在合并单元输出端子处进行误差校准试验
状态评价	设备运行巡视记录、例行试验报告、设备带电检测报告、状态评价报告等	1. 状态评价应基于巡检及例行试验、诊断性试验、在线监测、带电检测、家族缺陷、不良工况等状态信息，包括其现象强度、量值大小以及发展趋势，结合与同类设备的比较，作出综合判断。 2. 依据设备状态评价的结果，考虑设备风险因素，动态制订设备的检修策略，合理安排检修计划和内容
校核记录	设备校核记录	1. 应定期校核电流互感器动、热稳定电流是否满足要求。若互感器所在变电站短路电流超过互感器铭牌规定的动、热稳定电流值，应及时改变变比或安排更换。 2. 定期校核互感器设备外绝缘爬距。变电站扩建、改造后或污秽等级有变动时，应对电流互感器设备外绝缘爬距进行校核
故障/缺陷处理	设备运行巡视记录、例行试验报告、设备带电检测报告、设备缺陷记录、设备检修处理记录和相关试验报告、设备红外检测报告或记录以及红外测温热谱图谱库、绝缘油试验报告、设备补气记录等	1. 设备出现下列情况应退出运行：① 油浸式互感器的膨胀器异常伸长顶起上盖；② 倒立式电流互感器渗漏油；③ 设备内部出现异音、异味、冒烟或着火；④ 运行中互感器外绝缘有裂纹、沿面放电、局部变色、变形；⑤ 本体或引线接头严重过热；⑥ 压力释放装置（防爆片）已冲破；⑦ 末屏开路；⑧ 二次回路开路不能立即恢复时；⑨ 设备的油化试验或 SF_6 气体试验主要指标超过规定不能继续运行。 2. 运行中的电流互感器气体压力下降到 0.2MPa（相对压力）以下，检修后应进行老炼和交流耐压试验。 3. 长期微渗的气体绝缘互感器应开展 SF_6 气体微水检测和带电检漏，必要时可缩短检测周期。年漏气率大于 1%时，应及时处理

监督项目	检查资料	监督要求
反措落实	设备运行巡视记录、例行试验报告、设备带电检测报告等	1. 事故抢修的油浸式互感器，应保证绝缘试验前静置时间，其中 500（330）kV 设备静置时间应大于 36h，110（66）～220kV 设备静置时间应大于 24h。 2. 新投运的 110（66）kV 及以上电压等级电流互感器，1～2 年内应取油样进行油中溶解气体组分、微水分析，取样后检查油位，应符合设备技术文件的要求。对于明确要求不取油样的产品，确需取样或补油时应由生产厂配合进行。 3. 加强电流互感器末屏接地引线检查、检修及运行维护

10. 退役报废阶段

退役报废阶段电流互感器资料检查监督要求见表 2-22。

表 2-22 退役报废阶段电流互感器资料检查监督要求

监督项目	检查资料	监督要求
技术鉴定	项目可研报告、项目建议书、设备鉴定意见、资产管理相关台账、退役设备评估报告、报废处理记录等	1. 电网一次设备进行报废处理，应满足以下条件之一：① 国家规定强制淘汰报废；② 设备厂家无法提供关键零部件供应，无备品备件供应，不能修复，无法使用；③ 运行日久，其主要结构、机件陈旧，损坏严重，经大修、技术改造仍不能满足安全生产要求；④ 退役设备虽然能修复但费用太大，修复后可使用的年限不长，效率不高，在经济上不可行；⑤ 腐蚀严重，继续使用存在事故隐患，且无法修复；⑥ 退役设备无再利用价值或再利用价值小；⑦ 严重污染环境，无法修复；⑧ 技术落后不能满足生产需要；⑨ 存在严重质量问题不能继续运行；⑩ 因运营方式改变全部或部分拆除，且无法再安装使用；⑪ 遭受自然灾害或突发意外事故，导致毁损，无法修复。 2. 互感器满足下列技术条件之一，且无法修复，宜进行报废：① 严重渗漏油、内部受潮，电容量、介质损耗、C_2H_2 含量等关键测试项目不符合 Q/GDW 458、Q/GDW 1168 要求；② 瓷套存在裂纹、复合绝缘伞裙局部缺损；③ 测量误差较大，严重影响系统、设备安全；④ 采用 SF_6 绝缘的设备，气体的年泄漏率大于 0.5% 或可控制绝对泄漏率大于 $10^{-7}MPa \cdot cm^3/s$；⑤ 电子式互感器、光电互感器存在严重缺陷或二次规约不具备通用性
废油、废气处置	项目可研报告、项目建议书、设备鉴定意见、资产管理相关台账、退役设备评估报告、报废处理记录等	退役报废设备中的废油、废气严禁随意向环境中排放，确需在现场处理的，应统一回收、集中处理，并做好处置记录
电能计量用互感器的报废	项目可研报告、项目建议书、设备鉴定意见、资产管理相关台账、退役设备评估报告、报废处理记录等	发生以下情况，电能计量用电流互感器应予淘汰或报废： （1）功能或性能上不能满足使用及管理要求的电能计量器具。 （2）国家或上级明文规定不准使用的电能计量器具

2.3.1.3 电压互感器

各个技术监督阶段可通过相关资料检查，判断监督要点是否满足监督要求。

1. 规划可研阶段

规划可研阶段电压互感器资料检查监督要求见表 2-23。

表 2-23 规划可研阶段电压互感器资料检查监督要求

监督项目	检查资料	监督要求
配置及选型合理性	可研报告和审查批复等资料	1. 应按照现场运行实际要求和远景发展规划需求，确定电压互感器选型、结构设计、容量、准确级、二次绕组数量、环境适用性等。 2. 敞开式变电站 110kV（66kV）及以上电压互感器宜选用电容式电压互感器；35kV 户内设备应采用固体绝缘的电磁式电压互感器，35kV 户外设备可采用适用户外环境的固体绝缘或油浸绝缘的电磁式电压互感器。 3. 110（66）kV 及以上系统应采用单相式电压互感器。35kV 系统可采用单相式、三柱或五柱式三相电压互感器

监督项目	检查资料	监督要求
电能计量点设置	可研报告和审查批复等资料	1. 贸易结算用电能计量点设置在购售电设施产权分界处，出现穿越功率引起计量不确定或产权分界处不适宜安装等情况的，由购售电双方或多方协商。 2. 考核用电能计量点，根据需要设置在电网企业或发、供电企业内部用于经济技术指标考核的各电压等级的变压器侧、输电和配电线路端以及无功补偿设备处

2. 工程设计阶段

工程设计阶段电压互感器资料检查监督要求见表 2-24。

表 2-24 工程设计阶段电压互感器资料检查监督要求

监督项目	检查资料	监督要求
选型合理性	初步设计、施工图设计	1. 设备选型应满足通用设备的技术参数、电气接口、二次接口和土建接口要求。 2. 1000kV 独立式电压互感器宜采用电容式、非叠装式电压互感器。 3. 电子式互感器与其他一次设备组合安装时，不得改变其他一次设备结构、性能以及互感器自身性能。 4. 电磁式电压互感器接线方式应满足现场要求：相对相式、相对地式、三相式
反措落实	初步设计、施工图设计	1. 最低温度为 −25℃ 及以下的地区，户外不宜选用 SF_6 气体绝缘互感器。 2. 气体绝缘互感器的防爆装置应采用防止积水、冻胀的结构，防爆膜应采用抗老化、耐锈蚀的材料。 3. 电子式互感器的采集器应具备良好的环境适应性和抗电磁干扰能力。 4. 架空进线的 GIS 线路间隔的避雷器和线路电压互感器宜采用外置结构。 5. 电磁式电压互感器励磁特性的拐点电压应大于 $1.5U_m/\sqrt{3}$（中性点有效接地系统）或 $1.9U_m/\sqrt{3}$（中性点非有效接地系统）
计量用互感器性能选择	初步设计、施工图设计	1. 计量专用电压互感器或专用绕组准确度等级根据电能计量装置的类别确定并满足《电能计量装置通用设计规范》（Q/GDW 10347—2016）中表 2 的规定。 2. 基本误差、稳定性和运行变差应分别符合 JJG 1021—2007《电力互感器检定规程》中 4.2、4.3 和 4.4 的规定。 3. 经互感器接入的贸易结算用电能计量装置按计量点配置计量专用电压、电流互感器或者专用二次绕组，不准接入与电能计量无关的设备
保护配置	初步设计、施工图设计	1. 电压互感器类型、容量、二次绕组数量、一次传感器数量（电子式互感器）和准确等级（包括电压互感器辅助绕组）应满足测量装置、保护装置和自动装置的要求。 2. 当主接线为 3/2 接线时，线路和变压器回路宜设三相电压互感器；母线宜装设一相电压互感器。当母线上接有并联电抗器时，母线应装设三相电压互感器。 3. 双母线接线应在主母线上装设三相电压互感器。 4. 电压互感器二次负荷三相宜平衡配置。 5. 3/2 接线形式，其线路的电子式电压互感器置于线路侧
保护用二次绕组	初步设计、施工图设计	1. 双重化配置的两套保护装置的交流电压应分别取自电压互感器互相独立的绕组，用于双重化保护的电压互感器一次传感器应分别独立配置；电子式互感器内应由两路独立的采样系统进行采集，每路采样系统应采用双 A/D 系统接入 MU，两个采样系统应由不同的电源供电。 2. 330kV 及以上和涉及系统稳定的 220kV 新建、扩建或改造的智能变电站采用常规互感器时，应通过二次电缆直接接入保护装置。 3. 电压互感器的二次回路，均必须且只能有一个接地点；经控制室零相小母线（N600）连通的几组电压互感器二次回路，只应在控制室将 N600 一点接地，各电压互感器二次中性点在开关场的接地点应断开。 4. 电压互感器开口三角绕组的引出端之一应一点接地，接地引线及各星形接线的电压互感器二次绕组中性线上不得接有可能断开的开关或熔断器等。 5. 电压互感器二次绕组四根引入线和电压互感器开口三角绕组的两根引入线均应使用各自独立的电缆

3. 设备采购阶段

设备采购阶段电压互感器资料检查监督要求见表 2-25。

表 2-25   设备采购阶段电压互感器资料检查监督要求

监督项目	检查资料	监督要求
物资采购技术规范书（或技术协议）	技术规范书或技术协议、厂家投标文件、设备型式试验报告	1. 气体绝缘互感器技术规范书中应明确运输存储要求：110kV 及以下电压等级互感器应直立安放运输，220kV 及以上电压等级互感器应满足卧倒运输的要求。运输时，110（66）kV 产品每批次超过 10 台时，每车装 10g 冲击加速度振动子 2 个，低于 10 台时，每车装 10g 冲击加速度振动子 1 个；220kV 产品每台安装 10g 冲击加速度振动子 1 个；330kV 及以上电压等级每台安装带时标的三维冲击记录仪。到达目的地后检查振动记录装置的记录，若记录数值超过 10g 冲击加速度一次或 10g 振动子脱落，则产品应返厂解体检查。 2. 供应商应提供有效的同型号设备型式试验报告
设备技术参数	技术规范书或技术协议、厂家投标文件、设备型式试验报告	电压互感器选型、结构设计、额定电压、额定容量、二次绕组数量、误差特性、动、热稳定电流和时间、外绝缘水平、环境适用性（海拔、污秽、温度、抗震、风速等）应满足现场运行实际要求和远景发展规划需求
设备结构及组部件	技术规范书或技术协议、厂家投标文件、设备型式试验报告	1. SF_6 密度继电器与互感器设备本体之间的连接方式应满足不拆卸校验密度继电器的要求，户外安装应加装防雨罩。 2. 对于 SF_6 气体绝缘电磁式电压互感器应设置便于取气样的接口，同时应有一套气体状态监测装置（气体密度继电器）。SF_6 密度继电器与互感器设备本体之间的连接方式应满足不拆卸校验密度继电器的要求。 3. 油浸式互感器应选用带金属膨胀器微正压结构型式，电容式电压互感器电磁单元应装有油面（油位）观察孔，安装位置应便于运行人员观察。电容式电压互感器电磁单元油箱排气孔应高出油箱上平面 10mm 以上，且密封可靠。 4. 油浸式互感器的膨胀器外罩应标注清晰耐久的最高（MAX）、最低（MIN）油位线及 20℃ 的标准油位线。油位观察窗应选用具有耐老化、透明度高的材料进行制造。油位指示器应采用荧光材料。 5. 油浸绝缘电磁式电压互感器的下部一般应设置放油或密封取样用的阀门，以便于取油或放油，放油阀的位置应能放出互感器最低处的油。 6. 1000kV 电容式电压互感器均压装置的结构、尺寸及安装方式要兼顾局部放电量、无线电干扰、一次导线连接、迎风面积、地震耐受能力等方面因素。顶部均压环的数量宜采用 2 个，均压环管直径不宜小于 240mm，最大外径不宜小于 1.8m。 7. 1000kV 电容式电压互感器误差调节端子应设置在电磁单元箱体外侧，且端子板应有单独的防护罩；补偿电抗器的过电压限幅装置宜设置在电磁单元箱体外侧，且有防护罩。 8. 电容式电压互感器中间变压器高压侧对地不应装设氧化锌避雷器，且应选用速饱和电抗器型阻尼器。 9. 互感器的二次引线端子和末屏引出线端子应有防转动措施。接地螺栓直径不小于 8mm，1000kV 电压互感器接地螺栓直径不小于 12mm。 10. 对 330kV 及以上叠装式结构的电容式电压互感器，应有便于现场进行电容分压器试验的电磁单元分离装置
重要试验	技术规范书或技术协议、厂家投标文件、设备型式试验报告	1. 电容式电压互感器应选用速饱和电抗器型阻尼器，并应在出厂时进行铁磁谐振试验。对于中性点有效接地系统，一次试验电压 U_p 为 $0.8U_{pr}$、$1.0U_{pr}$、$1.2U_{pr}$ 和 $1.5U_{pr}$；中性点非有效接地系统或中性点绝缘系统，一次试验电压 U_p 为 $0.8U_{pr}$、$1.0U_{pr}$、$1.2U_{pr}$ 和 $1.9U_{pr}$（U_{pr} 为额定一次电压的方均根值）。 2. 10（6）kV 及以上干式互感器出厂时应逐台进行局部放电试验
10～35kV 计量用电压互感器的全性能试验要求	技术规范书或技术协议、厂家投标文件、设备型式试验报告	10～35kV 计量用电压互感器的招标技术规范中应要求投标方提供由国家电网有限公司计量中心出具的全性能试验报告或能证明其产品通过国家电网有限公司计量中心全性能试验的相关资料
保护性能要求	技术规范书或技术协议、厂家投标文件、设备型式试验报告	1. 电压互感器类型、容量、二次绕组数量、一次传感器数量（电子式互感器）和准确级（包括电压互感器辅助绕组）应满足测量装置、保护装置和自动装置的要求。 2. 电子式电压互感器应能真实地反映一次电压，额定延时时间不大于 2ms，唤醒时间为 0；电子式互感器内应由两路独立的采样系统进行采集，每路采样系统应采用双 A/D 系统接入 MU。 3. 电子式电压互感器二次输出电压，在短路消除后恢复（达到准确级限值内）时间应满足继电保护装置的技术要求
设备材质选型要求	技术规范书或技术协议、厂家投标文件、设备型式试验报告	1. 膨胀器防雨罩应选用耐蚀铝合金或 06Cr19Ni10 奥氏体不锈钢。 2. 二次绕组屏蔽罩宜采用铝板旋压或铸造成型的高强度铝合金材质，电容屏连接筒应要求采用强度足够的铸铝合金制造。 3. 气体绝缘互感器充气接头不应采用 2 系或 7 系铝合金。 4. 除非磁性金属外，所有设备底座、法兰应采用热浸镀锌防腐

4. 设备制造阶段

设备制造阶段电压互感器资料检查监督要求见表 2－26。

表 2－26　　　　　　　　　　设备制造阶段电压互感器资料检查监督要求

监督项目	检查资料	监督要求
1000kV 设备监造	1000kV 电容式电压互感器监造报告、设备原材料及组部件的出厂资料及抽样报告	1. 1000kV 电容式电压互感器应开展驻厂监造。 2. 监造报告（总结）应包括监造项目概况、监造组织机构及人员、监造工作开展情况、产品结构特点、生产关键点及历程、问题处理过程和结果、相关照片
油浸式互感器外观及结构	油浸式互感器外观及结构等出厂资料	油浸式电压互感器应满足如下要求： （1）油浸式互感器生产厂家应根据设备运行环境最高和最低温度核算膨胀器的容量，并应留有一定裕度。 （2）油浸式互感器的膨胀器外罩应标注清晰耐久的最高（MAX）、最低（MIN）油位线及 20℃的标准油位线。油位观察窗应选用具有耐老化、透明度高的材料进行制造。油位指示器应采用荧光材料。 （3）互感器的二次引线端子应有防转动措施。 （4）电容式电压互感器中间变压器高压侧对地不应装设氧化锌避雷器，且应选用速饱和电抗器型阻尼器。 （5）电容式电压互感器电磁单元油箱排气孔应高出油箱上平面 10mm 以上，且密封可靠
气体绝缘互感器外观及结构	气体绝缘互感器外观及结构等出厂资料	气体绝缘电压互感器应满足如下要求： （1）气体绝缘互感器的防爆装置应采用防止积水、冻胀的结构，防爆膜应采用抗老化、耐锈蚀的材料。 （2）SF_6 密度继电器与互感器设备本体之间的连接方式应满足不拆卸校验密度继电器的要求，户外安装应加装防雨罩。 （3）气体绝缘互感器应设置安装时的专用吊点并有明显标识
设备材质选型	1000kV 电容式电压互感器监造报告、设备原材料及组部件的出厂资料及抽样报告	1. 硅钢片、铝箔等重要原材料应提供材质报告单、出厂试验报告、物理化学等材料性能的分析及合格证；外协材料应配有出厂试验报告。 2. 铝箔表面应平整、干净、铁心应无锈蚀、毛刺，不应有断片。 3. 绝缘子支撑件应进行 100%的外观和尺寸检查。电压互感器应无裂纹、缩孔，尺寸应符合图纸

5. 设备验收阶段

设备验收阶段电压互感器资料检查监督要求见表 2－27。

表 2－27　　　　　　　　　　设备验收阶段电压互感器资料检查监督要求

监督项目	检查资料	监督要求
交流耐压和局部放电试验	设备出厂资料，如设备安装使用说明书、设备出厂试验报告及型式试验报告等	1. 试验时，座架、箱壳（如有）、铁心（如果有专用的接地端子）和所有其他绕组和绕组端的出线端皆应连在一起接地。 2. 局部放电试验数据合格，符合以下要求。 （1）中性点有效接地系统：接地电压互感器，测量电压为 U_m 时，液体浸渍或气体绝缘互感器放电量为 10pC，固体绝缘互感器放电量为 50pC；测量电压为 $1.2U_m/\sqrt{3}$ 时，液体浸渍或气体绝缘互感器放电量为 5pC，固体绝缘互感器放电量为 20pC；不接地电压互感器，测量电压为 $1.2U_m$ 时，液体浸渍或气体绝缘互感器放电量为 5pC，固体绝缘互感器放电量为 20pC； （2）中性点非有效接地系统：接低电压互感器，测量电压为 $1.2U_m$ 时，液体浸渍或气体绝缘互感器放电量为 10pC，固体绝缘互感器放电量为 50pC；测量电压为 $1.2U_m/\sqrt{3}$ 时，液体浸渍或气体绝缘互感器放电量为 5pC，固体绝缘互感器放电量为 20pC；不接地电压互感器，测量电压为 $1.2U_m$ 时，液体浸渍或气体绝缘互感器放电量为 5pC，固体绝缘互感器放电量为 20pC
密封性试验	设备出厂资料，如设备安装使用说明书、设备出厂试验报告及型式试验报告等	对于带膨胀器的油浸式互感器，应在未装膨胀器之前对互感器进行密封性能试验。试验后，将装好膨胀器的产品按规定时间（一般不少于 12h）静置，外观检查是否有渗、漏油现象
电容量和介质损耗因数测量	设备出厂资料，如设备安装使用说明书、设备出厂试验报告及型式试验报告等	电磁式电压互感器试验数据合格，符合以下要求： （1）非串级式电压互感器：测量电压为 $U_m/\sqrt{3}$ 时，$\tan\delta \leqslant 0.005$； （2）串级式电压互感器：测量电压为 10kV 时，$\tan\delta \leqslant 0.02$

监督项目	检查资料	监督要求
伏安特性试验	设备出厂资料，如设备安装使用说明书、设备出厂试验报告及型式试验报告等	同批次出厂试验报告与型式试验报告励磁电流值差异应小于30%
铁磁谐振试验	设备出厂资料，如设备安装使用说明书、设备出厂试验报告及型式试验报告等	电容式电压互感器应选用速饱和电抗器型阻尼器，并应在出厂时进行铁磁谐振试验。对于中性点有效接地系统，一次试验电压 U_P 为 $0.8U_{pr}$、$1.0U_{pr}$、$1.2U_{pr}$ 和 $1.5U_{pr}$；中性点非有效接地系统或中性点绝缘系统，一次试验电压 U_P 为 $0.8U_{pr}$、$1.0U_{pr}$、$1.2U_{pr}$ 和 $1.9U_{pr}$（U_{pr} 为额定一次电压的方均根值）；该试验对于1000kV电容式电压互感器在0.8、1.2倍额定电压下试验次数不少于10次，1.0倍额定电压下试验次数不少于10次，1.5倍额定电压下试验次数不少于10次且铁磁谐振时间不应超过2s
准确度试验	10~35kV 计量用电压互感器的抽样验收试验报告和全检验收试验报告等	10~35kV 计量用电压互感器到货后应进行抽样验收试验和全检验收试验，试验项目及试验方法应符合《10kV~35kV 计量用电压互感器技术规范》（Q/GDW 11682—2017）的要求；实验室参比条件下全检验收基本误差的误差限值为《电力互感器检定规程》（JJG 1021—2007）中规定的电压互感器误差限值的60%

6. 设备安装阶段

设备安装阶段电压互感器资料检查监督要求见表2-28。

表2-28   设备安装阶段电压互感器资料检查监督要求

监督项目	检查资料	监督要求
保护用二次绕组	设备施工图纸、厂家设计图纸等	1. 双重化配置的两套保护装置的交流电压应分别取自电压互感器互相独立的绕组；电子式互感器内应由两路独立的采样系统进行采集，每路采样系统应采用双 A/D 系统接入 MU，两个采样系统应由不同的电源供电。 2. 330kV 及以上和涉及系统稳定的220kV新建、扩建或改造的智能变电站采用常规互感器时，应通过二次电缆直接接入保护装置。 3. 电压互感器的二次回路，均必须且只能有一个接地点；经控制室零相小母线（N600）连通的几组电压互感器二次回路，只应在控制室将 N600 一点接地，各电压互感器二次中性点在开关场的接地点应断开。 4. 电压互感器开口三角绕组的引出端之一应一点接地，接地引线及各星形接线的电压互感器二次绕组中性线上不得接有可能断开的开关或熔断器等。 5. 电压互感器二次绕组四根引出线和电压互感器开口三角绕组的两根引入线均应使用各自独立的电缆

7. 设备调试阶段

设备调试阶段电压互感器资料检查监督要求见表2-29。

表2-29   设备调试阶段电压互感器资料检查监督要求

监督项目	检查资料	监督要求
电容式电压互感器检测	设备交接试验报告，密度继电器、压力表校验报告及检定证书等	1. 电容分压器电容量与额定电容值比较不宜超过 -5%~10%，介质损耗因数 $\tan\delta$ 不应大于0.2%。 2. 叠装结构电容式电压互感器电磁单元因结构原因不易将中压连线引出时，可不进行电容量和介质损耗因数的测试，但应进行误差试验。 3. 电容式电压互感器误差试验应在支架（柱）上进行。 4. 1000kV 电容式电压互感器中间变压器各绕组、补偿电抗器及阻尼器的直流电阻均应进行测量，其中中间变压器一次绕组和补偿电抗器绕组直流电阻可一并测量
电磁式电压互感器的励磁曲线测量	设备交接试验报告，密度继电器、压力表校验报告及检定证书等	1. 电磁式电压互感器在交接试验时，应进行空载电流测量。励磁特性的拐点电压应大于 $1.5U_m/\sqrt{3}$（中性点有效接地系统）或 $1.9U_m/\sqrt{3}$（中性点非有效接地系统）。 2. 用于励磁曲线测量的仪表应为方均根值表，当发生测量结果与出厂试验报告和型式试验报告相差大于30%时，应核对使用的仪表种类是否正确

监督项目	检查资料	监督要求
电磁式电压互感器交流耐压试验	设备交接试验报告，密度继电器、压力表校验报告及检定证书等	1. 一次绕组按出厂试验电压的 80%进行。 2. 二次绕组间及其对箱体（接地）的工频耐压试验电压应为 2kV；电压等级 110kV 及以上的电压互感器接地端（N）对地的工频耐受试验电压应为 2kV，可用 2500V 绝缘电阻表测量绝缘电阻试验替代
电磁式电压互感器局部放电	设备交接试验报告，密度继电器、压力表校验报告及检定证书等	1. 电压等级为 35～110kV 互感器的局部放电测量可按 10%进行抽测。 2. 电压等级 220kV 及以上互感器在绝缘性能有怀疑时宜进行局部放电测量。 3. 局部放电测量的测量电压及允许的视在放电量水平应满足标准的规定。 （1）≥66kV：测量电压为 $1.2U_m/\sqrt{3}$ 时，环氧树脂及其他干式互感器放电量为 50pC，油浸式和气体式互感器放电量为 20pC；测量电压为 U_m 时，环氧树脂及其他干式互感器放电量为 100pC，油浸式和气体式互感器放电量为 50pC； （2）35kV：全绝缘结构，测量电压为 $1.2U_m$ 时，环氧树脂及其他干式互感器放电量为 100pC，油浸式和气体式互感器放电量为 50pC；半绝缘结构，测量电压为 $1.2U_m/\sqrt{3}$ 时，环氧树脂及其他干式互感器放电量为 50pC，油浸式和气体式互感器放电量为 20pC，测量电压为 $1.2U_m$ 时，环氧树脂及其他干式互感器放电量为 100pC，油浸式和气体式互感器放电量为 50pC
交流耐压试验前后绝缘油油中溶解气体分析	设备交接试验报告，密度继电器、压力表校验报告及检定证书等	110（66）kV 及以上电压等级的油浸式电磁式电压互感器交流耐压试验前后应进行油中溶解气体分析，两次测得值相比不应有明显的差别，且满足 220kV 及以下：$H_2<100\mu L/L$、$C_2H_2<0.1\mu L/L$、总烃$<10\mu L/L$；330kV 及以上：$H_2<50\mu L/L$、$C_2H_2<0.1\mu L/L$、总烃$<10\mu L/L$
SF_6 气体试验	设备交接试验报告，密度继电器、压力表校验报告及检定证书等	1. SF_6 气体微水测量应在充气静置 24h 后进行。 2. 投运前、交接时 SF_6 气体湿度（20℃）≤250μL/L，对于 750kV 电压等级，应≤200μL/L。 3. SF_6 气体年泄漏率应≤0.5%
误差试验	设备交接试验报告，密度继电器、压力表校验报告及检定证书等	1. 关口电能计量用电压互感器的误差试验应由法定计量检定机构进行，应符合计量检定规程要求。 2. 非电子式电压互感器误差交接试验用试验设备应经过有效的技术手段核查、确认其计量性能符合要求（通常这些技术手段包括检定、校准和比对）
气体密度继电器和压力表检查	设备交接试验报告，密度继电器、压力表校验报告及检定证书等	SF_6 密度继电器与互感器设备本体之间的连接方式应满足不拆卸校验密度继电器的要求，户外安装应加装防雨罩
二次绕组参数检验	调试报告	1. 应对电压互感器的类型、变比、容量、二次绕组数量、一次传感器数量（电子式互感器）和准确级进行核对，应符合设计要求。 2. 应对电压互感器各绕组间的极性关系进行测试，对铭牌上的极性标志进行核对；应对互感器各次绕组的连接方式及其极性关系、相别标识进行检查。 3. 用于双重化保护的电子式互感器，其两个采样系统应由不同的电源供电并与相应保护装置使用同一组直流电源。 4. 电压互感器二次回路中性点在端子箱处经放电间隙或氧化锌阀片接地时，其放电间隙或氧化锌阀片，其击穿电压峰值应大于 $30I_{max}$ V（I_{max} 为电网接地故障时通过变电站的可能最大接地电流有效值，单位为 kA）。 5. 应对电子式电压互感器进行一次通压试验。 6. 电子式互感器传输环节各设备应进行断电试验、光纤进行抽样拔插试验，检验当单套设备故障失电时，是否导致保护装置误出口。 7. 电子式互感器交接时应在合并单元输出端子处进行误差校准试验，并在投运前应开展隔离开关分/合容性小电流干扰试验

8. 竣工验收阶段

竣工验收阶段电压互感器资料检查监督要求见表 2−30。

表 2−30　　　　　　　竣工验收阶段电压互感器资料检查监督要求

监督项目	检查资料	监督要求
试验报告完整性	设备出厂试验报告及交接试验报告、检定证书	1. 交接试验报告的数量与实际设备应相符，试验项目齐全，并符合标准规程要求。 2. 气体绝缘互感器所配置的密度继电器、压力表等应具有有效的检定证书

监督项目	检查资料	监督要求
二次绕组性能参数校核	验收记录、定值单、施工图纸及设计变更说明文件	1. 核对保护使用的二次绕组变比与定值单一致，保护使用的二次绕组接线方式、准确度和容量满足要求。 2. 所有二次绕组极性正确，同一电压等级两段电压互感器零序电压的接线方式一致。 3. 核对二次绕组中性点避雷器工作状态。 4. 双重化保护装置的交流电压应分别取自电压互感器互相独立的绕组。 5. 用于双重化保护的电子式互感器，其两个采样系统应由不同的电源供电。 6. 330kV 及以上和涉及系统稳定的 220kV 新建、扩建或改造的智能变电站采用常规互感器时，应通过二次电缆直接接入保护装置
二次绕组接地	验收记录（报告）、设计图纸及设计变更说明文件	1. 电压互感器的二次回路，均必须且只能有一个接地点；经控制室零相小母线（N600）连通的几组电压互感器二次回路，只应在控制室将 N600 一点接地，各电压互感器二次中性点应在开关场的接地点断开。 2. 电压互感器开口三角绕组的引出端之一应一点接地，接地引线及各星形接线的电压互感器二次绕组中性线上不得接有可能断开的开关或熔断器等

9. 运维检修阶段

运维检修阶段电压互感器资料检查监督要求见表 2-31。

表 2-31   运维检修阶段电压互感器资料检查监督要求

监督项目	检查资料	监督要求
运行巡视	设备运行巡视记录	1. 运行巡视周期应符合相关规定。 2. 巡视项目重点关注：外绝缘表面、各连接引线、二次接线盒、均压环、油位、气体密度值等是否正常
状态检测	设备运行巡视记录、例行试验报告、设备带电检测报告等	1. 例行试验。 （1）电磁式电压互感器：绝缘电阻、电容量和介质损耗因数、红外热成像检测、油中溶解气体分析（油纸绝缘）检测等例行试验项目齐全，试验周期与结论正确，应符合规程规定。 （2）电容式电压互感器：红外热成像检测、分压电容器试验、二次绕组绝缘电阻等例行试验项目齐全，结论正确，应符合规程规定。 2. 诊断性试验：交流耐压、局部放电、气体密封性检测（SF_6 绝缘）等诊断性试验结论正确，应符合规程规定。 3. 电子式电压互感器应加强在线监测装置光功率显示值及告警信息的监视；更换器件后，应在合并单元输出端子处进行误差校准试验
状态评价与检修决策	设备运行巡视记录、例行试验报告、设备带电检测报告、状态评价报告	1. 状态评价应基于巡检及例行试验、诊断性试验、在线监测、带电检测、家族缺陷、不良工况等状态信息，包括其现象强度、量值大小以及发展趋势，结合与同类设备的比较，作出综合判断。 2. 依据设备状态评价的结果，考虑设备风险因素，动态制订设备的检修策略，合理安排检修计划和内容
故障/缺陷处理	设备运行巡视记录、例行试验报告、设备带电检测报告、缺陷记录、故障记录等	1. 对运行中设备出现缺陷，根据缺陷管理要求及时消除，并做好缺陷的统计、分析、上报工作。 2. 设备出现下列情况应退出运行：① 油浸式互感器的膨胀器异常伸长顶起上盖；② 电容式电压互感器出现电容单元渗漏油；③ 设备内部出现异音、异味、冒烟或着火；④ 运行中互感器外绝缘有裂纹、沿面放电、局部变色、变形；⑤ 气体绝缘互感器严重漏气导致压力低于报警值；⑥ 本体或引线接头严重过热；⑦ 压力释放装置（防爆片）已冲破；⑧ 电压互感器接地端子 N（X）开路、二次短路，不能消除；⑨ 设备的油化试验或 SF_6 气体试验主要指标超过规定不能继续运行；⑩ 油浸式电压互感器严重漏油，看不到油位。 3. 运行中的 35kV 及以下电压等级电磁式电压互感器，如发生高压熔断器两相及以上同时熔断或单相多次熔断，应进行检查及试验。 4. 长期微渗的气体绝缘互感器应开展 SF_6 气体微水检测和带电检漏，必要时可缩短检测周期。年漏气率大于 1% 时，应及时处理
反措落实	故障记录等	事故抢修的油浸式互感器，应保证绝缘试验前静置时间，其中 500（330）kV 设备静置时间应大于 36h，110（66）～220kV 设备静置时间应大于 24h

10. 退役报废阶段

退役报废阶段电压互感器资料检查监督要求见表 2-32。

表 2-32　　　　　　　　　　退役报废阶段电压互感器资料检查监督要求

监督项目	检查资料	监督要求
技术鉴定	项目可研报告、项目建议书、设备鉴定意见、资产管理相关台账、退役设备评估报告、报废处理记录等	1.《电网一次设备报废技术评估导则》(Q/GDW 11772—2017) 中"4 通用技术原则　电网一次设备进行报废处理，应满足以下条件之一：a) 国家规定强制淘汰报废。b) 设备厂家无法提供关键零部件供应，无备品备件供应，不能修复，无法使用。c) 运行日久，其主要结构、机件陈旧，损坏严重，经大修、技术改造仍不能满足安全生产要求。d) 退役设备虽然能修复但费用太大，修复后可使用的年限不长，效率不高，在经济上不可行。e) 腐蚀严重，继续使用存在事故隐患，且无法修复。f) 退役设备无再利用价值或再利用价值小。g) 严重污染环境，无法修治。h) 技术落后不能满足生产需要。i) 存在严重质量问题不能继续运行。j) 因运营方式改变全部或部分拆除，且无法再安装使用。k) 遭受自然灾害或突发意外事故，导致毁损，无法修复。" 2.《电网一次设备报废技术评估导则》(Q/GDW 11772—2017) 中"5.7 互感器满足下列技术条件之一，且无法修复，宜进行报废：a) 严重渗漏油、内部受潮，电容量、介质损耗、C_2H_2 含量等关键测试项目不符合 Q/GDW 458、Q/GDW 1168 要求。b) 瓷套存在裂纹、复合绝缘伞裙局部缺损。c) 测量误差较大，严重影响系统、设备安全。d) 采用 SF_6 绝缘的设备，气体的年泄漏率大于 0.5% 或可控制绝对泄漏率大于 $10^{-7}MPa \cdot cm^3/s$。e) 电容式电压互感器电磁单元或电容单元存在严重缺陷。f) 电子式互感器、光电互感器存在严重缺陷或二次规约不具备通用性。"
废油、废气处置	项目可研报告、项目建议书、设备鉴定意见、资产管理相关台账、退役设备评估报告、报废处理记录等	退役报废设备中的废油、废气严禁随意向环境中排放，确需在现场处理的，应统一回收、集中处理，并做好处置记录
电能计量用互感器的报废	项目可研报告、项目建议书、设备鉴定意见、资产管理相关台账、退役设备评估报告、报废处理记录等	发生以下情况，电能计量用电压互感器应予淘汰或报废： (1) 功能或性能上不能满足使用及管理要求的电能计量器具。 (2) 国家或上级明文规定不准使用的电能计量器具

2.3.1.4　干式电抗器

通过查阅工程可研报告、产品图纸、技术规范书、工艺文件、试验报告、试验方案等文件资料，判断监督要点是否满足监督要求。

1. 规划可研阶段

规划可研阶段干式电抗器资料检查监督要求见表 2-33。

表 2-33　　　　　　　　　　规划可研阶段干式电抗器资料检查监督要求

监督项目	检查资料	监督要求
容量选择的合理性	查阅工程可研报告或电气一次图纸等资料或参加设计评审会	并联电抗器位置容量选取或串联、限流电抗器的电流选择是否满足要求，无此两种设备的工程，此项不作为扣分项
断路器保护配置	查阅工程可研报告或电气一次图纸等资料或参加设计评审会	串联电抗器或并联电抗器回路断路器是否安装及过电压保护装置位置是否满足要求，无此两种设备的工程，此项不作为扣分项

2. 工程设计阶段

工程设计阶段主要查阅资料：工程可研报告、工程设计图、工程设计说明书、电气一次图纸、一次系统图、设备安装图包括施工图说明书或产品说明书；属地电网规划；一次平面布置图、断面图、接地平面布置图和土建图纸及隐蔽工程影像资料。工程设计阶段干式电抗器资料检查监督要求见表 2-34。

表 2-34 　　　　　　　　　　　　工程设计阶段干式电抗器资料检查监督要求

监督项目	检查资料	监督要求
选型与参数设计	查阅工程设计说明书、设备安装图和说明书等资料	对应监督点条目，记录电容器组串联电抗器或并联电抗器的参数是否满足通用设备的要求。无此两种设备的工程，此项不作为扣分项
设备选型的合理性	查阅工程可研报告或电气一次图纸等资料或参加设计评审会	对应监督点条目，记录串联电抗器或并联电抗器室内外选型是否满足要求。无此两种设备的工程，此项不作为扣分项
电抗率选择的合理性	查阅属地电网规划、工程可研报告电气一次图纸等资料或参加设计评审会	对应监督点条目，记录串联电抗器的电抗率取值和限流电抗器的电抗率取值及校验条件是否满足要求。无此两种设备的工程，此项不作为扣分项
接线方式的合理性	查阅工程设计图、一次系统图等资料	对应监督点条目，记录并联电抗器的接线形式是否满足要求。无此设备的工程，此项不作为扣分项
安装设计	查阅一次平面布置图、断面图和设备安装图等资料	对应监督点条目，记录串联电抗器、并联电抗器或限流电抗器的布置是否满足要求。无此三种设备的工程，此项不作为扣分项
接地	查阅资料，包括设备安装图、接地平面布置图和留存隐蔽工程影像资料	对应监督点条目，记录电抗器的接地是否满足要求。无此设备的工程，此项不作为扣分项
保护	查阅一次系统图和设备安装图，包括施工图说明书或产品说明书等资料	对应监督点条目，记录并联电抗器的保护方式是否满足要求
并联电抗器布置	查阅一次平面布置图、断面图或设备安装图等资料	对应监督点条目，记录电抗器的布置是否满足要求
声级水平	查阅设备安装图和说明书等资料	对应监督点条目，记录串联电抗器、并联电抗器或限流电抗器的噪声水平是否满足要求
防火	查阅电气平面图纸及土建图纸等资料	对应监督点条目，记录电抗器与周围设备的防火距离是否满足要求

3. 设备采购阶段

设备采购阶段主要查阅干式电抗器技术规范书、中标供应商技术应答书等资料。设备采购阶段干式电抗器资料检查监督要求见表 2-35。

表 2-35 　　　　　　　　　　　　设备采购阶段干式电抗器资料检查监督要求

监督项目	检查资料	监督要求
设备选型合理性	查阅干式电抗器技术规范书、中标供应商技术应答书等资料	查阅技术规范书、中标供应商技术应答书，对应监督要点条目，检查技术参数、组件材料配置要求和使用环境条件、过电压保护等是否满足要求
铁心及绕组	查阅干式电抗器技术规范书、中标供应商技术应答书等资料	对应监督要点条目，记录干式电抗器导线材料、电流密度、绕组间电流密度差值、绝缘材料耐热等级、结构件材料，检查技术规范书是否与监督要点一致
电气接口	查阅干式电抗器技术规范书、中标供应商技术应答书等资料	对应监督要点条目，记录中标供应商技术应答书对技术规范书所列电气接口是否进行明确、完全应答，是否提供详细技术偏差说明
设备试验管理	查阅干式电抗器技术规范书、中标供应商技术应答书等资料	对应监督要点条目，记录试验项目
安装要求	查阅干式电抗器技术规范书、中标供应商技术应答书等资料	对应监督要点条目，记录安装要求
土建接口	查阅干式电抗器技术规范书、中标供应商技术应答书等资料	对应监督要点条目，记录中标供应商技术应答书对技术规范书所列土建接口是否进行明确、完全应答，是否提供详细技术偏差说明

4. 设备制造阶段

设备制造阶段主要查阅资料：原材料检验报告及合格证/进货抽查报告；资料工艺流程卡或有关

记录；检测设备合格证、中间及出厂试验报告；原材料的质量证明书和入厂复检报告；对于开展入厂监造的设备，查阅监造记录、监造报告等资料。设备制造阶段干式电抗器资料检查监督要求见表 2-36。

表 2-36　　　　　　　　　　设备制造阶段干式电抗器资料检查监督要求

监督项目	检查资料	监督要求
设备监造管理	对于开展入厂监造的设备，查阅监造记录、监造报告等资料	对应监督要点条目，记录监造人员、时间，各关键点是否记录详细，监造报告是否完整齐全，问题是否整改完毕
原材料和外购件	抽样试验或查阅资料原材料检验报告及合格证/进货抽查报告	对应监督要点条目，记录原材料厂家检验报告编号、检验结论和电抗器厂家进货抽检报告编号、检验结论
生产工艺	查阅资料工艺流程卡或有关记录/现场查看	对应监督要点条目，记录铭牌安装、配件工艺流程是否满足规范要求
主要生产检测设备和项目	现场检查、查阅检测设备合格证、中间及出厂试验报告	对应监督要点条目，记录主要检测设备名称、送检时间；记录中间及出厂试验项目内容、时间、试验结论、试验人员
零部件	抽样试验或查阅原材料的质量证明书和入厂复检报告	对应监督要点条目，记录原材料是否符合要求

5. 设备验收阶段

设备验收阶段查阅资料：出厂试验报告；出厂试验报告、型式试验报告、图纸和试验报告。设备验收阶段干式电抗器资料检查监督要求见表 2-37。

表 2-37　　　　　　　　　　设备验收阶段干式电抗器资料检查监督要求

监督项目	检查资料	监督要求
绕组直流电阻测量	查阅出厂试验报告或现场见证	对应监督要点条目，记录相关试验结果是否符合要求
绝缘电阻测试	查阅出厂试验报告	对应监督要点条目，记录相关试验结果是否符合要求
电抗值测量	查阅出厂试验报告或现场见证	对应监督要点条目，记录相关试验结果是否符合要求
损耗测量	查阅出厂试验报告或现场见证	对应监督要点条目，记录相关试验结果是否符合要求
工频耐压试验	查阅出厂试验报告或现场见证	对应监督要点条目，记录相关试验结果是否符合要求
绕组匝间绝缘试验	查阅出厂试验报告或现场见证	对应监督要点条目，记录相关试验结果是否符合要求
声级水平	查阅型式试验报告	对应监督要点条目，记录串联电抗器、并联电抗器或限流电抗器的噪声水平是否满足要求
厂家资料	查阅图纸和试验报告	对应监督要点检查电抗器图纸和试验报告是否齐全

6. 设备安装阶段

设备安装阶段主要查阅隐蔽工程留存影像资料等。设备安装阶段干式电抗器资料检查监督要求见表 2-38。

表 2-38　　　　　　　　　　设备安装阶段干式电抗器资料检查监督要求

监督项目	检查资料	监督要求
基础施工	现场查看、查阅隐蔽工程留存影像资料	对应监督要点条目，记录电抗器基础是否符合要求
本体	现场查看绝缘损伤或导体裸露情况，针对修补后的干式电抗器查阅其修补后的匝间耐压试验报告	对应监督要点条目，记录电抗器线圈绝缘损伤及导体裸露时的处理是否符合要求

7. 设备调试阶段

设备调试阶段主要查阅交接试验报告、出厂试验报告、调试记录等。设备调试阶段干式电抗器资料检查监督要求见表 2-39。

表 2-39 设备调试阶段干式电抗器资料检查监督要求

监督项目	检查资料	监督要求
绕组直流电阻	查阅交接试验报告中绕组直流电阻项目数据或现场见证	记录绕组直流电阻测量结果是否满足要求
绝缘电阻	查阅交接试验报告中绝缘电阻项目数据	记录绝缘电阻测量结果是否满足要求
交流耐压	查阅交接试验报告中外施交流耐压项目数据	记录交流耐压试验是否通过，耐压值是否符合标准要求
电抗值测量	查阅出厂试验报告或现场见证电抗值测量试验	对应监督要点条目，记录相关试验结果是否符合要求
冲击合闸	查阅调试记录中对无功装置进行冲击合闸的记录，应不存在电抗器放电或机械损伤等异常现象	记录冲击合闸记录是否有异常

8. 竣工验收阶段

竣工验收阶段主要查阅竣工验收报告、影像资料、采购技术协议或技术规范书、出厂试验报告、交接试验报告等。竣工验收阶段干式电抗器资料检查监督要求见表 2-40。

表 2-40 竣工验收阶段干式电抗器资料检查监督要求

监督项目	检查资料	监督要求
竣工验收准备工作	查阅竣工验收报告、影像资料或现场抽查一台干式电抗器	对应监督要点条目，记录检查情况
技术资料、文件完整性	查阅采购技术协议或技术规范书、出厂试验报告、交接试验报告	对应监督要点条目，记录技术文件、资料完整情况
交接试验报告检查	交接试验收要保证所有试验项目齐全、合格，并与出厂试验数值无明显差异	记录交接试验报告项目是否齐全，且与出厂值无明显差异

9. 运维检修阶段

运维检修阶段主要查阅巡视、检修及带电检测记录、缺陷记录、状态评价报告及检修计划、检修作业指导书、检修、试验报告、设备台账/送检计划、红外检测记录、电抗率配置计算值和谐波电流记录表等。运维检修阶段干式电抗器资料检查监督要求见表 2-41。

表 2-41 运维检修阶段干式电抗器资料检查监督要求

监督项目	检查资料	监督要求
运行巡视周期	查阅巡视记录、巡视作业指导书/卡	对应监督要点条目，记录项目和周期是否满足要求
运行巡视项目	查阅巡视记录、巡视作业指导书/卡	对应监督要点条目，记录项目和周期是否满足要求
故障/缺陷管理	查阅缺陷记录或现场抽查一台干式电抗器	结合现场，核查是否存在现场缺陷没有记录的情况；记录缺陷定级、处理情况
状态评价	查阅状态评价报告	对应监督要点条目，记录状态评价时间
状态检修	查阅状态评价报告及检修计划	对应监督要点条目，记录状态检修计划情况
检修作业指导书	查阅检修作业指导书	对应监督要点条目，记录状态评价时间
检修试验报告	查阅资料检修、试验报告	记录报告和录入系统时间，测试数据是否符合要求

监督项目	检查资料	监督要求
检修项目	查阅巡视、检修及带电检测记录	对应监督要点条目，记录检修项目
检修、试验装备	查阅设备台账/送检计划	对应监督要点条目，记录仪器配置是否满足要求
红外检测	查阅红外检测记录	记录红外检测日期和结果，是否满足要求

2.3.1.5 站用变压器

通过查阅工程可研报告、设计说明、技术图纸、技术规范书、生产工艺文件、试验报告等资料，判断监督要点是否满足监督要求。

1. 规划可研阶段

规划可研阶段站用变压器资料检查监督要求见表2-42。

表2-42　　　　　　　　　规划可研阶段站用变压器资料检查监督要求

监督项目	检查资料	监督要求
配置	可研报告	1. 330kV 及以上变电站应至少配置三路站用电源，主变压器为两台（组）及以上时，由主变压器低压侧引接的站用变压器台数不少于两台，并应装设一台从站外可靠电源引接的专用备用站用变压器。 2. 330kV 以下变电站应至少配置两路不同的站用电源。 3. 330kV 及以上变电站和地下 220kV 变电站的备用站用变压器电源不能由该站作为单一电源的区域供电。 4. 变电站不同外接站用电源不能取至同一个上级变电站。 5. 220kV 和重要的 110kV 地下变电站应装设三路站用电源，其中两台应为从主变压器低压侧分别引接的容量相同、可互为备用、分列运行的站用变压器；另一台为从站外电源引接的站用变压器，仅供全站停电时通风、消防等负荷使用
容量	可研报告	变电站每台站用变压器容量按全站计算负荷选择。接地变压器作为站用变压器使用时，接地变压器容量应满足消弧线圈和站用电容量的要求，并考虑变电站检修负荷容量进行选择

2. 工程设计阶段

工程设计阶段站用变压器资料检查监督要求见表2-43。

表2-43　　　　　　　　　工程设计阶段站用变压器资料检查监督要求

监督项目	检查资料	监督要求
使用环境条件	设计说明、环境条件报告	1. 站用变压器的选择应按下列使用环境条件校验：温度、日温差、最大风速、相对湿度、污秽、海拔高度、地震烈度、系统电压波形及谐波含量。 2. 沿海及工业污秽严重地区，变压器的外绝缘应选用加强绝缘型或防污型产品
安装方式	设计说明	1. 站用变压器充油电气设备的布置，应满足带电观察油位、油温时安全、方便的要求，并应便于抽取油样。 2. 站用变压器的高、低压套管侧或者变压器靠维护门的一侧宜加设网状遮栏，网门应有"五防"闭锁，变压器储油柜宜布置在维护入口侧
选型	设计说明及图纸	1. 地下变电站的站用变压器应选择无油型设备。 2. 220kV 及以上变电站中，当高压电源电压波动较大，经常使站用电母线电压偏差超过±5%时，应采用有载调压站用变压器
油浸式站用变压器安全保护装置	设计说明	800kVA 及以上的变压器应装有压力保护装置

监督项目	检查资料	监督要求
布置	可研报告	1. 干式变压器作为站用变压器使用时，不宜采用户外布置。 2. 新建变电站的站用变压器、接地变压器不应布置在开关柜内或紧靠开关柜布置，避免其故障时影响开关柜运行
电缆敷设	可研报告	新投运变电站不同站用变压器低压侧至站用电屏的电缆不应同沟敷设。对已投运的变电站，如同沟敷设，则应采取防火隔离措施
联结组别	可研报告	1. 站用变压器联结组别的选择，宜使各站用工作站用变压器及站用备用站用变压器输出电压的相位一致。 2. 220kV 及以上变电站站用变压器宜采用 Dyn11 联结组别

3. 设备采购阶段

设备采购阶段站用变压器资料检查监督要求见表 2－44。

表 2－44　　　　　　　　　设备采购阶段站用变压器资料检查监督要求

监督项目	检查资料	监督要求
设备参数性能	技术规范书、厂家投标文件	1. 不应选用明令停止供货（或停止使用）、家族缺陷、不满足预防事故措施的产品。 2. 变压器空载损耗及负载损耗不得有正偏差。 3. 干式变压器分接引线需包封绝缘护套。 4. 户外站用变压器高、低压套管出线应有绝缘护罩
材质要求	招标技术条件书、厂家投标文件（重要外购或配套部件供应商清单及检验报告）	1. 10kV 变压器所有绕组材料采用铜线或铜箔。 2. 35kV 变压器全部绕组均应采用铜导线。 3. 10kV 干式变压器要求燃烧性能等级满足 GB/T 1094.11 中 F1 级的要求。 4. 油浸式变压器绝缘油击穿电压：35kV 及以下电压等级≥35kV
冷却系统	招标技术条件书、厂家投标文件	35kV 干式站用变压器冷却系统可手动和自动启动，冷却系统控制箱应随变压器成套供货，控制箱应为户外式
干式变压器耐热等级、防护等级及绝缘介质	招标技术条件书、厂家投标文件	1. 干式变压器壳体防护等级应不小于 IP20。 2. 干式站用变压器绝缘耐热等级不低于 F 级。干式变压器额定电流下的绕组平均温升不超过 100K（F）；额定电流下的绕组平均温升不超过 125K（H）。 3. 玻璃纤维与环氧树脂复合材料作绝缘，树脂不加填料，预置散热气道，真空状态浸渍式浇注，按特定的温度曲线固化成型。绕组内外表面用预浸树脂玻璃丝网覆盖加强。环氧树脂应具有阻燃性好、自动熄火的特性，遇到火源时不产生有害气体
局部放电	招标技术条件书、厂家投标文件	10kV 三相干式变压器局部放电水平≤8pC
温度报警	招标技术条件书、厂家投标文件	干式变压器绕组配置有温度监视及自启动风扇，温度高时应能发出告警并启动风扇
温升	招标技术条件书、厂家投标文件	1. 油浸变压器顶层油温升限值 55K，绕组（平均）温升限值 65K，绕组（热点）温升限值 78K，铁心、油箱及结构件表面的温升限值 80K（10kV）、75K（35kV），限值均不允许有正偏差。 2. 干式变压器额定电流下绕组平均温升不超过 100K（F）；额定电流下的绕组平均温升不超过 125K（H）

4. 设备制造阶段

设备制造阶段站用变压器资料检查监督要求见表 2－45。

表 2－45　　　　　　　　　设备制造阶段站用变压器资料检查监督要求

监督项目	检查资料	监督要求
原材料抽检	原厂质量保证书	1. 10kV 变压器所有绕组材料采用铜线或铜箔。 2. 35kV 变压器全部绕组均应采用铜导线。 3. 10kV 干式变压器要求燃烧性能等级满足 GB/T 1094.11 中 F1 级的要求

续表

监督项目	检查资料	监督要求
制造工艺	技术图纸、工艺单、完整记录单	1. 干式变压器绕组材料宜采用无氧铜材料制造的铜线、铜箔或性能更好的导线，玻璃纤维与环氧树脂复合材料作绝缘。 2. 薄绝缘结构，埋树脂散热气道，真空状态浸渍式浇注，按特定的温度曲线固化成型，绕组内外表面用进口预浸树脂玻璃丝网覆盖加强。 3. 干式变压器环氧树脂浇注的高、低压绕组应一次成型，不得修补
局部放电	抽检记录、生产工艺过程和设备情况记录	10kV 三相干式变压器局部放电水平≤8pC

5. 设备验收阶段

设备验收阶段站用变压器资料检查监督要求见表 2-46。

表 2-46　　　　　　　　设备验收阶段站用变压器资料检查监督要求

监督项目	检查资料	监督要求
出厂试验	出厂试验报告是否包含空负载损耗、局部放电及温升试验记录	1. 变压器的空载损耗和负载损耗不得有正偏差。 2. 10kV 三相干式变压器局部放电水平≤8pC。 3. 10～35kV 三相油浸式电力变压器顶层油温升限值 5K(自然油循环)，绕组（平均）温升限值 65K，绕组（热点）温升限值 78K，金属结构件和铁心温升限值 78K，油箱表面温升限值 78K。 4. 10kV 三相干式变压器，额定电流下的绕组平均温升不超过 100K(F)，额定电流下的绕组平均温升不超过 125K（H）
冷却系统	招标技术条件书、厂家投标文件	35kV 干式站用变压器冷却系统可手动和自动启动。当冷却器系统在运行中发生故障时，应能发出事故信号并提供上传信号接口；冷却系统控制箱应随变压器成套供货，控制箱应为户外式；变压器应配备低压侧中性点电流互感器
温升	抽检记录、生产工艺过程和设备情况记录	1. 油浸式变压器顶层油温升限值 55K，绕组（平均）温升限值 65K，绕组（热点）温升限值 78K，铁心、油箱及结构件表面的温升限值 80K（10kV）、75K（35kV），限值均不允许有正偏差。 2. 干式变压器额定电流下绕组平均温升不超过 100K（F）；额定电流下的绕组平均温升不超过 125K（H）
绝缘油试验	抽检记录、生产工艺过程和设备情况记录	提供的新油（包括所需的备用油）应满足： （1）过滤后应达到油的击穿电压（kV）≥35（10kV）、40（35kV）、50（66kV）。 （2）介质损耗因数（90℃）≤0.5%（35kV 及以下）、0.3%（66kV）。 （3）含水量（mg/L）≤20（110kV 及以下）、15（220kV）。 （4）应在注油静置后、交流耐压试验和温升试验 24h 后及温升试验中每隔 4h，进行油中溶解气体的色谱分析；各次测得的 H_2、C_2H_2 及总烃含量应无明显差别。油中 H_2 与烃类气体含量任一项不宜超过下列数值（μL/L）：总烃，20；H_2，30；C_2H_2，0.1

6. 设备调试阶段

设备调试阶段站用变压器资料检查监督要求见表 2-47。

表 2-47　　　　　　　　设备调试阶段站用变压器资料检查监督要求

监督项目	检查资料	监督要求
绕组连同套管的直流电阻	出厂试验报告和交接试验报告	1. 油浸式站用变压器：测量应在各分接头的所有位置上进行。1600kVA 及以下三相变压器，各相绕组相互间的差别不应大于 4%；无中性点引出的绕组，线间各绕组相互间的差别不应大于 2%；1600kVA 以上三相变压器，各相绕组相互间的差别不应大于 2%；无中性点引出的绕组，线间相互间的差别不应大于 1%。与同温下产品出厂实测数值比较，相应变化不应大于 2%。当由于变压器结构等原因，三相互差不符合要求时，应有厂家书面资料说明原因。 2. 对于 2500kVA 及以下的干式变压器，其绕组直流电阻不平衡率：相为不大于 4%，线为不大于 2%。由于线材及引线结构等原因而使直流电阻不平衡率超标的，应记录实测值并写明引起偏差的原因

监督项目	检查资料	监督要求
所有分接头的电压比	试验报告	所有分接头的电压比与制造厂铭牌数据相比应无明显差别,且应符合电压比的规律
变压器的三相接线组别	设计文件	与设计要求及铭牌上的标记和外壳上的符号相符
与铁心绝缘的各紧固件(连接片可拆开者)及铁心(有外引接地线的)绝缘电阻	交接试验报告	1. 铁心必须为一点接地。采用 2500V 绝缘电阻表测量,持续时间 1min,应无闪络及击穿现象。 2. 铁心绝缘电阻应满足:≥1000MΩ
绕组连同套管的绝缘电阻	交接试验报告	绝缘电阻值不低于产品出厂试验值的 70%或不低于 10 000MΩ(20℃)
绕组连同套管的交流耐压试验	交接试验报告	变压器线端交流耐压试验值应符合 GB 50150 表 D.0.1 和表 D.0.3 的耐压试验要求,耐压时间 1min
绝缘油试验	抽检记录、生产工艺过程和设备情况记录	1. 过滤后应达到油的击穿电压(kV)≥35(10kV)、40(35kV)、50(66kV)。 2. 介质损耗因数(90℃)≤0.5%(35kV 及以下)、0.3%(66kV)。 3. 含水量(mg/L)≤20(110kV 及以下)、15(220kV)

7. 竣工验收阶段

竣工验收阶段站用变压器资料检查监督要求见表 2-48。

表 2-48 竣工验收阶段站用变压器资料检查监督要求

监督项目	检查资料	监督要求
现场检查	验收报告	工程完成后、试运行前应全面检查,检查项目应包含: (1) 本体及附件外观完整,且不渗油(设备出厂铭牌齐全、参数正确,相序标识清晰正确,设备双重名称标识牌齐全、正确)。 (2) 消防设施检测合格。 (3) 油位正常。 (4) 冷却装置启动正常。 (5) 吸湿剂不应出现受潮变色情况。 (6) 注入吸湿器油杯的油量要适中,在顶盖上应留出 1/5~1/6 高度的空隙。 (7) 变压器的接地装置应可靠,接地电阻应合格,变压器的接地装置应有防锈层及明显的接地标志

8. 运维检修阶段

运维检修阶段站用变压器资料检查监督要求见表 2-49。

表 2-49 运维检修阶段站用变压器资料检查监督要求

监督项目	检查资料	监督要求
运行巡视	巡视记录	1. 运行巡视周期应符合相关规定。 2. 巡视项目重点关注:强迫油循环冷却器负压区及套管渗漏油、储油柜和套管油位、顶层油温和绕组温度、声响及振动等是否正常。 3. 站用变压器日常巡视检查一般包括以下内容: (1) 各部位无渗油、漏油; (2) 套管无破损裂纹,无放电痕迹及其他异常现象,套管渗漏时应及时处理,防止内部受潮损坏; (3) 变压器声响均匀、正常; (4) 各冷却器手感温度应接近,风扇、油泵、水泵运转正常,油流继电器工作正常; (5) 水冷却器的油压应大于水压(制造厂另有规定者除外); (6) 本体运行温度正常,温度计指示清晰,表盘密封良好,防雨措施完好; (7) 储油柜油位计外观正常,油位应与制造厂提供的油温—油位曲线相对应; (8) 吸湿器呼吸畅通,吸湿剂不应自上而下变色,上部不应被油浸润,无碎裂、粉化现象,吸湿剂潮解变色部分不超过总量的 2/3,油杯油位正常;

监督项目	检查资料	监督要求
运行巡视	巡视记录	(9) 引线接头、电缆应无过热； (10) 压力释放阀及防爆膜应完好无损，无漏油； (11) 干式站用变压器环氧树脂表面及端部应光滑、平整，无裂纹、毛刺或损伤变形，无烧焦现象，表面涂层无严重变色、脱落或爬电痕迹
状态检测	测试记录	停电试验应按规定周期开展，试验项目齐全。当对试验结果有怀疑时应进行复测，必要时开展诊断性试验
状态评价与检修决策	状态评价报告	1. 状态评价应基于巡检及例行试验、诊断性试验、在线监测、带电检测、家族缺陷、不良工况等状态信息，包括其现象强度、量值大小以及发展趋势，结合与同类设备的比较，作出综合判断。 2. 依据设备状态评价的结果，考虑设备风险因素，动态制订设备的检修策略，合理安排检修计划和内容，应开展动态评价和定期评价，定期评价每年不少于一次，并对评价结果进行分析
故障/缺陷处理	缺陷、故障记录	1. 发现缺陷应及时记录，缺陷定性应正确，缺陷处理应闭环。 2. 发现缺陷应及时制订应对处理措施。缺陷记录应包含运行巡视、检修巡视、带电检测、检修过程中发现的缺陷；结合现场核查，不应存在现场缺陷没有记录的情况；检修班组应结合消缺，对记录中表述不严谨的缺陷现象进行完善；缺陷原因应明确；更换的部件应明确；缺陷定级应正确，缺陷处理应闭环。 3. 事故应急处置应到位，如事故分析报告、应急抢修记录等。 4. 站用变压器应无下列危急缺陷。 (1) 油浸式站用变压器：本体响声异常，严重漏油，吸湿器堵塞，导线接头和引线夹松动、损坏、引线断股 25%以上，套管外绝缘破损开裂或严重污秽放电等。 (2) 干式站用变压器：本体响声异常，外部开裂，干式套管破损开裂，导线接头发热，本体紧固件松脱，测温装置发过温信号等。 5. 站用变压器有下列情况之一，应立即停运： (1) 站用变压器喷油、冒烟、着火。 (2) 站用变压器严重漏油使油面下降，低于油位计的指示限度。 (3) 站用变压器套管有轻微裂纹、局部损坏及放电现象，需要停运处理。 (4) 站用变压器内部有异常响声，有爆裂声。 (5) 站用变压器在正常负载下，温度不正常并不断上升。 (6) 站用变压器引出线的接头过热，红外测温显示温度达到严重发热程度，需要停运处理。 (7) 干式站用变压器环氧树脂表面出现爬电现象
例行试验	出厂试验报告和交接试验报告	1. 油浸式站用变压器：测量应在各分接头的所有位置上进行。1600kVA 及以下三相变压器，各相绕组相互间的差别不应大于 4%；无中性点引出的绕组，线间各绕组相互间的差别不应大于 2%；1600kVA 以上三相变压器，各相绕组相互间的差别不应大于 2%；无中性点引出的绕组，线间相互间的差别不应大于 1%。与同温下产品出厂实测数值比较，相应变化不应大于 2%。当由于变压器结构等原因，三相互差不符合要求时，应有厂家书面资料说明原因。 2. 对于 2500kVA 及以下的干式变压器，其绕组直流电阻不平衡率：相为不大于 4%，线为不大于 2%。由于线材及引线结构等原因而使直流电阻不平衡率超标的，应记录实测值并写明引起偏差的原因
例行试验	试验报告	1. 油浸式变压器：绝缘油的击穿电压（kV）≥30（35kV 及以下）。 2. 介质损耗因数（90℃）≤0.04。 3. 油中溶解气体分析（μL／L）：C_2H_2≤5，H_2≤150，总烃≤150

9. 退役报废阶段

退役报废阶段站用变压器资料检查监督要求见表 2－50。

表 2-50　　　　　　　退役报废阶段站用变压器资料检查监督要求

监督项目	检查资料	监督要求
技术鉴定	项目可研报告/项目初步设计报告/项目建议书/拟退役主要资产清单/拟退役资产技术鉴定表/全部拟退役资产拆除、运输等相关费用的概算	1. 油浸式站用变压器满足以下条件，应进行报废：① 运行超过 20 年，按照 GB 1094.5 规定的方法进行抗短路能力校核计算，抗短路能力严重不足，无改造价值；② 经抗短路能力校核计算确定抗短路能力不足，存在绕组严重变形等重要缺陷，或同类型设备短路损坏率较高并判定为存在家族型缺陷；③ 容量已明显低于供电需求，不能通过技术改造满足电网发展要求，且无调拨再利用需求；④ 设计水平低、技术落后的变压器，如铝绕组、薄绝缘等老旧变压器，不能满足经济、安全运行要求；⑤ 同类设计或同批产品中已有绝缘老化或多次发生严重事故，且无法修复；⑥ 运行超过 20 年，试验数据超标、内部存在危害绕组绝缘的局部过热或放电性故障；⑦ 运行超过 20 年，油中糠醛含量超过 4mg/L，按 DL/T 984 判断设备内部存在纸绝缘非正常老化；⑧ 运行超过 20 年，油中 CO_2/CO 大于 10，按 DL/T 984 判断设备内部存在纸绝缘非正常老化；⑨ 套管出现严重渗漏，介质损耗值超过 Q/GDW 1168 标准要求，套管内部存在严重过热或放电性缺陷，同类型套管多次发生严重事故，无法修复，可局部报废。 2. 干式站用变压器满足以下条件，应进行报废：运行 15 年以上且出现绝缘老化现象（如匝间绝缘击穿、固体绝缘变色、严重过热、龟裂等）
废油处理	退役报废设备处理记录	如涉及旧油、废油回收和再生处理情况的：① 应有完整的旧油、废油回收和再生处理记录；② 报废设备中废油严禁随意向环境中排放，确需在现场处理的，应统一回收，集中处理

2.3.2　旁站监督

2.3.2.1　变压器

变压器旁站监督主要涉及设备制造、设备验收、设备安装、设备调试、竣工验收和运维检修等阶段。在设备制造阶段需对铁心、线圈制作、器身装配、总装配等项目进行旁站监督。在设备验收阶段需对空载试验、短路试验、感应耐压试验、冲击试验、温升试验等出厂试验项目进行旁站监督。在设备安装阶段需对隐蔽工程施工、组附件安装等项目进行旁站监督。在设备调试阶段需对分接开关、局部放电试验、冷却装置调试等项目进行旁站监督。在竣工验收阶段需对竣工验收准备、套管、分接开关、接地及引线连接、变压器消防装置等项目进行现场检查。在运维检修阶段需对状态检测、故障/缺陷处理、反措落实、消防装置管理等项目进行现场检查。

1. 设备制造阶段

设备制造阶段变压器旁站监督要求见表 2-51。

表 2-51　　　　　　　设备制造阶段变压器旁站监督要求

监督项目	监督方法	监督要求
产品设计核查	现场抽查/查阅资料（技术规范书/投标文件/设计图纸/工艺文件）	1. 产品应全面、准确落实订货合同、设计联络文件的要求。 2. 240MVA 容量及以下变压器，核查其产品是否通过短路承受能力试验验证。500kV 变压器和 240MVA 以上容量变压器，核查制造厂提供的同类产品短路承受能力试验报告或短路承受能力计算报告
抽检	现场抽查/查阅资料（监造记录）	1. 在变压器制造阶段，应进行电磁线、绝缘材料等抽检，并抽样开展变压器短路承受能力试验验证。 2. 对频繁出现问题的变压器厂家产品，应加大抽检力度、频度，包括整体、组附件、原材料、工艺等，可结合实际委托第三方进行抽检

续表

监督项目	监督方法	监督要求
铁心制作	对照技术规范书、设计图纸、工艺文件现场抽查/查看	1. 硅钢片尺寸与产品设计一致，断面、表面要求无缺损、锈蚀、毛边和异物。 2. 铁心叠片平整，叠装后尺寸与产品设计一致，要求洁净、无油污，无杂物，无损伤。 3. 铁心对地绝缘、铁心对夹件绝缘要求用 500V 或 1000V 绝缘电阻表，电阻>0.5MΩ。 4. 铁心夹件所有棱边不应有尖角、毛刺，夹件材质和尺寸符合图纸标示
线圈制作	对照技术规范书、设计图纸、工艺文件现场抽查/查看	1. 作业环境有防尘、净化措施，绝缘件有防脏污措施。 2. 线圈压紧过程中，各线圈的预紧力应和工艺文件一致，工艺文件要求值应和抗短路强度计算结果匹配。线圈压紧前后应对换位导线股间绝缘进行检测。 3. 垫块、撑条要求预处理，倒角、倒棱、去毛刺。750kV 及以上电压等级的变压器在高场强区应避免使用胶粘撑条，要求使用整张厚纸板制作撑条，撑条制作完毕后需检查是否存在起层等缺陷。 4. 线圈绕向、段数、匝数、线圈形式符合产品设计图纸。 5. 线圈绕制要求整洁和紧密；导线换位 S 弯要求整洁、导线无损伤，无剪刀差，绝缘处理良好、规范。 6. 导线的焊接要求牢固，表面处理光滑，无尖角、毛刺，焊后绝缘处置规范，全过程防屑措施严密。 7. 线圈过渡垫块、导线换位防护纸板、导油遮板等放置位置正确、规整，油道畅通；线圈表面要清洁、无异物（特别是金属异物）
器身装配	对照技术规范书、设计图纸、工艺文件现场抽查/查看	1. 相绕组套入屏蔽后的心柱要松紧适度；下铁轭垫块及下铁轭绝缘平整、稳固、与夹件肢板接触紧密；相绕组各出头位置符合图纸标示。 2. 上铁轭松紧度，以检验插板刀插入深度为准，通常<80mm；上铁轭装配后铁心对夹件及铁心油道间的绝缘电阻值应和装配前基本一致。 3. 分接开关位置正确，不受引线的牵拉力；分接开关特性测试满足产品设计要求。 4. 引线制作和装置要求引线支架及绝缘件配置检验合格，且实物无损伤、开裂和变形；引线连接要求焊接要有一定的搭接面积（依工艺文件），焊面饱满，表面处理后无氧化皮、尖角、毛刺；引线的屏蔽紧贴导线、包扎紧实、表面圆滑，屏蔽管的等电位线固定良好、连接牢靠、不受力；引线绝缘包扎要紧实，包厚符合图纸要求；引线排列和图纸相符，排列整齐，均匀美观；所有夹持有效，引线无松动；引线距离符合相互间的最小要求。 5. 铁心对夹件绝缘电阻≥0.5MΩ、铁心油道间不通路；各心柱、轭柱油屏接地可靠，地屏出头连接后其绝缘距离须符合工艺文件要求；各线圈直流电阻测量、变比测量、低电压空载试验结果满足设计文件要求
器身干燥	对照技术规范书、设计图纸、工艺文件现场抽查/查看	1. 依据制造厂判断干燥是否完成的工艺规定，并由其出具书面结论（含干燥曲线）。 2. 通常铁心温度 120℃左右；线圈 115℃左右，真空度<50Pa，出水率≤10mL/（h·t），对 750kV 及以上设备出水率控制在≤5mL/（h·t）
总装配	对照技术规范书、设计图纸、工艺文件现场抽查/查看	1. 主要组部件（套管、分接开关、冷却装置、导油管等）在出厂时均应按实际使用方式经过整体预装，整体预装的组部件必须是实际供货产品，并对每一根管道进行编号，确保多台变压器在现场安装过程中不混用管道配件。 2. 器身紧固的轴向压紧力必须达到设计要求；压紧后在上铁轭下端面的填充垫块要坚实充分，各相设定的压紧装置要稳定、锁牢；器身上所有紧固螺栓（包括绝缘螺栓）按要求拧紧并锁定；器身清理紧固后再次确认铁心绝缘。 3. 根据器身暴露的环境（温度、湿度）条件和时间，针对不同产品，按供应商的工艺规定，必要时再入炉进行表面干燥，或延长真空维持和热油循环的时间。 4. 器身就位后再次确认或调整引线间和对其他物件的距离，器身引线夹持不允许采用悬臂式结构；分接开关不应受力扭斜。 5. 采用有载分接开关的变压器油箱应同时按要求抽真空，但应注意抽真空前应用连通管接通本体与开关油室。真空注油要求注入油温应高于器身温度，注油速度不宜大于100L/min。热油循环时要维持一定的真空度；油箱底部出油，箱顶进油；滤油机出口温度宜在 60~80℃间，时间>48h。 6. 变压器本体至储油柜间主连管转角不应超过 3 处；330、750kV 强迫油循环风冷变压器（电抗器）的冷却器与本体连接管路应采用硬连接方式，禁止装设波纹管。 7. 器身总装过程中应严格进行接地检查，如磁屏蔽接地、铁心接地、夹件接地等，并进行相应的绝缘电阻测量。 8. 气体继电器在安装时，至少一端应采用波纹管进行连接。气体继电器接线盒电缆引出孔应封堵严密，出口电缆应设反水弯
金属材料选择	对照技术规范书、设计图纸、工艺文件现场抽查/查看	电网设备的金属材料应按照质量证明书或合格证进行质量验收。质量证明书或合格证中一般应包含材料牌号、化学成分、热处理工艺、力学性能、金相组织等

2. 设备验收阶段

设备验收阶段变压器旁站监督要求见表 2-52。

表 2-52 设备验收阶段变压器旁站监督要求

监督项目	监督方法	监督要求
空载电流和空载损耗测量	对照技术文件要求和出厂试验方案开展旁站监督	1. 在绝缘试验前应进行初次空载损耗的测量,并记录额定电压 90%~115% 之间的每 5% 级损耗。 2. 变压器空载损耗应满足订货合同要求
短路阻抗和负载损耗测量	对照技术文件要求和出厂试验方案开展旁站监督	变压器的短路阻抗和负载损耗应满足订货合同要求
感应耐压试验及局部放电测量	对照技术文件要求和出厂试验方案开展旁站监督	1. 出厂局部放电试验,110(66)kV 电压等级变压器高压侧的局部放电量不大于 100pC;220~750kV 电压等级变压器高、中压端的局部放电量不大于 100pC;1000kV 电压等级变压器高压端的局部放电量不大于 100pC,中压端的局部放电量不大于 200pC,低压端的局部放电量不大于 300pC。 2. 330kV 及以上电压等级强迫油循环变压器应在油泵全部开启时(除备用油泵)进行局部放电试验
雷电冲击试验	对照技术文件要求和出厂试验方案开展旁站监督	1. 试验冲击波是标准雷电冲击全波:1.2μs±30%/50μs±20%。 2. 如果分接范围不超过±5%,且变压器的额定容量不大于 2500kVA,则雷电冲击试验应在变压器的主分接进行。 3. 如果分接范围超过±5%,或变压器的额定容量大于 2500kVA,则除非经过同意,否则雷电冲击试验应在变压器的两个极限分接和主分接进行,在三相变压器的每相或三相组变压器的每台单相变压器上各使用其中的一个分接进行试验
温升试验	对照技术文件要求和出厂试验方案开展旁站监督	1. 温升试验应模拟试品在运行中最严格的状态,应在额定容量、最大电流分接进行。 2. 在特殊条件下,如果安装场所条件不符合正常使用条件的要求,则对变压器的温升限值应做相应的修正
密封检查	对照技术文件要求和出厂试验方案开展旁站监督	1. 变压器组装后,对于胶囊储油柜采用储油柜油面加压法,在储油柜顶部施加 0.03MPa 的压力。110~750kV 变压器进行密封试验持续时间应为 24h,应无渗漏。 2. 冷却器应进行 0.5MPa(散热器 0.05MPa)、10h 压力试验,应无渗漏。 3. 密封性试验应将供货的散热器(冷却器)安装在变压器上进行试验
运输与储存管理	现场查看	1. 110(66)kV 及以上电压等级变压器在运输过程中,应按照相应规范安装具有时标且有合适量程的三维冲击记录仪。变压器就位后,制造厂、运输部门、监理单位、用户四方人员应共同验收,记录纸和押运记录应提供给用户留存。 2. 变压器、电抗器运输和装卸过程中冲击加速度出现大于 3g 或冲击加速度监视装置出现异常情况时,应由建设、监理、施工、运输和制造厂等单位代表共同分析原因并出具正式报告。 3. 充气运输的变压器应密切监视气体压力,压力低于 0.01MPa 时要补干燥气体。现场充气保存时间不应超过 3 个月,否则应注油保存,并装上储油柜
在线检测装置	每个供应商、每种型号不少于 10% 的比例(不少于 1台)抽检	对入网的变压器油中溶解气体在线监测装置应抽取样品开展试验
金属材料选型及防腐	现场查看	1. 电气类设备金属材料的选用应避免磁滞、涡流发热效应。套管支撑板等有特殊要求的部位,应使用非导磁材料或采取可靠措施避免形成闭合磁路。 2. 户外密闭箱体(控制、操作及检修电源箱等)应具有良好防雨性能,其户外密闭箱体的材质应为奥氏体不锈钢或耐蚀铝合金,不能使用 2 系或 7 系铝合金;防雨罩材质应为奥氏体不锈钢或耐蚀铝合金。 3. 变压器油箱、储油柜、散热装置及连管等的外表面均应涂漆,变压器油箱内表面、铁心上、下夹件等均应涂以浅色漆,并与变压器油有良好的相容性。所有需要涂漆的表面在涂漆前应进行彻底的表面处理(如采用喷砂处理或喷丸处理)。 4. 紧固件螺栓应采用铜质螺栓或奥氏体不锈钢螺栓;导电回路应采用 8.8 级热浸镀锌螺栓

3. 设备安装阶段

设备安装阶段变压器旁站监督要求见表 2-53。

表 2-53　　　　　　　　　　　　　　　设备安装阶段变压器旁站监督要求

监督项目	监督方法	监督要求
隐蔽工程检查	旁站监督	1. 隐蔽工程（土建工程质量、接地引下线、地网）、中间验收应该按要求开展，资料应该齐全完备。 2. 变压器隐蔽工程检查（器身检查、组部件安装）应该按要求开展，资料应该齐全完备。 3. 所有法兰连接处应用耐油密封垫圈密封；密封垫圈应无扭曲、变形、裂纹和毛刺，密封垫圈应与法兰面的尺寸相配合。 4. 法兰连接面应平整、清洁；密封垫圈应使用产品技术文件要求的清洁剂擦拭干净，其安装位置应准确；其搭接处的厚度应与其原厚度相同，橡胶密封垫的压缩量不宜超过其厚度的 1/3
组附件安装	对照技术文件开展现场旁站监督	1. 外接油管路安装前，应进行彻底除锈并清洗干净。变压器所有一端固定的管路、波纹管在另一端安装时应先进行水平高度一致性测量，同时明确波纹管限位螺栓的安装方式，确保波纹管可以正常伸缩。 2. 冷却器与本体、气体继电器与储油柜之间连接的波纹管，两端口同心偏差不应大于 10mm。 3. 套管顶部结构的密封垫安装正确、密封良好。连接引线时，不应使顶部结构松扣。充油套管的油位指示面应面向外侧，末屏连接符合产品技术文件要求。 4. 储油柜注油时，应打开胶囊（隔膜）或波纹储油柜的放气塞（阀门）。注油后，排净储油柜内空气后拧紧放气塞（阀门），检查油位表应与胶囊（隔膜）或波纹实际位置对应，防止出现假油位。油位调整应与油温一油位曲线一致。 5. 气体继电器应在真空注油完毕后再安装；新安装的气体继电器、压力释放阀、温度计应经校验合格后方可使用；户外布置变压器的气体继电器、油流速动继电器、温度计、油位表应加装防雨罩（压力释放阀等其他组部件应结合地域情况自行规定），并加强与其相连的二次电缆结合部的防雨措施，二次电缆应采取防止雨水顺电缆倒灌的措施（如反水弯）。变压器顶盖沿气体继电器气流方向应有 1%～1.5% 的升高坡度。 6. 密封圈不得重复使用。 7. 吸湿器安装后，应保证呼吸顺畅且油杯内有可见气泡。 8. 均压环易积水部位最低点应有排水孔。 9. 套管均压环应采用单独的紧固螺栓，禁止紧固螺栓与密封螺栓共用，禁止密封螺栓上、下两道密封共用
干燥、抽真空、真空注油、热油循环	现场检查	1. 现场进行变压器干燥时，应做好防火措施，防止加热系统故障或线圈过热烧损。 2. 对于分体运输、现场组装的变压器宜进行真空煤油气相干燥。 3. 强迫油循环变压器安装结束后应进行油循环，并经充分排气、静放后方可进行交接试验。 4. 有载调压变压器抽真空注油时，应接通变压器本体与开关油室旁通管，保持开关油室与变压器本体压力相同。真空注油后应及时拆除旁通管或关闭旁通管阀门，保证正常运行时变压器本体与开关油室不导通。 5. 装有密封胶囊、隔膜或波纹管式储油柜的变压器，必须严格按照制造厂说明书规定的工艺要求进行注油。 6. 330kV 及以上变压器、电抗器真空注油后应进行热油循环。热油循环持续时间不应少于 48h
接地及引线安装	现场检查	1. 不得采用铜铝对接过渡线夹。 2. 220kV 以上主变压器的 6～35kV 中（低）压侧引线、户外母线（不含架空软导线型式）及接线端子应绝缘化；500（330）kV 变压器 35kV 套管至母线的引线应绝缘化。 3. 变压器本体应有两根与地网主网格的不同边连接的接地引下线。变压器中性点应有两根与地网主网格的不同边连接的接地引下线，并且每根接地引下线均应符合热稳定校核的要求
防腐涂装质量要求	现场检查	防腐涂层表面应平整、均匀一致，无漏涂、起泡、裂纹、气孔和返锈等现象，允许轻微橘皮和局部轻微流挂
现场补焊	根据工作方案进行旁站监督	1. 从事受监部位焊接工作的焊工，应取得相应的资格证书。对有特殊要求部件的焊接，焊工应做焊前模拟性练习，熟悉该部件材料的焊接特性。 2. 受监金属部位的焊接应进行工艺评定，并在焊接施工中严格执行相应的焊接工艺规程。 3. 焊接材料（包括焊条、焊剂、焊丝、钨极、保护气体等）的质量应符合相应的国家标准或行业标准。焊条使用前按规定进行烘干。焊条、焊丝使用前应检查确认未受潮、无油污、无锈迹。 4. 焊接前应检查焊接文件、焊工资格、焊接参数测量仪器、焊材、待焊表面和焊接环境等，符合要求方可施焊。焊接文件中应明确焊接工艺参数。 5. 受监焊接接头的技术资料应包含焊缝等级、检测方法、检测比例以及验收等级

4. 设备调试阶段

设备调试阶段变压器旁站监督要求见表 2-54。

表 2–54   设备调试阶段变压器旁站监督要求

监督项目	监督方法	监督要求
交接试验	现场见证	试验项目齐全，包括分接开关、套管、套管电流互感器等部件的试验、本体绝缘油试验、本体绝缘电阻、铁心及夹件绝缘电阻、直流电阻、变比、介质损耗、绕组变形（对于 66kV 及以上主变压器应包含频响法、低电压短路阻抗法两种方法）、局部放电等相关试验。试验方案、试验结果满足标准要求
局部放电试验	现场见证	1. 110（66）kV 及以上电压等级的变压器在新安装时应进行现场局部放电试验。 2. 110（66）kV 电压等级变压器高压端的局部放电量不大于 100pC；220～750kV 电压等级变压器高、中压端的局部放电量不大于 100pC；1000kV 电压等级变压器高压端的局部放电量不大于 100pC，中压端的局部放电量不大于 200pC，低压端的局部放电量不大于 300pC。 3. 局部放电测量前、后本体绝缘油色谱试验比对结果应合格
分接开关测试	现场见证	1. 新投或检修后的有载分接开关，应对切换程序与时间进行测试。 2. 在变压器无电压下，手动操作不少于 2 个循环、电动操作不少于 5 个循环。其中，电动操作时电源电压为额定电压的 85% 及以上。操作无卡涩，联动程序、电气和机械限位正常

5. 竣工验收阶段

竣工验收阶段变压器旁站监督要求见表 2–55。

表 2–55   竣工验收阶段变压器旁站监督要求

监督项目	监督方法	监督要求
竣工验收准备工作	现场抽查	1. 前期各阶段发现的问题已整改，并验收合格。 2. 相关反事故措施已落实。 3. 相关安装调试信息已录入生产管理信息系统
套管	现场检查	1. 套管的末屏接地应符合产品技术文件的要求。 2. 新安装的 220kV 及以上电压等级变压器，应检查引流线（含金具）对套管接线柱的作用力核算报告，确保不大于套管及接线端子弯曲负荷耐受值。 3. 套管均压环应采用单独的紧固螺栓，禁止紧固螺栓与密封螺栓共用，禁止密封螺栓上、下两道密封共用。 4. 套管清洁，无损伤；法兰连接螺栓齐全、紧固（用力矩扳手检查）
分接开关	现场检查	1. 分接头的位置应符合运行要求，且指示位置正确。 2. 电动机构极限位置机械闭锁和电气联锁应动作正确可靠
冷却装置	现场检查	1. 新订购强迫油循环变压器的潜油泵选用转速不大于 1500r/min 的低速潜油泵。潜油泵的轴承应采取 E 级或 D 级，油泵转动时应无异常噪声、振动，潜油泵工作电流正常，禁止使用无铭牌、无级别的轴承的潜油泵。 2. 对强迫油循环冷却系统的两个独立电源的自动切换装置，有关信号装置应齐全可靠。冷却系统电源应有三相电压监测，任一相故障失电时，应保证自动切换至备用电源供电。强迫油循环结构的潜油泵启动应逐台启用，延时间隔应在 30s 以上，以防止气体继电器误动。 3. 冷却装置应试运行正常、联动正确
接地及引线连接	现场检查	1. 变压器本体应有两根与地网主网格的不同边连接的接地引下线。 2. 应将变压器铁心、夹件接地引线引至便于测量的适当位置，以便在运行时监测接地线中是否有环流。 3. 本体及附件的对接法兰应用等电位跨接线（片）连接。 4. 500kV 及以上主变压器、高压电抗器中性点接地部位应按绝缘等级增加防护措施，加装隔离围栏。 5. 变压器中性点应有两根与地网主网格的不同边连接的接地引下线，并且每根接地引下线均应符合热稳定校核的要求。 6. 110～220kV 不接地变压器的中性点过电压保护应采用水平布置的棒间隙保护方式。对于 110kV 变压器，当中性点绝缘的冲击耐受电压≤185kV 时，还应在间隙旁并联金属氧化物避雷器，避雷器为主保护，间隙为避雷器的后备保护，间隙距离及避雷器参数配合应进行校核。 7. 220kV 及以下主变压器的 6～35kV 中（低）压侧引线、户外母线（不含架空软导线型式）及接线端子应绝缘化；500（330）kV 变压器 35kV 套管至母线的引线应绝缘化。 8. 变压器中、低压侧至配电装置采用电缆连接时，应采用单芯电缆。 9. 不应采用铜铝对接过渡线夹，引线接触良好、连接可靠，引线无散股、扭曲、断股现象

监督项目	监督方法	监督要求
非电量保护装置	现场检查	1. 气体继电器、压力释放阀、温度计必须经校验合格后方可使用,校验报告需满足要求。 2. 户外布置变压器的气体继电器、油流速动继电器、温度计、油位表应加装防雨罩(压力释放阀等其他组部件应结合地域情况自行规定),并加强与其相连的二次电缆结合部的防雨措施,二次电缆应采取防止雨水顺电缆倒灌的措施(如反水弯)。 3. 本体压力释放阀喷口不应靠近控制柜或其他附件。本体压力释放阀导向管方向不应直喷巡视通道,威胁与运维人员的安全,并且不致喷入电缆沟、母线及其他设备上。 4. 变压器顶盖沿气体继电器气流方向应有 1%~1.5%的升高坡度。 5. 冷却器与本体、气体继电器与储油柜之间连接的波纹管,两端口同心偏差不应大于10mm。 6. 现场多个温度计指示的温度、控制室温度显示装置或监控系统的温度应基本保持一致,误差不超过 5K。变压器投运前,油面温度计和绕组温度计记忆最高温度的指针应与指示实际温度的指针重叠。温度计座应注入适量变压器油,密封良好
油气检查	现场检查	1. 储油柜、套管、吸湿器油杯的油位均应满足技术要求。 2. 变压器投入运行前必须多次排出套管升高座、油管道中的死区、冷却器顶部、有载分接开关油室等处的残存气体。强迫油循环变压器冷却器应全部投入,以排出气泡
消防装置	现场检查	1. 泡沫灭火剂的灭火性能级别应为 I 级,抗烧水平不应低于 C 级。宜选用使用寿命长、环境污染小的产品。 2. 排油注氮装置火灾探测器可采用玻璃球型火灾探测装置和易熔合金型火灾探测器。应布置成两个及以上的独立回路。 3. 采用排油注氮保护装置的变压器,应配置具有联动功能的双浮球结构的气体继电器。 4. 排油注氮保护装置应满足以下要求: (1)排油注氮启动(触发)功率应大于 220V×5A(DC); (2)排油及注氮阀动作线圈功率应大于 220V×6A(DC); (3)注氮阀与排油阀间应设有机械连锁阀门; (4)动作逻辑关系应为本体重瓦斯保护、主变压器断路器跳闸、油箱超压开关(火灾探测器)同时动作时才能启动排油充氮保护。 5. 水喷淋动作功率应大于 8W,其动作逻辑关系应满足变压器超温保护与变压器断路器跳闸同时动作。 6. 装有排油注氮装置的变压器本体储油柜与气体继电器间应增设断流阀,以防因储油柜中的油下泄而致使火灾扩大
主变压器基础	现场检查	1. 基础采用清水混凝土工艺,无明显色差及修补痕迹,外露阳角设置圆弧倒角。 2. 预埋件高度高出基础顶面 3~5mm,预埋件水平偏差≤3mm,相邻高差≤3mm。 3. 主变压器基础应用沉降观测加强过程监控,指导施工工序,预防不均匀沉降。施工期内进行的沉降观测不得少于 4 次。 4. 沉降观测点应沿基础周边对称设置,具体应由设计单位负责确定。对设计未作规定而按有关规定需作沉降观测的建筑或构筑物,其沉降观测点布置位置则由施工企业技术部门负责确定

6. 运维检修阶段

运维检修阶段变压器旁站监督要求见表 2-56。

表 2-56　　　　　　　　　　运维检修阶段变压器旁站监督要求

监督项目	监督方法	监督要求
状态检测	现场检测	1. 带电检测周期、项目应符合相关规定。 2. 停电试验应按规定周期开展,试验项目齐全;当对试验结果有怀疑时应进行复测,必要时开展诊断性试验。 3. 在线监测装置应运行正常(无渗漏油、欠压现象),数据上传准确,必要时应开展离线数据比对分析
故障/缺陷处理	现场检查	1. 发现缺陷应及时记录,缺陷定性应正确,缺陷处理应闭环。 2. 220kV 及以上电压等级变压器受到近区短路冲击未跳闸时,应立即进行油中溶解气体组分分析,并加强跟踪,同时注意油中溶解气体组分数据的变化趋势,若发现异常,应进行局部放电带电检测,必要时安排停电检查。变压器受到近区短路冲击跳闸后,应开展油中溶解气体组分分析、直流电阻、绕组变形及其他诊断性试验,综合判断无异常后方可投入运行。 3. 220kV 及以上电压等级变压器拆装套管、本体排油暴露绕组或进人内检后,应进行现场局部放电试验。

监督项目	监督方法	监督要求
故障/缺陷处理	现场检查	4. 油浸式真空有载分接开关轻瓦斯报警后应暂停调压操作，并对气体和绝缘油进行色谱分析，根据分析结果确定恢复调压操作或进行检修。 5. 当套管油位异常时，应进行红外精确测温，确认套管油位。当套管渗漏油时，应立即处理，防止内部受潮损坏
反措落实	现场检查	1. 对运行超过 20 年的薄绝缘、铝绕组变压器，不再对本体进行改造性大修，也不应进行迁移安装，应加强技术监督工作并安排更换。 2. 变压器中、低压侧至配电装置采用三相统包电缆的，应结合全寿命周期及运行情况进行逐步改造。 3. 加强套管末屏接地检测、检修和运行维护，每次拆/接末屏后应检查末屏接地状况，在变压器投运时和运行中开展套管末屏的红外检测。对结构不合理的套管末屏接地端子应进行改造。 4. 真空有载分接开关绝缘油检测的周期和项目应与变压器本体保持一致。 5. 对强迫油循环冷却系统的两个独立电源的自动切换装置，应定期进行切换试验，有关信号装置应齐全可靠。 6. 加强对冷却器与本体、继电器与储油柜相连的波纹管的检查，老旧变压器应结合技改大修工程对存在缺陷的波纹管进行更换
消防管理	现场检查	应由具有消防资质的单位定期对变压器灭火装置进行维护和检查，以防止误动和拒动

2.3.2.2　电流互感器

1. 设备制造阶段

设备制造阶段电流互感器旁站监督要求见表 2−57。

表 2−57　　　　　　　　　设备制造阶段电流互感器旁站监督要求

监督项目	监督方法	监督要求
油浸式互感器外观及结构	随设备入厂抽检工作开展，现场见证设备外观、主要组部件配置、设备连接等原材料，应符合相关要求	1. 油浸式互感器生产厂家应根据设备运行环境最高和最低温度核算膨胀器的容量，并应留有一定裕度。 2. 油浸式互感器的膨胀器外罩应标注清晰耐久的最高（MAX）、最低（MIN）油线及 20℃的标准油位线。油位观察窗应选用具有耐老化、透明度高的材料进行制造。油位指示器应采用荧光材料。 3. 生产厂家应明确倒立式电流互感器的允许最大取油量。 4. 220kV 及以上电压等级电流互感器必须满足卧倒运输的要求。 5. 互感器的二次引线端子和末屏引出端子应有防转动措施。 6. 电流互感器末屏接地引出线应在二次接线盒内就地接地或引至在线监测装置箱内接地。末屏接地线不应采用编织软铜线，末屏接地线的截面积、强度均应符合相关标准
气体绝缘互感器外观及结构	随设备入厂抽检工作开展，现场见证设备外观、主要组部件配置、设备连接等原材料，应符合相关要求	1. 气体绝缘互感器的防爆装置应采用防止积水、冻胀的结构，防爆膜应采用抗老化、耐锈蚀的材料。 2. SF_6 密度继电器与互感器设备本体之间的连接方式应满足不拆卸校验密度继电器的要求，户外安装应加装防雨罩。 3. 气体绝缘互感器应设置安装时的专用吊点并有明显标识。 4. 电容屏结构的气体绝缘电流互感器，电容屏连接筒应具备足够的机械强度，以免因材质偏软导致电容屏连接筒变形、移位
设备材质选型	随设备入厂抽检工作开展，现场见证设备外观、主要组部件配置、设备连接等原材料，应符合相关要求	1. 硅钢片、铝箔等重要原材料应提供材质报告单、出厂试验报告，物理化学等材料性能的分析及合格证；外协材料应配有出厂试验报告。 2. 铝箔表面应平整、干净，铁心应无锈蚀、无毛刺，不应有断片。 3. 绝缘子支撑件应进行 100%的外观和尺寸检查。电流互感器绝缘支撑件应按批次抽样进行抗弯、抗拉强度试验和扭矩试验，并在扭转试验后进行 X 射线检测，内部应无气孔、砂眼、夹杂和裂纹等缺陷

2. 设备验收阶段

设备验收阶段电流互感器旁站监督要求见表 2−58。

表 2-58　　　　　　　　　　　设备验收阶段电流互感器旁站监督要求

监督项目	监督方法	监督要求
电容量和介质损耗因数测量	1. 检查出厂试验报告是否包含该试验,如未包含应要求制造厂现场补测。 2. 按照物资抽检比例,结合设备入厂抽检工作,对电流互感器电容量和介质损耗因数试验进行现场见证,应符合规程要求	1. 电容型绝缘电流互感器,出厂试验报告应提供 $U_m/\sqrt{3}$ (U_m 为设备最高电压)及 10kV 两种试验电压下的试验数值。 2. 应在一次端工频耐压试验后进行。 3. 试验数据合格,符合以下要求。 (1) 电容型绝缘: U_m 为 550kV,测量电压为 $U_m/\sqrt{3}$ 时, $\tan\delta \leq 0.004$, $U_m \leq 363$kV 时,测量电压为 $U_m/\sqrt{3}$ 时, $\tan\delta \leq 0.005$。 (2) 非电容型绝缘: $U_m > 40.5$,测量电压为 10kV 时, $\tan\delta \leq 0.015$; U_m 40.5kV 时,测量电压为 10kV 时, $\tan\delta \leq 0.02$
局部放电和耐压试验	1. 检查出厂试验报告是否包含该试验,如未包含应要求制造厂现场补测。 2. 按照物资抽检比例,结合设备入厂抽检工作,对电流互感器局部放电和耐压试验进行现场见证,应符合规程要求	1. 110（66）～750kV 油浸式电流互感器在出厂试验时,局部放电试验的测量时间延长到 5min。 2. 局部放电试验数据合格,符合以下要求。 (1) 中性点有效接地系统:测量电压为 U_m 时,液体浸渍或气体绝缘互感器放电量为 10pC,固体绝缘互感器放电量为 50pC;测量电压为 $1.2U_m/\sqrt{3}$ 时,液体浸渍或气体绝缘互感器放电量为 5pC,固体绝缘互感器放电量为 20pC。 (2) 中性点非有效接地系统:测量电压为 $1.2U_m$ 时,液体浸渍或气体绝缘互感器放电量为 10pC,固体绝缘互感器放电量为 50pC;测量电压为 $1.2U_m/\sqrt{3}$ 时,液体浸渍或气体绝缘互感器放电量为 5pC,固体绝缘互感器放电量为 20pC
伏安特性试验	1. 检查试验数据规范性,如未涵盖 1.1 倍拐点电势值应要求厂家现场试验。 2. 按照物资抽检比例,结合设备入厂抽检工作,对电流互感器伏安特性试验进行现场见证,应包含 1.1 倍拐点电势值的励磁特性数据	外施电压和励磁电流数据的涵盖范围应包含从低励磁值直到 1.1 倍拐点电势值
密封性试验	按照物资抽检比例,结合设备入厂抽检工作,对电流互感器密封性试验进行现场见证,应符合要求	对于带膨胀器的油浸式互感器,应在未装膨胀器之前对互感器进行密封性试验。试验后,将装好膨胀器的产品,按规定时间（一般不少于 12h）静放,外观检查是否有渗、漏油现象

3. 设备调试阶段

设备调试阶段电流互感器旁站监督要求见表 2-59。

表 2-59　　　　　　　　　　　阶段电流互感器旁站监督要求

监督项目	监督方法	监督要求
交流耐压试验	查阅交接试验报告,根据工程需要采取抽查方式对该试验进行现场试验见证,交流耐压试验过程应符合要求;查阅设备安装调试记录,静置时间应满足相关要求	1. 气体绝缘电流互感器安装后应进行现场老练试验,老练试验后进行耐压试验,试验电压按出厂试验值的 80%。 2. 110（66）kV 及以上电压等级的油浸式电流互感器,应逐台进行交流耐压试验,试验前后应进行油中溶解气体对比分析。 3. 油浸式设备在交流耐压试验前,110（66）kV 互感器静置时间不少于 24h,220～330kV 互感器静置时间不少于 48h,500kV 互感器静置时间不少于 72h,1000kV 设备静置时间不少于 168h
绕组直流电阻	查看出厂试验报告、交接试验报告,并进行比较,根据工程需要采取抽查方式对该试验进行现场试验见证或复测,试验过程、结果应符合要求	同型号、同规格、同批次电流互感器绕组的直流电阻和平均值的差异不宜大于 10%,一次绕组有串、并联接线方式时,对电流互感器的一次绕组的直流电阻测量应在正常运行方式下测量,或同时测量两种接线方式下的一次绕组的直流电阻,倒立式电流互感器单匝一次绕组的直流电阻之间的差异不宜大于 30%。当有怀疑时,应提高施加的测量电流,测量电流（直流值）不宜超过额定电流（方均根值）的 50%
励磁特性曲线	查阅交接试验报告,根据工程需要采取抽查方式对该试验进行现场试验见证或复测,励磁特性试验过程应符合要求	继电保护有要求和带抽头互感器的励磁特性曲线测量,测量当前拟定使用的抽头或最大变比的抽头。测量后应核对是否符合产品技术条件要求,核对方法应符合标准的规定;如果励磁特性测量时施加的电压高于绕组允许值（电压峰值 4.5kV）,应降低试验电源频率

监督项目	监督方法	监督要求
SF$_6$气体试验	查阅设备调试记录及 SF$_6$气体交接试验报告，内容应齐全、准确，根据工程需要进行现场见证或抽测，SF$_6$气体试验前静置时间、测试结果均应符合要求，如不符合应查明原因	1. SF$_6$气体微水测量应在充气静置 24h 后进行，且不应大于 250μL/L（20℃体积百分数），对于 750kV 电压等级，不应大于 200μL/L。 2. SF$_6$气体年泄漏率不大于 0.5%。 3. SF$_6$气体分解产物应<5μL/L，或（SO$_2$+SOF$_2$）<2μL/L、HF<2μL/L，且 220kV 及以上 SF$_6$电流互感器耐压前后气体分解产物测试结果不应有明显的差别
误差试验	查阅交接试验报告，采用抽查的方式，通过试验见证，对误差试验的完整性、规范性进行检查	1. 关口电能计量用电流互感器的误差试验应由法定计量检定机构进行，应符合计量检定规程要求。 2. 电磁式电流互感器误差交接试验用试验设备应经过有效的技术手段核查、确认其计量性能符合要求（通常这些技术手段包括检定、校准和比对）

2.3.2.3　电压互感器

1. 设备制造阶段

设备制造阶段电压互感器旁站监督要求见表 2−60。

表 2−60　　　　　　　　　　设备制造阶段电压互感器旁站监督要求

监督项目	监督方法	监督要求
油浸式互感器外观及结构	随设备入厂抽检工作开展，查验油浸式互感器外观及结构等应符合相关要求	1. 油浸式互感器生产厂家应根据设备运行环境最高和最低温度核算膨胀器的容量，并应留有一定裕度。 2. 油浸式互感器的膨胀器外罩应标注清晰耐久的最高（MAX）、最低（MIN）油位线及 20℃的标准油位线。油位观察窗应选用具有耐老化、透明度高的材料进行制造。油位指示器应采用荧光材料。 3. 互感器的二次引线端子应有防转动措施。 4. 电容式电压互感器中间变压器高压侧对地不应装设氧化锌避雷器，且应选用速饱和电抗器型阻尼器。 5. 电容式电压互感器电磁单元油箱排气孔应高出油箱上平面 10mm 以上，且密封可靠
气体绝缘互感器外观及结构	随设备入厂抽检工作开展，查验气体绝缘互感器外观及结构等应符合相关要求	1. 气体绝缘互感器的防爆装置应采用防止积水、冻胀的结构，防爆膜应采用抗老化、耐锈蚀的材料。 2. SF$_6$密度继电器与互感器设备本体之间的连接方式应满足不拆卸校验密度继电器的要求，户外安装应加装防雨罩。 3. 气体绝缘互感器应设置安装时的专用吊点并有明显标识
设备材质选型	随设备入厂抽检工作现场见证，设备材质、支撑件抽样报告应符合要求	1. 硅钢片、铝箔等重要原材料应提供材质报告单、出厂试验报告、物理化学等材料性能的分析及合格证；外协材料应配有出厂试验报告。 2. 铝箔表面应平整、干净，铁心应无锈蚀、无毛刺，不应有断片。 3. 绝缘子支撑件应进行 100%的外观和尺寸检查。电压互感器应无裂纹、缩孔，尺寸应符合图纸

2. 设备验收阶段

设备验收阶段电压互感器旁站监督要求见表 2−61。

表 2-61　　　　　　　　　　　设备验收阶段电压互感器旁站监督要求

监督项目	监督方法	监督要求
交流耐压和局部放电试验	1. 检查出厂试验报告是否包含该试验，如未包含应要求制造厂现场补测。 2. 按照物资抽检比例，结合设备入厂抽检工作，监督见证出厂试验，应满足相关要求	1. 试验时，座架、箱壳（如有）、铁心（如果有专用的接地端子）和所有其他绕组和绕组端的出线端皆应连在一起接地。 2. 局部放电试验数据合格，符合以下要求。 （1）中性点有效接地系统：接地电压互感器，测量电压为 U_m 时，液体浸渍或气体绝缘互感器放电量为 10pC，固体绝缘互感器放电量为 50pC；测量电压为 $1.2U_m/\sqrt{3}$ 时，液体浸渍或气体绝缘互感器放电量为 5pC，固体绝缘互感器放电量为 20pC；不接地电压互感器，测量电压为 $1.2U_m$ 时，液体浸渍或气体绝缘互感器放电量为 5pC，固体绝缘互感器放电量为 20pC。 （2）中性点非有效接地系统：接低电压互感器，测量电压为 $1.2U_m$ 时，液体浸渍或气体绝缘互感器放电量为 10pC，固体绝缘互感器放电量为 50pC；测量电压为 $1.2U_m/\sqrt{3}$ 时，液体浸渍或气体绝缘互感器放电量为 5pC，固体绝缘互感器放电量为 20pC；不接地电压互感器，测量电压为 $1.2U_m$ 时，液体浸渍或气体绝缘互感器放电量为 5pC，固体绝缘互感器放电量为 20pC
密封性试验	1. 检查出厂试验报告是否包含该试验，如未包含应要求制造厂现场补测。 2. 按照物资抽检比例，结合设备入厂抽检工作，监督见证出厂试验，应满足相关要求	对于带膨胀器的油浸式互感器，应在未装膨胀器之前对互感器进行密封性能试验。试验后，将装好膨胀器的产品按规定时间（一般不少于 12h）静放，外观检查是否有渗、漏油现象
电容量和介质损耗因数测量	1. 检查出厂试验报告是否包含该试验，如未包含应要求制造厂现场补测。 2. 按照物资抽检比例，结合设备入厂抽检工作，监督见证出厂试验，应满足相关要求	电磁式电压互感器试验数据合格，符合以下要求： （1）非串级式电压互感器，测量电压为 $U_m/\sqrt{3}$ 时，$\tan\delta \leqslant 0.005$； （2）串级式电压互感器，测量电压为 10kV 时，$\tan\delta \leqslant 0.02$
伏安特性试验	1. 检查出厂试验报告是否包含该试验，如未包含应要求制造厂现场补测。 2. 按照物资抽检比例，结合设备入厂抽检工作，监督见证出厂试验，应满足相关要求，拐点电压试验数据不符合要求应重新试验	同批次出厂试验报告与型式试验报告励磁电流值差异应小于 30%
铁磁谐振试验	1. 检查出厂试验报告，该项试验的试验电压、试验次数不合格应全部重新试验。 2. 按照物资抽检比例，结合设备入厂抽检工作，监督见证出厂试验，应满足相关要求	电容式电压互感器应选用速饱和电抗器型阻尼器，并应在出厂时进行铁磁谐振试验。对于中性点有效接地系统，一次试验电压 U_P 为 $0.8U_{pr}$、$1.0U_{pr}$、$1.2U_{pr}$ 和 $1.5U_{pr}$；中性点非有效接地系统或中性点绝缘系统，一次试验电压 U_P 为 $0.8U_{pr}$、$1.0U_{pr}$、$1.2U_{pr}$ 和 $1.9U_{pr}$（U_{pr} 为额定一次电压的方均根值）；该试验对于 1000kV 电容式电压互感器在 0.8、1.2 倍额定电压下试验次数各不少于 10 次，1.0 倍额定电压下试验次数不少于 10 次，1.5 倍额定电压下试验次数不少于 10 次且铁磁谐振时间不应超过 2s

3. 设备调试阶段

设备调试阶段电压互感器旁站监督要求见表 2-62。

表 2-62　　　　　　　　　　　设备调试阶段电压互感器旁站监督要求

监督项目	监督方法	监督要求
电容式电压互感器检测	根据工程需要采取抽查方式对该试验进行现场试验见证。电容量和介质损耗要与出厂比较，电磁单元有条件的要进行相关试验	1. 电容分压器电容量与额定电容值比较不宜超过 -5%～10%，介质损耗因数 $\tan\delta$ 不应大于 0.2%。 2. 叠装结构电容式电压互感器电磁单元因结构原因不易将中压连线引出时，可不进行电容量和介质损耗因数的测试，但应进行误差试验。 3. 电容式电压互感器误差试验应在支架（柱）上进行。 4. 1000kV 电容式电压互感器中间变压器各绕组、补偿电抗器及阻尼器的直流电阻均应进行测量，其中间变压器一次绕组和补偿电抗绕组直流电阻可一并测量
电磁式电压互感器的励磁曲线测量	根据工程需要采取抽查方式对该试验进行现场试验见证。应有拐点电压的测量数据，并符合规定	1. 电磁式电压互感器在交接试验时，应进行空载电流测量。励磁特性的拐点电压大于 $1.5U_m/\sqrt{3}$（中性点有效接地系统）或 $1.9U_m/\sqrt{3}$（中性点非有效接地系统）。 2. 用于励磁曲线测量的仪表应为方均根值表，当发生测量结果与出厂试验报告和型式试验报告相差大于 30% 时，应核对使用的仪表种类是否正确

监督项目	监督方法	监督要求
电磁式电压互感器交流耐压试验	根据工程需要采取抽查方式对该试验进行现场试验见证。耐压试验过程应符合要求	1. 一次绕组交流耐压试验按出厂试验电压的80%进行。 2. 二次绕组间及其对箱体（接地）的工频耐压试验电压应为2kV；电压等级110kV及以上的电压互感器接地端（N）对地的工频耐受试验电压应为2kV，可用2500V绝缘电阻表测量绝缘电阻试验替代
电磁式电压互感器局部放电试验	根据工程需要采取抽查方式对该试验进行现场试验见证。局部放电试验过程应符合要求	1. 电压等级为35～110kV互感器的局部放电测量可按10%进行抽测。 2. 电压等级220kV及以上互感器在绝缘性能有怀疑时宜进行局部放电测量。 3. 局部放电测量的测量电压及允许的视在放电量水平应满足标准的规定。 （1）≥66kV：测量电压为$1.2U_m/\sqrt{3}$时，环氧树脂及其他干式互感器放电量为50pC，油浸式和气体式互感器放电量为20pC；测量电压为U_m时，环氧树脂及其他干式互感器放电量为100pC，油浸式和气体式互感器放电量为50pC； （2）35kV：全绝缘结构，测量电压为$1.2U_m$时，环氧树脂及其他干式互感器放电量为100pC，油浸式和气体式互感器放电量为50pC；半绝缘结构，测量电压为$1.2U_m/\sqrt{3}$时，环氧树脂及其他干式互感器放电量为50pC，油浸式和气体式互感器放电量为20pC；测量电压为$1.2U_m$时，环氧树脂及其他干式互感器放电量为100pC，油浸式和气体式互感器放电量为50pC
SF$_6$气体试验	根据工程需要进行现场见证或抽测，SF$_6$气体试验前静置时间、测试结果均应符合要求，如不符合应查明原因	110（66）kV及以上电压等级的油浸电磁式电压互感器交流耐压试验前后应进行油中溶解气体分析，两次测得值相比不应有明显的差别，且满足：220kV及以下，H_2<100μL/L，C_2H_2<0.1μL/L，总烃<10μL/L；330kV及以上，H_2<50μL/L，C_2H_2<0.1μL/L，总烃<10μL/L
误差试验	通过试验见证的形式，对误差试验的完整性、规范性进行检查	1. SF$_6$气体微水测量应在充气静置24h后进行。 2. 投运前、交接时SF$_6$气体湿度（20℃）≤250μL/L，对于750kV电压等级，应≤200μL/L。 3. SF$_6$气体年泄漏率应≤0.5%

2.3.2.4 干式电抗器

通过现场查看试验检测过程和结果，判断监督要点是否满足监督要求。

设备调试阶段干式电抗器旁站监督要求见表2-63。

表2-63 设备调试阶段干式电抗器旁站监督要求

监督项目	监督方法	监督要求
耐压试验	现场查看外施交流耐压试验过程	1. 干式铁心电抗器、干式半心电抗器及磁屏蔽空心电抗器工频耐压电压值符合技术要求且耐压试验通过。 2. 一般干式空心电抗器该项为特殊试验，一般对支柱绝缘子进行试验
电抗值测量	现场查看试验过程	1. 对于干式并联电抗器，在额定电压和额定频率下测量电抗值与额定电抗值之差不超过±5%。对于三相干式并联电抗器或单相干式并联电抗器组成的三相组，若连接到电压基本对称的系统时，当三个相的电抗偏差都在±5%容许范围内时，每相电抗与三个相电抗平均值间的偏差不应超过±2%。 2. 干式限流电抗器每相电抗值不超过三相平均值的±5%；每相电抗值不超额定值的0～10%

2.3.2.5 站用变压器

通过现场查看安装施工、试验检测过程和结果，判断监督要点是否满足监督要求。

1. 设备制造阶段

设备制造阶段站用变压器旁站监督要求见表2-64。

表 2-64　　　　　　　　　　　　设备制造阶段站用变压器旁站监督要求

监督项目	监督方法	监督要求
原材料抽检	查看实物是否满足要求；必要时，同一批次组部件抽取 1 件进行复测或旁站见证	1. 10kV 变压器所有绕组材料采用铜线或铜箔。 2. 35kV 变压器全部绕组均应采用铜导线。 3. 10kV 干式变压器要求燃烧性能等级满足 GB/T 1094.11 中 F1 级的要求
制造工艺	检查实物应满足要求，依据技术图纸和工艺单进行抽样观测，查阅完整记录单，必要时进行现场核实	1. 干式变压器绕组材料宜采用无氧铜材料制造的铜线、铜箔或性能更好的导线，玻璃纤维与环氧树脂复合材料作绝缘。 2. 薄绝缘结构，埋树脂散热气道，真空状态浸渍式浇注，按特定的温度曲线固化成型，绕组内外表面用进口预浸树脂玻璃丝网覆盖加强。 3. 干式变压器环氧树脂浇注的高、低压绕组应一次成型，不得修补
局部放电	查阅资料（抽检记录、生产工艺过程和设备情况记录），必要时进行现场核实	10kV 三相干式变压器局部放电水平≤8pC
冷却系统	随设备材料批次抽检开展，现场核实	10～35kV 干式站用变压器冷却系统可手动和自动启动。当冷却器系统在运行中发生故障时，应能发出事故信号并提供上传信号接口；冷却系统控制箱应随变压器成套供货，控制箱应为户外式；变压器应配备低压侧中性点电流互感器

2. 设备验收阶段

设备验收阶段站用变压器旁站监督要求见表 2-65。

表 2-65　　　　　　　　　　　　设备验收阶段站用变压器旁站监督要求

监督项目	监督方法	监督要求
出厂外观标识验收	现场核实	1. 变压器的铭牌应清晰，其内容应符合《电力变压器　第 1 部分：总则》（GB 1094.1—2013）的规定（包含型号、厂家、出厂日期、出厂编号、容量）。油浸式站用变压器铭牌油温—油位曲线标识牌清晰、完整可识别；油号标识牌清晰、完整可识别；套管、压力释放阀等其他附件铭牌齐全。 2. 铭牌应为不锈钢或其他耐腐蚀材料
出厂试验	检查出厂试验报告是否包含空负载损耗、局部放电及温升试验记录，必要时，同一批次抽取 1 件进行复测或旁站见证	1. 变压器的空载损耗和负载损耗不得有正偏差。 2. 10kV 三相干式变压器局部放电水平≤8pC。 3. 10～35kV 三相油浸式电力变压器顶层油 55K（自然油循环），绕组（平均）温升限值 65K，绕组（热点）温升限值 78K，金属结构件和铁心温升限值 78K，油箱表面温升限值 78K。 4. 10kV 三相干式变压器，额定电流下的绕组平均温升不超过 100K（F），额定电流下的绕组平均温升不超过 125K（H）
冷却系统	查阅资料（招标技术条件书、厂家投标文件）或现场查看	35kV 干式站用变压器冷却系统可手动和自动启动。冷却器系统在运行中发生故障时，应能发出事故信号并提供上传信号接口；冷却系统控制箱应随变压器成套供货，控制箱应为户外式；变压器应配备低压侧中性点电流互感器
温升	查阅资料（抽检记录、生产工艺过程和设备情况记录），必要时见证出厂试验（抽取 1 台）	1. 油浸变压器顶层油温升限值 55K，绕组（平均）温升限值 65K，绕组（热点）温升限值 78K，铁心、油箱及结构件表面的温升限值 80K（10kV）、75K（35kV），限值均不允许有正偏差。 2. 干式变压器额定电流下绕组平均温升不超过 100K（F）；额定电流下的绕组平均温升不超过 125K（H）
绝缘油试验	查阅资料（抽检记录、生产工艺过程和设备情况记录），必要时见证出厂试验（抽取 1 台）	提供的新油（包括所需的备用油）应满足： （1）过滤后应达到油的击穿电压（kV）≥35（10kV）、40（35kV）、50（66kV）。 （2）介质损耗因数（90℃）≤0.5%（35kV 及以下）、0.3%（66kV）。 （3）含水量（mg/L）≤20（110kV 及以下）、15（220kV）。 （4）应在注油静置后、交流耐压试验和温升试验 24h 后及温升试验中每隔 4h，进行油中溶解气体的色谱分析；各次测得的 H_2、C_2H_2 及总烃含量，应无明显差别。油中 H_2 与烃类气体含量任一项不宜超过下列数值（μL/L）： 总烃，20；H_2，30；C_2H_2，0.1

3. 设备安装阶段

设备安装阶段站用变压器旁站监督要求见表 2－66。

表 2－66　　　　　　　　　　设备安装阶段站用变压器旁站监督要求

监督项目	监督方法	监督要求
与站用变压器连接电缆接头工艺	现场检查设备安装情况	1. 室外电缆终端头应有防水措施。 2. 站用变压器高压电力电缆屏蔽层、钢铠应分别引出接地。 3. 新投运变电站不同站用变压器低压侧至站用电屏的电缆应尽量避免同沟敷设，对无法避免的则应采取防火隔离措施
附件技术要求	现场检查设备安装情况	1. 干式变压器分接引线需包封绝缘护套。 2. 户外站用变压器高、低压套管出线应有绝缘护罩

4. 设备调试阶段

设备调试阶段站用变压器旁站监督要求见表 2－67。

表 2－67　　　　　　　　　　设备调试阶段站用变压器旁站监督要求

监督项目	监督方法	监督要求
绕组连同套管的直流电阻	查看比较出厂试验报告和交接试验报告，必要时现场试验见证，试验过程、结果应符合要求	1. 油浸式站用变压器：测量应在各分接头的所有位置上进行。1600kVA 及以下三相变压器，各相绕组相互间的差别不应大于 4%；无中性点引出的绕组，线间各绕组相互间的差别不应大于 2%；1600kVA 以上三相变压器，各相绕组相互间的差别不应大于 2%；无中性点引出的绕组，线间相互间的差别不应大于 1%。与同温下产品出厂实测数值比较，相应变化不应大于 2%。当由于变压器结构等原因，三相互差不符合要求时，应有厂家书面资料说明原因。 2. 对于 2500kVA 及以下的干式变压器，其绕组直流电阻不平衡率：相为不大于 4%，线为不大于 2%。由于线材及引线结构等原因而使直流电阻不平衡率超标的，应记录实测值并写明引起偏差的原因
变压器的三相接线组别	查阅设计文件及设备铭牌是否相符	与设计要求及铭牌上的标记和外壳上的符号相符
与铁心绝缘的各紧固件（连接片可拆开者）及铁心（有外引接地线的）绝缘电阻	查看交接试验报告，必要时现场试验见证，试验过程、结果应符合要求	1. 铁心必须为一点接地。采用 2500V 绝缘电阻表测量，持续时间 1min，应无闪络及击穿现象。 2. 铁心绝缘电阻应满足 ≥1000MΩ
绕组连同套管的绝缘电阻	查看交接试验报告，必要时现场试验见证，试验过程、结果应符合要求	绝缘电阻值不低于产品出厂试验值的 70%或不低于 10 000MΩ（20℃）
绕组连同套管的交流耐压试验	查看交接试验报告，必要时现场试验见证，试验过程、结果应符合要求	变压器线端交流耐压试验值应符合 GB 50150 表 D.0.1 和表 D.0.3 的耐压试验要求，耐压时间 1min
绝缘油试验	查阅资料（抽检记录、生产工艺过程和设备情况记录），必要时抽取 1 台见证试验	1. 过滤后应达到油的击穿电压（kV）≥35（10kV 及以下）、40（35kV）、50（66kV）。 2. 介质损耗因数（90℃）≤0.5%（35kV 及以下）、0.3%（66kV）。 3. 含水量（mg/L）≤20（110kV 及以下）、15（220kV）

5. 竣工验收阶段

竣工验收阶段站用变压器旁站监督要求见表 2－68。

表 2-68　　　　　　　　　　竣工验收阶段站用变压器旁站监督要求

监督项目	监督方法	监督要求
现场检查	查阅验收报告并现场检查确认	工程完成后、试运行前应全面检查，检查项目应包含： （1）本体及附件外观完整，且不渗油（设备出厂铭牌齐全、参数正确，相序标识清晰正确，设备双重名称标识牌齐全、正确）。 （2）消防设施检测合格。 （3）油位正常。 （4）冷却装置启动正常。 （5）吸湿剂不应出现受潮变色情况。 （6）注入吸湿器油杯的油量要适中，在顶盖下应留出 1/5～1/6 高度的空隙。 （7）变压器的接地装置应可靠，接地电阻应合格，变压器的接地装置应有防锈层及明显的接地标志
户外站用变压器安全防护	现场检查	户外站用变压器高、低压套管出线应有绝缘护罩
10kV 干式变压器分接引线	现场检查	1. 10kV 干式变压器分接引线需包封绝缘护套，且高、低压间需保持足够的绝缘距离。 2. 站用变压器引线、连接导体间和对地的距离符合国家现行有关标准的规定或订货要求
引线及线夹	现场检查	1. 线夹等金具应无裂纹现象，线夹不应采用铜铝对接过渡线夹，引线应无散股、扭曲、断股现象。 2. 母线及引线的连接不应使端子受到超过允许的外加应力。 3. 引线、连接导体间和对地的距离符合国家现行有关标准的规定或订货要求
反措执行	现场检查	1. 气体继电器、压力释放阀、温度计必须经校验合格后方可使用，校验报告需满足要求。 2. 户外布置变压器的气体继电器、油流速动继电器、温度计、油位表应加装防雨罩，并加强与其相连的二次电缆结合部的防雨措施，二次电缆应采取防止雨水顺电缆倒灌的措施（如防水弯）

6. 运维检修阶段

运维检修阶段站用变压器旁站监督要求见表 2-69。

表 2-69　　　　　　　　　　运维检修阶段站用变压器旁站监督要求

监督项目	监督方法	监督要求
状态检测	查阅资料（测试记录）/现场检测	停电试验应按规定周期开展，试验项目齐全。当对试验结果有怀疑时应进行复测，必要时开展诊断性试验
故障/缺陷处理	查阅资料（缺陷、故障记录）/现场检查	1. 发现缺陷应及时记录，缺陷定性应正确，缺陷处理应闭环。 2. 发现缺陷应及时制订应对处理措施。缺陷记录应包含运行巡视、检修巡视、带电检测、检修过程中发现的缺陷；结合现场核查，不应存在现场缺陷没有记录的情况；检修班组应结合消缺，对记录中表述不严谨的缺陷现象进行完善；缺陷原因应明确；更换的部件应明确，缺陷定级应正确，缺陷处理应闭环。 3. 事故应急处置应到位，如事故分析报告、应急抢修记录等。 4. 站用变压器应无下列危急缺陷。 （1）油浸式站用变压器：本体响声异常，严重漏油，吸湿器堵塞，导线接头和引线线夹松动、损坏，引线断股 25% 以上，套管外绝缘破损开裂或严重污秽放电等。 （2）干式站用变压器：本体响声异常，外部开裂，干式套管破损开裂，导线接头发热，本体紧固件松脱，测温装置发过温信号等。 5. 站用变压器有下列情况之一，应立即停运： （1）站用变压器喷油、冒烟、着火。 （2）站用变压器严重漏油使油面下降，低于油位计的指示限度。 （3）站用变压器套管有轻微裂纹、局部损坏及放电现象，需要停运处理。 （4）站用变压器内部有异常响声及爆裂声。 （5）站用变压器在正常负载下，温度不正常并不断上升。 （6）站用变压器引出线的接头过热，红外测温显示温度达到严重发热程度，需要停运处理。 （7）干式站用变压器环氧树脂表面出现爬电现象

监督项目	监督方法	监督要求
反措落实	查阅资料/现场检查	1. 对运行超过 20 年的薄绝缘、铝绕组变压器，不再对本体进行改造性大修，也不应进行迁移安装，应加强技术监督工作并安排更换。 2. 加强对冷却器与本体、继电器与储油柜相连的波纹管的检查，老旧变压器应结合技改大修工程对存在缺陷的波纹管进行更换
例行试验	查看比较出厂试验报告和交接试验报告，必要时现场试验见证，试验过程、结果应符合要求	1. 油浸式站用变压器：测量应在各分接头的所有位置上进行。1600kVA 及以下三相变压器，各相绕组相互间的差别不应大于 4%；无中性点引出的绕组，线间各绕组相互间的差别不应大于 2%；1600kVA 以上三相变压器，各相绕组相互间的差别不应大于 2%；无中性点引出的绕组，线间相互间的差别不应大于 1%。与同温下产品出厂实测数值比较，相应变化不应大于 2%。当由于变压器结构等原因，三相互差不符合要求时，应有厂家书面资料说明原因。 2. 对于 2500kVA 及以下的干式变压器，其绕组直流电阻不平衡率：相为不大于 4%，线为不大于 2%。由于线材及引线结构等原因而使直流电阻不平衡率超标的，应记录实测值并写明引起偏差的原因

2.3.3　变压器试验

2.3.3.1　绕组对地绝缘电阻和绝缘系统电容的介质损耗因数的测量

绕组对地绝缘电阻和绝缘系统电容的介质损耗因数的测量称为绕组的绝缘特性测量。

（1）测量目的：在变压器制造过程中，绝缘特性测量用来确定绝缘的质量状态，发现生产中可能出现的局部或整体缺陷，并作为产品是否可以进行绝缘强度试验的一个辅助判断手段；同时向用户提供出厂前的绝缘特性试验数据，用户由此可以对比和判断运输、安装、运行中由于吸潮、老化及其他原因引起的绝缘劣化程度。

（2）判断标准。

1）绕组对地绝缘电阻。电压为 35kV、容量为 4000kVA 和 66kV 及以上的变压器应提供绝缘电阻值（R_{60}）和吸收比（R_{60}/R_{15}），电压等级 330kV 及以上应提供绝缘电阻值、吸收比和极化指数（R_{10min}/R_{1min}）；测量时使用 5000V、指示量限不低于 100 000MΩ 的绝缘电阻表。其他变压器只测绝缘电阻值，测量时使用 2500V、指示上限不低于 10 000MΩ 的绝缘电阻表。

通常在 10～40℃，相对湿度小于 85% 时测量，当测量温度不同时，按下式换算：

$$R_2 = R_1 \times 1.5^{(t_1-t_2)/10} \tag{2-5}$$

式中：R_1、R_2 分别为温度在 t_1、t_2 时的绝缘电阻值。

在设备调试阶段，绕组绝缘电阻值不应低于产品出厂试验值的 70% 或不低于 10 000MΩ（20℃）。变压器的电压等级为 35kV 及以上，且容量在 4000kVA 及以上时，应测量吸收比，吸收比与产品出厂值相比应无明显差别，在常温下不应小于 1.3。变压器电压等级为 220kV 及以上且容量为 120 000kVA 及以上时，宜测量极化指数，测得值与产品出厂值相比应无明显差别。

2）绝缘系统电容的介质损耗因数。根据试品的电压等级施加相应电压，当试品额定电压为 10kV 及以上时，取 10kV；当试品额定电压低于 10kV 时，取试品的额定电压。在 10～40℃ 时，介质损耗因数的测试结果应不超过下列规定：

a. 35kV 级及以下的绕组，20℃ 时，应不大于 1.5%。

b. 66kV 级及以上的绕组，20℃ 时，应不大于 0.8%。

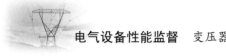

c. 330kV 级及以上的绕组，20℃时，应不大于 0.5%。

d. 当绕组温度与 20℃不同时，按以下式换算：

$$\tan \delta_2 = \tan \delta_1 \times 1.3^{(t_1-t_2)/10}$$

(2-6)

式中：$\tan \delta_1$、$\tan \delta_2$ 分别为温度 t_1、t_2 时的 $\tan \delta$ 值。

在设备调试阶段，所测得绕组连同套管的介质损耗因数不应大于产品出厂试验值的 130%。

2.3.3.2 铁心和夹件的绝缘电阻

铁心必须为一点接地。变压器上有专用的铁心或夹件引出套管时，在注油前测量其对外壳的绝缘电阻。采用 2500V 绝缘电阻表测量，持续时间为 1min，应无闪络及击穿现象。新投运主变压器铁心绝缘电阻≥1000MΩ，且与出厂试验结果比较应无明显变化。

2.3.3.3 电压比测量和联结组标号检定

1. 电压比测量

（1）测量目的：验证变压器能否达到预期的电压变换效果，检查变压器分接开关内部所处位置与外部指示器是否一致及线段标志是否正确。

（2）判断标准。

1）在出厂试验时：① 额定分接位置，±0.5%和实际阻抗百分数的±1/10，取其中低者；② 其他分接位置，按合同规定，但不低于±0.5%和实际阻抗百分数的±1/10 中较小者。

2）在交接和停电试验时：与制造厂铭牌数据或出厂实测数据相比应无明显差别且应符合电压比的规律；电压等级在 220kV 及以上的电力变压器，其电压比的允许误差在额定分接头位置时为±0.5%。

2. 联结组标号检定

（1）检定目的：该试验项目主要在出厂时开展，主要为了检验绕组绕向、绕组的联结组别及线端的标志是否正确。联结组标号相同是变压器并联运行的必要条件之一。

（2）判断标准：与技术文件或合同规定的联结组标号相符。

2.3.3.4 绕组直流电阻测量

（1）测量目的：目的是检查线圈内部导线、引线与线圈的焊接质量，线圈所用导线的规格是否符合设计以及分接开关、套管等载流部分的接触是否良好。负载试验、温升试验的计算也需要测量直流电阻。绕组电阻测量时必须准确记录绕组温度。

（2）判断标准：

1）1600kVA 以上的变压器，各相绕组电阻相互间的差别不应大于三相平均值的 2%，无中性点引出的绕组，线间差别不应大于三相平均值的 1%。

2）1600kVA 以下的变压器，各相绕组电阻相互间的差别不应大于三相平均值的 4%，线间差别不应大于三相平均值的 2%。

3）在同一温度下，各相电阻的初值差不超过±2%。

2.3.3.5 变压器的密封试验

油箱的密封试验在装配完毕的产品上进行，可拆卸的储油柜、净油器、散热器或冷却器可单独进行。对于拆卸运输的变压器进行两次密封试验，第一次在变压器装配完毕，且装完所有充油组件后进行，第二次在变压器拆卸外部组部件、在运输状态下对变压器本体进行。

（1）试验目的：检测变压器油箱和充油组部件本体及装配部位的密封性能，防止运行时渗漏油的发生，以及防止变压器主体在运输时的漏气、漏油或因进水而引起的变压器受潮。

试漏压力及持续时间应符合《油浸式电力变压器技术参数和要求》（GB/T 6451—2015）的规定或用户要求，但最后一次补漏后的试漏时间不得少于试漏规定的总时间的 1/3，应注意油箱底部所受压力一般不要超过油箱所能承受的压力值。

（2）判断标准：试验过程中要随时检查压力表的压力是否下降，油箱及其充油组部件表面是否渗漏油，重点检查焊缝和密封面的渗漏油情况。由于各个电压等级或同电压等级油箱结构的不同，具体的试压时间和试验压力可参照《油浸式电力变压器技术参数和要求》（GB/T 6451—2015）的规定。

2.3.3.6 绝缘油试验

变压器绝缘油的例行试验包括击穿电压测量、介质损耗因数测量、含水量测定、含气量测定及油中溶解气体气相色谱分析。

1. 击穿电压测量

（1）试验目的：变压器油的击穿电压是衡量变压器油被水和悬浮杂质污染程度的重要指标，油的击穿电压越低，变压器的整体绝缘性越差，直接影响变压器的安全运行。因此，必须严格测试，并将变压器油击穿电压控制在规定范围内。

（2）判断标准：35kV 及以下变压器油的击穿电压 ≥35kV；66～220kV 变压器油的击穿电压 ≥40kV；330kV 变压器油的击穿电压 ≥50kV；500kV 变压器油的击穿电压 ≥60kV。

2. 介质损耗因数测量

（1）试验目的：变压器油的介质损耗因数是衡量变压器本身绝缘性能和被污染程度的重要参数，油的介质损耗因数越大，变压器的整体介质损耗因数也就越大，绝缘电阻降低，油纸绝缘的寿命也会缩短，因此必须严格测试以便将油的介质损耗因数控制在较低范围内。

（2）判断标准。

1）在设备制造阶段：① 合同没有规定时，变压器油介质损耗因数（90℃）规定值，330kV 级及以下产品应小于 0.010，500kV 级及以下产品应小于 0.007；② 合同有规定时，按合同规定判定是否合格。

2）在设备安装调试阶段：变压器油介质损耗因数（90℃）规定值，注入电气设备前不大于 0.005，注入电气设备后不大于 0.007。

3. 含水量测定

（1）试验目的：水分影响油纸绝缘性能、加快油纸绝缘老化速度，为了将变压器油中含水量控制到较低范围，必须在注油前后对油中含水量进行测定。一般 66kV 及以上产品进行此项试验。

（2）判断标准：110kV 及以下变压器含水量 ≤20mg/L，220kV 变压器含水量 ≤15mg/L，330kV 及以上变压器含水量 ≤10mg/L。

4. 含气量测定

（1）试验目的：变压器油溶解空气的能力很强，当空气含量过高时，在注油和运行中易在油中形成气泡，导致局部放电，即使溶解的空气不产生气泡，其中的氧气也会加速油纸绝缘老化，因此变压器油中的含气量应控制在较低范围。一般 330kV 及以上产品进行此项试验。

（2）判断标准：330～500kV 变压器油中含气量 ≤1%，其他电压等级变压器不做规定。

5. 油中溶解气体气相色谱分析

（1）试验目的：变压器油中溶解的和气体继电器中收集的 CO、CO_2、H_2、CH_4、C_2H_6、C_2H_4、C_2H_2 等气体的含量，间接地反映充油设备本身的实际情况，通过对这些组分的变化情况进行分析，就可以判定设备在试验或运行过程中的状态变化情况，并对判断和排除故障提供依据。

（2）判断标准。

1）对出厂和新投运的变压器产品，油中溶解气体组分含量应满足：$H_2 \leqslant 10\mu L/L$ 、C_2H_2 为 0、总烃 $\leqslant 20\mu L/L$，并在产品绝缘耐受电压试验、局部放电试验、温升试验及空载运行试验前后各组分不能明显升高。

2）对于运行变压器，$H_2 \leqslant 150\mu L/L$、总烃 $\leqslant 150\mu L/L$、$C_2H_2 \leqslant 1\mu L/L$（330kV 及以上）、$C_2H_2 \leqslant 5\mu L/L$（220kV 及以下）。

2.3.3.7 非纯瓷套管的试验

（1）试验目的：验证套管经过运输后的质量状况及作为运行的比较基准。

（2）判断标准。

1）绝缘电阻。采用 2500V 绝缘电阻表，测量主绝缘的绝缘电阻，绝缘电阻值通常大于 10 000MΩ。采用 2500V 绝缘电阻表，测量小套管对法兰的绝缘电阻，绝缘电阻值不应低于 1000MΩ。同时与出厂试验值相比应无明显差别。

2）测量主绝缘介质损耗角正切值 $\tan\delta$ 和电容值，500kV 套管 $\tan\delta$ 值应小于 0.5%，500kV 以下的套管 $\tan\delta$ 应小于 0.7%。套管的 $\tan\delta$ 不进行温度的换算，但不得在低于 10℃ 条件下进行。电容型套管的电容值与出厂值相比变化应在 ±5% 范围内。

2.3.3.8 操作冲击试验

在系统中运行的电力变压器会经常遭受操作冲击电压的作用。对于电压等级较高的电力系统，为了保证系统的经济运行，采用了性能较好的避雷器，因此系统的绝缘水平有所降低。为保证在电压等级较高的电力系统中运行的电力变压器在过电压下不发生故障，目前，对 220kV 等级及以上的电力变压器进行操作冲击电压试验。操作电压波形如图 2-65 所示。

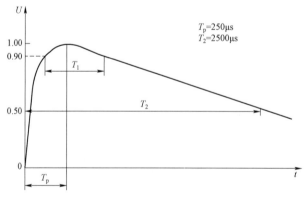

图 2-65 操作电压波形示意图

（1）试验目的：操作冲击电压试验对变压器的主绝缘考核较为严格，保证电压等级较高的电力变压器在允许的操作过电压下不发生故障。

（2）判断标准：如果示波图或数字记录仪中没有指示出电压突然下降或中性点电流中断，则试验合格。

2.3.3.9 雷电全波冲击试验

变压器的雷电全波冲击试验，是考核其耐受雷电过电压的绝缘性能。当雷电波进入电力系统没有发生放电或保护装置动作，即为雷电全波。雷电全波波形如图 2-66 所示。

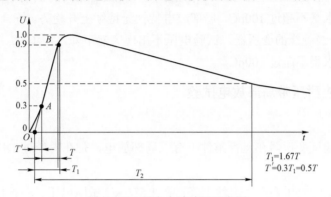

图 2-66 雷电全波波形示意图

（1）试验目的：雷电全波冲击试验既能考核变压器的主绝缘，又能考核变压器的纵绝缘，而且由于雷电冲击电压有很高的电压陡度，变压器绕组中的电压分布通常很不均匀，绕组端部将会产生相当大的匝间电压，因而对这一部分纵绝缘的考核是比较严格的。

（2）判断标准：如果在降低的试验电压下所记录的电压和电流瞬变波形图与在全试验电压下所记录的相应的瞬变波形图无明显差异，则试验合格。

2.3.3.10 雷电截波冲击试验

（1）试验目的：当雷电波进入电力系统没有发生放电或保护装置动作，即为雷电全波；而当避雷器等保护装置动作或系统设备发生放电时，即为截波。雷电截波有很高的电压陡度，变压器绕组中的电压分布通常很不均匀，绕组端部将会产生相当大的匝间电压，因而对这一部分纵绝缘的考核是比较严格的。雷电截波波形如图 2-67 所示。

（2）判断标准：如果在降低的试验电压下所记录的电压和电流瞬变波形图与在全试验电压下所记录的相应的瞬变波形图无明显差异，则试验合格。

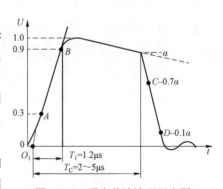

图 2-67 雷电截波波形示意图

2.3.3.11 外施耐压试验

（1）试验目的：验证线端和中心点端子及它们所连接绕组对地及其他绕组的外施电压耐受强度。

（2）判断标准：试验 1min 过程中，如果电压不突然下降、电流指示不摆动、没有放电声，则试验合格。

2.3.3.12 短时感应耐压试验

（1）试验目的：验证油浸式变压器试品每个接线端和它们连接的绕组对地及对其他绕组的耐受

电压强度以及相间和被试绕组纵绝缘的耐受电压强度。

（2）判断标准。

1）高压绕组为全绝缘的变压器，$U_m < 72.5$kV 和 $U_m = 72.5$kV，且额定容量小于 10 000kVA 的变压器，试验电压不出现突然下降，电流指示不摆动，没有放电声。$U_m = 72.5$kV 且额定容量为 10 000kVA 及以上和 $U_m > 72.5$kV 的变压器，在 $1.5U_m/\sqrt{3}$ 相对地、$1.5U_m$ 相间的试验电压不出现下降，测量端子视在电荷量的连续水平不超过 100pC，局部放电特性无持续上升趋势。符合上述情况则试验合格。

2）高压绕组为分级绝缘的变压器，试验电压不出现突然下降，在 $1.5U_m/\sqrt{3}$ 电压相对地试验测量的视在电荷量连续水平不超过 100pC。

2.3.3.13 长时间感应耐压带局部放电试验

1. 出厂试验

（1）试验目的：验证变压器在运行条件下有无局部放电，是在瞬变过电压和连续运行电压下的质量控制。

（2）判断标准：试验电压不产生突然下降，在 $1.5U_m\sqrt{3}$ 试验电压、在长期试验期间，局部放电量的连续水平不大于 100pC 或合同规定要求的量值，局部放电不呈现持续增加的趋势；在 $1.1U_m/\sqrt{3}$ 电压下，视在放电量的连续水平不大于 100pC。符合上述情况则试验合格。

2. 现场交接试验

（1）变压器局部放电试验的基本原理接线如图 2–68 所示。

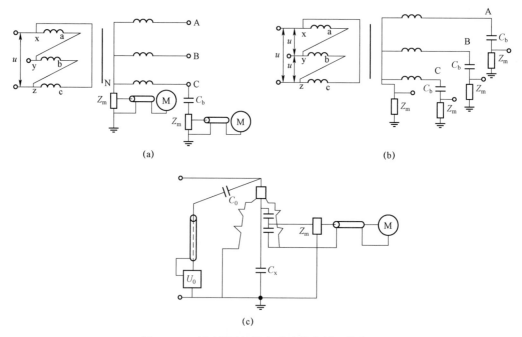

图 2–68 变压器局部放电试验基本原理接线图
（a）单相励磁；（b）三相励磁；（c）在套管抽头测量和校准接线
C_b—变压器套管电容

（2）试验步骤。

1）校准视在放电量。接好整个试验回路，一般采用直接校准法将已知电荷量注入试品两端，记录指示系统响应值。

2）测定背景噪声水平。

3）首先将试验电压升到 $1.1U_m\sqrt{3}$ 下进行测量，保持 5min；然后试验电压升到 U_2，保持 5min；接着试验电压升到 U_1，除另有规定，当试验电压频率等于或小于 2 倍额定频率时，全电压下试验电压时间为 60s，当试验电压频率大于 2 倍额定频率时，全电压下试验时间为 t=120×[额定频率]/[试验频率]，但不少于 15s；最后电压降到 U_2 下再进行测量，保持 30min/60min。当在感应耐压试验同时进行局部试验时，U_1 值即为感应耐压试验值。当仅作为局部放电试验时，U_1 则为预加电压。变压器局部放电试验的加压程序如图 2－69 所示。

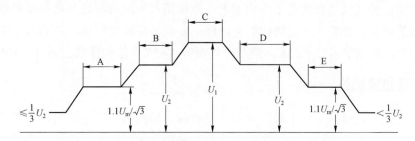

图 2－69　变压器局部放电试验加压程序示意图

A—5min；B—5min；C—预加电压时间；D—≥60min（对于 U_m≥300kV）

或 30min（对于 U_m<300kV）；E—5min

4）测量应在所有分级绝缘绕组的线端进行。对于自耦连接的一对较高电压、较低电压绕组的线端，也应同时测量，并分别用校准方波进行校准。

5）在电压升至 U_2 及由 U_2 再下降的过程中，应记下起始、熄灭放电电压。

6）在整个试验时间内应连续观察放电波形，并按一定的时间间隔记录放电量 Q。放电量的读取，以相对稳定的最高重复脉冲为准，偶尔发生的较高的脉冲可忽略，但应做好记录备查。整个试验期间试品不发生击穿；在 U_2 的第二阶段的时间内，所有测量端子测得的放电量 Q 连续地维持在允许的限值内，并无明显地、不断地向允许的限值内增长的趋势，则试品合格。

7）如果放电量曾超出允许限值，但之后又下降并低于允许的限值，则试验应继续进行，直到此后 30min/60min 的期间内局部放电量不超过允许的限值，试品才合格。利用变压器套管电容作为耦合电容 C_k，并在其末屏端子对地串接测量阻抗 Z_m。

（3）判断标准：在 $1.5U_m/\sqrt{3}$ 试验电压下，220kV、500kV（330kV）电压等级变压器高、中压端的局部放电量不大于 100pC，110（66）kV 电压等级变压器高压侧的局部放电量不大于 100pC，1000kV（750kV）高压绕组不大于 100pC、中压绕组不大于 200pC、低压绕组不大于 300pC。对于 10kV 三相干式变压器，局部放电水平应≤8pC。

2.3.3.14　短路阻抗和负载损耗的测量

负载损耗是一个重要的参数，它对于变压器的经济运行以及变压器本身的使用寿命都有着极其重要的意义。而短路阻抗决定了变压器在电力系统运行时对电网电压波动的影响，以及变压器发生出口短路事故时电动力的大小，同时短路阻抗还是决定变压器能否并联运行的一个必要条件。

（1）试验目的：验证短路阻抗和负载损耗这两项指标是否在国家标准及用户要求范围内，是一个经济运行和节能的指标，同时还可以通过试验发现绕组设计与制造及载流回路和结构的缺陷。

（2）判断标准：按技术协议或合同规定的要求。

2.3.3.15　空载电流和空载损耗的测量

（1）试验目的：通过测量验证空载电流和空载损耗这两项指标是否在国家标准或产品的技术协议允许的范围内，以检查和发现试品磁路中的局部缺陷和整体缺陷。

（2）判断标准：按技术协议或合同规定的要求。

2.3.3.16　温升试验

（1）试验目的：验证试品在额定工作状态下，主体所产生的总损耗与散热装置热平衡的温度是否符合有关标准的规定，并验证产品结构的合理性，发现油箱和结构件上的局部过热的程度。

（2）判断标准：油顶层温升<55K，绕组平均温升<65K，结构件表面温升<80K。

2.3.3.17　变压器短路试验

短路承受能力试验是模拟运行中最严酷的短路故障，即网络容量足够大、负载阻抗为零，而且在电压过零时获得最大的非对称电流。变压器绕组、分接开关、套管、引线及各机械紧固件将承受来自短路电流所产生的巨大电动力和热效应的考核。

（1）试验目的：验证结构的合理性与运行的可靠性。

（2）判断标准。

1）对于容量不大于100MVA的变压器，试验完成，每相短路电抗（Ω）与原始值之差：对于具有圆形同心式绕组和交叠式非圆形绕组变压器为2%，但是对于电压绕组是用金属箔绕制的且容量为10 000kVA及以下的变压器，如果短路阻抗为3%及以上的允许在4%以下；对于具有非圆形的同心式绕组变压器，其短路阻抗在3%及以上者，则允许在7%以下。对于容量大于100MVA的变压器，试验完成以欧姆（Ω）表示的每相短路电抗与原始值之差不大于1%。

2）在外观及吊芯检查中油箱的几何形状无变形、高、低压套管与分接开关无损伤、绕组和支撑件无变形、标记无明显位移、无放电痕迹、气体继电器中无气体、压力释放阀无喷油等，且例行试验复试项目，包括100%规定试验电压下的外施、感应及雷电冲击试验合格，则认为产品短路试验合格。若以上任何一项超出了允许范围和规定，则试验不合格。

2.3.3.18　声级测定

由于变压器的容量越来越大、电压越来越高，变压器噪声的声级和声功率级也越来越大。随着城乡用电量激增，变压器安装地点越来越靠近居民密集区域，为了保护环境不受噪声污染，必须对变压器的噪声进行控制。

（1）测定目的：为了测定变压器在额定运行时的声级和声功率级。

（2）判断标准。由于我国变压器声级试验尚未列入出厂试验和型式试验项目，未对变压器的声级进行考核。通常根据用户要求或技术协议的要求对变压器的声级进行考核。

2.3.3.19　变压器绕组变形试验

（1）试验目的：变压器绕组变形试验是变压器在运输和安装时受到机械力撞击后，检查其绕组是否变形最直接的方法，也是为今后在运行中检验变压器受到短路电流冲击是否损伤而建立的基准。

（2）试验方法。

1）低电压短路阻抗法。通过施加较低的电压（220V以下）、电流（5A以下）测量变压器的阻抗或感抗，与产品出厂时的试验数据比较，来确定绕组的变形。

    a. 容量 100MVA 及以下且电压等级 220kV 以下的变压器，初值差不超过±2%。

    b. 容量 100MVA 以上或电压等级 220kV 以上的变压器，初值差不超过±1.6%。

    c. 容量 100MVA 及以下且电压等级 220kV 以下的变压器三相之间的最大相对互差不应大于 2.5%。

    d. 容量 100MVA 以上或电压等级 220kV 以上的变压器三相之间的最大相对互差不应大于 2%。

    2）频率响应分析法。通过扫描发生器将一组不同频率的正弦波电压加到变压器绕组的一端，把所选择的变压器其他端点上得到的振幅或相位信号作为频率的函数关系（频率响应曲线）直接绘制出来。变压器结构固定后，它的频率响应曲线就是固定的；当变压器绕组变形后，会影响频率响应曲线发生变化，利用这种变化来判断变压器的变形。

    诊断时，当绕组频率响应曲线与原始记录基本一致时，即绕组频率响应曲线的各个波峰、波谷点所对应的幅值及频率基本一致时，可以判定被测绕组没有变形。

    不同型号的变压器，频率响应曲线可能会有明显的不同；因此，在分析时主要是与前次结果测试结果相比，或与同型号的测试结果相比。分析比较的重点是曲线中各个极值点对应频率和幅值的一致性，特别是 1～600kHz 的区段。

2.3.4 互感器试验

2.3.4.1 电流互感器直流电阻测量试验

    1. 试验目的

    测量电流互感器一、二次绕组的直流电阻是为了检查电气设备回路的完整性，以便及时发现因制造、运输、安装或运行中由于振动和机械应力等原因所造成的导线断裂、接头开焊、接触不良、匝间短路等缺陷。

    2. 现场试验

    将被试品各绕组接地放电，放电时应用绝缘工具进行，不得用手碰触放电导线；检查测试仪器是否正常，然后根据被试品的测试项目分别进行接线和测试。

    （1）测量电流互感器一次绕组直流电阻。

    1）电流电压表法。电流电压表法是在被测电流互感器一次绕组上通以直流电流，测量两端电压和通过的电流，然后利用欧姆定律计算出被测直流电阻值的一种间接测量方法。

    a. 测试接线。电流电压表法测量电流互感器一次绕组直流电阻的接线如图 2-70 所示。

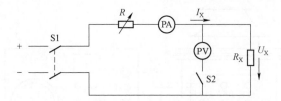

图 2-70　电流电压表法测量电流互感器一次绕组直流电阻接线示意图

    b. 测试步骤。测量时，应先合电源开关（S1）、电压表开关（S2），调整电阻 R 使被测电阻 R_X 上的电压（U_X）最大，待测量电流（I_X）稳定后，同时读取电压、电流值。测量完毕后，先断开电压表开关（S2），再断开电源开关（S1），并记录被试品的温度。

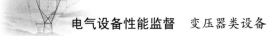

c. 测试数据整理及计算。用式（2-7）计算出被测电阻 R_X 的值。

$$R_X = \frac{U_X}{I_X} \tag{2-7}$$

式中：R_X 为被测绕组电阻，Ω；I_X 为电流表测量的电流，A；U_X 为电压表测量的电压，V。

2）回路电阻测试仪法。

a. 测试接线。以 110kV 电流互感器为例，用回路电阻测试仪测量电流互感器一次绕组直流电阻的接线如图 2-71 所示。

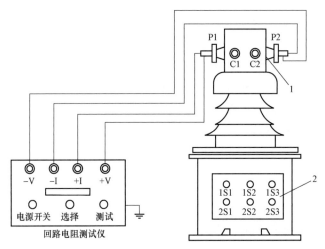

图 2-71 用回路电阻测试仪测量电流互感器一次绕组直流电阻接线示意图
1—绝缘子；2—二次接线盒

b. 测试步骤。将电流互感器一次绕组 P2、P1 分别接至回路电阻测试仪的 -V、-I、+I、+V，二次绕组短路。选择测试电流不得小于 100A，按仪器使用说明书进行测量。记录数据，并记录被试品的温度。

（2）测量电流互感器二次绕组直流电阻。

1）测试接线。用双臂电桥测量电流互感器二次绕组直流电阻的接线如图 2-72 所示。

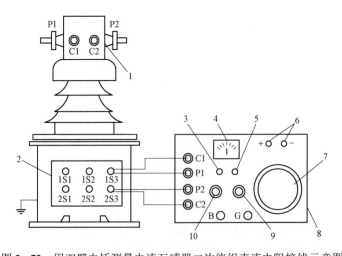

图 2-72 用双臂电桥测量电流互感器二次绕组直流电阻接线示意图
1—绝缘子；2—二次接线盒；3—调零；4—检流计；5—灵敏度；6—外接电源；7—滑线盘；8—双臂电桥；9—步进盘；10—倍率

2）测试步骤。用测量线将双臂电桥 P1、C1、P2、C2 端子与被测互感器的二次绕组相连，非被测绕组开路。按双臂电桥操作说明书进行测量，记录数据。变更试验接线，分别测量其他二次绕组的直流电阻。记录被试品的温度。

3. 监督要求

（1）设备验收阶段：① 检查出厂试验报告是否包含直流电阻试验，如未包含应要求制造厂现场补测；② 按照物资抽检比例，结合设备入厂抽检工作，对电流互感器直流电阻试验进行现场见证，一、二次直流电阻试验数据与出厂值或设计值比较无明显差异。

（2）设备调试阶段。

1）查看出厂试验报告、交接试验报告，并进行比较，要求：① 出厂值和设计值、交接时测试值与出厂值、相间应无明显差异；② 同型号、同规格、同批次电流互感器绕组的直流电阻和平均值的差异不宜大于 10%，一次绕组有串、并联接线方式时，对电流互感器的一次绕组的直流电阻测量应在正常运行方式下测量，或同时测量两种接线方式下的一次绕组直流电阻，倒立式互感器单匝一次绕组的直流电阻之间的差异不宜大于 30%。当有怀疑时，应提高施加的测量电流，测量电流（直流值）不宜超过额定电流（方均根值）的 50%。

2）根据工程需要采取抽查方式对该试验进行现场试验见证或复测。

（3）运维检修阶段：若进行过直流电阻测量诊断性试验，需查阅诊断性试验报告，试验数据与初值比较应无明显差别。

4. 评价标准

（1）设备调试阶段，直流电阻测量应符合《电气装置安装工程　电气设备交接试验标准》（GB 50150—2016）中"10.0.8 同型号、同规格、同批次电流互感器绕组的直流电阻和平均值的差异不宜大于 10%，一次绕组有串、并联接线方式时，对电流互感器的一次绕组的直流电阻测量应在正常运行方式下测量，或同时测量两种接线方式下的一次绕组直流电阻，倒立式电流互感器单匝一次绕组的直流电阻之间的差异不宜大于 30%。当有怀疑时，应提高施加的测量电流，测量电流（直流值）不宜超过额定电流（方均根值）的 50%。"

（2）运维检修阶段，直流电阻测量应符合《输变电设备状态检修试验规程》（Q/GDW 1168—2013）中要求："与初值比较，应无明显差别。"

2.3.4.2　电流互感器介质损耗因数测量

1. 试验目的与方法

电流互感器介质损耗因数（介质损耗角正切值 $\tan\delta$）的测试能灵敏地发现油浸式和串级绝缘结构电流互感器绝缘受潮、劣化及套管绝缘损坏等缺陷，对油纸电容型电流互感器由于制造工艺不良造成电容器极板边缘的局部放电和绝缘介质不均匀产生的局部放电、端部密封不严造成底部和末屏受潮、电容层绝缘老化及油的介电性能下降等缺陷，也能灵敏地反映。所以介质损耗因数是判定电流互感器绝缘介质是否存在局部缺陷、气泡、受潮及老化等的重要指标。

2. 监督要求

（1）设备验收阶段：① 检查出厂试验报告是否包含该试验，如未包含应要求制造厂现场补测；② 按照物资抽检比例，结合设备入厂抽检工作，对电流互感器电容量和介质损耗因数试验进行现场见证，试验过程、结果应符合规程要求。其中，要求电容型电流互感器的出厂试验报告应提供 $U_m/\sqrt{3}$（U_m 为设备最高电压）及 10kV 两种试验电压下的电容量和介质损耗因数测量试验数值；非电容型电流互感器应在一次绕组工频耐压试验后进行电容量和介质损耗因数测量。

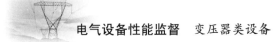

（2）运维检修阶段，例行试验项目应包含介质损耗因数测量试验，并且试验过程、结论符合规程规定。

3．评价标准

（1）设备验收阶段，电容量和介质损耗因数测量应符合《互感器　第2部分：电流互感器的补充技术要求》（GB 20840.2—2014）中的要求：① 电容型绝缘，U_m 为550kV，测量电压为 $U_m/\sqrt{3}$ 时，$\tan\delta \leqslant 0.004$；$U_m \leqslant 363$kV，测量电压为 $U_m/\sqrt{3}$ 时，$\tan\delta \leqslant 0.005$。② 非电容型绝缘，$U_m > 40.5$kV，测量电压为 10kV 时，$\tan\delta \leqslant 0.015$；$U_m$ 为 40.5kV，测量电压为 10kV 时，$\tan\delta \leqslant 0.02$。

（2）设备调试阶段，电容量和介质损耗因数测量应符合《10kV～500kV 输变电设备交接试验规程》（Q/GDW 11447—2015）中的要求：主绝缘 $\tan\delta$ 不应大于表 2-70 中的数值，且与出厂数据比较，不应有显著变化。

表 2-70　　　　　　　　　　　主 绝 缘 $\tan\delta$ 要 求

电压等级（kV）	35	66～110	220	330～500
油纸电容型	0.025	0.008	0.006	0.005
充油型	0.03	0.02		
胶纸电容型	0.025	0.02		

（3）运维检修阶段，电容量和介质损耗因数测量应符合《输变电设备状态检修试验规程》（Q/GDW 1168—2013）中的要求：① 电容量初值差不超过 ±5%（警示值）；② 介质损耗因数 $\tan\delta$ 满足表 2-71 要求（注意值）。

表 2-71　　　　　　　　　　　介质损耗因数 $\tan\delta$ 要求

U_m（kV）	126/72.5	252/363	≥550
$\tan\delta$	≤0.01	≤0.008	≤0.007

注　聚四氟乙烯缠绕绝缘：≤0.005。

2.3.4.3　电流互感器交流耐压试验

1．试验目的与方法

为考核电流互感器的主绝缘强度和检查其局部缺陷，电流互感器必须进行绕组连同套管一起对外壳的交流耐压试验。

现场试验升压过程中，升压速度在 75% 试验电压以前，可以是任意的，自 75% 试验电压开始应均匀升压，约以每秒 2% 试验电压的速率升压。升至试验电压，开始计时并读取试验电压。耐压时间结束后，迅速均匀降压到零（或 1/3 试验电压以下），然后切断电源，放电、挂接地线。试验中如无破坏性放电发生，试验后绝缘电阻测试合格，则认为通过耐压试验。

2．监督要求

（1）设备验收阶段：① 检查电流互感器的出厂试验报告是否包含交流耐压试验项目，如未包含应要求制造厂现场补测；② 按照物资抽检比例，结合设备入厂抽检工作，对电流互感器耐压试验进行现场见证，试验过程、结果应符合规程要求。

（2）设备调试阶段：① 查阅交接试验报告，要求每台 110（66）kV 及以上电压等级油浸式电流互感器都有交流耐压试验记录，并且有试验前后油中溶解气体分析报告；② 根据工程需要采取抽查方式对该试验进行现场试验见证，要求一次绕组的交流耐压试验按出厂试验电压的 80% 进行，试验过程也应符合要求；③ 查阅设备安装调试记录，要求油浸式电流互感器在交流耐压试验前，110（66）kV 设备静置时间不少于 24h、220～330kV 设备静置时间不少于 48h、500kV 设备静置时间不少于 72h、1000kV 设备静置时间不少于 168h。

（3）运维检修阶段：若进行过交流耐压诊断性试验，需查阅诊断性试验报告，应符合要求。

3. 评价标准

（1）设备验收阶段：交流耐压试验应符合下列要求。

1）《国家电网有限公司关于印发十八项电网重大反事故措施（修订版）的通知》（国家电网设备〔2018〕979 号）中"11.1.2.3 110（66）kV 及以上电压等级的油浸式电流互感器，应逐台进行交流耐压试验。"

2）《互感器 第 2 部分：电流互感器的补充技术要求》（GB 20840.2—2014）中："7.3.2 一次端工频耐压试验 试验电压应施加在短路的一次绕组和地之间。短路的二次绕组、座架、箱壳（如果有）和铁心（如果要求接地）均应接地。系统标称电压为 1000kV 的电流互感器，试验电压按 GB 311.1 的规定，试验时间为 5min。对于需进行地屏对地工频耐压试验的电流互感器，其试验电压按 5.3.3.201 的规定，试验电压应施加在地屏与地之间，持续时间为 60s。"

（2）设备调试阶段：交流耐压试验应符合下列要求。

1）《电气装置安装工程 电气设备交接试验标准》（GB 50150—2016）10.0.6 中规定：应按出厂试验电压的 80% 进行；二次绕组之间及其对箱体（接地）的工频耐压试验电压应为 2kV；电压等级 110kV 及以上的电流互感器末屏对地的工频耐受电压应为 2kV，可以用 2500V 绝缘电阻表测量绝缘电阻试验替代。

2）《国家电网有限公司关于印发十八项电网重大反事故措施（修订版）的通知》（国家电网设备〔2018〕979 号）中"11.1.2.3 110（66）kV 及以上电压等级的油浸式电流互感器，应逐台进行交流耐受电压试验。试验前后应进行油中溶解气体对比分析。"

3）《1000kV 系统电气装置安装工程电气设备交接试验标准》（GB/T 50832—2013）补充 1000kV 设备静置时间：油浸式设备在交流耐压试验前，110（66）kV 设备静置时间不少于 24h、220～330kV 设备静置时间不少于 48h、500kV 设备静置时间不少于 72h、1000kV 设备静置时间不少于 168h。

（3）运维检修阶段，交流耐压试验应符合《输变电设备状态检修试验规程》（Q/GDW 1168—2013）中的要求："需要确认设备绝缘介质强度时进行本项目。一次绕组的试验电压为出厂试验值的 80%，二次绕组之间及末屏对地的试验电压为 2kV，时间为 60s。如 SF_6 电流互感器压力下降到 0.2MPa 以下，补气后应做老练和交流耐压试验。"

2.3.4.4 电流互感器局部放电试验

1. 试验目的与方法

局部放电是指发生在电极之间但并未贯穿电极的放电，它是由于设备绝缘内部存在弱点或生产过程中造成的缺陷，在高电场强度作用下发生重复击穿和熄灭的现象。它表现为绝缘内气体的击穿、小范围内固体或液体介质的局部击穿或金属表面的边缘及尖角部位场强集中引起的局部击穿放电等。这种放电的能力是很小的，所以它的短时存在并不影响电气设备的绝缘强度。但若电气设备在运行电压下不断出现局部放电，这些微弱的放电将产生累积效应，会使绝缘的介电性能逐渐劣化并

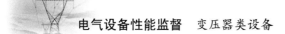

使局部缺陷扩大，最后导致整个绝缘击穿。因此，怀疑电流互感器绝缘存在放电性缺陷时，需及时进行局部放电试验加以验证，并确定其严重程度。

目前局部放电的测量方法主要包含无线电干扰法、放电能量法和脉冲电流法。

现场试验的加压程序有 A、B 两种。

程序 A：局部放电测量电压是在工频耐压试验后的降压过程中达到。

程序 B：局部放电试验是在工频耐压试验结束之后进行。施加电压上升至额定工频耐受电压的 80%，至少保持 60s，然后不间断地降低到规定的局部放电测量电压。

按照程序 A 或者程序 B 施加预加电压之后，将电压降至表 2 – 72 规定的局部放电测量电压，在 30s 内测量相应的局部放电水平，局部放电量应满足表 2 – 72 要求。

表 2 – 72　　局 部 放 电 量 要 求

系统中性点接地方式	局部放电测量电压（方均根值）（kV）	局部放电最大允许水平（pC）	
		液体浸渍或气体绝缘	固体绝缘
中性点有效接地系统	U_m	10	50
	$1.2U_m/\sqrt{3}$	5	20
中性点绝缘或非有效接地系统	$1.2U_m$	10	50
	$1.2U_m/\sqrt{3}$	5	20

注　1. 如果系统中性点的接地方式未指明时，则按中性点绝缘或非有效接地系统考虑。

　　2. 局部放电最大允许水平也适用于非额定值的频率。

2. 监督要求

（1）设备验收阶段：① 检查出厂试验报告是否包含该试验，如未包含应要求制造厂现场补测；② 按照物资抽检比例，结合设备入厂抽检工作，对电流互感器局部放电和耐压试验进行现场见证，试验过程、结果应符合规程要求，其中要求 110（66）～750kV 油浸式电流互感器局部放电测量时间为 5min。

（2）运维检修阶段：局部放电试验结论正确，应符合规程规定。

3. 评价标准

（1）设备验收阶段，局部放电试验应符合下列要求。

1）《国家电网有限公司关于印发十八项电网重大反事故措施（修订版）的通知》（国家电网设备〔2018〕979 号）中 "11.1.1.10 110（66）～750kV 油浸式电流互感器在出厂试验时，局部放电试验的测量时间延长到 5min。"

2）《国家电网有限公司关于印发十八项电网重大反事故措施（修订版）的通知》（国家电网设备〔2018〕979 号）中 "11.4.2.1 10（6kV）及以上干式互感器出厂时应逐台进行局部放电试验，交接时应抽样进行局部放电试验。"

3）《互感器　第 1 部分：通用技术要求》（GB 20840.1—2010）5.3.3.1 局部放电。

（2）运维检修阶段，局部放电试验应符合《输变电设备状态检修试验规程》（Q/GDW 1168—2013）中的要求："$1.2U_m/\sqrt{3}$ 下，气体绝缘电流互感器局部放电量不大于 20pC，油纸绝缘及聚四氟乙烯缠绕绝缘电流互感器局部放电量不大于 20pC，固体绝缘电流互感器局部放电量不大于 50pC（注意值）。"

2.3.4.5 电流互感器励磁特性试验

1. 试验目的与方法

电流互感器励磁特性试验的目的主要是检查互感器铁心质量，通过磁化曲线的饱和程度判断互感器有无匝间短路，同时还是误差试验的补充和辅助试验。通过该试验，可以检验电流互感器的仪表保安系数、准确限值系数及复合误差。

测量励磁特性通常采用以电流为基准，读取电压值的方式，在二次端子上施加正弦波电压，得到电压方均根值与励磁电流方均根值的关系。一般加至额定电流，如有特殊需求，可以适当增加，但应迅速读数，以免绕组过热。

2. 现场试验

（1）试验接线。电流互感器励磁特性试验原理接线如图 2−73 所示。试验时一次绕组应开路，铁心及外壳接地，从保护绕组施加试验电压，非试验绕组应在开路状态。

（2）试验步骤。对电流互感器进行放电，拆除电流互感器二次引线，一次绕组处于开路状态，铁心及外壳接地，按图 2−73 接线。选择合适的电压表、电

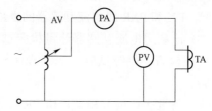

图 2−73　电流互感器励磁特性试验原理接线示意图
AV—调压器；PV—电压表；PA—电流表；TA—电流互感器

流表挡位，检查接线无误后提醒监护人注意监护。合上电源开关，调节调压器缓慢升压，当电流升至互感器二次额定电流的 50% 时，将调压器电压均匀地降为零。

参考出厂试验数据或选取几个电流点，将调压器缓慢升压，以电流的倍数为准，读取相应的各点电压值，观察电压与电流的变化趋势，当电流按规律增长而电压变化不大时，可认为铁心饱和，在拐点附近读取并记录至少 5～6 组数据，且要读取 1.1 倍拐点电势值时的数据。读取数据后，缓慢降下电压，切不可突然拉闸造成铁心剩磁过大，影响互感器保护性能。电压降至零位后，切断电源。

当有多个保护绕组时，每个绕组均应按上述相同步骤进行励磁特性试验。

3. 监督要求

（1）设备验收阶段：① 检查试验数据规范性，如未涵盖 1.1 倍拐点电势值应要求厂家现场试验；② 按照物资抽检比例，结合设备入厂抽检工作，对电流互感器励磁特性试验进行现场见证，试验过程中应读取 1.1 倍拐点电势值。

（2）设备调试阶段：① 查阅交接试验报告；② 根据工程需要采取抽查方式对该试验进行现场试验见证或复测，励磁特性试验过程应符合要求，其中继电保护有要求和带抽头互感器的励磁特性曲线测量，测量当前拟定使用的抽头或最大变比的抽头。测量后应核对是否符合产品技术条件要求，核对方法应符合标准的规定；如果励磁特性测量时施加的电压高于绕组允许值（电压峰值 4.5kV），应降低试验电源频率。

4. 评价标准

（1）设备验收阶段，励磁特性试验应符合《互感器　第 2 部分：电流互感器的补充技术要求》（GB 20840.2—2014）中的要求："3.4.214 当电流互感器一次绕组和其他绕组开路时，施加于二次端子上的正弦波电压方均根值与励磁电流方均根值之间的关系，用曲线或表格列值表示。数据的涵盖范围应足以确定从低励磁值直到 1.1 倍拐点电势值的励磁特性。"

（2）设备调试阶段，励磁特性试验应符合《电气装置安装工程　电气设备交接试验标准》（GB

50150—2016）中的要求："10.0.11 当继电保护对电流互感器的励磁特性有要求时，应进行励磁特性曲线测量；当电流互感器为多抽头时，测量当前拟定使用的抽头或最大变比的抽头。测量后应核对是否符合产品技术条件要求；如果励磁特性测量时施加的电压高于绕组允许值（电压峰值 4.5kV），应降低试验电源频率。"

2.3.4.6　电流互感器准确度试验（误差试验）

1. 测量方法

电流互感器准确度试验包括：计量用电流互感器计量检定试验；测量（计量）用、P 和 PR 级保护用以及 TPX、TPY 和 TPZ 级暂态特性保护用电流互感器的比值差和相位差试验；P 和 PR 级保护用电流互感器的复合误差试验；TPX、TPY、TPZ 级暂态特性保护用电流互感器在限值条件下的误差试验；PX 和 PXR 级电流互感器的匝数比误差试验。

（1）计量用电流互感器计量检定试验按照《电力互感器检定规程》（JJG 1021—2007）进行，包括外观检查、绝缘试验、绕组极性检查、误差测量、稳定性试验、运行变差试验和磁饱和裕度试验。

（2）测量（计量）用、P 和 PR 级保护用以及 TPX、TPY 和 TPZ 级暂态特性保护用电流互感器的比值差和相位差试验采用直接比较法，利用升流调压装置产生一次电流流过被试互感器和标准互感器，通过比较被试互感器和标准互感器二次电流差异来确定电流互感器的比值差和相位差。

（3）P 和 PR 级保护用电流互感器的复合误差试验采用直接法，利用升流调压装置产生一次电流流过被试互感器和标准互感器，得出被试互感器和标准互感器二次电流差值的方均根和标准电流互感器方均根的比值。

（4）TPX、TPY、TPZ 级暂态特性保护用电流互感器在限值条件下的误差试验是在额定一次电流、额定二次负荷、额定频率的条件下，对被试电流互感器额外施加一个额定频率和规定偏移量的一次电流，测量被试电流互感器在该条件下的误差是否符合《互感器　第 2 部分：电流互感器的补充技术要求》（GB 20840.2—2014）的要求。

（5）PX 和 PXR 级电流互感器的匝数比误差试验是通过改变被试电流互感器一次电流和二次负荷，进行两次测量误差试验，将两次试验结果中的比值差进行比较得出被试互感器的匝数比误差。

2. 现场试验步骤

（1）试验接线。

1）计量用电流互感器计量检定试验，测量（计量）用、P 和 PR 级保护用以及 TPX、TPY 和 TPZ 级暂态特性保护用电流互感器比值差和相位差试验，PX 和 PXR 级电流互感器的匝数比误差试验接线如图 2-74 所示。

2）P 和 PR 级保护用电流互感器的复合误差试验接线如图 2-75 所示。

3）TPX、TPY、TPZ 级暂态特性保护用电流

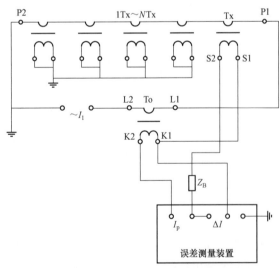

图 2-74　PX 和 PXR 级电流互感器的匝数比误差试验接线图

To—标准电流互感器；Tx—被检电流互感器；Z_B—电流负荷箱；
1Tx～NTx—与被检电流互感器共用一次绕组的互感器

互感器在限值条件下的误差试验接线如图 2-76 所示。

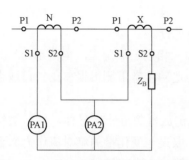

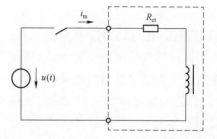

图 2-75　P 和 PR 级保护用电流互感器的
复合误差试验接线图

N—标准电流互感器；X—被试电流互感器；
Z_B—被试电流互感器额定二次负荷

图 2-76　TPX、TPY、TPZ 级暂态特性保护用
电流互感器在限值条件下的误差试验接线图

（2）试验步骤。

1）计量用电流互感器计量检定试验。

a. 外观检查。电流互感器的器身上应有铭牌和标志。铭牌上应有产品编号、出厂日期、接线图或接线方式说明、额定电流比或（和）额定电压比、准确度等级等明显标识。一次和二次接线端子上应有电流或（和）电压接线符号标识，接地端子上应有接地标志。

b. 绝缘试验。电流互感器的绝缘电阻试验包括一次绕组对二次绕组、二次绕组之间、二次绕组对地的绝缘电阻测量。

电流互感器的工频耐压试验包括一次绕组对二次绕组及地、二次绕组之间、二次绕组对地的工频耐压试验。

测量绝缘电阻应使用 2500V 绝缘电阻表。工频耐压试验使用频率为 50Hz±0.5Hz、失真度不大于 5% 的正弦电压。试验电压测量误差不大于 3%。试验时应从接近零的电压平稳上升，在规定耐压值停留 1min；然后平稳下降到接近零电压。试验时应无异音、异味，无击穿和表面放电，绝缘保持完好，误差无可察觉的变化。

c. 绕组极性检查。使用互感器校验仪检查绕组的极性。根据互感器的接线标识，按比较法线路完成测量接线后，升起电流至额定值的 5% 以下试测，用校验仪的极性指示功能或误差测量功能确定互感器的极性。

d. 误差测量。根据被试互感器的变比和准确度等级，选用满足要求的标准互感器并按照试验接线图中所示测量误差，被试电流互感器一次绕组的 P1 端和标准电流互感器的 L1 端对接，二次绕组的 S1 端和标准电流互感器的 K1 端对接。共用一次绕组的其他电流互感器二次绕组端子用导线短路并接地。

测量时可以从最大的百分数开始，也可以从最小的百分数开始。应在至少一次全量程升降之后读取检定数据。电流互感器的测量点按照 JJG 1021—2007《电力互感器检定规程》中相关规定选择。

被试互感器准确级别是 0.2（0.2S）级的，读取的比值差保留到 0.001%，相位差保留到 0.01'；被试互感器准确级别是 0.5 级和 1 级的，读取的比值差保留到 0.01%，相位差保留到 0.1'。

e. 稳定性试验。电流互感器的稳定性取上次试验结果与当前试验结果，分别计算两次试验结果中比值差的差值和相位差的差值。

f. 运行变差试验。

a）环境温度影响。把试品置入人工气候室，在技术条件规定的环境温度上、下限分别放置 24h，

测量被试互感器的误差。此误差与室温下（10～35℃）测得误差比较，取上、下限温度试验中最大误差变化量绝对值较大的作为温度影响的测量结果。在条件不具备时，可以利用冬夏的自然温度进行试验。在安装地点进行的试验，允许按当地极限环境气温进行。

b）剩磁影响。试验时，从被试电流互感器的二次绕组通入相当于额定二次电流 10%～15%的直流电流充磁，持续时间不少于 2s，然后测量误差。此误差与退磁状态下测得误差比较，取误差变化量的绝对值作为剩磁影响的测量结果。

c）邻近一次导体影响。试验时，按制造厂技术条件规定放置邻近一次导体，然后进行误差试验。此误差与无邻近一次导体（或远离）下测得误差比较，取误差变化量的绝对值作为邻近一次导体影响的测量结果。在不具备试验条件时，可以通过理论计算估计影响量。

d）试验时，电流互感器二次接入额定负荷，S2 端接地。一次侧按 GB 20840.2—2014《互感器 第 2 部分：电流互感器的补充技术要求》规定的额定电压因数施加试验电压。用交流有效值电压表测量二次电压 U_2，漏电流影响按下式计算：

$$\Delta\varepsilon_U = \frac{8U_2}{I_2 Z_B} \qquad (2-8)$$

式中：I_2 为额定二次电流；Z_B 为额定二次负荷。

e）工作接线影响。试验时，按技术条件要求连接一次回路母线并通入相当于正常运行的电流和电压，然后进行误差试验。允许分别施加电流和电压，然后把影响量按代数和相加。比较被试互感器在工作接线下的误差与实验室条件下的误差的偏差，取其绝对值作为工作接线影响的测量结果。

g. 磁饱和裕度试验。测量时选定的电流不小于额定电流的 20%。设选定的电流百分点为 $m\%$，电流互感器的额定二次负荷为 Z_B，二次绕组电阻和漏电抗为 Z_2，分别在二次负荷 Z_B、电流百分点 $m\%$ 以及二次负荷 $2Z_B+Z_2$、电流百分点 $0.5m\%$ 下测量电流互感器的误差，得到 f_1、δ_1 和 f_2、δ_2；然后在二次负荷 $(150/m)Z_B+(150/m-1)Z_2$、电流百分点 $m\%$ 下测量电流互感器的误差，得到 f_3、δ_3。被检电流互感器 150%电流百分点下的误差按下式计算：

$$f = (2f_1 - f_2)\left(1 - \frac{m}{150}\right) + \frac{m}{150}f_2 \qquad (2-9)$$

$$\delta = (2\delta_1 - \delta_2)\left(1 - \frac{m}{150}\right) + \frac{m}{150}\delta_2 \qquad (2-10)$$

以上试验内容，首次检定应开展 a、b、c、d、f、g 项；后续检定应开展 a、b、d、e 项；使用中检验开展 a、d、e 项。

测量（计量）用、P 和 PR 级保护用电流互感器的比值差和相位差试验可根据《互感器 第 2 部分：电流互感器的补充技术要求》（GB 20840.2—2014）选择误差测量试验内容开展。

TPX、TPY 和 TPZ 级暂态特性保护用电流互感器的比值差和相位差试验要在额定负荷上加上 75℃时的电阻差值后，再按照误差测量试验开展。

2）P 和 PR 级保护用电流互感器的复合误差试验。

a. 选择标准互感器与被试互感器按照试验接线图进行接线；

b. 施加额定一次电流，同时记录电流表 PA1 和电流表 PA2 的读数；

c. 电流表 PA1 读数方均根与电流表 PA2 的读数方均根的比值即为被试电流互感器的复合误差。

3）TPX、TPY、TPZ 级暂态特性保护用电流互感器在限值条件下的误差试验。

a. 对被试的 TPX 和 TPY 级电流互感器进行退磁。

b. 在电流互感器二次侧施加交流电压 E_{a1}，有

$$E_{a1} = K_{ssc} \times K_{td} \times (R_{ct} + R_b) \times I_{sr} \qquad (2-11)$$

式中：K_{ssc} 为额定对称短路电流倍数；K_{td} 为暂态面积系数；R_{ct} 为二次绕组电阻；R_b 为额定电阻性负荷；I_{sr} 为额定二次电流。

c. 测量二次回路内产生的励磁电流 $\hat{I}_{a1}$。对于 TPX、TPY 级电流互感器，应满足

$$\hat{I}_{a1} \leqslant \sqrt{2} \times K_{ssc} \times I_{sr} \times \hat{\varepsilon} \qquad (2-12)$$

对于 TPZ 级电流互感器，应满足

$$\hat{I}_{a1} \leqslant \sqrt{2} \times K_{ssc} \times I_{sr} \times \left(\frac{K_{td} - 1}{2\pi f_r \times \tau_s} + \hat{\varepsilon}_{ac} \right) \qquad (2-13)$$

式中：$\hat{\varepsilon}$ 为峰值瞬时误差；$\hat{\varepsilon}_{ac}$ 为峰值交流分量误差；f_r 为额定频率；τ_s 为二次回路时间常数。

4）PX 和 PXR 级电流互感器的匝数比误差试验。

a. 按照误差测量试验接线图接线。在额定一次电流、最小二次负荷条件下进行误差测量，记录比值差 ε_1；

b. 改变一次电流为额定一次电流的 1/2，并适当增加二次负荷，再次进行误差测量，记录比值差 ε_2；

c. 匝数比误差 $\varepsilon_t = 2\varepsilon_1 - \varepsilon_2$。

3. 评价标准

（1）设备验收阶段。准确度试验应符合《互感器 第 2 部分：电流互感器的补充技术要求》（GB 20840.2—2014）中 7.3.7.201 测量用电流互感器的比值差和相位差试验、7.3.7.202 P 和 PR 级保护用电流互感器的比值差和相位差试验、7.3.7.203 P 和 PR 级保护用电流互感器的复合误差试验；7.3.7.204 TPX、TPY 和 TPZ 级保护用电流互感器的比值差和相位差试验、7.3.7.205 TPX、TPY 和 TPZ 级保护用电流互感器在限值条件下的误差试验、7.3.7.206 PX 和 PXR 级的匝数比误差试验的相关技术要求。

（2）设备调试阶段。电流互感器误差交接试验的试验方法、试验步骤应符合《电力互感器检定规程》（JJG 1021—2007）中误差测量的要求；法定计量检定机构的计量检定应符合《电力互感器检定规程》（JJG 1021—2007）的全部要求。

（3）运维检修阶段。电流互感器使用中周期误差试验的试验项目、试验方法、检定（检验）周期应符合《电力互感器检定规程》（JJG 1021—2007）中关于电流互感器后续检定或使用中检验的技术管理要求。

2.3.4.7 电磁式电压互感器绕组直流电阻测量试验

1. 试验目的与方法

测量电压互感器一、二次绕组的直流电阻是为了检查电气设备回路的完整性，以便及时发现因制造、运输、安装或运行中由于振动和机械应力等原因所造成的导线断裂、接头开焊、接触不良、匝间短路等缺陷。

目前测量直流电阻的方法主要包含电流电压表法、电桥法和微机辅助测量法。测量串级式电压互感器一次绕组直流电阻，宜采用单臂电桥；测量电压互感器二次绕组直流电阻采用双臂电桥。

2. 现场试验

（1）测量电压互感器一次绕组直流电阻。

1）电流电压表法。测试接线与测试步骤与 2.3.4.1 电流互感器直流电阻测量试验中电流电压表法相同。

2）回路电阻测试仪法。

a. 测试接线。用回路电阻测试仪测量电压互感器一次绕组直流电阻的接线如图 2-77 所示。

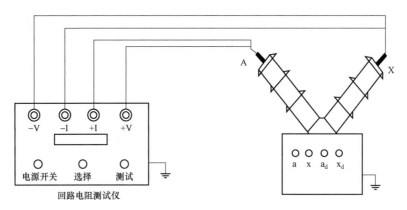

图 2-77 用回路电阻测试仪测量电压互感器一次绕组直流电阻接线示意图

b. 测试步骤。将电压互感器一次绕组 X、A 分别接至回路电阻测试仪的 -V、-I、+I、+V，二次绕组空载。选择测试电流不得小于 100A，按仪器使用说明书进行测量。记录数据，并记录被试品的温度。

（2）测量串级式电压互感器一次绕组直流电阻。

1）测试接线。用单臂电桥测量串级式电压互感器一次绕组直流电阻的接线如图 2-78 所示。

2）测试步骤。按图 2-78 进行接线，用测量线将电桥 X1、X2 端子分别与电压互感器一次绕组 A、X 端子相连，二次绕组开路。按电桥操作说明书进行测量，记录数据，并记录被试品的温度。

（3）测量电压互感器二次绕组直流电阻。

1）测试接线。用双臂电桥测量电压互感器二次绕组直流电阻的接线如图 2-79 所示。

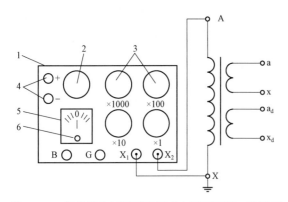

图 2-78 用单臂电桥测量串级式电压互感器一次绕组
直流电阻接线示意图
1—单臂电桥；2—倍率旋钮；3—测量旋钮；4—外接电源；
5—检流计；6—检流计调零

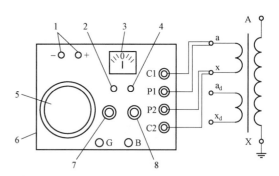

图 2-79 用双臂电桥测量电压互感器二次绕组
直流电阻接线示意图
1—外接电源；2—灵敏度；3—检流计；4—调零；5—滑线盘；
6—双臂电桥；7—步进盘；8—倍率

2）测试步骤。用测量线将双臂电桥 P1、C1、P2、C2 端子与被测互感器的二次绕组相连，非被测绕组开路。按双臂电桥操作说明书进行测量，记录数据。变更试验接线，分别测量其他二次绕组的直流电阻，记录被试品的温度。

3. 监督要求

设备调试阶段：① 查阅交接试验报告；② 根据工程需要采取抽查方式对该试验进行现场试验见证，并进行比较。

4. 评价标准

设备调试阶段：直流电阻测量应符合《电气装置安装工程　电气设备交接试验标准》（GB 50150—2016）中的规定：① 出厂值和设计值、交接时测试值与出厂值、相间应无明显差异；② 一次绕组直流电阻测量值与换算到同一温度下的出厂值比较，相差不宜大于 10%，二次绕组直流电阻测量值与换算到同一温度下的出厂值比较，相差不宜大于 15%。

2.3.4.8　电磁式电压互感器一次绕组的介质损耗因数测量

1. 试验目的

测量电压互感器的介质损耗角因数，对判断其绝缘是否进水受潮和支架绝缘是否存在缺陷是一个比较有效的手段。由于其绝缘方式不同，可分为全绝缘和分级绝缘两种，故测量方法和接线也不同。

由于制造缺陷，串级式电压互感器易密封不良进水受潮，且其主绝缘和纵绝缘的设计裕度较小。进水受潮时其绝缘强度将明显下降，致使运行中常发生层、匝间和主绝缘击穿事故。同时，固定铁心用的绝缘支架由于材质不良易分层开裂，内部形成气泡，在电压作用下，气泡发生局部放电，进而导致整个绝缘支架的闪络。因此，测量电压互感器介质损耗因数的目的，是为了反映其绝缘状况，防止互感器绝缘事故的发生。

2. 监督要求

（1）设备验收阶段：① 检查出厂试验报告是否包含该试验，如未包含应要求制造厂现场补测；② 按照物资抽检比例，结合设备入厂抽检工作，监督见证出厂试验，应满足相关要求。

（2）设备调试阶段：① 查阅交接试验报告；② 根据工程需要采取抽查方式对该试验进行现场试验见证，介质损耗因数测量试验过程应符合要求。

3. 评价标准

（1）设备验收阶段，试验数据应符合《互感器　第 3 部分：电磁式电压互感器的补充技术要求》（GB 20840.3—2013）中的要求："在电压为 $U_m/\sqrt{3}$ 及正常环境温度下，介质损耗因数（$\tan\delta$）通常不大于 0.005；对于串级式电压互感器而言，不需考核其电容量，且 0.005 的介质损耗因数（$\tan\delta$）的允许值亦不合适，其在 10kV 测量电压和正常环境温度的介质损耗因数（$\tan\delta$）的允许值通常不大于 0.02，其绝缘支架的介质损耗因数（$\tan\delta$）的允许值通常不大于 0.05"。

（2）设备调试阶段，试验数据应符合《电气装置安装工程　电气设备交接试验标准》（GB 50150—2016）中的要求"10.0.4 互感器的绕组 $\tan\delta$ 测量电压应为 10kV，$\tan\delta$（%）不应大于表 10.0.4 中数据。当对绝缘性能有怀疑时，可采用高压法进行试验，在（0.5～1）$U_m/\sqrt{3}$ 范围内进行，其中 U_m 是设备最高电压（方均根值），$\tan\delta$ 变化量不应大于 0.2%，电容变化量不应大于 0.5%。"

2.3.4.9　电磁式电压互感器交流耐压试验

1. 试验目的与方法

为了考察全绝缘电压互感器的主绝缘强度和检查其局部缺陷，必须进行绕组连同套管一起对外壳的交流耐压试验。串级式电压互感器及分级绝缘的电压互感器，因高压绕组首、末端对地电位和绝缘等级不同，不能进行外施工频耐压试验，只能用倍频感应耐压试验来考核其绝缘。

（1）交流耐压试验。考察一次绕组对地耐压强度时，将试验变压器输出的高电压（或者经过串联谐振电路升压后产生的高电压）加在被试电流互感器一次侧，二次侧短接并接地。考察二次绕组对地耐压强度用 2500V 绝缘电阻表代替。

（2）感应耐压试验。感应耐压试验时，电压互感器末端接地，从二次侧施加频率高于工频的试验电压，一次侧感应出相应的试验电压，电压分布情况与运行时相同，且高于运行电压，达到了考核电压互感器纵绝缘的目的。

现场试验升压过程中，升压速度在 75%试验电压以前，可以是任意的，自 75%试验电压开始应均匀升压，约以每秒 2%试验电压的速率升压。升至试验电压，开始计时并读取试验电压。时间到后，迅速均匀降压到零（或 1/3 试验电压以下），然后切断电源，放电、挂接地线。试验中如无破坏性放电发生，试验后绝缘电阻测试合格，则认为通过耐压试验。

2. 监督要求

（1）设备验收阶段：① 检查出厂试验报告是否包含该试验，如未包含应要求制造厂现场补测；② 按照物资抽检比例，结合设备入厂抽检工作，监督见证出厂试验，应满足相关要求。

（2）设备调试阶段：① 查阅交接试验报告；② 根据工程需要采取抽查方式对该试验进行现场试验见证，耐压试验过程应符合要求。

（3）运维检修阶段：若进行过耐压诊断性试验，需查阅诊断性试验报告，应符合要求。

3. 评价标准

（1）设备验收阶段，伏安特性试验应符合《互感器 第 3 部分：电磁式电压互感器的补充技术要求》（GB 20840.3—2014）标准的要求：① 外施工频耐压试验的持续时应为 60s。试验电压应施加在一次绕组各端子与地之间。所有二次绕组端子、座架、箱壳（如果有）、铁心（如果要求接地）皆应连在一起接地。② 对于感应耐压试验，为防止铁心饱和，试验频率可以高于额定值，试验持续时间应为 60s，系统标称电压为 1000kV 的电压互感器的试验时间则应为 5min。如果试验品率超过 2 倍额定频率，则其试验持续时间可以规定时间减小到按式（2–14）计算的值，但最少为 15s：

$$t = \frac{2f_{\tau}}{f} \times 60 \qquad\qquad (2-14)$$

式中：t 为试验持续时间，s；f_{τ} 为额定频率，Hz；f 为试验频率，Hz。

对于系统标称电压为 1000kV 的电压互感器，式（2–14）中的 60 应改为 300（即 60×5）。

（2）设备调试阶段，交流耐压试验应符合下列要求。

1）《电气装置安装工程 电气设备交接试验标准》（GB 50150—2016）中第 10.0.6 条规定：① 按出厂试验电压的 80%进行；② 二次绕组之间及其对箱体（接地）的工频耐压试验电压标准应为 2kV；③ 电压等级 110kV 及以上的电压互感器接地端（N）对地的工频耐受电压应为 2kV，可以用 2500V 绝缘电阻表测量绝缘电阻试验替代。

2）《国家电网有限公司关于印发十八项电网重大反事故措施（修订版）的通知》（国家电网设备〔2018〕979 号）中 "11.1.2.3 试验前应保证充足的静置时间，其中 110（66）kV 互感器不少于 24h、220～330kV 互感器不少于 48h、500kV 互感器不少于 72h。"

3）《1000kV 系统电气装置安装工程电气设备交接试验标准》（GB/T 50832—2013）中 "1.0.4 对于 1000kV 充油电气设备，在真空注油和热油循环后应静置不少于 168h，方可进行耐压试验。"

（3）运维检修阶段，交流耐压试验应符合《输变电设备状态检修试验规程》（Q/GDW 1168—2013）标准要求：验证绝缘强度时进行本项目，试验电压为出厂试验值的 80%，感应电压的频率应在 100～300Hz，持续时间应按下式确定，但应在 15～60s 之间。试验方法参考 GB/T 1094.3。

$$t = \frac{120 \times \left[\text{额定频率}\right]}{\left[\text{试验频率}\right]} \qquad (2-15)$$

2.3.4.10 电磁式电压互感器局部放电试验

1. 试验目的与方法

局部放电是指发生在电极之间但并未贯穿电极的放电，它是由于设备绝缘内部存在弱点或生产过程中造成的缺陷，在高电场强度作用下发生重复击穿和熄灭的现象。它表现为绝缘内气体的击穿、小范围内固体或液体介质的局部击穿或金属表面的边缘及尖角部位场强集中引起的局部击穿放电等。这种放电的能力是很小的，所以它的短时存在并不影响电气设备的绝缘强度。但若电气设备在运行电压下不断出现局部放电，这些微弱的放电将产生累积效应会使绝缘的介电性能逐渐劣化并使局部缺陷扩大，最后导致整个绝缘击穿。因此怀疑电压互感器绝缘存在放电性缺陷时，需及时进行局部放电试验加以验证，并确定其严重程度。

目前局部放电的测量方法主要包含无线电干扰法、放电能量法和脉冲电流法。

现场试验的加压程序有 A、B 两种。

程序 A：局部放电测量电压是在工频耐压试验后的降压过程中达到。

程序 B：局部放电试验是在工频耐压试验结束之后进行。施加电压上升至额定工频耐受电压的80%，至少保持 60s，然后不间断地降低到规定的局部放电测量电压。

按照程序 A 或者程序 B 施加预加电压之后，将电压降至表 2-73 规定的局部放电测量电压，在30s 内测量相应的局部放电水平。

表 2-73 局部放电最大允许水平

系统中性点接地方式	互感器类型	局部放电测量电压（方均根值）（kV）	局部放电最大允许水平（pC）	
			液体浸渍或气体绝缘	固体绝缘
中性点有效接地系统（接地故障因数≤1.4）	接地电压互感器	U_m	10	50
		$1.2U_m/\sqrt{3}$	5	20
	不接地电压互感器	$1.2U_m$	5	20
中性点绝缘或非有效接地系统（接地故障因数＞1.4）	接地电压互感器	$1.2U_m$	10	50
		$1.2U_m/\sqrt{3}$	5	20
	不接地电压互感器	$1.2U_m$	5	20

注 1. 如果系统中性点的接地方式未指明时，则按中性点绝缘或非有效接地系统考虑。

2. 局部放电最大允许水平也适用于非额定值的频率。

程序 A：局部放电测量电压是在工频耐压试验后的降压过程中达到。

程序 B：局部放电试验是在工频耐压试验结束之后进行。施加电压上升至额定工频耐受电压的80%，至少保持 60s，然后不间断地降低到规定的局部放电测量电压。

2. 监督要求

（1）设备验收阶段：① 检查出厂试验报告是否包含该试验，如未包含应要求制造厂现场补测；② 按照物资抽检比例，结合设备入厂抽检工作，监督见证出厂试验，应满足相关要求。

（2）设备调试阶段：① 查阅交接试验报告；② 根据工程需要采取抽查方式对该试验进行现场试验见证，局部放电试验过程应符合要求。

（3）运维检修阶段：若进行过局部放电诊断性试验，需查阅诊断性试验报告，应符合要求。

3. 评价标准

（1）设备验收阶段，局部放电试验应符合下列要求。

1）《国家电网有限公司关于印发十八项电网重大反事故措施（修订版）的通知》（国家电网设备〔2018〕979号）的要求："11.4.2.1 10（6）kV及以上干式互感器出厂时，应逐台进行局部放电试验，交接时应抽样进行局部放电试验。"

2）《互感器 第3部分：电磁式电压互感器的补充技术要求》（GB 20840.3—2014）标准要求："不接地电压互感器的试验电路与接地电压互感器的电路相同，但要做两次试验，即轮流对每一高压端子施加电压，同时另一高压端子与低压端子、座架和箱壳（如果有）相连接。"

（2）设备调试阶段，局部放电试验应符合《电气装置安装工程 电气设备交接试验标准》（GB 50150—2016）第10.0.5条中的规定：① 电压等级为35～110kV互感器的局部放电测量可按10%进行抽测；② 电压等级220kV及以上互感器在绝缘性能有怀疑时宜进行局部放电测量；③ 局部放电测量的测量电压及允许的视在放电量应满足标准的规定。允许的视在放电量水平见表2-74。

表2-74 允许的视在放电量水平

种类		测量电压（kV）	允许的视在放电量水平（pC）	
			环氧树脂及其他干式	油浸式和气体式
≥66kV		$1.2U_m/\sqrt{3}$	50	20
		U_m	100	50
35kV	全绝缘结构（一次绕组均接高电压）	$1.2U_m$	100	50
	半绝缘结构（一次绕组一端直接接地）	$1.2U_m/\sqrt{3}$	50	20
		$1.2U_m$（必要时）	100	50

（3）运维检修阶段，局部放电试验应符合《输变电设备状态检修试验规程》（Q/GDW 1168—2013）的要求：$1.2U_m/\sqrt{3}$下，气体绝缘电压互感器局部放电量不大于20pC，液体浸渍绝缘电压互感器局部放电量不大于20pC，固体绝缘电压互感器局部放电量不大于50pC（注意值）。

2.3.4.11 电磁式电压互感器的励磁特性试验

1. 试验目的与方法

电压互感器励磁特性（伏安特性）试验的目的主要是检查互感器铁心质量，通过磁化曲线的饱和程度判断互感器有无匝间短路，通过电压互感器励磁特性试验，根据铁心励磁特性合理选择配置互感器，避免电压互感器产生铁磁谐振过电压。

测量励磁特性通常采用以电流为基准，读取电压值的方式，在二次端子上施加正弦波电压，得到电压方均根值与励磁电流方均根值的关系。一般加至额定电流，如有特殊需求，可以适当增加，但应迅速读数，以免绕组过热。

2. 现场试验

（1）试验接线。电压互感器进行励磁特性试验时，一、二次绕组及辅助绕组均开路，非加压绕组尾端接地，特别是分级绝缘电压互感器一次绕组尾端更应注意接地，铁心及外壳接地。二次绕组加压，加压绕组尾端一般不接地。电压互感器励磁特性试验原理接线如图2-80所示。

（2）试验步骤。对电压互感器进行放电，并将高压侧尾端接地，拆除电压互感器一、二次所有接线。加压的二次绕组开路，非加压绕组尾端、铁心及外壳接地，按图 2-80 接线。试验前，应根据电压互感器最大容量计算出最大允许电流。

电压互感器进行励磁特性试验时，检查加压的二次绕组尾端不应接地，检查接线无误后提醒监护人注意监护。

合上电源开关，调节调压器缓慢升压，可按相关标准的要求施加试验电压，并读取各点试验电压的电流。读取电流后立即降压，电压降至零位后切断电源，将被试品放电接地。注意在任何试验电压下电流均不能超过最大允许电流。

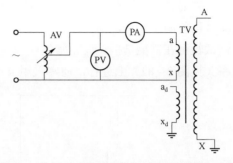

图 2-80　电压互感器励磁特性试验原理接线示意图
AV—调压器；PV—电压表；PA—电流表；TV—电压互感器

3. 监督要求

（1）设备验收阶段：① 检查出厂试验报告是否包含该试验，如未包含应要求制造厂现场补测；② 按照物资抽检比例，结合设备入厂抽检工作，监督见证出厂试验，应满足相关要求，拐点电压试验数据不符合要求应重新试验。

（2）设备调试阶段：① 查阅交接试验报告；② 根据工程需要采取抽查方式对该试验进行现场试验见证。应有拐点电压的测量数据，并符合规定。

4. 评价标准

（1）设备验收阶段，励磁特性试验应符合下列要求。

1）《互感器　第 3 部分：电磁式电压互感器的补充技术要求》（GB 20840.3—2014）标准要求："7.3.301 对设备最高电压 $U_m \geq 40.5\text{kV}$ 的电压互感器应进行伏安特性测量，其测量要求应符合 GB/T 22071.2 的规定。试验时，电压应施加在二次端子或一次端子上，电压波形应为实际正弦波。施加额定电压及相应于额定电压因数（1.5 或 1.9）下的电压值，测量出对应的励磁电流，其结果与型式试验对应结果的差异应不大于 30%。同一批生产的同型电压互感器，其伏安特性的差异亦应不大于 30%。"

2）《国家电网有限公司关于印发十八项电网重大反事故措施（修订版）的通知》（国家电网设备〔2018〕979 号）中"11.1.2.1 电磁式电压互感器在交接试验时，应进行空载电流测量。励磁特性的拐点电压应大于 $1.5U_m/\sqrt{3}$（中性点有效接地系统）或 $1.9U_m/\sqrt{3}$（中性点非有效接地系统）。"

（2）设备调试阶段，励磁特性试验应符合下列要求。

1）《国家电网有限公司关于印发十八项电网重大反事故措施（修订版）的通知》（国家电网设备〔2018〕979 号）中"11.1.2.1 电磁式电压互感器在交接试验时，应进行空载电流测量。励磁特性的拐点电压应大于 $1.5U_m/\sqrt{3}$（中性点有效接地系统）或 $1.9U_m/\sqrt{3}$（中性点非有效接地系统）。"

2）《电气装置安装工程　电气设备交接试验标准》（GB 50150—2016）中"10.0.12 用于励磁曲线测量的仪表应为方均根值表，当发生测量结果与出厂试验报告和型式试验报告相差大于 30% 时，应核对使用的仪表种类是否正确；励磁曲线测量点应包括额定电压的 20%、50%、80%、100% 和 120%；对于中性点直接接地的电压互感器，最高测量点应为 150%；对于中性点非直接接地系统，半绝缘结构电磁式电压互感器最高测量点应为 190%，全绝缘结构电磁式电压互感器最高测量点应为 120%。"

2.3.4.12　电容式电压互感器铁磁谐振试验

1. 试验目的与方法

电容式电压互感器由电容元件和非线性电感组成，当有外部激励时，电容式电压互感器内部有

可能产生铁磁谐振。因此为了验证电容式电压互感器能够防止持续的铁磁谐振，并且振荡时间后的最大瞬时误差满足要求，需要对电容式电压互感器进行铁磁谐振试验。

该试验可在铁磁谐振试验正常接线（见图 2－81）的互感器上进行，也可以在铁磁谐振试验等效电路（见图 2－82）上进行，通常采用二次端子短路时间至少 0.1s 的方法。

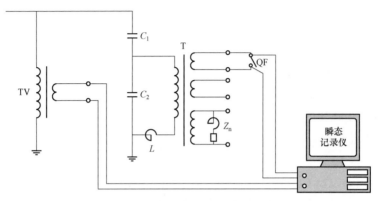

图 2－81　铁磁谐振试验正常接线示意图

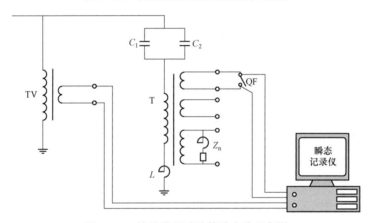

图 2－82　铁磁谐振试验等效电路示意图

消除短路可以用断路器 QF 或串接入的熔断器进行。消除短路后，互感器的负荷只能是记录装置消耗的负荷且不超过 1VA。试验时的电源电压、二次电压和短路电流均应予以记录，所拍摄的示波图应纳入试验报告中。

试验时，电源电压与短路前的电压的差异应不超过 10%，并应保持实际正弦波形。直接在电容式电压互感器二次端子间测量的整个短路回路（包括接触器闭合时的接触电阻）的电压降，应小于该端子间短路前电压的 10%。指定时间 T_F（铁磁谐振振荡时间）之后的最大瞬时误差 $\hat\varepsilon_F$ 要求如下。

（1）对于中性点有效接地系统最大瞬时误差 $\hat\varepsilon_F$ 的要求（见表 2－75）。

表 2－75　　　　　　　　　　中性点有效接地系统最大瞬时误差 $\hat\varepsilon_F$ 的要求

一次电压 U_p（方均根值）	铁磁谐振振荡时间 T_F（s）	经时间 T_F 之后的最大瞬时误差 $\hat\varepsilon_F$（%）
$0.8U_{pr}$	$\leqslant 0.5$	$\leqslant 10$
$1.0U_{pr}$	$\leqslant 0.5$	$\leqslant 10$
$1.2U_{pr}$	$\leqslant 0.5$	$\leqslant 10$
$1.5U_{pr}$	$\leqslant 2$	$\leqslant 10$

（2）对于中性点非有效接地系统或中性点绝缘系统最大瞬时误差 $\hat{\varepsilon}_F$ 的要求（见表 2-76）。

表 2-76　　　　　中性点非有效接地系统或中性点绝缘系统最大瞬时误差 $\hat{\varepsilon}_F$ 的要求

一次电压 U_p（方均根值）	铁磁谐振振荡时间 T_F（s）	经时间 T_F 之后的最大瞬时误差 $\hat{\varepsilon}_F$（%）
$0.8U_{pr}$	≤0.5	≤10
$1.0U_{pr}$	≤0.5	≤10
$1.2U_{pr}$	≤0.5	≤10
$1.9U_{pr}$	≤2	≤10

试验应在表 2-75 和表 2-76 规定的每个一次电压下至少进行 10 次。

2. 监督要求

设备验收阶段：① 检查出厂试验报告，该项试验的试验电压、试验次数不合格应全部重新试验；② 按照物资抽检比例，结合设备入厂抽检工作，监督见证出厂试验，应满足相关要求。

3. 评价标准

设备验收阶段，电容式电压互感器的铁磁谐振试验应符合下列要求。

（1）《国家电网有限公司关于印发十八项电网重大反事故措施（修订版）的通知》（国家电网设备〔2018〕979 号）中"11.1.1.9 电容式电压互感器应选用速饱和电抗器型阻尼器，并应在出厂时进行铁磁谐振试验。"

（2）《1000kV 交流系统用电容式电压互感器技术规范》（GB/T 24841—2018）中"5.2.1 铁磁谐振 a）在 0.8 倍、1.0 倍、1.2 倍额定电压且负载为 0 时，电压互感器二次绕组短路后（短路持续运行时间不小于 0.1s）又突然消除短路，其二次绕组电压峰值在额定频率 10 个周波内恢复到与短路前的正常值相差不大于 10% 的数值。 $0.8U_{pr}$、 $1.2U_{pr}$ 的电压下试验次数各不少于 10 次， $1.0U_{pr}$ 的电压下试验次数不少于 10 次；b）在 1.5 倍额定电压且负载为 0 时，电压互感器二次绕组短路后（短路持续运行时间不小于 0.1s）又突然消除短路，其铁磁谐振时间不应超过 2s。试验次数不少于 10 次。"

（3）《互感器　第 5 部分：电磁式电压互感器的补充技术要求》（GB/T 20840.5—2013）6.502。

2.3.4.13　电容式电压互感器介质损耗因数测量

1. 试验目的

电容式电压互感器介质损耗因数和电容器绝缘介质的种类、厚度、浸渍剂的特性、中间变压器绝缘介质的性质以及制造工艺有关。介质损耗因数的测量能灵敏地反映绝缘介质受潮、击穿等绝缘缺陷，对制造过程中真空处理和剩余压力、引线端子焊接不良、有毛刺、铝箔或膜纸不平整等工艺的问题也有较灵敏的反映，所以说介质损耗因数是电容式电压互感器绝缘优劣的重要指标。

2. 监督要求

设备调试阶段：① 查阅交接试验报告；② 根据工程需要，采取抽查方式对该试验进行现场试验见证；③ 电容量和介质损耗要与出厂值比较，电磁单元有条件的要进行相关试验。

3. 评价标准

（1）设备验收阶段，试验数据应符合《互感器　第 5 部分：电容式电压互感器的补充技术要求》（GB/T 20840.5—2013）的要求：① "7.2.501.1 电容测量　本试验可在电容分压器或电容器叠柱或单独的单元上进行。试验时应将电磁单元断开。测量电容的方法应能排除由于谐波和测量电路附件所引起的误差。测量不确定度应在试验报告中列出。最终的电容测量应在绝缘的型式试验和/或例行试验之后进行，测量时的电压为（0.9～1.1）U_{pr}。测量应在额定频率下或经协商同意在 0.8 倍～1.2 倍额定频率之间的任一频率下进行。为了显示出由一个或多个元件击穿所引起的电容变化，应在绝缘的型式试验和/或例行试验之前进行预先的电容量测量，采用足够低的测量电压（低于 15%额定电压）以切实避免元件发生击穿。"②"7.2.501.2 电容器的损耗角正切（$\tan\delta$）应在（0.9～1.1）U_{pr} 的电压下与电容测量同时进行。所用方法应能排除由于谐波和测量电路附件所引起的误差。应给出测量不确定度。测量应在额定频率下或者经协商同意在 0.8 倍～1.2 倍额定频率之间的频率下进行。"

（2）设备调试阶段，试验应符合《电气装置安装工程 电气设备交接试验标准》（GB 50150—2016）中"10.0.13 CVT 电容分压器电容量与额定电容值比较不宜超过 -5%～10%，介质损耗因数 $\tan\delta$ 不应大于 0.2%。"条件许可时测量单节电容器在 10kV 至额定电压范围内，电容量的变化量大于 1%时判为不合格。

2.3.4.14 电压互感器准确度试验

1. 测量方法

电压互感器的准确度试验包括：计量用电压互感器计量检定；测量用电压互感器准确度例行试验；保护用电压互感器准确度例行试验。

（1）计量用电流互感器计量检定试验按照 JJG 1021—2007《电力互感器检定规程》进行，包括外观检查、绝缘试验、绕组极性检查、误差测量、稳定性试验、运行变差试验。

（2）测量用、保护用电压互感器准确度例行试验采用直接比较法，利用调压升压装置对被试互感器和标准互感器施加一次电压，通过比较被试互感器和标准互感器二次电压差异来确定被试电压互感器的比值差和相位差。

2. 现场试验

（1）试验接线。电磁式和电容式电压互感器准确度的试验接线分别如图 2-83 和图 2-84 所示。

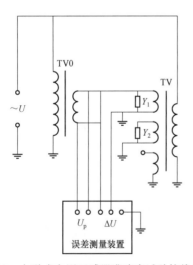

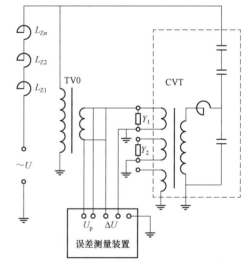

图 2-83 电磁式电压互感器准确度试验接线示意图　　图 2-84 电容式电压互感器准确度试验接线示意图

（2）试验步骤。电压互感器计量检定试验步骤如下。

1）外观检查。电压互感器的器身上应有铭牌和标识。铭牌上应有产品编号，出厂日期，接线图或接线方式说明，有额定电流比或（和）额定电压比，准确度等级等明显标识。一次和二次接线端子上应有电流或（和）电压接线符号标志，接地端子上应有接地标志。

2）绝缘试验。电压互感器的绝缘电阻试验包括一次绕组对二次绕组、二次绕组之间、二次绕组对地的绝缘电阻测量。电压互感器的工频耐压试验包括一次绕组对二次绕组及地、二次绕组之间、二次绕组对地的工频耐压试验。

测量绝缘电阻应使用 2500kV 绝缘电阻表。工频耐压试验使用频率为 50Hz±0.5Hz、失真度不大于 5% 的正弦电压，试验电压测量误差不大于 3%。试验时，应从接近零的电压平稳上升，在规定耐压值停留 1min，然后平稳下降到接近零电压。试验时应无异音、异味，无击穿和表面放电，绝缘保持完好，误差无可察觉的变化。

3）绕组极性检查。使用互感器校验仪检查绕组的极性。根据互感器的接线标识，按比较法线路完成测量接线后，升起电压至额定值的 5% 以下试测，用校验仪的极性指示功能或误差测量功能，确定互感器的极性。

4）测量误差试验。电压互感器的误差试验根据被试互感器的变比和准确度等级，选用满足要求的标准互感器并按照试验接线图中所示测量误差，被试电压互感器一次绕组高压端和标准电压互感器的高压端对接，二次绕组的高端和标准电压互感器的高端对接。有多个二次绕组的电压互感器，除剩余绕组外，各二次绕组应按规定接入上限负荷或者下限负荷。

测量时可以从最大的百分数开始，也可以从最小的百分数开始。应在至少一次全量程升降之后读取检定数据。电压互感器的测量点按照《电力互感器检定规程》（JJG 1021—2007）中相关规定选择。

被试互感器准确级别是 0.2 级的，读取的比值差保留到 0.001%，相位差保留到 0.01′；被试互感器准确级别是 0.5 级和 1 级的，读取的比值差保留到 0.01%，相位差保留到 0.1′。

电容式电压互感器的升压装置采用串联谐振升压原理，将调感式电抗器与被试电容式电压互感器相连接，通过改变电抗器电感值使回路达到谐振状态。误差试验不可采用调频式串联谐振试验装置。

5）稳定性试验。电压互感器的稳定性取上次试验结果与当前试验结果，分别计算两次试验结果中比值差的差值和相位差的差值。

6）运行变差试验。

a. 环境温度影响。把试品置入人工气候室，在技术条件规定的环境温度上、下限分别放置 24h，测量被试互感器的误差。此误差与室温下（10～35℃）测得误差比较，取上、下限温度试验中最大误差变化量绝对值较大的作为温度影响的测量结果。在条件不具备时，可以利用冬夏的自然温度进行试验。在安装地点进行的试验，允许按当地极限环境气温进行。

b. 组合式互感器一次导体磁场影响。试验时，被试电压互感器接入额定二次负荷，一次侧按运行状态连接。按制造厂技术条件加载一次母线电流至额定值，然后测量被试电压互感器二次电压 U_2。一次导体磁场的影响按下式计算：

$$\Delta \varepsilon_1 = \frac{4U_2}{U_{2N}} \qquad （2-16）$$

式中：U_{2N} 为额定二次电压。

c. 电容式电压互感器外电场影响。被试电容式电压互感器在试验室条件和安装工况下分别进行误差试验，计算两种环境下试验结果的偏差，取其绝对值作为外电场影响的测量结果。

d. 工作接线影响。试验时，按技术条件要求连接一次回路母线并通入相当于正常运行的电流和电压，然后进行误差试验。允许分别施加电流和电压，然后把影响量按代数和相加。比较被试互感器在工作接线下的误差与实验室条件下的误差的偏差，取其绝对值作为工作接线影响的测量结果。

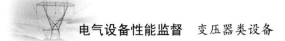

e. 频率影响。试验时使用变频电源，二次接入额定上限负荷。试验频率为 49.5Hz 和 50.5Hz，频率偏差不大于 0.05Hz，测量电容式电压互感器的误差。计算测得误差与 50Hz 下误差的偏差，取其中最大偏差的绝对值作为频率影响的测量结果。

以上试验内容，首次检定应开展 1、2、3、4、6 项；后续检定应开展 1、2、4、5 项；使用中检验开展 1、4、5 项。

测量用、保护用电压互感器准确度例行试验可根据《互感器 第 2 部分：电流互感器的补充技术要求》（GB 20840.2—2014）要求选择误差测量试验内容开展。

3. 评价标准

（1）设备验收阶段，准确度试验应符合：《互感器 第 3 部分：电磁式电压互感器的补充技术要求》（GB 20840.3—2013）中 7.3.7.301 测量用电压互感器准确度例行试验和 7.3.7.302 保护用电流互感器准确度例行试验；《互感器 第 5 部分：电容式电压互感器的补充技术要求》（GB/T 20840.5—2013）中 7.3.7.502 测量用电容式电压互感器的准确度例行试验和 7.3.7.503 保护用电容式电压互感器的准确度例行试验的相关技术要求。

（2）设备调试阶段：电压互感器误差交接试验的试验方法、试验步骤应符合《电力互感器检定规程》（JJG 1021—2007）中误差测量要求；法定计量检定机构的计量检定应符合《电力互感器检定规程》（JJG 1021—2007）的全部要求。

（3）运维检修阶段：电压互感器使用中周期误差试验的试验项目、试验方法、检定（检验）周期应符合《电力互感器检定规程》（JJG 1021—2007）中关于电压互感器后续检定或使用中检验的技术管理要求。

2.3.4.15 老练试验

1. 试验目的与方法

老练试验的目的是清除电流互感器内部可能存在的活动微粒，将这些微粒迁移到低电场区或者通过放电烧掉细小的微粒或电极上的毛刺、附着的尘埃等杂质，使其电场分布不会产生不均匀的现象，降低对绝缘的危害性。

老练试验的原理和接线同交流耐压试验，一般在交流耐压试验前进行。加压过程要求缓慢加压，加压顺序为：$1.1U_N$（10min）→0→$1.0U_N$（5min）→$1.73U_N$（3min）→0。

2. 监督要求

设备调试阶段：① 查阅交接试验报告；② 根据工程需要采取抽查方式对该试验进行现场试验见证，老练试验过程应符合要求。

3. 评价标准

设备调试阶段，老练试验应符合以下标准。

（1）《电流互感器技术监督导则》（Q/GDW 11075—2013）中"5.7.3 气体绝缘的电流互感器安装后应进行现场老练试验。老练试验后进行耐压试验，试验电压为出厂试验值的 80%。同时应进行 SF_6 分解产物测试试验。条件具备且必要时还宜进行局部放电试验。"

（2）《10kV～500kV 输变电设备交接试验规程》（Q/GDW 11447—2015）标准要求："110kV（66kV）～500kV SF_6 绝缘电流互感器安装后应进行现场老练试验，老练试验后进行耐压试验。"

2.3.4.16 绝缘油油中溶解气体分析

实现油中溶解气体分析的方法主要有气相色谱法和光声光谱法，现对应用较多的气相色谱法介绍如下。

1. 测量方法

首先采集油样，其次取出油样中溶解的气体，然后用气相色谱仪分离、检测各气体组分，通过计算得到油中溶解气体组分含量。油中溶解气体分析结果以温度为20℃、压力为101.3kPa下，每升油中所含各气体组分的微升数（μL/L）表示。

2. 现场试验

（1）试验接线。绝缘油油中溶解气体分析试验接线见表2-77。

表2-77　　　　　　　　　　　　绝缘油油中溶解气体分析试验接线

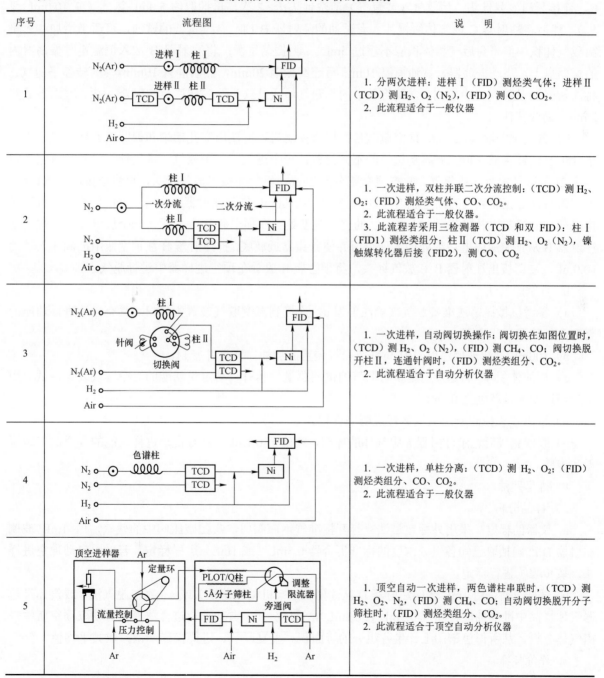

序号	流程图	说　明
1		1. 分两次进样：进样 I（FID）测烃类气体；进样 II（TCD）测 H_2、O_2（N_2），（FID）测 CO、CO_2。 2. 此流程适合于一般仪器
2		1. 一次进样，双柱并联二次分流控制：（TCD）测 H_2、O_2；（FID）测烃类气体、CO、CO_2。 2. 此流程适合于一般仪器。 3. 此流程若采用三检测器（TCD 和双 FID）：柱 I（FID1）测烃类组分；柱 II（TCD）测 H_2、O_2（N_2），镍触媒转化器后接（FID2），测 CO、CO_2
3		1. 一次进样，自动阀切换操作：阀切换在如图位置时，（TCD）测 H_2、O_2（N_2），（FID）测 CH_4、CO；阀切换脱开柱 II，连通针阀时，（FID）测烃类组分、CO_2。 2. 此流程适合于自动分析仪器
4		1. 一次进样，单柱分离：（TCD）测 H_2、O_2；（FID）测烃类组分、CO、CO_2。 2. 此流程适合于一般仪器
5		1. 顶空自动一次进样，两色谱柱串联时，（TCD）测 H_2、O_2、N_2，（FID）测 CH_4、CO；自动阀切换脱开分子筛柱时，（FID）测烃类组分、CO_2。 2. 此流程适合于顶空自动分析仪器

注　Ni 表示镍触媒转化器，Air、N_2、Ar、H_2 分别表示空气、氮气、氩气、氢气。

（2）试验步骤。

1）取气。

a. 顶空取气法。

a）机械振荡法（手动顶空取气法）。① 贮气玻璃注射器的准备：取 5mL 的玻璃注射器 A，抽取少量试油冲洗器筒内壁 1～2 次，吸入约 0.5mL 试油，套上橡胶封帽，插入双头针头，针头垂直向上；将注射器内的空气和试油慢慢排出，使试油充满注射器内壁缝隙而不致残存空气。② 试油体积调节：将 100mL 玻璃注射器 B 中油样推出部分，调节注射器芯至 40.0mL 刻度，立即用橡胶封帽将注射器出口密封；注意防止空气气泡进入油样注射器 B 内。③ 加平衡载气：取 5mL 玻璃注射器 C，连接牙科 5 号针头，用氮气（或氩气）清洗针头 1～2 次，再抽取约 5.0mL 氮气（或 10.0mL 氩气），然后将注射器 C 内气体缓慢注入有试油的注射器 B 内；含气量低的试油，可适当增加注入平衡载气体积，但平衡后气相体积应不超过 5mL。④ 振荡平衡：将注射器 B 放入恒温定时振荡器内的振荡盘上，启动振荡器，试油恒温 10min 后连续振荡 20min，然后静置 10min。⑤ 转移平衡气：将注射器 B 从振荡盘中取出，立即将其中的平衡气体通过双头针头转移至注射器 A 内，室温下放置 2min，读取其体积。

b）自动顶空取气法。① 顶空瓶准备：用压盖器将顶空瓶用穿孔铝帽和聚四氟乙烯密封，将 2 个 18G1 的针头插入顶空瓶隔垫边缘的不同位置，一个进气、一个放气，进气针头宜靠近瓶底，用流量 2L/min 的氮气（或氩气）吹扫顶空瓶至少 3min，然后先拔出放气针头，再快速拔出进气针头，得到密封良好充满载气的顶空瓶 E。② 注入试油：100mL 玻璃注射器 B 接上 18G1 针头后，将油样推出部分，调节注射器芯至大于 20mL 的整数刻度处；在顶空瓶 E 上部插入一个放气针头，快速把注射器 B 从顶空瓶隔壁边缘处插入顶空瓶并使针头靠近瓶底，推注射器 B 往顶空瓶中准确注入试油 10.0mL，立即拔出注射器 B 和放气针头，将顶空瓶 E 放置在顶空进样器中进行脱气。

b. 真空脱气法

a）参考机械振荡法准备贮气玻璃注射器 a，连接到真空取气装置集气口。具有自动进样功能的真空取气装置无此步骤。

b）100mL 试油玻璃注射器 B 与真空取气装置的加油口连接并密封。

c）试油体积 V_1 的定量应是参与取气的试油总量。具有自动定量功能的真空取气装置，试油用量应经过实测，精确至 0.5mL。

d）取气过程按照所用取气装置说明书进行。

e）取气完成后记录注射器 a 中气体的体积，精确至 0.1mL。具有自动进样功能的真空取气装置无此步骤。

f）排尽残油。

2）样品分析。

a. 仪器的标定：采用外标定量法。打开标准气钢瓶阀门，吹扫减压阀中的残气，用 1mL 玻璃注射器 D 准确抽取已知各组分浓度的标准混合器 0.5mL（或 1mL）进样标定。若采用自动顶空进样法，按步骤①进行标定。

b. 试样分析：用 1mL 玻璃注射器 D 从注射器 A（机械振荡法）或 a（真空脱气法）或气体继电器气体样品中准确抽取样品气 0.5mL（或 1mL），进样分析。自动顶空进样法直接自动取顶空瓶中平衡气体分析，从所得色谱图上计量各组分的峰面积。重复脱气、进样操作一次，取其平均值。

3. 评价标准

（1）设备调试阶段，交流耐压试验前后绝缘油油中溶解气体分析应符合下列要求。

1)《国家电网有限公司关于印发十八项电网重大反事故措施（修订版）的通知》（国家电网设备〔2018〕979 号）中"11.1.2.3 110（66）kV 及以上电压等级的油浸式电流互感器，应逐台进行交流耐压试验。试验前后应进行油中溶解气体对比分析。"

2)《变压器油中溶解气体分析和判断导则》（DL/T 722—2014）中表 2 新设备投运前油中溶解气体含量（μL/L）要求：220kV 及以下，$H_2<100$、$C_2H_2<0.1$、总烃<10；330kV 及以上，$H_2<50$、$C_2H_2<0.1$、总烃<10。

（2）运维检修阶段，交流耐压试验前后绝缘油油中溶解气体分析应符合下列要求。

1)《输变电设备状态检修试验规程》（Q/GDW 1168—2013）中"4.2.2 b）110（66）kV 及以上设备新投运满 1~2 年，以及停运 6 个月以上重新投运前的设备，应进行例行试验，1 个月内开展带电检测。5.4.1.4 取样时，需注意设备技术文件的特别提示（如有），并检查油位应符合设备技术文件之要求。制造商明确禁止取油样时，宜作为诊断性试验。"

2)《国家电网有限公司关于印发十八项电网重大反事故措施（修订版）的通知》（国家电网设备〔2018〕979 号）中"11.1.3.2 新投运的 110（66）kV 及以上电压等级电流互感器，1~2 年内应取油样进行油中溶解气体组分、微水分析，取样后检查油位应符合设备技术文件的要求。对于明确要求不取油样的产品，确需取样或补油时应由生产厂家配合进行。"

2.3.4.17　SF$_6$气体试验

1. SF$_6$气体湿度试验

（1）测量方法。SF$_6$气体湿度的常用检测方法有质量法、电解法、阻容法和露点法，现以电解法、阻容法和露点法为例介绍如下。

1）电解法。采用库仑法测量气体中微量水分，定量基础为法拉第电解定律。气体通过仪器时，气体中的水被电解，产生稳定的电解电流，通过测量该电流大小来测定气体的湿度。

2）阻容法。当被测气体通过湿敏元件传感器时，气体湿度的变化引起传感器电阻、电容量的改变，根据输出阻抗值的变化得到气体湿度值。

3）露点法。采用冷凝式露点法测量气体在冷却镜面产生结霜（露）时的温度称为露点，对应的饱和水蒸气气压为气体湿度的质量比，直接测量得到露点温度，据此换算出气体的湿度。

（2）现场试验。

1）试验接线。SF$_6$气体湿度检测接线如图 2-85 所示。

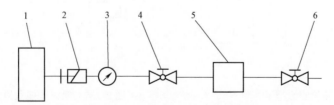

图 2-85　SF$_6$气体湿度检测接线示意图

1—待测电气设备；2—气路接口（连接设备与仪器）；3—压力表；4—仪器入口阀门；5—湿度计；6—仪器出口阀门（可选）

2）试验步骤。

a. 连接仪器、接头与 SF$_6$ 电气设备。连接管路原则上采用内径不大于 4mm 的不锈钢管或壁厚不大于 1mm 的聚四氟乙烯管；仪器出口也应接一根长约 1m 的聚四氟乙烯管。连接管路的接头应尽量少，要求保持气密性良好，所有接头应无泄漏。

b. 测量前 10min，打开电源，等待仪器进行自检。

c. 开始测量时，将干燥保护装置旋转使箭头指向置于"RUN"状态，即测量状态。

d. 待显示数字稳定或曲线几乎为直线后即为稳定状态，记下读数。

e. 测量完毕以后，将干燥保护装置置于"PORT"状态，关闭仪器。

（3）评价标准。

1）设备调试阶段，SF_6 气体湿度试验应符合《六氟化硫电气设备中气体管理和检测导则》（GB/T 8905—2012）中"10.2.2 投运前、交接时六氟化硫气体湿度（20℃）≤250μL/L。"

2）运维检修阶段，SF_6 气体湿度试验应符合：《输变电设备状态检修试验规程》（Q/GDW 1168—2013）中"8.1 SF_6 气体湿度检测 新充（补）气 48h 之后至 2 周之内应测量一次。"

2. SF_6 气体检漏试验

实现 SF_6 电气设备的现场定量检漏技术主要有电子捕获检测技术、负离子捕获检测技术以及红外吸收技术等，现以电子捕获检测技术和负离子捕获检测技术为例介绍如下。

（1）测量方法。

1）电子捕获检测技术。载气通过放射源时，放射源产生 β 射线的高能电子使载气电离形成正离子与慢速电子，向极性相反的电极定向迁移形成基流。SF_6 气体的负电性决定了它能捕获载气电离形成的慢速电子，从而形成负离子。待检 SF_6 气体负离子与载气正离子复合成为中性化合物，而使原有的基流减少，基流的减少量与被测气体的浓度成一定的比例关系，将变化的基流转为浓度指示信号输出，实现气体浓度检测。

2）负离子捕获检测技术。基于空气、SF_6 气体或各种卤素气体在高频电磁场的作用下电离程度差异，高频振荡器的振荡幅值与被测气体浓度呈比例关系，从而通过信号放大器将信号转为浓度值输出。

（2）现场试验。

1）试验接线。电子捕获检测原理如图 2-86 所示，负离子捕获检测原理如图 2-87 所示。

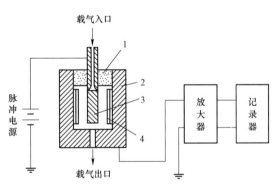

图 2-86　电子捕获检测原理示意图

1—绝缘体；2—阴极；3—阳极；4—放射源

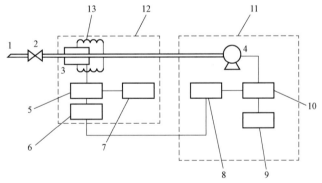

图 2-87　负离子捕获检测原理示意图

1—探嘴；2—针阀；3—电离腔；4—抽气泵；5—信号放大器；
6—指示仪表；7—报警信号器；8—直流电源；9—交流电源；
10—控制电源；11—泵体；12—探头；13—振荡电路

2）试验步骤。目前 SF_6 电气设备的现场定量检漏方法主要有扣罩法、挂瓶法、局部包扎法和压力降法。

a. 扣罩法。试品充气至额定压力 6～8h 后，用塑料薄膜、塑料大棚、密封房或金属罩等把试品罩住，扣罩 24h 后用检漏仪测试罩内 SF_6 气体的浓度。通过平均浓度计算其泄漏率和漏气量。

b. 挂瓶法。适用于法兰面有双道密封槽的 SF_6 气体设备泄漏检测，双道密封槽之间留有与大气相通的检漏孔。试品充气至额定压力一定时间后，取下检漏孔的螺塞，待双道密封间残余的气体排尽后，用软胶管连接检漏孔和挂瓶。一定时间间隔后，用灵敏度不低于 1×10^{-8}（体积分数）的检漏仪测试罩内 SF_6 气体的浓度。通过测得的浓度计算其泄漏率和漏气量。

c. 局部包扎法。一般用于组装单元和产品。可采用 0.1mm 的塑料薄膜按被检部位的几何形状围一圈半，尽可能构成圆形或方形，接缝向上，边缘用白布带扎紧或用胶带沿边缘粘贴密封。塑料薄膜一般与被试品间保持 5mm 左右的空隙。包扎 24h 后用检漏仪测试罩内 SF_6 气体的浓度。通过测得的浓度计算其泄漏率。

d. 压力降法。适用于设备气室漏气量较大的设备检漏，以及在运行中用于监督设备漏气情况。测量一定时间间隔内设备的压力差，根据压力降低的情况计算设备的漏气率。

（3）评价标准。设备调试阶段，SF_6 气体泄漏试验应符合《六氟化硫电气设备中气体管理和检测导则》（GB/T 8905—2012）中"10.2 投运前、交接时六氟化硫气体泄漏≤0.5%/年。"

3. SF_6 气体分解产物试验

（1）测量方法。目前应用较多的 SF_6 气体分解产物检测方法有气相色谱法、检测管法和电化学传感器法，现以现场应用较广的电化学传感器法为例介绍如下。

电化学传感器技术基于被测气体在高温催化剂作用下发生的化学反应，改变传感器输出的电信号，从而确定被测气体的成分及其含量。

（2）现场试验。

1）试验接线。SF_6 气体分解产物试验接线如图 2-88 所示。

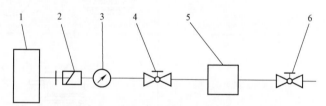

图 2-88 SF_6 气体分解产物试验接线示意图

1—待测电气设备；2—气路接口（连接设备与仪器）；3—压力表；
4—仪器入口阀门；5—分解产物仪；6—仪器出口阀门

2）试验步骤。

a. 用高纯 SF_6 气体冲洗检测仪器至仪器示值稳定在零点漂移值以下，对有软件置零功能的仪器进行清零。

b. 连接检测仪与设备，采用导入式取样方法就近检测，连接用气体管路不宜超过 5m，接头应匹配、密封性好。

c. 按照仪器操作说明书调节气体流量进行检测。

d. 根据仪器操作说明书的要求判定检测结束时间，记录检测结果。重复检测两次。

（3）评价标准。设备调试阶段，SF_6 气体分解产物试验应符合：① 《电流互感器技术监督导则》（Q/GDW 11075—2013）中"5.7.3 气体绝缘的电流互感器安装后应进行现场老练试验，老练试验后进行耐压试验，试验电压为出厂试验值的 80%，同时应进行 SF_6 分解产物测试试验；220kV 及以上 SF_6 电流互感器交接时应进行老练及耐压试验，耐压前后必须分析 SF_6 分解产物，合格后方可投入运行。"② 《六氟化硫电气设备中气体管理和检测导则》（GB/T 8905—2012）10.2 中规定，投运前、交接时 SF_6 气体分解产物＜5μL/L，或（$SO_2 + SOF_2$）＜2μL/L、HF＜2μL/L。

2.3.4.18 机械荷载试验

1. 测量方法

机械荷载试验通常是对互感器施加一定荷载，荷载上升到规定值时保持一定时间，然后卸除荷载测量互感器残余挠度，并观察互感器损坏程度。一般荷载上升至规定值，如有特殊需求，可以适当增加，但应做好试验周围防护措施，并适当减少保载时间。

2. 现场试验步骤

（1）互感器应装配完整，垂直安装且座架牢固固定。

（2）液浸式互感器应装有规定的绝缘介质，并达到工作压力。

（3）气体绝缘的独立式互感器应充以额定充气压力的规定气体或混合气体。

（4）按照表2-78所示的各种情况，试验荷载应在30～90s内平稳上升到表2-79所列试验荷载值，并在此荷载值下至少保持60s，在此期间应测量挠度，然后平稳解除试验荷载，并应记录残留挠度。

（5）如果不出现损坏的迹象（明显变形、破裂或泄漏），则认为互感器通过该试验。

表 2-78 线路一次端子上试验荷载的施加方式

互感器类型	施加方式	
具有电压的端子	水平方向	
	垂直方向	
具有电流通过的端子	各端子水平方向	
	各端子垂直方向	

注 试验荷载应施加在端子的中心位置。

3. 评价标准

机械强度要求：互感器应能承受的静态荷载指导值列于表2-79中，这些数值包含风力和覆冰

142

引起的荷载。如果在规定的静态承受荷载内互感器不出现损坏的迹象（明显变形、破裂或泄漏），则认为互感器通过该试验。规定的试验荷载是指可施加于一次端子任意方向的荷载。

表 2-79　　　　　　　　　　　　互感器应能承受的静态荷载

设备最高电压 U_m（kV）	静态承受试验荷载 F_R（N）		
	电压端子	电流端子	
		I 类荷载	II 类荷载
72.5	500	1250	2500
126	1000	2000	3000
252～363	1250	2500	4000
≥550	1500	4000	5000

注　1. 在常规运行条件下，作用荷载的总和不得超过规定承受试验荷载的 50%。

2. 在某些应用情况中，互感器的通电流端子应能承受很少出现的急剧动态荷载（例如短路），它不超过静态试验荷载的 1.4 倍。

3. 对于某些应用情况，可能需要一次端子具有防转动的能力。试验时施加的力矩由制造方与用户商定。

4. 如果互感器组装在其他设备（例如组合电器）内，相应设备的静态试验荷载不得因组装过程而降低。

5. 如用户另有要求，静态承受试验荷载可参照《互感器　第 1 部分：通用技术要求》（GB 20840.1—2010）附录 C 的规定选取，但应在订货合同中注明。

2.3.4.19　气体密度继电器和压力表检查

1. 试验目的与方法

该作业的目的是对新安装和运行中的 SF_6 气体绝缘互感器的密度继电器的报警和闭锁动作值及返回值进行监督，对安装有压力表的设备可同时对其压力表的示值进行校核，以保证其能正确指示 SF_6 的状态，并能对异常情况做出正确反应，提高运行的安全水平。

目前，气体密度继电器和压力表检查的方法是通过使用特定的接口，将密度继电器校验台与设备上的密度继电器检验接口连接起来，使测试仪气路与 SF_6 电气设备的密度控制气路及压力表气路连通，以检验 SF_6 电气设备上的密度控制器、压力表的精确度、准确度、可靠性以及误差。

2. 监督要求

设备调试阶段，要求查看密度继电器、压力表校验报告及检定证书。

3. 评价标准

设备调试阶段，SF_6 气体密度继电器和压力表检查应符合《电气装置安装工程　电力变压器、油浸电抗器、互感器施工及验收规范》（GB 50148—2010）中"5.3.1 气体绝缘的互感器应检查气体压力或密度符合产品技术文件的要求，密封检查合格后方可对互感器充 SF_6 气体至额定压力，静置 24h 后进行 SF_6 气体含水量测量并合格。气体密度表、继电器必须经核对性检查合格。"

2.3.4.20　二次回路负担试验（保护与控制）

1. 测量方法

将电流互感器端子箱处的试验端子连接片断开，分别在负载端各相与中性点之间或两相之间通入交流电流，测定回路的压降。

2. 现场试验

（1）试验接线。二次回路负担试验接线如图 2-89 所示。

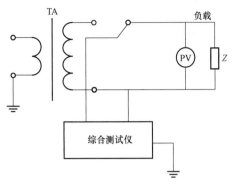

图 2-89　二次回路负担试验接线示意图

（2）试验步骤。将电流互感器端子箱处二次绕组的负载端的一相与N相分别接至综合测试仪的交流电流输出回路的一相与 N 相（测量相对地阻抗），或将负载端的两相分别接至综合测试仪的交流电流输出回路的两相（测量相间阻抗）。同时电流互感器其他绕组开路，电流互感器一次侧一端要接地，测试仪也要接地。接通测试仪电源，进行测量。记录输出电流数据和回路压降数据。

3. 评价标准

（1）设备调试阶段，二次回路负担测量应符合《继电保护和电网安全自动装置检验规程》（DL/T 995—2016）中"5.3.1.2 自电流互感器的二次端子箱处向负载端通入交流电流，测定回路的压降，计算电流回路每相与中性线及相间的阻抗（二次回路负担）。按保护的具体工作条件和制造厂家提供的出厂资料，来验算所测得的阻抗值是否符合互感器 10%误差的要求。"

（2）竣工验收阶段，二次回路负担测量应符合《继电保护及安全自动装置验收规范》（Q/GDW 1914—2013）表 C.4 电流、电压互感器验收内容及要求中的规定：应对各种保护二次绕组伏安特性、直流电阻和回路负载进行测试，10%误差分析计算满足要求。

2.3.4.21　10%误差曲线校核（保护与控制）

1. 校核方法

依据二次回路负担数据，结合电流互感器二次绕组的伏安特性曲线，按照保护的具体工作条件和制造厂家提供的出厂资料来验算是否符合互感器 10%误差的要求。

1）由伏安特性曲线计算求得励磁特性数据。测试伏安特性曲线时，因一次绕组开路，故此时 I_2 即为 I_e，且有关系式：

$$E = U_2 - I_e \times Z_2 \tag{2-17}$$

2）将 1）中测得的励磁特性数据代入式（2-17），计算得到一组互感器励磁特性 $E-I_e$ 数据。现场测试时需要注意的是，一定要做到拐点，其判断标准是：施加于电流互感器二次接线端子上的额定频率的电压，若其均方根值增加 10%，励磁电流便增加 50%，则此电压方均根值称为拐点电压。

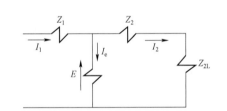

图 2-90　电流互感器接入二次负荷后等值电路图

Z_1—一次阻抗；Z_2—二次阻抗；Z_{2L}—二次负荷阻抗；
I_1—一次电流；I_2—二次电流；I_e—励磁电流；
E—感应电动势

3）由励磁特性数据计算得出电流互感器接入二次负荷后，其等值电路如图 2-90 所示。

由图 2-90 得出以下关系式：

$$E = I_2 \times (Z_2 + Z_{2L}) \tag{2-18}$$

$$M_{10} = I_1 / I_{1N} \tag{2-19}$$

式中：I_{1N} 为额定一次电流。

当互感器误差为 10%时，有以下关系：

$$I_2 = 9I_e \tag{2-20}$$

$$I_1 / k = 10I_e \tag{2-21}$$

式中：k 为电流互感器的变比。

将式（2-20）代入式（2-18）得出：

$$Z_{2L} = E/9I_e - Z_2 \qquad (2-22)$$

将式（2-21）代入式（2-19）得出：

$$M_{10} = I_1/I_{1N} = 10I_e k/I_{1N} \qquad (2-23)$$

根据 2) 中计算得到的励磁特性 $E—I_e$ 数据和式（2-22）、式（2-23），即可求得电流互感器的 10% 误差曲线。

2. 验算步骤

（1）使用电流互感器伏安特性中的电压减去电流互感器的漏抗乘以电流，可得电流互感器的励磁电压；

（2）110～220kV 电流互感器取二次绕组直流电阻代替漏抗，35kV 穿心式或厂用馈线电流互感器取 3 倍的二次绕组直流电阻代替漏抗；

（3）假设在已知短路电流下该电流互感器误差达到 10%，此时负荷支路电流达到短路电流换算到二次后的 90%，取最大的励磁电势计算负担后减去电流互感器二次漏抗可得允许二次负担。

（4）首先采用电流互感器的额定热稳定电流计算允许二次负担，如其不满足要求则根据当年最大运行方式下的故障电流和保护装置类型考虑接线系数、可靠系数后进行校核。

（5）实测二次负担小于允许二次负担为合格。

3. 评价标准

（1）设备调试阶段，10% 误差曲线校核应符合《继电保护和电网安全自动装置检验规程》（DL/T 995—2016）中 "5.3.1.2 自电流互感器的二次端子箱处向负载端通入交流电流，测定回路的压降，计算电流回路每相与中性线及相间的阻抗（二次回路负担）。按保护的具体工作条件和制造厂家提供的出厂资料，来验算所测得的阻抗值是否符合互感器 10% 误差的要求。"

（2）竣工验收阶段，10% 误差曲线校核应符合《继电保护及安全自动装置验收规范》（Q/GDW 1914—2013）表 C.4 电流、电压互感器验收内容及要求中的规定：应对各种保护二次绕组伏安特性、直流电阻和回路负载进行测试，10% 误差分析计算满足要求。

4. 举例说明

某一电流互感器的变比为 600/5，其一次侧通过最大三相短路电流 5160A，如测得该电流互感器某一点的伏安特性为 $I_e = 3A$ 时，$U_2 = 150V$，试问二次接入 3Ω 负载阻抗（包括电流互感器二次漏抗及电缆电阻）时，其变比误差能否超过 10%？

本题可以用两种方法解，一种是算出在误差为 10% 时，最大短路电流下允许的负载阻抗，将其与实际接入的二次负荷阻抗进行比较；另一种方法是在实际负荷阻抗下，将最大短路电流对应的伏安特性上的点与测得的点进行比较。

答：（1）$M_{10} = I_1/I_{1N} = 5160/600 = 8.6$

$I_2 = 8.6 \times 5 = 43A$

伏安特性（3A，150V）对应的 $E = 150 - 3 \times 3 = 141V$

在满足 10% 误差的条件下，最大短路电流为 5160A 允许的最大负载阻抗 $Z_{2L} = 141/(43 \times 90\%) \approx 3.64Ω$，大于实际接入的 3Ω，所以该电流互感器的变比误差不超过 10%。

（2）$M_{10} = I_1/I_{1N} = 5160/600 = 8.6$

$I_2 = 8.6 \times 5 = 43A$

在负载阻抗为 3Ω 的条件下，该电流对应的伏安特性曲线上电压为(43－3)×3＝120V，该电压小于 150V，相应此时的 I_e 小于 3A。I_e 按 3A 计算，则该电最大短路电流在实际负载下的变比误差为 3/43×100%＝6.98%，小于 10%。

2.3.5　干式电抗器试验

2.3.5.1　绕组直流电阻测量

1. 测量方法

（1）降压法。这是测量直流电阻的最简单的一种方法。将被试电阻通以直流电流，用合适量程的电压表（V 或 mV）测量电阻上的压降，然后根据欧姆定律计算出电阻，即为降压法。

降压法所用的直流电源，可采用蓄电池、精度较高的整流电源、恒流源等。由于干式电抗器绕组电感较大，所以测量时必须注意在电源电流稳定后方可接入电压表进行读数；而在断开电源前，一定要先断开电压表，以免反电动势损坏电压表。降压法虽然比较简单，但准确度不高、灵敏度偏低。

（2）电桥法。用电桥法测量时，常采用单臂电桥和双臂电桥等专门测量直流电阻的仪器。被测电阻为 10Ω 以上时，采用单臂电桥；被测电阻为 1Ω 及以下时，采用双臂电桥。对于小容量干式电抗器，单臂电桥可采用 4.5V 以上的干电池作为电源；双臂电桥采用 1.5～2V 的多节并联干电池或蓄电池作为电源，直接测量干式电抗器绕组直流电阻。用电桥法测量准确度高、灵敏度高，并可直接读数。

2. 现场试验

（1）试验接线。

1）降压法。为了减小接线所造成的测量误差，测量小电阻（1Ω 以下）时，采用图 2－91（a）所示接线，测量大电阻（1Ω 及以上）时，采用图 2－91（b）所示接线。按图 2－91（a）接线时，考虑电压表 PV 内阻 r_{PV} 的分路电流 I_{PV}，则被试绕组电阻应为：

$$R'=U/(I-I_{PV})=U/(I-U/r_{PV}) \tag{2-24}$$

实际上，现场测量一般均以 $R=U/I$ 计算，则绕组电阻测量误差为（R/r_{PV}）×100%，R 越小，误差越小，所以此种接线适用于小电阻。

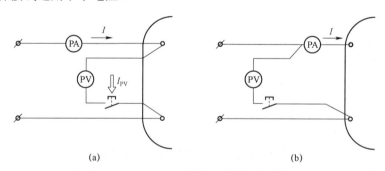

图 2－91　降压法测量接线示意图
（a）测量小电阻接线；（b）测量大电阻接线

按图 2－91（b）接线时，考虑电流表 PA 内阻 r_{PA} 上的电压降，则被试绕组电阻应为：

$$R'=(U-I\times r_{PV})/I \tag{2-25}$$

若仍以 $R=U/I$ 计算，绕组实际电阻应减去差值 $\alpha=r_{PA}$，绕组电阻测量误差为 $(r_{PA}/R)\times100\%$，R 越大，误差越小，所以此种接线适用于测量大电阻。

2）电桥法。当干式电抗器容量较大时，用干电池等作为电源充电时间很长。目前，一般厂家及运行部门均采用全压恒流源作为电桥的电源测量直流电阻（见图2-92），该接线方式大大缩短了测量时间，而且操作简单，受到了试验人员的欢迎。

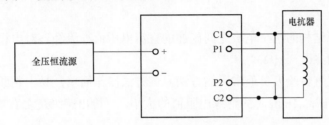

图2-92 采用全压恒流源测量直流电阻接线示意图

（2）试验步骤。

1）干式电抗器各绕组的电阻应分别在各绕组的线端上测量。

2）绕组电阻测量是必须准确记录绕组温度，绕组温度应取绕组表面不少于3点的平均值。

3）合理选择直流电阻测量仪或专用电桥，精度应不低于0.2级。检查仪器，根据仪器使用说明书和绕组电阻大小选择直流电阻测试仪的测试电流。

4）各绕组引出端子必须全部处于开路状态。

5）测量时，一定要等待绕组自感效应影响降至最低程度再读取数据，否则将会造成较大的误差。

6）每次测量完毕，必须对测量回路彻底放电并加以确认后，才可进行下一步操作。

（3）计算方法。

1）线电阻和相电阻的计算

绕组星形接线时由线电阻换算到相电阻，可按下列方法计算：

$$\begin{cases} R_a = 1/2(R_{ab}+R_{ac}-R_{bc}) \\ R_b = 1/2(R_{ab}+R_{bc}-R_{ca}) \\ R_c = 1/2(R_{ac}+R_{bc}-R_{ab}) \end{cases} \tag{2-26}$$

绕组三角形接线时由线电阻换算到相电阻，可按下列方法计算：

$$\begin{cases} R_a = (R_{ac}-R_p)-R_{ab}\times R_{bc}/(R_{ac}-R_p) \\ R_b = (R_{ab}-R_p)-R_{ac}\times R_{bc}/(R_{ab}-R_p) \\ R_c = (R_{bc}-R_p)-R_{ab}\times R_{ac}/(R_{bc}-R_p) \end{cases} \tag{2-27}$$

式中：$R_p=(R_{ab}+R_{bc}+R_{ac})/2$。

2）三相不平衡率（线电阻不平衡率是相电阻不平衡率的1/2）：

$$\beta_{ph}=R_{max}-R_{min}/R_{av}\times100\% \tag{2-28}$$

式中：R_{av} 为三相平均值。

3）绕组直流电阻温度换算公式：

$$R_\theta=R_m 235+\theta/235+t \tag{2-29}$$

式中：R_θ 为温度为 θ℃时直流电阻值，Ω；R_m 为温度为 t℃时直流电阻测量值，Ω；t 为测量时的温度，℃。

3. 评价标准

依据《电气装置安装工程 电气设备交接试验标准测量》（GB 50150—2016）规定：

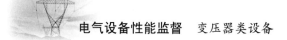

（1）三相电抗器绕组直流电阻值相互间差值不应大于三相平均值的 2%。

（2）电抗器的直流电阻与同温下产品出厂值比较，相应变化不应大于 2%。

（3）实测值与出厂值的变化规律应一致。

2.3.5.2 绝缘电阻测量

1. 测量方法

绝缘电阻为在绝缘结构的两个电极之间施加的直流电压值与流经该对电极的泄漏电流值之比，即 $R=U/I$，常用单位为兆欧（MΩ）。

绝缘电阻测试是电气试验人员最常用的方法，该方法操作简单，易于判断，通常用绝缘电阻表进行测量。根据测得的试品 1min 时的绝缘电阻值的大小，可检出绝缘是否有贯通性的集中缺陷、整体受潮或贯通性受潮。

2. 现场测试步骤

（1）将干式电抗器外壳接地，铁心（带铁心）和夹件接地引出套管接地，以上接地必须良好。

（2）非被试相各端子（套管）短路接地。将被试相各端子（套管）用导线短接，接绝缘电阻表 L 端。正确使用绝缘电阻表的三个端子，必须使 E 端接地、L 端接相线、G 端屏蔽。

（3）将绝缘电阻表调整水平，在不连接试品的情况下使绝缘电阻表的电源接通，其指示应调整到 ∞，测试连接电缆接入时，绝缘电阻表指示应无明显差异。采用 5000V 绝缘电阻表测量。

（4）测量时，待绝缘电阻表处于额定电压后再接通线路，与此同时开始计时，手摇式绝缘电阻表的手柄转速要均匀，维持在 120r/min 左右。

（5）高压测试连接线应尽量保持悬空，必须要支撑时，要确认支撑物的绝缘状态和距离，以保证测量结果可靠。

（6）在空气环境温度及相对湿度较高、外绝缘表面泄漏电流严重的情况下，应使用绝缘电阻表的屏蔽端子而使外绝缘表面屏蔽。试验时应记录环境温度。

（7）测量绝缘电阻时应同时准确测量被试品温度。

（8）绝缘电阻下降显著时，应结合介质损耗因数及油质试验进行综合判断分析。

3. 评价标准

依据《国家电网公司关于印发电网设备技术标准差异条款统一意见的通知》（国家电网科〔2017〕549 号），采用《电气装置安装工程 电气设备交接试验标准》（GB 50150—2016）及《10kV～66kV 干式电抗器评价标准（试行）》（国家电网生〔2006〕57 号）标准，干式电抗器绝缘电阻不低于产品出厂试验值的 70%或不低于 2500MΩ。

2.3.5.3 交流耐压试验

1. 试验方法

交流耐压试验是对电气设备绝缘外加交流试验电压，该试验电压比设备的额定工作电压要高，并持续一定的时间（一般为 1min）。交流耐压试验是一种最符合电气设备的实际运行条件的试验，是避免发生绝缘事故的一项重要的手段。因此，交流耐压试验是各项绝缘试验中具有决定性意义的试验。

但是，交流耐压试验也有缺点，它是一种破坏性的试验；同时，在试验电压下会引起绝缘内部的累积效应。因此，对试验电压值的选择是十分慎重的，对于同一设备的新旧程度和不同的设备所取的数值是不同的，在我国《电力设备预防性试验规程》（DL/T 596—1996）中已做了有关的规定。

交流耐压试验的接线，应按被试品的要求（电压、容量）和现有试验设备条件来决定。通常试验时采用是成套设备（包括控制及调压设备）。交流耐压试验的接线如图2-93所示。

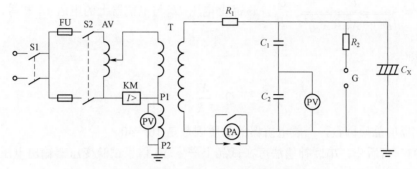

图2-93 交流耐压试验接线示意图

S1、S2—开关；FU—熔断器；AV—调压器；T—试验变压器；KM—过流继电器；P1、P2—测量线圈；
R_1—保护电阻；R_2—球隙保护电阻；G—保护球隙；C_1、C_2—电容分压器；C_X—被试绝缘

在图2-93中，接于测量线圈P1、P2的电压表属于低压侧测量，可以通过变比换算到高压侧。而接于 C_1 和 C_2 之间的电压表属于高压侧测量，这是现场常用的方法，它可以避免由于容性电流而使被试设备端电压升高所带来的影响。

我国的试验变压器有各种电压和容量等级，各单位在购置试验仪器时应对本单位的电气设备在试验电压下的充电电流进行计算，根据充电电流小于试验变压器的额定输出电流的原则来选择试验变压器的容量。而充电电流可以用被试物的电容 C_X 来估算（$I = U\omega C_X$，U 为试验电压），C_X 可用西林电桥来测定。

2. 现场测试

（1）试验接线。可根据具体情况分别采用串联、并联或串并联谐振的方法来进行现场试验。串并联谐振可通过调节电感来实现，也可通过调节频率或电容来实现。但该试验大多是针对现场大电容设备进行的，因而电容是确定的，一般采用调感或调频来进行谐振补偿。

1）串联补偿。当试验变压器的额定电压小于所需试验电压，但电流额定量能满足试品试验电流的情况下，可采用串联补偿的方法进行试验。

串联补偿的接线如图2-94所示，其等效电路及相量图如图2-95所示。

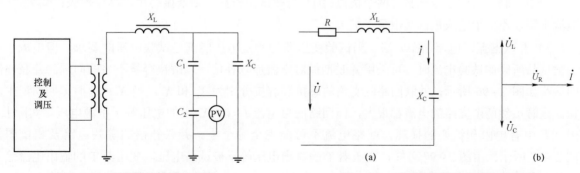

图2-94 串联补偿接线示意图　　　图2-95 串联补偿等效电路及相量图

（a）等效电路；（b）相量图

补偿电抗及试品电容组成串联回路。此时，电路中电流为：

$$I = \frac{U}{\sqrt{R^2 + (X_L - X_C)^2}} \tag{2-30}$$

式中：R、X_L 分别为电抗器的等效电阻及电抗，Ω；X_C 为试品容抗，Ω。

当采用可调式电抗器进行补偿时，可调节 X_L，让其值与 X_C 值相等，此时回路发生串联谐振，电路中的电流 $I = \dfrac{U}{\sqrt{R^2 + (X_L - X_C)^2}} = \dfrac{U}{R}$，试品上电压 U_C 与电抗器上的电压 U_L 相等，即 $U_C = U_L = IX_L = \dfrac{U}{R}X_L = QU$。

$$Q = \frac{X_L}{R} \tag{2-31}$$

式中：Q 为电抗器的品质因数，一般电抗器的品质因数是 10～40。

由式（2-31）可看出，串联补偿法可在试品上产生 10 倍于试验变压器输出电压的电压，从而大大降低了试验变压器的额定电压和容量。

当采用串联补偿时，虽然试验变压器输出电压较低，但对电抗器却要求有与试品相同的耐压水平。另一方面，串联补偿时，当回路达到 $X_L = X_C$，并且回路电阻很小时，则可能在试品上出现危险的过电压。因此，采用串联补偿应注意避免产生谐振，并且采用补偿电抗器最好采用空心绕组的，因为有铁心的电抗器容易造成非线性的谐振。

当试品电压较高时，可采用多个分离电抗器叠加形成补偿电抗。当采用补偿电抗器进行补偿时，补偿电抗器的调节可通过多台小电抗的串、并联及改变分接头位置来实现。由于补偿电抗 X_L 不能连续调节，一般很难调到谐振点，通常 $(X_L - X_C)^2$ 远大于 R_2，此时可忽略电抗器的等效电阻。回路电流可近似为：

$$I = \frac{U}{\sqrt{R^2 + (X_L - X_C)^2}} \approx \frac{U}{|X_L - X_C|} \tag{2-32}$$

一般情况下，调节 X_L 使 $|X_L - X_C| \leqslant X_C/5$ 是比较容易的，此时电容器上的电压为：

$$U_C = IX_C \geqslant \frac{U}{X_C/5} \geqslant 5U \tag{2-33}$$

由此可以看出，用积木式补偿电抗器进行串联补偿，被试品上可容易得到 5 倍以上电源电压，从而减少 5 倍以上试验容量。

利用串联谐振做耐压试验有两个优点：① 若被试品击穿，则谐振终止，高压消失；② 击穿后电流下降，不至于造成被试品击穿点扩大。

2）并联谐振（电流谐振）法。当试验变压器的额定电压能满足试验电压的要求，但电流达不到被试品所需的试验电流时，可采用并联谐振对电流加以补偿，以解决容量不足的问题。并联补偿的接线如图 2-96 所示，并联回路两支路的感抗和容抗分别为 X_C 和 X_L，当 $X_C = X_L$ 时，回路产生谐振。这时虽然两个支路的电流都很大，但回路的总电流 $I \approx 0$，X_C 上的电压等于电源电压。实际上，因回路中有电阻和铁心的损耗，回路电流不可能完全等于零。并联补偿的等效电路及相量图如图 2-97 所示。由图 2-97 可知，变压器 T 的输出电压等于被试品电压，变压器 T 的输出电流等于补偿电流 $\dot{I}_L$ 与电容电流 $\dot{I}_C$ 之和，即 $\dot{I} = \dot{I}_L + \dot{I}_C$。由于 $\dot{I}_L$ 与 $\dot{I}_C$ 方向相反，所以变压器的输出电流值 $I = |I_L - I_C|$，当采用可调式电抗器进行补偿时，调节补偿电抗，使补偿电流与试验电流相等，就可使变压器的输出电流很小。

当采用积木式电抗器进行补偿时，首先根据试验电压确定电抗器的串联个数及分接头的位置，再确定电抗器的并联数，使得补偿电流 I_L、被试品电流 I_C 及变压器 T 额定输出电流 I_N 满足关系

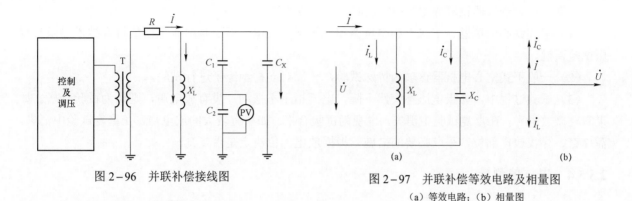

图 2-96 并联补偿接线图

图 2-97 并联补偿等效电路及相量图

(a) 等效电路；(b) 相量图

$|I_L - I_C| \leq I_N$，即可进行试验。

3）串并联谐振法。除了以上的串、并联谐振外，当试验变压器的额定电压和额定电流都不能满足试验要求时，可同时运用串、并联谐振电路，通常称为串并联补偿法，其接线如图 2-98 所示。图 2-98 中，用 L_2 对 C_X 进行欠补偿，即并联后仍呈容性负荷，再与 L_1 形成串联谐振，这样能同时满足试验电压和试验电流的要求。

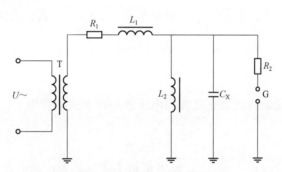

图 2-98 串并联补偿法接线示意图

R_1、R_2—保护电阻；L_1、L_2—串、并联电感；C_X—被试品电容；G—球隙；T—变压器

（2）试验步骤。试验时，应在下列各部位间施加电压：对于单相电抗器，绕组对地；对于三相电抗器，A、B、C 三相绕组对地；B 相绕组对 A、C 相绕组相间。

1）被试产品铁心及外壳必须可靠接地。

2）将试品的被试绕组所有端子连接并引至试验变压器高压线端，非被试绕组所有端子连接并可靠接地。

3）外施耐压试验的频率应不低于 80%额定频率，最好在 45~55Hz 之间，电压波形接近正弦。

4）试验应从不大于规定试验值的 1/3 的电压开始，并与测量相配合尽快地增加到试验值，维持其电压恒定，持续 1min；然后将电压迅速降低到试验值的 1/3 以下，切断电源。

5）试验电压的测量，应使用电容分压器配合峰值表测量，应按峰值除以 $\sqrt{2}$ 为准施加电压。

3. 评价标准

依据《国家电网公司关于印发电网设备技术标准差异条款统一意见的通知》（国家电网科〔2017〕549 号）：① 干式电抗器耐压试验采用《电力变压器 第 6 部分：电抗器》（GB/T 1094.6—2011）标准执行，干式铁心和干式半心电抗器在交接时应开展外施交流耐压试验；干式空心电抗器必要时可开展外施交流耐压试验。② 干式电抗器现场外施交流耐压试验的耐受电压按照出厂试验值的 80%执行。

依据《电力变压器试验导则》（JB/T 501—2006）规定：

（1）干式铁心电抗器、干式半心电抗器和磁屏蔽空心电抗器工频耐压电压值符合技术要求且耐压试验通过。

（2）一般干式空心电抗器该项为特殊试验，一般对支柱绝缘子进行试验。

（3）试验过程中，如果电压不突然下降，电流指示不摆动，没有放电声，则认为试验合格。如果有轻微放电声，在重复试验中消失，也视为试验合格。如果有较大的放电声，在重复试验中消失，需检查、寻找放电部位，采取必要的措施，根据放电部位决定是否复试。

2.3.5.4　电抗值测量

1. 电抗值测量方法

电抗值测定采用交流电压、电流法，对试品通以额定频率的三相（或单相）正弦波电流 I 并测量端子间的电压 U，所得阻抗 Z、电抗 X 用式（2−34）～式（2−36）表示。

$$Z = \frac{U}{I} \tag{2−34}$$

$$X = \sqrt{Z^2 - R^2} \tag{2−35}$$

当试验频率 f 与额定频率 f_N 有差异，且偏差不大于 ±5% 时，其额定频率 f_N 下的电抗值校正为：

$$X' = \frac{f_N}{f} X \tag{2−36}$$

2. 现场测试

（1）试验接线。采用仪器将近似正弦波的电压施加在电抗器绕组上。单相电抗值的测试接线如图 2−99 所示。

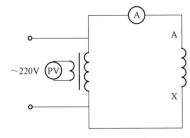

图 2−99　单相电抗值测试接线示意图

（2）试验步骤。

1）对于单相干式铁心电抗器，在额定频率下，通以额定电流 I_N 和 $1.8I_N$ 时，分别测量其电抗值。

2）对于三相干式铁心电抗器，在额定频率下，使三相绕组的电流（方均根值）等于额定电流 I_N 和 $1.8I_N$ 时，分别测量其电抗值。

3）对于干式空心电抗器，可在额定频率下通以不超过额定持续电流的任意电流时，测量其电抗。

3. 评价标准

依据《6kV～35kV 级干式并联电抗器技术参数和要求》（JB/T 10775—2007）、《10kV～35kV 干式空心限流电抗器采购标准　第 2 部分：10kV 干式空心限流电抗器专用技术规范》（Q/GDW 13064.2—2008）和《10kV～35kV 干式空心限流电抗器采购标准　第 3 部分：35kV 干式空心限流电抗器专用技术规范》（Q/GDW 13064.3—2018）中相关规定：

（1）对于干式并联电抗器，在额定电压和额定频率下测量电抗值与额定电抗值之差不超过 ±5%。

（2）对于三相干式并联电抗器或单相干式并联电抗器组成的三相组，若连接到电压基本对称的系统时，当三个相的电抗偏差都在 ±5% 容许范围内时，每相电抗与三个相电抗平均值间的偏差不应超过 ±2%。

（3）干式限流电抗器每相电抗值不超过三相平均值的±5%；每相电抗值不超额定值的0～10%。

（4）干式铁心电抗器每相电抗值不超过三相平均值的±4%；干式空心电抗器每相电抗值不超过三相平均值的±2%。

2.3.5.5　绕组匝间绝缘试验

1. 试验方法

绕组匝间（绝缘过电压）试验通过向电容重复充放电，并通过球隙将电压施加到电抗器绕组上。电抗器受到的过电压类型与指数衰减的正弦波的操作冲击类似。试验持续时间1min，每次放电的初始峰值为$1.33\sqrt{2}$倍（户外设备）或$\sqrt{2}$倍（户内设备）额定短时感应电压或外施耐压试验电压（方均根值）。响应频率是绕组电感和充电电容的函数，一般在100kHz及以下，试验应包含不低于3000个要求峰值的过电压。对于6个套管产品的试验方法，可采用在试品每相绕组的两个端子之间直接施压法。绕组匝间绝缘试验原理如图2－100所示。

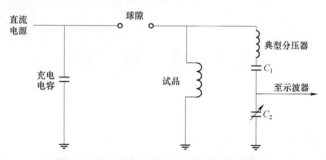

图2－100　绕组匝间绝缘试验原理示意图

2. 评价标准

依据《电力变压器　第6部分：电抗器》（GB/T 1094.6—2011）规定：首先用图形法确认绕组绝缘的完好性。冲击示波器、相机或数字记录仪等设备用于记录叠加到降低电压放电上的最后一个放电。降低电压的波形与全波之间周期的改变或包络线衰减速度的改变能表明绕组阻抗的变化，从而表示匝间故障。其次，用观察法确认绝缘的完好性。故障可通过电抗器绕组上的噪声、烟雾或火花放电发现。

2.3.6　站用变压器试验

站用变压器试验方法请参考2.3.3变压器试验部分。

3

变压器类设备《全过程技术监督精益化管理实施细则》条款解析

3.1 变 压 器

3.1.1 规划可研阶段

3.1.1.1 主接线

1. 监督要点及监督依据

规划可研阶段变压器主接线监督要点及监督依据见表 3－1。

表 3－1 规划可研阶段变压器主接线监督

监督要点	监督依据
1. 对 3/2 接线方式的变电站，当变压器两台及以下时，不得将主变压器直接接在母线上；当变压器超过两台时，其中两台进串，其他变压器可不进串，直接经断路器接母线。 2. 330～750kV 变电站主变压器低压侧应设置总断路器	1.《国家电网公司关于印发电网设备技术标准差异条款统一意见的通知》（国家电网科〔2017〕549 号）中"变压器类设备 一、变压器 （二）运检与规划设计标准差异 第 2 条 4. 条款统一意见对 3/2 接线方式的变电站，当变压器两台及以下时，不得将主变压器直接接在母线上；当变压器超过两台时，其中两台进串，其他变压器可不进串，直接经断路器接母线。" 2.《国家电网公司输变电工程通用设计 330～750kV 变电站分册（2017 年版）》

2. 监督项目解析

主接线是规划可研阶段的重要监督项目。

对于 3/2 接线方式的变电站，变压器如果直接接在母线上，在变压器断路器或电流互感器更换检修时，另一条运行母线跳闸，有可能造成变电站全停。对于主变压器低压侧设置总断路器，主要是由于在运行中 35kV 无功补偿支路、母线隔离开关等经常发生过热缺陷，停电检修需要主变压器陪停，扩大了停电范围；若安装总断路器，从运行方式上增加了运行、检修的灵活性，同时减小了 35kV 设备消缺需主变压器陪停的概率。

3. 监督要求

开展该项目监督时，采取资料检查方式，主要查阅可研报告、可研审查意见、可研批复文件。

4. 标准差异化情况

针对监督要点 2，《国家电网公司关于印发电网设备技术标准差异条款统一意见的通知》（国家电网科〔2017〕549 号）中统一意见为：对 3/2 接线方式的变电站，当变压器两台及以下时，不得将主变压器直接接在母线上；当变压器超过两台时，其中两台进串，其他变压器可不进串，直接经断路器接母线。

3.1.1.2 容量和台（组）数

1. 监督要点及监督依据

规划可研阶段变压器容量和台（组）数监督要点及监督依据见表 3-2。

表 3-2　　　　　　　　　　　规划可研阶段变压器容量和台（组）数监督

监督要点	监督依据
1. 主变压器容量和台（组）数的选择，应与经审批的电力系统规划设计一致。 2. 根据分层分区电力平衡结果，结合系统潮流、工程供电范围内负荷及负荷增长情况、电源接入情况和周边电网发展情况，合理确定本工程变压器单台（组）容量、变比、本期建设的台数和终期建设的台数。 3. 受端电网 330kV 及以上变电站设计时应考虑一台变压器停运后对地区供电的影响，对变压器投运台数进行分析计算。 4. 对于 35～110kV 变电站，在有一、二级负荷的变电站中应装设两台或更多台主变压器。变电站可由中、低压侧电网取得足够容量的工作电源时，可装设一台主变压器。 5. 凡装有两台（组）及以上主变压器的变电站，其中一台（组）事故停运后，其余主变压器的容量应保证该站在全部负荷 70% 时不过载，并在计及过负荷能力后的允许时间内，应保证用户的一级和二级负荷。 6. 对于装有两台及以上主变压器的地下变电站，当断一台主变压器时，其余主变压器容量（包括过负荷能力）应满足全部负荷用电要求。 7. 三绕组变压器的高、中、低压绕组容量的分配应按各侧绕组所带实际负荷进行分配，并应满足国家电网有限公司通用设备的相关规定。 8. 330kV 及以上电网并联电抗器的容量、安装地点和台数，应先满足限制工频过电压的需求，并结合限制潜供电流、防止自励磁、同期并列及无功平衡等方面的要求，进行技术经济论证	1.《220kV～750kV 变电站设计技术规程》（DL/T 5218—2012）中"5.2.1 主变压器容量和台（组）数的选择，应根据经审批的电力系统规划设计决定。" 2.《330 千伏及以上输变电工程可行性研究内容深度规定》（Q/GDW 10269—2017）中"4.2.7 根据分层分区电力平衡结果，结合系统潮流、工程供电范围内负荷及负荷增长情况、电源接入情况和周边电网发展情况，合理确定工程变压器单组容量和本期建设台数。"《220kV 及 110（66）kV 输变电工程可行性研究内容深度规定》（Q/GDW 10270—2017）中"5.6 根据分层分区电力平衡结果，结合系统潮流、工程供电范围内负荷及负荷增长情况、电源接入情况和周边电网发展情况，合理确定本工程变压器单台容量、变比、本期建设的台数和终期建设的台数。" 3.《国家电网有限公司关于印发十八项电网重大反事故措施（修订版）的通知》（国家电网设备〔2018〕979 号）中"2.2.1.5 受端电网 330kV 及以上变电站设计时应考虑一台变压器停运后对地区供电的影响，对变压器投运台数进行分析计算。" 4.《35kV～110kV 变电站设计规范》（GB 50059—2011）中"3.1.2 在有一、二级负荷的变电站中应装设两台主变压器，当技术经济比较合理时，可装设两台以上主变压器。变电站可由中、低压侧电网取得足够容量的工作电源时，可装设一台主变压器。"《220kV～750kV 变电站设计技术规程》（DL/T 5218—2012）中"5.2.1 如变电站有其他电源能保证变压器停运后用户的一级负荷，则可装设一台（组）主变压器。" 5.《35kV～110kV 变电站设计规范》（GB 50059—2011）中"3.1.3 装有两台及以上主变压器的变电站，当断开一台主变压器时，其余变压器的容量（包括过负荷能力）应满足全部一、二级负荷用电要求。"《220kV～750kV 变电站设计技术规程》（DL/T 5218—2012）中"5.2.1 变电站同一电压网络内任一台变压器事故时，其他元件不应超过事故过负荷的规定。凡装有 2 台（组）及以上主变压器的变电站，其中 1 台（组）事故停运后，其余主变压器的容量应保证该站在全部负荷 70% 时不过载，并在计及过负荷能力后的允许时间内，应保证用户的一级和二级负荷。" 6.《35kV～220kV 城市地下变电站设计规程》（DL/T 5216—2017）中"4.3.2 装有 2 台及以上主变压器的地下变电站，当断开 1 台主变压器时，其余主变压器容量（包括过负荷能力）应满足全部负荷用电要求。" 7.《电力变压器选用导则》（GB/T 17468—2019）中"4.4.6.1 三绕组变压器的高、中、低压绕组容量的分配应按各侧绕组所带实际负荷进行分配，推荐按 GB/T 6451 的规定。"《国家电网有限公司关于发布 35～750kV 输变电工程通用设计、通用设备应用目录（2019 年版）的通知》（国家电网基建〔2019〕168 号）一、全面应用通用设备。 8.《220kV～750kV 变电站设计技术规程》（DL/T 5218—2012）中"5.4.2 330kV～750kV 并联电抗器的容量和台数，应首先满足限制工频过电压的需求，并结合限制潜供电流、防止自励磁、同期并列及无功平衡等方面的要求，进行技术经济论证。"

2. 监督项目解析

容量和台（组）数是规划可研阶段比较重要的监督项目。

主变压器容量和台（组）数的选择，要充分考虑供电区域的负荷增长情况，避免变压器投运不久出现容量不够的情况。同时，也不能盲目一次性投运多台变压器或大容量变压器，避免变压器长期低负载运行。

3. 监督要求

开展该项目监督时，采取资料检查方式，主要查阅可研报告、可研审查意见、可研批复文件。

3.1.1.3 基本参数确定

1. 监督要点及监督依据

规划可研阶段变压器基本参数确定监督要点及监督依据见表3-3。

表3-3　　　　　　　　　　　　　规划可研阶段变压器基本参数确定监督

监督要点	监督依据
1. 结合潮流、调相调压及短路电流计算，确定变压器的额定主抽头、阻抗、调压方式等，相关参数应满足国家电网有限公司通用设备的相关规定。 2. 对于有并联运行要求的变压器：① 联结组标号应一致；② 电压和电压比要相同，允许偏差也要相同（尽量满足电压比在允许偏差范围内），调压范围与每级电压也要相同；③ 频率应相同；④ 短路阻抗相同，尽量控制在允许偏差范围±10%以内，还应注意极限正分接位置短路阻抗与极限负分接位置短路阻抗要分别相同；⑤ 容量比在0.5～3之间。 3. 应确定中性点接地方式：直接接地、经小电抗接地、经小电阻接地、经放电间隙接地等。必要时对变压器第三绕组电压等级及容量提出要求。 4. 优先选用自然油循环风冷或自冷方式的变压器，新建或扩建变压器一般不宜采用水冷方式。 5. 220kV及以上电压等级油浸式变压器和位置特别重要或存在绝缘缺陷的110（66）kV油浸式变压器，应配置多组分油中溶解气体在线监测装置	1.《330千伏及以上输变电工程可行性研究内容深度规定》（Q/GDW 10269—2017）中"4.2.8.1 结合潮流、调相调压及短路电流计算，确定变压器的额定主抽头、阻抗、调压方式（有载或无励磁、调压范围、分接头）等。"；《220kV及110（66）kV输变电工程可行性研究内容深度规定》（Q/GDW 10270—2017）中"5.8.1 结合潮流、短路电流、无功补偿及系统电压计算，确定变压器的额定主抽头、阻抗、调压方式等。"；《国家电网有限公司关于发布35～750kV输变电工程通用设计、通用设备应用目录（2019年版）的通知》（国家电网基建〔2019〕168号）一、全面应用通用设备。 2.《电力变压器选用导则》（GB/T 17468—2019）6.1并联运行的条件中规定：① 联结组标号应一致；② 电压和电压比要相同，允许偏差也要相同（尽量满足电压比在允许偏差范围内），调压范围与每级电压也要相同；③ 频率应相同；④ 短路阻抗相同，尽量控制在允许偏差范围±10%以内，还应注意极限正分接位置短路阻抗与极限负分接位置短路阻抗要分别相同；⑤ 容量比在0.5～3之间。 3.《330千伏及以上输变电工程可行性研究内容深度规定》（Q/GDW 10269—2017）中"4.2.8.1 应说明中性点接地方式，必要时对变压器第三绕组电压等级及容量提出要求。" 4.《国家电网有限公司关于印发十八项电网重大反事故措施（修订版）的通知》（国家电网设备〔2018〕979号）中"9.7.1.1 优先选用自然油循环风冷或自冷方式的变压器。9.7.1.3 新建或扩建变压器一般不宜采用水冷方式。" 5.《国家电网有限公司关于印发十八项电网重大反事故措施（修订版）的通知》（国家电网设备〔2018〕979号）中"9.2.3.5 220kV及以上电压等级油浸式变压器和位置特别重要或存在绝缘缺陷的110（66）kV油浸式变压器，应配置多组分油中溶解气体在线监测装置。"

2. 监督项目解析

基本参数确定是规划可研阶段最重要的监督项目之一。

变压器基本参数不满足国家电网有限公司通用设备相关规定将直接影响后期设备招投标。对于并联运行，当一台变压器发生故障或需要检修时，并列运行的其他变压器仍可以继续运行，这样可以保证供电不中断，提高供电的可靠性。同时，由于用电负荷季节性很强，在负荷轻的季节可以将部分变压器退出运行，这样既可以减少变压器的空载损耗，提高效率，又可以减少无功励磁电流，改善电网的功率因数，提高系统的经济性。并联运行的变压器，相关钟时序数、电压和电压比、短路阻抗等应相同。这样可以确保变压器空载时，绕组内不会有环流，环流会影响变压器容量的合理利用；如果环流几倍于额定电流，甚至会烧坏变压器。

3. 监督要求

开展该项目监督时，采取资料检查方式，主要查阅可研报告、可研审查意见、可研批复文件。

3.1.1.4 调压方式

1. 监督要点及监督依据

规划可研阶段变压器调压方式监督要点及监督依据见表 3-4。

表 3-4 规划可研阶段变压器调压方式监督

监督要点	监督依据
当系统各种运行方式下变电站母线的运行电压不符合电压质量标准，且增加无功补偿设备无效果或不经济时，可选用有载调压变压器	《220kV～750kV 变电站设计技术规程》（DL/T 5218—2012）5.2.5

2. 监督项目解析

调压方式是规划可研阶段比较重要的监督项目。

相对无励磁调压变压器，有载调压变压器对变压器制造工艺要求更高，而且价格也更贵。在 500kV 及以上变压器，尽量不采用有载调压方式，但通过增加无功补偿设备无效果或不经济时，只能通过选用有载调压变压器来调节电压，以满足电压质量要求。

3. 监督要求

开展该项目监督时，采取资料检查方式，主要查阅可研报告、可研审查意见、可研批复文件。

3.1.1.5 防短路

1. 监督要点及监督依据

规划可研阶段变压器防短路监督要点及监督依据见表 3-5。

表 3-5 规划可研阶段变压器防短路监督

监督要点	监督依据
1. 应根据接线、运行方式、设计规划容量及系统远景发展规划等计算短路电流，确定安装地点最大运行方式下变压器出口短路电流，对短路电流问题突出的电网，应对工程投产前后系统的短路电流水平进行分析，以分析方案的合理性，并校核已有电气设备的适应性。 2. 变压器中、低压侧至配电装置采用电缆连接时，应采用单芯电缆。 3. 220kV 及以下主变压器的 6～35kV 中（低）压侧引线、户外母线（不含架空软导线型式）及接线端子应绝缘化；500（330）kV 变压器 35kV 套管至母线的引线应绝缘化	1.《330 千伏及以上输变电工程可行性研究内容深度规定》（Q/GDW 10269—2017）中"4.2.4.6 a) 按设备投运后 10～15 年左右的系统发展，计算并列出与工程有关的各主要枢纽点最大三相和单相短路电流，对短路电流问题突出的电网，应对工程投产前后系统的短路电流水平进行分析，以分析方案的合理性，选择新增断路器的遮断容量，校核已有断路器的适应性。"《220kV 及 110（66）kV 输变电工程可行性研究内容深度规定》（Q/GDW 10270—2017）中"5.4.2 按设备投运后远景水平年计算与本工程有关的各主要站点最大三相和单相短路电流，对短路电流问题突出的电网，应对工程投产前后系统的短路电流水平进行分析以确定合理方案，选择新增断路器的遮断容量，校核已有断路器的适应性。" 2.《国家电网有限公司关于印发十八项电网重大反事故措施（修订版）的通知》（国家电网设备〔2018〕979 号）中"9.1.5 变压器中、低压侧至配电装置采用电缆连接时，应采用单芯电缆。" 3.《国家电网有限公司关于印发十八项电网重大反事故措施（修订版）的通知》（国家电网设备〔2018〕979 号）中"9.1.4 220kV 及以下主变压器的 6～35kV 中（低）压侧引线、户外母线（不含架空软导线型式）及接线端子应绝缘化；500（330）kV 变压器 35kV 套管至母线的引线应绝缘化。"

2. 监督项目解析

防短路是规划可研阶段最重要的监督项目之一。

变压器抗短路能力依然是目前最重要的问题，因为存在抗短路能力不足的产品，随着电网系统容量的增长，不能满足安全运行要求的情况日益突出，变压器的抗短路能力应能满足电网远期规划的需求。同时为了防止变压器出口或近区短路，应采取低压侧绝缘化、低压侧出线电缆采用单芯电缆等措施，并在规划阶段予以明确，便于后期落实。

3. 监督要求

开展该项目监督时，采取资料检查方式，主要查阅可研报告、可研审查意见、可研批复文件。

3.1.1.6 直流偏磁耐受能力

1. 监督要点及监督依据

规划可研阶段变压器直流偏磁耐受能力监督要点及监督依据见表 3-6。

表 3-6 规划可研阶段变压器直流偏磁耐受能力监督

监督要点	监督依据
有中性点接地要求的变压器应在规划阶段提出直流偏磁抑制需求，在接地极 50km 内的中性点接地运行变压器应重点关注直流偏磁情况	《国家电网有限公司关于印发十八项电网重大反事故措施（修订版）的通知》（国家电网设备〔2018〕979号）中"9.2.1.5 有中性点接地要求的变压器应在规划阶段提出直流偏磁抑制需求，在接地极 50km 内的中性点接地运行变压器应重点关注直流偏磁情况。"

2. 监督项目解析

直流偏磁耐受能力是规划可研阶段最重要的监督项目之一。

直流输电工程越来越多，直流输电单极大地运行情况下，交流变压器产生的励磁电流谐波含量增加，尤其是正常时含量很少的偶次谐波增加迅速，而系统内的并联无功补偿电容器一般都是针对奇次谐波设计的，参数配合不当的无功补偿电容器可能发生谐波放大，严重时甚至造成电容器组发生爆炸。同时，励磁电流急剧增加，绕组的振动、变压器温升增加，直接威胁变压器的安全运行，缩短变压器使用寿命。

3. 监督要求

开展该项目监督时，采取资料检查方式，主要查阅可研报告、可研审查意见、可研批复文件。

3.1.1.7 大件运输

1. 监督要点及监督依据

规划可研阶段变压器大件运输监督要点及监督依据见表 3-7。

表 3-7 规划可研阶段变压器大件运输监督

监督要点	监督依据
说明大件运输的条件并根据水路、陆路、铁路情况综合比较运输方案，1000kV 及以上电压等级变电站、偏远及运输条件困难地区应做大件运输专题报告	《330 千伏及以上输变电工程可行性研究内容深度规定》（Q/GDW 10269—2017）中"4.4.9.2 说明大件运输的条件并根据水路、陆路、铁路情况综合比较运输方案，1000kV 及以上电压等级变电站、偏远及运输条件困难地区应做大件运输专题报告。" 《220kV 及 110（66）kV 输变电工程可行性研究内容深度规定》（Q/GDW 10270—2017）中"7.9.2 说明大件运输的条件并根据水路、陆路、铁路情况综合比较运输方案，运输条件困难地区应做大件运输专题报告。"

2. 监督项目解析

大件运输是规划可研阶段重要的监督项目。

变压器特别是大型变压器产品遍布全国各地，需要从制造厂用合适的运输工具把变压器运到变电站。变电站有的在铁路线附近，有的在大海、江河之滨，有的可能在交通十分不便的山区；而变压器容量有大有小，电压等级有高有低，其重量和体积相差很大。因此，运输的工具和方法有很大的区别。在运输的路途中，一定会遇到诸如涵洞、桥梁以及对运输物件的体积和重量有一定限制的设施及建筑物。在公路运输中，道路状况等都是必须加以考虑的因素，需要在规划可研阶段充分论证、妥善解决。

3. 监督要求

开展该项目监督时，采取资料检查方式，主要查阅可研报告、可研审查意见、可研批复文件。

3.1.2 工程设计阶段

3.1.2.1 设备型式及参数

1. 监督要点及监督依据

工程设计阶段变压器设备型式及参数监督要点及监督依据见表 3-8。

表 3-8 工程设计阶段变压器设备型式及参数监督

监督要点	监督依据
设备型式及参数选择，包括容量、台（组）数、绕组数、接线组别、主抽头电压、调压方式（有载或无励磁、调压范围、分接头挡位数）及阻抗等参数的选择应满足通用设备的选用要求，若不满足应重点论述	《国家电网公司输变电工程初步设计内容深度规定》第 2 部分（Q/GDW 10166.2—2017）、第 8 部分（Q/GDW 10166.8—2017）及第 9 部分（Q/GDW 10166.9—2017）中相关规定：主要电气参数的确定应满足通用设备的选用要求，若不满足应重点论述。主变压器型式及参数选择，包括容量、台（组）数、绕组数、接线组别、主抽头电压、调压方式（有载或无励磁、调压范围、分接头挡位数）及阻抗等参数的选择。 《国家电网有限公司关于印发十八项电网重大反事故措施（修订版）的通知》（国家电网设备〔2018〕979 号）中"9.7.1.1 优先选用自然油循环风冷或自冷方式的变压器。9.7.1.3 新建或扩建变压器一般不宜采用水冷方式。对特殊场合必须采用水冷却系统的，应采用双层铜管冷却系统。"

2. 监督项目解析

设备型式及参数是工程设计阶段最重要的监督项目之一。

3. 监督要求

开展该项目监督时，采取资料检查方式，主要查阅设计图纸、设计说明书。

3.1.2.2 外绝缘配置

1. 监督要点及监督依据

工程设计阶段变压器外绝缘配置监督要点及监督依据见表 3-9。

表 3-9 工程设计阶段变压器外绝缘配置监督

监督要点	监督依据
1. 新、改（扩）建输变电设备的外绝缘配置应以最新版污区分布图为基础，综合考虑附近的环境、气象、污秽发展和运行经验等因素确定。 2. 变电站设计时，c 级以下污区外绝缘按 c 级配置；c、d 级污区可根据环境情况适当提高配置；e 级污区可按照实际情况配置。 3. 高海拔地区设备外绝缘配置应按要求进行修正	1.《国家电网有限公司关于印发十八项电网重大反事故措施（修订版）的通知》（国家电网设备〔2018〕979 号）中"7.1.1 新、改（扩）建输变电设备的外绝缘配置应以最新版污区分布图为基础，综合考虑附近的环境、气象、污秽发展和运行经验等因素确定。" 2.《国家电网有限公司关于印发十八项电网重大反事故措施（修订版）的通知》（国家电网设备〔2018〕979 号）中"7.1.1 变电站设计时，c 级以下污区外绝缘按 c 级配置；c、d 级污区可根据环境情况适当提高配置；e 级污区可按照实际情况配置。" 3.《绝缘配合 第 1 部分：定义、原则和规则》（GB 311.1—2012）附录 B

2．监督项目解析

外绝缘配置是工程设计阶段比较重要的监督项目。

根据反措要求对不同污区的防污闪设计标准提出要求，强调外绝缘配置的基本原则。

3．监督要求

开展该项目监督时，采取资料检查方式，主要查阅设计图纸、设计说明书。

3.1.2.3 防短路

1．监督要点及监督依据

工程设计阶段变压器防短路监督要点及监督依据见表 3－10。

表 3－10 　　　　　　　　　　　　工程设计阶段变压器防短路监督

监督要点	监督依据
1．220kV 及以下主变压器的 6～35kV 中（低）压侧引线、户外母线（不含架空软导线型式）及接线端子应绝缘化；500（330）kV 变压器 35kV 套管至母线的引线应绝缘化，变电站出口 2km 内的 10kV 线路应采用绝缘导线。 2．变压器在任何分接头位置时，应能承受三相对称短路电流。 3．应根据接线、运行方式及系统容量等计算短路电流，确定安装地点最大运行方式下变压器出口短路电流。 4．变压器中、低压侧至配电装置采用电缆连接时，应采用单芯电缆	1．《国家电网有限公司关于印发十八项电网重大反事故措施（修订版）的通知》（国家电网设备〔2018〕979 号）中"9.1.4 220kV 及以下主变压器的 6～35kV 中（低）压侧引线、户外母线（不含架空软导线型式）及接线端子应绝缘化；500（330）kV 变压器 35kV 套管至母线的引线应绝缘化，变电站出口 2km 内的 10kV 线路应采用绝缘导线。" 2．《220kV～750kV 油浸式电力变压器使用技术条件》（DL/T 272—2012）中"5.3.5.1 变压器在任何分接头位置时，应能承受三相对称短路电流，各部位无损坏和明显变形，短路后绕组的温度不应超过改变电磁线（如自黏换位导线）机械性能的最高温度。" 3．《国家电网公司输变电工程初步设计内容深度规定》第 2 部分（Q/GDW 10166.2—2017）、第 8 部分（Q/GDW 10166.8—2017）及第 9 部分（Q/GDW 10166.9—2017）中相关规定：短路电流计算及主要设备选择，应说明短路电流计算的依据和条件（包括计算接线、运行方式及系统容量等），并列出短路电流计算结果。对导体和电器的动稳定、热稳定以及电器的开断电流应进行选择计算和校验，并列出选择结果表。 4．《国家电网有限公司关于印发十八项电网重大反事故措施（修订版）的通知》（国家电网设备〔2018〕979 号）中"9.1.5 变压器中、低压侧至配电装置采用电缆连接时，应采用单芯电缆。"

2．监督项目解析

防短路是工程设计阶段最重要的监督项目之一。

变压器抗短路能力依然是目前最重要的问题，变压器出口绝缘化、出线电缆采用单芯电缆，旨在减少出口短路，从而减少变压器短路损坏事故的发生。对于要求变压器在任何分接头位置都能承受三相对称短路电流，主要是考虑三相对称短路电流对变压器考核最为严厉，对变压器产品性能要求更高，尽量为后期运行奠定基础。对于监督要点 3，是因为存在抗短路能力不足的变压器产品，随着电网系统容量不断增长，不能满足安全运行要求的情况日益突出，一旦变压器出口短路电流超过变压器自身短路耐受能力，需要采取加装中性点小电抗、限流电抗器等措施，降低变压器出口短路电流。

3．监督要求

开展该项目监督时，采取资料检查方式，主要查阅设计图纸、设计说明书。

3.1.2.4 消防装置选型

1．监督要点及监督依据

工程设计阶段变压器消防装置选型监督要点及监督依据见表 3－11。

表 3-11 工程设计阶段变压器消防装置选型监督

监督要点	监督依据
1. 单台容量在 125MVA 及以上的油浸式变压器应设置固定自动灭火系统；干式变压器可不设置固定自动灭火系统，宜配置移动式干粉灭火器；室内油浸式变压器宜设置事故排烟措施。 2. 采用水喷淋灭火系统时，水喷淋灭火系统管网应有低点放空措施；动作功率应大于 8W，动作逻辑关系满足变压器超温保护与变压器断路器跳闸同时动作。 3. 采用排油注氮保护装置的变压器应采用具有联动功能的双浮球结构的气体继电器。排油注氮灭火系统装置动作逻辑关系应满足本体重瓦斯保护、主变压器断路器跳闸、油箱超压开关同时动作才能启动排油充氮保护；火灾探测器布线应独立引线至消防端子箱；排油注氮启动功率应大于 220V×5A（DC）；注油阀动作线圈功率应大于 220V×6A（DC）；注氮阀与排油阀间应设有机械连锁阀门。 4. 地下变电站与采用固定灭火系统的油浸式变压器采用自动报警系统，并应接入监控系统	1.《火力发电厂与变电站设计防火标准》（GB 50229—2019）中"11.5.4 单台容量为 125MVA 及以上的油浸变压器、200Mvar 及以上的油浸电抗器应设置水喷雾灭火系统或其他固定灭火装置。地下变电站的油浸变压器、油浸电抗器，宜采用固定灭火系统。在室外专用贮存场地贮存作为备用的油浸变压器、油浸电抗器，可不设置火灾自动报警系统和固定式灭火系统。" 2.《国家电网有限公司关于印发十八项电网重大反事故措施（修订版）的通知》（国家电网设备〔2018〕979 号）中"9.8.3 水喷淋动作功率应大于 8W，其动作逻辑关系应满足变压器超温保护与变压器断路器跳闸同时动作的要求。" 3.《国家电网有限公司关于印发十八项电网重大反事故措施（修订版）的通知》（国家电网设备〔2018〕979 号）中"9.8.1 采用排油注氮保护装置的变压器，应配置具有联动功能的双浮球结构的气体继电器。9.8.2 排油注氮保护装置应满足以下要求：（1）排油注氮启动（触发）功率应大于 220V×5A（DC）；（2）排油及注氮阀动作线圈功率应大于 220V×6A（DC）；（3）注氮阀与排油阀间应设有机械连锁阀门；（4）动作逻辑关系为本体重瓦斯保护、主变压器断路器跳闸、油箱超压开关（火灾探测器）同时动作时才能启动排油注氮保护。" 4.《火力发电厂与变电站设计防火标准》（GB 50229—2019）中"11.5.25 下列场所和设备应设置火灾自动报警系统：3 采用固定灭火系统的油浸变压器、油浸电抗器。4 地下变电站的油浸变压器、油浸电抗器。"

2. 监督项目解析

消防装置选型是工程设计阶段比较重要的监督项目。

近几年，变压器着火故障时有发生，因此须严格按照要求配置变压器消防灭火装置。变压器的防火重点是防止变压器着火时的事故扩大，消防装置满足相应的技术参数，旨在确保发生火灾时消防装置能够及时动作。另外，由于消防装置误动概率较大，需要满足一定的动作逻辑关系才能启动消防装置，确保消防装置不误动。

3. 监督要求

开展该项目监督时，采取资料检查方式，主要查阅设计图纸、设计说明书。

3.1.2.5 中性点接地

1. 监督要点及监督依据

工程设计阶段变压器中性点接地监督要点及监督依据见表 3-12。

表 3-12 工程设计阶段变压器中性点接地监督

监督要点	监督依据
1. 明确变压器、高压电抗器中性点接地方式。在接地极 50km 内的中性点接地运行变压器应重点关注直流偏磁情况。 2. 110~220kV 不接地变压器的中性点过电压保护应采用水平布置的棒间隙保护方式。对于 110kV 变压器，当中性点绝缘的冲击耐受电压≤185kV 时，还应在间隙旁并联金属氧化物避雷器，间隙距离及避雷器参数配合应进行校核。 3. 变压器中性点应有两根与地网主网格的不同边连接的接地引下线，并且每根接地引下线均应符合热稳定校核的要求。 4. 500kV 及以上主变压器、高压电抗器中性点接地部位应按绝缘等级增加防护措施，采取加装隔离围栏等措施	1.《国家电网公司输变电工程初步设计内容深度规定》第 9 部分（Q/GDW 10166.9—2017）、第 8 部分（Q/GDW 10166.8—2017）；《国家电网有限公司关于印发十八项电网重大反事故措施（修订版）的通知》（国家电网设备〔2018〕979 号）9.2.1.5。 2.《国家电网有限公司关于印发十八项电网重大反事故措施（修订版）的通知》（国家电网设备〔2018〕979 号）中"14.3.2 为防止在有效接地系统中出现孤立不接地系统并产生高工频过电压的异常运行工况，110~220kV 不接地变压器的中性点过电压保护应采用水平布置的棒间隙保护方式。对于 110kV 变压器，当中性点绝缘的冲击耐受电压≤185kV 时，还应在间隙旁并联金属氧化物避雷器，避雷器为主保护，间隙为避雷器的后备保护，间隙距离及避雷器参数配合应进行校核。" 3.《国家电网有限公司关于印发十八项电网重大反事故措施（修订版）的通知》（国家电网设备〔2018〕979 号）中"14.1.1.4 变压器中性点应有两根与地网主网格的不同边连接的接地引下线，并且每根接地引下线均应符合热稳定校核的要求。" 4.《国家电网公司电力安全工作规程 变电部分》（Q/GDW 1799.1—2013）中"5.1.10 运行中的高压设备，其中性点接地系统的中性点应视作带电体。"

2. 监督项目解析

中性点接地是工程设计阶段最重要的监督项目之一。

变压器是变电站最重要的一次设备，为了确保中性点接地可靠，要求有两根与地网主网格的不同边连接的接地引下线，并且每根接地引下线均应符合热稳定校核的要求。对于中性点接地部位按绝缘等级加装隔离围栏等措施，主要是按照国家电网有限公司《电力安全工作规程》要求，运行设备的中性点部位应视为带电体，防止运维人员在开展设备巡视时发生人身伤害。

3. 监督要求

开展该项目监督时，采取资料检查方式，主要查阅设计图纸、设计说明书。

3.1.2.6 大件运输及交货方式

1. 监督要点及监督依据

工程设计阶段变压器大件运输及交货方式监督要点及监督依据见表 3-13。

表 3-13　　　　　　　　工程设计阶段变压器大件运输及交货方式监督

监督要点	监督依据
1. 应提供设备运输参数，包括运输外形尺寸、单件运输重量、件数，对运输的要求及应注意的问题。 2. 应说明大件设备卸货点到站址的运输方案（含公路、铁路、水运、码头及装卸等设施）及需要采取的特殊措施（如桥涵加固、拆迁、修筑便道等情况），并提供有关单位的书面意见。 3. 大件设备运输所需主要机具及技术参数应满足运输要求	《国家电网公司输变电工程初步设计内容深度规定》第 9 部分（Q/GDW 10166.9—2017）、第 8 部分（Q/GDW 10166.8—2017）中的相关规定：说明主变压器等大件设备的运输外形尺寸、单件运输重量、件数，对运输的要求及应注意的问题。大件设备运输方案应说明大件设备卸货点到站址的运输方案（含公路、铁路、水运、码头及装卸等设施）及需要采取的特殊措施（如桥涵加固、拆迁、修筑便道等情况），并提供有关单位的书面意见。大件设备运输所需主要机具及技术参数。"

2. 监督项目解析

大件运输及交货方式是工程设计阶段重要的监督项目。

变压器重量和体积相差很大，运输的工具和方法有很大的区别，在运输的路途中，可能会遇到诸如涵洞、桥梁以及对运输物件的体积和重量有一定限制的设施及建筑物。所有运输有关问题必须在工程设计阶段予以解决，以免影响后续工期。

3. 监督要求

开展该项目监督时，采取资料检查方式，主要查阅设计图纸、设计说明书、大件运输方案。

3.1.2.7 防火墙（土建专业）

1. 监督要点及监督依据

工程设计阶段变压器防火墙（土建专业）监督要点及监督依据见表 3-14。

表 3-14　　　　　　　　工程设计阶段变压器防火墙（土建专业）监督

监督要点	监督依据
1. 当油量为 2500kg 及以上的户外油浸式变压器之间的防火间距不能满足要求（66kV 6m，110kV 8m，220kV 及以上 10m）时，应设置防火墙。 2. 户外油浸式变压器之间设置防火墙时，防火墙的高度应高于变压器储油柜，防火墙的长度不应小于变压器贮油池两侧各 1m；防火墙与变压器散热器外廓距离不应小于 1m；防火墙应达到一级耐火等级。	1.《火力发电厂与变电站设计防火标准》（GB 50229—2019）中"11.1.5 变电站内建（构）筑物及设备的防火间距不应小于表 11.1.5 的规定；丙、丁、戊类生产建筑内油浸变压器最小防火间距 10m；11.1.7 单台油量为 2500kg 及以上的屋外油浸变压器之间、屋外油浸电抗器之间的最小间距应符合表 11.1.7 的规定；66kV 6m，110kV 8m，220kV 及 330kV 10m，500kV 及 750kV 15m，1000kV 17m。11.1.8 当油量为 2500kg 及以上的屋外油浸变压器之间、屋外油浸电抗器之间的防火间距不能满足本标准表 11.1.7 的要求时，应设置防火墙。防火墙的高度应高于变压器储油柜，其长度超出变压器的贮油池两侧不应小于 1m。11.1.9 油量为 2500kg 及以上的屋外油浸变压器或高压电抗器与油量为 600kg 以上的带油电气设备之间的防火间距不应小于 5m。"

监督要点	监督依据
3. 主变压器防火墙耐火极限按 3h 考虑	2.《电力设备典型消防规程》（DL 5027—2015）中"10.3.6 防火墙的高度应高于变压器储油柜，防火墙的长度不应小于变压器贮油池两侧各 1.0m；防火墙与变压器散热器外廓距离不应小于 1.0m；防火墙应达到一级耐火等级。" 3.《国家电网公司关于印发电网设备技术标准差异条款统一意见的通知》（国家电网科〔2017〕549 号）变压器类设备 一、变压器 第48条中规定：主变压器防火墙耐火极限按 3h 考虑

2. 监督项目解析

防火墙是工程设计阶段比较重要的监督项目。

该项目同样是为了防止变压器发生火灾时事故扩大，设置防火墙可以有效保护非故障相变压器免遭火灾影响。

3. 监督要求

开展该项目监督时，采取资料检查方式，主要查阅设计图纸、设计说明书。

3.1.2.8 基础设施（土建专业）

1. 监督要点及监督依据

工程设计阶段变压器基础设施（土建专业）监督要点及监督依据见表 3－15。

表 3－15　　　　　　　　工程设计阶段变压器基础设施（土建专业）监督

监督要点	监督依据
1. 户内单台总油量为 100kg 以上的电气设备，应设置挡油设施及将事故油排至安全处的设施。挡油设施的容积宜按油量的 20% 设计。当不能满足上述要求时，应设置能容纳全部油量的贮油设施。 2. 户外单台油量为 1000kg 以上的电气设备，应设置贮油或挡油设施，其容积宜按设备油量的 20% 设计，并能将事故油排至总事故贮油池。总事故贮油池的容量应按其接入的油量最大的一台设备确定，并设置油水分离装置。当不能满足上述要求时，应设置能容纳相应电气设备全部油量的贮油设施，并设置油水分离装置。 3. 总油量超过 100kg 的户内油浸式变压器，应设置单独的变压器室。 4. 重要电力设施中的电气设备，当抗震设防烈度为 7 度及以上时，应进行抗震设计。 5. 靠近变压器的电缆沟，应有防火延燃措施，盖板应封堵。可采用防止变压器油流入电缆沟内的卡槽式电缆沟盖板或在普通电缆沟盖板上覆盖防火玻璃丝纤维布等措施	1～2.《火力发电厂与变电站设计防火标准》（GB 50229—2019）6.7.7、6.7.8。 3.《火力发电厂与变电站设计防火标准》（GB 50229—2019）中"11.3.2 总油量超过 100kg 的屋内油浸变压器，应设置单独的变压器室。" 4.《电力设施抗震设计规范》（GB 50260—2013）中"6.1.1 重要电力设施中的电气设施，当抗震设防烈度为 7 度及以上时，应进行抗震设计。" 5.《变电站（换流站）消防设备设施完善化改造原则（试行）》（设备变电〔2018〕15 号）中"4.2.4.7 靠近充油设备的电缆沟，应设有防火延燃措施，盖板应封堵。可采用防止变压器油流入电缆沟内的卡槽式电缆沟盖板或在普通电缆沟盖板上覆盖防火玻璃丝纤维布等措施。"

2. 监督项目解析

基础设施是工程设计阶段比较重要的监督项目。

变压器相对其他设备，重量较重，在工程设计阶段，需要考虑基础承载情况。另外，大部分变压器绝缘介质使用绝缘油，为了防止变压器着火时事故扩大，需要设置事故油池或储油坑。

3. 监督要求

开展该项目监督时，采取资料检查方式，主要查阅设计图纸、设计说明书。

3.1.2.9 环境保护

1. 监督要点及监督依据

工程设计阶段变压器环境保护监督要点及监督依据见表 3－16。

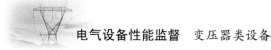

表 3－16　　　　　　　　　　　　　　工程设计阶段变压器环境保护监督

监督要点	监督依据
1. 变压器在 1.1U_m 下的无线电干扰电压应不大于 500μV，且在晴天夜晚无可见电晕。 2. 变电站位于 0 类、1 类或周围噪声敏感建筑物较多的 2 类声环境功能区时，应严格控制主变压器、高压电抗器等主要噪声源的噪声水平，各电压等级变电站应根据布置形式、周围声环境功能区要求计算确定主变压器、高压电抗器的噪声水平，并保留适当裕度作为主变压器、高压电抗器的噪声控制值	1.《110（66）～1000kV 油浸式电力变压器技术条件》（Q/GDW 11306—2014）中"5.2.9 变压器在 1.1U_m 下的无线电干扰电压应不大于 500μV，且在晴天夜晚无可见电晕。" 2.《变电站噪声控制技术导则》（DL/T 1518—2016）中"8.2.3 变电站位于 0 类、1 类或周围噪声敏感建筑物较多的 2 类声环境功能区时，应严格控制主变压器、高压电抗器等主要噪声源的噪声水平，各电压等级变电站应根据布置形式、周围声环境功能区要求计算确定主变压器、高压电抗器的噪声水平，并保留适当裕度作为主变压器、高压电抗器的噪声控制值。"

2. 监督项目解析

环境保护是工程设计阶段比较重要的监督项目。

随着变电站越来越靠近居民区以及人民环保意识的增强，变压器噪声、无线电干扰问题已经受到大家重视，需要对变压器噪声、无线电干扰电压等参数提出要求。

3. 监督要求

开展该项目监督时，采取资料检查方式，主要查阅设计图纸、设计说明书。

3.1.3　设备采购阶段

3.1.3.1　设备选型合理性

1. 监督要点及监督依据

设备采购阶段变压器设备选型合理性监督要点及监督依据见表 3－17。

表 3－17　　　　　　　　　　　　设备采购阶段变压器设备选型合理性监督

监督要点	监督依据
1. 不应选用明令停止供货（或停止使用）、家族缺陷、不满足预防事故措施的产品。 2. 变压器在规定的工作条件和负载条件下运行，预期寿命应不少于 40 年。 3. 240MVA 及以下容量变压器应选用通过短路承受能力试验验证的产品；500kV 变压器和 240MVA 以上容量变压器应优先选用通过短路承受能力试验验证的相似产品。生产厂家应提供同类产品短路承受能力试验报告或短路承受能力计算报告。在变压器设计阶段，应取得所订购变压器的短路承受能力计算报告，并开展短路承受能力复核工作，220kV 及以上电压等级的变压器还应取得抗震计算报告	1.《油浸式电力变压器（电抗器）技术监督导则》（Q/GDW 11085—2013）中"5.3.2 技术监督人员应参与设备技术规范书审查，对明令停止供货（或停止使用）、家族缺陷、不满足预防事故措施的产品，提出书面禁用意见。" 2.《110kV 油浸式电力变压器采购标准　第 1 部分：通用技术规范》（Q/GDW 13007.1—2018）中"5.13.1 变压器在规定的工作条件和负载条件下运行，并按使用说明书进行安装和维护，预期寿命应不少于 40 年。" 3.《国家电网公司关于印发十八项电网重大反事故措施（修订版）的通知》（国家电网设备〔2018〕979 号）中"9.1.1 240MVA 及以下容量变压器应选用通过短路承受能力试验验证的产品；500kV 变压器和 240MVA 以上容量变压器应优先选用通过短路承受能力试验验证的相似产品。生产厂家应提供同类产品短路承受能力试验报告或短路承受能力计算报告。9.1.2 在变压器设计阶段，应取得所订购变压器的短路承受能力计算报告，并开展短路承受能力复核工作，220kV 及以上电压等级的变压器还应取得抗震计算报告。"

2. 监督项目解析

设备选型合理性是设备采购阶段最重要的监督项目之一。

变压器选型应以变压器整体可靠性为基础，同时考虑技术参数的合理性以及运输、安装空间等方面的影响，国家电网有限公司通过合理优化，对变压器相关基本参数进行了固化，方便设计和基层单位选择。对于明令停止供货（或停止使用）、家族缺陷、不满足预防事故措施的产品，如铝绕组、薄绝缘变压器，在后期选型中不应再选用。监督要点 3 主要是结合各单位建议，加强变压器抗短路能力前期管控，确保变压器抗突发短路能力。

3. 监督要求

开展该项目监督时，采取资料检查方式，主要查阅技术规范书、投标文件。

3.1.3.2 铁心和绕组

1. 监督要点及监督依据

设备采购阶段变压器铁心和绕组监督要点及监督依据见表3-18。

表3-18   设备采购阶段变压器铁心和绕组监督

监督要点	监督依据
1. 铁心应使用优质低耗、晶粒取向冷轧硅钢片。 2. 全部绕组均应采用铜导线，其中低压及中压绕组应采用自粘性换位导线。容量大于100MVA绕组的高温区域匝绝缘宜采用热改性绝缘纸	1.《110kV 油浸式电力变压器采购标准　第 1 部分：通用技术规范》（Q/GDW 13007.1—2018）中"5.2.1 为了改善铁心性能，应使用优质低耗、晶粒取向冷轧硅钢片，应采用先进方法叠装（例如：多级步进斜接缝搭接叠装）和紧固，装配时均匀的压力压紧整个铁心，变压器铁心应不会由于运输和运行的振动而松动。" 2.《110kV 油浸式电力变压器采购标准　第 1 部分：通用技术规范》（Q/GDW 13007.1—2018）中"5.2.2 全部绕组均应采用铜导线，优先采用半硬铜导线，低压及中压绕组应采用自粘性换位导线。"《110（66）～1000kV 油浸式电力变压器技术条件》（Q/GDW 11306—2014）中"6.1.2.1 全部绕组均应采用铜导线，其中低压及中压绕组应采用自粘性换位导线。容量大于100MVA 绕组的高温区域匝绝缘宜采用热改性绝缘纸。"

2. 监督项目解析

铁心和绕组是设备采购阶段最重要的监督项目之一。

为了使不同绕组能感应出和匝数成正比的电压，需要两个绕组链合的磁通量相等，这就需要绕组内有磁导率很高的材料制造的铁心，通常采用磁性钢片。磁性钢片最主要的性能是单位质量的损耗和材料的磁导率，冷轧晶粒取向磁性钢片的损耗较过去的热轧磁性钢片的损耗有很大的降低。目前，在变压器中已几乎全部采用斜接缝铁心，这样磁通在铁心的全长是沿轧制方向的，可以最好地利用取向钢片的特点。自粘换位导线从 2000 年左右开始逐步使用，其受力时的屈服强度远高于半硬纸包扁铜线，可以有效提高变压器抗短路能力。

3. 监督要求

开展该项目监督时，采取资料检查方式，主要查阅技术规范书、投标文件。

3.1.3.3 油箱选型

1. 监督要点及监督依据

设备采购阶段变压器油箱选型监督要点及监督依据见表3-19。

表3-19   设备采购阶段变压器油箱选型监督

监督要点	监督依据
1. 有高、中压套管升高座的应设集气管，连接至油箱与气体继电器之间的连管上。通向气体继电器的管道应有1.5%的坡度。 2. 110（66）kV 及以上变压器的油箱应具有能承受住真空度为 13.3Pa 和 0.1MPa 液压的机械强度的能力。当选用释放阀的释放动作压力大于 0.07MPa 时，油箱承受正压力的机械强度应相应提高，一般 500kV 以上变压器油箱应能承受不低于 0.12MPa 的正压力。 3. 变压器本体油箱的箱沿若是焊接密封，则应采用可重复焊接法兰（重复次数不少于 3 次），并设有合适的垫圈及挡圈等以防止密封垫被挤出或过量压缩和焊渣溅入油箱内部。 4. 有载调压分接开关附近应设置人孔。 5. 所有橡胶密封面应配置限位槽。 6. 所有安装调试过程中需拆卸的密封垫（圈）均应提供一套完整备件用于更换，密封圈不得重复使用	1～5.《110（66）～1000kV 油浸式电力变压器技术条件》（Q/GDW 11306—2014）6.2.2 变压器油箱要求。 6.《输变电工程设备安装质量管理重点措施（试行）》（基建安质〔2014〕38 号）中"三、变压器系统设备安装质量管理措施：现场安装无须打开的密封面应检查复紧螺栓，确保密封性良好。密封圈不得重复使用。"

2. 监督项目解析

油箱选型是设备采购阶段重要的监督项目。

对于油浸式变压器，油箱是保护变压器器身的外壳和盛油的容器，又是装备变压器外部结构件的骨架。作为盛油容器，油箱应密封不渗漏油；作为外壳和骨架，油箱应具备一定的机械强度，不仅要能够承受变压器器身及组附件重量，还要能承受抽真空时大气压力的作用。

3. 监督要求

开展该项目监督时，采取资料检查方式，主要查阅技术规范书、投标文件。

3.1.3.4 储油柜选型

1. 监督要点及监督依据

设备采购阶段变压器储油柜选型监督要点及监督依据见表 3-20。

表 3-20 设备采购阶段变压器储油柜选型监督

监督要点	监督依据
1. 储油柜的容积应保证在变压器允许的极端工况下，应能正确显示油位并不发生高/低油位信号报警，推荐容积按油箱内油重的10%考虑。 2. 如选用波纹式结构，宜选用具有漏油保护的金属波纹（内油）密封式储油柜或金属波纹（外油立式）密封式储油柜，波纹伸缩时对变压器油产生的附加压力应不影响变压器压力释放阀和气体继电器参数设定。油位计应与绝缘油隔离，以方便检修维护。 3. 有载分接开关储油柜容积应有足够裕度满足检修取样要求。 4. 变压器吸湿器吸湿剂重量不低于变压器储油柜油重的1‰	1.《110（66）~1000kV 油浸式电力变压器技术条件》（Q/GDW 11306—2014）中"6.2.2 变压器油箱要求：储油柜的容积应保证在变压器允许的极端工况下，应能正确显示油位并不发生高/低油位信号报警。" 2.《110（66）~1000kV 油浸式电力变压器技术条件》（Q/GDW 11306—2014）中"6.2.2 储油柜优先采用胶囊式结构，如选用波纹式结构，应注意波纹式储油柜对气体继电器动作的影响，保证气体继电器动作可靠性。"《110kV 油浸式电力变压器采购标准 第1部分：通用技术规范》（Q/GDW 13007.1—2018）中"5.3.3 根据运行实践情况，当选用金属波纹密封式储油柜时，宜选用具有渗漏保护和防凝露锈蚀功能的金属波纹（内油）密封式储油柜或金属波纹（外油立式）密封式储油柜。波纹伸缩时对变压器油产生的附加压力应不影响变压器压力释放阀和气体继电器参数设定。油位计应与绝缘油隔离，以方便检修维护。" 3.《110kV 油浸式电力变压器采购标准 第1部分：通用技术规范》（Q/GDW 13007.1—2018）5.3.5。 4.《电力变压器用吸湿器选用导则》（DL/T 1386—2014）中"4.2 规格按吸湿剂的填装质量，吸湿器分为0.5kg、1.0kg、1.5kg、3.0kg、5.0kg、7.0kg、10kg、14kg、20kg 9种规格。实际选用中，吸湿剂的重量应不低于变压器储油柜油重的千分之一。"

2. 监督项目解析

储油柜选型是设备采购阶段最重要的监督项目之一。

变压器油在一定范围内是变化的，而当变压器油温变化时，变压器油的体积也发生变化。储油柜是为了满足变压器油体积变化，减少或阻止水分和空气进入变压器，延缓变压器油和绝缘老化的保护装置。其容积应能保证在最高环境温度和允许负载状态下，变压器油不溢出，在最低环境温度和变压器未投入运行时，观察油位计应有指示。对于采用排油注氮保护装置的变压器，本体储油柜与气体继电器间应设断流阀，是为了尽量减少变压器着火时的事故扩大。

3. 监督要求

开展该项目监督时，采取资料检查方式，主要查阅技术规范书、投标文件。

3.1.3.5 分接开关选型

1. 监督要点及监督依据

设备采购阶段变压器分接开关选型监督要点及监督依据见表 3-21。

表 3-21   设备采购阶段变压器分接开关选型监督

监督要点	监督依据
1. 有载分接开关的选择开关应有机械限位功能，束缚电阻应采用常接方式。 2. 变压器的无励磁分接开关应带有外部的操动机构用于手动操作，该装置应具有安全闭锁功能，以防止带电误操作、分接头未合在正确的位置时投运。无励磁分接开关就地应有档位显示并能远传	1.《国家电网有限公司关于印发十八项电网重大反事故措施（修订版）的通知》（国家电网设备〔2018〕979 号）中"9.4.1 新购有载分接开关的选择开关应有机械限位功能，束缚电阻应采用常接方式。" 2.《110（66）～750kV 智能变电站通用一次设备技术要求及接口规范　第 1 部分：变压器》（Q/GDW 11071.1—2013）中"6.2 b）无励磁分接开关 变压器的无励磁分接开关应带有外部的操动机构用于手动操作，该装置应具有安全闭锁功能，以防止带电误操作、分接头未合在正确的位置时投运。无励磁分接开关就地应有档位显示并能远传。"

2. 监督项目解析

分接开关选型是设备采购阶段最重要的监督项目之一。

分接开关的选择开关应有机械限位功能，束缚电阻应采用常接方式，旨在提高有载分接开关的可靠性。

3. 监督要求

开展该项目监督时，采取资料检查方式，主要查阅技术规范书、投标文件。

3.1.3.6　套管选型

1. 监督要点及监督依据

设备采购阶段变压器套管选型监督要点及监督依据见表 3-22。

表 3-22   设备采购阶段变压器套管选型监督

监督要点	监督依据
1. 新型或有特殊运行要求的套管，在首批次生产系列中应至少有一支通过全部型式试验，并提供第三方权威机构的型式试验报告。 2. 新采购油纸电容套管在最低环境温度下不应出现负压。生产厂应明确套管最大取油量，避免因取油样而造成负压。 3. 35kV 及以下套管宜采用法兰式纯瓷套管；220kV 及以上的高压套管宜采用导杆式结构；采用穿缆式结构套管时，其穿缆引出头处密封结构应为压密封。 4. 套管顶部储油柜注油孔应布置在侧面不易积水的位置。 5. 电容式套管末屏应采用固定导杆引出，通过端帽或接地线可靠接地。新采购的套管末屏接地方式不应选用圆柱弹簧压接式接地结构。 6. 新安装的 220kV 及以上电压等级变压器，应核算引流线（含金具）对套管接线柱的作用力，确保不大于套管及接线端子弯曲负荷耐受值	1.《国家电网有限公司关于印发十八项电网重大反事故措施（修订版）的通知》（国家电网设备〔2018〕979 号）中"9.5.1 新型或有特殊运行要求的套管，在首批次生产系列中应至少有一支通过全部型式试验，并提供第三方权威机构的型式试验报告。" 2.《国家电网有限公司关于印发十八项电网重大反事故措施（修订版）的通知》（国家电网设备〔2018〕979 号）中"9.5.7 新采购油纸电容套管在最低环境温度下不应出现负压。生产厂应明确套管最大取油量，避免因取油样而造成负压。" 3～5.《110（66）～1000kV 油浸式电力变压器技术条件》（Q/GDW 11306—2014）6.2.3 套管要求。 6.《国家电网有限公司关于印发十八项电网重大反事故措施（修订版）的通知》（国家电网设备〔2018〕979 号）中"9.5.2 新安装的 220kV 及以上电压等级变压器，应核算引流线（含金具）对套管接线柱的作用力，确保不大于套管及接线端子弯曲负荷耐受值。"

2. 监督项目解析

套管选型是设备采购阶段最重要的监督项目之一。

变压器需要通过套管将各个不同电压等级的绕组连接到系统中，需要使用不同电压等级的套管对油箱进行绝缘。根据使用条件，套管要满足使用的绝缘、载流机械强度等各方面的要求。其中，要求油纸电容套管在最低环境温度下不应出现负压，是为了防止套管受潮损坏。

3. 监督要求

开展该项目监督时，采取资料检查方式，主要查阅技术规范书、投标文件。

3.1.3.7 铁心和夹件接地方式

1. 监督要点及监督依据

设备采购阶段变压器铁心和夹件接地方式监督要点及监督依据见表 3-23。

表 3-23 设备采购阶段变压器铁心和夹件接地方式监督

监督要点	监督依据
应将变压器铁心、夹件接地引线引至便于测量的适当位置，以便在运行时监测接地线中是否有环流	《国家电网有限公司关于印发十八项电网重大反事故措施（修订版）的通知》（国家电网设备〔2018〕979 号）中"9.2.3.4 铁心、夹件分别引出接地的变压器，应将接地引线引至便于测量的适当位置，以便在运行时监测接地线中是否有环流。"

2. 监督项目解析

铁心和夹件接地方式是设备采购阶段重要的监督项目。

铁心、夹件接地引线引至适当位置，可方便运行人员定期监测接地线中是否有环流，及时发现并处理铁心多点接地情况。

3. 监督要求

开展该项目监督时，采取资料检查方式，主要查阅技术规范书、投标文件。

3.1.3.8 冷却系统选型

1. 监督要点及监督依据

设备采购阶段变压器冷却系统选型监督要点及监督依据见表 3-24。

表 3-24 设备采购阶段变压器冷却系统选型监督

监督要点	监督依据
1. 变压器冷却系统应优先选用自然油循环风冷或自冷方式；高压并联电抗器宜采用自冷。 2. 新建或扩建变压器一般不采用水冷方式，对特殊场合，必须采用水冷方式的变压器应采用双层铜管。 3. 潜油泵的轴承应采用 E 级或 D 级，强迫油循环变压器的潜油泵应选用转速不大于 1500r/min 的低速潜油泵，禁止使用无铭牌、无级别的轴承的潜油泵。强油循环结构的潜油泵启动应逐台启用，延时间隔应在 30s 以上，以防止气体继电器误动。 4. 变压器冷却系统应配置两个相互独立的电源，并具备自动切换功能；冷却系统电源应有三相电压监测，任一相故障失电时，应保证自动切换至备用电源供电	1.《国家电网有限公司关于印发十八项电网重大反事故措施（修订版）的通知》（国家电网设备〔2018〕979 号）中"9.7.1.1 优先选用自然油循环风冷或自冷方式的变压器。"《220kV～750kV 变电站设计技术规程》（DL/T 5218—2012）13.2.2 主变压器冷却方式宜采用自然油循环风冷或自冷；高压并联电抗器冷却方式宜采用自冷。 2.《国家电网有限公司关于印发十八项电网重大反事故措施（修订版）的通知》（国家电网设备〔2018〕979 号）中"9.7.1.3 新建或扩建变压器一般不宜采用水冷方式。对特殊场合必须采用水冷却系统的，应采用双层铜管冷却系统。" 3.《国家电网有限公司关于印发十八项电网重大反事故措施（修订版）的通知》（国家电网设备〔2018〕979 号）中"9.7.1.2 新订购强迫油循环变压器的潜油泵应选用转速不大于 1500r/min 的低速潜油泵，对运行中转速大于 1500r/min 的潜油泵应进行更换。禁止使用无铭牌、无级别的轴承的潜油泵。9.7.2.2 强迫油循环变压器的潜油泵启动应逐台启用，延时间隔应在 30s 以上，以防止气体继电器误动。" 4.《国家电网有限公司关于印发十八项电网重大反事故措施（修订版）的通知》（国家电网设备〔2018〕979 号）中"9.7.1.4 变压器冷却系统应配置两个相互独立的电源，并具备自动切换功能；冷却系统电源应有三相电压监测，任一相故障失电时，应保证自动切换至备用电源供电。"

2. 监督项目解析

冷却系统选项是设备采购阶段的重要监督项目。

在变压器所有缺陷中，冷却系统缺陷占了很大比例，而强迫油循环冷却系统结构复杂、维护工作量大，缺陷情况时有发生。因此对于新建主变压器，应优先选用自冷或风冷方式，对于强迫油循环风冷系统的潜油泵及其电源应严格落实相关要求。

3. 监督要求

开展该项目监督时，采取资料检查方式，主要查阅技术规范书、投标文件。

3.1.3.9 非电量保护装置配置

1. 监督要点及监督依据

设备采购阶段变压器非电量保护装置配置监督要点及监督依据见表3-25。

表3-25　　　　　　　　设备采购阶段变压器非电量保护装置配置监督

监督要点	监督依据
1. 220kV及以上变压器本体应采用双浮球并带挡板结构的气体继电器。采用排油注氮保护装置的变压器，应配置具有联动功能的双浮球结构的气体继电器。 2. 户外布置变压器的气体继电器、油流速动继电器、温度计、油位表应加装防雨罩（压力释放阀等其他组部件应结合地域情况自行规定），并加强与其相连的二次电缆结合部的防雨措施，二次电缆应采取防止雨水顺电缆倒灌的措施（如反水弯）。 3. 油灭弧有载分接开关应选用油流速动继电器，不应采用具有气体报警（轻瓦斯）功能的气体继电器；真空灭弧有载分接开关应选用具有油流速动、气体报警（轻瓦斯）功能的气体继电器。新安装的真空灭弧有载分接开关，宜选用具有集气盒的气体继电器。集气盒应安装在便于取气的位置。 4. 变压器本体保护宜采用就地跳闸方式，即将变压器本体保护通过两个较大启动功率中间继电器的两副触点分别直接接入断路器的两个跳闸回路。 5. 变压器本体气体继电器应配备采气盒，采气盒应安装在便于取气的位置	1.《国家电网有限公司关于印发十八项电网重大反事故措施（修订版）的通知》（国家电网设备〔2018〕979号）中"9.3.1.2 220kV及以上变压器本体应采用双浮球并带挡板结构的气体继电器。9.8.1 采用排油注氮保护装置的变压器，应配置具有联动功能的双浮球结构的气体继电器。" 2.《国家电网有限公司关于印发十八项电网重大反事故措施（修订版）的通知》（国家电网设备〔2018〕979号）中"9.3.2.1 户外布置变压器的气体继电器、油流速动继电器、温度计、油位表应加装防雨罩，并加强与其相连的二次电缆结合部的防雨措施，二次电缆应采取防止雨水顺电缆倒灌的措施（如反水弯）。" 3.《国家电网有限公司关于印发十八项电网重大反事故措施（修订版）的通知》（国家电网设备〔2018〕979号）中"9.3.1.1 油灭弧有载分接开关应选用油流速动继电器，不应采用具有气体报警（轻瓦斯）功能的气体继电器；真空灭弧有载分接开关应选用具有油流速动、气体报警（轻瓦斯）功能的气体继电器。新安装的真空灭弧有载分接开关，宜选用具有集气盒的气体继电器。" 4.《国家电网有限公司关于印发十八项电网重大反事故措施（修订版）的通知》（国家电网设备〔2018〕979号）中"9.3.1.3 变压器本体保护宜采用就地跳闸方式，即将变压器本体保护通过两个较大启动功率中间继电器的两副触点分别直接接入断路器的两个跳闸回路。" 5.《国家电网有限公司关于印发十八项电网重大反事故措施（修订版）的通知》（国家电网设备〔2018〕979号）中"9.3.3.2 不宜从运行中的变压器气体继电器取气阀直接取气；未安装气体继电器采气盒的，宜结合变压器停电检修加装采气盒，采气盒应安装在便于取气的位置。"

2. 监督项目解析

非电量保护装置配置是设备采购阶段比较重要的监督项目。

变压器非电量保护装置主要包括气体继电器、压力释放阀、温度计、油位计等，主要起指示变压器运行状态和避免故障进一步扩大的作用。户外布置的非电量保护装置需做好防雨措施，避免发生误动。

3. 监督要求

开展该项目监督时，采取资料检查方式，主要查阅技术规范书、投标文件。

3.1.3.10 在线监测装置

1. 监督要点及监督依据

设备采购阶段变压器在线监测装置监督要点及监督依据见表3-26。

表3-26　　　　　　　　设备采购阶段变压器在线监测装置监督

监督要点	监督依据
1. 所配置的在线监测装置不应降低变压器主体的安全可靠性。 2. 绝缘油色谱在线监测取样口应设置在循环油回路上	1.《110（66）~1000kV油浸式电力变压器技术条件》（Q/GDW 11306—2014）中"6.2.1 所配置的在线监测装置不应降低变压器主体的安全可靠性。" 2.《110（66）~1000kV油浸式电力变压器技术条件》（Q/GDW 11306—2014）中"6.3（a）绝缘油色谱在线监测取样口应设置在循环油回路上。其他监测设备的接口预留需求由用户根据设备要求提出。"

2. 监督项目解析

在线监测装置是设备采购阶段比较重要的监督项目。

在线监测装置能够对变压器的运行状态进行实时监测，如铁心接地电流监测、油色谱在线监测，目前已经得到比较广泛的应用。但有的在线监测装置需要对变压器结构进行改造，可能影响变压器主体的安全可靠性，在设备采购阶段需对此予以明确。

3. 监督要求

开展该项目监督时，采取资料检查方式，主要查阅技术规范书、投标文件。

3.1.3.11　直流偏磁耐受能力

1. 监督要点及监督依据

设备采购阶段变压器直流偏磁耐受能力监督要点及监督依据见表 3－27。

表 3－27　　　　　　　　　　设备采购阶段变压器直流偏磁耐受能力监督

监督要点	监督依据
变压器应满足高压绕组在至少 4A 直流偏磁电流作用下的耐受要求： （1）变压器在额定负荷下长时间运行； （2）变压器油色谱无异常；铁心和绕组温升不应超过规定的限值；单台变压器噪声不应大于 90dB（A）；空载损耗增量不应大于 4%	《110（66）～1000kV 油浸式电力变压器技术条件》（Q/GDW 11306—2014）中"5.2.7 变压器应满足高压绕组在至少 4A 直流偏磁电流作用下的耐受要求：a）变压器在额定负荷下长时间运行；b）变压器油色谱无异常；铁心和绕组温升不超过本标准中的限值；单台变压器噪声不应大于 90dB（A）；空载损耗增量不应大于 4%。"

2. 监督项目解析

直流偏磁耐受能力是设备采购阶段非常重要的监督项目。

我国直流输电工程日益增多，且其输送功率也在不断增大。当直流输电工程发生单极大地回线，会对接地极附近中性点接地的交流变压器产生直流偏磁影响，引起变压器噪声、振动加剧，影响变压器安全可靠运行。

3. 监督要求

开展该项目监督时，采取资料检查方式，主要查阅技术规范书、投标文件。

3.1.3.12　过励磁能力

1. 监督要点及监督依据

设备采购阶段变压器过励磁能力监督要点及监督依据见表 3－28。

表 3－28　　　　　　　　　　设备采购阶段变压器过励磁能力监督

监督要点	监督依据
1. 在设备最高电压规定值内，当电压与频率之比超过额定电压与额定频率之比，但不超过 5%的"过励磁"时，变压器应能在额定容量下连续运行而不损坏。 2. 空载时，变压器应能在电压与频率之比为 110%的额定电压与额定频率之比下连续运行	《电力变压器　第 1 部分：总则》（GB 1094.1—2013）中"5.4.3 在设备最高电压规定值内，当电压与频率之比超过额定电压与额定频率之比，但不超过 5%的'过励磁'时，变压器应能在额定容量下连续运行而不损坏。空载时，变压器应能在电压与频率之比为 110%的额定电压与额定频率之比下连续运行。"

2. 监督项目解析

过励磁能力是设备采购阶段的重要监督项目。

变压器在不同运行工况下会承受一定的稳态过电压，要求变压器需满足能在 1.05 倍的额定电压下连续满载运行、在 1.1 倍的额定电压下连续空载运行。

3. 监督要求

开展该项目监督时，采取资料检查方式，主要查阅技术规范书、投标文件。

3.1.3.13 消防装置

1. 监督要点及监督依据

设备采购阶段变压器消防装置监督要点及监督依据见表 3-29。

表 3-29　　　　　　　　　　　设备采购阶段变压器消防装置监督

监督要点	监督依据
1. 单台容量为 125MVA 及以上的油浸变压器、200Mvar 及以上的油浸电抗器应设置水喷雾灭火系统或其他固定式灭火装置。地下变电站的油浸变压器、油浸电抗器，宜采用固定灭火系统。在室外专用贮存场地贮存作为备用的油浸变压器、油浸电抗器，可不设置火灾自动报警系统和固定式灭火系统。 2. 水喷淋动作功率应大于 8W，其动作逻辑关系应满足变压器超温保护与变压器断路器跳闸同时动作的要求。 3. 采用排油注氮保护装置的变压器应采用具有联动功能的双浮球结构的气体继电器。排油注氮灭火系统装置动作逻辑关系应满足本体重瓦斯保护、主变压器断路器跳闸、油箱超压开关（火灾探测器）同时动作才能启动排油充氮保护；排油注氮启动（触发）功率应大于 220V×5A（DC）；排油及注氮阀动作线圈功率应大于 220V×6A（DC）；注氮阀与排油阀间应设有机械连锁阀门。装有排油注氮装置的变压器本体储油柜与气体继电器间应增设断流阀。 4. 地下变电站与采用固定灭火系统的油浸变压器、油浸电抗器应设置火灾自动报警系统	1.《火力发电厂与变电站设计防火标准》（GB 50229—2019）中 "11.5.4 单台容量为 125MVA 及以上的油浸变压器、200Mvar 及以上的油浸电抗器应设置水喷雾灭火系统或其他固定式灭火装置。地下变电站的油浸变压器、油浸电抗器，宜采用固定灭火系统。在室外专用贮存场地贮存作为备用的油浸变压器、油浸电抗器，可不设置火灾自动报警系统和固定式灭火系统。" 2.《国家电网有限公司关于印发十八项电网重大反事故措施（修订版）的通知》（国家电网设备〔2018〕979 号）中 "9.8.3 水喷淋动作功率应大于 8W，其动作逻辑关系应满足变压器超温保护与变压器断路器跳闸间同时动作的要求。" 3.《国家电网有限公司关于印发十八项电网重大反事故措施（修订版）的通知》（国家电网设备〔2018〕979 号）中 "9.8.1 采用排油注氮保护装置的变压器，应配具有联动功能的双浮球结构的气体继电器。9.8.2 排油注氮保护装置应满足以下要求：（1）排油注氮启动（触发）功率应大于 220V×5A（DC）；（2）排油及注氮阀动作线圈功率应大于 220V×6A（DC）；（3）注氮阀与排油阀间应设有机械连锁阀门；（4）动作逻辑关系应为本体重瓦斯保护、主变压器断路器跳闸、油箱超压开关（火灾探测器）同时动作时才能启动排油充氮保护。9.8.4 装有排油注氮装置的变压器本体储油柜与气体继电器间应增设断流阀，以防因储油柜中的油下泄而致使火灾扩大。" 4.《火力发电厂与变电站设计防火标准》（GB 50229—2019）中 "11.5.25 下列场所和设备应设置火灾自动报警系统：3 采用固定灭火系统的油浸变压器、油浸电抗器。4 地下变电站的油浸变压器、油漫电抗器。"

2. 监督项目解析

消防装置是设备采购阶段最重要的监督项目之一。

消防装置应在设备采购阶段需根据其使用条件提出具体要求。

3. 监督要求

开展该项目监督时，采取资料检查方式，主要查阅技术规范书、投标文件。

3.1.3.14 主要金属部件

1. 监督要点及监督依据

设备采购阶段变压器主要金属部件监督要点及监督依据见表 3-30。

表 3-30　　　　　　　　　　　设备采购阶段变压器主要金属部件监督

监督要点	监督依据
1. 不锈钢连接螺栓、油管连接波纹管、传动连杆及抱箍、本体油位计、压力释放阀、气体继电器、排油注氮继电器、油流速动继电器及压力突变继电器等外露附件的防雨罩和电缆槽盒等部件应选用奥氏体不锈钢。 2. 主变压器接线端子的材质含铜量不应低于 90%。变压器套管、升高座、带阀门的油管等法兰连接面跨接软铜线及铁心、夹件接地引下线、纸包铜扁线、换位导线及组合导线，铜含量不应低于 99.9%。 3. 油箱、储油柜、散热器等壳体的防腐涂层应满足腐蚀环境要求，其涂层厚度应不小于 120μm，附着力不应小于 5MPa；波纹储油柜的不锈钢芯体宜为奥氏体型不锈钢，重腐蚀环境散热片表面宜采用锌铝合金镀层防腐	1.《电网设备金属技术监督导则》（Q/GDW 11717—2017）中 "7.2.1 e) 不锈钢连接螺栓、油管连接波纹管、传动连杆及抱箍、本体油位计、压力释放阀、气体继电器、排油注氮继电器、油流速动继电器及压力突变继电器等外露附件的防雨罩和电缆槽盒等部件应选用 06Cr19Ni10 的奥氏体不锈钢。" 2.《电网设备金属技术监督导则》（Q/GDW 11717—2017）中 "7.2.1 f) 主变接线端子的材质含铜量不应低于 90%。变压器套管、升高座、带阀门的油管等法兰连接面跨接软铜线及铁心、夹件接地引下线、纸包铜扁线、换位导线及组合导线，铜含量不应低于 99.9%。" 3.《电网金属技术监督规程》（DL/T 1424—2015）中 "6.1.1 c) 油箱、储油柜、散热器等壳体的防腐涂层应满足腐蚀环境要求，其涂层厚度应不小于 120μm，附着力不应小于 5MPa；波纹储油柜的不锈钢芯体材质宜为奥氏体型不锈钢，重腐蚀环境散热片表面宜采用锌铝合金镀层防腐。"

2. 监督项目解析

主要金属部件是设备采购阶段非常重要的监督项目。

3. 监督要求

开展该项目监督时，采取资料检查方式，主要查阅技术规范书、投标文件。

3.1.3.15 绝缘油

1. 监督要点及监督依据

设备采购阶段变压器绝缘油监督要点及监督依据见表 3-31。

表 3-31   设备采购阶段变压器绝缘油监督

监督要点	监督依据
1. 应根据当地环境最低温度和运行经验选择合适的油种、油号。 2. 提供的新绝缘油，应包括安装消耗用油和总油量 10% 的备用油，备用油应单独封装。 3. 厂家须提供绝缘油无腐蚀性硫、结构簇、糠醛及油中颗粒度报告。对 500kV 及以上电压等级的变压器还应提供 T501 等检测报告	1.《电工流体 变压器和开关用的未使用的矿物绝缘油》（GB 2536—2011）中"4.1.3 变压器油的标准最低冷态投运温度为−30℃，比 GB 1094.1 中规定的户外式变压器最低使用温度低 5℃。其他最低冷态投运温度可依据每个地区气候条件的不同，由供需双方协商确定。" 2.《110kV 油浸式电力变压器采购标准 第 1 部分：通用技术规范》（Q/GDW 13007.1—2018）中"5.9.3 提供的新绝缘油，应包括安装消耗用油和所需的备用油，备用油应单独封装。" 3.《国家电网有限公司关于印发十八项电网重大反事故措施（修订版）的通知》（国家电网设备〔2018〕979 号）中"9.2.2.3 变压器新油应由生产厂家提供新油无腐蚀性硫、结构簇、糠醛及油中颗粒度报告。对 500kV 及以上电压等级的变压器还应提供 T501 等检测报告。"

2. 监督项目解析

绝缘油是设备采购阶段比较重要的监督项目。

绝缘油是变压器的主要绝缘和冷却介质，在设备采购阶段需根据其使用条件提出具体要求。

3. 监督要求

开展该项目监督时，采取资料检查方式，主要查阅技术规范书、投标文件。

3.1.4 设备制造阶段

3.1.4.1 产品设计核查

1. 监督要点及监督依据

设备制造阶段变压器产品设计核查监督要点及监督依据见表 3-32。

表 3-32   设备制造阶段变压器产品设计核查监督

监督要点	监督依据
1. 产品应全面、准确落实了订货合同、设计联络文件的要求。 2. 240MVA 容量及以下变压器，核查其产品是否通过短路承受能力试验验证。500kV 变压器和 240MVA 以上容量变压器，核查制造厂提供的同类产品短路承受能力试验报告或短路承受能力计算报告	1.《油浸式电力变压器（电抗器）技术监督导则》（Q/GDW 11085—2013）中"5.4.1 应监督设备制造过程中订货合同和有关技术标准的执行情况。重点监督是否满足以下要求：a）在制造期间应进行工厂监造及验收。监造工作按国家电网公司《110kV 及以上变电设备监造大纲（试行）》进行，应全面落实变压器订货合同和设计联络文件的要求。" 2.《国家电网有限公司关于印发十八项电网重大反事故措施（修订版）的通知》（国家电网设备〔2018〕979 号）中"9.1.1 240MVA 及以下容量变压器应选用通过短路承受能力试验验证的产品；500kV 变压器和 240MVA 以上容量变压器应优先选用通过短路承受能力试验验证的相似产品。生产厂家应提供同类产品短路承受能力试验报告或短路承受能力计算报告。"

2. 监督项目解析

产品设计核查是设备制造阶段重要的监督项目。

产品生产制造须严格执行订货合同、设计联络文件的要求，设备制造过程的监督人员必须熟知这些要求。变压器的参数、调压方式、冷却方式等在规划设计阶段就已经确定，不能随意更改。

3. 监督要求

开展该项目监督除了核查产品订货合同、技术规范书、设计联络会会议纪要等，还应对照有关要求进行现场检查。

3.1.4.2 抽检

1. 监督要点及监督依据

设备制造阶段变压器抽检监督要点及监督依据见表 3–33。

表 3–33　　　　　　　　　　　设备制造阶段变压器抽检监督

监督要点	监督依据
1. 在变压器制造阶段，应进行电磁线、绝缘材料等抽检，并抽样开展变压器短路承受能力试验验证。 2. 对频繁出现问题的变压器厂家产品，应加大抽检力度、频度，包括整体、组附件、原材料、工艺等，可结合实际委托第三方进行抽检	1.《国家电网有限公司关于印发十八项电网重大反事故措施（修订版）的通知》（国家电网设备〔2018〕979 号）中"9.1.3 在变压器制造阶段，应进行电磁线、绝缘材料等抽检，并抽样开展变压器短路承受能力试验验证。" 2.《油浸式电力变压器（电抗器）技术监督导则》（Q/GDW 11085—2013）中"5.4.3 对频繁出现问题的变压器厂家产品，应加大抽检力度、频度，包括整体、组附件、原材料、工艺等，可结合实际委托第三方进行抽检。"

2. 监督项目解析

抽检是设备制造阶段比较重要的监督项目。

变压器原材料的选取会直接影响变压器的性能。近几年，由于原材料质量问题导致变压器未能一次性通过出厂试验的情况时有发生，变压器原材料的质量堪忧。因此，对于变压器的原材料应抽样进行检测。

3. 监督要求

开展该项目监督主要检查监造记录、原材料出厂报告、进厂检验报告、开展原材料抽检等。

3.1.4.3 铁心制作

1. 监督要点及监督依据

设备制造阶段变压器铁心制作监督要点及监督依据见表 3–34。

表 3–34　　　　　　　　　　　设备制造阶段变压器铁心制作监督

监督要点	监督依据
1. 硅钢片尺寸与产品设计一致，断面、表面要求无缺损、锈蚀、毛边和异物。 2. 铁心叠装平整，叠装后尺寸与产品设计一致，要求洁净、无油污，无杂物，无损伤。 3. 铁心对地绝缘、铁心对夹件绝缘要求用 500V 或 1000V 绝缘电阻表，电阻＞0.5MΩ。 4. 铁心夹件所有棱边不应有尖角毛刺，夹件材质和尺寸符合图纸标示	《电力变压器监造规范（试行）》（物资质监〔2017〕2 号）表 A.3 铁心制作

2. 监督项目解析

铁心制作是设备制造阶段最重要的监督项目之一。

硅钢片表面如有缺损、毛边、异物，运行过程中可能产生异常放电。在制造过程中检测铁心和夹件的绝缘电阻，可以避免多点接地情况发生。

3. 监督要求

开展该项目监督主要通过旁站见证，需对照技术规范书、设计图纸以及厂家工艺控制文件。

3.1.4.4 线圈制作

1. 监督要点及监督依据

设备制造阶段变压器线圈制作监督要点及监督依据见表3－35。

表3－35 设备制造阶段变压器线圈制作监督

监督要点	监督依据
1. 作业环境有防尘、净化措施，绝缘件有防脏污措施。 2. 线圈压紧过程中，各线圈的预紧力应和工艺文件一致，工艺文件要求值应和抗短路强度计算结果匹配。线圈压紧前后应对换位导线股间绝缘进行检测。 3. 垫块、撑条要求预处理，倒角、倒棱、去毛刺。750kV及以上电压等级的变压器在高场强区应避免使用胶粘撑条，要求使用整张厚纸板制作撑条，撑条制作完毕后需检查是否存在起层等缺陷。 4. 线圈绕向、段数、匝数、线圈形式符合产品设计图纸。 5. 线圈绕制要求平整和紧密；导线换位S弯要求平整、导线无损伤，无剪刀差，绝缘处理良好，规范。 6. 导线的焊接要求牢固，表面处理光滑、无尖角毛刺，焊后绝缘处置规范，全过程防屑措施严密。 7. 线圈过渡垫块、导线换位防护纸板、导油遮板等放置位置正确、规整，油道畅通；线圈表面要清洁，无异物（特别是金属异物）	《电力变压器监造规范（试行）》（物资质监〔2017〕2号）表A.4 线圈制作

2. 监督项目解析

线圈制作是设备制造阶段最重要的监督项目之一。

线圈和铁心是变压器最为重要的两个元件，线圈制作会影响变压器的电场分布、抗短路能力等，必须严格按照制造工艺开展。

3. 监督要求

开展该项目监督主要通过旁站见证，需对照技术规范书、设计图纸以及厂家工艺控制文件。

3.1.4.5 器身装配

1. 监督要点及监督依据

设备制造阶段变压器器身装配监督要点及监督依据见表3－36。

表3－36 设备制造阶段变压器器身装配监督

监督要点	监督依据
1. 相绕组套入屏蔽后的心柱要松紧适度；下铁轭垫块及下铁轭绝缘平整、稳固、与夹件肢板接触紧密；相绕组各出头位置符合图纸标示。 2. 上铁轭松紧度，以检验插板刀插入深度为准，通常<80mm；上铁轭装配后铁心对夹件及铁心油道间的绝缘电阻值应和装前基本一致。 3. 分接开关位置正确，不受引线的牵拉力；分接开关特性测试满足产品设计要求。 4. 引线制作和装配要求引线支架及绝缘件配置检验合格，且实物无损伤、开裂和变形；引线连接要求焊接要有一定的搭界面积（依工艺文件），焊面饱满，表面处理后无氧化皮、尖角毛刺；引线的屏蔽紧贴导线，包扎紧实，表面圆滑，屏蔽管的等电位线固定良好，连接牢靠，不受牵力；引线绝缘包扎要紧实，包厚符合图纸要求；引线排列和图纸相符，排列整齐，均匀美观；所有夹持有效，引线无松动；引线距离符合相互间的最小要求。 5. 铁心对夹件绝缘电阻≥0.5MΩ，铁心油道间不通路；各心柱、轭柱地屏接地可靠，地屏出头连接后其绝缘距离须符合工艺文件要求；各线圈直流电阻测量、变比测量、低电压空载试验结果满足设计文件要求	《电力变压器监造规范（试行）》（物资质监〔2017〕2号）表A.6 器身装配

2. 监督项目解析

器身装配是设备制造阶段最重要的监督项目之一。

铁心柱叠装完毕后需与线圈进行组装，线圈的分接引线也需与分接开关进行连接，这些过程大部分需要手工操作，如果工艺控制不到位，可能给设备运行带来隐患。

3. 监督要求

开展该项目监督主要通过旁站见证，需对照技术规范书、设计图纸以及厂家工艺控制文件。

3.1.4.6 器身干燥

1. 监督要点及监督依据

设备制造阶段变压器器身干燥监督要点及监督依据见表 3–37。

表 3–37　　　　　　　　　　　　设备制造阶段变压器器身干燥监督

监督要点	监督依据
1. 依据制造厂判断干燥是否完成的工艺规定，并由其出具书面结论（含干燥曲线）。 2. 通常铁心温度 120℃左右；线圈 115℃左右，真空＜50Pa，出水率≤10mL/（h·t），对 750kV 及以上设备出水率控制在≤5mL/（h·t）	《电力变压器监造规范（试行）》（物资质监〔2017〕2 号）表 A.7 器身干燥

2. 监督项目解析

器身干燥是设备制造阶段的重要监督项目。

变压器器身装配好后，一定要经过干燥处理工艺，以去除绝缘材料中的水分和气体，使其含水量控制在产品质量要求的限度之内，以保证变压器有足够的绝缘强度和运行寿命。

3. 监督要求

开展该项目监督主要需要检查器身干燥记录和厂家工艺控制文件。

3.1.4.7 总装配

1. 监督要点及监督依据

设备制造阶段变压器总装配监督要点及监督依据见表 3–38。

表 3–38　　　　　　　　　　　　设备制造阶段变压器总装配监督

监督要点	监督依据
1. 主要组部件（套管、调压开关、冷却装置、导油管等）在出厂时均应按实际使用方式经过整体预装，整体预装的组部件必须是实际供货产品，并对每一根管道进行编号，确保多台变压器在现场安装过程中不混用管道配件。 2. 器身紧固各相的轴向压紧力必须达到设计要求；压紧后在上铁轭下端面的填充垫块要坚实充分，各相设定的压紧装置要稳定、锁牢；器身上所有紧固螺栓（包括绝缘螺栓）按要求拧紧，并锁定；器身清理紧固后再次确认铁心绝缘。 3. 根据器身暴露的环境（温度、湿度）条件和时间，针对不同产品，按制造厂的工艺规定，必要时再入炉进行表面干燥，或延长真空维持和热油循环的时间。 4. 器身就位后再次确认或调整引线间和对其他物件的距离，器身引线夹持不允许采用悬臂式结构；分接开关不应受力扭斜。 5. 采用有载分接开关的变压器油箱同时按要求抽真空，但应注意抽真空前应用连通管通本体与开关油室。真空注油要求注入油温应高于器身温度，注油速度不宜大于 100L/min。热油循环时要维持一定的真空度；油箱底部出油，箱顶进油；滤油机出口温度宜在 60～80℃间，时间＞48h。 6. 变压器本体至储油柜主连管转角不应超过 3 处；330、750kV 强迫油循环风冷变压器（电抗器）的冷却器与本体连接管路应采用硬连接方式，禁止装设波纹管。 7. 器身总装过程中应严格进行接地检查，如磁屏蔽接地、铁心接地、夹件接地等，并进行相应的绝缘电阻测量。 8. 气体继电器在安装时，至少一端应采用波纹管进行连接。气体继电器接线盒电缆引出孔应封堵严密，出口电缆应设防水弯。 9. 变压器上下节油箱、法兰连接面（套管、升高座等）、储油柜、有载分接开关等变压器主要附件应进行等电位连接	《电力变压器监造规范（试行）》（物资质监〔2017〕2 号）表 A.8 总装配

2. 监督项目解析

总装配是设备制造阶段最重要的监督项目之一。

变压器总装配主要涉及器身、油箱、组附件组装等。装配质量好坏直接影响变压器运行优劣和寿命。

3. 监督要求

开展该项目监督主要通过旁站见证，需对照技术规范书、设计图纸以及厂家工艺控制文件。

3.1.4.8 金属材料选择

1. 监督要点及监督依据

设备制造阶段变压器金属材料选择监督要点及监督依据见表 3-39。

表 3-39 设备制造阶段变压器金属材料选择监督

监督要点	监督依据
电网设备的金属材料应按照质量证明书或合格证进行质量验收。质量证明书或合格证中一般应包含材料牌号、化学成分、热处理工艺、力学性能、金相组织等	《电网设备金属技术监督导则》（Q/GDW 11717—2017）中"4.2.2 所有用于电网设备的金属材料应按照质量证明书或合格证进行质量验收。质量证明书或合格证中一般应包含材料牌号、化学成分、热处理工艺、力学性能、金相组织等。"

2. 监督项目解析

金属材料选择是设备制造阶段重要的监督项目。

3. 监督要求

开展该项目监督主要检查设计图纸和厂家工艺控制文件，必要时对金属材料进行抽检。

3.1.5 设备验收阶段

3.1.5.1 技术文件检查

1. 监督要点及监督依据

设备验收阶段变压器技术文件检查监督要点及监督依据见表 3-40。

表 3-40 设备验收阶段变压器技术文件检查监督

监督要点	监督依据
1. 出厂试验见证时，见证人员对制造厂提供的试验方案进行审核，试验过程中见证人员应旁站确认。 2. 新型或有特殊运行要求的套管，在首批次生产系列中应至少有一支通过全部型式试验，并提供第三方权威机构的型式试验报告。 3. 变压器新油应由厂家提供新油无腐蚀性硫、结构簇、糠醛及油中颗粒度报告。对 500kV 及以上电压等级的变压器还应提供 T501 等检测报告。 4. 新购变压器交货时要提供变压器抗短路中心出具的抗短路能力校核报告，供货产品设计方案的抗短路相关参数必须在抗短路中心备案	1.《国家电网公司变电验收管理规定（试行） 第 1 分册 油浸式变压器（电抗器）验收细则》［国网（运检/3）827—2017］中"3.2.2 验收要求 e）运检部门审核出厂试验方案，检查试验项目及试验顺序是否符合相应的试验标准和合同要求。" 2.《国家电网有限公司关于印发十八项电网重大反事故措施（修订版）的通知》（国家电网设备〔2018〕979 号）中"9.5.1 新型或有特殊运行要求的套管，在首批次生产系列中应至少有一支通过全部型式试验，并提供第三方权威机构的型式试验报告。" 3.《国家电网有限公司关于印发十八项电网重大反事故措施（修订版）的通知》（国家电网设备〔2018〕979 号）中"9.2.2.3 变压器新油应由生产厂家提供新油无腐蚀性硫、结构簇、糠醛及油中颗粒度报告。对 500kV 及以上电压等级的变压器还应提供 T501 等检测报告。" 4.《国网设备部关于印发加强 66 千伏及以上电压等级变压器抗短路能力工作方案的通知》（设备变电〔2019〕1 号）

2. 监督项目解析

技术文件检查是设备验收阶段的重要监督项目。

设备验收包括出厂试验见证和现场到货验收。技术文件齐全，有助于后期发生问题时追根溯源。核查的技术文件主要包括出厂试验方案、试验报告、监造记录、到货时的随箱记录等。

3. 监督要求

出厂试验见证时应对制造厂提供的试验方案进行审核，必要时还应检查监造人员的监造记录，核对监造过程中发现的问题是否整改。到货验收应核查随箱记录、型式试验报告、新油报告等资料是否齐全。

3.1.5.2 空载电流和空载损耗测量

1. 监督要点及监督依据

设备验收阶段变压器空载电流和空载损耗测量监督要点及监督依据见表 3−41。

表 3−41   设备验收阶段变压器空载电流和空载损耗测量监督

监督要点	监督依据
1. 在绝缘试验前应进行初次空载损耗的测量，并记录额定电压 90%～115%之间的每 5%级损耗。 2. 变压器空载损耗应满足订货合同要求	1.《国家电网公司变电验收管理规定（试行）第 1 分册 油浸式变压器（电抗器）验收细则》[国网（运检/3）827—2017] A.5～A.7。 2.《油浸式电力变压器技术参数和要求》（GB/T 6451—2015）表 1～表 6、表 8、表 9、表 11～表 33

2. 监督项目解析

空载电流和空载损耗测量是设备验收阶段重要的监督项目。

通过测量验证空载电流和空载损耗这两项指标是否在国家标准或产品的技术协议允许的范围内，同时可以帮助检查和发现试品磁路中的局部缺陷和整体缺陷。记录额定电压 90%～115%之间的损耗便于掌握变压器的磁化曲线。

3. 监督要求

出厂开展该项目监督时见证人员应旁站见证，重点检查试验电压、测量回路是否满足要求。

3.1.5.3 短路阻抗和负载损耗测量

1. 监督要点及监督依据

设备验收阶段变压器短路阻抗和负载损耗测量监督要点及监督依据见表 3−42。

表 3−42   设备验收阶段变压器短路阻抗和负载损耗测量监督

监督要点	监督依据
变压器的短路阻抗和负载损耗应满足订货合同要求	《油浸式电力变压器技术参数和要求》（GB/T 6451—2015）表 1～表 6、表 8、表 9、表 11～表 33

2. 监督项目解析

短路阻抗和负载损耗测量是设备验收阶段重要的监督项目。

负载损耗是变压器一个重要的参数，它对于变压器的经济运行以及使用寿命都有着极其重要的意义；而短路阻抗决定了变压器在电力系统运行时对电网电压波动的影响，以及变压器发生出口短路事故时电动力的大小，同时短路阻抗还是决定变压器能否并联运行的一个必要条件。

3. 监督要求

出厂开展该项目监督时见证人员应旁站见证。

3.1.5.4 感应耐压试验及局部放电测量

1. 监督要点及监督依据

设备验收阶段变压器感应耐压试验及局部放电测量监督要点及监督依据见表 3-43。

表 3-43 设备验收阶段变压器感应耐压试验及局部放电测量监督

监督要点	监督依据
1. 出厂局部放电试验，110（66）kV 电压等级变压器高压侧的局部放电量不大于 100pC；220～750kV 电压等级变压器高、中压端的局部放电量不大于 100pC；1000kV 电压等级变压器高压端的局部放电量不大于 100pC，中压端的局部放电量不大于 200pC，低压端的局部放电量不大于 300pC。 2. 330kV 及以上电压等级强迫油循环变压器应在油泵全部开启时（除备用油泵）进行局部放电试验	《国家电网有限公司关于印发十八项电网重大反事故措施（修订版）的通知》（国家电网设备〔2018〕979 号）中"9.2.1.2 出厂局部放电试验测量电压为 $1.5U_\text{m}/\sqrt{3}$ 时，110（66）kV 电压等级变压器高压侧的局部放电量不大于 100pC；220～750kV 电压等级变压器高、中压端的局部放电量不大于 100pC；1000kV 电压等级变压器高压端的局部放电量不大于 100pC，中压端的局部放电量不大于 200pC，低压端的局部放电量不大于 300pC。但若有明显的局部放电量，即使小于要求值也应查明原因。330kV 及以上电压等级强迫油循环变压器还应在潜油泵全部开启时（除备用潜油泵）进行局部放电试验，试验电压为 $1.3U_\text{m}/\sqrt{3}$，局部放电量应小于以上的规定值。"

2. 监督项目解析

感应耐压试验及局部放电测量是设备验收阶段比较重要的监督项目。

验证绝缘强度，或诊断是否存在局部放电缺陷时进行感应耐压和局部放电试验。在进行感应耐压试验之前，应先进行低电压下的相关试验，以评估感应耐压试验的风险。

3. 监督要求

出厂开展该项目监督时见证人员应旁站见证，并检查试验接线、测量回路等是否符合要求。

3.1.5.5 雷电冲击试验

1. 监督要点及监督依据

设备验收阶段变压器雷电冲击试验监督要点及监督依据见表 3-44。

表 3-44 设备验收阶段变压器雷电冲击试验监督

监督要点	监督依据
1. 试验冲击波应是标准雷电冲击全波：1.2μs±30%/50μs±20%。 2. 如果分接范围不超过±5%且变压器的额定容量不大于 2500kVA，则雷电冲击试验应在变压器的主分接进行。 3. 如果分接范围超过±5%或变压器的额定容量大于 2500kVA，则除非经过同意，否则雷电冲击试验应在变压器的两个极限分接和主分接进行，在三相变压器的每相或三相组变压器的每台单相变压器上各使用其中的一个分接进行试验	1.《电力变压器 第 3 部分：绝缘水平、绝缘试验和外绝缘空气间隙》（GB/T 1094.3—2017）中"13.2.1 试验冲击波应是标准雷电冲击全波：1.2μs±30%/50μs±20%。" 2～3.《电力变压器 第 3 部分：绝缘水平、绝缘试验和外绝缘空气间隙》（GB/T 1094.3—2017）中"13.1.2 如果分接范围不超过±5%且变压器的额定容量不大于 2500kVA，则雷电冲击试验应在变压器的主分接进行。如果分接范围超过±5%或变压器的额定容量大于 2500kVA，则除非经过同意，否则雷电冲击试验应在变压器的两个极限分接和主分接进行，在三相变压器的每相或三相组变压器的每台单相变压器上各使用其中的一个分接进行试验。"

2. 监督项目解析

雷电冲击试验是设备验收阶段比较重要的监督项目。

雷电冲击试验可以考核变压器耐受雷电过电压的绝缘性能。

3. 监督要求

出厂开展该项目监督时见证人员应旁站见证，并检查试验接线、测量回路等是否符合要求。

3.1.5.6 温升试验

1. 监督要点及监督依据

设备验收阶段变压器温升试验监督要点及监督依据见表 3－45。

表 3－45 设备验收阶段变压器温升试验监督

监督要点	监督依据
1. 温升试验应模拟试品在运行中最严格的状态，应在额定容量、最大电流分接进行。 2. 在特殊冷却条件下，如果拟安装场所的运行条件不符合正常冷却条件的要求，则对变压器的温升限值应做相应的修正	1.《电力变压器试验导则》（JB/T 501—2006）中"16.2 温升试验应模拟试品在运行中最严格的状态，应在额定容量、最大电流分接进行。" 2.《电力变压器 第 2 部分：液浸式变压器的温升》（GB 1094.2—2013）6.3 特殊冷却条件下修正的要求

2. 监督项目解析

温升试验是设备验收阶段的重要监督项目。

温升试验可以验证试品在额定工作状态下，主体所产生的总损耗与散热装置热平衡的温度是否符合有关标准的规定，并验证产品结构的合理性，发现油箱和结构件上的局部过热的程度。温升试验属型式试验项目，当一批供货有多台时，可以随机选一台进行温升试验。温升试验数据还可为变压器抗短路能力校核提供依据。

3. 监督要求

出厂开展该项目监督时见证人员应旁站见证，并检查试验条件、测量回路等是否符合要求。

3.1.5.7 密封检查

1. 监督要点及监督依据

设备验收阶段变压器密封检查监督要点及监督依据见表 3－46。

表 3－46 设备验收阶段变压器密封检查监督

监督要点	监督依据
1. 对变压器连同气体继电器及储油柜进行密封性试验，可采用油柱或氮气，在油箱顶部加压 0.03MPa，110kV～750kV 变压器进行密封试验持续时间应为 24h，应无渗漏。 2. 冷却应进行 0.5MPa（散热器 0.05MPa）、10h 压力试验，应无渗漏。 3. 密封性试验应将供货的散热器（冷却器）安装在变压器上进行	1.《电气装置安装工程 电力变压器、油浸电抗器、互感器施工及验收规范》（GB 50148—2010）中"4.11.3 对变压器连同气体继电器及储油柜进行密封性试验，可采用油柱或氮气，在油箱顶部加压 0.03MPa，110kV～750kV 变压器进行密封试验持续时间应为 24h，应无渗漏。" 2.《国家电网公司变电验收管理规定（试行）第 1 分册 油浸式变压器（电抗器）验收细则》[国网（运检/3）827—2017] A.5、A.6。 3.《国家电网有限公司关于印发十八项电网重大反事故措施（修订版）的通知》（国家电网设备〔2018〕979 号）中"9.2.1.1 出厂试验时应将供货的套管安装在变压器上进行试验；密封性试验应将供货的散热器（冷却器）安装在变压器上进行试验；主要附件（套管、分接开关、冷却装置、导油管等）在出厂时均应按实际使用方式经过整体预装。"

2. 监督项目解析

密封检查是设备验收阶段重要的监督项目。

密封检查主要涉及本体油箱、储油柜、散热器等。设备到货验收时，本体油箱的密封可以通过抽真空、真空注油等方法进行验证,但针对储油柜和散热器的密封检查有时容易忽略,某些细微的缺陷在安装验收过程中也不易发现,如果缺陷遗留到运行阶段并进一步发展,可能导致变压器非计划性停运。

3. 监督要求

开展该项目监督主要通过旁站见证方式,后期也可查阅密封检查记录。

3.1.5.8 运输与储存管理

1. 监督要点及监督依据

设备验收阶段变压器运输与储存管理监督要点及监督依据见表 3-47。

表 3-47 设备验收阶段变压器运输与储存管理监督

监督要点	监督依据
1. 110(66)kV 及以上电压等级变压器在运输过程中,应按照相应规范安装具有时标且有合适量程的三维冲击记录仪。变压器就位后,制造厂、运输部门、监理单位、用户四方人员应共同验收,记录纸和押运记录应提供给用户留存。 2. 变压器、电抗器运输和装卸过程中冲击加速度出现大于 3g 或冲击加速度监视装置出现异常情况时,应由建设、监理、施工、运输和制造厂等单位代表共同分析原因并出具正式报告。 3. 充气运输的变压器应密切监视气体压力,压力低于 0.01MPa 时要补干燥气体,现场充气保存时间不应超过 3 个月,否则应注油保存,并装上储油柜	1.《国家电网有限公司关于印发十八项电网重大反事故措施(修订版)的通知》(国家电网设备〔2018〕979 号)中"9.2.2.4 110(66)kV 及以上电压等级变压器在运输过程中,应按照相应规范安装具有时标且有合适量程的三维冲击记录仪。变压器就位后,制造厂、运输部门、监理单位、用户四方人员应共同验收,记录纸和押运记录应提供给用户留存。" 2.《电气装置安装工程 电力变压器、油浸电抗器、互感器施工及验收规范》(GB 50148—2010)中"4.5 身检查 4.5.3 2 变压器、电抗器运输和装卸过程中冲撞加速度出现大于 3g 或冲撞加速度监视装置出现异常情况时,应由建设、监理、施工、运输和制造厂等单位代表共同分析原因并出具正式报告。" 3.《国家电网有限公司关于印发十八项电网重大反事故措施(修订版)的通知》(国家电网设备〔2018〕979 号)中"9.2.2.2 充气运输的变压器应密切监视气体压力,压力低于 0.01MPa 时要补干燥气体,现场充气保存时间不应超过 3 个月,否则应注油保存,并装上储油柜。"

2. 监督项目解析

运输与储存管理是设备验收阶段比较重要的监督项目。

运输与储存过程中,变压器容易发生异常振动、进水受潮等情况。因此,110kV 及以上变压器运输时须安装三维冲击记录仪,就位后还应对记录情况进行多方见证,确保整个运输过程中变压器未遭受异常振动冲击。充气运输的变压器必须密切关注气体压力,防止进水受潮。

3. 监督要求

开展该项目监督需要查阅三维冲击记录纸和押运记录,现场检查三维冲击记录仪是否完好、压力指示是否正确、胶囊是否完好等。

3.1.5.9 在线检测装置

1. 监督要点及监督依据

设备验收阶段变压器在线检测装置监督要点及监督依据见表 3-48。

表 3-48 设备验收阶段变压器在线检测装置监督

监督要点	监督依据
对入网的变压器油中溶解气体在线监测装置应抽取样品开展试验	《国网设备部关于印发 2019 年电网设备电气性能、金属及土建专项技术监督工作方案的通知》(设备技术〔2019〕15 号)

2. 监督项目解析

在线监测装置是设备验收阶段比较重要的监督项目。

油中溶解气体分析是判断变压器内部故障的有效方法，应对变压器油中溶解气体在线监测装置开展抽检，提高在线监测装置的准确性、可靠性。

3. 监督要求

开展该项目监督主要通过抽检方式，每个供应商、每种型号按不少于10%的比例（不少于1台）抽检。

3.1.5.10 金属材料选型及防腐

1. 监督要点及监督依据

设备验收阶段变压器金属材料选型及防腐监督要点及监督依据见表3-49。

表3-49　　　　　　　　　　　设备验收阶段变压器金属材料选型及防腐监督

监督要点	监督依据
1. 电气类设备金属材料的选用应避免磁滞、涡流发热效应，套管支撑板等有特殊要求的部位，应使用非导磁材料或采取可靠措施避免形成闭合磁路。 2. 户外密闭箱体（控制、操作及检修电源箱等）应具有良好防腐性能，其户外密闭箱体的材质应为奥氏体不锈钢和耐蚀铝合金，不能使用2系或7系铝合金；防雨罩材质应为奥氏体不锈钢或耐蚀铝合金。 3. 变压器油箱、储油柜、散热装置及连管等的外表面均应涂漆，变压器油箱内表面、铁心上下夹件等均应涂以浅色漆，并与变压器油有良好的相容性。所有需要涂漆的表面在涂漆前应进行彻底的表面处理（如采用喷砂处理或喷丸处理）。 4. 紧固件螺栓应采用铜质螺栓或奥氏体不锈钢螺栓；导电回路应采用8.8级热浸镀锌螺栓	1.《电网金属技术监督规程》（DL/T 1424—2015）第5.1.2条中规定：电气类设备金属材料的选用应避免磁滞、涡流发热效应，套管支撑板等有特殊要求的部位，应使用非导磁材料或采取可靠措施避免形成闭合磁路。 2.《电网设备金属技术监督导则》（Q/GDW 11717—2017）中"16.3.1 户外密闭箱体（控制、操作及检修电源箱等）应具有良好防腐性能，其户外密闭箱体的材质应为06Cr19Ni10的奥氏体不锈钢或耐蚀铝合金，不能使用2系或7系铝合金。16.3.3 防雨罩材质为06Cr19Ni10的奥氏体不锈钢或耐蚀铝合金，且公称厚度不小于2mm。当防雨罩单个面积小于1500cm²以下，公称厚度应不小于1mm。" 3.《电网设备金属技术监督导则》（Q/GDW 11717—2017）中"7.3.1 e）变压器油箱、储油柜、散热装置及连管等的外表面均应涂漆，变压器油箱内表面、铁心上下夹件等均应涂以浅色漆，并与变压器油有良好的相容性。所有需要涂漆的表面在涂漆前应进行彻底的表面处理（如采用喷砂处理或喷丸处理）。" 4.《电网设备金属技术监督导则》（Q/GDW 11717—2017）中"7.3.2 a）紧固件螺栓应采用铜质螺栓或奥氏体不锈钢螺栓；导电回路应采用8.8级热浸镀锌螺栓。"

2. 监督项目解析

金属部件防腐要求是设备验收阶段重要的监督项目。

变压器很多外露金属部件采用不锈钢材料，但从现场运行情况来看，不锈钢材料发生锈蚀的情况比比皆是，有的甚至运行没多久就出现了锈蚀，给运维人员增添了大量维护工作量。

3. 监督要求

开展该项目监督可以通过现场抽查方式。

3.1.6 设备安装阶段

3.1.6.1 变压器安装质量管理

1. 监督要点及监督依据

设备安装阶段变压器安装质量管理监督要点及监督依据见表3-50。

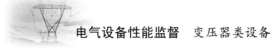

表 3-50设备安装阶段变压器安装质量管理监督

监督要点	监督依据
1. 安装单位及人员资质、工艺控制资料、安装过程应符合相关规定。 2. 对重要工艺环节开展安装质量抽检。 3. 变压器安装时，应制定安装作业指导书及安装记录卡等工艺控制资料，制造厂、安装单位及监理单位均应做好安装记录，安装结束后，要及时提交各自安装报告。 4. 变压器安装前，厂家应提供安装工艺设计，并向业主、施工、监理有关人员进行交底；施工项目部根据设备厂家提供的安装工艺设计编制主变压器施工方案，向监理报审批准，向全体施工人员交底后方可进行施工	1.《油浸式电力变压器（电抗器）技术监督导则》（Q/GDW 11085—2013）中"5.7.1 应监督安装单位及人员资质、工艺控制资料、安装过程是否符合相关规定，调试方案、重要记录、调试仪器设备、调试人员是否满足相关标准和预防事故措施的要求。" 2.《油浸式电力变压器（电抗器）技术监督导则》（Q/GDW 11085—2013）中"5.7.2 结合实际对变压器现场安装单位资质、工艺控制资料、重要工艺环节安装质量等进行抽查，对制造厂或安装单位提供的变压器重要金属构件、金具、试验仪器仪表等进行抽检。" 3.《油浸式电力变压器（电抗器）技术监督导则》（Q/GDW 11085—2013）中"5.7.1 c）变压器安装时，应制定安装作业指导书及安装记录卡等工艺控制资料，制造厂、安装单位及监理单位均应做好安装记录，安装结束后，要及时提交各自安装报告。" 4.《国网基建部关于发布输变电工程设备安装质量管理措施（试行）的通知》（基建安质〔2014〕38号）中"三、变压器系统设备安装质量管理措施变压器安装前，厂家应提供安装工艺设计，并向业主、施工、监理有关人员进行交底；施工项目部根据设备厂家提供的安装工艺设计编制主变压器施工方案，向监理报审批准，向全体施工人员交底后方可进行施工。"

2. 监督项目解析

变压器安装质量管理是设备安装阶段重要的监督项目。

变压器涉及的安装项目较多，且大多为手工操作，安装质量的好坏直接影响后期运行的可靠性，在安装阶段首先需做好安装质量管控。

3. 监督要求

开展该项目监督主要通过查阅资料方式，重点检查安装单位和人员资质证明、安装工艺控制资料等。

3.1.6.2 隐蔽工程检查

1. 监督要点及监督依据

设备安装阶段变压器隐蔽工程检查监督要点及监督依据见表 3-51。

表 3-51 设备安装阶段变压器隐蔽工程检查监督

监督要点	监督依据
1. 隐蔽工程检查（土建工程质量、接地引下线、地网）、中间验收应该按要求开展、资料应该齐全完备。 2. 变压器隐蔽工程检查（器身检查、组部件安装）应该按要求开展、资料应该齐全完备。 3. 所有法兰连接处应用耐油密封垫圈密封；密封垫圈应无扭曲、变形、裂纹和毛刺，密封垫圈应与法兰面的尺寸相配合。 4. 法兰连接面应平整、清洁；密封垫圈应使用产品技术文件要求的清洁剂擦拭干净，其安装位置应准确；其搭接处的厚度应与其原厚度相同，橡胶密封垫的压缩量不宜超过其厚度的 1/3	1~2.《国家电网公司输变电工程验收管理办法》[国网（基建3）188—2015]第二十五条 隐蔽工程的验收、第三十条 中间验收、附件3：隐蔽工程主要项目清单。 3~4.《电气装置安装工程 电力变压器、油浸电抗器、互感器施工及验收规范》（GB 50148—2010）中"4.8.2 密封处理应符合下列规定：1 所有法兰连接处应用耐油密封垫圈密封；密封垫圈应无扭曲、变形、裂纹和毛刺，密封垫圈应与法兰面的尺寸相配合。2 法兰连接面应平整、清洁；密封垫圈应使用产品技术文件要求的清洁剂擦拭干净，其安装位置应准确；其搭接处的厚度应与其原厚度相同，橡胶密封垫的压缩量不宜超过其厚度的 1/3。"

2. 监督项目解析

隐蔽工程检查是设备安装阶段重要的监督项目。

变压器大的隐蔽工程主要包括土建和接地网。安装过程中还应注意密封圈垫和法兰连接面的安装工艺，防止渗漏油、进水受潮等情况发生。

3. 监督要求

隐蔽工程监督可通过查阅安装过程记录、照片、旁站监督的方式。

3.1.6.3　组附件安装

1. 监督要点及监督依据

设备安装阶段变压器组附件安装监督要点及监督依据见表 3-52。

表 3-52　　　　　　　　　设备安装阶段变压器组附件安装监督

监督要点	监督依据
1. 外接油管路安装前，应进行彻底除锈并清洗干净。变压器所有一端固定的管路、波纹管在另一端安装时应先进行水平高度一致性测量，同时明确波纹管限位螺栓的安装方式，确保波纹管可以正常伸缩。 2. 冷却器与本体、气体继电器与储油柜之间连接的波纹管，两端口同心偏差不应大于 10mm。 3. 套管顶部结构的密封垫安装正确，密封良好，连接引线时，不应使顶部结构松扣。充油套管的油位指示应面向外侧，末屏连接符合产品技术文件要求。 4. 储油柜注油时，应打开胶囊（隔膜）或波纹储油柜的放气塞（阀门）。注油后，排净储油柜内空气后拧紧放气塞（阀门），检查油位表应与胶囊（隔膜）或波纹实际位置对应，防止出现假油位。油位调整应与油温—油位曲线一致。 5. 气体继电器应在真空注油完毕后再安装；新安装的气体继电器、压力释放阀、温度计应经校验合格后方可使用；户外布置变压器的气体继电器、油流速动继电器、温度计、油位表应加装防雨罩（压力释放阀等其他组部件结合地域情况自行规定），并加强与其相连的二次电缆结合部的防雨措施，二次电缆应采取防止雨水顺电缆倒灌的措施（如反水弯）。变压器顶盖沿气体继电器气流方向应有 1%~1.5%的升高坡度。 6. 密封圈不得重复使用。 7. 吸湿器安装后，应保证呼吸顺畅且油杯内有可见气泡。 8. 均压环易积水部位最低点应有排水孔。 9. 套管均压环应采用单独的紧固螺栓，禁止紧固螺栓与密封螺栓共用，禁止密封螺栓上、下两道密封共用	1.《电气装置安装工程　电力变压器、油浸电抗器、互感器施工及验收规范》（GB 50148—2010）中"4.8 本体及附件安装 4.8.4 5 外接油管路在安装前，应进行彻底除锈并清洗干净，水冷却装置管道安装后，油管应涂黄漆，水管应涂黑漆，并应有流向标志。" 2.《国家电网有限公司关于印发十八项电网重大反事故措施（修订版）的通知》（国家电网设备〔2018〕979 号）中"9.7.2.1 冷却器与本体、气体继电器与储油柜之间连接的波纹管，两端口同心偏差不应大于 10mm。" 3.《电气装置安装工程　电力变压器、油浸电抗器、互感器施工及验收规范》（GB 50148—2010）中"4.8 本体及附件安装　4.8.8.3 套管顶部结构的密封垫安装正确，密封良好。连接引线时，不应使顶部结构松扣。4.8.8.4 充油套管的油位指示应面向外侧，末屏连接符合产品技术文件要求。" 4.《电气装置安装工程　电力变压器、油浸电抗器、互感器施工及验收规范》（GB 50148—2010）中"4.8 本体及附件安装 4.8.5 储油柜的安装应符合下列规定：1 储油柜应按照产品技术文件要求进行检查、安装；2 油位表动作应灵活，指示应与储油柜的真实油位相符。油位表的信号接点位置正确，绝缘良好。4.12 工程交接验收 4.12.1 7 储油柜和充油套管的油位应正常。" 5.《国家电网有限公司关于印发十八项电网重大反事故措施（修订版）的通知》（国家电网设备〔2018〕979 号）中"9.3.1.4 气体继电器和压力释放阀在交接和变压器大修时应进行校验。9.3.2.1 户外布置变压器的气体继电器、油流速动继电器、温度计、油位表应加装防雨罩，并加强与其相连的二次电缆结合部的防雨措施，二次电缆应采取防止雨水顺电缆倒灌的措施（如反水弯）。"《电气装置安装工程　电力变压器、油浸电抗器、互感器施工及验收规范》（GB 50148—2010）4.1.9。 6.《输变电工程设备安装质量重点措施（试行）》（基建安质〔2014〕38 号）中"三、变压器系统设备安装质量管理措施现场安装无须打开的密封面应检查复紧螺栓，确保密封性良好。密封垫不得重复使用。" 7.《国家电网有限公司关于印发十八项电网重大反事故措施（修订版）的通知》（国家电网设备〔2018〕979 号）中"9.3.3.3 吸湿器安装后，应保证呼吸顺畅且油杯内有可见气泡。" 8.《电气装置安装工程 电力变压器、油浸电抗器、互感器施工及验收规范》（GB 50148—2010）中"4.8 本体及附件安装 4.8.8 5 均压环表面应光滑无划痕，安装牢固且方向正确，均压环易积水部位最低点应有排水孔。" 9.《国家电网有限公司关于印发十八项电网重大反事故措施（修订版）的通知》（国家电网设备〔2018〕979 号）中"9.5.4 套管均压环应采用单独的紧固螺栓，禁止紧固螺栓与密封螺栓共用，禁止密封螺栓上、下两道密封共用。"

2. 监督项目解析

组附件安装是设备安装阶段比较重要的监督项目。

变压器组附件主要包括套管、储油柜、非电量保护装置、冷却系统等。套管顶部密封不良，会导致套管进水受潮，严重时可能引发套管爆炸；储油柜如果出现假油位或者注油过高（低），运行中容易对变压器实际油位产生误判，严重时可能引发非电量保护误动；非电量保护装置若安装工艺不到位，运行中容易误动。因此，安装过程中应加强组附件安装工艺质量管控。

3. 监督要求

开展该项目监督主要通过查阅施工质量文件或者现场检查方式。

3.1.6.4　干燥、抽真空、真空注油、热油循环

1. 监督要点及监督依据

设备安装阶段变压器干燥、抽真空、真空注油、热油循环监督要点及监督依据见表 3-53。

表 3-53　　　　　　　　设备安装阶段变压器干燥、抽真空、真空注油、热油循环监督

表 3-53　　　　　　　　设备安装阶段变压器干燥、抽真空、真空注油、热油循环监督

监督要点	监督依据
1. 现场进行变压器干燥时，应做好防火措施，防止加热系统故障或绕组过热烧损。 2. 对于分体运输、现场组装的变压器宜进行真空煤油气相干燥。 3. 强迫油循环变压器安装结束后应进行油循环，并经充分排气、静放后方可进行交接试验。 4. 有载调压变压器抽真空注油时，应接通变压器本体与开关油室旁通管，保持开关油室与变压器本体压力相同。真空注油后应及时拆除旁通管或关闭旁通管阀门，保证正常运行时变压器本体与开关油室不导通。 5. 装有密封胶囊、隔膜或波纹管式储油柜的变压器，必须严格按照制造厂说明书规定的工艺要求进行注油。 6. 330kV 及以上变压器、电抗器真空注油后应进行热油循环，热油循环持续时间不应少于 48h	1.《国家电网有限公司关于印发十八项电网重大反事故措施（修订版）的通知》（国家电网设备〔2018〕979 号）中"9.8.5 现场进行变压器干燥时，应做好防火措施，防止加热系统故障或绕组过热烧损。" 2.《国家电网有限公司关于印发十八项电网重大反事故措施（修订版）的通知》（国家电网设备〔2018〕979 号）中"9.2.2.1 对于分体运输、现场组装的变压器宜进行真空煤油气相干燥。" 3.《国家电网有限公司关于印发十八项电网重大反事故措施（修订版）的通知》（国家电网设备〔2018〕979 号）中"9.2.2.5 强迫油循环变压器安装结束后应进行油循环，并经充分排气、静放后方可进行交接试验。" 4.《国家电网有限公司关于印发十八项电网重大反事故措施（修订版）的通知》（国家电网设备〔2018〕979 号）中"9.4.2 有载调压变压器抽真空注油时，应接通变压器本体与开关油室旁通管，保持开关油室与变压器本体压力相同。真空注油后应及时拆除旁通管或关闭旁通管阀门，保证正常运行时变压器本体与开关油室不导通。" 5.《电气装置安装工程　电力变压器、油浸电抗器、互感器施工及验收规范》（GB 50148—2010）中"4.8　本体及附件安装 4.8.5 1　储油柜应按照产品技术文件要求进行检查、安装。" 6.《电气装置安装工程　电力变压器、油浸电抗器、互感器施工及验收规范》（GB 50148—2010）4.10.1、4.10.2

2. 监督项目解析

干燥、抽真空、真空注油、热油循环是设备安装阶段的重要监督项目。

变压器干燥的目的是除去变压器绝缘材料中的水分，增加其绝缘电阻。在现场条件下，大型电力变压器绝缘的干燥通常是在自身的油箱中进行，有的干燥方法的干燥温度可达 110℃，因此在干燥过程中需注意做好防火措施。大型油浸式电力变压器在新安装或检修后，需进行真空注油。变压器在持续抽真空的情况下，把已经处理合格的变压器油通过真空滤油机从注油口注入变压器。一般来说，330kV 及以上的变压器还需进行热油循环，以进一步除去变压器身上的水分和气体。

3. 监督要求

开展该项目监督应重点检查施工单位工艺控制文件，注油过程中应注意检查进出口温度是否满足要求。

3.1.6.5　接地及引线安装

1. 监督要点及监督依据

设备安装阶段变压器接地及引线安装监督要点及监督依据见表 3-54。

表 3-54　　　　　　　　设备安装阶段变压器接地及引线安装监督

监督要点	监督依据
1. 不得采用铜铝对接过渡线夹。 2. 220kV 及以下主变压器的 6~35kV 中（低）压侧引线、户外母线（不含架空软导线型式）及接线端子应绝缘化；500（330）kV 变压器 35kV 套管至母线的引线应绝缘化。 3. 变压器本体应有两根与地网主网格的不同边连接的接地引下线。变压器中性点应有两根与地网主网格的不同边连接的接地引下线，并且每根接地引下线均应符合热稳定校核的要求	1.《电网设备金属技术监督导则》（Q/GDW 11717—2017）中"7.3.1 引线安装不得采用铜铝对接过渡线夹。" 2.《国家电网有限公司关于印发十八项电网重大反事故措施（修订版）的通知》（国家电网设备〔2018〕979 号）中"9.1.4 220kV 及以下主变压器的 6~35kV 中（低）压侧引线、户外母线（不含架空软导线型式）及接线端子应绝缘化；500（330）kV 变压器 35kV 套管至母线的引线应绝缘化；变电站出口 2km 内的 10kV 线路应采用绝缘导线。" 3.《电气装置安装工程　电力变压器、油浸电抗器、互感器施工及验收规范》（GB 50148—2010）中"4.12.1 5 变压器本体应两点接地。"《国家电网有限公司关于印发十八项电网重大反事故措施（修订版）的通知》（国家电网设备〔2018〕979 号）中"14.1.1.4 变压器中性点应有两根与地网主网格的不同边连接的接地引下线，并且每根接地引下线均应符合热稳定校核的要求。"

2. 监督项目解析

引线安装是设备安装阶段的重要监督项目。

铜铝对接过渡线夹运行时间久了，铜和铝的对接面容易发生断裂，严重时会引发变压器跳闸。

3. 监督要求

开展该项目监督主要通过现场检查方式。

3.1.6.6 本体绝缘油

1. 监督要点及监督依据

设备安装阶段变压器本体绝缘油监督要点及监督依据见表 3-55。

表 3-55　　　　　　　　　　　设备安装阶段变压器本体绝缘油监督

监督要点	监督依据
1. 绝缘油必须按现行国家标准规定试验合格后，方可注入变压器、电抗器中。 2. 不同牌号的绝缘油或同牌号的新油与运行过的油混合使用前，必须做混油试验。 3. 新安装的变压器、电抗器不宜使用混合油	《电气装置安装工程　电力变压器、油浸电抗器、互感器施工及验收规范》（GB 50148—2010）中"4.9 注油 4.9.1 绝缘油必须按现行国家标准《电气装置安装工程　电气设备交接试验标准》GB 50150 的规定试验合格后，方可注入变压器、电抗器中。4.9.2 不同牌号的绝缘油或同牌号的新油与运行过的油混合使用前，必须做混油试验。4.9.3 新安装的变压器不宜使用混合油。"

2. 监督项目解析

本体绝缘油是设备安装阶段的重要监督项目。

注入变压器的油必须经相关检测试验且合格。新安装变压器不应使用混合油；不同牌号的绝缘油或同牌号的新油与运行过的油混合使用前，必须做混油试验。

3. 监督要求

开展该项目监督时必须仔细查阅各个阶段的绝缘油试验报告。

3.1.7　设备调试阶段

3.1.7.1　调试准备工作

1. 监督要点及监督依据

设备调试阶段变压器调试准备工作监督要点及监督依据见表 3-56。

表 3-56　　　　　　　　　　　设备调试阶段变压器调试准备工作监督

监督要点	监督依据
设备调试方案、重要记录、调试仪器设备、调试人员应满足相关标准和预防事故措施的要求	《油浸式电力变压器（电抗器）技术监督导则》（Q/GDW 11085—2013）中"5.7.1 应监督安装单位及人员资质、工艺控制资料、安装过程是否符合相关规定，调试方案、重要记录、调试仪器设备、调试人员是否满足相关标准和预防事故措施的要求。"

2. 监督项目解析

调试准备工作是设备调试阶段重要的监督项目。

为保证调试工作顺利完成，前期必须做好充分准备，如调试方案、仪器设备、人员资质等。调试前应仔细检查调试方案，认真核实方案中所列的调试项目是否齐全、参考标准是否为最新版、调试方法与试验接线是否正确。检查仪器设备外观有无异常、检验周期是否满足要求。重点对调试人员的资质进行核查，避免违规作业。

3. 监督要求

开展该项目监督主要查阅调试方案、记录、仪器仪表校验报告、人员资质证明等。

3.1.7.2 交接试验

1. 监督要点及监督依据

设备调试阶段变压器交接试验监督要点及监督依据见表 3-57。

表 3-57 设备调试阶段变压器交接试验监督

监督要点	监督依据
试验项目齐全，包括分接开关、套管、套管电流互感器等部件的试验，本体绝缘油试验、本体绝缘电阻、铁心及夹件绝缘电阻、直流电阻、变比、介质损耗、绕组变形（对于 66kV 及以上主变压器应包含频响法、低电压短路阻抗法两种方法）、局部放电等相关试验。试验方案、试验结果满足标准要求	《电气装置安装工程　电气设备交接试验标准》（GB 50150—2016）8 电力变压器。 《1000kV 电气安装工程　电气设备交接试验规程》（Q/GDW 10310—2016）

2. 监督项目解析

交接试验是设备调试阶段的重要监督项目。

变压器调试阶段包含两方面重要工作，一是交接试验，另一个是组部件功能调试。交接试验是对设备入网前的最后一次检测，可以有效发现运输、安装等阶段是否存在问题，保证设备以良好状态投运。同时，交接试验结果是后期运行过程中判断设备是否存在异常的重要参考。因此，需要对照有关交接试验标准对交接试验的项目和结果进行重点监督。

3. 监督要求

开展该项目监督应重点检查交接试验报告的试验项目是否齐全、试验结果是否满足相关交接标准及反事故措施的要求，还应注意试验报告中所参考的标准是否齐全、版本是否有效。当对试验结果有怀疑时，还应查阅相关调试方案。

3.1.7.3 局部放电试验

1. 监督要点及监督依据

设备调试阶段变压器局部放电试验监督要点及监督依据见表 3-58。

表 3-58 设备调试阶段变压器局部放电试验监督

监督要点	监督依据
1. 110（66）kV 及以上电压等级的变压器在新安装时应进行现场局部放电试验。 2. 110（66）kV 电压等级变压器高压端的局部放电量不大于 100pC；220～750kV 电压等级变压器高压端的局部放电量不大于 100pC，中压端的局部放电量不大于 200pC；1000kV 电压等级变压器高压端的局部放电量不大于 100pC，中压端的局部放电量不大于 200pC，低压端的局部放电量不大于 300pC。 3. 局部放电测量前、后本体绝缘油色谱试验比对结果应合格	1～2.《国家电网有限公司关于印发十八项电网重大反事故措施（修订版）的通知》（国家电网设备〔2018〕979 号）中"9.2.2.7 110（66）kV 及以上电压等级的变压器在新安装时，应进行现场局部放电试验，110（66）kV 电压等级变压器高压端的局部放电量不大于 100pC；220～750kV 电压等级变压器高压端的局部放电量不大于 100pC，中压端的局部放电量不大于 200pC；1000kV 电压等级变压器高压端的局部放电量不大于 100pC，中压端的局部放电量不大于 200pC，低压端的局部放电量不大于 300pC。 3.《电气装置安装工程　电力变压器、油浸电抗器、互感器施工及验收规范》（GB 50148—2010）中"4.12.1 13 局部放电测量前、后本体绝缘油色谱试验比对结果应合格。"

2. 监督项目解析

局部放电试验是设备调试阶段最重要的监督项目之一。

长时感应耐压带局部放电试验是变压最重要的交接试验项目之一。《电气装置安装工程 电气设备交接试验标准》（GB 50150—2016）规定"电压等级 220kV 及以上变压器在新安装时，应进行现场局部放电试验。电压等级为 110kV 的变压器，当对绝缘有怀疑时，应进行局部放电试验"，但《国家电网有限公司关于印发十八项电网重大反事故措施（修订版）的通知》（国家电网设备〔2018〕979号）第 9.2.2.7 条规定"110（66）kV 及以上变压器在新安装时，应进行现场局部放电试验"。局部放电试验有助于发现变压器内部绝缘缺陷，因此 110（66）kV 及以上电压等级的变压器在新安装时应进行现场局部放电试验。

3. 监督要求

开展该项目监督既可通过旁站见证、查阅试验报告的方式，也可以直接进行现场试验，重点监督试验接线是否正确、加压前是否按规定校准、施加试验电压是否满足要求、试验结果是否满足相关标准规定等。

3.1.7.4 分接开关测试

1. 监督要点及监督依据

设备调试阶段变压器分接开关测试监督要点及监督依据见表 3－59。

表 3－59　　　　　　　　　　　设备调试阶段变压器分接开关测试监督

监督要点	监督依据
1. 新投或检修后的有载分接开关，应对切换程序与时间进行测试。 2. 在变压器无电压下，手动操作不少于 2 个循环、电动操作不少于 5 个循环，其中电动操作时电源电压为额定电压的 85% 及以上。操作无卡涩，联动程序、电气和机械限位正常	1.《国家电网有限公司关于印发十八项电网重大反事故措施（修订版）的通知》（国家电网设备〔2018〕979 号）中"9.4.1 新购有载分接开关的选择开关应有机械限位功能，束缚电阻应采用常接方式。新投或检修后的有载分接开关，应对切换程序与时间进行测试。" 2.《电气装置安装工程 电气设备交接试验标准》（GB 50150—2016）中"8.0.9 2 在变压器无电压下，有载分接开关的手动操作不应少于 2 个循环、电动操作不应少于 5 个循环，其中电动操作时电源电压应为额定电压的 85% 及以上。操作应无卡涩，联动程序、电气和机械限位应正常。"

2. 监督项目解析

分接开关测试是设备调试阶段比较重要的监督项目。

新安装的有载分接开关，应对切换程序与时间进行测试，一方面对有载分接开关的连接情况进行检测，另一方面方便运行过程中开展比对分析。

开展该项目监督可通过旁站见证、查阅试验报告的方式。

3. 监督要求

3.1.7.5 冷却装置调试

1. 监督要点及监督依据

设备调试阶段变压器冷却装置调试监督要点及监督依据见表 3－60。

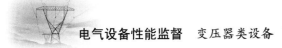

表 3-60 设备调试阶段变压器冷却装置调试监督

监督要点	监督依据
1. 冷却装置应试运行正常，联动正确；强迫油循环的变压器、电抗器应启动全部冷却装置，循环 4h 以上，并应排完残留空气。 2. 油流继电器指示正确、潜油泵转向正确，无异常噪声、振动或过热现象。油泵密封良好，无渗油或进气现象。 3. 强迫油循环结构的潜油泵启动应逐台启用，延时间隔应在 30s 以上，以防止气体继电器误动	1.《电气装置安装工程 电力变压器、油浸电抗器、互感器施工及验收规范》(GB 50148—2010) 中"4.12.1 11 冷却装置应试运行正常，联动正确；强迫油循环的变压器、电抗器应启动全部冷却装置，循环 4h 以上，并应排完残留空气。" 2.《电气装置安装工程 电力变压器、油浸电抗器、互感器施工及验收规范》(GB 50148—2010) 中"4.8.4 6 油泵密封良好，无渗油或进气现象；转向正确，无异常噪声、振动或过热现象。" 3.《国家电网有限公司关于印发十八项电网重大反事故措施(修订版)的通知》(国家电网设备〔2018〕979 号) 中"9.7.2.2 强迫油循环变压器的潜油泵启动应逐台启用，延时间隔应在 30s 以上，以防止气体继电器误动。"

2. 监督项目解析

冷却装置调试是设备调试阶段比较重要的监督项目。

强迫油循环冷却系统在运行中一旦发生全停故障，变压器油温会急剧上升，对变压器内部绝缘材料造成很大威胁。因此强迫油循环冷却系统必须设置两路独立电源且能自动切换。强迫油循环冷却系统结构较为复杂，主要依靠潜油泵运转使变压器油循环，潜油泵如果转向错误，可能导致冷却效果降低、油中气体含量异常等情况；潜油泵启、停过程中会使油流涌动，如果多台同时启用，会产生明显油流涌动情况，可能引发气体继电器误动；潜油泵的进油处属于负压区，如果密封不好出现渗漏油，可能导致变压器油受潮。

3. 监督要求

可通过查阅安装调试过程记录判断冷却装置功能是否正常，油流指示、油泵转向、振动噪声、渗漏油等情况应现场查看，冷却系统的独立电源切换设置以及启用延时时间应检查冷却系统控制说明书和相关二次控制电路图。

3.1.7.6 绝缘油静置时间

1. 监督要点及监督依据

设备调试阶段变压器绝缘油静置时间监督要点及监督依据见表 3-61。

表 3-61 设备调试阶段变压器绝缘油静置时间监督

监督要点	监督依据
变压器注油(热油循环)完毕后，在施加电压前，应进行静置。110(66) kV 及以下变压器静置时间不少于 24h，220kV 及 330kV 变压器静置时间不少于 48h，500kV 及 750kV 变压器静置时间不少于 72h，1000kV 变压器静置时间不少于 168h	《电气装置安装工程 电力变压器、油浸电抗器、互感器施工及验收规范》(GB 50148—2010) 中"4.11.4 注油完毕后，在施加电压前，其静置时间应符合表 4.11.4 的规定。" 《国家电网公司关于印发电网设备技术标准差异条款统一意见的通知》(国家电网科〔2017〕549 号) 变压器类设备 一、变压器第 25 条

2. 监督项目解析

绝缘油静置时间是设备调试阶段重要的监督项目。

变压器真空注油、热油循环后，油中会残留部分气体，通过静置可以把气排出，否则油里的残留气泡会产生局部放电，危害变压器的安全运行。

3. 监督要求

开展该项目监督主要查阅现场施工检查记录。

4. 标准差异化情况

针对 1000kV 变压器的静置时间，《国家电网公司关于印发电网设备技术标准差异条款统一意见的通知》（国家电网科〔2017〕549 号）中统一意见为：1000kV 变压器不少于 168h。

3.1.7.7　绝缘油试验

1. 监督要点及监督依据

设备调试阶段变压器绝缘油试验监督要点及监督依据见表 3−62。

表 3−62　　　　　　　　　　　设备调试阶段变压器绝缘油试验监督

监督要点	监督依据
1. 应在注油静置后、耐压和局部放电试验 24h 后、冲击合闸及额定电压下运行 24h 后，各进行一次变压器器身内绝缘油的油中溶解气体的色谱分析。 2. 新装变压器油中总烃含量不应超过 20μL/L、H_2 含量不应超过 10μL/L、C_2H_2 含量不应超过 0.1μL/L。 3. 准备注入变压器、电抗器的新油应按要求开展简化分析；绝缘油当需要进行混合时，在混合前应按混油的实际使用比例先取混油样进行分析，其结果应符合现行国家标准《变压器油维护管理导则》（GB/T 14542）有关规定。 4. 变压器本体、有载分接开关绝缘油击穿电压应符合 GB 50150 的规定	1～2.《电气装置安装工程　电气设备交接试验标准》（GB 50150—2016）中 "8.0.3 2 电压等级在 66kV 及以上的变压器，应在注油静置后、耐压和局部放电试验 24h 后、冲击合闸及额定电压下运行 24h 后，各进行一次变压器器身内绝缘油的油中溶解气体的色谱分析；新装变压器油中总烃含量不应超过 20μL/L，H_2 含量不应超过 10μL/L，C_2H_2 含量不应超过 0.1μL/L。" 3.《电气装置安装工程　电气设备交接试验标准》（GB 50150—2016）中 "19.0.3 当绝缘油需要进行混合时，在混合前应按混油的实际使用比例先取混油样进行分析，其结果应符合现行国家标准《变压器油维护管理导则》（GB/T 14542）有关规定。" 4.《电气装置安装工程　电气设备交接试验标准》（GB 50150—2016）中 "8.0.9 有载分接开关绝缘油击穿电压应符合本标准表 19.0.1 的规定。"

2. 监督项目解析

绝缘油试验是设备调试阶段的重要监督项目。

油中溶解气体分析可以有效判断变压器内部是否存在异常，是判断耐压和局部放电试验是否合格的重要手段。在注油静置后、耐压和局部放电试验 24h 后、冲击合闸及额定电压下运行 24h 后各进行一次油中溶解气体分析，可以有效把握变压器各环节的运行状态，及时发现异常。运行 24h 是为了使气体在油中充分扩散，提高检测的准确性。新变压器一般不允许使用混油，当需要混合时，必须在混合前取混油样开展相关试验。

3. 监督要求

开展该项目监督主要通过查阅绝缘油试验报告方式，试验报告应至少包含注油静置后、耐压和局部放电试验 24h 后、冲击合闸及额定电压下运行 24h 后，如果存在混油情况，还应检查混油试验报告。

4. 标准差异化情况

对于监督要点 2，《电气装置安装工程　电气设备交接试验标准》（GB 50150—2016）中规定：新装变压器油中总烃含量不应超过 20μL/L，H_2 含量不应超过 10μL/L，C_2H_2 含量不应超过 0.1μL/L。

3.1.8　竣工验收阶段

3.1.8.1　竣工验收准备工作

1. 监督要点及监督依据

竣工验收阶段变压器竣工验收准备工作监督要点及监督依据见表 3−63。

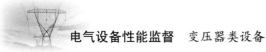

表 3-63   竣工验收阶段变压器竣工验收准备工作监督

监督要点	监督依据
1. 前期各阶段发现的问题已整改，并验收合格。 2. 相关反事故措施已落实。 3. 相关安装调试信息已录入生产管理信息系统	1～3.《油浸式电力变压器（电抗器）技术监督导则》(Q/GDW 11085—2013)中"5.8.1 应监督前期各阶段技术监督发现问题的整改落实情况。重点监督是否满足以下要求：b) 前期各阶段发现的问题已整改，并验收合格。c) 交接验收试验项目齐全且试验结果合格。d) 相关安装调试信息已录入生产管理信息系统。e) 备品备件齐全，资料及交接记录完整。"

2. 监督项目解析

竣工验收准备工作是竣工验收阶段的重点监督项目。

竣工验收是对设备投运前的最后一次把关，前期发现的问题以及相关反事故措施必须严格整改到位。前期各阶段发现的问题以及相关反事故措施是验收工作的主要监督依据。

3. 监督要求

开展该项目监督时，可采用查阅资料、现场抽查、查看生产管理信息系统的方式。

3.1.8.2 套管

1. 监督要点及监督依据

竣工验收阶段变压器套管监督要点及监督依据见表 3-64。

表 3-64   竣工验收阶段变压器套管监督

监督要点	监督依据
1. 套管的末屏接地应符合产品技术文件的要求。 2. 新安装的 220kV 及以上电压等级变压器，应检查引流线（含金具）对套管接线柱的作用力核算报告，确保不大于套管及接线端子弯曲负荷耐受值。 3. 套管均压环应采用单独的紧固螺栓，禁止紧固螺栓与密封螺栓共用，禁止密封螺栓上、下两道密封共用。 4. 套管清洁、无损伤；法兰连接螺栓齐全、紧固（用力矩扳手检查）	1.《电气装置安装工程 电力变压器、油浸电抗器、互感器施工及验收规范》(GB 50148—2010) 中"4.12.1 6 套管的末屏接地应符合产品技术文件的要求。" 2～3.《国家电网有限公司关于印发十八项电网重大反事故措施（修订版）的通知》（国家电网设备〔2018〕979 号）中"9.5.2 新安装的 220kV 及以上电压等级变压器，应核算引流线（含金具）对套管接线柱的作用力，确保不大于套管及接线端子弯曲负荷耐受值。9.5.4 套管均压环应采用单独的紧固螺栓，禁止紧固螺栓与密封螺栓共用，禁止密封螺栓上、下两道密封共用。" 4.《电气安装工程质量检验及评定规程 第 3 部分：电力变压器、油浸电抗器、互感器施工质量检验》(DL/T 5161.3—2018) 中"表 1.0.8 套管检查 清洁、无损伤、油位正常；法兰连接螺栓 齐全、紧固。"

2. 监督项目解析

套管是竣工验收阶段重要的监督项目。

套管是变压器的重要部件，也是故障率较高的部件之一，竣工验收时应重点关注套管的外观、末屏接地和桩头绝缘化。套管末屏如果接地不良，运行过程中可能产生悬浮放电，严重时可能引发套管电容芯子放电受损。套管桩头绝缘包覆不到位，一旦有异物或小动物，容易引发短路跳闸。

3. 监督要求

套管的外观和桩头绝缘化主要采用现场检查的方式；检查套管的末屏接地情况应对照产品的技术文件要求，确保末屏接地正确、可靠。

3.1.8.3 冷却装置

1. 监督要点及监督依据

竣工验收阶段变压器冷却装置监督要点及监督依据见表 3-65。

表 3-65　　　　　　　　　　　　竣工验收阶段变压器冷却装置监督

监督要点	监督依据
1. 新订购强迫油循环变压器的潜油泵应选用转速不大于 1500r/min 的低速潜油泵。潜油泵的轴承应采取 E 级或 D 级，油泵转动时应无异常噪声、振动，潜油泵工作电流正常，禁止使用无铭牌、无级别的轴承的潜油泵。 2. 对强迫油循环冷却系统的两个独立电源的自动切换装置，有关信号装置应齐全可靠。冷却系统电源应有三相电压监测，任一相故障失电时，应保证自动切换至备用电源供电。强迫油循环结构的潜油泵启动应逐台启用，延时间隔应在 30s 以上，以防止气体继电器误动。 3. 冷却装置应试运行正常，联动正确。	1~2.《国家电网有限公司关于印发十八项电网重大反事故措施（修订版）的通知》（国家电网设备〔2018〕979 号）中"9.7.1.2 新订购强迫油循环变压器的潜油泵应选用转速不大于 1500r/min 的低速潜油泵，对运行中转速大于 1500r/min 的潜油泵应进行更换。禁止使用无铭牌、无级别的轴承的潜油泵。9.7.1.4 变压器冷却系统应配置两个相互独立的电源，并具备自动切换功能；冷却系统电源应有三相电压监测，任一相故障失电时，应保证自动切换至备用电源供电。9.7.2.2 强迫油循环变压器的潜油泵启动应逐台启用，延时间隔应在 30s 以上，以防止气体继电器误动。" 3.《电气装置安装工程　电力变压器、油浸电抗器、互感器施工及验收规范》（GB 50148—2010）中"4.12.1 11 冷却装置应试运行正常，联动正确。"

2. 监督项目解析

冷却装置是竣工验收阶段的重要监督项目。

强迫油循环变压器的油泵故障率较高，也曾发生油泵故障导致的变压器事故，因此对于潜油泵及其电源必须提出明确要求。

3. 监督要求

开展该项目监督时，应采用现场检查方式。

3.1.8.4　接地及引线连接

1. 监督要点及监督依据

竣工验收阶段变压器接地及引线连接监督要点及监督依据见表 3-66。

表 3-66　　　　　　　　　　　竣工验收阶段变压器接地及引线连接监督

监督要点	监督依据
1. 变压器本体应有两根与地网主网格的不同边连接的接地引下线。 2. 应将变压器铁心、夹件接地引线引至便于测量的适当位置，以便在运行时监测接地线中是否有环流。 3. 本体及附件的对接法兰应用等电位跨接线（片）连接。 4. 500kV 及以上主变压器、高压电抗器中性点接地部位应按绝缘等级增加防护措施，加装隔离围栏。 5. 变压器中性点应有两根与地网主网格的不同边连接的接地引下线，并且每根接地引下线应符合热稳定校核的要求。 6. 110~220kV 不接地变压器的中性点过电压保护应采用水平布置的棒间隙保护方式。对于 110kV 变压器，当中性点绝缘的冲击耐受电压≤185kV 时，还应在间隙旁并联金属氧化物避雷器，避雷器为主保护，间隙为避雷器的后备保护，间隙距离及避雷器参数配合应进行校核。 7. 220kV 及以下主变压器的 6~35kV 中（低）压侧引线、户外母线（不含架空软导线型式）及接线端子应绝缘化；500（330）kV 变压器 35kV 套管至母线的引线应绝缘化。 8. 变压器中、低压侧至配电装置采用电缆连接时，应采用单芯电缆。 9. 不应采用铜铝对接过渡线夹，引线接触良好、连接可靠，引线无散股、扭曲、断股现象	1.《电气装置安装工程　电力变压器、油浸电抗器、互感器施工及验收规范》（GB 50148—2010）中"4.12.1 5 变压器本体应两点接地。" 2.《国家电网有限公司关于印发十八项电网重大反事故措施（修订版）的通知》（国家电网设备〔2018〕979 号）中"9.2.3.4 铁心、夹件分别引出接地的变压器，应将接地引线引至便于测量的适当位置，以便在运行时监测接地线中是否有环流，当运行中环流异常变化时，应尽快查明原因，严重时采取措施及时处理。" 3.《国家电网公司变电评价管理规定（试行）　第 1 分册　油浸式变压器（电抗器）精益化评价细则》[国网（运检/3）830—2017]。 4.《国家电网公司电力安全工作规程 变电部分》（Q/GDW 1799.1—2013）中"5.1.10 运行中的高压设备，其中性点接地系统的中性点应视作带电体。" 5.《国家电网有限公司关于印发十八项电网重大反事故措施（修订版）的通知》（国家电网设备〔2018〕979 号）中"14.1.1.4 变压器中性点应有两根与地网主网格的不同边连接的接地引下线，并且每根接地引下线均应符合热稳定校核的要求。" 6.《国家电网有限公司关于印发十八项电网重大反事故措施（修订版）的通知》（国家电网设备〔2018〕979 号）中"14.3.2 为防止在有效接地系统中出现孤立不接地系统并产生较高工频过电压的异常运行工况，110~220kV 不接地变压器的中性点过电压保护应采用水平布置的棒间隙保护方式。对于 110kV 变压器，当中性点绝缘的冲击耐受电压≤185kV 时，还应在间隙旁并联金属氧化物避雷器，避雷器为主保护，间隙为避雷器的后备保护，间隙距离及避雷器参数配合应进行校核。间隙动作后，应检查间隙的烧损情况并校核间隙距离。" 7~8.《国家电网有限公司关于印发十八项电网重大反事故措施（修订版）的通知》（国家电网设备〔2018〕979 号）中"9.1.4 220kV 及以下主变压器的 6~35kV 中（低）压侧引线、户外母线（不含架空软导线型式）及接线端子应绝缘化；500（330）kV 变压器 35kV 套管至母线的引线应绝缘化；变电站出口 2km 内的 10kV 线路应采用绝缘导线。9.1.5 变压器中、低压侧至配电装置采用电缆连接时，应采用单芯电缆；运行中的三相统包电缆，应结合全寿命周期与运行情况进行逐步改造。" 9.《国家电网公司变电验收管理规定（试行）　第 1 分册　油浸式变压器（电抗器）验收细则》[国网（运检/3）827—2017]

2. 监督项目解析

接地装置是竣工验收阶段的重要监督项目。

变压器接地主要包括本体接地、铁心夹件接地、中性点接地等，这些部位如果接地不可靠，可能出现悬浮电位、异常过电压等现象，严重时威胁设备安全可靠运行。

3. 监督要求

开展该项目监督时，主要采用现场检查方式。对于"变压器本体应有两根与地网主网格的不同边连接的接地引下线"，应查阅接地导通测试报告。

3.1.8.5　非电量保护装置

1. 监督要点及监督依据

竣工验收阶段变压器非电量保护装置监督要点及监督依据见表 3-67。

表 3-67　　　　　　　　竣工验收阶段变压器非电量保护装置监督

监督要点	监督依据
1. 气体继电器、压力释放阀、温度计必须经校验合格后方可使用，校验报告需满足要求。 2. 户外布置变压器的气体继电器、电流速动继电器、温度计、油位表应加装防雨罩（压力释放阀等其他组件应结合地域情况自行规定），并加强与其相连的二次电缆结合部的防雨措施，二次电缆应采取防止雨水顺电缆倒灌的措施（如反水弯）。 3. 本体压力释放阀喷口不应靠近控制柜或其他附件。本体压力释放阀导向管方向不应直喷巡视通道，威胁到运维人员的安全，并且不致喷入电缆沟、母线及其他设备上。 4. 变压器顶盖沿气体继电器气流方向应有1%～1.5%的升高坡度。 5. 冷却器与本体、气体继电器与储油柜之间连接的波纹管，两端口同心偏差不应大于10mm。 6. 现场多个温度计指示的温度、控制室温度显示装置或监控系统的温度应基本保持一致，误差不超过 5K。变压器投运前，油面温度计和绕组温度计记忆最高温度的指针应与指示实际温度的指针重叠。温度计座应注入适量变压器油，密封良好	1.《国家电网有限公司关于印发十八项电网重大反事故措施（修订版）的通知》（国家电网设备〔2018〕979 号）中"9.3.1.4 气体继电器和压力释放阀在交接和变压器大修时应进行校验。" 2.《国家电网有限公司关于印发十八项电网重大反事故措施（修订版）的通知》（国家电网设备〔2018〕979 号）中"9.3.2.1 户外布置变压器的气体继电器、电流速动继电器、温度计、油位表应加装防雨罩，并加强与其相连的二次电缆结合部的防雨措施，二次电缆应采取防止雨水顺电缆倒灌的措施（如反水弯）。" 3.《电气装置安装工程　电力变压器、油浸电抗器、互感器施工及验收规范》（GB 50148—2010）中"4.8.10 压力释放装置的安装方向应正确。"《国家电网公司变电评价管理规定（试行）　第 1 分册　油浸式变压器（电抗器）精益化评价细则》[国网（运检/3）830—2017]中"37 压力释放阀：本体压力释放阀导向管方向不应直喷巡视通道，威胁到运维人员的安全，并且不致喷入电缆沟、母线及其他设备上。" 4.《电气装置安装工程　电力变压器、油浸电抗器、互感器施工及验收规范》（GB 50148—2010）中"4.1.9 1 装有气体继电器的变压器、电抗器，除制造厂规定不需要设置安装坡度者外，应使其顶盖沿气体继电器气流方向有 1%～1.5%的升高坡度。当与封闭母线连接时，其套管中心线应与封闭母线中心线的尺寸相符。" 5.《国家电网有限公司关于印发十八项电网重大反事故措施（修订版）的通知》（国家电网设备〔2018〕979 号）中"9.7.2.1 冷却器与本体、气体继电器与储油柜之间连接的波纹管，两端口同心偏差不应大于 10mm。" 6.《国家电网公司变电验收管理规定（试行）　第 1 分册　油浸式变压器（电抗器）验收细则》[国网（运检/3）827—2017]中"A.14 变压器竣工（预）验收标准卡 32 温度指示：现场多个温度计指示的温度、控制室温度显示装置或监控系统的温度应基本保持一致，误差不超过 5K。34 温度计座应注入适量变压器油，密封良好。"

2. 监督项目解析

非电量保护装置是竣工验收阶段的重要监督项目。

变压器非电量保护装置包括气体继电器、压力释放阀、温度计等。非电量保护装置如果配置不合理、防雨措施不完善，运行过程中可能发生误动，进而引起主变压器跳闸或者非计划停运。

3. 监督要求

开展该项目监督时，主要采用查阅图纸资料、查阅现场记录、现场检查方式。资料主要为非电量保护装置校验报告、安装图纸等。

3.1.8.6 在线监测装置

1. 监督要点及监督依据

竣工验收阶段变压器在线监测装置监督要点及监督依据见表3-68。

表3-68　　　　　　　　　　竣工验收阶段变压器在线监测装置监督

监督要点	监督依据
1. 应运行正常（无渗漏油、欠压现象），数据上传准确。 2. 数据上传周期设定应符合要求	《国家电网公司变电评价管理规定　第1分册油浸式变压器（电抗器）精益化评价细则》[国网（运检/3）830—2017]

2. 监督项目解析

在线监测装置是竣工验收阶段重要的监督项目。

在线监测装置接入到统一的系统，方便进行后台跟踪和数据分析。使用前需确保在线监测上传数据准确、检测周期合适。

3. 监督要求

开展该项目监督应进行现场检查，还需查阅PMS（生产管理系统）后台，检查数据上传是否准确、周期是否合适。

3.1.8.7 油气检查

1. 监督要点及监督依据

竣工验收阶段变压器油气检查监督要点及监督依据见表3-69。

表3-69　　　　　　　　　　竣工验收阶段变压器油气检查监督

监督要点	监督依据
1. 储油柜、套管、吸湿器油杯的油位均应满足技术要求。 2. 变压器投入运行前必须多次排出套管升高座、油管道中的死区、冷却器顶部、有载分接开关油室等处的残存气体。强迫油循环变压器冷却器应全部投入，以排出气泡	1. 《国家电网公司变电验收管理规定（试行）　第1分册　油浸式变压器（电抗器）验收细则》[国网（运检/3）827—2017]中"A.14 变压器竣工（预）验收标准卡 第4条 外观检查：油位计就地指示应清晰，便于观察，油位正常，油套管垂直安装油位在1/2以上（非满油位），倾斜15°安装应高于2/3至满油位。17 油位计：反映真实油位，油位符合油温—油位曲线要求，油位清晰可见，便于观察。19 油封油位：油量适中，在最低刻度与最高刻度之间，呼吸正常。" 2. 《电气装置安装工程　电力变压器、油浸电抗器、互感器施工及验收规范》（GB 50148—2010）中"4.11.5 静置完毕后，应从变压器、电抗器的套管、升高座、冷却装置、气体继电器及压力释放装置等有关部位进行多次放气，并启动潜油泵，直至残余气体排尽，调整油位至相应环境温度时的位置。"

2. 监督项目解析

油气检查是竣工验收阶段重要的监督项目。

在竣工验收阶段，应对储油柜、套管、吸湿器油杯的油位进行重点检查，必要时做好记录，便于运行过程中对比分析。变压器油中残留气体会影响变压器绝缘，导致局部放电，威胁变压器安全可靠运行。

3. 监督要求

开展该项目监督需进行现场检查。

3.1.8.8 变压器消防装置

1. 监督要点及监督依据

竣工验收阶段变压器消防装置监督要点及监督依据见表3－70。

表3－70 竣工验收阶段变压器消防装置监督

监督要点	监督依据
1. 泡沫灭火剂的灭火性能级别应为Ⅰ级，抗烧水平不应低于C级。宜选用使用寿命长、环境污染小的产品。 2. 排油注氮装置火灾探测器可采用玻璃球型火灾探测装置和易熔合金型火灾探测器。应布置成两个及以上的独立回路。 3. 采用排油注氮保护装置的变压器，应配置具有联动功能的双浮球结构的气体继电器。 4. 排油注氮保护装置应满足以下要求：① 排油注氮启动（触发）功率应大于220V×5A（DC）；② 排油及注氮阀动作线圈功率应大于220V×6A（DC）；③ 注氮阀与排油阀间应设有机械连锁阀门；④ 动作逻辑关系应为本体重瓦斯保护、主变压器断路器跳闸、油箱超压开关（火灾探测器）同时动作时才能启动排油充氮保护。 5. 水喷淋动作功率应大于8W，其动作逻辑关系应满足变压器超温保护与变压器断路器跳闸同时动作的要求。 6. 装有排油注氮装置的变压器本体储油柜与气体继电器间应增设断流阀，以防因储油柜中的油下泄而致使火灾扩大	1～2.《变压器固定自动灭火系统完善化改造原则（试行）》（设备变电〔2018〕15号）中"4.5.4 泡沫灭火剂的灭火性能级别应为Ⅰ级，抗烧水平不应低于C级。宜选用使用寿命长、环境污染小的产品。4.6.4 火灾探测器不宜采用成本高、使用寿命短、温度变送器缺陷多发的铂式温度计感温探测器，可采用玻璃球型火灾探测装置和易熔合金型火灾探测器。火灾探测装置应布置成两个及以上的独立回路。" 3～6.《国家电网有限公司关于印发十八项电网重大反事故措施（修订版）的通知》（国家电网设备〔2018〕979号）中"9.8.1 采用排油注氮保护装置的变压器，应配置具有联动功能的双浮球结构的气体继电器。9.8.2 排油注氮保护装置应满足以下要求：（1）排油注氮启动（触发）功率应大于220V×5A（DC）；（2）排油及注氮阀动作线圈功率应大于220V×6A（DC）；（3）注氮阀与排油阀间应设有机械连锁阀门；（4）动作逻辑关系应为本体重瓦斯保护、主变压器断路器跳闸、油箱超压开关（火灾探测器）同时动作时才能启动排油充氮保护。9.8.3 水喷淋动作功率应大于8W，其动作逻辑关系应满足变压器超温保护与变压器断路器跳闸同时动作的要求。9.8.4 装有排油注氮装置的变压器本体储油柜与气体继电器间应增设断流阀，以防因储油柜中的油下泄而致使火灾扩大。"

2. 监督项目解析

消防装置验收是竣工验收阶段重要的监督项目。

在竣工验收阶段，应对消防装置的消防材料、动作逻辑等进行重点检查，确保装置符合消防要求。

3. 监督要求

开展该项目监督需进行现场检查并对产品说明书及设计图纸进行核对。

3.1.9 运维检修阶段

3.1.9.1 运行巡视

1. 监督要点及监督依据

运维检修阶段变压器运行巡视监督要点及监督依据见表3－71。

表 3-71 　　　　　　　　　　　　运维检修阶段变压器运行巡视监督

监督要点	监督依据
1. 运行巡视周期应符合相关规定。 2. 巡视项目重点关注：渗漏油、储油柜和套管油位、顶层油温和绕组温度、分接开关挡位指示与监控系统一致、吸湿器变色及受潮情况、声响及振动、控制箱和端子箱加热驱潮等装置运行正常	1.《输变电设备状态检修试验规程》（Q/GDW 1168—2013）5.1.1.1 表 1 油浸式电力变压器和电抗器巡检项目。 2.《输变电设备状态检修试验规程》（Q/GDW 1168—2013）中"5.1.1.2 巡检说明 巡检时，具体要求说明如下：a）外观无异常，油位正常，无油渗漏；b）记录油温、绕组温度，环境温度、负荷和冷却器开启数组。d）冷却系统的风扇运行正常，出风口和散热器无异物附着或严重积污；油泵无异常声响、振动，油流指示器指示正常；e）变压器声响和振动无异常，必要时按 GB/T 1094.10 测量变压器声级；如振动异常，可定量测量。"

2. 监督项目解析

运行巡视是运维检修阶段比较重要的监督项目。

变压器渗漏油，尤其是负压区发生渗漏，可能导致变压器或其附件进水受潮，影响绝缘。变压器的油温、油位应与制造厂提供的油温—油位曲线一致，加强变压器油位和温度巡视，并做好记录，出现异常时便于开展比对分析。吸湿器能直观反映变压器油的热胀冷缩效应，运行过程中应避免发生呼吸不畅、内部压力增高等异常情况。

3. 监督要求

开展该项目监督时，主要采用查阅巡视记录方式，重点检查巡视周期、巡视项目是否满足要求。

3.1.9.2　带电检测

1. 监督要点及监督依据

运维检修阶段变压器状态检测监督要点及监督依据见表 3-72。

表 3-72 　　　　　　　　　　　　运维检修阶段变压器状态检测监督

监督要点	监督依据
1. 带电检测周期、项目应符合相关规定。 2. 停电试验应按规定周期开展，试验项目齐全；当对试验结果有怀疑时应进行复测，必要时开展诊断性试验。 3. 在线监测装置应运行正常（无渗漏油、欠压现象），数据上传准确，必要时应开展离线数据比对分析	1.《国家电网公司变电检测管理规定（试行）》[国网（运检/3）829—2017] 表 A.1.1 油浸式电力变压器和电抗器的检测项目、分类、周期和标准。 2.《输变电设备状态检修试验规程》（Q/GDW 1168—2013）5.1.1 及 5.1.2 相关内容。 3.《国家电网公司变电评价管理规定（试行）第 1 分册 油浸式变压器（电抗器）精益化评价细则》[国网（运检/3）830—2017] 中"43 变压器油中溶解气体在线监测装置 应运行正常（无渗漏油、欠压现象），数据上传准确。44 反措执行 每年在进入夏季和冬季用电高峰前应分别进行油中气体组分在线监测装置与离线检测数据的比对分析。"

2. 监督项目解析

带电检测是运维检修阶段比较重要的监督项目。

自状态检修开展以来，带电检测是发现设备问题的主要手段。目前，比较有效的变压器带电检测手段有铁心夹件接地电流测试、红外热像检测、油中溶解气体分析等。

3. 监督要求

开展该项目监督时，主要采用查阅带电检测记录方式，重点检查带电检测周期、带电检测项目是否满足要求。

3.1.9.3 故障/缺陷处理

1. 监督要点及监督依据

运维检修阶段变压器故障/缺陷处理监督要点及监督依据见表 3-73。

表 3-73　　　　　　　　　　运维检修阶段变压器故障/缺陷处理监督

监督要点	监督依据
1. 发现缺陷应及时记录，缺陷定性应正确，缺陷处理应闭环。 2. 220kV 及以上电压等级变压器受到近区短路冲击未跳闸时，应立即进行油中溶解气体组分分析，并加强跟踪，同时注意油中溶解气体组分数据的变化趋势，若发现异常，应进行局部放电带电检测，必要时安排停电检查。变压器受到近区短路冲击跳闸后，应开展油中溶解气体组分分析、直流电阻、绕组变形及其他诊断性试验，综合判断无异常后方可投入运行。 3. 220kV 及以上电压等级变压器拆装套管、本体排油暴露绕组或进入内检后，应进行现场局部放电试验。 4. 油浸式真空有载分接开关轻瓦斯报警后应暂停调压操作，并对气体和绝缘油进行色谱分析，根据分析结果确定恢复调压操作或进行检修。 5. 当套管油位异常时，应进行红外精确测温，确认套管油位。当套管渗漏油时，应立即处理，防止内部受潮损坏	1.《油浸式电力变压器（电抗器）技术监督导则》（Q/GDW 11085—2013）中 "5.9.2 d）缺陷分类应符合《输变电一次设备缺陷分类标准（试行）》，并按照发现——登录（汇报）——消除——验收——统计——考核等流程进行闭环管理，相关信息应及时录入生产管理信息系统。" 2～5.《国家电网有限公司关于印发十八项电网重大反事故措施（修订版）的通知》（国家电网设备〔2018〕979 号）中 "9.1.8 220kV 及以上电压等级变压器受到近区短路冲击未跳闸时，应立即进行油中溶解气体组分分析，并加强跟踪，同时注意油中溶解气体组分数据的变化趋势，若发现异常，应进行局部放电带电检测，必要时安排停电检查。变压器受到近区短路冲击跳闸后，应开展油中溶解气体组分分析、直流电阻、绕组变形及其他诊断性试验，综合判断无异常后方可投入运行。9.2.3.3 220kV 及以上电压等级变压器拆装套管、本体排油暴露绕组或进入内检后，应进行现场局部放电试验。9.4.5 油浸式真空有载分接开关轻瓦斯报警后应暂停调压操作，并对气体和绝缘油进行色谱分析，根据分析结果确定恢复调压操作或进行检修。9.5.7 运行巡视应检查并记录套管油位情况，当油位异常时，应进行红外精确测温，确认套管油位。当套管渗漏油时，应立即处理，防止内部受潮损坏。"

2. 监督项目解析

故障/缺陷处理是运维检修阶段比较重要的监督项目。

变压器发生缺陷、故障后，应按要求进行处理，形成闭环。尤其是当变压器遭受短路冲击时，应结合短路形式、短路原因、短路电流值等开展应对分析，必要时应进行相关试验。

3. 监督要求

开展该项目监督时，主要采用查阅资料和现场抽查方式，重点查阅缺陷和故障记录，并检查现场是否存在未记录的缺陷。

3.1.9.4 反措落实

1. 监督要点及监督依据

运维检修阶段变压器反措落实监督要点及监督依据见表 3-74。

表 3-74　　　　　　　　　　运维检修阶段变压器反措落实监督

监督要点	监督依据
1. 对运行超过 20 年的薄绝缘、铝绕组变压器，不再对本体进行改造性大修，也不应进行迁移安装，应加强技术监督工作并安排更换。 2. 变压器中、低压侧至配电装置采用三相统包电缆时，应结合全寿命周期及运行情况进行逐步改造。 3. 加强套管末屏接地检测、检修和运行维护，每次拆/接末屏后应检查末屏接地状况，在变压器投运时和运行中开展套管末屏的红外检测。对结构不合理的套管末屏接地端子应进行改造。 4. 真空有载分接开关绝缘油检测的周期和项目应与变压器本体保持一致。 5. 对强迫油循环冷却系统的两个独立电源的自动切换装置，应定期进行切换试验，有关信号装置应齐全可靠。 6. 加强对冷却器与本体、继电器与储油柜相连的波纹管的检查，老旧变压器应结合技改大修工程对存在缺陷的波纹管进行更换	《国家电网公司关于印发十八项电网重大反事故措施（修订版）的通知》（国家电网设备〔2018〕979 号）中 "9.2.3.2 对运行超过 20 年的薄绝缘、铝绕组变压器，不再对本体进行改造性大修，也不应进行迁移安装，应加强技术监督工作并安排更换。9.1.5 变压器中、低压侧至配电装置采用电缆连接时，应采用单芯电缆；运行中的三相统包电缆，应结合全寿命周期及运行情况进行逐步改造。9.5.9 加强套管末屏接地检测、检修和运行维护，每次拆/接末屏后应检查末屏接地状况，在变压器投运时和运行中开展套管末屏的红外检测。对结构不合理的套管末屏接地端子应进行改造。9.4.4 真空有载分接开关绝缘油检测的周期和项目应与变压器本体保持一致。9.7.3.1 对强迫油循环冷却系统的两个独立电源的自动切换装置，应定期进行切换试验，有关信号装置应齐全可靠。9.7.3.4 加强对冷却器与本体、气体继电器与储油柜相连的波纹管的检查，老旧变压器应结合技改大修工程对存在缺陷的波纹管进行更换。"

2. 监督项目解析

反措落实是运维检修阶段最重要的监督项目。

薄绝缘、铝绕组变压器的抗短路能力严重不足，受短路冲击后易损坏，因此应及时更换处理。变压器中、低压侧至配电装置采用三相统包电缆的，容易发生相间短路故障，对变压器冲击较大，需逐步改造为单芯电缆。套管末屏是套管中缺陷率较高的一个部件，一旦进水受潮或者接地不良，可能引发套管主绝缘故障，运行过程中通过红外精确测温可以有效发现套管末屏早期缺陷，避免故障扩大。真空有载分接开关在切换过程中通过真空泡灭弧，正常情况下切换开关芯子绝缘筒中的绝缘油不会出现放电情况，通过有载分接开关绝缘油色谱试验可判断有载分接开关是否存在异常。

3. 监督要求

开展该项目监督时，主要采用查阅资料和现场检查方式。

3.1.10 退役报废阶段

3.1.10.1 技术鉴定管理

1. 监督要点及监督依据

退役报废阶段变压器技术鉴定管理监督要点及监督依据见表 3－75。

表 3－75　　　　　　　　退役报废阶段变压器技术鉴定管理监督

监督要点	监督依据
1. 变压器（电抗器）进行报废处理，应满足以下条件之一：① 国家规定强制淘汰报废；② 设备厂家无法提供关键零部件供应，无备品备件供应，不能修复，无法使用；③ 运行日久，其主要结构、机件陈旧，损坏严重，经大修、技术改造仍不能满足安全生产要求；④ 退役设备虽然能修复但费用太大，修复后可使用的年限不长，效率不高，在经济上不可行；⑤ 腐蚀严重，继续使用存在事故隐患，且无法修复；⑥ 退役设备无再利用价值或再利用价值小；⑦ 严重污染环境，无法修治；⑧ 技术落后不能满足生产需要；⑨ 存在严重质量问题不能继续运行；⑩ 因运营方式改变全部或部分拆除，且无法再安装使用；⑪ 遭受自然灾害或突发意外事故，导致毁损，无法修复。 2. 变压器（电抗器）满足下列技术条件之一，宜进行整体或局部报废：① 运行超过 20 年，按照 GB 1094.5 规定的方法进行抗短路能力核算，抗短路能力严重不足，无改造价值；② 经抗短路能力核核计算确定抗短路能力不足、存在绕组严重变形等重要缺陷，或同类型设备短路损坏率较高并判定为存在家族性缺陷；③ 容量已明显低于供电需求，不能通过技术改造满足电网发展要求，且无调拨再利用需求；④ 设计水平低、技术落后的变压器，如铝绕组、薄绝缘等老旧变压器，不能满足经济、安全运行要求；⑤ 同类设计或同批产品中已有绝缘严重老化或多次发生严重事故，且无法修复；⑥ 运行超过 20 年，试验数据超标、内部存在危害绕组绝缘的局部过热或放电性故障；⑦ 运行超过 20 年，油中糠醛含量超过 4mg/L，按 DL/T 984 判断设备内部存在纸绝缘非正常老化；⑧ 运行超过 20 年，油中 CO_2/CO 大于 10，按 DL/T 984 判断设备内部存在纸绝缘非正常老化；⑨ 套管出现严重渗漏、介质损耗值超过 Q/GDW 1168 标准要求，套管内部存在严重过热或放电性缺陷，同类型套管多次发生严重事故，无法修复，可局部报废；⑩ 按 Q/GDW 10169 规定的方法评价为严重状态的分接开关，存在无法修复的严重缺陷，可局部报废	1.《电网一次设备报废技术评估导则》（Q/GDW 11772—2017）4 通用技术原则中规定，电网一次设备进行报废处理，应满足以下条件之一：① 国家规定强制淘汰报废；② 设备厂家无法提供关键零部件供应，无备品备件供应，不能修复，无法使用；③ 运行日久，其主要结构、机件陈旧，损坏严重，经大修、技术改造仍不能满足安全生产要求；④ 退役设备虽然能修复但费用太大，修复后可使用的年限不长，效率不高，在经济上不可行；⑤ 腐蚀严重，继续使用存在事故隐患，且无法修复；⑥ 退役设备无再利用价值或再利用价值小；⑦ 严重污染环境，无法修治；⑧ 技术落后不能满足生产需要；⑨ 存在严重质量问题不能继续运行；⑩ 因运营方式改变全部或部分拆除，且无法再安装使用；⑪ 遭受自然灾害或突发意外事故，导致毁损，无法修复。 2.《电网一次设备报废技术评估导则》（Q/GDW 11772—2017）5.3 变压器（电抗器）中规定，满足下列技术条件之一，宜进行整体或局部报废：① 运行超过 20 年，按照 GB 1094.5 规定的方法进行抗短路能力核算，抗短路能力严重不足，无改造价值；② 经抗短路能力核算确定抗短路能力不足、存在绕组严重变形等重要缺陷，或同类型设备短路损坏率较高并判定为存在家族性缺陷；③ 容量已明显低于供电需求，不能通过技术改造满足电网发展要求，且无调拨再利用需求；④ 设计水平低、技术落后的变压器，如铝绕组、薄绝缘等老旧变压器，不能满足经济、安全运行要求；⑤ 同类设计或同批产品中已有绝缘严重老化或多次发生严重事故，且无法修复；⑥ 运行超过 20 年，试验数据超标、内部存在危害绕组绝缘的局部过热或放电性故障；⑦ 运行超过 20 年，油中糠醛含量超过 4mg/L，按 DL/T 984 判断设备内部存在纸绝缘非正常老化；⑧ 运行超过 20 年，油中 CO_2/CO 大于 10，按 DL/T 984 判断设备内部存在纸绝缘非正常老化；⑨ 套管出现严重渗漏、介质损耗值超过 Q/GDW 1168 标准要求，套管内部存在严重过热或放电性缺陷，同类型套管多次发生严重事故，无法修复，可局部报废；⑩ 按 Q/GDW 10169 规定的方法评价为严重状态的分接开关，存在无法修复的严重缺陷，可局部报废

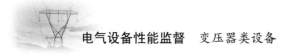

2. 监督项目解析

技术鉴定是设备退役报废阶段的重要监督项目。

该条款提出了变压器报废的技术条件依据，在实际工作中，满足其中任一条件，均可报废处理。

3. 监督要求

开展该项目监督时，查阅退役设备评估报告、技术鉴定表等资料，必要时现场核实。

4. 整改措施

当发现该项目相关监督要点不满足时，应查明原因，并结合实际情况整改。

3.1.10.2 废油、废气处置

1. 监督要点及监督依据

退役报废阶段变压器废油、废气处置监督要点及监督依据见表 3 – 76。

表 3 – 76　　　　　　　　退役报废阶段变压器废油、废气处置监督

监督要点	监督依据
退役报废设备中的废油、废气严禁随意向环境中排放，确需在现场处理的，应统一回收、集中处理，并做好处置记录	《变压器油维护管理导则》（GB/T 14542—2017）中"11.5 旧油、废油回收和再生处理记录。" 《六氟化硫电气设备中气体管理和检测导则》（GB/T 8905—2012）中"11.3.1 设备解体前需对气体进行全面分析，以确定其有害成分含量，制定防毒措施。通过气体回收装置将六氟化硫气体全面回收。"

2. 监督项目解析

该条款提出了变压器废油、废气的处理要求，应统一回收、集中处理，并做好处置记录。

3. 监督要求

开展该项目监督时，查阅退役报废设备处理记录，废油、废气处置应符合标准要求。

4. 整改措施

当发现该项目相关监督要点不满足时，应查明原因，并结合实际情况整改。

3.2 电流互感器

3.2.1 规划可研阶段

3.2.1.1 电流互感器配置及选型合理性

1. 监督要点及监督依据

规划可研阶段电流互感器配置及选型合理性监督要点及监督依据见表 3 – 77。

2. 监督项目解析

电流互感器配置及选型合理性是规划可研阶段重要的监督项目。

表 3-77   规划可研阶段电流互感器配置及选型合理性监督

监督要点	监督依据
应按照现场运行实际要求和远景发展规划需求，确定电流互感器选型、容量、变比、准确级、二次绕组数量、环境适用性等	《电流互感器技术监督导则》（Q/GDW 11075—2013）中"5.1.3 监督内容及要求：应监督可研规划相关资料是否满足公司相关标准、设备选型要求、预防事故措施、差异化设计要求等，重点监督电流互感器选型、结构设计、误差特性、动热稳定性能、外绝缘水平、环境适用性（海拔、污秽、温度、抗震、风速等）是否满足现场运行实际要求和远景发展规划需求。" 《电流互感器和电压互感器选择及计算规程》（DL/T 866—2015）7.2.8。 《电子式电流互感器技术规范》（Q/GDW 1847—2012）中"电子式电流互感器的选型。"

规划可研阶段对设备的参数配置和选型合理性进行要求，为设备选型奠定基础。任何一个参数选择不当都将影响整套设备的性能发挥。主要参数一旦确定后将作为设备后续的设计、采购、制造环节的依据，任何更改都需要与厂家进行反复沟通，并增加相应的费用。设备一旦投运，其参数的升级往往非常困难，改造工作量大、停电要求高、施工时间长，造成严重浪费。

3. 监督要求

开展该项目监督时，查阅可研报告和审查批复文件中是否对工程现状和远景规划进行阐述，并以此为依据核算电流互感器选型、容量、变比、准确级、二次绕组数量、环境适用性等参数，应与设备选型对应。

4. 整改措施

当发现该项目相关监督要点不满足时，应由相关发展部门组织经研院（所）重新核算设备参数并修改可研图纸。

3.2.1.2 电能计量点设置（电测）

1. 监督要点及监督依据

规划可研阶段电能计量点设置（电测）监督要点及监督依据见表 3-78。

表 3-78   规划可研阶段电能计量点设置（电测）监督

监督要点	监督依据
1. 贸易结算用电能计量点设置在购售电设施产权分界处，出现穿越功率引起计量不确定或产权分界处不适宜安装等情况的，由购售电双方或多方协商。 2. 考核用电能计量点，根据需要设置在电网企业或发、供电企业内部用于经济技术指标考核的各电压等级的变压器侧、输电和配电线路端以及无功补偿设备处	《电能计量装置通用设计规范》（Q/GDW 10347—2016）4.1

2. 监督项目解析

电能计量点设置是规划可研阶段重要的监督项目。

电能计量点的设置直接关系到电能贸易双方的交易公平性。根据贸易公平性原则，贸易双方应各自承担本方设施消耗的电能。因此，电能计量点应设置在购售电设施产权分界处。根据电网企业同期线损管理要求，为了准确计算各段线路、变压器和无功补偿设备引起的电能有功损耗和无功损耗，应在供电企业内部的各电压等级的变压器侧、输电和配电线路端以及无功补偿设备等处设置电能计量点。电能计量点未按照要求设置，将有可能引起电能计量贸易纠纷、线损计算不准确等问题。

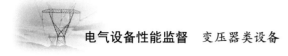

3．监督要求

开展该项目监督时，可对规划可研报告进行查阅，重点检查电能计量点的设置位置。

4．整改措施

当发现该项目相关监督要点不满足时，应由发展部组织经研院（所）重新确定计量点设置并修改可研图纸。

3.2.1.3　电流互感器保护性能要求（保护与控制）

1．监督要点及监督依据

规划可研阶段电流互感器保护性能要求（保护与控制）监督要点及监督依据见表 3-79。

表 3-79　　　　　　　　　规划可研阶段电流互感器保护性能要求（保护与控制）监督

监督要点	监督依据
1．电流互感器实际二次负荷在稳态短路电流下的准确限值系数或励磁特性（含饱和拐点）应满足所接保护装置动作可靠性的要求。 2．线路各侧或主设备差动保护各侧的电流互感器的相关特性（如励磁特性）宜一致	1．《火力发电厂、变电站二次接线设计技术规程》（DL/T 5136—2012）5.4.1。 2．《国家电网有限公司关于印发十八项电网重大反事故措施（修订版）的通知》（国家电网设备〔2018〕979 号）15.1.10；《智能变电站继电保护技术规范》（Q/GDW 441—2010）5.13

2．监督项目解析

电流互感器保护性能参数的选择是规划可研阶段重要的监督项目。

为继电保护装置提供准确的电流信号是电流互感器的重要应用，电流互感器保护性能的选择对继电保护性能至关重要。电流互感器的实际二次负荷影响着电流互感器数据采集的准确度，进而影响继电保护的逻辑判断和动作行为。差动保护作为线路、主设备的主保护，应尽量保证差动保护各侧电流互感器暂态特性、饱和电压等特性的一致性，特性不一致有可能造成保护的不正确动作，对电网影响较大。该条款不仅对常规电流互感器，也对电子式电流互感器适用。

3．监督要求

开展该项目监督时，可查阅规划可研报告，电流互感器的性能、选型应满足保护使用要求；如不满足，应查明原因。

4．整改措施

当发现规划可研报告中未体现电流互感器实际二次负荷值或电流互感器容量与实际二次负荷值不匹配，应由相关发展部门组织经研院（所）重新进行电流互感器实际二次负荷值计算，或重新进行电流互感器选型；规划可研报告中未对线路各侧或主设备差动保护各侧的电流互感器特性的一致性进行约定的，应由相关发展部门组织经研院（所）重新修订规划可研报告。

3.2.2　工程设计阶段

3.2.2.1　设备选型及性能参数合理性

1．监督要点及监督依据

工程设计阶段电流互感器设备选型及性能参数合理性监督要点及监督依据见表 3-80。

表 3－80 工程设计阶段电流互感器设备选型及性能参数合理性监督

监督要点	监督依据
1. 设备选型应满足通用设备的技术参数、电气接口、二次接口和土建接口要求。 2. 电子式互感器与其他一次设备组合安装时，不得改变其他一次设备结构、性能以及互感器自身性能。 3. 震区宜采用抗震性能较好的正立式电流互感器，系统短路电流较大的区域宜采用抗冲击性能较好的倒立式电流互感器	1.《国家电网有限公司关于发布 35～750kV 输变电工程通用设计、通用设备应用目录（2019 年版）的通知》（国家电网基建〔2019〕168 号）第一部分 1 变电站通用设计、第四部分 7 电流互感器。 2.《电流互感器和电压互感器选择及计算规程》（DL/T 866—2015）中"13.2.8 电子式互感器可与其他一次设备组合安装。当与其他一次设备组合安装时，不得改变其他一次设备结构、性能以及互感器自身性能。" 3.《变电站设备验收规范 第 6 部分：电流互感器》（Q/GDW 11651.6—2016）附录 A 表 A.1 电流互感器可研初设审查验收表

2. 监督项目解析

设备选型及性能参数合理性是工程设计阶段最重要的监督项目。

在工程设计阶段需对设备选型及性能参数进行核查。电流互感器一次绕组在使用不同变比时可采用并联或串联的方式。在一次绕组使用串联方式时，动、热稳定性能也应该满足短路容量的要求。监督要点 3 的提出主要是由于现场实际发现倒立式电流互感器的铁心及一、二次绕组都布置在设备顶部，重心高、抗震性能差，因此震区宜采用抗震性能较好的正立式电流互感器。从设备结构上看，倒立式电流互感器一次绕组为直线式，导体处在磁场中的长度较短，由于通电导体在磁场中的受力与通电导体在磁场中的长度成正比，因此该形式结构设备的抗冲击性能好。建议在系统短路电流较大的区域采用倒立式电流互感器。

3. 监督要求

开展该项目监督时，可查阅设计说明和当年及远期电网运行方式分析中该站的系统短路容量，以确定设备选型是否符合要求。

4. 整改措施

当发现该项目相关监督要点不满足时，应由相关基建部门组织经研院（所）或设计院（所）重新核算设备参数并修改初设图纸。

3.2.2.2 反措落实

1. 监督要点及监督依据

工程设计阶段电流互感器反措落实监督要点及监督依据见表 3－81。

表 3－81 工程设计阶段电流互感器反措落实监督

监督要点	监督依据
1. 所选用电流互感器的动、热稳定性能应满足安装地点系统短路容量的远期要求，一次绕组串联时也应满足安装地点系统短路容量的要求。 2. 最低温度为−25℃及以下的地区，户外不宜选用 SF₆ 气体绝缘互感器。 3. 气体绝缘互感器的防爆装置应采用防止积水、冻胀的结构，防爆膜应采用抗老化、耐锈蚀的材料。 4. 电子式电流互感器测量传输模块应有两路独立电源，每路电源均有监视功能。 5. 电子式电流互感器传输回路应选用可靠的光纤耦合器，户外采集卡接线盒应满足 IP67 防尘防水等级，采集卡应满足安装地点最高、最低运行温度要求。 6. 电子式互感器的采集器应具备良好的环境适应性和抗电磁干扰能力。 7. 变电站户外不宜选用环氧树脂浇注干式电流互感器	《国家电网有限公司关于印发十八项电网重大反事故措施（修订版）的通知》（国家电网设备〔2018〕979 号）中"11.1.1.5 所选用电流互感器的动、热稳定性能应满足安装地点系统短路容量的远期要求，一次绕组串联时也应满足安装地点系统短路容量的要求。11.2.1.2 最低温度为 −25℃ 及以下的地区，户外不宜选用 SF₆ 气体绝缘互感器。11.2.1.3 气体绝缘互感器的防爆装置应采用防止积水、冻胀的结构，防爆膜应采用抗老化、耐锈蚀的材料。11.3.1.1 电子式电流互感器测量传输模块应有两路独立电源，每路电源均有监视功能。11.3.1.2 电子式电流互感器传输回路应选用可靠的光纤耦合器，户外采集卡接线盒应满足 IP67 防尘防水等级，采集卡应满足安装地点最高、最低运行温度要求。11.3.1.3 电子式互感器的采集器应具备良好的环境适应性和抗电磁干扰能力。11.4.1.1 变电站户外不宜选用环氧树脂浇注干式电流互感器。"

2. 监督项目解析

落实反措要求是工程设计阶段重要的监督项目。

电流互感器一次绕组在使用不同变比时可采用并联或串联的方式,在一次绕组使用串联方式时,动、热稳定性能也应该满足短路容量的要求。气体绝缘互感器的防爆装置是保障互感器安全运行的重要部件,若防爆装置材料选取不当,不能及时释放能量,容易发生互感器故障,因此提出对防爆装置材料的要求。对于电子式互感器,其电子器件、传输回路、采集器等均应有较好的抗干扰能力,以保证电子式互感器运行的稳定性。

3. 监督要求

开展该项目监督时,需查阅设备设计说明和图纸,以确定设备选型是否满足要求。

4. 整改措施

当发现该项目相关监督要点不满足时,建议相关基建部门组织经研院(所)或设计院(所)结合现场实际进行图纸修改。

3.2.2.3 计量用互感器配置(电测)

1. 监督要点及监督依据

工程设计阶段计量用电流互感器配置(电测)监督要点及监督依据见表 3-82。

表 3-82 工程设计阶段计量用电流互感器配置(电测)监督

监督要点	监督依据
1. 计量专用电流互感器或专用绕组准确度等级根据电能计量装置的类别确定并满足 Q/GDW 10347—2016《电能计量装置通用设计规范》中表 2 的规定,基本误差、稳定性和运行变差应分别符合 JJG 1021—2007《电力互感器检定规程》中 4.2、4.3 和 4.4 的规定。 2. 经互感器接入的贸易结算用电能计量装置按计量点配置计量专用电压、电流互感器或专用二次绕组,不准接入与电能计量无关的设备	1.《电能计量装置通用设计规范》(Q/GDW 10347—2016)5.2 a)。 2.《电能计量装置通用设计规范》(Q/GDW 10347—2016)4.3.1 a)

2. 监督项目解析

计量用互感器配置是工程设计阶段重要的监督项目。

(1)为了保证贸易结算用电流互感器计量准确可靠,计量用电流互感器的计量性能考核方法应按照 JJG 1021—2007《电力互感器检定规程》的相关规定执行,试验结果应满足其规定的要求。

(2)根据电流互感器误差产生原理,过小或过大的二次负荷将引起互感器误差增大,因此必须确保计量二次回路的负荷在计量用电流互感器规定的二次负荷范围之内。同时为了确保电能计量结果的安全,计量二次回路不得接入可能影响计量结果的任何其他设备,因此必须设置专用的计量二次回路。计量二次回路中接入其他设备,将直接导致电能计量结果的不准确,影响电能贸易结算的公平、公正。

3. 监督要求

开展该项目监督时,可查阅设计文件、二次负荷计算书,计量用互感器性能参数选择应满足要求。

4. 整改措施

当发现该项目相关监督要点不满足时,建议建设单位组织设计单位进行相关设计文件修改。

3.2.2.4　电流互感器保护配置要求（保护与控制）

1. 监督要点及监督依据

工程设计阶段电流互感器保护配置要求（保护与控制）监督要点及监督依据见表 3–83。

表 3–83　　　　工程设计阶段电流互感器保护配置要求（保护与控制）监督

监督要点	监督依据
1. 电流互感器的类型、容量、变比、二次绕组的数量、一次传感器数量（电子式互感器）和准确等级应满足继电保护、自动装置和测量表计的要求；电流互感器额定二次负荷应不小于实际二次负荷。 2. 保护用电流互感器的配置应避免出现主保护的死区。 3. 当采用 3/2、4/3、角形接线等多断路器接线形式，应在断路器两侧均配置电流互感器；对经计算影响电网安全稳定运行重要变电站的 220kV 及以上电压等级双母线接线方式的母联、分段断路器，应在断路器两侧配置电流互感器。 4. 母线差动保护各支路电流互感器变比差不宜大于 4 倍	1.《火力发电厂、变电站二次接线设计技术规程》（DL/T 5136—2012）5.4.1；《火力发电厂、变电站二次接线设计技术规程》（DL/T 5136—2012）5.4.2；《国家电网有限公司关于印发十八项电网重大反事故措施（修订版）的通知》（国家电网设备〔2018〕979 号）15.1.9；《电流互感器和电压互感器选择及计算规程》（DL/T 866—2015）3.4.1；《电流互感器和电压互感器选择及计算规程》（DL/T 866—2015）13.3.1。 2.《火力发电厂、变电站二次接线设计技术规程》（DL/T 5136—2012）5.4.2。 3.《国家电网有限公司关于印发十八项电网重大反事故措施（修订版）的通知》（国家电网设备〔2018〕979 号）15.1.13.1、15.1.13.2。 4.《国家电网有限公司关于印发十八项电网重大反事故措施（修订版）的通知》（国家电网设备〔2018〕979 号）15.1.11

2. 监督项目解析

电流互感器保护配置要求是工程设计阶段非常重要的监督项目。

电流互感器参数的选择直接影响继电保护的整定配合和动作的可靠性，若参数选择不合理，有可能造成继电保护整定值不配合，甚至可能造成继电保护的不正确动作；工程设计阶段应对实际二次负荷进行计算，据此来选择电流互感器额定二次负荷，避免电流互感器额定二次负荷小于实际二次负荷，也应注意避免额定二次负荷远大于实际二次负荷。工程设计阶段对电流互感器的参数进行合理的选择，对电流互感器进行合理的配置，可以从源头上避免保护死区，同时为工程的后续工作奠定基础。

关于 3/2 接线形式电流互感器配置数量问题，《国家电网有限公司关于印发十八项电网重大反事故措施（修订版）的通知》（国家电网设备〔2018〕979 号）要求当采用 3/2、4/3、角形接线等多断路器接线形式时，应在断路器两侧均配置电流互感器。

对于双母线接线形式变电站的母差保护，若仅在母联断路器或分段断路器单侧布置电流互感器，将无法正确区分死区故障，延长故障消除时间。

对于微机型母线保护，一般都是通过保护内部软件对不同电流互感器变比进行调整。但是，如果不同支路的电流互感器变比差异过大，将会使母线差动保护的性能变差。《国家电网有限公司关于印发十八项电网重大反事故措施（修订版）的通知》（国家电网设备〔2018〕979 号）要求母线差动保护各支路电流互感器变比差不宜大于 4 倍。

3. 监督要求

开展该项目监督时，可查阅工程设计图纸、施工图纸的电气二次部分和查阅二次负荷计算书，仔细核对电流互感器的配置是否满足保护使用要求。

4. 整改措施

当发现该项目相关监督要点不满足时，建议相关基建部门组织经研院（所）或设计院（所）结合现场实际进行图纸修改；核对电流互感器性能参数是否满足要求，特别注意二次负荷的计算是否正确，电流互感器额定二次负荷选择是否合理；如不满足要求，建议相关基建部门组织经研院（所）或设计院（所）结合现场实际重新计算、选择电流互感器参数。

3.2.2.5 电流互感器保护用二次绕组分配（保护与控制）

1. 监督要点及监督依据

工程设计阶段电流互感器保护用二次绕组分配（保护与控制）监督要点及监督依据见表3-84。

表3-84 　　　　　工程设计阶段电流互感器保护用二次绕组分配（保护与控制）监督

监督要点	监督依据
1. 双重化配置的两套保护装置的交流电流应分别取自电流互感器互相独立的绕组；电子式电流互感器用于双重化保护的一次传感器应分别独立配置；电子式互感器内应由两路独立的采样系统进行采集，每路采样系统应采用双 A/D 系统接入 MU，两个采样系统应由不同的电源供电并与相应保护装置使用同一组直流电源。 2. 330kV 及以上和涉及系统稳定的 220kV 新建、扩建或改造的智能变电站采用常规互感器时，应通过两套二次电缆直接接入保护装置。 3. 引入两组及以上电流互感器构成合电流的保护装置，各组电流互感器应分别引入保护装置	1.《国家电网有限公司关于印发十八项电网重大反事故措施（修订版）的通知》《国家电网设备〔2018〕979 号》15.2.2.1；《电流互感器和电压互感器选择及计算规程》（DL/T 866—2015）13.3.5 2；《智能变电站继电保护技术规范》《Q/GDW 441—2010》6.3.1、6.3.3。 2.《国家电网有限公司关于印发十八项电网重大反事故措施（修订版）的通知》（国家电网设备〔2018〕979 号）15.7.1.3。 3.《国家电网有限公司关于印发十八项电网重大反事故措施（修订版）的通知》（国家电网设备〔2018〕979 号）15.2.3.3

2. 监督项目解析

电流互感器保护用二次绕组分配是工程设计阶段非常重要的监督项目。

电流互感器二次绕组、电子式互感器的采样系统等均可以看作是继电保护系统的一部分。对于双重化保护要求而言，电流互感器二次绕组、电子式互感器的采样系统也应按照双重化要求配置；同时，电流互感器二次绕组的分配也决定了继电保护装置的保护范围，设计时应考虑保护范围的交叉，避免在电流互感器内部故障时出现死区或故障范围的扩大。对于 330kV 及以上电压等级的保护以及 220kV 及以下电压等级涉及稳定问题的二次设备，为保证可靠性，设计时应特别考虑互感器二次绕组接入问题。

3. 监督要求

开展该项目监督时，可查阅工程设计图纸、施工图纸的电气二次部分和各继电保护设备的交流回路部分，应仔细核对电流互感器二次绕组配置是否满足要求。

4. 整改措施

当发现该项目相关监督要点不满足时，建议相关基建部门组织经研院（所）或设计院（所）结合现场实际进行图纸修改。

3.2.3 设备采购阶段

3.2.3.1 物资采购技术规范书

1. 监督要点及监督依据

设备采购阶段电流互感器物资采购技术规范书监督要点及监督依据见表3-85。

2. 监督项目解析

物资采购技术规范书是设备采购阶段重要的监督项目。

因运输原因造成的电流互感器渗漏、损伤等现象，给后续安装调试造成影响，也会给电流互感器带来潜在运行隐患，故对运输提出冲击记录要求。型式试验报告是确认产品满足技术规范要求的必备材料，是确认厂家生产能力、生产技术水平的最重要依据，同时也是设备投运后在设备缺陷分析时的重要参考资料。因此，须在设备采购阶段确认型式试验报告的真实性和有效性，确认其为设备交接必备资料。

供应商投标文件一般只对技术规范专用部分进行应答，但该监督项目中的监督要点涉及对设备招标技术文件通用部分进行监督。

表 3-85 　　　　　　　　　　　设备采购阶段电流互感器物资采购技术规范书监督

监督要点	监督依据
1. 技术规范书中应明确运输存储要求：① 220kV 及以上电压等级油浸式电流互感器运输时应满足卧倒运输的要求，且每辆运输车上安装冲击记录仪，其中 220kV 产品每台安装 10g 冲击加速度振动子 1 个；330kV 及以上电压等级每台安装带时标的三维冲击记录仪。② 110kV 及以下电压等级气体绝缘互感器应直立安放运输，运输时 110（66）kV 产品每批次超过 10 台时，每车装 10g 冲击加速度振动子 2 个，低于 10 台时每车装 10g 冲击加速度振动子 1 个。运输时所充气压应严格控制在微正压状态。 2. 供应商应提供有效的同型号设备型式试验报告	1.《国家电网有限公司关于印发十八项电网重大反事故措施（修订版）的通知》（国家电网设备〔2018〕979 号）中"11.1.2.6 220kV 及以上电压等级电流互感器运输时应在每辆运输车上安装冲击记录仪，设备运抵现场后应检查确认，记录数值超过 10g，应返厂检查。110kV 及以下电压等级电流互感器应直立安放运输。11.2.2.1 110kV 及以下电压等级互感器应直立安放运输，220kV 及以上电压等级互感器应满足卧倒运输的要求。运输时 110（66）kV 产品每批次超过 10 台时，每车装 10g 冲击加速度振动子 2 个，低于 10 台时每车装 10g 冲击加速度振动子 1 个；220kV 产品每台安装 10g 冲击加速度振动子 1 个；330kV 及以上电压等级每台安装带时标的三维冲击记录仪。到达目的地后检查振动记录装置的记录，若记录数值超过 10g 冲击加速度一次或 10g 振动子落下，则产品应返厂解体检查。11.2.2.2 体绝缘电流互感器运输时所充气压应严格控制在微正压状态。" 2.《500kV 电流互感器采购标准　第 1 部分：通用技术规范》（Q/GDW 13023.1—2018）中"4.4.3.1 应提供有效的（五年内）型式试验报告（包括主要部件）、例行试验报告、特殊试验报告及其他要求的试验报告（如耐地震能力、抗运输颠簸试验等）。"其他电压等级电流互感器采购标准在通用技术规范中有相关要求

对于电流互感器的运输要求，《输变电工程设备安装质量管理重点措施（试行）》（基建安质〔2014〕38 号）中第四条 配电装置安装质量管理措施（二）规定"一次设备安装 第 1 条 220kV 及以上互感器运输全过程厂家应装设三维冲撞记录仪"，《电力用电流互感器使用技术规范》（DL/T 725—2013）中第 11.3 条 b）规定"电流互感器在运输过程中应无严重振动、颠簸和撞击现象，220kV 及以上产品应卧倒运输，对于 SF_6 气体绝缘电流互感器，应安装振动记录仪，220～330kV 电流互感器一般安装 1 个；500kV、750kV 电流互感器一般安装 2 个，若记录数值超过制造厂允许值，则互感器应返厂检查"。根据《电流互感器全过程技术监督精益化管理实施细则》规定，现已统一规定为依据《国家电网有限公司关于印发十八项电网重大反事故措施（修订版）的通知》（国家电网设备〔2018〕979 号）规定执行。

3. 监督要求

开展该项目监督时，应核对技术规范书或技术协议中是否按规定明确提出了运输要求；是否明确了交接资料中应包含型式试验报告。

4. 整改措施

设备招标技术规范书或技术协议未明确提出运输要求、未明确交接资料中包含型式试验报告时，物资管理部门应协调建设、厂家等部门、单位对招标技术规范书或技术协议予以补充并协调厂家按规定执行；厂家无法提供所投产品有效型式试验报告时，物资管理部门应对相关厂家废标。

3.2.3.2　设备技术参数

1. 监督要点及监督依据

设备采购阶段电流互感器设备技术参数监督要点及监督依据见表 3-86。

表 3-86 设备采购阶段电流互感器设备技术参数监督

监督要点	监督依据
1. 电流互感器选型、结构设计、误差特性、短路电流、动、热稳定性能、外绝缘水平、环境适用性（海拔、污秽、温度、抗震、风速等）应满足现场运行实际要求和远景发展规划要求。 2. 所选用电流互感器的动、热稳定性能应满足安装地点系统短路容量的远期要求，一次绕组串联时也应满足安装地点系统短路容量的要求	1.《电流互感器技术监督导则》（Q/GDW 11075—2013）中"5.1.3 重点监督电流互感器选型、结构设计、误差特性、短路电流、动/热稳定性能、外绝缘水平、环境适用性（海拔、污秽、温度、抗震、风速等）是否满足现场运行实际要求和远景发展规划要求。" 2.《国家电网有限公司关于印发十八项电网重大反事故措施（修订版）的通知》（国家电网设备〔2018〕979号）中"11.1.1.5 所选用电流互感器的动、热稳定性能应满足安装地点系统短路容量的远期要求，一次绕组串联时也应满足安装地点系统短路容量的要求。"

2. 监督项目解析

设备的技术参数选择是设备采购阶段非常重要的监督项目。

该条款的提出主要考虑所采购的电流互感器在主要技术参数方面与设计要求的符合程度，防止招标设备不符合实际需求。

设备技术参数的选择需参考设计文件及当地调度部门电网阻抗参数、当地污区分布图等信息。

3. 监督要求

该项目监督主要检查技术规范书或技术协议中外绝缘、误差特性、设备数量、容量等重要技术参数是否满足相关要求；将技术规范书中的电流互感器动、热稳定电流参数与安装地点系统短路电流进行比对，设备参数应满足设计及相关规程规定、电网远景发展等要求；应开展对二次回路实际负荷的计算，监督二次绕组容量选择的合理性，尽量减小二次容量。

4. 整改措施

当发现该项目相关监督要点不满足时，物资管理部门应协调项目管理、厂家等部门、单位协商解决。

3.2.3.3 设备结构及组部件

1. 监督要点及监督依据

设备采购阶段电流互感器设备结构及组部件监督要点及监督依据见表 3-87。

表 3-87 设备采购阶段电流互感器设备结构及组部件监督

监督要点	监督依据
1. 电容屏结构的气体绝缘电流互感器，电容屏连接筒应具备足够的机械强度，以免因材质偏软导致电容屏连接筒变形、移位。 2. 互感器的二次引线端子和末屏引出线端子应有防转动措施，二次出线端子及接地螺栓直径应分别不小于 6mm 和 8mm；电流互感器末屏接地引出线应在二次接线盒内就地接地或引至在线监测装置箱内接地。末屏接地线不应采用编织软铜线，末屏接地线的截面积、强度均应符合相关标准。 3. 油浸式电流互感器应选用带金属膨胀器微正压结构型式。油浸式互感器应装有油面（油位）指示装置，SF₆ 气体绝缘互感器应装有压力指示装置，应放在运行人员便于观察的位置。 4. SF₆ 密度继电器与互感器设备本体之间的连接方式应满足不拆卸校验密度继电器的要求，户外安装应加装防雨罩。 5. 油浸式互感器的膨胀器外罩应标注清晰耐久的最高（MAX）、最低（MIN）油位线及 20℃的标准油位线，油位观察窗应选用具有耐老化、透明度高的材料进行制造。油位指示器应采用荧光材料。	1.《国家电网有限公司关于印发十八项电网重大反事故措施（修订版）的通知》（国家电网设备〔2018〕979 号）中"11.2.1.1 电容屏结构的气体绝缘电流互感器，电容屏连接筒应具备足够的机械强度，以免因材质偏软导致电容屏连接筒变形、移位。" 2.《500kV 电流互感器采购标准 第 1 部分：通用技术规范》（Q/GDW 13023.1—2018）5.2.8～5.2.10。其他电压等级电流互感器采购标准在通用技术规范中有相关要求。 3.《500kV 电流互感器采购标准 第 1 部分：通用技术规范》（Q/GDW 13023.1—2018）中"5.2.5 油浸式互感器应装有油面（油位）指示装置，SF₆ 气体绝缘互感器应装有压力指示装置，应放在运行人员便于观察的位置。" 4.《国家电网有限公司关于印发十八项电网重大反事故措施（修订版）的通知》（国家电网设备〔2018〕979 号）中"11.2.1.4 SF₆ 密度继电器与互感器设备本体之间的连接方式应满足不拆卸校验密度继电器的要求，户外安装应加装防雨罩。" 5.《500kV 电流互感器采购标准 第 1 部分：通用技术规范》（Q/GDW 13023.1—2018）中"5.2.3 油浸式电流互感器应为带金属膨胀器的微正压结构，制造商应根据设备运行环境最高和最低温度核算膨胀器的容量，并应留有一定裕度。油浸式电流互感器的膨胀器外罩应标注清晰耐久的最高（MAX）、最低（MIN）油位线及 20℃的标准油位线，油位观察窗应选用具有耐老化、高

监督要点	监督依据
6. 对于允许取油的设备，油箱（底座）下部应装有取油样或放油用的阀门，放油阀门装设位置应能放出电流互感器中最低处的油	透明度的材料。油位指示器应采用荧光材料。"其他电压等级电流互感器采购标准在通用技术规范中有相关要求。 6.《500kV 电流互感器采购标准　第 1 部分：通用技术规范》（Q/GDW 13023.1—2018）中"5.2.4 油浸式互感器的下部一般应设置放油或密封取油样用的阀门，以便于取油或放油，放油阀的位置应能放出互感器最低处的油。"其他电压等级电流互感器采购标准在通用技术规范中有相关要求

2. 监督项目解析

设备的结构及组部件选择是设备采购阶段最重要的监督项目之一。

该条款监督要点 6 的提出主要考虑所采购的电流互感器在主要结构及组部件方面的重要技术要求，防止招标设备不符合实际需求或在现场运行中发生重大隐患，甚至故障。

3. 监督要求

开展该项目监督时，查阅技术规范书或技术协议中设备结构、组部件选型应符合实际运行维护要求。

4. 整改措施

当发现该项目相关监督要点不满足时，物资管理部门应协调项目管理、厂家等部门、单位协商解决。

3.2.3.4　局部放电和耐压试验

1. 监督要点及监督依据

设备采购阶段电流互感器局部放电和耐压试验监督要点及监督依据见表 3−88。

表 3−88　　　　　　　设备采购阶段电流互感器局部放电和耐压试验监督

监督要点	监督依据
1. 110（66）～750kV 油浸式电流互感器在出厂试验时，局部放电试验的测量时间延长到 5min 2. 10（6）kV 及以上干式互感器出厂时应逐台进行局部放电试验	1.《国家电网有限公司关于印发十八项电网重大反事故措施（修订版）的通知》（国家电网设备〔2018〕979 号）中"11.1.1.10 110（66）～750kV 油浸式电流互感器在出厂试验时，局部放电试验的测量时间延长到 5min。" 2.《国家电网有限公司关于印发十八项电网重大反事故措施（修订版）的通知》（国家电网设备〔2018〕979 号）中"11.4.2.1 10（6）kV 及以上干式互感器出厂时应逐台进行局部放电试验，交接时应抽样进行局部放电试验。"

2. 监督项目解析

局部放电和耐压试验是设备采购阶段最重要的监督项目之一。

局部放电和耐压试验是检验电流互感器绝缘性能的重要试验，为防止厂家中标后不按要求组织试验形成隐患，故提出要求，加强监督。

对于局部放电试验，《互感器　第 1 部分：通用技术要求》（GB 20840.1—2010）第 7.3.3.2 条规定："局部放电试验程序在按照程序 A 或程序 B 预加电压之后，将电压降到表 3 规定的局部放电测量电压，在 30s 内测量相应的局部放电水平"。根据《电流互感器全过程技术监督精益化管理实施细则》规定，现已统一规定为依据《国家电网有限公司关于印发十八项电网重大反事故措施（修订版）的通知》（国家电网设备〔2018〕979 号）规定执行。

3. 监督要求

开展该项目监督时，查阅技术规范书或技术协议，局部放电要求应有明确的规定并满足要点要求。

4. 整改措施

当发现该项目相关监督点不满足时，物资管理部门应协调项目管理、厂家等部门、单位协商解决。

3.2.3.5 计量性能要求（电测）

1. 监督要点及监督依据

设备采购阶段电流互感器计量性能要求（电测）监督要点及监督依据见表 3－89。

表 3－89　　　　　　设备采购阶段电流互感器计量性能要求（电测）监督

监督要点	监督依据
10～35kV 计量用电流互感器的招标技术规范中应要求投标方提供由国家电网有限公司计量中心出具的全性能试验报告或能证明其产品通过国家电网有限公司计量中心全性能试验的相关资料	《10kV～35kV 计量用电流互感器技术规范》（Q/GDW 11681—2017）7.3.1

2. 监督项目解析

计量性能要求是物资采购阶段重要的监督项目。

《10kV～35kV 计量用电流互感器技术规范》（Q/GDW 11681—2017）是国家电网有限公司关于计量用电流互感器的专用技术规范，其中明确规定计量用电流互感器应取得国家电网有限公司计量中心出具的全性能试验报告。

3. 监督要求

开展该项目监督，查阅技术规范书或技术协议时，要重点检查内容当中是否有国家电网有限公司计量中心出具的全性能试验报告或能证明其产品通过国家电网有限公司计量中心全性能试验的相关资料。

4. 整改措施

当发现该项目相关监督要点不满足时，物资管理部门应协调项目管理、厂家等部门、单位协商解决。

3.2.3.6 保护性能要求（保护与控制）

1. 监督要点及监督依据

设备采购阶段电流互感器保护性能要求（保护与控制）监督要点及监督依据见表 3－90。

表 3－90　　　　　　设备采购阶段电流互感器保护性能要求（保护与控制）监督

监督要点	监督依据
1. 电流互感器二次绕组的数量、准确级、变比、负荷应满足继电保护自动装置和测量仪表的要求。 2. 电子式互感器应能真实地反映一次电流，额定延时时间不大于 2ms、唤醒时间为 0；电子式电流互感器的额定延时不大于 $2T_s$（2 个采样周期，采样频率 4000Hz 时 T_s 为 250μs；电子式电流互感器的复合误差应满足 5P 级或 5TPE 级要求	1. 《电流互感器和电压互感器选择及计算规程》（DL/T 866—2015）7.2.8。 2. 《智能变电站继电保护技术规范》（Q/GDW 441—2010）6.3.2

2. 监督项目解析

电流互感器的保护性能要求是设备采购阶段非常重要的监督项目。

设备采购阶段应对电流互感器在保护性能上的主要技术参数,特别是电子互感器的性能进行规范要求,要与设计要求完全符合。若不进行规范要求,招标设备不符合实际需求,进行更改需要和厂家进行反复沟通和费用的增加,影响工程进度;不进行更改,电网将带隐患运行,若投运后再进行设备改造,将造成很大程度上的浪费。该条款也在一定程度上对设备厂家的技术、制造能力进行了要求。

3. 监督要求

开展该项目监督时,需查阅设备采购技术规范,核对电流互感器保护性能是否满足要求,特别是有特殊要求的或是尚未广泛推广应用的新设备性能更应仔细核对。

4. 整改措施

当发现该项目相关监督要点不满足时,物资管理部门应协调项目管理、厂家等部门、单位协商解决。

3.2.3.7　材质选型（金属）

1. 监督要点及监督依据

设备采购阶段电流互感器材质选型（金属）监督要点及监督依据见表 3–91。

表 3–91　　　　　　　　　设备采购阶段电流互感器材质选型（金属）监督

监督要点	监督依据
1. 膨胀器防雨罩应选用耐蚀铝合金或 06Cr19Ni10 奥氏体不锈钢。 2. 二次绕组屏蔽罩宜采用铝板旋压或铸造成型的高强度铝合金材质,电容屏连接筒应要求采用强度足够的铸铝合金制造。 3. 气体绝缘互感器充气接头不应采用 2 系或 7 系合金。 4. 除非磁性金属外,所有设备底座、法兰应采用热浸镀锌防腐。	《电网设备金属技术监督导则》（Q/GDW 11717—2017）中"10.2.2 膨胀器防雨罩应选用耐蚀铝合金或 06Cr19Ni10 奥氏体不锈钢。10.2.3 二次绕组屏蔽罩宜采用铝板旋压或铸造成型的高强度铝合金材质,电容屏连接筒应要求采用强度足够的铸铝合金制造。10.2.4 气体绝缘互感器充气接头不应采用 2 系或 7 系铝合金。10.2.5 除非磁性金属外,所有设备底座、法兰应采用热浸镀锌防腐。"

2. 监督项目解析

材质选型是设备验收阶段非常重要的监督项目。

该条款的提出主要考虑所采购的电流互感器在材质机械性能及防腐性能上的主要技术参数。

该条款所提膨胀器外罩材质及支撑件结构（瓷外套或者复合外套）试验,在生产过程中经常不按标准要求组织设备试验,形成隐患,故需提出要求加强监督。

3. 监督要求

开展该项目监督,查阅设备采购技术规范或技术协议时,应对膨胀器材料（用于油浸型）外罩材质选型、设备底座、法兰热镀锌防腐层有明确的要求,并应明确支撑件的抗弯、抗拉强度及扭矩试验要求。

4. 整改措施

当发现该项目相关监督要点不满足时,物资管理部门应协调项目管理、厂家等部门、单位协商解决。

3.2.4　设备制造阶段

3.2.4.1　油浸式互感器外观及结构

1. 监督要点及监督依据

设备制造阶段油浸式互感器外观及结构监督要点及监督依据见表 3–92。

2. 监督项目解析

油浸式互感器外观及结构是设备制造阶段非常重要的监督项目。

对于油浸式互感器，绝缘油是其主要绝缘介质，若出现缺油情况，设备绝缘性能下降，极易引发重大故障。因此表征绝缘油情况的直接状态量油位应准确、清晰，提出对油位窗口材质及膨胀器的要求。互感器的二次引线端子和末屏引出线端子应有防转动措施，以防扭动损伤，且应有足够的强度。

3. 监督要求

开展该项目监督时，可随设备入厂抽检工作的开展，现场见证设备外观、主要组部件配置、设备连接等原材料，应符合相关要求。

表 3–92 设备制造阶段油浸式互感器外观及结构监督

监督要点	监督依据
1. 油浸式互感器生产厂家应根据设备运行环境最高和最低温度核算膨胀器的容量，并应留有一定裕度。 2. 油浸式互感器的膨胀器外罩应标注清晰耐久的最高（MAX）、最低（MIN）油位线及 20℃的标准油位线，油位观察窗应选用具有耐老化、透明度高的材料进行制造。油位指示器应采用荧光材料。 3. 生产厂家应明确倒立式电流互感器的允许最大取油量。 4. 220kV 及以上电压等级电流互感器必须满足卧倒运输的要求。 5. 互感器的二次引线端子和末屏引出线端子应有防转动措施。 6. 电流互感器末屏接地引出线应在二次接线盒内就地接地或引至在线监测装置箱内接地。末屏接地线不应采用编织软铜线，末屏接地线的截面积、强度均应符合相关标准	《国家电网有限公司关于印发十八项电网重大反事故措施（修订版）的通知》（国家电网设备〔2018〕979 号）中"11.1.1.2 油浸式互感器生产厂家应根据设备运行环境最高和最低温度核算膨胀器的容量，并应留有一定裕度。11.1.1.3 油浸式互感器的膨胀器外罩应标注清晰耐久的最高（MAX）、最低（MIN）油位线及 20℃的标准油位线，油位观察窗应选用具有耐老化、透明度高的材料进行制造。油位指示器应采用荧光材料。11.1.1.4 生产厂家应明确倒立式电流互感器的允许最大取油量。11.1.1.6 220kV 及以上电压等级电流互感器必须满足卧倒运输的要求。1.1.1.7 互感器的二次引线端子和末屏引出线端子应有防转动措施。11.1.1.12 电流互感器末屏接地引出线应在二次接线盒内就地接地或引至在线监测装置箱内接地。末屏接地线不应采用编织软铜线，末屏接地线的截面积、强度均应符合相关标准。"

4. 整改措施

如未开展入厂抽检工作或监督项目不齐全，应尽快由相关物资部门组织协调开展监督工作；如设备已出厂，应入厂抽检同批次互感器。情节严重时，下发技术监督告（预）警单。

3.2.4.2 气体绝缘互感器外观及结构

1. 监督要点及监督依据

设备制造阶段气体绝缘互感器外观及结构监督要点及监督依据见表 3–93。

表 3–93 设备制造阶段气体绝缘互感器外观及结构监督

监督要点	监督依据
1. 气体绝缘互感器的防爆装置应采用防止积水、冻胀的结构，防爆膜应采用抗老化、耐锈蚀的材料。 2. SF$_6$ 密度继电器与互感器设备本体之间的连接方式应满足不拆卸校验密度继电器的要求，户外安装应加装防雨罩。 3. 气体绝缘互感器应设置安装时的专用吊点并有明显标识。 4. 电容屏结构的气体绝缘电流互感器，电容屏连接筒应具备足够的机械强度，以免因材质偏软导致电容屏连接筒变形、移位	《国家电网有限公司关于印发十八项电网重大反事故措施（修订版）的通知》（国家电网设备〔2018〕979 号）中"11.2.1.3 气体绝缘互感器的防爆装置应采用防止积水、冻胀的结构，防爆膜应采用抗老化、耐锈蚀的材料。11.2.1.4 SF$_6$ 密度继电器与互感器设备本体之间的连接方式应满足不拆卸校验密度继电器的要求，户外安装应加装防雨罩。11.2.1.5 气体绝缘互感器应设置安装时的专用吊点并有明显标识。11.2.1.1 电容屏结构的气体绝缘电流互感器，电容屏连接筒应具备足够的机械强度，以免因材质偏软导致电容屏连接筒变形、移位。"

2. 监督项目解析

气体绝缘互感器外观及结构是设备制造阶段非常重要的监督项目。

对于气体绝缘互感器，对防爆装置的要求在设备制造阶段再次明确。对于密度继电器，为运维方便，应满足不拆卸校验，且应有防雨措施。在制造过程中，电容屏连接筒是重要支撑部件，应有足够的机械强度。

3. 监督要求

开展该项目监督时，可随设备入厂抽检工作的开展，现场见证设备外观、主要组部件配置、设备连接等原材料，应符合相关要求。

4. 整改措施

如未开展入厂抽检工作或监督项目不齐全，应尽快由相关物资部门组织协调开展监督工作；如设备已出厂，应入厂抽检同批次互感器。情节严重时，下发技术监督告（预）警单。

3.2.4.3 设备材质选型（金属）

1. 监督要点及监督依据

设备制造阶段电流互感器设备材质选型（金属）监督要点及监督依据见表 3-94。

表 3-94 设备制造阶段电流互感器设备材质选型（金属）监督

监督要点	监督依据
1. 硅钢片、铝箔等重要原材料应提供材质报告单、出厂试验报告、物理化学等材料性能的分析及合格证；外协材料应配有出厂试验报告。 2. 铝箔表面应平整、干净，铁心应无锈蚀、无毛刺，不应有断片。 3. 绝缘子支撑件应进行 100%的外观和尺寸检查。电流互感器绝缘支撑件应按批次抽样进行抗弯、抗拉强度试验和扭矩试验，并在扭转试验后进行 X 射线检测，内部应无气孔、砂眼、夹杂和裂纹等缺陷	《电网设备金属技术监督导则》(Q/GDW 11717—2017) 中 "10.3.1 硅钢片、铝箔等重要原材料应提供材质报告单、出厂试验报告、物理化学等材料性能的分析及合格证；外协材料应配有出厂试验报告。10.3.2 电磁线表面应色泽均匀且光滑，漆包线不应有气泡和漆膜剥落，纸包线、丝包线表面应无损伤，导线截面应符合设计要求。铝箔表面应平整、干净，铁心应无锈蚀、无毛刺，不应有断片。10.3.3 绝缘子支撑件应进行100%的外观和尺寸检查。电流互感器绝缘支撑件应按批次抽样进行抗弯、抗拉强度试验和扭矩试验，并在扭转试验后进行 X 射线检测，内部应无气孔、砂眼、夹杂和裂纹等缺陷。"

2. 监督项目解析

设备材质选型是设备制造阶段非常重要的监督项目。

该条款主要考虑所采购的电流互感器在材质机械性能及防腐性能上的主要技术参数应满足技术规范书中要求。考虑到实际工作中很少会对电压等级相对较低的互感器开展入厂监督工作，各省电力公司开展入厂监督的深度也不一致，建议对设备的原材料和组部件提出监督要求，防止因错用部件材质而造成事故隐患。

气体绝缘对于电场的均匀性比较敏感。相同条件下，均匀电场和不均匀电场情况下气体的绝缘特性相差较大。不均匀电场气体的绝缘耐受电压较低，当连接筒移位和变形后对电场的均匀性影响较大。建议进行振动试验，验证产品设计强度。

3. 监督要求

开展该项目监督时，可随设备入厂抽检工作进行现场见证，考察设备原材料、防腐工艺、力学性能试验，应符合相关要求。材质报告单、出厂试验报告应符合要求。

4. 整改措施

对于不满足相关标准要求的，应尽快由相关物资部门组织协调整改处理，必要时对不满足要求的部件予以更换。

3.2.5 设备验收阶段

3.2.5.1 电容量和介质损耗因数测量

1. 监督要点及监督依据

设备验收阶段电流互感器电容量和介质损耗因数测量监督要点及监督依据见表 3-95。

表 3-95 　　　　　　　　　设备验收阶段电流互感器电容量和介质损耗因数测量监督

监督要点	监督依据
1. 电容型绝缘电流互感器,出厂试验报告应提供 $U_m/\sqrt{3}$（U_m 为设备最高电压）及 10kV 两种试验电压下的试验数值。 2. 应在一次端工频耐压试验后进行。 3. 试验数据合格,符合以下要求。 （1）电容型绝缘:U_m 为 550kV,测量电压为 $U_m/\sqrt{3}$ 时,$\tan\delta \leqslant 0.004$;$U_m \leqslant 363$kV,测量电压为 $U_m/\sqrt{3}$ 时,$\tan\delta \leqslant 0.005$。 （2）非电容型绝缘:$U_m > 40.5$kV,测量电压为 10kV 时,$\tan\delta \leqslant 0.015$;$U_m$ 为 40.5kV,测量电压为 10kV 时,$\tan\delta \leqslant 0.02$	1.《互感器 第 2 部分:电流互感器的补充技术要求》（GB 20840.2—2014）中"7.3.4 电容量和介质损耗因数测量 注 201:对采用电容型绝缘结构的电流互感器,制造方应提供测量电压为 10kV 下的介质损耗因数值。" 2.《互感器试验导则 第 1 部分:电流互感器》（GB/T 22071.1—2018）中"6.4.1 试验应在一次端工频耐压试验后进行。" 3.《互感器 第 2 部分:电流互感器的补充技术要求》（GB 20840.2—2014）7.3.4 电容量和介质损耗因数测量 表 209 中规定,对于油浸式电流互感器:① 电容型绝缘,U_m 为 550kV,测量电压为 $U_m/\sqrt{3}$ 时,$\tan\delta \leqslant 0.004$;$U_m \leqslant 363$kV,测量电压为 $U_m/\sqrt{3}$ 时,$\tan\delta \leqslant 0.005$。② 非电容型绝缘,$U_m > 40.5$kV,测量电压为 10kV 时,$\tan\delta \leqslant 0.015$;$U_m$ 为 40.5kV,测量电压为 10kV 时,$\tan\delta \leqslant 0.02$

2. 监督项目解析

电容量和介质损耗因数的监督是设备验收阶段非常重要的监督项目。

电容量和介质损耗因数测量试验是检验电流互感器绝缘性能的基本试验。随着设备电压等级升高,开展 $U_m/\sqrt{3}$ 电压下的电容量测量对于检验设备绝缘性能更加有效;但一般设备在例行试验中只开展 10kV 电压下的电容量测量,在诊断性试验时开展 $U_m/\sqrt{3}$ 电压下的电容量测量。为便于设备在运维检修阶段对相关试验数据进行纵向比较,要求设备出厂试验时应同时开展两个电压等级下的电容量测量。

工频耐压试验对电气设备的绝缘性能有一定的破坏性,在工频耐压试验后开展电容量和介质损耗因数测量试验,有助于检验经受工频耐压冲击后试品的绝缘性能。

3. 监督要求

开展该项目监督时,应现场检查试验数据是否符合要求,试验报告不完整或试验数据错误时应要求厂家进行补测。若结合设备入厂抽检工作,按照物资抽检比例开展现场见证时,试验方法应正确,试验数据应符合要求。

4. 整改措施

当发现该项目相关监督要点不满足时的整改措施:① 现场检查出厂试验报告,试验报告不完整或试验数据错误时,物资管理部门应协调厂家进行现场补测;由试验结果确认设备存在缺陷时,物资管理部门须协调厂家退货。② 厂内抽检发现试验方法错误时,现场监督人员应及时纠正;由试验结果确认设备存在缺陷时,物资管理部门应组织抽检人员、厂家技术人员分析原因,维修或更换设备。

3.2.5.2 局部放电和耐压试验

1. 监督要点及监督依据

设备验收阶段电流互感器局部放电和耐压试验监督要点及监督依据见表 3-96。

表 3-96　　　设备验收阶段电流互感器局部放电和耐压试验监督

监督要点	监督依据
1. 110（66）～750kV 油浸式电流互感器在出厂试验时，局部放电试验的测量时间延长到 5min。 2. 局部放电试验数据合格，放电量符合以下要求。 （1）中性点有效接地系统：测量电压为 U_m 时，液体浸渍或气体绝缘为 10pC，固体绝缘为 50pC；测量电压为 $1.2U_m/\sqrt{3}$ 时，液体浸渍或气体绝缘为 5pC，固体绝缘为 20pC。 （2）中性点非有效接地系统：测量电压为 $1.2U_m$ 时，液体浸渍或气体绝缘为 10pC，固体绝缘为 50pC；测量电压为 $1.2U_m/\sqrt{3}$ 时，液体浸渍或气体绝缘为 5pC，固体绝缘为 20pC	1.《国家电网有限公司关于印发十八项电网重大反事故措施（修订版）的通知》（国家电网设备〔2018〕979 号）中 "11.1.1. 10 110（66）～750kV 油浸式电流互感器在出厂试验时，局部放电试验的测量时间延长到 5min。" 2.《互感器　第 1 部分：通用技术要求》（GB 20840.1—2010）"5.3.3.1 局部放电要求：（1）中性点有效接地系统：测量电压为 U_m 时，液体浸渍或气体绝缘为 10pC，固体绝缘为 50pC；测量电压为 $1.2U_m/\sqrt{3}$ 时，液体浸渍或气体绝缘为 5pC，固体绝缘为 20pC。（2）中性点非有效接地系统：测量电压为 $1.2U_m$ 时，液体浸渍或气体绝缘为 10pC，固体绝缘为 50pC；测量电压为 $1.2U_m/\sqrt{3}$ 时，液体浸渍或气体绝缘为 5pC，固体绝缘为 20pC。"

2. 监督项目解析

局部放电和耐压试验的监督是设备验收阶段非常重要的监督项目。

局部放电和耐压试验是检验电流互感器绝缘性能的重要试验，该条款主要针对局部放电和耐压试验的重点要求进行监督。各监督要点提出原因如下：① 局部放电测量试验时间要求在不同规程中曾经不统一，现已统一确定为 5min，为防止厂家中标后不按要求组织试验，形成隐患，故提出要求，加强监督；② SF_6 绝缘电流互感器，部分厂家为节约充放气成本，减小工作量，有以抽检代替逐台检验的现象，无法保证全部产品绝缘性能；③ 对于不同试验电压等级、不同类型的电流互感器，局部放电试验的放电量有不同的要求，需在监督中加强区分，引起注意。

对于局部放电试验，《国家电网有限公司关于印发十八项电网重大反事故措施（修订版）的通知》（国家电网设备〔2018〕979 号）中规定 "110（66）～750kV 油浸式电流互感器在出厂试验时，局部放电试验的测量时间延长到 5min"，而《互感器　第 1 部分：通用技术要求》（GB 20840.1—2010）第 7.3.3.2 条规定 "局部放电试验程序在按照程序 A 或程序 B 预加电压之后，将电压降到表 3 规定的局部放电测量电压，在 30s 内测量相应的局部放电水平"，对局部放电时间要求不一致。根据《电流互感器全过程技术监督精益化管理实施细则》规定，现已统一规定为依据《国家电网有限公司关于印发十八项电网重大反事故措施（修订版）的通知》（国家电网设备〔2018〕979 号）规定执行。

3. 监督要求

开展该项目监督时，现场验收应检查试验数据是否符合要求，试验报告不完整或试验数据错误应要求厂家进行现场补测。若结合设备入厂抽检工作，按照物资抽检比例开展现场见证时，试验方法应正确，试验数据应符合要求。

4. 整改措施

当发现该项目相关监督要点不满足时的整改措施：① 现场检查出厂试验报告，试验报告不完整或试验数据错误时，物资管理部门应协调厂家进行现场补测；由试验结果确认设备存在绝缘缺陷时，物资管理部门须协调厂家退货。② 厂内抽检发现试验方法错误时，现场监督人员应及时纠正；由试验结果确认设备存在绝缘缺陷时，物资管理部门应组织抽检人员、厂家技术人员分析原因，维修或更换设备。

3.2.5.3　伏安特性试验

1. 监督要点及监督依据

设备验收阶段电流互感器伏安特性试验监督要点及监督依据见表 3-97。

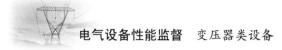

表 3-97　　　　　　　　　　设备验收阶段电流互感器伏安特性试验监督

监督要点	监督依据
外施电压和励磁电流数据的涵盖范围应包含从低励磁值直到 1.1 倍拐点电势值	《互感器　第 2 部分：互感器的补充技术要求》（GB 20840.2—2014）3.4.214

2. 监督项目解析

伏安特性试验的监督是设备验收阶段非常重要的监督项目。

电流互感器伏安特性试验是体现互感器性能的检测依据，现场验收中发现多起电流互感器励磁电流、电压范围不满足"从低励磁值直到 1.1 倍拐点电势值"要求的问题，无法确定电流互感器性能，给设备运行带来隐患。

3. 监督要求

开展该项目监督时，现场验收应检查试验数据是否符合要求，试验报告不完整或试验数据错误应要求厂家进行现场补测。若结合设备入厂抽检工作，按照物资抽检比例开展现场见证时，试验方法应正确，试验数据应符合要求。

4. 整改措施

当发现该项目相关监督要点不满足时的整改措施：① 现场检查出厂试验报告，试验报告不完整或试验数据错误时，物资管理部门应协调厂家进行现场补测；由试验结果确认设备伏安特性不满足要求时，物资管理部门须协调厂家退货。② 厂内抽检发现试验方法错误时，现场监督人员应及时纠正；由试验结果确认设备存在缺陷时，物资管理部门应组织抽检人员、厂家技术人员分析原因，维修或更换设备。

3.2.5.4　密封性试验

1. 监督要点及监督依据

设备验收阶段电流互感器密封性试验监督要点及监督依据见表 3-98。

表 3-98　　　　　　　　　　设备验收阶段电流互感器密封性试验监督

监督要点	监督依据
对于带膨胀器的油浸式互感器，应在未装膨胀器之前，对互感器进行密封性能试验。试验后，将装好膨胀器的产品，按规定时间（一般不少于 12h）静放，外观检查是否有渗、漏油现象	《互感器试验导则　第 1 部分：电流互感器》（GB/T 22071.1—2018）中"6.9.2.3 试验方法 对于带膨胀器的油浸式互感器，应在未装膨胀器之前，对互感器按上述方法进行密封性能试验。试验后，将装好膨胀器的产品，按规定时间（一般不少于 12h）静放，外观检查是否有渗、漏油现象。"

2. 监督项目解析

密封性试验的监督是设备验收阶段重要的监督项目。

互感器膨胀器的安装工艺是造成渗漏油问题多发的主要因素，密封性试验是检验油浸式互感器密封性能的最主要试验手段。在实际工作中发现，部分厂家因赶工期、盲目提高生产效率等原因不按规范开展密封试验甚至完全不开展该项试验，造成后期互感器渗漏油的问题。

3. 监督要求

开展该项目监督，现场验收时应检查试验数据是否符合要求，试验报告不完整或试验数据错误应要求厂家进行补测。若结合设备入厂抽检工作，按照物资抽检比例开展现场见证时，试验方法应正确，试验数据应符合要求。

4. 整改措施

当发现该项目相关监督要点不满足时的整改措施：① 现场检查出厂试验报告，试验报告不完整或试验数据错误时，物资管理部门应协调厂家进行现场补测；由试验结果确认设备存在密封缺陷时，物资管理部门须协调厂家进行维修并经试验合格；② 厂内抽检发现试验方法错误时，现场监督人员应及时纠正；由试验结果确认设备存在缺陷时，物资管理部门应组织抽检人员、厂家技术人员分析原因，维修或更换设备。

3.2.5.5 运输存储

1. 监督要点及监督依据

设备验收阶段电流互感器运输存储监督要点及监督依据见表 3−99。

表 3−99　　　　　　　　　　　　设备验收阶段电流互感器运输存储监督

监督要点	监督依据
1. 220kV 及以上电压等级电流互感器运输时应在每辆运输车上安装冲击记录仪，设备运抵现场后应检查确认，记录数值超过 10g，应返厂检查。110kV 及以下电压等级电流互感器应直立安放运输。 2. 110kV 及以下电压等级气体绝缘互感器应直立安放运输，220kV 及以上电压等级互感器应满足卧倒运输的要求。运输时110（66）kV 产品每批次超过 10 台时，每车装 10g 冲击加速度振动子 2 个，低于 10 台时每车装 10g 冲击加速度振动子 1 个；220kV 产品每台安装 10g 冲击加速度振动子 1 个；330kV 及以上电压等级每台安装带时标的三维冲击记录仪。到达目的地后检查振动记录装置的记录，若记录数值超过 10g 冲击加速度一次或 10g 振动子落下，则产品应返厂解体检查	《国家电网有限公司关于印发十八项电网重大反事故措施（修订版）的通知》（国家电网设备〔2018〕979 号）中："11.1.2.6 220kV 及以上电压等级电流互感器运输时应在每辆运输车上安装冲击记录仪，设备运抵现场后应检查确认，记录数值超过 10g，应返厂检查。110kV 及以下电压等级电流互感器应直立安放运输。11.2.2.1 110kV 及以下电压等级气体绝缘互感器应直立安放运输，220kV 及以上电压等级互感器应满足卧倒运输的要求。运输时 110（66）kV 产品每批次超过 10 台时，每车装 10g 冲击加速度振动子 2 个，低于 10 台时每车装 10g 冲击加速度振动子 1 个；220kV 产品每台安装 10g 冲击加速度振动子 1 个；330kV 及以上电压等级每台安装带时标的三维冲击记录仪。到达目的地后检查振动记录装置的记录，若记录数值超过 10g 冲击加速度一次或 10g 振动子落下，则产品应返厂解体检查。"

2. 监督项目解析

运输存储的监督是设备验收阶段最重要的监督项目之一。

运输存储原因造成的电流互感器渗漏、损伤等问题，往往因责任主体不清、处理过程扯皮，对后续工程进度造成影响，也会给电流互感器带来潜在运行隐患，故对运输存储过程提出冲击记录要求。

因该阶段开展监督工作时设备刚刚运抵现场，不涉及过多技术上的纠纷，故整改措施只针对返厂与否做出结论。需注意三维冲击记录仪的安装方式和冲击限值应满足要求。

对于电流互感器的运输要求，《国家电网有限公司关于印发十八项电网重大反事故措施（修订版）的通知》（国家电网设备〔2018〕979 号）中规定"11.1.2.6 220kV 及以上电压等级油浸式电流互感器运输时应在每辆运输车上安装冲击记录仪，设备运抵现场后应检查确认，记录数值超过 10g，应返厂检查。110kV 及以下电压等级电流互感器应直立安放运输。11.2.2.1 110kV 及以下电压等级气体绝缘互感器应直立安放运输，220kV 及以上电压等级互感器应满足卧倒运输的要求。运输时 110（66）kV 产品每批次超过 10 台时，每车装 10g 冲击加速度振动子 2 个，低于 10 台时每车装 10g 冲击加速度振动子 1 个；220kV 产品每台安装 10g 冲击加速度振动子 1 个；330kV 及以上电压等级每台安装带时标的三维冲击记录仪。到达目的地后检查振动记录装置的记录，若记录数值超过 10g 冲击加速度一次或 10g 振动子落下，则产品应返厂解体检查"，而《输变电工程设备安装质量管理重点措施（试行）》（基建安质〔2014〕38 号）四、配电装置安装质量管理措施中规定"220kV 及以上互感器运输全过程厂家应装设三维冲撞记录仪"，《电力用电流互感器使用技术规范》（DL/T 725—2013）中第11.3 条 b）规定"电流互感器在运输过程中应无严重振动、颠簸和撞击现象，220kV 及以上产品应卧倒运输，对于 SF_6 气体绝缘电流互感器，应安装振动记录仪，220～330kV 电流互感器一般安装 1 个；500kV 和 750kV 电流互感器一般安装 2 个，若记录数值超过制造厂允许值，则互感器应返厂检查"。根据《电流互感器全过程技术监督精益化管理实施细则》规定，对 220kV 及以上油浸和 SF_6 绝缘电流互感器的运输要求统一依据《国家电网有限公司关于印发十八项电网重大反事故措施（修订版）的通知》（国家电网设备〔2018〕979 号）规定执行。

3. 监督要求

现场检查三维冲击记录应满足要求。

4. 整改措施

如电流互感器冲击记录大于 $10g$ 时，物资管理部门应协调厂家对产品进行返厂解体检查，并根据解体检查情况制订重新供货方案。

3.2.5.6　设备本体及组部件

1. 监督要点及监督依据

设备验收阶段电流互感器设备本体及组部件监督要点及监督依据见表 3－100。

表 3－100　　　　　　　　　　设备验收阶段电流互感器设备本体及组部件监督

监督要点	监督依据
1. 油浸式电流互感器应用带金属膨胀器微正压结构型式。 2. 互感器的一、二次接线端子应有防转动措施。电流互感器二次出线端子及接地螺栓直径应分别不小于 6mm 和 8mm。连接螺栓或接地螺栓须用铜或铜合金制成。 3. 油浸式互感器的膨胀器外罩上应标注清晰耐久的最高（MAX）、最低（MIN）油位线及 20℃的标准油位线，油位观察窗应选用具有耐老化、透明度高的材料进行制造。油位指示器应采用荧光材料，油位应正常。 4. SF_6 密度继电器与互感器设备本体之间的连接方式应满足不拆卸校验密度继电器的要求，户外安装应加装防雨罩。 5. 气体绝缘互感器应设置安装时的专用吊点并有明显标识	1.《国家电网有限公司关于印发十八项电网重大反事故措施（修订版）的通知》（国家电网设备〔2018〕979 号）中"11.1.1.1 油浸式互感器应用带金属膨胀器微正压结构型式。" 2.《电力用电流互感器使用技术规范》（DL/T 725—2013）中"7.1.1 c）一、二次接线端子应有防松、防转动措施，二次接线板应具有防潮性能。一、二次接线端子应标志清晰。"《电力用电流互感器使用技术规范》（DL/T 725—2013）中"7.1.1 b）电流互感器二次出线端子及接地螺栓直径应分别不小于 6mm 和 8mm。连接螺栓或接地螺栓须用铜或铜合金制成。螺栓连接处或接地处应有平坦的金属表面。连接零件和接地零件均应有可靠的防锈镀层。二次接线端子应有防护罩。接地处应有明显的接地符号。" 3.《国家电网有限公司关于印发十八项电网重大反事故措施（修订版）的通知》（国家电网设备〔2018〕979 号）中"11.1.1.3 油浸式互感器的膨胀器外罩上应标注清晰耐久的最高（MAX）、最低（MIN）油位线及 20℃的标准油位线，油位观察窗应选用具有耐老化、透明度高的材料制造。油位指示器应采用荧光材料。" 4.《国家电网有限公司关于印发十八项电网重大反事故措施（修订版）的通知》（国家电网设备〔2018〕979 号）中"11.2.1.4 SF_6 密度继电器与互感器设备本体之间的连接方式应满足不拆卸校验密度继电器的要求，户外安装应加装防雨罩。" 5.《国家电网有限公司关于印发十八项电网重大反事故措施（修订版）的通知》（国家电网设备〔2018〕979 号）中"11.2.1.5 气体绝缘互感器应设置安装时的专用吊点并有明显标识。"

2. 监督项目解析

设备本体及组部件的监督是设备验收阶段最重要的监督项目之一。

为防止环境温度变化造成空气中水分对油介质的影响，要求油浸式电流互感器必须选用带金属膨胀器的微正压结构；在以往对电流互感器现场检查时发现部分厂家对二次出线端子和接地螺栓选材存在偷工减料现象，给设备运行带来安全隐患。同时，设备投运后一般很少对端子、螺栓类设备进行检修，故需在设备验收时严格把关；监督油位指示装置可以直观方便地考察设备内部是否存在过热缺陷，是设备运行巡视的重要参考信息。

3. 监督要求

现场检查互感器金属膨胀器结构型式，一、二次引线端子，接地螺栓直径及油位指示装置应符合要求。

4. 整改措施

不满足要求时，物资管理部门应协调厂家整改或退货。如油位不满足要求时，物资管理部门可协调厂家现场进行放油或注油处理；一、二次引线端子及接地螺栓直径不符合要求时，物资管理部门可协调厂家结合现场实际情况进行更换。

3.2.5.7 水扩散设计试验

1. 监督要点及监督依据

设备验收阶段电流互感器水扩散设计试验监督要点及监督依据见表 3−101。

表 3−101　　　　　　　　　　设备验收阶段电流互感器水扩散设计试验监督

监督要点	监督依据
集成光纤后的光纤绝缘子，应提供水扩散设计试验报告	《国家电网有限公司关于印发十八项电网重大反事故措施（修订版）的通知》（国家电网设备〔2018〕979 号）中"11.3.1.5 集成光纤后的光纤绝缘子，应提供水扩散设计试验报告。"

2. 监督项目解析

水扩散设计试验的监督是设备验收阶段重要的监督项目。

集成光纤后的光纤绝缘子，水扩散设计试验是表征其性能的重要依据，应要求提供试验报告。

3. 监督要求

开展该项目监督，现场验收时，对于集成光纤后的光纤绝缘子，应检查是否有水扩散设计试验报告，若没有应要求厂家提供。

4. 整改措施

当发现该项目相关监督要点不满足时的整改措施：现场检查水扩散设计试验报告，若没有，物资管理部门应协调厂家进行提供。

3.2.5.8 10～35kV 计量用电流互感器的抽样验收试验和全检验收试验（电测）

1. 监督要点及监督依据

设备验收阶段电流互感器抽样验收试验和全检验收试验（电测）监督要点及监督依据见表 3−102。

表 3−102　　　　设备验收阶段电流互感器抽样验收试验和全检验收试验（电测）监督

监督要点	监督依据
10～35kV 计量用电流互感器到货后应进行抽样验收试验和全检验收试验，试验项目及试验方法应符合《10kV～35kV 计量用电流互感器技术规范》（Q/GDW 11681—2017）的要求；实验室参比条件下全检验收基本误差的误差限值为《电力互感器检定规程》（JJG 1021—2007）中规定的电流互感器误差限值的 60%	《10kV～35kV 计量用电流互感器技术规范》（Q/GDW 11681—2017）中"7.4.1 按照本标准规定的试验要求和方法开展试验。抽样验收试验项目参见表 6，试验方法参见第 6 章。7.4.2 抽样验收试验在产品到货后开展。7.5.1 全检验收试验按照本标准规定的试验要求和试验方法对到货产品进行 100%验收检验，试验项目见表 6，试验方法见第 6 章。全检验收基本误差的误差限值按照本标准表 5 中的误差限值进行验收。"

2. 监督项目解析

《10kV～35kV 计量用电流互感器技术规范》（Q/GDW 11681—2017）是国家电网有限公司关于计量用电流互感器的专用技术规范，其中明确规定计量用电流互感器应进行抽样验收试验和全检验收试验；实验室参比条件下全检验收基本误差的误差限值为《电力互感器检定规程》（JJG 1021—

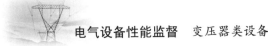

2007）中规定的电流互感器误差限值的 60%。

3. 监督要求

开展该项目监督，查阅准确度试验报告时，要重点查看其试验方法是否符合《10kV～35kV 计量用电流互感器技术规范》（Q/GDW 11681—2017）的要求；特别要注意实验室参比条件下全检验收基本误差的误差限值为《电力互感器检定规程》（JJG 1021—2007）中规定的电流互感器误差限值的 60%。

4. 整改措施

当发现该项目相关监督要点不满足时，建议建设单位协调物资管理部门对电流互感器出厂例行试验进行旁站见证，并要求互感器生产方提供符合要求的出厂试验报告。

3.2.6　设备安装阶段

3.2.6.1　本体及组部件

1. 监督要点及监督依据

设备安装阶段电流互感器本体及组部件监督要点及监督依据见表 3－103。

表 3－103　　　　　　　　　　设备安装阶段电流互感器本体及组部件监督

监督要点	监督依据
1. 互感器应无渗漏，油位、气压、密度应符合产品技术文件的要求。 2. 电流互感器一次端子承受的机械力不应超过生产厂家规定的允许值，端子的等电位连接应牢固可靠且端子之间应保持足够电气距离，并应有足够的接触面积；二次引线端子和末屏引出线端子应有防转动措施。 3. 光电式互感器光纤接头接口螺母应紧固，接线盒进口和穿电缆的保护管应用硅胶封堵。 4. 并列安装的应排列整齐，同一组互感器的极性方向应一致。 5. 互感器安装时，应将运输中膨胀器限位支架等临时保护措施拆除，并检查顶部排气塞密封情况	1. 《电气装置安装工程　电力变压器、油浸电抗器、互感器施工及验收规范》（GB 50148—2010）中"5.4.1　2　互感器应无渗漏，油位、气压、密度应符合产品技术文件的要求。" 2. 《国家电网有限公司关于印发十八项电网重大反事故措施（修订版）的通知》（国家电网设备〔2018〕979 号）中"11.1.2.2　电流互感器一次端子承受的机械力不应超过生产厂家规定的允许值，端子的等电位连接应牢固可靠且端子之间应保持足够电气距离，并应有足够的接触面积。11.1.1.7　互感器的二次引线端子和末屏引出线端子应有防转动措施。" 3. 《直流换流站电气装置安装工程施工及验收规范》（DL/T 5232—2019）中规定：光纤接头连接完成后，应按照产品说明书紧固接口螺母，接线盒进口和穿电缆的保护管应用硅胶封堵，防止潮气进入。 4. 《电气装置安装工程　电力变压器、油浸电抗器、互感器施工及验收规范》（GB 50148—2010）中"5.3.2　并列安装的应排列整齐，同一组互感器的极性方向应一致。" 5. 《国家电网有限公司关于印发十八项电网重大反事故措施（修订版）的通知》（国家电网设备〔2018〕979 号）中"11.1.2.5　互感器安装时，应将运输中膨胀器限位支架等临时保护措施拆除，并检查顶部排气塞密封情况。"

2. 监督项目解析

本体及组部件是设备安装阶段非常重要的监督项目。

油浸式互感器油主要起绝缘和散热作用。随着油温的变化，油位也相应出现一定范围的改变。油温随负荷大小和周围温度的高低而变化。油位过高将造成溢油，从产品压力释放点（一般是产品上部的膨胀器）或密封不良部位喷出；油位过低可能导致绝缘性能减弱，造成设备击穿损坏；散热性能减弱，导致高温损坏设备。

SF_6 互感器气体的作用之一是提高电气设备绝缘强度，压力过低将造成绝缘降低、容易发生电击穿的危害。SF_6 互感器是以 SF_6 气体为绝缘介质，为了保证设备的安全可靠运行，就要求不能漏气。密封结构越好，SF_6 气体泄漏量就越小，同时产品外部水蒸气往内部渗透量也越小，产品所充 SF_6 气体的含水量的增长也就越慢，因而要求漏气量越小越好。

电流互感器的一次端子所受的机械力不应超过制造厂规定的允许值，其电气联结应接触良好，防止过热性故障。检查膨胀器外罩等电位联结是否可靠，防止出现电位悬浮。电流互感器的二次引线端子和末屏引出小套管应有防转动措施，以防内部引线扭断。

光纤接头接口螺母不紧固，螺栓和螺母经过冬夏热胀冷缩后松动，都将影响接头的固定作用，可能造成接头接触不良。光缆接头盒是光缆线路中的重要组件，它对光缆光纤连接的保护和光缆线路的通信质量起着至关重要的作用。大多数光通信故障出现在接头盒上（除去光缆的显见故障如人为施工破坏和或自然灾害等外力外），如密封性能差，接头盒进水或潮气，会导致光损耗加大甚至断纤。因此，接线盒进口和穿电缆的保护管应用硅胶封堵，防止潮气进入。

在生产实践中，由互感器极性和接线不正确造成保护装置误动或拒动时有发生。要求同组互感器极性应一致，以防在接线时将极性弄错，造成在继电保护回路上和计量回路中引起保护装置错误动作以及不能够正确地进行测量。

3. 监督要求

现场检查设备及相应附件的外观及安装位置应符合要求。

4. 整改措施

当发现该项目相关监督要点不满足时，项目管理部门应组织施工单位按条款要求进行整改并通过复验合格。

3.2.6.2 设备接地

1. 监督要点及监督依据

设备安装阶段电流互感器设备接地监督要点及监督依据见表 3-104。

表 3-104　　　　　　　　　　　设备安装阶段电流互感器设备接地监督

监督要点	监督依据
电流互感器外壳、电容套管末屏、备用二次绕组、倒立式互感器二次绕组的金属导管等应可靠接地	《电气装置安装工程　电力变压器、油浸电抗器、互感器施工及验收规范》（GB 50148—2010）5.3.6 中规定：电容型绝缘的电流互感器，其一次绕组末屏的引出端子、铁心引出接地端子应可靠接地；倒立式电流互感器二次绕组的金属导管应可靠接地；互感器的外壳应可靠接地；电流互感器的备用二次绕组端子应先短路后接地

2. 监督项目解析

设备接地是设备安装最重要的监督项目之一。

设备外壳接地属于安全保护接地，是为了防止电气装置的金属外壳带电危及人身和设备安全而进行的接地。它是将正常情况下不带电，而在绝缘材料损坏后或其他情况下可能带电的电器金属部分（即与带电部分相绝缘的金属结构部分）用导线与接地体可靠连接起来的一种保护接线方式。

电流互感器电容套管末屏包裹在一次接线的多层绝缘层的最外层，在运行过程中必须要接地。如果末屏不接地的话，最外层的绝缘层就会对地有很高的电压，导致绝缘层破坏击穿对地放电，产生极其严重的后果。

二次绕组接地是为了防止一、二次绕组击穿时，一次侧的高压串入二次侧，危及人身及设备安全；二次回路接地的原则是一点接地，不允许两点或多点接地，以免形成回路或短路。

倒立式互感器二次绕组的金属导管接地与电容套管末屏接地类似。

3. 监督要求

现场检查各处接地情况及架构接地引下线情况，应符合要求。

4. 整改措施

发现接地出现问题时，应由项目管理单位组织施工单位限期整改，验收合格后的设备才能投入运行。

3.2.6.3 保护用二次绕组（保护与控制）

1. 监督要点及监督依据

设备安装阶段电流互感器保护用二次绕组（保护与控制）监督要点及监督依据见表 3–105。

表 3–105　　　　　设备安装阶段电流互感器保护用二次绕组（保护与控制）监督

监督要点	监督依据
1. 双重化配置的两套保护装置的交流电流应分别取自电流互感器互相独立的绕组，电子式电流互感器用于双重化保护的一次传感器应分别独立配置；电子式电流互感器一、二次转换器应双重化（或双套）配置；电子式互感器内应由两路独立的采样系统进行采集，每路采样系统应采用双 A/D 系统接入 MU。 2. 当采用 3/2、4/3、角形接线等多断路器接线形式，应在断路器两侧均配置电流互感器。 3. 330kV 及以上和涉及系统稳定的 220kV 新建、扩建或改造的智能变电站采用常规互感器时，应通过二次电缆直接接入保护装置。 4. 电流互感器的二次回路均必须且只能有一个接地点；独立的、与其他电流互感器的二次回路没有电气联系的电流互感器二次回路可在开关场一点接地；由几组电流互感器二次组合的电流回路，应在有电气连接处一点接地	1.《国家电网有限公司关于印发十八项电网重大反事故措施（修订版）的通知》（国家电网设备〔2018〕979 号）15.2.2.1；《电流互感器和电压互感器选择及计算规程》（DL/T 866—2015）13.3.5 2；《智能变电站继电保护技术规范》（Q/GDW 441—2010）6.3.1。 2.《国家电网有限公司关于印发十八项电网重大反事故措施（修订版）的通知》（国家电网设备〔2018〕979 号）15.1.13.1。 3.《国家电网有限公司关于印发十八项电网重大反事故措施（修订版）的通知》（国家电网设备〔2018〕979 号）15.7.1.3。 4.《国家电网有限公司关于印发十八项电网重大反事故措施（修订版）的通知》（国家电网设备〔2018〕979 号）15.6.4.1；《国家电网有限公司关于印发十八项电网重大反事故措施（修订版）的通知》（国家电网设备〔2018〕979 号）15.6.4.3；《继电保护和电网安全自动装置检验规程》（DL/T 995—2016）5.3.2.2 b）

2. 监督项目解析

保护用二次绕组是设备安装阶段重要的监督项目。

设备安装阶段对电流互感器二次绕组、电子互感器采样系统、二次绕组接入保护设备的形式、二次绕组接地点，特别是由几组电流互感器二次组合的电流回路的接地点提出要求，进行合理化安装、配置，既是对工程设计阶段监督要点的执行和实施，也为后续的设备调试、竣工验收等阶段的监督工作奠定良好的基础。若安装不合理，待到工程调试、验收阶段再去整改，费时费力，影响工程质量和进度。

3. 监督要求

开展该项目监督时，可查阅工程设计图纸的电气二次部分和各机电保护设备的交流回路部分，仔细查阅电流互感器二次绕组和继电保护设备的配置关系、接入形式和二次回路接地位置。

4. 整改措施

当发现该项目相关监督要点不满足时，应由项目管理部门组织电科院、基建单位、设计单位等制订整改方案，必要时进行设计变更。

3.2.7　设备调试阶段

3.2.7.1 交流耐压试验

1. 监督要点及监督依据

设备调试阶段电流互感器交流耐压试验监督要点及监督依据见表 3–106。

表 3–106 设备调试阶段电流互感器交流耐压试验监督

监督要点	监督依据
1. 气体绝缘电流互感器安装后应进行现场老练试验，老练试验后进行耐压试验，试验电压按出厂试验值的80%。 2. 110（66）kV 及以上电压等级的油浸式电流互感器，应逐台进行交流耐压试验，试验前后应进行油中溶解气体对比分析。 3. 油浸式电流互感器在交流耐压试验前应保证充足的静置时间，其中 110（66）kV 互感器不少于 24h、220～330kV 互感器不少于 48h、500kV 互感器不少于 72h、1000kV 互感器不少于 168h	1～2.《国家电网有限公司关于印发十八项电网重大反事故措施（修订版）的通知》（国家电网设备〔2018〕979号）中"11.2.2.3 气体绝缘电流互感器安装后应进行现场老练试验，老练试验后进行耐压试验，试验电压为出厂试验值的80%。11.1.2.3 110（66）kV 及以上电压等级的油浸式电流互感器，应逐台进行交流耐压试验。试验前应保证充足的静置时间，其中 110（66）kV 互感器不少于 24h，220～330kV 互感器不少于 48h，500kV 互感器不少于 72h。试验前后应进行油中溶解气体对比分析。" 3.《1000kV 系统电气装置安装工程电气设备交接试验标准》（GB/T 50832—2013）1.0.4 中补充 1000kV 设备静置时间

2. 监督项目解析

交流耐压试验是设备调试阶段重要的监督项目。

交流耐压试验对绝缘的考验是相当严格的，通过这项试验，可以发现很多绝缘缺陷，尤其是对集中性绝缘缺陷；可以鉴定电气设备的耐压强度，判断电气设备能否继续运行。交流耐压试验是检验电气设备绝缘水平、避免发生绝缘事故的重要手段。

交流耐压试验前按规定的时间静置互感器，以排除其内部可能残存的空气。交流耐压试验前后应进行绝缘电阻测量和油色谱分析。

3. 监督要求

开展该项目监督，查阅交接试验报告时，可根据工程需要采取抽查方式对该试验进行现场试验见证，交流耐压试验过程应符合要求；查阅设备安装调试记录，静置时间应满足相关要求。

4. 整改措施

对未进行交流耐压试验的，应由项目管理部门在设备投运前组织补做。试验方式不正确的，视情节严重程度，下发技术监督告（预）警单。耐压试验未通过的，要结合其他试验查找原因，由项目管理单位组织进行相应处理，直至通过耐压试验。

3.2.7.2 绕组直流电阻

1. 监督要点及监督依据

设备调试阶段电流互感器绕组直流电阻监督要点及监督依据见表 3–107。

表 3–107 设备调试阶段电流互感器绕组直流电阻监督

监督要点	监督依据
同型号、同规格、同批次电流互感器绕组的直流电阻和平均值的差异不宜大于10%，一次绕组有串、并联接线方式时，对电流互感器的一次绕组的直流电阻测量应在正常运行方式下测量，或同时测量两种接线方式下的一次绕组的直流电阻，倒立式电流互感器单匝一次绕组的直流电阻之间的差异不宜大于30%。当有怀疑时，应提高施加的测量电流，测量电流（直流值）不宜超过额定电流（方均根值）的50%	《电气装置安装工程 电气设备交接试验标准》（GB 50150—2016）中"10.0.8 同型号、同规格、同批次电流互感器绕组的直流电阻和平均值的差异不宜大于10%，一次绕组有串、并联接线方式时，对电流互感器的一次绕组的直流电阻测量应在正常运行方式下测量，或同时测量两种接线方式下的一次绕组的直流电阻，倒立式电流互感器单匝一次绕组的直流电阻之间的差异不宜大于30%。当有怀疑时，应提高施加的测量电流，测量电流（直流值）不宜超过额定电流（方均根值）的50%。"

2. 监督项目解析

绕组直流电阻是设备调试阶段最重要的监督项目。

测量互感器一、二次绕组的直流电阻是为了检查电气设备回路的完整性，以便及时发现因制造、运输、安装或运行中由于振动和机械应力等原因所造成的导线断裂、接头开焊、接触不良、匝间短路等缺陷。

3. 监督要求

开展该项目监督时，应查看出厂试验报告、交接试验报告并进行比较，根据工程需要采取抽查方式对该试验进行现场试验见证或复测，试验过程、结果应符合要求。

4. 整改措施

对未进行绕组直流电阻试验的应要求项目管理部门组织补做，并进行"纵横"比较。对试验不合格的要查找原因，并进行处理。

3.2.7.3 励磁特性曲线

1. 监督要点及监督依据

设备调试阶段电流互感器励磁特性曲线监督要点及监督依据见表 3–108。

表 3–108　　　　　　　　　设备调试阶段电流互感器励磁特性曲线监督

监督要点	监督依据
继电保护有要求和带抽头互感器的励磁特性曲线测量，测量当前拟定使用的抽头或最大变比的抽头。测量后应核对是否符合产品技术条件要求，核对方法应符合标准的规定；如果励磁特性测量时施加的电压高于绕组允许值（电压峰值 4.5kV），应降低试验电源频率	《电气装置安装工程　电气设备交接试验标准》（GB 50150—2016）中"10.0.11 当继电保护对电流互感器的励磁特性有要求时，应进行励磁特性曲线测量；当电流互感器为多抽头时，应测当前拟定使用的抽头或最大变比的抽头，测量后应核对是否符合产品技术条件要求；当励磁特性测量时施加的电压高于绕组允许值（电压峰值 4.5kV），应降低试验电源频率。"

2. 监督项目解析

励磁特性曲线是设备调试阶段重要的监督项目。

互感器励磁特性试验的目的主要是检查互感器铁心质量，通过磁化曲线的饱和程度判断互感器有无匝间短路。电流互感器励磁特性试验同时还是误差试验的补充和辅助试验，通过该试验，可以检验电流互感器的仪表保安系数、准确限值系数及复合误差。电流互感器励磁特性试验的另外一个重要作用可以检验 10%误差曲线，通过励磁曲线及二次电阻可以初步判断电流互感器本身的特征参数是否符合铭牌标识给出值。

电气设备交接试验标准规定，当继电保护对电流互感器的励磁特性有要求时应进行励磁特性曲线试验，一般对测量绕组的励磁特性不作要求。因此在新设备交接试验中一般不对测量绕组的励磁特性进行试验，当检查测量绕组保安系数时，有时也进行励磁特性曲线试验。当电流互感器为多抽头时，可在使用抽头或最大抽头测量。测量后核对是否符合产品要求。现场检测具有暂态特性要求的 T 级电流互感器，因对检测人员和设备要求较高，暂不宜推广。PR 级和 PX 级的用量相对较少，有要求时应按规定进行试验。

3. 试验结果分析

电流互感器励磁特性曲线试验结果不应与出厂试验值有明显变化。如试验数据与原始数据相比变化较明显，首先检查测试仪表是否为方均根值表、准确度等级是否满足要求，另外应考虑铁心剩磁的影响。在大电流下切断电源、运行中二次开路、通过短路故障电流以及使用直流电源的各种试验，均可导致铁心产生剩磁，因此在有必要的情况下应对互感器铁心进行退磁，以减少试验和运行中的误差。电流互感器的励磁特性曲线如图 3–1 所示。

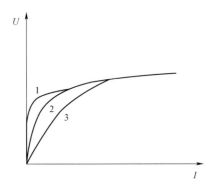

图 3–1　电流互感器励磁特性
　　　曲线示意图

1—正常曲线；2—短路 1 匝；3—短路 2 匝

P 级绕组的励磁特性曲线应根据电流互感器铭牌参数确定施加电压，二次电阻可用二次直流电阻 r_2 替代，漏抗 x_2 可估算，电压与电流的测量用方均根值仪表。x_2 估算值见表 3–109。

表 3–109 x_2 估算值

电流互感器额定电压	独立结构			GIS 及套管结构
	≤35kV	66～110kV	220～500kV	
x_2 估算值	0.1	0.15	0.2	0.1

首先计算二次负荷阻抗：

$$Z_L = \frac{S_{2N}}{I_{2N}} \div I_{2N} \times \cos\varphi \tag{3-1}$$

式中：Z_L 为二次负荷阻抗，Ω；S_{2N} 为二次额定负荷，VA；I_{2N} 为二次额定电流，A；$\cos\varphi$ 为功率因数。

根据二次直流电阻测试值 r_2 和估算的二次漏抗值 x_2 计算二次阻抗 Z_2：

$$Z_2 = r_2 + jx_2 \tag{3-2}$$

根据互感器铭牌标称准确限值系数 ALF、二次额定电流、二次负荷阻抗及二次阻抗，计算二次绕组感应电势：

$$E|_{ALFI} = ALF \times I_{2N}|Z_2 + Z_L| \tag{3-3}$$

式中：$E|_{ALFI}$ 为电流互感器二次绕组感应电势，V；ALF 为标称准确限值系数。

对准确级为 10P 级的电流互感器，以计算的二次感应电势为励磁电压测量的励磁电流 I_e 应满足式（3-4）：

$$I_e < 0.1 \times ALF \times I_{2N} \tag{3-4}$$

如励磁电流 I_e 满足式的要求，则可以判断该绕组准确限值系数合格，说明在额定一次准确限值电流下的复合误差满足该互感器标称准确级。

4．整改措施

对未进行励磁特性试验的应要求项目管理部门组织补做。试验方式不正确的，视情节严重程度，下发技术监督告（预）警单。试验结果未通过要查找原因，由项目管理单位组织进行相应处理，直至通过试验。

3.2.7.4 交流耐压试验前后绝缘油油中溶解气体分析（化学）

1．监督要点及监督依据

设备调试阶段交流耐压试验前后绝缘油油中溶解气体分析（化学）监督要点及监督依据见表 3–110。

表 3–110   设备调试阶段交流耐压试验前后绝缘油油中溶解气体分析（化学）监督

监督要点	监督依据
110（66）kV 及以上电压等级的油浸式电流互感器交流耐压试验前后应进行油中溶解气体分析（厂家有明确要求不允许取油的除外），两次测得值相比不应有明显的差别，油中溶解气体含量（μL/L）应满足：220kV 及以下，$H_2<100$、$C_2H_2<0.1$、总烃<10；330kV 及以上，$H_2<50$、$C_2H_2<0.1$、总烃<10	1．《国家电网有限公司关于印发十八项电网重大反事故措施（修订版）的通知》（国家电网设备〔2018〕979 号）中"11.1.2.3 110（66）kV 及以上电压等级的油浸式电流互感器，应逐台进行交流耐压试验。试验前应保证充足的静置时间，其中 110（66）kV 互感器不少于 24h，220～330kV 互感器不少于 48h，500kV 互感器不少于 72h。试验前后应进行油中溶解气体对比分析。" 2．《变压器油中溶解气体分析和判断导则》（DL/T 722—2014）9.2 中规定，新设备投运前油中溶解气体含量（μL/L）要求：220kV 及以下，$H_2<100$、$C_2H_2<0.1$、总烃<10；330kV 及以上，$H_2<50$、$C_2H_2<0.1$、总烃<10

2. 监督项目解析

交流耐压试验前后绝缘油油中溶解气体分析是设备调试阶段非常重要的监督项目。

油中溶解气体分析可有效地发现设备内部的潜伏性故障或绝缘缺陷,设备调试阶段对其进行检验,可为工程的后续工作奠定基础。

对于交流耐压试验前后绝缘油油中溶解气体分析问题,《国家电网有限公司关于印发十八项电网重大反事故措施(修订版)的通知》(国家电网设备〔2018〕979 号)中规定"11.1.2.3 110(66)kV及以上电压等级的油浸式电流互感器,应逐台进行交流耐压试验",《预防油浸式电流互感器、套管设备故障补充措施》(国家电网生技〔2009〕819 号)第二条规定,"在交接试验时,对 110(66)kV及以上电压等级的电流互感器,应逐台进行交流耐受电压试验,交流耐压试验前后应进行油中溶解气体分析",《变压器油中溶解气体分析和判断导则》第 5.2 条规定"按表 2 进行定期检测的新设备及大修后的设备,投运前应至少做一次检测。如果在现场进行感应耐压和局部放电试验,则应在试验后停放一段时间再做一次检测。制造厂规定不取样的全密封互感器不做检测"。油浸式电流互感器属于少油设备,在现场取油量大后需补油,原有补油设备不完善,甚至会造成绝缘性能的下降。目前补油设备已比较完善,可以较为方便地进行补油,而油中溶解气体的色谱分析又能及时发现互感器内部的绝缘缺陷,因此应当尽量多地开展,按《国家电网有限公司关于印发十八项电网重大反事故措施(修订版)的通知》(国家电网设备〔2018〕979 号)的规定执行。

3. 监督要求

开展该项目监督时,查阅 110(66)kV及以上电压等级允许取油的电流互感器交流耐压试验前后绝缘油油中溶解气体分析试验报告。根据工程需要进行抽测,试验安排及试验结果应符合标准要求,两次测试值不应有明显差别。

4. 整改措施

当发现该项目相关监督要点不满足时,应由项目管理部门组织调试单位等制订整改方案。如试验欠缺或数据有问题,应由调试单位及时补做或重新检测并查找原因。

3.2.7.5 SF$_6$气体试验(化学)

1. 监督要点及监督依据

设备调试阶段电流互感器 SF$_6$气体试验(化学)监督要点及监督依据见表 3–111。

表 3–111　　　　　设备调试阶段电流互感器 SF$_6$气体试验(化学)监督

监督要点	监督依据
1. SF$_6$气体微水测量应在充气静置 24h 后进行,且不应大于 250μL/L(20℃体积百分数),对于 750kV 电压等级,不应大于 200μL/L。 2. SF$_6$气体年泄漏率应≤0.5%。 3. SF$_6$气体分解产物应 < 5μL/L,或(SO$_2$+SOF$_2$)<2μL/L、HF<2μL/L,且 220kV及以上 SF$_6$电流互感器耐压前后气体分解产物测试结果不应有明显的差别	1.《电气装置安装工程 电气设备交接试验标准》(GB 50150—2016)中"10.0.7 2 充入 SF$_6$气体的互感器,应静放 24h 后取样进行检测,气体水分含量不应大于 250μL/L(20℃体积百分数),对于 750kV 电压等级,气体水分含量不应大于 200μL/L。" 2.《六氟化硫电气设备中气体管理和检测导则》(GB/T 8905—2012)10.2 规定:投运前、交接时 SF$_6$气体泄漏≤0.5%/年。 3.《电流互感器技术监督导则》(Q/GDW 11075—2013)中"5.7.3 f)气体绝缘的电流互感器安装后应进行现场老练试验,老练试验后进行耐压试验,试验电压为出厂试验值的 80%,同时应进行 SF$_6$分解产物测试试验。g)220kV 及以上 SF$_6$电流互感器交接时应进行老练及耐压试验,耐压前后必须分析 SF$_6$分解产物,合格后方可投入运行。"《六氟化硫电气设备中气体管理和检测导则》(GB/T 8905—2012)10.2 中规定:投运前、交接时 SF$_6$气体分解产物<5μL/L,或(SO$_2$+SOF$_2$)<2μL/L、HF<2μL/L

2. 监督项目解析

SF$_6$气体试验是设备调试阶段非常重要的监督项目。

由于设备内部绝缘部件中析出的水分分布达到平衡需要时间，为保证测试的准确性，故提出条款 1。密封性试验是检验 SF_6 电流互感器密封性能的最主要试验手段。SF_6 互感器以气体作为绝缘介质提高电气设备绝缘强度，若设备气体泄漏，不仅污染环境，而且压力过低造成绝缘性能降低，容易发生电击穿。同时产品外部水蒸气往设备内部渗透，SF_6 气体含水量的增长会进一步危害设备，故提出条款 2。纯净的 SF_6 气体具有很高的绝缘和灭弧能力，其本身极稳定；但在大电流开断时，由于强烈的放电或高温会分解生成离子和原子团，这些分解产物与电极材料在水分和氧气等的作用下会进一步反应，生成有毒物质和严重腐蚀设备的酸性物质，导致设备内部有机绝缘材料的性能劣化或金属腐蚀，气体绝缘和灭弧能力下降，影响设备安全投运，故提出条款 3。

对于 SF_6 气体设备密封性要求不一致问题，交接试验 SF_6 气体年泄漏率≤0.5%更严格并且更符合实际。建议按《六氟化硫电气设备中气体管理和检测导则》（GB/T 8905—2012）的规定执行。

3. 监督要求

开展该项目监督时，查阅设备调试记录的气体静置时间及 SF_6 气体交接试验报告，内容应齐全、准确。根据工程需要，进行现场见证或抽测时，SF_6 气体试验前的静置时间、测试过程及结果均应符合要求；如不符合，应由项目管理部门组织查明原因。

4. 整改措施

当发现该项目相关监督要点不满足时，应由项目管理部门组织调试单位等制订整改方案；如试验缺项或数据有问题，应由调试单位及时补做或重新检测并查找原因。

3.2.7.6　气体密度继电器和压力表检查（热工）

1. 监督要点及监督依据

设备调试阶段气体密度继电器和压力表检查（热工）监督要点及监督依据见表 3－112。

表 3－112　　　　　　　设备调试阶段气体密度继电器和压力表检查（热工）监督

监督要点	监督依据
气体绝缘互感器所配置的密度继电器、压力表等应经校验合格	《电气装置安装工程　电力变压器、油浸电抗器、互感器施工及验收规范》（GB 50148—2010）中"5.3.1 5 气体密度表、继电器必须经核对性检查合格。"

2. 监督项目解析

气体密度继电器和压力表检查是设备调试阶段重要的监督项目。

3. 监督要求

开展该项目监督时，应查看密度继电器、压力表校验报告及检定证书。

4. 整改措施

当发现该项目相关监督要点不满足时，应由项目管理单位选择有资质的机构开展校验、鉴定工作。

3.2.7.7　误差试验（电测）

1. 监督要点及监督依据

设备调试阶段电流互感器误差试验（电测）监督要点及监督依据见表 3－113。

表 3－113 设备调试阶段电流互感器误差试验（电测）监督

监督要点	监督依据
1. 关口电能计量用电流互感器的误差试验应由法定计量检定机构进行，应符合计量检定规程要求。 2. 电磁式电流互感器误差交接试验用试验设备应经过有效的技术手段核查、确认其计量性能符合要求（通常这些技术手段包括检定、校准和比对）	1.《电能计量装置技术管理规程》（DL/T 448—2016）第 7.6.3 条 b）规定，电能计量装置投运前应进行全面的验收，验收的技术资料如下：电压、电流互感器安装使用说明书、出厂检验报告、授权电能计量技术机构的检定证书。 2.《电能计量装置技术管理规程》（DL/T 448—2016）中"8.3 b）现场检验用标准仪器的准确度等级至少应比被检品高两个准确度等级，其他指示仪表的准确度等级应不低于 0.5 级，其量限及测试功能应配置合理。"

2. 监督项目解析

误差试验是设备调试阶段非常重要的监督项目。

根据《中华人民共和国计量法》规定，未经计量检定的计量器具不能用于贸易结算。如果未经有效的计量性能核查与确认，将会导致误差试验结果不可靠，从而造成互感器计量性能存在隐患。

3. 监督要求

开展该项目监督，查阅交接试验报告时，宜采用抽查的方式，对检定证书的合法性、有效性进行检；误差试验旁站见证时，对误差试验的完整性、规范性进行检查，同时还要对试验中使用的计量标准设备的量值溯源情况进行检查。

4. 整改措施

当发现该项目相关监督要点不满足时，建议项目管理单位选择有资质的互感器误差试验机构，按照国家计量检定规程的要求开展互感器误差试验。

3.2.7.8 保护性能参数检验（保护与控制）

1. 监督要点及监督依据

设备调试阶段电流互感器保护性能参数检验（保护与控制）监督要点及监督依据见表 3－114。

表 3－114 设备调试阶段电流互感器保护性能参数检验（保护与控制）监督

监督要点	监督依据
1. 应对电流互感器的类型、变比、容量、二次绕组数量、一次传感器数量（电子式互感器）和准确级进行核查，应符合设计要求。 2. 应对电流互感器各绕组间的极性关系进行测试，铭牌上的极性标识、相别标识、互感器各次绕组的连接方式及其极性关系应与设计符合。 3. 应对电流互感器二次回路负担进行实测；应对电流互感器进行10%误差曲线检验。 4. 应对用于双重化保护的电子式互感器的两个采样系统直流电源进行检查，应由不同的电源供电并与相应保护装置使用同一组直流电源。 5. 应对电子式电流互感器进行一次通流试验。 6. 应对电子式电流互感器通入一定的直流分量，验证极性的正确性	1.《继电保护和电网安全自动装置检验规程》（DL/T 995—2016）5.3.1.2 a）；《电流互感器和电压互感器选择及计算规程》（DL/T 866—2015）3.4.1；《电流互感器和电压互感器选择及计算规程》（DL/T 866—2015）13.3.1。 2.《继电保护和电网安全自动装置检验规程》（DL/T 995—2016）5.3.1.2 b）。 3.《继电保护和电网安全自动装置检验规程》（DL/T 995—2016）5.3.1.2 d）。 4.《智能变电站继电保护技术规范》（Q/GDW 441—2010）6.3.3。 5.《智能变电站调试规范》（Q/GDW 689—2012）10.6 a）。 6.《智能变电站调试规范》（Q/GDW 689—2012）10.6 c）

2. 监督项目解析

电流互感器保护性能参数的检验是设备调试阶段重要的监督项目。

电流互感器的性能参数直接影响继电保护动作的可靠性和正确性，设备调试阶段对其进行全面的检验，掌握互感器性能参数的现场实际数据，既能对工程前期阶段进行复核，也可为后续的竣工验收、运维检修打下良好的基础。电子式互感器尚未广泛推广应用，为防止设备调试阶段对其采样系统直流电源检验的疏漏，故对其检验要求在此单独提出。

3. 监督要求

开展该项目监督时，可查阅调试报告、核对图纸，调试报告中关于电流互感器保护性能的校验应项目齐全、数据准确，相关参数与设计图纸相符。需要特别提醒的是，电流互感器二次回路负荷是电流互感器 10%误差曲线校核中的重要数据，工程设计的计算值与实际值存在一定的偏差，为保证其准确性，应对其进行实测。有条件的情况下，可以对部分试校验项目进行现场监督。

4. 整改措施

当发现该项目相关监督要点不满足时，应由项目管理部门组织工程调试单位、设计单位、监督单位等制订整改方案；如调试报告中项目欠缺或数据有问题，由调试单位及时补做试验或重新校验；如设计图纸不满足要求，则由设计单位出具设计图纸变更。

3.2.8　竣工验收阶段

3.2.8.1　试验报告完整性

1. 监督要点及监督依据

竣工验收阶段电流互感器试验报告完整性监督要点及监督依据见表 3-115。

表 3-115　　　　　　　　竣工验收阶段电流互感器试验报告完整性监督

监督要点	监督依据
1. 交接试验报告的数量与实际设备应相符，试验项目齐全，并符合标准规程要求。 2. 气体绝缘互感器所配置的密度继电器、压力表等应具有有效的检定证书	1.《电气装置安装工程　电气设备交接试验标准》(GB 50150—2016) 10.0.1 互感器的试验项目。《六氟化硫电气设备中气体管理和检测导则》(GB/T 8905—2012) 10.2 中规定：投运前、交接时 SF_6 气体泄漏≤0.5%/年。 2.《电气装置安装工程　电力变压器、油浸电抗器、互感器施工及验收规范》(GB 50148—2010) 中"5.3.1 5 气体密度表、继电器必须经核对性检查合格。"

2. 监督项目解析

试验报告完整性是竣工验收阶段最重要的监督项目。

竣工验收阶段是设备从工程实施部门移交至运行单位投运送电的最后一个技术监督阶段，应确保设备投运前设备资料完整。在实际工作中发现，待设备投运后收集和规范设备资料相对较困难。试验报告核查结果无误是设备投运的必要条件，也为设备投运后状态评价工作和资产全寿命周期管理工作顺利开展奠定基础。

3. 监督要求

开展该项目监督时，可检查出厂试验报告、产品合格证及交接试验报告是否满足相关要求。抽查报告中的设备参数与试验结果，抽查的设备数量不少于总量的 20%且不少于 3 台，当设备总数小于 3 台时应全部开展监督工作。查阅检定证书，气体绝缘互感器所配置的密度继电器、压力表等应具有有效的检定证书。

4. 整改措施

当发现该项目相关监督要点不满足时，应由基建部门组织完善资料收集，提供缺少的试验报告。试验项目不齐全、试验结果不合格的设备严禁投入运行。

3.2.8.2　设备本体及组部件

1. 监督要点及监督依据

竣工验收阶段电流互感器设备本体及组部件监督要点及监督依据见表 3-116。

表 3-116　　　　　　　　　　竣工验收阶段电流互感器设备本体及组部件监督

监督要点	监督依据
1. 三相并列安装的互感器中心线应在同一直线上，同一组互感器的极性方向应与设计图纸相符；基础螺栓应紧固。 2. 油浸式互感器的膨胀器外罩应标注清晰耐久的最高（MAX）、最低（MIN）油位线及 20℃的标准油位线，油位观察窗应选用具有耐老化、透明度高的材料进行制造。油位指示器应采用荧光材料。 3. SF₆ 密度继电器与互感器设备本体之间的连接方式应满足不拆卸校验密度继电器的要求，户外安装应加装防雨罩	1.《变电站设备验收规范　第 6 部分：电流互感器》（Q/GDW 11651.6—2016）附录 A 表 A.5 电流互感器竣工（预）验收表。 2～3.《国家电网有限公司关于印发十八项电网重大反事故措施（修订版）的通知》（国家电网设备〔2018〕979 号）中"11.1.1.3 油浸式互感器的膨胀器外罩应标注清晰耐久的最高（MAX）、最低（MIN）油位线及 20℃的标准油位线，油位观察窗应选用具有耐老化、透明度高的材料进行制造。油位指示器应采用荧光材料。11.2.1.4 SF₆ 密度继电器与互感器设备本体之间的连接方式应满足不拆卸校验密度继电器的要求，户外安装应加装防雨罩。"

2. 监督项目解析

设备本体及组部件是规划可研阶段非常重要的监督项目。

在竣工验收阶段，对设备投运前的收尾工作进行监督检查。随着气温升高和降低，油位指示也在发生变化，应在设备投运前明确最高和最低允许油位指示标志，避免设备夏季溢油、冬季缺油等问题发生，影响设备使用。如厂家未在出厂时进行标注，应在该监督阶段咨询厂家，并在油位指示装置上标注清楚。备用设备也应明确最高和最低允许油位指示标志。SF₆ 电流互感器密度继电器防雨罩应安装牢固，能将表计、控制电缆接线端子遮盖，防止继电器受到雨水等影响不能正常工作，导致保护误传信号或误动作。

3. 监督要求

开展该项目监督时，可抽查现场设备，应满足要求。抽查的设备数量不少于总量的 20%且不少于 3 台，当设备总数小于 3 台时应全部开展监督工作。

4. 整改措施

当发现该项目相关监督要点不满足时，由基建部门组织开展全面排查整改工作，视情节严重程度下发技术监督告（预）警单。

3.2.8.3　设备连接

1. 监督要点及监督依据

竣工验收阶段电流互感器设备连接监督要点及监督依据见表 3-117。

表 3-117　　　　　　　　　　竣工验收阶段电流互感器设备连接监督

监督要点	监督依据
1. 一次接线端子应有防松防转动措施，引线连接端要保证接触良好，等电位连接牢固可靠。 2. 线夹不应采用铜铝对接过渡线夹。 3. 在可能出现冰冻的地区，线径为 400mm² 及以上的、压接孔向上 30°～90°的压接线夹，应打排水孔	1.《电力用电流互感器使用技术规范》（DL/T 725—2013）中"7.1.1 c）一、二次接线端子应有防松防转动措施，二次接线板应具有防潮性能。一、二次接线端子应标志清晰。"《国家电网有限公司关于印发十八项电网重大反事故措施（修订版）的通知》（国家电网设备〔2018〕979 号）中"11.1.2.2 电流互感器一次端子承受的机械力不应超过生产厂家规定的允许值，端子的等电位连接应牢固可靠且端子之间应保持足够电气距离，并应有足够的接触面积。" 2～3.《变电站设备验收规范　第 6 部分：电流互感器》（Q/GDW 11651.6—2016）附录 A 表 A.5 电流互感器竣工（预）验收表

2. 监督项目解析

设备连接是竣工验收阶段非常重要的监督项目。

在竣工验收阶段，对设备投运前的收尾工作进行检查。对设备连接紧固性进行排查可以避免设备调试阶段拆开设备连接后未有效恢复的问题。使用铜铝对接过渡线夹时，铜铝接触面容易氧化，增加线夹间的接触电阻，容易出现发热缺陷，因此应避免选用该类型线夹。为避免户外软导线压接线夹管内的积水在严寒天气结冰造成线夹胀裂，需要在投运前在压接线夹底部打泄水孔。

3. 监督要求

开展该项目监督时，可抽查现场设备的连接情况。抽查的设备数量不少于总量的20%且不少于3台，当设备总数小于3台时应全部开展监督工作。

4. 整改措施

当发现该项目相关监督要点不满足时，由基建部门组织开展全面排查整改工作，视情节严重程度下发技术监督告（预）警单。

3.2.8.4 设备接地

1. 监督要点及监督依据

竣工验收阶段电流互感器设备接地监督要点及监督依据见表 3–118。

表 3–118　　　　　　　　　　竣工验收阶段电流互感器设备接地监督

监督要点	监督依据
电容型绝缘的电流互感器，其一次绕组末屏的引出端子、铁心引出接地端子应可靠接地	《电气装置安装工程　电力变压器、油浸电抗器、互感器施工及验收规范》（GB 50148—2010）5.3.6 中规定：电容型绝缘的电流互感器，其一次绕组末屏的引出端子、铁心引出接地端子应可靠接地

2. 监督项目解析

设备接地是竣工验收阶段非常重要的监督项目。

在竣工验收阶段，对设备投运前的收尾工作进行检查，避免设备调试阶段拆开设备末屏后未恢复有效接地的问题，严防出现内部悬空的假接地现象。

3. 监督要求

开展该项目监督时，可抽查现场设备的接地情况。抽查的设备数量不少于总量的20%且不少于3台，当设备总数小于3台时应全部开展监督工作。

4. 整改措施

当发现该项目相关监督要点不满足时，由基建部门组织开展全面排查整改工作，视情节严重程度下发技术监督告（预）警单。缺陷未整改前严禁设备投入运行，待处理并监督合格后方可投运。

3.2.8.5 保护性能参数（保护与控制）

1. 监督要点及监督依据

竣工验收阶段电流互感器保护性能参数（保护与控制）监督要点及监督依据见表 3–119。

表 3–119　　　　竣工验收阶段电流互感器保护性能参数（保护与控制）监督

监督要点	监督依据
1. 应核对保护使用的二次绕组变比与定值单的一致性，核对保护使用的二次绕组接线方式和电流互感器的类型、准确度和容量。 2. 电流互感器的 P1 端应指向母线侧，对于装有小瓷套的电流互感器，小瓷套侧应放置在母线侧。 3. 核对所有绕组极性的正确性。	1～4.《继电保护及安全自动装置验收规范》（Q/GDW 1914—2013）表 C.4。

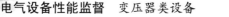

监督要点	监督依据
4. 核对10%误差分析计算结果是否满足保护使用要求。 5. 用于双重化保护的电子式互感器,其两个采样系统应由不同的电源供电并与相应保护装置使用同一组直流电源	5.《智能变电站继电保护技术规范》(Q/GDW 441—2010)6.3.3

2. 监督项目解析

电流互感器的保护性能参数是竣工验收阶段重要的监督项目。

电流互感器的保护性能参数直接影响继电保护的可靠性和正确动作,竣工验收阶段应对其进行复核。性能参数若不能满足继电保护使用要求,设备不能正常投运,将影响工程的投产;一旦投运,将成为电网运行的安全隐患。

3. 监督要求

开展该项目监督时,可对照设计图纸、验收记录、定值通知单,逐项核对电流互感器保护性能参数是否满足继电保护使用要求。

4. 整改措施

当发现该项目相关监督要点不满足时,应由项目管理部门组织制订整改方案进行整改。整改完成前设备严禁投入运行。

3.2.8.6　二次回路接地（保护与控制）

1. 监督要点及监督依据

竣工验收阶段电流互感器二次回路接地（保护与控制）监督要点及监督依据见表3－120。

表3－120　　　　　　竣工验收阶段电流互感器二次回路接地（保护与控制）监督

监督要点	监督依据
1. 电流互感器的二次回路均必须且只能有一个接地点。 2. 独立的、与其他电流互感器的二次回路没有电气联系的电流互感器二次回路可在开关场一点接地。 3. 由几组电流互感器二次组合的电流回路,应在有电气连接处一点接地	1～2.《国家电网有限公司关于印发十八项电网重大反事故措施（修订版）的通知》(国家电网设备〔2018〕979号)15.6.4.1、15.6.4.3。 3.《继电保护和电网安全自动装置检验规程》(DL/T 995—2016)5.3.2.2 b)

2. 监督项目解析

二次回路接地是竣工验收阶段重要的监督项目。

电流互感器二次回路接地是安全接地,可防止由于互感器及二次电缆对地电容的影响而造成二次系统对地产生过电压。电流互感器二次回路只能有一个接地点。应在工程投运前对二次回路接地情况进行最后的检查,保证其安全、可靠接地。若接地不可靠,将影响人身、设备安全。

3. 监督要求

开展该项目监督时,可查阅验收报告（记录）中关于电流互感器二次回路接地情况的记录,并与设计图纸进行核对。有条件的情况下,可对接地情况进行现场核查。

4. 整改措施

当发现该项目相关监督要点不满足时,应由项目管理部门组织制订整改方案进行整改。整改完成前设备严禁投入运行。

3.2.9 运维检修阶段

3.2.9.1 运行巡视

1. 监督要点及监督依据

运维检修阶段电流互感器运行巡视监督要点及监督依据见表 3－121。

表 3－121　　　　　　　　　运维检修阶段电流互感器运行巡视监督

监督要点	监督依据
1. 运行巡视周期应符合相关规定。 2. 巡视项目重点关注：本体及接头发热、声响、外绝缘表面、接地部件接地、油浸式电流互感器油位及渗漏、SF₆ 电流互感器压力表指示、二次线缆封堵等是否正常	1.《输变电设备状态检修试验规程》(Q/GDW 1168—2013) 5.4.1.1 电流互感器巡检及例行试验项目 表 10。 2.《国家电网公司变电运维管理规定（试行） 第 6 分册　电流互感器运维细则》[国网（运检/3）828—2017] 2 巡视。《输变电设备状态检修试验规程》(Q/GDW 1168—2013) 中 "5.4.1.2 巡检说明 巡检时，具体要求说明如下：a) 高压引线、接地线等连接正常；本体无异常声响或放电声；瓷套无裂纹；复合绝缘外套无电蚀痕迹或破损；无影响设备运行的异物；b) 充油的电流互感器，无油渗漏，油位正常，膨胀器无异常升高；充气的电流互感器，气体密度值正常，气体密度表（继电器）无异常；c) 二次电流无异常。"

2. 监督项目解析

运行巡视是运维检修阶段重要的监督项目。

通过运行巡视可以掌握在运电流互感器的基本设备状况，针对有异常的状况可以及时发现，避免隐患的扩大，提高设备安全水平。

3. 监督要求

开展该项目监督时，可采用查阅资料和现场检查相结合的方式。查阅设备运行巡视记录，巡视周期应满足规定要求；同时，依据监督要点，现场对设备进行巡视重点项目检查，结果应与巡视记录一致。

4. 整改措施

当发现该项目相关监督要点不满足时，应查明原因，并由运维检修部门结合实际情况进行缺陷处理。

3.2.9.2 状态检测

1. 监督要点及监督依据

运维检修阶段电流互感器状态检测监督要点及监督依据见表 3－122。

表 3－122　　　　　　　　　运维检修阶段电流互感器状态检测监督

监督要点	监督依据
1. 例行试验：绝缘电阻、电容量和介质损耗因数、红外热成像检测、油中溶解气体分析（油纸绝缘）检测等例行试验项目齐全，试验周期与结论正确，应符合规程规定。 2. 诊断性试验：交流耐压、局部放电等诊断性试验结论正确，应符合规程规定。 3. 电子式电流互感器应进行如下在线监测项目：误码率、激光器输出光功率或驱动电流、一次转换器温度、激光器温度，并应加强在线监测装置光功率显示值及告警信息的监视。电子式互感器更换器件后，应在合并单元输出端子处进行误差校准试验	1.《输变电设备状态检修试验规程》(Q/GDW 1168—2013) 5.4.1。《国家电网公司变电运维管理规定（试行） 第 6 分册　电流互感器运维细则》[国网（运检/3）828—2017] 中 "3.1.2 检测范围为本体、引线、接头、二次回路。" 2.《输变电设备状态检修试验规程》(Q/GDW 1168—2013) 5.4.2。 3.《电流互感器技术监督导则》(Q/GDW 11075—2013) 中 "5.9.3.4 在线监测和带电检测 d) 对于电子式电流互感器，应进行如下在线监测项目：误码率；激光器输出光功率和驱动电流；一次转换器温度；激光器温度等。"《国家电网有限公司关于印发十八项电网重大反事故措施（修订版）的通知》（国家电网设备〔2018〕979 号）中 "11.3.3.2 电子式互感器应加强在线监测装置光功率显示值及告警信息的监视。11.3.3.1 电子式互感器更换器件后，应在合并单元输出端子处进行误差校准试验。"

2. 监督项目解析

状态检测是运维检修阶段最重要的监督项目。

在设备运行期间，为掌握设备电气性能状况，按照《输变电设备状态检修试验规程》（Q/GDW 1168—2013）要求需进行例行试验，必要时进行诊断性试验。试验结论的正确与否直接影响设备的运行情况，因此，例行、诊断性试验为掌握在运设备状态的必要手段。

3. 监督要求

开展该项目监督时，采用查阅资料的方式。查阅设备例行试验报告，若有诊断性试验，需查阅诊断性试验报告，试验项目应齐全，结论应正确；检查电子式互感器在线监测报告是否符合要求。

4. 整改措施

当发现该项目相关监督要点不满足时，应查明原因，并由运维检修部门结合实际情况整改。

3.2.9.3 状态评价与检修决策

1. 监督要点及监督依据

运维检修阶段电流互感器状态评价与检修决策监督要点及监督依据见表 3－123。

表 3－123　　　　　　　　　运维检修阶段电流互感器状态评价与检修决策监督

监督要点	监督依据
1. 状态评价应基于巡检及例行试验、诊断性试验、在线监测、带电检测、家族缺陷、不良工况等状态信息，包括其现象强度、量值大小以及发展趋势，结合与同类设备的比较，作出综合判断。 2. 依据设备状态评价的结果，考虑设备风险因素，动态制订设备的检修策略，合理安排检修计划和内容	1.《输变电设备状态检修试验规程》（Q/GDW 1168—2013）中"4.3.1 设备状态的评价应该基于巡检及例行试验、诊断性试验、在线监测、带电检测、家族缺陷、不良工况等状态信息，包括其现象强度、量值大小以及发展趋势，结合与同类设备的比较，作出综合判断。" 2.《电流互感器检修决策导则》（Q/GDW 11248—2014）中"3.6 检修决策 依据设备状态评价结果，考虑风险因素，确定检修的类别、内容及时间。"

2. 监督项目解析

状态评价是运维检修阶段非常重要的监督项目。

通过状态评价工作，可了解设备状态，并为检修决策的制定提供依据，是状态检修工作中的重要内容。

3. 监督要求

开展该项目监督时，对应 PMS 系统内设备状态信息进行资料检查。

4. 整改措施

当发现该项目相关监督要点不满足时，应查明原因，并结合实际情况整改。

3.2.9.4 故障/缺陷处理

1. 监督要点及监督依据

运维检修阶段电流互感器故障/缺陷处理监督要点及监督依据见表 3－124。

表 3－124　　　　　　　　　运维检修阶段电流互感器故障/缺陷处理监督

监督要点	监督依据
1. 设备出现下列情况应退出运行：① 油浸式互感器的膨胀器异常伸长顶起上盖；② 倒立式电流互感器渗漏油；③ 设备内部出现异音、异味、冒烟或着火；④ 运行中互感器外绝缘有裂纹、沿面放电、局部变色、变形；⑤ 本体或引线接头严重过热；⑥ 压力释放装置（防	1.《国家电网有限公司关于印发十八项电网重大反事故措施（修订版）的通知》（国家电网设备〔2018〕979 号）中"11.1.3.3 运行中油浸式互感器的膨胀器异常伸长顶起上盖时，应退出运行。11.1.3.4 倒立式电流互感器、电容式电压互感器出现电容单元渗漏

监督要点	监督依据
爆片）已冲破；⑦ 末屏开路；⑧ 二次回路开路不能立即恢复； ⑨ 设备的油化试验或 SF₆ 气体试验时主要指标超过规定不能继续运行。 　2. 运行中的电流互感器气体压力下降到 0.2MPa（相对压力）以下，检修后应进行老练和交流耐压试验。 　3. 长期微渗的气体绝缘互感器应开展 SF₆ 气体微水检测和带电检漏，必要时可缩短检测周期。年漏气率大于 1% 时，应及时处理	油情况时，应退出运行。11.1.3.5 电流互感器内部出现异常响声时，应退出运行。11.2.3.4 运行中的互感器在巡视检查时如发现外绝缘有裂纹、局部变色、变形，应尽快更换。11.4.3.1 运行中的环氧浇注干式互感器外绝缘如有裂纹、沿面放电、局部变色、变形，应立即更换。《国家电网公司变电运维管理规定（试行）第 6 分册　电流互感器运维细则》[国网（运检/3）828—2017] 1.2 紧急申请停运的规定。 　2～3.《国家电网有限公司关于印发十八项电网重大反事故措施（修订版）的通知》（国家电网设备〔2018〕979 号）中"11.2.3.1 气体绝缘互感器严重漏气导致压力低于报警值时应立即退出运行。运行中的电流互感器气体压力下降到 0.2MPa（相对压力）以下，检修后应进行老练和交流耐压试验。11.2.3.2 长期微渗的气体绝缘互感器应开展 SF₆ 气体微水检测和带电检漏，必要时可缩短检测周期。年漏气率大于 1% 时，应及时处理。"

2. 监督项目解析

故障/缺陷处理是运维检修阶段重要的监督项目。

倒立式电流互感器，由于其铁心、一、二次绕组均在设备上端，电场分布密集，对绝缘要求极高。绝缘油是电流互感器的重要组成部分，起着主要的电气绝缘作用，其性能好坏直接影响电流互感器的电气绝缘水平。当电流互感器内部绝缘油短缺时，对于倒立式电流互感器，主绝缘性能会严重下降，进而引起设备故障发生。此外，设备内部如出现异音、异味、冒烟或着火，外绝缘有裂纹、沿面放电、局部变色、变形，本体或引线接头严重过热，压力释放装置（防爆片）已冲破以及末屏开路等情况，均会严重影响设备安全运行，应及时退出。对于气体绝缘互感器，出现气压下降、漏气等缺陷时应及时处理。

3. 监督要求

开展该项目监督时，可通过 PMS 系统或原始记录，查阅设备缺陷记录；对设备进行现场检查，缺陷处理应符合要求。

4. 整改措施

当发现该项目相关监督要点不满足时，应查明原因，并由运维检修部门结合实际情况整改。

3.2.9.5 反措落实

1. 监督要点及监督依据

运维检修阶段电流互感器反措落实监督要点及监督依据见表 3 - 125。

表 3 - 125　　　　　　　　　运维检修阶段电流互感器反措落实监督

监督要点	监督依据
1. 事故抢修的油浸式互感器，应保证绝缘试验前静置时间，其中 500（330）kV 设备静置时间应大于 36h，110（66）～220kV 设备静置时间应大于 24h。 　2. 新投运的 110（66）kV 及以上电压等级电流互感器，1～2 年内应取油样进行油中溶解气体组分、微水分析，取样后检查油位应符合设备技术文件的要求。对于明确要求不取油样的产品，确需取样或补油时应由生产厂家配合进行。 　3. 加强电流互感器末屏接地引线检查、检修及运行维护	《国家电网有限公司关于印发十八项电网重大反事故措施（修订版）的通知》（国家电网设备〔2018〕979 号）中"11.1.3.1 事故抢修的油浸式互感器，应保证绝缘试验前静置时间，其中 500（330）kV 设备静置时间应大于 36h，110（66）～220kV 设备静置时间应大于 24h。11.1.3.2 新投运的 110（66）kV 及以上电压等级电流互感器，1～2 年内应取油样进行油中溶解气体组分、微水分析，取样后检查油位应符合设备技术文件的要求。对于明确要求不取油样的产品，确需取样或补油时应由生产厂家配合进行。11.1.3.7 加强电流互感器末屏接地引线检查、检修及运行维护。"

2. 监督项目解析

反措落实是运维检修阶段重要的监督项目。

油浸式互感器在安装后，由于设备位置变化，内部绝缘油可能会混入空气，降低绝缘油的电气性能。当有高电压作用时，绝缘油内的气泡间隙极易发生放电，影响设备安全；通过一段时间的静置，可以将绝缘油内的空气气泡等杂质去除，进而提高绝缘油的电气绝缘性能，因此提出第 1 项要点。由于油净化工艺、绝缘件干燥不彻底等制造工艺因素造成的隐患，使电流互感器运行 1～2 年内发生问题的情况时有发生，因此在设备投运 1～2 年内有必要进行油色谱和微水测试。同时，互感器属于少油设备，倒立式电流互感器油更少，取油过程可能会影响微正压状态及全密封设备的真空度。因此，厂家明确要求不取油样的产品，确需取样或补油时应由制造厂家配合进行。

3. 监督要求

开展该项目监督时，核查事故抢修安装的油浸式互感器油的静置时间，查阅 110kV（66kV）及以上电压等级允许取油的电流互感器绝缘油试验报告，报告内容应齐全、准确，符合标准要求。

4. 整改措施

当发现该项目相关监督要点不满足时，应由运维检修单位整改；如试验缺项或数据存在问题，及时补做试验或重新检测并查找原因，并由运维检修部门结合实际情况整改。

3.2.9.6　校核记录

1. 监督要点及监督依据

运维检修阶段电流互感器校核记录监督要点及监督依据见表 3－126。

表 3－126　　　　　　　　　　运维检修阶段电流互感器校核记录监督

监督要点	监督依据
1. 应定期校核电流互感器动、热稳定电流是否满足要求。若互感器所在变电站短路电流超过互感器铭牌规定的动、热稳定电流值，应及时改变变比或安排更换。 2. 定期校核互感器设备外绝缘爬距。变电站扩建、改造后或污秽等级有变动时，应对电流互感器设备外绝缘爬距进行校核	1.《国家电网有限公司关于印发十八项电网重大反事故措施（修订版）的通知》（国家电网设备〔2018〕979 号）中 "11.1.3.6 应定期校核电流互感器动、热稳定电流是否满足要求。若互感器所在变电站短路电流超过互感器铭牌规定的动、热稳定电流值，应及时改变变比或安排更换。" 2.《电流互感器技术监督导则》（Q/GDW 11075—2013）中 "5.9.3.1 设备巡视 f）定期校核互感器设备动、热稳定与外绝缘爬距。"

2. 监督项目解析

校核记录是运维检修阶段重要的监督项目。

电流互感器的动、热稳定性能是设备性能的重要技术指标。运行后，当系统发生扰动时，若设备动、热稳定性不满足要求，极易发生设备损坏故障，进而影响系统的安全运行；外绝缘爬距若不满足要求，在雷暴雨等不良工况下，极易发生外绝缘闪络等故障，影响设备的安全运行，因此提出该条款内容要求。

3. 监督要求

开展该项目监督时，查阅互感器设备动、热稳定与外绝缘爬距校核记录，资料应符合要求。

4. 整改措施

当发现该项目相关监督要点不满足时，应查明原因，并由运维检修部门结合实际情况整改。

3.2.9.7　互感器受监部件

1. 监督要点及监督依据

运维检修阶段电流互感器受监部件监督要点及监督依据见表 3－127。

表 3 – 127 　　　　　　　　　　运维检修阶段电流互感器受监部件监督

监督要点	监督依据
对互感器受监部件在运行巡视中应进行外观检测，各部件应无锈蚀、开裂、变形、破损等异常情况	《电网设备金属技术监督导则》（Q/GDW 11717—2017）中"10.4.1 对互感器受监部件在运行巡视中应进行外观检测，检测应执行 Q/GDW 11075、DL/T 727 的规定，各部件应无锈蚀、开裂、变形、破损等异常情况。"

2. 监督项目解析

对互感器受监部件在运行巡视中应进行外观检测，各部件应无锈蚀、开裂、变形、破损等异常情况，若有异常会影响设备的安全运行，因此提出该条款内容要求。

3. 监督要求

开展该项目监督时，查阅互感器外观情况，应符合要求。

4. 整改措施

当发现该项目相关监督要点不满足时，应查明原因，并由运维检修部门结合实际情况整改。

3.2.10　退役报废阶段

3.2.10.1　技术鉴定

1. 监督要点及监督依据

退役报废阶段电流互感器技术鉴定监督要点及监督依据见表 3 – 128。

表 3 – 128 　　　　　　　　　　退役报废阶段电流互感器技术鉴定监督

监督要点	监督依据
1. 电网一次设备进行报废处理，应满足以下条件之一：① 国家规定强制淘汰报废。② 设备厂商无法提供关键零部件供应，无备品备件供应，不能修复，无法使用。③ 运行日久，其主要结构、机件陈旧，损坏严重，经大修、技术改造仍不能满足安全生产要求。④ 退役设备虽然能修复但费用太大，修复后可使用的年限不长，效率不高，在经济上不可行。⑤ 腐蚀严重，继续使用存在事故隐患，且无法修复。⑥ 退役设备无再利用价值或再利用价值小。⑦ 严重污染环境，无法治理。⑧ 技术落后不能满足生产需要。⑨ 存在严重质量问题不能继续运行。⑩ 因运营方式改变全部或部分拆除，且无法再安装使用。⑪ 遭受自然灾害或突发意外事故，导致毁损，无法修复。 2. 互感器满足下列技术条件之一，且无法修复，宜进行报废：① 严重渗漏油、内部受潮，电容量、介质损耗、C_2H_2 含量等关键测试项目不符合 Q/GDW 458、Q/GDW 1168 要求。② 瓷套存在裂纹、复合绝缘伞裙局部缺损。③ 测量误差较大，严重影响系统、设备安全。④ 采用 SF_6 绝缘的设备，气体年泄漏率大于 0.5%或可控制绝对泄漏大于 10^{-7}MPa·cm³/s。⑤ 电子式互感器、光电互感器存在严重缺陷或二次规约不具备通用性	1.《电网一次设备报废技术评估导则》（Q/GDW 11772—2017）中"4 通用技术原则 电网一次设备进行报废处理，应满足以下条件之一：a）国家规定强制淘汰报废。b）设备厂商无法提供关键零部件供应，无备品备件供应，不能修复，无法使用。c）运行日久，其主要结构、机件陈旧，损坏严重，经大修、技术改造仍不能满足安全生产要求。d）退役设备虽然能修复但费用太大，修复后可使用的年限不长，效率不高，在经济上不可行。e）腐蚀严重，继续使用存在事故隐患，且无法修复。f）退役设备无再利用价值或再利用价值小。g）严重污染环境，无法治理。h）技术落后不能满足生产需要。i）存在严重质量问题不能继续运行。j）因运营方式改变全部或部分拆除，且无法再安装使用。k）遭受自然灾害或突发意外事故，导致毁损，无法修复。" 2.《电网一次设备报废技术评估导则》（Q/GDW 11772—2017）中"5 技术条件 5.7 互感器满足下列技术条件之一，且无法修复，宜进行报废：a）严重渗漏油、内部受潮，电容量、介质损耗、C_2H_2 含量等关键测试项目不符合 Q/GDW 458、Q/GDW 1168 要求。b）瓷套存在裂纹、复合绝缘伞裙局部缺损。c）测量误差较大，严重影响系统、设备安全。d）采用 SF_6 绝缘的设备，气体的年泄漏率大于 0.5%或可控制绝对泄漏率大于 10^{-7}MPa·cm³/s。e）电容式电压互感器电磁单元或电容单元存在严重缺陷。f）电子式互感器、光电互感器存在严重缺陷或二次规约不具备通用性。"

2. 监督项目解析

技术鉴定是设备退役报废阶段的重要监督项目。

该条款提出了电流互感器报废的技术条件依据，在实际工作中，满足其中任一条件，均可报废处理。

3. 监督要求

开展该项目监督时，查阅电流互感器退役设备评估报告、技术鉴定表等资料，抽查 1 台退役电流互感器。

4. 整改措施

当发现该项目相关监督要点不满足时，应查明原因，并由运维检修部门结合实际情况整改。

3.2.10.2　电能计量用互感器（电测）

1. 监督要点及监督依据

退役报废阶段电能计量用互感器（电测）监督要点及监督依据见表 3−129。

表 3−129　　　　　退役报废阶段电能计量用互感器（电测）监督

监督要点	监督依据
发生以下情况，电能计量用电流互感器应予淘汰或报废： （1）功能或性能上不能满足使用及管理要求的电能计量器具。 （2）国家或上级明文规定不准使用的电能计量器具	《电能计量装置技术管理规程》（DL/T 448—2016）第 7.4.4 条规定，功能或性能上不能满足使用及管理要求的电能计量器具以及国家或上级明文规定不准使用的电能计量器具应予淘汰或报废

2. 监督项目解析

该条款提出了电能计量用电流互感器报废的技术条件依据，在实际工作中，满足其中任一条件，均可报废处理。

3. 监督要求

开展该项目监督时，查阅电能计量用互感器的报废相关文件资料，对报废流程及相关资料的完整性、规范性进行检查，应重点检查：① 计量技术检定机构出具的检定结果通知书或校准证书、测试报告；② 国家或上级关于禁止使用相关电能计量器具的规定。

4. 整改措施

当发现该项目相关监督要点不满足时，应查明原因，并由运维检修部门结合实际情况整改。

3.2.10.3　废油废气处置（化学）

1. 监督要点及监督依据

退役报废阶段废油废气处置（化学）监督要点及监督依据见表 3−130。

表 3−130　　　　　　　退役报废阶段废油废气处置（化学）监督

监督要点	监督依据
退役报废设备中的废油、废气严禁随意向环境中排放，确需现场处理的，应统一回收、集中处理，并做好处置记录	1.《变压器油维护管理导则》（GB/T 14542—2017）中"11.5 旧油、废油回收和再生处理记录。" 2.《六氟化硫电气设备中气体管理和检测导则》（GB/T 8905—2012）中"11.3.1 设备解体前需对气体进行全面分析，以确定其有害成分含量，制定防毒措施。通过气体回收装置将六氟化硫气体全面回收。"

2. 监督项目解析

该条款提出了电流互感器废油、废气的处理要求，应统一回收、集中处理，并做好处置记录。

3. 监督要求

开展该项目监督时，查阅退役报废设备处理记录，废油、废气处置应符合标准要求。

4. 整改措施

当发现该项目相关监督要点不满足时，应查明原因，并由运维检修部门结合实际情况整改。

3.3 电压互感器

3.3.1 规划可研阶段

3.3.1.1 电压互感器配置及选型合理性

规划可研阶段电压互感器配置及选型合理性监督要点及监督依据见表 3－131。

表 3－131　　　　　规划可研阶段电压互感器配置及选型合理性监督

监督要点	监督依据
1. 应按照现场运行实际要求和远景发展规划需求，确定电压互感器选型、结构设计、容量、准确等级、二次绕组数量、环境适用性等。 2. 敞开式变电站 110kV（66kV）及以上电压互感器宜选用电容式电压互感器；35kV 户内设备应采用固体绝缘的电磁式电压互感器，35kV 户外设备可采用适用户外环境的固体绝缘或油浸绝缘的电磁式电压互感器。 3. 110（66）kV 及以上系统应采用单相式电压互感器。35kV 及以下系统可采用单相式、三柱或五柱式三相电压互感器	1.《电压互感器技术监督导则》（Q/GDW 11081—2013）中 "5.1.3 监督内容及要求：应监督可研规划相关资料是否满足公司相关标准、设备选型要求、预防事故措施、差异化设计要求等，重点监督电压互感器选型、结构设计、二次绕组数量、误差特性、动/热稳定性能、外绝缘水平、环境适用性（海拔、污秽、温度、抗震、风速等）是否满足现场运行实际要求和远景发展规划需求。"《火力发电厂、变电站二次接线设计技术规程》（DL/T 5136—2012）中 "5.4.11 3 容量和准确等级（包括电压互感器辅助绕组）应满足测量装置、保护装置和自动装置的要求。" 2.《变电站设备验收规范　第 7 部分：电压互感器》（Q/GDW 11651.7—2016）表 A.1。《电流互感器和电压互感器选择及计算规程》（DL/T 866—2015）11.2.1。 3.《电流互感器和电压互感器选择及计算规程》（DL/T 866—2015）11.2.3

电压互感器配置及选型合理性是规划可研阶段重要的监督项目。

该项目的监督项目解析、监督要求及整改措施参见 3.2.1.1。

3.3.1.2 电能计量点设置（电测）

规划可研阶段电能计量点设置（电测）监督要点及监督依据见表 3－132。

表 3－132　　　　　规划可研阶段电能计量点设置（电测）监督

监督要点	监督依据
1. 贸易结算用电能计量点设置在购售电设施产权分界处，出现穿越功率引起计量不确定或产权分界处不适宜安装等情况的，由购售电双方或多方协商。 2. 考核用电能计量点，根据需要设置在电网企业或发、供电企业内部用于经济技术指标考核的各电压等级的变压器侧、输电和配电线路端以及无功补偿设备处	《电能计量装置通用设计规范》（Q/GDW 10347—2016）4.1

电能计量点设置是规划可研阶段重要的监督项目。

该项目的监督项目解析、监督要求及整改措施参见 3.2.1.2。

3.3.2　工程设计阶段

3.3.2.1　选型合理性

1. 监督要点及监督依据

工程设计阶段电压互感器选型合理性监督要点及监督依据见表 3－133。

表 3－133　　　　　　　　　　　工程设计阶段电压互感器选型合理性监督

监督要点	监督依据
1. 设备选型应满足通用设备的技术参数、电气接口、二次接口和土建接口要求。 2. 1000kV 独立式电压互感器宜采用电容式、非叠装式电压互感器。 3. 电子式互感器与其他一次设备组合安装时，不得改变其他一次设备结构、性能以及互感器自身性能。 4. 电磁式电压互感器接线方式包括相对相式、相对地式、三相式，应满足现场要求	1.《国家电网有限公司关于发布 35～750kV 输变电工程通用设计、通用设备应用目录（2019 年版）的通知》（国家电网基建〔2019〕168 号）第一部分 1 变电站通用设计、第四部分 8 电压互感器。《火力发电厂、变电站二次接线设计技术规程》（DL/T 5136—2012）中"5.4.11 电压互感器的选择应能符合下列规定：1 应满足一次回路额定电压的要求。2 应能在电力系统故障时将一次电压准确传变至二次侧，传变误差及暂态响应应符合行业标准《电流互感器和电压互感器选择及计算导则》DL/T 866 的有关规定。电磁式电压互感器应避免出现铁磁谐振。3 容量和准确等级（包括电压互感器辅助绕组）应满足测量装置、保护装置和自动装置的要求；当保护、同期和测控装置不需要电压互感器剩余绕组时，也可不设电压互感器剩余绕组。4 对中性点非直接接地系统，需要检查和监视一次回路单相接地时，应选用三相五柱或三个单相式电压互感器，其剩余绕组额定电压应为 100V/3。中性点直接接地系统，电压互感器剩余绕组额定电压为 100V。5 暂态特性和铁磁谐振特性应满足继电保护的要求。" 2.《1000kV 变电站设计规范》（GB 50697—2011）中"5.4.1 独立式电压互感器宜采用电容式、非叠装式电压互感器。" 3.《电流互感器和电压互感器选择及计算规程》（DL/T 866—2015）中"13.2.8 电子式互感器可与其他一次设备组合安装。当与其他一次设备组合安装时，不得改变其他一次设备结构、性能以及互感器自身性能。" 4.《电力用电磁式电压互感器使用技术规范》（DL/T 726—2013）5 基本分类中规定：电压互感器接线方式分相对相式、相对地式、三相式，根据系统接线方式不同选择相应接线方式互感器

2. 监督项目解析

选型合理性是工程设计阶段最重要的监督项目。

在工程设计阶段对设备选型情况进行核查。1000kV 独立式电压互感器由于受制造工艺、绝缘材料等因素所限，宜采用电容式、非叠装式电压互感器。电子式互感器由于包含电子元器件，在与其他一次设备组合安装时，应有足够的抗干扰性，不改变其他一次设备结构、性能以及互感器自身性能。

3. 监督要求

开展该项目监督时，可查阅设计说明和图纸，检查电压互感器的设备选型是否满足要求。

4. 整改措施

当发现该项目相关监督要点不满足时，应由相关基建部门组织经研院（所）或设计院（所）重新核算设备参数并修改初设图纸。

3.3.2.2　反措落实

1. 监督要点及监督依据

工程设计阶段电压互感器反措落实监督要点及监督依据见表 3－134。

表 3 – 134　　　　　　　　工程设计阶段电压互感器反措落实监督

监督要点	监督依据
1. 最低温度为 – 25℃及以下的地区，户外不宜选用 SF₆气体绝缘互感器。 2. 气体绝缘互感器的防爆装置应采用防止积水、冻胀的结构，防爆膜应采用抗老化、耐锈蚀的材料。 3. 电子式互感器的采集器应具备良好的环境适应性和抗电磁干扰能力。 4. 架空进线的 GIS 线路间隔的避雷器和线路电压互感器宜采用外置结构。 5. 电磁式电压互感器励磁特性的拐点电压应大于 $1.5U_{\mathrm{m}}/\sqrt{3}$（中性点有效接地系统）或 $1.9U_{\mathrm{m}}/\sqrt{3}$（中性点非有效接地系统）	《国家电网有限公司关于印发十八项电网重大反事故措施（修订版）的通知》（国家电网设备〔2018〕979 号）中"11.2.1.2 最低温度为 – 25℃及以下的地区，户外不宜选用 SF₆气体绝缘互感器。11.2.1.3 气体绝缘互感器的防爆装置应采用防止积水、冻胀的结构，防爆膜应采用抗老化、耐锈蚀的材料。11.3.1.3 电子式互感器的采集器应具备良好的环境适应性和抗电磁干扰能力。12.2.1.4 架空进线的 GIS 线路间隔的避雷器和线路电压互感器宜采用外置结构。11.4.2.2 电磁式干式电压互感器在交接试验时，应进行空载电流测量。励磁特性的拐点电压应大于 $1.5U_{\mathrm{m}}/\sqrt{3}$（中性点有效接地系统）或 $1.9U_{\mathrm{m}}/\sqrt{3}$（中性点非有效接地系统）。"

2. 监督项目解析

落实反措要求是工程设计阶段重要的监督项目。

气体绝缘互感器的防爆装置是保障互感器安全运行的重要部件，若防爆装置材料选取不当，不能及时释放能量，容易发生互感器故障，因此提出对防爆装置材料的要求。对于电子式互感器，其电子器件、传输回路、采集器等均应有较好的抗干扰能力，以保证电子式互感器运行的稳定性。电磁式电压互感器的饱和特性是影响设备安全运行的重要指标，目前因电压互感器饱和特性低而引发铁磁谐振造成互感器故障的情况时有发生，因此在工程设计阶段，对电压互感器的饱和特性提出要求。

3. 监督要求

开展该项目监督时，需查阅设备设计说明和图纸，以确定设备选型是否满足要求。

4. 整改措施

当发现该项目相关监督要点不满足时，建议相关基建部门组织经研院（所）或设计院（所）集合现场实际进行图纸和设备参数修改。

3.3.2.3　计量用互感器性能选择（电测）

1. 监督要点及监督依据

工程设计阶段计量用互感器性能选择（电测）监督要点及监督依据见表 3 – 135。

表 3 – 135　　　　　工程设计阶段计量用互感器性能选择（电测）监督

监督要点	监督依据
1. 计量专用电流互感器或专用绕组准确度等级根据电能计量装置的类别确定并满足 Q/GDW 10347—2016《电能计量装置通用设计规范》中表 2 的规定，基本误差、稳定性和运行变差应分别符合 JJG 1021—2007《电力互感器检定规程》中 4.2、4.3 和 4.4 的规定。 2. 经互感器接入的贸易结算用电能计量装置按计量点配置计量专用电压、电流互感器或专用二次绕组，不准接入与电能计量无关的设备	1.《电能计量装置通用设计规范》（Q/GDW 10347—2016）5.2 a）。 2.《电能计量装置通用设计规范》（Q/GDW 10347—2016）4.3.1 a）

2. 监督项目解析

计量用互感器配置是工程设计阶段重要的监督项目。

（1）为了保证贸易结算用电压互感器计量准确可靠，计量用电压互感器的计量性能考核方法应按照国家计量检定规程 JJG 1021—2007《电力互感器检定规程》的相关规定执行，试验结果应满足其规定的要求。

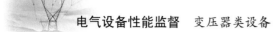

（2）计量用电压互感器的二次负荷主要由电能表负荷、二次回路导线负荷及导线与端子的接触阻抗构成。根据目前安装和运行的电能表以及二次导线规格，二次回路的最小负荷通常为 2.5VA 左右。根据电压互感器误差产生原理，过小或过大的二次负荷将引起互感器误差增大，为了保证计量用电压互感器的计量结果准确可靠，应确保其处于规定的工作范围以内，因此，有必要对计量用电压互感器的二次负荷范围做出规定。

（3）为了确保电能计量结果的安全，计量二次回路不得接入可能影响计量结果的任何其他设备。因此，必须设置专用的计量二次回路，且其二次回路不得接入与电能计量无关的设备。

3. 监督要求

开展该项目监督时，应查阅设计文件，选择计量用互感器性能满足要求的产品。考虑到《电力互感器检定规程》（JJG 1021—2007）在试验方法和技术要求上与以往使用的国家标准和国家计量检定规程存在区别，应重点对《电力互感器检定规程》（JJG 1021—2007）和《互感器　第 2 部分：电流互感器的补充技术要求》（GB 20840.2—2014）、《测量用电流互感器》（JJG 313—2010）等规程之间的差异之处，如下限负荷、一次电流测量点的选择以及计量二次回路设计图等内容进行检查。

4. 整改措施

当发现该项目相关监督要点不满足时，建议建设单位组织设计单位进行相关设计文件修改。

3.3.2.4　电压互感器的保护配置要求（保护与控制）

1. 监督要点及监督依据

工程设计阶段电压互感器保护配置要求（保护与控制）监督要点及监督依据见表 3-136。

表 3-136　　　　　　工程设计阶段电压互感器保护配置要求（保护与控制）监督

监督要点	监督依据
1. 电压互感器类型、容量、二次绕组数量、一次传感器数量（电子式互感器）和准确等级（包括电压互感器辅助绕组）应满足测量装置、保护装置和自动装置的要求。 2. 当主接线为 3/2 接线时，线路和变压器回路宜装设三相电压互感器；母线宜装设一相电压互感器。当母线上接有并联电抗器时，母线应装设三相电压互感器。 3. 双母线接线应在主母线上装设三相电压互感器。 4. 电压互感器二次负荷三相宜平衡配置。 5. 3/2 接线形式，其线路的电子式电压互感器应置于线路侧	1.《火力发电厂、变电站二次接线设计技术规程》（DL/T 5136—2012）5.4.11 3.《电流互感器和电压互感器选择及计算规程》（DL/T 866—2015）11.2.2 1.《电流互感器和电压互感器选择及计算规程》（DL/T 866—2015）13.4.1。 2.《火力发电厂、变电站二次接线设计技术规程》（DL/T 5136—2012）5.4.13。 3.《火力发电厂、变电站二次接线设计技术规程》（DL/T 5136—2012）5.4.14。 4.《火力发电厂、变电站二次接线设计技术规程》（DL/T 5136—2012）5.4.15。 5.《智能变电站继电保护技术规范》（Q/GDW 441—2010）5.13

2. 监督项目解析

电压互感器的保护配置要求是工程设计阶段重要的监督项目。

电压互感器性能参数对测量、保护及自动化装置有着直接的影响。配置不合理，有可能造成测量的不准确、继电保护整定值不配合等问题，甚至可能造成继电保护的不正确动作。不同主接线形式下，继电保护对电压互感器有不同的配置要求。电压互感器二次负荷三相不平衡，将影响继电保护设备电压采样数据的准确性，进而影响阻抗元件、方向元件、电压闭锁元件等元件的动作行为，影响继电保护的可靠性。对于 3/2 接线形式，其线路的电子式电压互感器布置在线路侧主要是考虑重合闸问题。边断路器重合闸考虑检同期，中断路器重合闸不检同期，因此将电子式电压互感器设置在线路侧，不设置在串内。

3. 监督要求

开展该项目监督时，可查阅工程设计图纸、施工图纸的电气二次部分，仔细核对电压互感器的配置是否满足保护使用要求。

4. 整改措施

如不满足要求，建议相关项目管理部门组织经研院（所）或设计院（所）结合现场实际进行图纸修改。

3.3.2.5 电压互感器保护用二次绕组（保护与控制）

1. 监督要点及监督依据

工程设计阶段电压互感器保护用二次绕组（保护与控制）监督要点及监督依据见表 3-137。

表 3-137　　　　　工程设计阶段电压互感器保护用二次绕组（保护与控制）监督

监督要点	监督依据
1. 双重化配置的两套保护装置的交流电压应分别取自电压互感器互相独立的绕组；用于双重化保护的电压互感器一次传感器应分别独立配置；电子式互感器内应由两路独立的采样系统进行采集，每路采样系统应采用双 A/D 系统接入 MU，两个采样系统应由不同的电源供电并与相应保护装置使用同一组直流电源。 2. 330kV 及以上和涉及系统稳定的 220kV 新建、扩建或改造的智能变电站采用常规互感器时，应通过二次电缆直接接入保护装置。 3. 电压互感器的二次回路，均必须且只能有一个接地点；经控制室零相小母线（N600）连通的几组电压互感器二次回路，只应在控制室将 N600 一点接地，各电压互感器二次中性点在开关场的接地点应断开。 4. 电压互感器开口三角绕组的引出端之一应一点接地，接地引线及各星形接线的电压互感器二次绕组中性线上不得接有可能断开的开关或熔断器等。 5. 电压互感器二次绕组四根引入线和电压互感器开口三角绕组的两根引入线均应使用各自独立的电缆。	1.《国家电网有限公司关于印发十八项电网重大反事故措施（修订版）的通知》（国家电网设备〔2018〕979 号）15.2.2.1。《电流互感器和电压互感器选择及计算规程》（DL/T 866—2015）13.4.3 2.《智能变电站继电保护技术规范》（Q/GDW 441—2010）6.3.1、6.3.3。 2.《国家电网有限公司关于印发十八项电网重大反事故措施（修订版）的通知》（国家电网设备〔2018〕979 号）15.7.1.3。 3.《国家电网有限公司关于印发十八项电网重大反事故措施（修订版）的通知》（国家电网设备〔2018〕979 号）15.6.4.1。《继电保护和电网安全自动装置检验规程》（DL/T 995—2016）5.3.2.3 b）。 4.《国家电网有限公司关于印发十八项电网重大反事故措施（修订版）的通知》（国家电网设备〔2018〕979 号）15.6.4.2。 5.《国家电网有限公司关于印发十八项电网重大反事故措施（修订版）的通知》（国家电网设备〔2018〕979 号）15.6.3.2

2. 监督项目解析

电压互感器保护用二次绕组是工程设计阶段非常重要的监督项目。

电压互感器二次绕组、电子式互感器的采样系统等均可以看作是继电保护系统的一部分。对于双重化保护要求而言，电压互感器二次绕组、电子式互感器的采样系统也应按照双重化要求配置；否则双重化配置的两套保护将不能实现电气上的完全独立，影响继电保护的可靠性。对于涉及稳定问题的智能二次设备，应采用常规互感器，并通过二次电缆直接接入相应装置，否则将影响继电保护的可靠性。若设计阶段不能明确此项要求，工程后续阶段再进行设备变更、二次回路重新施工等将造成很大程度的人力、物力的浪费，并严重影响工程进度。互感器二次回路接地是安全接地，接地不可靠或是接地线上串接有断开可能的设备，由于互感器及二次电缆对地电容的影响而造成二次系统对地产生过电压，进而影响人身和二次设备安全。而电压互感器多点接地，在一定条件下，将影响二次回路电压数据，导致继电保护设备电压数据采集不正确、采集的波形发生畸变等问题，进而导致阻抗元件、方向元件、电压闭锁元件等不正确动作，影响继电保护的可靠性。电压互感器二次绕组四根引入线和电压互感器开口三角绕组的两根引入线共用一根电缆时，有可能影响接地零序保护的方向判断，导致接地零序保护正方向时拒动而反方向时误动。故在此强调必须将电压互感器的二次回路和三次回路分开布置。

3. 监督要求

开展该项目监督时，可查阅工程设计图纸、施工图纸的电气二次部分和各继电保护设备的交流

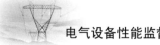

回路部分，应仔细核对电压互感器二次绕组配置是否满足要求。

4. 整改措施

当发现该项目相关监督要点不满足时，建议相关项目管理部门组织经研院（所）或设计院（所）结合现场实际进行图纸修改。

3.3.3 设备采购阶段

3.3.3.1 物资采购技术规范书

1. 监督要点及监督依据

设备采购阶段电压互感器物资采购技术规范书监督要点及监督依据见表 3－138。

表 3－138　　　　　　　　　设备采购阶段电压互感器物资采购技术规范书监督

监督要点	监督依据
1. 气体绝缘互感器技术规范书中应明确运输存储要求：110kV 及以下电压等级互感器应直立安放运输，220kV 及以上电压等级互感器应满足卧倒运输的要求。运输时 110（66）kV 产品每批次超过 10 台时，每车装 10g 冲击加速度振动子 2 个，低于 10 台时每车装 10g 冲击加速度振动子 1 个；220kV 产品每台安装 10g 冲击加速度振动子 1 个；330kV 及以上电压等级每台安装带时标的三维冲击记录仪。到达目的地后检查振动记录装置的记录，若记录数值超过 10g 冲击加速度一次或 10g 振动子落下，则产品应返厂解体检查。 2. 供应商应提供有效的同型号设备型式试验报告	1.《国家电网有限公司关于印发十八项电网重大反事故措施（修订版）的通知》（国家电网设备〔2018〕979 号）中 "11.2.2.1 110kV 及以下电压等级互感器应直立安放运输，220kV 及以上电压等级互感器应满足卧倒运输的要求。运输时 110（66）kV 产品每批次超过 10 台时，每车装 10g 冲击加速度振动子 2 个，低于 10 台时每车装 10g 冲击加速度振动子 1 个；220kV 产品每台安装 10g 冲击加速度振动子 1 个；330kV 及以上电压等级每台安装带时标的三维冲击记录仪。到达目的地后检查振动记录装置的记录，若记录数值超过 10g 冲击加速度一次或 10g 振动子落下，则产品应返厂解体检查。" 2.《500kV 电压互感器采购标准　第 1 部分：通用技术规范》（Q/GDW 13029.1—2018）中 "4.4.3.1 应提供有效的（5 年内）型式试验报告（包括主要部件）、例行试验报告、特殊试验报告及其他要求的试验报告（如耐地震能力、抗运输颠簸试验等）。"其他电压等级电压互感器采购标准通用技术规范中有相关要求

2. 监督项目解析

物资采购技术规范书是设备采购阶段重要的监督项目。

因运输原因造成的电压互感器渗漏、损伤等现象，给后续安装调试造成影响，也会给电压互感器带来潜在运行隐患，故对运输提出冲击记录要求。型式试验报告是确认产品满足技术规范要求的必备材料，是确认厂家生产能力、生产技术水平的最重要依据，同时也是设备投运后在分析设备缺陷时的重要参考资料；因此，须在设备采购阶段确认型式试验报告真实性、有效性，确认其为设备交接必备资料。

供应商投标文件一般只对技术规范专用部分进行应答，但该条目中的监督要点涉及对设备招标技术文件通用部分进行监督。

3. 监督要求

开展该项目监督时，应重点检查相关产品型式试验报告的复印件，报告应符合要求。

4. 整改措施

厂家无法提供所投产品有效型式试验报告时，物资管理部门应对相关厂家废标。

3.3.3.2 设备技术参数

1. 监督要点及监督依据

设备采购阶段电压互感器设备技术参数监督要点及监督依据见表 3－139。

表 3-139   设备采购阶段电压互感器设备技术参数监督

监督要点	监督依据
电压互感器选型、结构设计、额定电压、额定容量、二次绕组数量、误差特性、动、热稳定电流和时间、外绝缘水平、环境适应性（海拔、污秽、温度、抗震、风速等）应满足现场运行实际要求和远景发展规划需求	《电压互感器技术监督导则》（Q/GDW 11081—2013）中"5.1.3 监督内容及要求：应监督可研规划相关资料是否满足公司相关标准、设备选型要求、预防事故措施、差异化设计要求等，重点监督电压互感器选型、结构设计、二次绕组数量、误差特性、动、热稳定性能、外绝缘水平、环境适用性（海拔、污秽、温度、抗震、风速等）是否满足现场运行实际要求和远景发展规划需求。"

2. 监督项目解析

设备技术参数的选择是设备采购阶段最重要的监督项目。

该条款的提出主要是考虑所采购的电压互感器在主要技术参数方面与设计要求的符合程度，防止招标设备不符合实际需求。

提示：设备技术参数的选择需参考当地污区分布图等信息。

3. 监督要求

开展该项目监督时，查阅技术规范书或技术协议，核对设备选型、结构设计、二次绕组数量、误差特性、外绝缘水平、环境适用性、设备数量等应满足相关要求。

4. 整改措施

当发现该项目相关监督要点不满足时，物资管理部门应协调项目管理、厂家等部门、单位协商解决。

3.3.3.3   设备结构及组部件

1. 监督要点及监督依据

设备采购阶段电压互感器设备结构及组部件监督要点及监督依据见表 3-140。

表 3-140   设备采购阶段电压互感器设备结构及组部件监督

监督要点	监督依据
1. SF_6 密度继电器与互感器设备本体之间的连接方式应满足不拆卸校验密度继电器的要求，户外安装应加装防雨罩。 2. 对于 SF_6 绝缘电磁式电压气体绝缘互感器应设置便于取气样的接口，同时应有一套气体状态监测装置（气体密度继电器）。SF_6 密度继电器与互感器设备本体之间的连接方式应满足不拆卸校验密度继电器的要求。 3. 油浸式互感器应选用带金属膨胀器微正压结构型式。电容式电压互感器电磁单元应装有油面（油位）观察孔，安装位置应便于运行人员观察。电容式电压互感器电磁单元油箱排气孔应高出油箱上平面 10mm 以上，且密封可靠。 4. 油浸式互感器的膨胀器外罩应标注清晰耐久的最高（MAX）、最低（MIN）油位线及20℃的标准油位线，油位观察窗应选用具有耐老化、透明度高的材料进行制造。油位指示器应采用荧光材料。 5. 油浸绝缘电磁式电压互感器的下部一般应设置放油或密封取油样用的阀门，以便于取油或放油，放油阀的位置应能放出互感器最低处的油。 6. 1000kV 电容式电压互感器均压装置的结构、尺寸及安装方式要兼顾局部放电量、无线	1. 《国家电网有限公司关于印发十八项电网重大反事故措施（修订版）的通知》（国家电网设备〔2018〕979 号）中"11.2.1.4 SF_6 密度继电器与互感器设备本体之间的连接方式应满足不拆卸校验密度继电器的要求，户外安装应加装防雨罩。" 2. 《220kV 电压互感器采购标准 第 1 部分：通用技术规范》（Q/GDW 13027.1—2018）中"5.2.9 对于 SF_6 绝缘电磁式电压气体绝缘互感器应设置便于取气样的接口，同时应有一套气体状态监测装置（气体密度继电器）。SF_6 密度继电器与互感器设备本体之间的连接方式应满足不拆卸校验密度继电器的要求。"其他电压等级电压互感器采购标准通用技术规范中有相关要求。 3. 《国家电网有限公司关于印发十八项电网重大反事故措施（修订版）的通知》（国家电网设备〔2018〕979 号）中"11.1.1.1 油浸式互感器应选用带金属膨胀器微正压结构型式。"《220kV 电压互感器采购标准 第 1 部分：通用技术规范》（Q/GDW 13027.1—2018）中"5.2.5 电容式电压互感器电磁单元应装有油面（油位）观察孔，安装位置应便于运行人员观察。电容式电压互感器电磁单元油箱排气孔应高出油箱上平面 10mm 以上，且密封可靠。"其他电压等级电压互感器采购标准通用技术规范中有相关要求。 4. 《国家电网有限公司关于印发十八项电网重大反事故措施（修订版）的通知》（国家电网设备〔2018〕979 号）中"11.1.1.3 油浸式互感器的膨胀器外罩应标注清晰耐久的最高（MAX）、最低（MIN）油位线及 20℃的标准油位线，油位观察窗应选用具有耐老化、透明度高的材料进行制造。油位指示器应采用荧光材料。" 5. 《220kV 电压互感器采购标准 第 1 部分：通用技术规范》（Q/GDW 13027.1—2018）中"5.2.7 油浸绝缘电磁式电压互感器的下部一般应设置放油或密封取油样用的阀门，以便于取油或放油，放油阀的位置应能放出互感器最低处的油。"其他电压等级电压互感器采购标准通用技术规范中有相关要求。 6. 《1000kV 交流系统用电容式电压互感器技术规范》（GB/T 24841—2018）中"6.3 均压装置 互感器均压装置的结构、尺寸及安装方式要兼顾局部放电量、无线电干扰、一次导线连接、迎风面积、地震耐受能力等方面因素。顶部均压环的数量宜采用 2 个，均压环管直径

监督要点	监督依据
电干扰、一次导线连接、迎风面积、地震耐受能力等方面因素。顶部均压环的数量宜采用 2 个，均压环管直径不宜小于 240mm，最大外径不宜小于 1.8m。 7. 1000kV 电容式电压互感器误差调节端子应设置在电磁单元箱体外侧，且端子板应有单独的防护罩；补偿电抗器的过电压限幅装置宜设置在电磁单元箱体外侧，且有防护罩。 8. 电容式电压互感器中间变压器高压侧对地不应装设氧化锌避雷器，且应选用速饱和电抗器型阻尼器。 9. 互感器的二次引线端子和末屏引出线端子应有防转动措施。接地螺栓直径不小于 8mm，1000kV 电压互感器接地螺栓直径不小于 12mm。 10. 对 330kV 及以上叠装式结构的电容式电压互感器，应有便于现场进行电容分压器试验的电磁单元分离装置	不宜小于 240mm，最大外径不宜小于 1.8m。" 7.《1000kV 交流系统用电容式电压互感器技术规范》（GB/T 24841—2018）中 "6.2.1 误差调节端子应设置在电磁单元箱体外侧，以便现场调节互感器比值差和相角差，且端子板应有单独的防护罩；补偿电抗器的过电压限幅装置宜设置在电磁单元箱体外侧，且有防护罩。" 8.《国家电网有限公司关于印发十八项电网重大反事故措施（修订版）的通知》（国家电网设备〔2018〕979 号）中 "11.1.1.8 电容式电压互感器中间变压器高压侧对地不应装设氧化锌避雷器。11.1.1.9 电容式电压互感器应选用速饱和电抗器型阻尼器，并应在出厂时进行铁磁谐振试验。" 9.《国家电网有限公司关于印发十八项电网重大反事故措施（修订版）的通知》（国家电网设备〔2018〕979 号）中 "11.1.1.7 互感器的二次引线端子和末屏引出线端子应有防转动措施。"《220kV 电压互感器采购标准　第 1 部分：通用技术规范》（Q/GDW 13027.1—2018）中 "5.2.11 接地螺栓直径不得小于 8mm，接地处金属表面平整，连接孔的接地板面积足够，并在接地处旁标有明显的接地符号。"其他电压等级电压互感器采购标准通用技术规范中有相关要求。《1000kV 交流系统用电容式电压互感器技术规范》（GB/T 24841—2018）中 "6.1 b) 应具有直径不小于 12mm 的接地螺栓。" 10.《330kV 电压互感器采购标准　第 1 部分：通用技术规范》（Q/GDW 13028.1—2018）中 "5.2.2 对叠装式结构的互感器，在买方要求时，应有便于现场进行中压电容试验的装置。"其他电压等级电压互感器采购标准通用技术规范中有相关要求

2. 监督项目解析

设备的结构及组部件选择是设备采购阶段最重要的监督项目。

该条款的提出主要是考虑所采购的电压互感器在主要结构及组部件方面的重要技术要求，防止招标设备不符合实际需求或在现场运行中发生重大隐患、故障。

3. 监督要求

开展该项目监督时，检查技术规范书或技术协议中设备结构、组部件选型是否符合实际运行维护要求。

4. 整改措施

当发现该项目相关监督要点不满足时，物资管理部门应协调项目管理、厂家等部门、单位协商解决。

3.3.3.4 重要试验

1. 监督要点及监督依据

设备采购阶段电压互感器重要试验监督要点及监督依据见表 3-141。

表 3-141　　　　　　　　　　　设备采购阶段电压互感器重要试验监督

监督要点	监督依据
1. 电容式电压互感器应选用速饱和电抗器型阻尼器，并应在出厂时进行铁磁谐振试验。对于中性点有效接地系统，一次试验电压 U_p 为 $0.8U_{pr}$、$1.0U_{pr}$、$1.2U_{pr}$ 和 $1.5U_{pr}$；中性点非有效接地系统或中性点绝缘系统，一次试验电压 U_p 为 $0.8U_{pr}$、$1.0U_{pr}$、$1.2U_{pr}$ 和 $1.9U_{pr}$（U_{pr} 为额定一次电压的方均根值）。 2. 10（6）kV 及以上干式互感器出厂应逐台进行局部放电试验	1.《互感器　第 5 部分电容式电压互感器的补充技术要求》（GB/T 20840.5—2013）中 "中性点有效接地系统，一次试验电压 U_p 为 $0.8U_{pr}$、$1.0U_{pr}$、$1.2U_{pr}$ 和 $1.5U_{pr}$；中性点非有效接地系统或中性点绝缘系统，一次试验电压 U_p 为 $0.8U_{pr}$、$1.0U_{pr}$、$1.2U_{pr}$ 和 $1.9U_{pr}$。"《国家电网有限公司关于印发十八项电网重大反事故措施（修订版）的通知》（国家电网设备〔2018〕979 号）中 "11.1.1.9 电容式电压互感器应选用速饱和电抗器型阻尼器，并应在出厂时进行铁磁谐振试验。" 2.《国家电网有限公司关于印发十八项电网重大反事故措施（修订版）的通知》（国家电网设备〔2018〕979 号）中 "11.4.2.1 10（6）kV 及以上干式互感器出厂时应逐台进行局部放电试验，交接时应抽样进行局部放电试验。"

2. 监督项目解析

铁磁谐振和局部放电试验是电压互感器设备采购阶段最重要的监督项目之一。

铁磁谐振试验主要考察电压互感器额定电压附近和系统单相接地状态时最大相电压下设备能够稳定运行所应当承受的电压。

3. 监督要求

开展该项目监督时，查阅技术规范书或技术协议，铁磁谐振和局部放电试验要求应有明确的规定并满足要点要求。

4. 整改措施

当发现该项目相关监督要点不满足时，物资管理部门应协调厂家等部门、单位修改技术规范书或技术协议中相关条目并协调厂家按规定执行。

3.3.3.5 计量性能要求（电测）

1. 监督要点及监督依据

设备采购阶段电压互感器计量性能要求（电测）监督要点及监督依据见表 3-142。

表 3-142　　　　设备采购阶段电压互感器计量性能要求（电测）监督

监督要点	监督依据
10～35kV 计量用电压互感器的招标技术规范中应要求投标方提供由国家电网有限公司计量中心出具的全性能试验报告或能证明其产品通过国家电网有限公司计量中心全性能试验的相关资料	《10kV～35kV 计量用电压互感器技术规范》（Q/GDW 11682—2017）7.3.1

2. 监督项目解析

《10kV～35kV 计量用电压互感器技术规范》（Q/GDW 11682—2017）是国家电网有限公司关于计量用电压互感器的专用技术规范，其中明确规定计量用电压互感器应取得国家电网有限公司计量中心出具的全性能试验报告。

3. 监督要求

开展该项目监督，查阅技术规范书或技术协议时，要重点检查内容当中是否具有国家电网有限公司计量中心出具的全性能试验报告或能证明其产品通过国家电网有限公司计量中心全性能试验的相关资料。

4. 整改措施

当发现该项目相关监督要点不满足时，物资管理部门应协调项目管理、厂家等部门、单位协商解决。

3.3.3.6 保护性能要求（保护与控制）

1. 监督要点及监督依据

设备采购阶段电压互感器保护性能要求（保护与控制）监督要点及监督依据见表 3-143。

表 3-143　　　　设备采购阶段电压互感器保护性能要求（保护与控制）监督

监督要点	监督依据
1. 电压互感器类型、容量、二次绕组数量、一次传感器数量（电子式互感器）和准确等级（包括电压互感器辅助绕组）应满足测量装置、保护装置和自动装置的要求。 2. 电子式互感器应能真实地反映一次电压，额定延时时间不大于 2ms、唤醒时间为 0；电子式互感器内应由两路独立的采样系统进行采集，每路采样系统应采用双 A/D 系统接入 MU。	1.《火力发电厂、变电站二次接线设计技术规程》（DL/T 5136—2012）5.4.13。《电流互感器和电压互感器选择及计算规程》（DL/T 866—2015）11.2.2 1。《电流互感器和电压互感器选择及计算规程》（DL/T 866—2015）13.4.1。 2.《智能变电站继电保护技术规范》（Q/GDW 441—2010）6.3.1、6.3.2。

监督要点	监督依据
3. 电子式电压互感器二次输出电压，在短路消除后恢复（达到准确级限值内）时间应满足继电保护装置的技术要求	3.《国家电网有限公司关于印发十八项电网重大反事故措施（修订版）的通知》（国家电网设备〔2018〕979 号）11.3.1.4

2. 监督项目解析

电压互感器的保护性能要求是设备采购阶段重要的监督项目。

设备采购阶段应对电压互感器在保护性能上的主要技术参数，特别是电子式互感器的性能进行规范要求，要与设计要求完全符合。若不进行规范要求，招标设备不符合实际需求而进行更改的，需要和厂家进行反复沟通，并且会增加费用，影响工程进度；不进行更改，设备投运后，电网将带隐患运行；若投运后再进行设备改造，将造成很大程度上的浪费。该条款也在一定程度上对设备厂家的技术、制造能力进行了要求。

3. 监督要求

开展该项目监督，查阅设备采购技术规范时，应核对电压互感器保护性能是否满足要求，特别是有特殊要求的或是尚未广泛推广应用的新设备性能更应仔细核对。

4. 整改措施

当发现该项目相关监督要点不满足时，物资管理部门应协调项目管理、厂家等部门、单位协商解决。

3.3.3.7　材质选型（金属）

设备采购阶段电压互感器材质选型（金属）监督要点及监督依据见表 3–144。

表 3–144　　　　　　　　　　设备采购阶段电压互感器材质选型（金属）监督

监督要点	监督依据
1. 膨胀器防雨罩应选用耐蚀铝合金或 06Cr19Ni10 奥氏体不锈钢。 2. 二次绕组屏蔽罩宜采用铝板旋压或铸造成型的高强度铝合金材质，电容屏连接筒应要求采用强度足够的铸铝合金制造。 3. 气体绝缘互感器充气接头不应采用 2 系或 7 系铝合金。 4. 除非磁性金属外，所有设备底座、法兰应采用热浸镀锌防腐	《电网设备金属技术监督导则》（Q/GDW 11717—2017）中"10.2.2 膨胀器防雨罩应选用耐蚀铝合金或 06Cr19Ni10 奥氏体不锈钢。10.2.3 二次绕组屏蔽罩宜采用铝板旋压或铸造成型的高强度铝合金材质，电容屏连接筒应要求采用强度足够的铸铝合金制造。10.2.4 气体绝缘互感器充气接头不应采用 2 系或 7 系铝合金。10.2.5 除非磁性金属外，所有设备底座、法兰应采用热浸镀锌防腐。"

设备材质选型要求是设备采购阶段最重要的监督项目。

本条款的监督项目解析、监督要求及整改措施参见 3.2.3.7。

3.3.4　设备制造阶段

3.3.4.1　设备监造

1. 监督要点及监督依据

设备制造阶段电压互感器设备监造监督要点及监督依据见表 3–145。

表 3-145　　　　　　　　设备制造阶段电压互感器设备监造监督

监督要点	监督依据
1. 1000kV 电容式电压互感器应开展驻厂监造。 2. 监造报告（总结）应包括：监造项目概括；监造组织机构及人员；监造工作开展情况；产品结构特点、生产关键点及历程；问题处理过程和结果；相关照片（必要时）	1.《1000kV 电气设备监造导则》（DL/T 1180—2012）中"4.4 c）1000kV 级电气设备监造一般采取驻厂监造的模式，即监造单位派出监造组织或监造代表，常驻设备制造单位，包括从设计评审至包装运输准备全过程的质量见证。" 2.《1000kV 电气设备监造导则》（DL/T 1180—2012）8.3 中规定，监造总结应包括：监造项目概括；监造组织机构及人员；监造工作开展情况；产品结构特点、生产关键点及历程；问题处理过程和结果；相关照片（必要时）

2. 监督项目解析

设备监造是设备制造阶段重要的监督项目。

根据《1000kV 电气设备监造导则》（DL/T 1180—2012），1000kV 电容式电压互感器应开展驻厂监造工作。

3. 监督要求

开展该项目监督时，可检查 1000kV 电容式电压互感器是否进行了驻厂监造以及提交的监造报告项目是否符合要求。如未开展驻厂监造，应尽快由相关物资部门组织协调开展监督工作。

4. 整改措施

如设备延误节点致使部分或全部驻厂监造工作无法开展，应由相关物资部门组织协调补齐监造项目。视情节严重程度，下发技术监督告（预）警单。

3.3.4.2　油浸式电压互感器外观及结构

1. 监督要点及监督依据

设备制造阶段油浸式电压互感器外观及结构监督要点及监督依据见表 3-146。

表 3-146　　　　　　　设备制造阶段油浸式电压互感器外观及结构监督

监督要点	监督依据
油浸式电压互感器应满足如下要求： （1）油浸式互感器生产厂家应根据设备运行环境最高和最低温度核算膨胀器的容量，并应留有一定裕度。 （2）油浸式互感器的膨胀器外罩应标注清晰耐久的最高（MAX）、最低（MIN）油位线及 20℃的标准油位线，油位观察窗应选用具有耐老化、透明度高的材料进行制造。油位指示器应采用荧光材料。 （3）互感器的二次引线端子应有防转动措施。 （4）电容式电压互感器中间变压器高压侧对地不应装设氧化锌避雷器，且应选用速饱和电抗器型阻尼器。 （5）电容式电压互感器电磁单元油箱排气孔应高出油箱上平面 10mm 以上，且密封可靠	《国家电网有限公司关于印发十八项电网重大反事故措施（修订版）的通知》（国家电网设备〔2018〕979 号）中"11.1.1.2 油浸式互感器生产厂家应根据设备运行环境最高和最低温度核算膨胀器的容量，并应留有一定裕度。1.1.1.3 油浸式互感器的膨胀器外罩应标注清晰耐久的最高（MAX）、最低（MIN）油位线及 20℃的标准油位线，油位观察窗应选用具有耐老化、透明度高的材料进行制造。油位指示器应采用荧光材料。11.1.1.7 互感器的二次引线端子和末屏引出线端子应有防转动措施。1.1.1.8 电容式电压互感器中间变压器高压侧对地不应装设氧化锌避雷器。11.1.1.11 电容式电压互感器电磁单元油箱排气孔应高出油箱上平面 10mm 以上，且密封可靠。"

2. 监督项目解析

油浸式电压互感器外观及结构是设备制造阶段非常重要的监督项目。

对于油浸式电压互感器，绝缘油是其主要绝缘介质，若出现缺油情况，设备绝缘性能下降，极易引发重大故障。因此，表征绝缘油情况的直接状态量油位应准确、清晰，提出对油位窗口材质及膨胀器的要求。对于电容式电压互感器，中间变压器高压侧不应装设避雷器，以防避雷器故障造成二次电压波形畸变或二次失压。

3. 监督要求

开展该项目监督时，可随设备入厂抽检工作的开展，现场见证设备外观、油位标识、主要组部件配置等情况，应符合相关要求。

4. 整改措施

如未开展入厂抽检工作或监督项目不齐全，应尽快由相关物资部门组织协调开展监督工作；如设备已出厂，应入厂抽检同批次互感器。情节严重时，下发技术监督告（预）警单。

3.3.4.3　气体绝缘电压互感器外观及结构

1. 监督要点及监督依据

设备制造阶段气体绝缘电压互感器外观及结构监督要点及监督依据见表 3–147。

表 3–147　　　　　　　设备制造阶段气体绝缘电压互感器外观及结构监督

监督要点	监督依据
气体绝缘电压互感器应满足如下要求： （1）气体绝缘互感器的防爆装置应采用防止积水、冻胀的结构，防爆膜应采用抗老化、耐锈蚀的材料。 （2）SF_6 密度继电器与互感器设备本体之间的连接方式应满足不拆卸校验密度继电器的要求，户外安装应加装防雨罩。 （3）气体绝缘互感器应设置安装时的专用吊点并有明显标识	《国家电网有限公司关于印发十八项电网重大反事故措施（修订版）的通知》（国家电网设备〔2018〕979 号）中 "11.2.1.3 气体绝缘互感器的防爆装置应采用防止积水、冻胀的结构，防爆膜应采用抗老化、耐锈蚀的材料。11.2.1.4 SF_6 密度继电器与互感器设备本体之间的连接方式应满足不拆卸校验密度继电器的要求，户外安装应加装防雨罩。11.2.1.5 气体绝缘互感器应设置安装时的专用吊点并有明显标识。"

2. 监督项目解析

气体绝缘电压互感器外观及结构是设备制造阶段非常重要的监督项目。

对于气体绝缘电压互感器，防爆装置的要求在设备制造阶段再次明确。对于密度继电器，为运维方便，应满足不拆卸校验要求，且应有防雨措施。为运输、安装方便，气体绝缘互感器应设置专用吊点。

3. 监督要求

开展该项目监督时，可随设备入厂抽检工作的开展，现场见证设备外观、主要组部件配置等情况，应符合相关要求。

4. 整改措施

如未开展入厂抽检工作或监督项目不齐全，应尽快由相关物资部门组织协调开展监督工作；如设备已出厂，应入厂抽检同批次互感器。情节严重时，下发技术监督告（预）警单。

3.3.4.4　设备材质选型（金属）

1. 监督要点及监督依据

设备制造阶段电压互感器设备材质选型（金属）监督要点及监督依据见表 3–148。

表 3–148　　　　　　　设备制造阶段电压互感器设备材质选型（金属）监督

监督要点	监督依据
1. 硅钢片、铝箔等重要原材料应提供材质报告单、出厂试验报告、物理化学等材料性能的分析及合格证；外协材料应配有出厂试验报告。 2. 铝箔表面应平整、干净，铁心应无锈蚀、无毛刺，不应有断片。 3. 绝缘子支撑件应进行 100% 的外观和尺寸检查。电压互感器应无裂纹、缩孔，尺寸应符合图纸	《电网设备金属技术监督导则》（Q/GDW 11717—2017）中 "10.3.1 硅钢片、铝箔等重要原材料应提供材质报告单、出厂试验报告、物理化学等材料性能的分析及合格证；外协材料应配有出厂试验报告。10.3.2 电磁线表面应色泽均匀且光滑，漆包线不应有气泡和漆膜剥落，纸包线、丝包线表面应无损伤，导线截面应符合设计要求。铝箔表面应平整、干净，铁心应无锈蚀、无毛刺，不应有断片。10.3.3 绝缘子支撑件应进行 100% 的外观和尺寸检查。电压互感器应无裂纹、缩孔，尺寸应符合图纸。"

2. 监督项目解析

设备材质选型是设备制造阶段最重要的监督项目。

该条款主要考虑所采购的电压互感器在材质机械性能及防腐性能上的主要技术参数应满足技术规范书中要求，防止因错用部件材质而造成事故隐患。

3. 监督要求

开展该项目监督时，可随设备入厂抽检工作进行现场见证，现场见证设备外观、防腐工艺、设备连接等原材料情况，应符合相关要求，材质报告单、出厂试验报告应符合要求。

4. 整改措施

对于不满足相关标准要求的，应尽快由相关物资部门组织协调整改处理，必要时对不满足要求的部件予以更换。

3.3.5 设备验收阶段

3.3.5.1 交流耐压和局部放电试验

1. 监督要点及监督依据

设备验收阶段电压互感器交流耐压和局部放电试验监督要点及监督依据见表 3-149。

表 3-149 设备验收阶段电压互感器交流耐压和局部放电试验监督

监督要点	监督依据
1. 试验时座架、箱壳（如有）、铁心（如果有专用的接地端子）和所有其他绕组及绕组端的出线端皆应连在一起接地。 2. 局部放电试验数据合格，放电量符合以下要求。 （1）中性点有效接地系统：接地电压互感器，测量电压为 U_m 时，液体浸渍或气体绝缘互感器放电量为10pC，固体绝缘互感器放电量为50pC，测量电压为 $1.2U_m/\sqrt{3}$ 时，液体浸渍或气体绝缘互感器放电量为5pC，固体绝缘互感器放电量为20pC；不接地电压互感器，测量电压为 $1.2U_m$ 时，液体浸渍或气体绝缘互感器放电量为5pC，固体绝缘互感器放电量为20pC。 （2）中性点非有效接地系统：接低电压互感器，测量电压为 $1.2U_m$ 时，液体浸渍或气体绝缘互感器放电量为10pC，固体绝缘互感器放电量为50pC，测量电压为 $1.2U_m/\sqrt{3}$ 时，液体浸渍或气体绝缘互感器放电量为5pC，固体绝缘互感器放电量为20pC；不接地电压互感器，测量电压为 $1.2U_m$ 时，液体浸渍或气体绝缘互感器放电量为5pC，固体绝缘互感器放电量为20pC	1.《互感器试验导则 第2部分：电磁式电压互感器》（GB/T 22071.2—2017）中"6.2.1.2 试验电压应施加在一次绕组各端子与地之间。所有二次绕组端子、座架、箱壳（如果有）、铁心（如果要求接地）皆应连在一起接地。" 2.《互感器 第1部分：通用技术要求》（GB 20840.1—2010）表3

2. 监督项目解析

交流耐压和局部放电试验是设备采购阶段重要的监督项目。

局部放电和耐压试验是检验电压互感器绝缘性能的重要试验，该条款主要针对局部放电和耐压试验的重点要求进行监督。对于不同试验电压等级、不同类型的电压互感器，局部放电试验的放电量有不同的要求，需在监督中引起注意、加强区分。

3. 监督要求

开展该项目监督，现场验收时应检查试验数据是否符合要求。试验报告不完整或试验数据错误的，应要求厂家进行现场补测。若结合设备入厂抽检工作，按照物资抽检比例开展现场见证时，试验方法应正确，试验数据应符合要求。

4. 整改措施

当发现该项目相关监督要点不满足时的整改措施：① 现场检查出厂试验报告，试验报告不完整或试验数据有错误时，物资管理部门应协调厂家进行现场补测；由试验结果确认设备存在缺陷时，物资管理部门须协调厂家退货;② 厂内抽检发现试验方法错误时,现场监督人员应及时纠正;由试验结果确认设备存在缺陷时,物资管理部门应组织抽检人员、厂家技术人员分析原因,维修或更换设备。

3.3.5.2 密封性试验

1. 监督要点及监督依据

设备验收阶段电压互感器密封性试验监督要点及监督依据见表3-150。

表3-150 设备验收阶段电压互感器密封性试验监督

监督要点	监督依据
对于带膨胀器的油浸式互感器,应在未装膨胀器之前,对互感器进行密封性能试验。试验后,将装好膨胀器的产品,按规定时间(一般不少于12h)静放,外观检查是否有渗、漏油现象	《互感器试验导则 第2部分:电磁式电互感器》(GB/T 22071.2—2017)中"6.9.2.3 试验方法:对于带膨胀器的油浸式互感器,应在未装膨胀器之前,对互感器按上述方法进行密封性能试验。试验后,将装好膨胀器的产品,按规定时间(一般不少于12h)静放,外观检查是否有渗、漏油现象。"

2. 监督项目解析

密封性试验是设备验收阶段重要的监督项目之一。

互感器膨胀器的安装工艺是造成渗漏油问题多发的主要因素,密封性试验是检验油浸式互感器密封性能的最主要试验手段。在实际工作中发现部分厂家因赶工期、盲目提高生产效率等原因不按规范开展密封试验甚至完全不开展该项试验,造成后期互感器渗漏油的问题。

3. 监督要求

开展该项目监督,现场验收时应检查试验数据是否符合要求。试验报告不完整或试验数据错误的,应要求厂家进行补测。若结合设备入厂抽检工作,按照物资抽检比例开展现场见证时,试验方法应正确,试验数据应符合要求。

4. 整改措施

当发现该项目相关监督要点不满足时的整改措施:① 现场检查出厂试验报告,试验报告不完整或试验数据有错误时,物资管理部门应协调厂家进行现场补测;由试验结果确认设备存在密封缺陷时,物资管理部门须协调厂家进行维修并经试验合格;② 厂内抽检发现试验方法错误时,现场监督人员应及时纠正;由试验结果确认设备存在密封性缺陷时,物资管理部门应组织抽检人员、厂家技术人员分析原因,维修或更换设备。

3.3.5.3 电容量和介质损耗因数测量

1. 监督要点及监督依据

设备验收阶段电压互感器电容量和介质损耗因数测量监督要点及监督依据见表3-151。

表3-151 设备验收阶段电压互感器电容量和介质损耗因数测量监督

监督要点	监督依据
电磁式电压互感器试验数据合格,符合以下要求: (1)非串级式电压互感器,测量电压为$U_m/\sqrt{3}$时,$\tan\delta\leqslant$0.005; (2)串级式电压互感器,测量电压为10kV时,$\tan\delta\leqslant$0.02;	《互感器 第3部分:电磁式电压互感器的补充技术要求》(GB 20840.3—2013)中"7.3.4 在电压为$U_m/\sqrt{3}$及正常环境温度下,介质损耗因数通常不大于0.005。对于串级式电压互感器而言,不需考核其电容量,且0.005的介质损耗因数($\tan\delta$)的允许值亦不合适,其在10kV测量电压和正常环境温度下的介质损耗因数($\tan\delta$)的允许值通常不大于0.02,其绝缘支架的介质损耗因数($\tan\delta$)的允许值通常不大于0.05。"

2. 监督项目解析

电容量和介质损耗因数测量试验是设备验收阶段非常重要的监督项目，是检验电压互感器绝缘性能的基本试验。

3. 监督要求

开展该项目监督，现场验收时应检查试验数据是否符合要求。试验报告不完整或试验数据有错误应要求厂家进行现场补测。结合设备入厂抽检工作，按照物资抽检比例开展现场见证时，试验方法应正确，试验数据应符合要求。

4. 整改措施

当发现该项目相关监督要点不满足时的整改措施：① 现场检查出厂试验报告，试验报告不完整或试验数据有错误时，物资管理部门应协调厂家进行现场补测；由试验结果确认设备存在绝缘缺陷时，物资管理部门须协调厂家退货；② 厂内抽检发现试验方法错误时，现场监督人员应及时纠正；由试验结果确认设备存在绝缘缺陷时，物资管理部门应组织抽检人员、厂家技术人员分析原因，维修或更换设备。

3.3.5.4 伏安特性试验

1. 监督要点及监督依据

设备验收阶段电压互感器伏安特性试验监督要点及监督依据见表 3-152。

表 3-152　　　　　　　　　设备验收阶段电压互感器伏安特性试验监督

监督要点	监督依据
同批次出厂试验报告与型式试验报告励磁电流值差异应小于 30%	《互感器　第 3 部分：电磁式电压互感器的补充技术要求》（GB 20840.3—2013）中"7.3.301 试验时，电压应施加在二次端子或一次端子上，电压波形应为实际正弦波。施加额定电压及相应于额定电压因数（1.5 或 1.9）下的电压值，测量出对应的励磁电流，其结果与型式试验对应结果的差异应不大于 30%。同一批生产的同型电压互感器，其励磁特性的差异亦应不大于 30%。"

2. 监督项目解析

伏安特性试验是规划可研阶段非常重要的监督项目。

电压互感器伏安特性试验结果是体现互感器性能的重要依据。现场验收中发现部分厂家的产品存在更改配件、生产工艺等现象，励磁电流与型式试验报告存在较大差异且不符合要求，故提出加强出厂试验与型式试验报告的比对。

3. 监督要求

开展该项目监督，现场验收时以查阅资料方式。通过比对同批次产品出厂试验数据的方式，核对相应励磁电流数值离散性，核对差异值是否超过 30%；必要时与型式试验报告数据进行比对。

4. 整改措施

当发现该项目相关监督要点不满足时的整改措施：① 现场检查出厂试验报告，试验报告不完整或试验数据有错误时，物资管理部门应协调厂家进行现场补测；由试验结果确认设备伏安特性不满足要求时，物资管理部门须协调厂家退货；② 厂内抽检发现试验方法错误时，现场监督人员应及时纠正；由试验结果确认设备存在缺陷时，物资管理部门应组织抽检人员、厂家技术人员分析原因，维修或更换设备。

3.3.5.5　铁磁谐振试验

1. 监督要点及监督依据

设备验收阶段电压互感器铁磁谐振试验监督要点及监督依据见表 3－153。

表 3－153　　　　　设备验收阶段电压互感器铁磁谐振试验监督

监督要点	监督依据
电容式电压互感器应选用速饱和电抗器型阻尼器，并应在出厂时进行铁磁谐振试验。对于中性点有效接地系统，一次试验电压 U_p 为 $0.8U_{pr}$、$1.0U_{pr}$、$1.2U_{pr}$ 和 $1.5U_{pr}$；中性点非有效接地系统或中性点绝缘系统，一次试验电压 U_p 为 $0.8U_{pr}$、$1.0U_{pr}$、$1.2U_{pr}$ 和 $1.9U_{pr}$（U_{pr} 为额定一次电压的方均根值）；该试验对于 1000kV 电容式电压互感器在 0.8 倍、1.2 倍额定电压下试验次数不少于 10 次，1.0 倍额定电压下试验次数不少于 10 次，1.5 倍额定电压下试验次数不少于 10 次且铁磁谐振时间不应超过 2s	《国家电网有限公司关于印发十八项电网重大反事故措施（修订版）的通知》（国家电网设备〔2018〕979 号）中"11.1.1.9 电容式电压互感器应选用速饱和电抗器型阻尼器，并应在出厂时进行铁磁谐振试验。" 　《互感器　第 5 部分：电磁式电压互感器的补充技术要求》（GB/T 20840.5—2013）第 6.502.2 条中规定：在不超过 $F_v \times U_{pr}$（U_{pr} 为额定一次电压的方均根值）的任一电压下和负荷为 0 至额定负荷之间的任一值时，由开关操作或者由一次或二次端子上暂态现象引起的电容式电压互感器的铁磁谐振应不持续。指定时间 T_F（铁磁谐振振荡时间）之后的最大瞬时误差要求列于表 506a 和表 506b，中性点有效接地系统，一次试验电压 U_p 为 $0.8U_{pr}$、$1.0U_{pr}$、$1.2U_{pr}$ 和 $1.5U_{pr}$；中性点非有效接地系统或中性点绝缘系统，一次试验电压 U_p 为 $0.8U_{pr}$、$1.0U_{pr}$、$1.2U_{pr}$ 和 $1.9U_{pr}$。 　《1000kV 交流系统用电容式电压互感器技术规范》（GB/T 24841—2018）中"5.2.1 铁磁谐振 a）在 0.8 倍、1.0 倍、1.2 倍额定电压且负荷为 0 时，电压互感器二次绕组短路后（短路持续运行时间不小于 0.1s）又突然消除短路，其二次绕组电压峰值在额定频率 10 个周波内恢复到与短路前的正常值相差不大于 10% 的数值。$0.8U_{pr}$、$1.2U_{pr}$ 的电压下试验次数各不少于 10 次，$1.0U_{pr}$ 的电压下试验次数不少于 10 次。b）在 1.5 倍额定电压且负荷为 0 时，电压互感器二次绕组短路后（短路持续运行时间不小于 0.1s）又突然消除短路，其铁磁谐振时间不应超过 2s。试验次数不少于 10 次。"

2. 监督项目解析

铁磁谐振试验是设备验收阶段最重要的监督项目之一。

电压互感器产生铁磁谐振对设备危害较大，而电容式电压互感器在系统带负荷运行后出现铁磁谐振概率较大。因不同接地系统在设备单相接地时产生的短时单相电压不同，规程中对两种不同接地形式的最高试验电压进行了区分，需在监督过程中引起重视。

3. 监督要求

开展该项目监督时，现场查阅资料或随入厂监督时见证出厂试验开展情况是否满足要求，主要检查铁磁谐振试验数据（试验电压、试验次数、试验时间等）是否符合要求。

4. 整改措施

当发现该项目相关监督要点不满足时的整改措施：① 现场检查出厂试验报告，试验报告不完整或试验数据有错误时，物资管理部门应协调厂家进行现场补测；由试验结果确认设备无法满足谐振要求时，物资管理部门须协调厂家退货；② 厂内监督抽检发现试验方法错误时，现场监督人员应及时纠正；由试验结果确认设备无法满足谐振要求时，物资管理部门应组织抽检人员、厂家技术人员分析原因，维修或更换设备。

3.3.5.6　设备本体及组部件

1. 监督要点及监督依据

设备验收阶段电压互感器设备本体及组部件监督要点及监督依据见表 3－154。

表 3 - 154　　　　　　　　设备验收阶段电压互感器设备本体及组部件监督

监督要点	监督依据
1. 油浸式互感器选用带金属膨胀器微正压结构。 2. 电容式电压互感器的中间变压器高压侧不应装设氧化锌避雷器。 3. 互感器的二次引线端子和末屏引出线端子应有防转动措施。接地螺栓直径不小于 8mm，1000kV 电压互感器接地螺栓直径不小于 12mm。 4. 1000kV 电容式电压互感器瓷套外绝缘爬电距离基本要求：当套管平均直径 D <300mm 时，取校正系数 $K = 1$，$D \geqslant$ 300mm 时，取校正系数 $K = 0.0005D +$ 0.85。 5. 油浸式互感器的膨胀器外罩应标注清晰耐久的最高（MAX）、最低（MIN）油位线及 20℃的标准油位线，油位观察窗应选用具有耐老化、透明度高的材料进行制造。油位指示器应采用荧光材料。 6. SF_6 密度继电器与互感器设备本体之间的连接方式应满足不拆卸校验密度继电器的要求，户外安装应加装防雨罩。 7. 气体绝缘互感器应设置安装时的专用吊点并有明显标识	1.《国家电网有限公司关于印发十八项电网重大反事故措施（修订版）的通知》（国家电网设备〔2018〕979 号）中"11.1.1.1 油浸式互感器应选用带金属膨胀期微正压结构。" 2.《国家电网有限公司关于印发十八项电网重大反事故措施（修订版）的通知》（国家电网设备〔2018〕979 号）中"11.1.1.8 电容式电压互感器中间变压器高压侧对地不应装设氧化锌避雷器。" 3.《国家电网有限公司关于印发十八项电网重大反事故措施（修订版）的通知》（国家电网设备〔2018〕979 号）中"11.1.1.7 互感器的二次引线端子和末屏引出线端子应有防转动措施。"《互感器　第 3 部分：电磁式电压互感器的补充技术要求》（GB 20840.3—2013）中"6.5.1 一般要求电压互感器的接地连接处应有直径不小于 8mm 的接地螺栓，或其他供接地线连接用的零件（例如：面积足够大且有连接孔的接地板），且接地连接处应有平整的金属表面，这些接地零件均应有可靠的防锈镀层，或采用不锈钢材料制成。"《1000kV 交流系统用电容式电压互感器技术规范》（GB/T 24841—2018）中"6.1 b）应具有直径不小于 12mm 的接地螺栓。" 4.《1000kV 交流系统用电容式电压互感器技术规范》（GB/T 24841—2018）中"5.2.10 外绝缘要求　当套管平均直径 D <300mm 时，取校正系数 $K = 1$，$D \geqslant$ 300mm 时，取校正系数 $K = 0.0005D + 0.85$。" 5.《国家电网有限公司关于印发十八项电网重大反事故措施（修订版）的通知》（国家电网设备〔2018〕979 号）中"11.1.1.3 油浸式互感器的膨胀器外罩应标注清晰耐久的最高（MAX）、最低（MIN）油位线及 20℃的标准油位线，油位观察窗应选用具有耐老化、透明度高的材料进行制造。油位指示器应采用荧光材料。" 6.《国家电网有限公司关于印发十八项电网重大反事故措施（修订版）的通知》（国家电网设备〔2018〕979 号）中"11.2.1.4 SF_6 密度继电器与互感器设备本体之间的连接方式应满足不拆卸校验密度继电器的要求，户外安装应加装防雨罩。" 7.《国家电网有限公司关于印发十八项电网重大反事故措施（修订版）的通知》（国家电网设备〔2018〕979 号）中"11.2.1.5 气体绝缘互感器应设置安装时的专用吊点并有明显标识。"

2. 监督项目解析

设备本体及组部件是设备验收阶段的比较重要监督项目之一。

为防止环境温度变化造成空气中水分对油介质的影响，要求油浸式电压互感器必须选用带金属膨胀器的微正压结构。在以往对电压互感器现场检查时发现，部分厂家对二次出线端子和接地螺栓选材存在偷工减料现象，给设备运行带来安全隐患；同时，设备投运后一般很少对端子、螺栓类设备进行检修，故需在设备验收时严格把关。监督油位指示装置可以直观方便地考察设备内部是否存在过热缺陷，是设备运行巡视的重要参考信息，因此对油位装置材料提出要求。若在电容式电压互感器的中间变压器高压侧装设氧化锌避雷器，考虑到避雷器长期运行可靠性会降低，容易造成运行中的电压互感器失压，应采用阻尼回路方式解决。对于 1000kV 电容式电压互感器，由于电压高，电场强度密集，因此对瓷套的爬电距离提出更高要求，以防闪络等发生。SF_6 密度继电器应可不拆卸校验，此要求在设备验收阶段再次提出，是对设备投运前质量的一个把关。

3. 监督要求

开展该项目监督时，以现场查检查实物为主，实际检查产品是否符合监督要点要求。

4. 整改措施

现场检查产品不符合该项目监督要点要求时，物资管理部门应协调厂家整改或退货；厂内监督发现产品不符合该项目监督要点要求时，物资管理部门应协调厂家更换相应部件或制订必要检修方案并监督落实。

3.3.5.7　设备运输

1. 监督要点及监督依据

设备验收阶段电压互感器设备运输监督要点及监督依据见表 3 - 155。

表 3－155　　　　　　　　　　　　　　设备验收阶段电压互感器设备运输监督

监督要点	监督依据
气体绝缘互感器：110kV 及以下电压等级互感器应直立安放运输，220kV 及以上电压等级互感器应满足卧倒运输的要求。运输时 110（66）kV 产品每批次超过 10 台时，每车装 10g 冲击加速度振动子 2 个，低于 10 台时每车装 10g 冲击加速度冲击加速度振动子 1 个；220kV 产品每台安装 10g 冲击加速度振动子 1 个；330kV 及以上电压等级每台安装带时标的三维冲击记录仪。到达目的地后检查振动记录装置的记录，若记录数值超过 10g 冲击加速度一次或 10g 振动子落下，则产品应返厂解体检查	《国家电网有限公司关于印发十八项电网重大反事故措施（修订版）的通知》（国家电网设备〔2018〕979 号）中"11.2.2.1 110kV 及以下电压等级互感器应直立安放运输，220kV 及以上电压等级互感器应满足卧倒运输的要求。运输时 110（66）kV 产品每批次超过 10 台时，每车装 10g 冲击加速度振动子 2 个，低于 10 台时每车装 10g 冲击加速度振动子 1 个；220kV 产品每台安装 10g 冲击加速度振动子 1 个；330kV 及以上电压等级每台安装带时标的三维冲击记录仪。到达目的地后检查振动记录装置的记录，若记录数值超过 10g 冲击加速度一次或 10g 振动子落下，则产品应返厂解体检查。"

2. 监督项目解析

设备运输是设备验收阶段最重要的监督项目之一。

设备运输原因造成的电压互感器渗漏、损伤等问题，往往因责任主体不清、处理过程扯皮，对后续工程进度造成影响，也会给电压互感器带来潜在运行隐患，故对运输过程提出冲击记录要求。

因该阶段开展监督工作时设备刚刚运抵现场，不涉及过多技术上的纠纷，故整改措施只针对返厂与否做出结论。需注意三维冲击记录仪的安装方式和冲击限值应满足要求。

对于电压互感器的运输要求,《国家电网有限公司关于印发十八项电网重大反事故措施（修订版）的通知》（国家电网设备〔2018〕979 号）中规定"11.2.2.1 110kV 及以下电压等级气体绝缘互感器应直立安放运输，220kV 及以上电压等级互感器应满足卧倒运输的要求。运输时 110（66）kV 产品每批次超过 10 台时，每车装 10g 冲击加速度振动子 2 个，低于 10 台时每车装 10g 冲击加速度振动子 1 个；220kV 产品每台安装 10g 冲击加速度振动子 1 个；330kV 及以上电压等级每台安装带时标的三维冲击记录仪。到达目的地后检查振动记录装置的记录，若记录数值超过 10g 冲击加速度一次或 10g 振动子落下，则产品应返厂解体检查"，而《输变电工程设备安装质量管理重点措施（试行）》（基建安质〔2014〕38 号）四、配电装置安装质量管理措施中规定"220kV 及以上互感器运输全过程厂家应装设三维冲撞记录仪"，《电力用电流互感器使用技术规范》（DL/T 725—2013）中第 11.3 条 b）规定"电流互感器在运输过程中应无严重振动、颠簸和撞击现象，220kV 及以上产品应卧倒运输，对于 SF$_6$ 气体绝缘电流互感器，应安装振动记录仪，220～330kV 电流互感器一般安装 1 个；500kV、750kV 电流互感器一般安装 2 个，若记录数值超过制造厂允许值，则互感器应返厂检查"。根据《电压互感器全过程技术监督精益化管理实施细则》规定，对气体绝缘互感器的运输要求统一依据《国家电网有限公司关于印发十八项电网重大反事故措施（修订版）的通知》（国家电网设备〔2018〕979 号）规定执行。

3. 监督要求

现场检查三维冲击记录，应满足要求。

4. 整改措施

如气体绝缘互感器冲击记录大于 10g 冲击加速度时，物资管理部门应协调厂家对产品进行返厂解体检查，并根据解体检查情况制订重新供货方案。

3.3.5.8 水扩散设计试验

1. 监督要点及监督依据

设备验收阶段电压互感器水扩散设计试验监督要点及监督依据见表 3-156。

表 3-156 设备验收阶段电压互感器水扩散设计试验监督

监督要点	监督依据
集成光纤后的光纤绝缘子，应提供水扩散设计试验报告	《国家电网有限公司关于印发十八项电网重大反事故措施(修订版)的通知》(国家电网设备〔2018〕979 号)中"11.3.1.5 集成光纤后的光纤绝缘子，应提供水扩散设计试验报告。"

2. 监督项目解析

水扩散设计试验是设备验收阶段重要的监督项目。

集成光纤后的光纤绝缘子，水扩散设计试验是表征其性能的重要数据，应要求提供试验报告。

3. 监督要求

开展该项目监督，现场验收时，对于集成光纤后的光纤绝缘子，应检查是否有水扩散设计试验报告；若没有，应要求厂家提供。

4. 整改措施

当发现该项目相关监督要点不满足时的整改措施：对于集成光纤后的光纤绝缘子，若没有水扩散设计试验报告，应联系物资管理部门协调厂家提供该试验报告。

3.3.5.9 10～35kV 计量用电压互感器的抽样验收试验和全检验收试验（电测）

1. 监督要点及监督依据

设备验收阶段计量用电压互感器的抽样验收试验和全检验收试验（电测）监督要点及监督依据见表 3-157。

表 3-157 设备验收阶段计量用电压互感器的抽样验收试验和全检验收试验（电测）监督

监督要点	监督依据
10～35kV 计量用电压互感器到货后应进行抽样验收试验和全检验收试验，试验项目及试验方法应符合《10kV～35kV 计量用电压互感器技术规范》(Q/GDW 11682—2017) 的要求；实验室参比条件下全检验收基本误差的误差限值为《电力互感器检定规程》(JJG 1021—2007) 中规定的电压互感器误差限值的 60%	《10kV～35kV 计量用电压互感器技术规范》(Q/GDW 11682—2017) 中"7.4.1 按照本标准规定的试验要求和方法开展试验。抽样验收试验项目参见表 6，试验方法参见第 6 章。7.4.2 抽样验收试验在产品到货后开展。7.5.1 全检验收试验按照本标准规定的试验要求和试验方法对到货产品进行 100%验收检验，试验项目参见表 6，试验方法参见第 6 章。全检验收基本误差的误差限值按照本标准表 5 中的误差限值进行验收。"

2. 监督项目解析

《10kV～35kV 计量用电压互感器技术规范》(Q/GDW 11682—2017) 是国家电网有限公司关于计量用电压互感器的专用技术规范，其中明确规定计量用电压互感器应进行抽样验收试验和全检验收试验；实验室参比条件下全检验收基本误差的误差限值为《电力互感器检定规程》(JJG 1021—2007) 中规定的电流互感器误差限值的 60%。

3. 监督要求

开展该项目监督，查阅准确度试验报告时，要重点查看其试验方法是否符合《10kV～35kV 计量用电压互感器技术规范》(Q/GDW 11682—2017) 的要求；特别要注意实验室参比条件下全检验收基本误差的误差限值为《电力互感器检定规程》（JJG 1021—2007）中规定的电流互感器误差限值的 60%。

4. 整改措施

当发现该项目相关监督要点不满足时，建议建设单位协调物资管理部门对电压互感器出厂例行准确度试验进行旁站见证，并要求互感器生产方提供符合要求的出厂试验报告。

3.3.6　设备安装阶段

3.3.6.1　本体及组部件

1. 监督要点及监督依据

设备安装阶段电压互感器本体及组部件监督要点及监督依据见表 3－158。

表 3－158　　　　　　　　　　设备安装阶段电压互感器本体及组部件监督

监督要点	监督依据
1. 互感器应无渗漏，油位、气压、密度应符合产品技术文件的要求。 2. 电压互感器的二次引线端子应有防转动措施。 3. 光电式互感器光纤接头接口螺母应紧固，接线盒进口和穿电缆的保护管应用硅胶封堵。 4. 同组三相互感器极性方向应一致。 5. 均压环安装水平、牢固，且方向正确；安装在环境温度 0℃ 及以下地区的均压环应在最低处打排水孔；具有保护间隙的，应按产品技术文件的要求调好距离。 6. 线夹不应采用铜铝对接过渡线夹；在可能出现冰冻的地区，线径为 400mm² 及以上的、压接孔向上 30°～90° 的压接线夹，应打排水孔。 7. 220kV 及以上电压等级的电容式电压互感器，其各节电容器安装时应按出厂编号及上下顺序进行安装，禁止互换；互感器安装时，应将运输中膨胀器限位支架等临时保护措施拆除，并检查顶部排气塞密封情况	1.《电气装置安装工程　电力变压器、油浸电抗器、互感器施工及验收规范》（GB 50148—2010）中"5.4.1 2 互感器应无渗漏，油位、气压、密度应符合产品技术文件的要求。" 2.《国家电网有限公司关于印发十八项电网重大反事故措施（修订版）的通知》（国家电网设备〔2018〕979 号）中"11.1.1.7 互感器的二次引线端子和末屏引出线端子应有防转动措施。" 3.《直流换流站电气装置安装工程施工及验收规范》（DL/T 5232—2019）中规定：光纤接头连接完成后，应按照产品说明书紧固接口螺母，接线盒进口和穿电缆的保护管应用硅胶封堵，防止潮气进入。" 4.《电气装置安装工程　电力变压器、油浸电抗器、互感器施工及验收规范》（GB 50148—2010）中"5.3.2 并列安装的应排列整齐，同一组互感器的极性方向应一致。" 5.《变电站设备验收规范　第 7 部分：电压互感器》（Q/GDW 11651.7—2016）表 A.5.《电气装置安装工程　电力变压器、油浸电抗器、互感器施工及验收规范》（GB 50148—2010）中"5.3.4 安装在环境温度 0 及以下地区的均压环应在最低处打排水孔。具有保护间隙的，应按产品技术文件的要求调好距离。" 6.《电网设备金属技术监督导则》（Q/GDW 11717—2017）7.3.1 引线安装不得采用铜铝对接过渡线夹。《变电站设备验收规范　第 7 部分：电压互感器》（Q/GDW 11651.7—2016）表 A.5. 7.《国家电网有限公司关于印发十八项电网重大反事故措施（修订版）的通知》（国家电网设备〔2018〕979 号）中"11.1.2.4 220kV 及以上电压等级的电容式电压互感器，其各节电容器安装时应按出厂编号及上下顺序进行安装，禁止互换。11.1.2.5 互感器安装时，应将运输中膨胀器限位支架等临时保护措施拆除，并检查顶部排气塞密封情况。"

2. 监督项目解析

本体及组部件是设备安装阶段非常重要的监督项目。

油浸式互感器中的绝缘油主要起绝缘和散热作用。随着油温的变化，油位也相应出现一定范围的改变，而油温随负荷大小和周围温度的高低变化。油位过高将造成溢油，从产品压力释放点（一般是产品上部的膨胀器）或密封不良部位喷出；油位过低可能导致绝缘性能减弱，造成设备击穿损坏，还可能使散热性能减弱，导致高温损坏设备。

电压互感器的二次引线端子应有防转动措施，以防内部引线扭断。

光纤接头接口螺母不紧固，螺栓和螺母经过冬夏热胀冷缩后松动，都可能造成接头接续不良。光缆接头盒是光缆线路中的重要组件，它对光缆光纤连接的保护和光缆线路的通信质量起着至关重要的作用。大多数光通信故障出现在接头盒上（除去光缆的显见故障如人为施工破坏和自然灾害等外力外），如密封性能差、接头盒进水或潮气，将导致光损耗加大甚至断纤；因此，接线盒进口和穿电缆的保护管应用硅胶封堵，防止潮气进入。

在生产实践中，由互感器极性和接线不正确造成保护装置误动或拒动时有发生。要求同组互感器极性应一致，以防在接线时将极性弄错，造成在继电保护回路上和计量回路中引起保护装置错误动作和不能够正确地进行测量。

电压互感器均压环的主要作用是均压，可将交流高电压均匀分布在物体周围，保证在环形各部位之间没有电位差，从而达到均压及改善电场分布的效果。绝缘子的电压分布与其自身的对地电容量有关，对地电容量大的绝缘子电压分布趋于均匀，反之则不均匀。靠近带电端的电场强度较不均匀，若超过空气的击穿强度，将发生放电。因此，在高电压等级的互感器上应配置均压环，用于改善局部电场的均匀程度，防止局部电场过强形成放电。

3. 监督要求

现场检查设备及相应附件的外观及安装位置是否符合要求。查看成套组件编号，未按要求安装的要整改。检查电容式电压互感器安装记录，应符合规定。

4. 整改措施

发现问题时，应由项目管理单位组织施工单位限期整改，验收合格后的设备才能投入运行。

3.3.6.2　设备接地

1. 监督要点及监督依据

设备安装阶段电压互感器设备接地监督要点及监督依据见表 3-159。

表 3-159　　　　　　　　　　设备安装阶段电压互感器设备接地监督

监督要点	监督依据
电压互感器外壳接地可靠；电容式电压互感器外壳、电容分压器低压端（N）、电磁单元高压侧尾端（X）的接地按制造厂规定	《电气装置安装工程　电力变压器、油浸电抗器、互感器施工及验收规范》（GB 50148—2010）中"5.3.6 1 电容式电压互感器的接地应符合产品技术文件的要求。" 《电气装置安装工程　电力变压器、油浸电抗器、互感器施工及验收规范》（GB 50148—2010）5.3.6 3 中规定，互感器的外壳应可靠接地

2. 监督项目解析

设备接地是设备安装阶段最重要的监督项目。

设备外壳接地属于安全保护接地。保护接地是为防止电气装置的金属外壳带电危及人身和设备安全而进行的接地；就是将正常情况下不带电，而在绝缘材料损坏后或其他情况下可能带电的电器金属部分（即与带电部分相绝缘的金属结构部分）用导线与接地体可靠连接起来的一种保护接线方式，目的是保护人和设备安全。

3. 监督要求

检查各处接地应可靠，架构接地引下线应符合要求。检查电容式电压互感器安装记录，应符合规定。

4. 整改措施

发现保护接地或工作接地出现问题，应由项目管理单位组织施工单位限期整改。验收合格后的设备才能投入运行。

3.3.6.3　保护用二次绕组（保护与控制）

1. 监督要点及监督依据

设备安装阶段电压互感器保护用二次绕组（保护与控制）监督要点及监督依据见表 3－160。

表 3－160　　　　　设备安装阶段电压互感器保护用二次绕组（保护与控制）监督

监督要点	监督依据
1. 双重化配置的两套保护装置的交流电压应分别取自电压互感器互相独立的绕组；电子式互感器内应由两路独立的采样系统进行采集，每路采样系统应采用双 A/D 系统接入 MU，两个采样系统应由不同的电源供电并与相应保护装置使用同一组直流电源。 2. 330kV 及以上和涉及系统稳定的 220kV 新建、扩建或改造的智能变电站采用常规互感器时，应通过二次电缆直接接入保护装置。 3. 电压互感器的二次回路，均必须且只能有一个接地点；经控制室零相小母线（N600）连通的几组电压互感器二次回路，只应在控制室将 N600 一点接地，各电压互感器二次中性点在开关场的接地点应断开。 4. 电压互感器开口三角绕组的引出端之一应一点接地，接地引线及各星形接线的电压互感器二次绕组中性线上不得接有可能断开的开关或熔断器等。 5. 电压互感器二次绕组四根引入线和电压互感器开口三角绕组的两根引入线均应使用各自独立的电缆	1.《国家电网有限公司关于印发十八项电网重大反事故措施（修订版）的通知》（国家电网设备〔2018〕979 号）15.2.2.1。《火力发电厂、变电站二次接线设计技术规程》（DL/T 5136—2012）5.4.12。《智能变电站继电保护技术规范》（Q/GDW 441—2010）6.3.1、6.3.3。 2.《国家电网有限公司关于印发十八项电网重大反事故措施（修订版）的通知》（国家电网设备〔2018〕979 号）15.7.1.3。 3.《国家电网有限公司关于印发十八项电网重大反事故措施（修订版）的通知》（国家电网设备〔2018〕979 号）15.6.4.1。《继电保护和电网安全自动装置检验规程》（DL/T 995—2016）5.3.2.3 b)。 4.《火力发电厂、变电站二次接线设计技术规程》（DL/T 5136—2012）5.4.18。《国家电网有限公司关于印发十八项电网重大反事故措施（修订版）的通知》（国家电网设备〔2018〕979 号）15.6.4.2。 5.《国家电网有限公司关于印发十八项电网重大反事故措施（修订版）的通知》（国家电网设备〔2018〕979 号）15.6.3.2

2. 监督项目解析

保护用二次绕组是设备安装阶段重要的监督项目。

设备安装阶段对电压互感器二次绕组、电子式互感器采样系统、二次绕组接入保护设备的形式、二次绕组接地点以及二次绕组和开口三角绕组引入线提出要求，进行合理化安装、配置。这既是对工程设计阶段监督要点的执行和实施，也为后续的设备调试、竣工验收等阶段的监督工作奠定良好的基础。若安装不合理，待到工程调试、验收阶段再去整改，费时费力，影响工程质量和进度。

3. 监督要求

开展该项目监督时，可查阅工程设计图纸的电气二次部分和各机电保护设备的交流回路部分；仔细查阅电流互感器二次绕组和继电保护设备的配置关系、接入形式、二次回路接地位置以及二次绕组和开口三角绕组引入线。

4. 整改措施

当发现该项目相关监督要点不满足时，应由项目管理部门组织电科院、基建单位、设计单位等制订整改方案，必要时进行设计变更。

3.3.7　设备调试阶段

3.3.7.1　电容式电压互感器检测

1. 监督要点及监督依据

设备调试阶段电容式电压互感器检测监督要点及监督依据见表 3－161。

表 3-161　　　　　　　　　　　设备调试阶段电容式电压互感器检测监督

监督要点	监督依据
1. 电容分压器电容量与额定电容值比较不宜超过 -5%～10%，介质损耗因数 $\tan\delta$ 不应大于 0.2%。 2. 叠装结构电容式电压互感器电磁单元因结构原因不易将中压连线引出时，可不进行电容量和介质损耗因数（$\tan\delta$）的测试，但应进行误差试验。 3. 电容式电压互感器误差试验应在支架（柱）上进行。 4. 1000kV 电容式电压互感器中间变压器各绕组、补偿电抗器及阻尼器的直流电阻均应进行测量，其中中间变压器一次绕组和补偿电抗绕组直流电阻可一并测量	1.《电气装置安装工程　电气设备交接试验标准》（GB 50150—2016）中："10.0.13 1 CVT 电容分压器电容量与额定电容值比较不宜超过 -5%～10%，介质损耗因数 $\tan\delta$ 不应大于 0.2%。" 2.《电气装置安装工程　电气设备交接试验标准》（GB 50150—2016）中："10.0.13 2 叠装结构 CVT 电磁单元因结构原因不易将中压连线引出时，可不进行电容量和介质损耗因数（$\tan\delta$）测试，但应进行误差试验；当误差试验结果不满足误差限值要求时，应断开电磁单元中压连接线，检测电磁单元各部件及电容分压器的电容量和介质损耗因数（$\tan\delta$）。" 3.《电气装置安装工程　电气设备交接试验标准》（GB 50150—2016）中："10.0.13 3 CVT 误差试验应在支架（柱）上进行。" 4.《1000kV 系统电气装置安装工程电气设备交接试验标准》（GB/T 50832—2013）中"5.0.6 中间变压器各绕组、补偿电抗器及阻尼器的直流电阻均应进行测量，其中中间变压器一次绕组和补偿电抗绕组直流电阻可一并测量。"

2. 监督项目解析

电容式电压互感器检测是设备调试阶段重要的监督项目。

测量电压互感器的介质损耗因数，是判断是否存在其绝缘进水受潮、绝缘油受污染、绝缘老化变质等问题的一种有效手段。因此，测量介质损耗因数可以了解电压互感器的绝缘状况，防止绝缘事故的发生。电容屏中存在一个或几个短路时会引起电容量的变化，因此电容量也是一个重要的参数。

对介质损耗试验中所测出的 $\tan\delta$ 值进行判断时，与绝缘电阻和泄漏电流试验的判断相类似，应着重从以下几方面进行。

（1）$\tan\delta$ 值的判断：测得的 $\tan\delta$ 值不应超出有关标准的规定；若有超出，应查明原因，必要时应对被试品进行分解试验，以便查出问题所在，并进行妥善处理。

（2）试验数值的相互比较：将所测得的 $\tan\delta$ 值与被试设备历次所测得的 $\tan\delta$ 值相比较；与其他同类型设备相比较；同一设备各相间比较。即使 $\tan\delta$ 未超出标准规定，但在上述比较中，有明显增大时，同样应加以重视。

（3）测试 $\tan\delta$ 对电压的关系曲线：必要时可通过测量 $\tan\delta$ 与外施电压的关系曲线，即 $\tan\delta=f（U）$ 曲线，观察 $\tan\delta$ 是否随电压上升，用以判断绝缘内部是否有分层、裂缝等缺陷。

（4）应排除温度、湿度、脏污的影响：在对 $\tan\delta$ 进行分析判断时，应充分考虑温度、湿度、脏污的影响，特别是温度。在有关规程标准中，一般都规定了一定温度下的 $\tan\delta$ 标准数值。

3. 监督要求

开展该项目监督，查阅交接试验报告时，可根据工程需要采取抽查方式对该试验进行现场试验见证。电容量和介质损耗因数要与出厂值比较，电磁单元有条件的要进行相关试验。

4. 整改措施

对未进行电容式电压互感器检测的，应由项目管理部门在设备投运前组织补做。

3.3.7.2　电磁式电压互感器的励磁曲线测量

1. 监督要点及监督依据

设备调试阶段电磁式电压互感器的励磁曲线测量监督要点及监督依据见表 3-162。

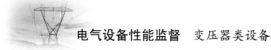

表 3-162　　　　　　设备调试阶段电磁式电压互感器的励磁曲线测量监督

监督要点	监督依据
1. 电磁式电压互感器在交接试验时，应进行空载电流测量。励磁特性的拐点电压应大于 $1.5U_m/\sqrt{3}$（中性点有效接地系统）或 $1.9U_m/\sqrt{3}$（中性点非有效接地系统）。 2. 用于励磁曲线测量的仪表应为方均根值表，当发生测量结果与出厂试验报告和型式试验报告相差大于 30%时，应核对使用的仪表种类是否正确	1.《国家电网有限公司关于印发十八项电网重大反事故措施（修订版）的通知》（国家电网设备〔2018〕979 号）中 "11.1.2.1 电磁式电压互感器在交接试验时，应进行空载电流测量。励磁特性的拐点电压应大于 $1.5U_m/\sqrt{3}$（中性点有效接地系统）或 $1.9U_m/\sqrt{3}$（中性点非有效接地系统）。" 2.《电气装置安装工程 电气设备交接试验标准》（GB 50150—2016）中 "10.0.12 1 用于励磁曲线测量的仪表应为方均根值表，当发生测量结果与出厂试验报告和型式试验报告相差大于 30%时，应核对使用的仪表种类是否正确。"

2. 监督项目解析

电磁式电压互感器的励磁曲线测量是设备调试阶段重要的监督项目之一。

互感器励磁特性试验的目的主要是检查互感器铁心质量，通过磁化曲线的饱和程度判断互感器有无匝间短路。通过电压互感器励磁特性试验，根据铁心励磁特性合理选择配置互感器，避免电压互感器产生铁磁谐振过电压。

3. 监督要求

开展该项目监督，查阅交接试验报告时，可根据工程需要采取抽查方式对该试验进行现场试验见证。应有拐点电压的测量数据，并符合规定。

4. 整改措施

对未进行电磁式电压互感器的励磁曲线测量的，应要求项目管理部门组织补做。励磁曲线与出厂检测结果不应有较大分散性，否则说明所使用的材料、工艺甚至设计和制造发生了较大变动或互感器在运输、安装中发生故障。如果励磁电流偏差太大，特别是成倍偏大，就要考虑是否有匝间绝缘损坏、铁心片间短路或者是铁心松动的可能。

3.3.7.3　电磁式电压互感器交流耐压试验

1. 监督要点及监督依据

设备调试阶段电磁式电压互感器交流耐压试验监督要点及监督依据见表 3-163。

表 3-163　　　　　　设备调试阶段电磁式电压互感器交流耐压试验监督

监督要点	监督依据
1. 一次绕组按出厂试验电压的 80%进行。 2. 二次绕组间及其对箱体（接地）的工频耐压试验电压应为 2kV；电压等级 110kV 及以上的电压互感器接地端（N）对地的工频耐受试验电压应为 2kV，可用 2500V 绝缘电阻表测量绝缘电阻试验替代	《电气装置安装工程 电气设备交接试验标准》（GB 50150—2016）中 "10.0.6 1 应按出厂试验电压的 80%进行。5 二次绕组间及其对箱体（接地）的工频耐压试验电压应为 2kV。6 电压等级 110kV 及以上的电流互感器末屏及电压互感器接地端（N）对地的工频耐受电压应为 2kV，可用 2500V 绝缘电阻表测量绝缘电阻试验替代。"

2. 监督项目解析

电磁式电压互感器交流耐压试验是设备调试阶段非常重要的监督项目。

电压互感器耐压试验的目的主要是考核电压互感器对工频过电压、暂态过电压、操作过电压的承受能力，检测外绝缘和层间及匝间绝缘状况，检测互感器电磁线圈质量不良，如漆皮脱落、绕线时打结等纵绝缘缺陷。分级绝缘电压互感器采用感应耐压试验，由于分级绝缘电压互感器末端绝缘水平很低，一般为 3～5kV 左右，不能与首端承受同一耐压水平。感应耐压试验时电压互感器末端接地，从二次侧施加频率高于工频的试验电压，一次侧感应出相应的试验电压，电压分布情况与运行时相同，且高于运行电压，达到了考核电压互感器纵绝缘的目的。互感器耐压试验后，可结合其他试验，如耐压前后的绝缘电阻测试、绝缘油的色谱分析等测试结果，进行综合判断，以确定被试品是否通过试验。

3. 监督要求

开展该项目监督，查阅交接试验报告时，可根据工程需要采取抽查方式对该试验进行现场试验见证。耐压试验过程应符合要求。良好的电压互感器在耐压试验过程中应无击穿、放电等异常现象，试验前后绝缘电阻、空载电流及（油浸式电压互感器）色谱分析不应有明显变化。

4. 整改措施

对未进行电磁式电压互感器交流耐压试验的，要求项目管理部门组织补做。试验方式不正确的，视情节严重程度，下发技术监督告（预）警单。耐压试验未通过的，要结合其他试验查找原因，由项目管理单位组织进行相应处理，直至通过耐压试验。

3.3.7.4 电磁式电压互感器局部放电

1. 监督要点及监督依据

设备调试阶段电磁式电压互感器局部放电监督要点及监督依据见表3-164。

表3-164　　　　　　　设备调试阶段电磁式电压互感器局部放电监督

监督要点	监督依据
1. 电压等级为35～110kV互感器的局部放电测量可按10%进行抽测。 2. 电压等级220kV及以上互感器在绝缘性能有怀疑时宜进行局部放电测量。 3. 局部放电测量的测量电压及允许的视在放电量水平应满足标准的规定。 （1）≥66kV：测量电压为 $1.2U_m/\sqrt{3}$ 时，环氧树脂及其他干式互感器放电量为50pC，油浸式和气体式互感器放电量为20pC；测量电压为 U_m 时，环氧树脂及其他干式互感器放电量为100pC，油浸式和气体式互感器放电量为50pC。 （2）35kV：全绝缘结构，测量电压为 $1.2U_m$ 时，环氧树脂及其他干式互感器放电量为100pC，油浸式和气体式互感器放电量为50pC；半绝缘结构，测量电压为 $1.2U_m/\sqrt{3}$ 时，环氧树脂及其他干式互感器放电量为50pC，油浸式和气体式互感器放电量为20pC，测量电压为 $1.2U_m$ 时，环氧树脂及其他干式互感器放电量为100pC，油浸式和气体式互感器放电量为50pC	《电气装置安装工程　电气设备交接试验标准》（GB 50150—2016）中："10.0.5 2 电压等级为35kV～110kV互感器的局部放电测量可按10%进行抽测。3 电压等级220kV及以上互感器在绝缘性能有怀疑时宜进行局部放电测量。5 局部放电测量的测量电压及允许的视在放电量水平应按表10.0.5确定。"

2. 监督项目解析

电磁式电压互感器局部放电是设备调试阶段非常重要的监督项目。

局部放电现象是电压互感器绝缘保护被损坏的主要原因之一，局部放电是反映设计、工艺优劣的一个重要指标，它与绝缘结构设计、材质、器身包扎、真空干燥、装配、浸渍注油、总装等密切相关，直接影响产品的运行可靠性和工作寿命。

局部放电可能出现在固体绝缘的空穴中，也可能在液体绝缘的气泡中，或不同介电特性的绝缘层间，或金属表面的边缘尖角部位。通过局部放电测量能及时发现设备内部是否存在局部放电、严重程度及部位，以判断是否需采取处理措施。为预防设备故障，应积极开展电压互感器局部放电试验。

互感器局部放电的因素很多，其主要因素有如下几方面：

（1）器身浸渍效果不良或绝缘包扎松脱起泡，使绝缘纸层间存在油膜或气隙。由于油和空气比油浸纸的介电常数低，在电场作用下承受比油浸纸更高的场强。而空气与油的击穿强度又低于油浸纸，因此当外加电压升到一定值时，会造成空气或油的局部击穿而产生绝缘的局部放电。

（2）对不是真空浸油的产品，或真空浸油时由于工艺影响使变压器油中或器身内部隐藏气泡而又未能脱出时，将产生气泡放电。

（3）产品内部脏污、金属铁屑在油中形成，尖端或搭成"小桥"放电。

（4）绝缘包扎尺寸控制有误，出现局部电场强度过高，尽管工频耐压勉强通过，但放电量却有可能出现较大值。

（5）产品内部金属附件的棱边锐角在绝缘油中产生尖端放电。

3. 监督要求

开展该项目监督，查阅交接试验报告时，可根据工程需要采取抽查方式对该试验进行现场试验见证，试验过程应符合要求；否则，应由项目管理单位组织人员进行整改。

4. 整改措施

对未进行电磁式电压互感器局部放电的，要求项目管理部门组织补做。试验方式不正确的，视情节严重程度，下发技术监督告（预）警单。试验结果未通过的，要查找原因，由项目管理单位组织进行相应处理，直至通过试验。

3.3.7.5 交流耐压试验前后绝缘油油中溶解气体分析（化学）

1. 监督要点及监督依据

设备调试阶段电压互感器交流耐压试验前后绝缘油油中溶解气体分析（化学）监督要点及监督依据见表 3–165。

表 3–165　设备调试阶段电压互感器交流耐压试验前后绝缘油油中溶解气体分析（化学）监督

监督要点	监督依据
110（66）kV 及以上电压等级的油浸式电磁式电压互感器交流耐压试验前后应进行油中溶解气体分析，两次测得值相比不应有明显的差别，油中溶解气体含量应满足（μL/L）：220kV 及以下，$H_2<100$、$C_2H_2<0.1$、总烃<10；330kV 及以上：$H_2<50$、$C_2H_2<0.1$、总烃<10（μL/L）	《电气装置安装工程　电气设备交接试验标准》（GB/T 50150—2016）中"10.0.6 2 电压等级 66kV 及以上的油浸式互感器，交流耐压前后宜各进行一次绝缘油色谱分析。"《变压器油中溶解气体分析和判断导则》（DL/T 722—2014）9.2 中规定，新设备投运前油中溶解气体含量要求（μL/L）：220kV 及以下，$H_2<100$、$C_2H_2<0.1$、总烃<10；330kV 及以上：$H_2<50$、$C_2H_2<0.1$、总烃<10

2. 监督项目解析

交流耐压试验前后绝缘油油中溶解气体分析是设备调试阶段非常重要的监督项目。

油中溶解气体分析可有效地发现设备内部的潜伏性故障或绝缘缺陷，设备调试阶段对其进行检验，可为工程的后续工作奠定基础。油浸式电压互感器属于少油设备，在现场取油量大后需补油，原有补油设备不完善，甚至会造成绝缘性能的下降。目前补油设备已比较完善，可以较为方便进行补油，而油中溶解气体的色谱分析又能及时发现互感器内部的绝缘缺陷，因此应当尽量多地开展。

3. 监督要求

开展该项目监督时，查阅 110（66）kV 及以上电压等级允许取油的电压互感器交流耐压试验前后绝缘油油中溶解气体分析试验报告。根据工程需要进行抽测，试验安排及试验结果应符合标准要求，两次测试值不应有明显差别。

4. 整改措施

当发现该项目相关监督要点不满足时，应由项目管理部门组织调试单位等制订整改方案。如试验欠缺或数据有问题，应由调试单位及时补做或重新检测并查找原因。

3.3.7.6 SF₆气体试验（化学）

1. 监督要点及监督依据

设备调试阶段电压互感器 SF_6 气体试验（化学）监督要点及监督依据见表 3-166。

表 3-166　　　　　　　设备调试阶段电压互感器 SF_6 气体试验（化学）监督

监督要点	监督依据
1. SF_6 气体微水测量应在充气静置 24h 后进行。 2. 投运前、交接时 SF_6 气体湿度（20℃）≤250μL/L，对于 750kV 电压等级，应≤200μL/L。 3. SF_6 气体年泄漏率应≤0.5%	1～2.《电气装置安装工程　电气设备交接试验标准》（GB 50150—2016）中"10.0.7.2 充入 SF_6 气体的互感器，应静放 24h 后取样进行检测，气体水分含量不应大于 250μL/L（20℃ 体积百分数），对于 750kV 电压等级，气体水分含量不应大于 200μL/L。" 3.《六氟化硫电气设备中气体管理和检测导则》（GB/T 8905—2012）10.2 中规定：投运前、交接时 SF_6 气体泄漏≤0.5%/年

2. 监督项目解析

SF_6 气体试验是设备调试阶段非常重要的监督项目。

由于设备内部绝缘部件中析出的水分分布达到平衡需要时间，为保证测试的准确性，故提出条款 1。SF_6 电压互感器内水分与 SF_6 气体分解物生成有毒物质和严重腐蚀设备的酸性物质，SF_6 气体中的水分以水蒸气的形式凝聚在绝缘材料表面，若含量过高，在温度降低时，可能在设备内部的绝缘件和金属部件的表面凝结，降低沿绝缘件表面的电阻并改变其电场分布，大大降低绝缘表面的闪络电压。因此，须严格控制 SF_6 电压互感器内气体的湿度，故提出条款 2。密封性试验是检验 SF_6 电压互感器密封性能的最主要试验手段，SF_6 互感器以气体作为绝缘介质，起提高电气设备绝缘强度的作用。若设备气体泄漏，不仅会污染环境，而且气体压力过低造成绝缘性能降低，容易发生电击穿。同时，产品外部水蒸气往内部渗透，SF_6 气体含水量的增长会进一步危害设备，故提出条款 3。

3. 监督要求

开展该项目监督时，可查阅设备 SF_6 气体调试记录的气体静置时间及交接试验报告。根据工程需要进行现场见证或抽测，SF_6 气体试验前静置时间、测试结果均应符合要求，如不符合应查明原因。

4. 整改措施

当发现该项目相关监督要点不满足时，应由项目管理部门组织调试单位等制订整改方案；如试验缺项或数据有问题，应由调试单位及时补做或重新检测并查找原因。

3.3.7.7 误差试验（电测）

1. 监督要点及监督依据

设备调试阶段电压互感器误差试验（电测）监督要点及监督依据见表 3-167。

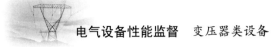

表 3-167　　　　　　设备调试阶段电压互感器误差试验（电测）监督

监督要点	监督依据
1. 关口电能计量用电压互感器的误差试验应由法定计量检定机构进行，应符合计量检定规程要求。 2. 非电子式电压互感器误差交接试验用试验设备应经过有效的技术手段核查、确认其计量性能符合要求（通常这些技术手段包括检定、校准和比对）	1.《电能计量装置技术管理规程》（DL/T 448—2016）7.6.3。《1000kV 电气装置安装工程　电气设备交接试验规程》（Q/GDW 10310—2016）7.10。 2.《电能计量装置技术管理规程》（DL/T 448—2016）8.3 b）

2. 监督项目解析

误差试验是设备调试阶段非常重要的监督项目。

电压互感器作为用于电能贸易结算的计量器具，属于国家规定的强制检定计量器具，其检定依据是国家计量检定规程《电力互感器检定规程》（JJG 1021—2007）。根据《中华人民共和国计量法》的规定，计量检定必须由计量行政部门授权的法定计量检定机构开展。误差试验关系到电压互感器是否可以作为电能计量贸易结算的计量器具，因此关口电能计量用电压互感器的误差试验应由国家计量行政部门授权的法定计量检定机构进行计量检定。根据《中华人民共和国计量法》规定，未经计量检定的计量器具不能用于贸易结算。为了保证试验结果的有效性、准确性和可靠性，试验中使用的试验设备，特别是标准互感器、互感器校验仪和互感器二次负荷等设备，应经过有效地计量性能考核与确认，以保证其在试验中的计量性能满足试验本身的要求。按照国家计量技术规范《计量标准考核规范》（JJF 1033—2016）的规定，计量检定所使用的计量标准应定期量值溯源通过稳定性考核，如果未经有效的计量性能核查与确认，将会导致误差试验结果不可靠，从而造成互感器计量性能存在隐患。

3. 监督要求

开展该项目监督，查阅交接试验报告时，宜采用抽查的方式，对检定证书的合法性、有效性进行检查；误差试验旁站见证时，对误差试验的完整性、规范性进行检查，同时还要对试验中使用的计量标准设备的量值溯源情况进行检查。

4. 整改措施

当发现该项目相关监督要点不满足时，建议建设单位选择有资质的互感器误差试验机构，按照国家计量检定规程的要求开展互感器误差试验。

3.3.7.8　气体密度继电器和压力表检查（热工）

1. 监督要点及监督依据

设备调试阶段气体密度继电器和压力表检查（热工）监督要点及监督依据见表 3-168。

表 3-168　　　　设备调试阶段气体密度继电器和压力表检查（热工）监督

监督要点	监督依据
SF$_6$ 密度继电器与互感器设备本体之间的连接方式应满足不拆卸校验密度继电器的要求，户外安装应加装防雨罩	《国家电网有限公司关于印发十八项电网重大反事故措施（修订版）的通知》（国家电网设备〔2018〕979 号）中"11.2.1.4 SF$_6$ 密度继电器与互感器设备本体之间的连接方式应满足不拆卸校验密度继电器的要求，户外安装应加装防雨罩。"

2. 监督项目解析

气体密度继电器和压力表检查是设备调试阶段重要的监督项目。

3. 监督要求

开展该项目监督时，应查看密度继电器、压力表校验报告及检定证书。

4. 整改措施

当发现该项目相关监督要点不满足时，应由项目管理单位选择有资质的机构开展校验、鉴定工作。

3.3.7.9　二次绕组参数检验（保护与控制）

1. 监督要点及监督依据

设备调试阶段电压互感器二次绕组参数检验（保护与控制）监督要点及监督依据见表 3-169。

表 3-169　　　　　　设备调试阶段电压互感器二次绕组参数检验（保护与控制）监督

监督要点	监督依据
1. 应对电压互感器的类型、变比、容量、二次绕组数量、一次传感器数量（电子式互感器）和准确级进行核对，应符合设计要求。 2. 应对电压互感器各绕组间的极性关系进行测试，对铭牌上的极性标志进行核对；应对互感器各次绕组的连接方式及其极性关系、相别标识进行检查。 3. 用于双重化保护的电子式互感器，其两个采样系统应由不同的电源供电并与相应保护装置使用同一组直流电源。 4. 电压互感器二次回路中性点在端子箱处经放电间隙或氧化锌阀片接地时，其击穿电压峰值应大于 $30 \cdot I_{max}$ V（I_{max} 为电网接地故障时通过变电站的可能最大接地电流有效值，单位为 kA）。 5. 应对电子式电压互感器进行一次通压试验。 6. 电子式互感器传输环节各设备应进行断电试验、光纤进行抽样拔插试验，检验当单套设备故障、失电时，是否导致保护装置误出口。 7. 电子式互感器交接时应在合并单元输出端子处进行误差校准试验，并在投运前应开展隔离开关分/合容性小电流干扰试验	1.《继电保护和电网安全自动装置检验规程》（DL/T 995—2016）5.3.1.2 a）。《火力发电厂、变电站二次接线设计技术规程》（DL/T 5136—2012）5.4.1 3。《电流互感器和电压互感器选择及计算规程》（DL/T 866—2015）11.2.2.1。《电流互感器和电压互感器选择及计算规程》（DL/T 866—2015）13.4.1。 2.《继电保护和电网安全自动装置检验规程》（DL/T 995—2016）5.3.1.2 b）。 3.《智能变电站继电保护技术规范》（Q/GDW 441—2010）6.3.3。 4.《国家电网有限公司关于印发十八项电网重大反事故措施（修订版）的通知》（国家电网设备〔2018〕979 号）15.6.4.2。 5.《智能变电站调试规范》（Q/GDW 689—2012）10.6。 6.《国家电网有限公司关于印发十八项电网重大反事故措施（修订版）的通知》（国家电网设备〔2018〕979 号）11.3.2.1。 7.《国家电网有限公司关于印发十八项电网重大反事故措施（修订版）的通知》（国家电网设备〔2018〕979 号）11.3.2.2、11.3.2.3

2. 监督项目解析

电压互感器二次绕组参数检验是设备调试阶段非常重要的监督项目。

电压互感器的性能参数直接影响继电保护动作行为；设备调试阶段对其进行全面的检验，掌握互感器性能参数的现场实际数据，既对工程前期阶段进行了复核，也为后续的竣工验收、运维检修打下了良好的基础。为防止设备调试阶段对电子式互感器采样系统直流电源和电压互感器二次绕组中性点放电间隙或氧化锌阀片检验的疏漏，故对其检验要求在此单独提出。

3. 监督要求

开展该项目监督时，可查阅调试报告、核对图纸，调试报告中关于电压互感器保护性能的校验应项目齐全、数据准确，相关参数与设计图纸相符。需要特别提醒的是，调试阶段应对电压互感器二次绕组中性点放电间隙或氧化锌阀片进行检验。有条件的情况下，可以对部分试校验项目进行现场监督。

4. 整改措施

当发现该项目相关监督要点不满足时，应由项目管理部门组织工程调试单位、设计单位、监督单位等制订整改方案；如调试报告中项目欠缺或数据有问题，由调试单位及时补做试验或重新校验；如设计图纸不满足要求，则由设计单位出具设计图纸变更。

3.3.8 竣工验收阶段

3.3.8.1 试验报告完整性

1. 监督要点及监督依据

竣工验收阶段电压互感器试验报告完整性监督要点及监督依据见表3-170。

表3-170　　　　　　　　竣工验收阶段电压互感器试验报告完整性监督

监督要点	监督依据
1. 交接试验报告的数量与实际设备应相符，试验项目齐全，并符合标准规程要求。 2. 气体绝缘互感器所配置的密度继电器、压力表等应具有有效的检定证书	1.《电气装置安装工程　电气设备交接试验标准》（GB 50150—2016）10.0.1。《六氟化硫电气设备中气体管理和检测导则》（GB/T 8905—2012）10.2中规定：投运前、交接时 SF_6 气体泄漏≤0.5%/年。 2.《电气装置安装工程　电力变压器、油浸电抗器、互感器施工及验收规范》（GB 50148—2010）中"5.3.1.5 气体密度表、继电器必须经核对性检查合格。"

2. 监督项目解析

试验报告完整性是竣工验收阶段最重要的监督项目。

竣工验收阶段是设备从工程实施部门移交至运行单位投运送电的最后一个技术监督阶段，应确保设备投运前设备资料完整。在实际工作中发现，待设备投运后收集和规范设备资料相对较困难。试验报告核查结果无误是设备投运的必要条件，也为设备投运后状态评价工作和资产全寿命周期管理工作顺利开展奠定基础。

3. 监督要求

开展该项目监督时，可检查出厂试验报告、产品合格证及交接试验报告是否满足相关要求。抽查报告中的设备参数与试验结果，抽查的设备数量不少于总量的20%且不少于3台，当设备总数小于3台时应全部开展监督工作。查阅检定证书，气体绝缘互感器所配置的密度继电器、压力表等应具有有效的检定证书。

4. 整改措施

当发现该项目相关监督要点不满足时，应由基建部门组织完善资料收集，提供缺少的试验报告。试验项目不齐全、试验结果不合格的设备严禁投入运行。

3.3.8.2 设备本体及组部件

1. 监督要点及监督依据

竣工验收阶段电压互感器设备本体及组部件监督要点及监督依据见表3-171。

表 3-171 竣工验收阶段电压互感器设备本体及组部件监督

监督要点	监督依据
1. 安装在环境温度 0℃ 及以下地区的均压环应在最低处打排水孔。 2. 安装牢固，垂直度应符合要求，本体各连接部位应牢固可靠；同一组互感器三相间应排列整齐，极性方向一致。 3. 油浸式互感器的膨胀器外罩应标注清晰耐久的最高（MAX）、最低（MIN）油位线及 20℃ 的标准油位线，油位观察窗应选用具有耐老化、透明度高的材料进行制造。油位指示器应采用荧光材料。 4. SF_6 密度继电器与互感器设备本体之间的连接方式应满足不拆卸校验密度继电器的要求，户外安装应加装防雨罩	1.《电气装置安装工程 电力变压器、油浸电抗器、互感器施工及验收规范》（GB 50148—2010）中"5.3.4 具有均压环的互感器，均压环应安装水平、牢固，且方向正确。安装在环境温度 0℃ 及以下地区的均压环应在最低处打放水孔。具有保护间隙的，应按产品技术文件的要求调好距离。" 2.《变电站设备验收规范 第 7 部分：电压互感器》（Q/GDW 11651.7—2016）表 A.5。 3.《国家电网有限公司关于印发十八项电网重大反事故措施（修订版）的通知》（国家电网设备〔2018〕979 号）中"11.1.1.3 油浸式互感器的膨胀器外罩应标注清晰耐久的最高（MAX）、最低（MIN）油位线及 20℃ 的标准油位线，油位观察窗应选用具有耐老化、透明度高的材料进行制造。油位指示器应采用荧光材料。" 4.《国家电网有限公司关于印发十八项电网重大反事故措施（修订版）的通知》（国家电网设备〔2018〕979 号）中"11.2.1.4 SF_6 密度继电器与互感器设备本体之间的连接方式应满足不拆卸校验密度继电器的要求，户外安装应加装防雨罩。"

2. 监督项目解析

设备本体及组部件是规划可研阶段非常重要的监督项目。

在竣工验收阶段，对设备投运前的收尾工作进行监督检查。随着气温升高和降低，油位指示也在发生变化，应在设备投运前明确最高和最低允许油位指示标志，避免设备夏季溢油、冬季缺油等问题发生，影响设备使用。如厂家未在出厂时进行标注，应在该监督阶段咨询厂家，并在油位指示装置上标注清楚。备用设备也应明确最高和最低允许油位指示标志。SF_6 电压互感器密度继电器防雨罩应安装牢固，能将表计、控制电缆接线端子遮盖，防止继电器受到雨水等影响不能正常工作，导致保护误传信号或误动作。

3. 监督要求

开展该项目监督时，可抽查现场设备，应满足要求。抽查的设备数量不少于总量的 20% 且不少于 3 台，当设备总数小于 3 台时应全部开展监督工作。

4. 整改措施

当发现该项目相关监督要点不满足时，由基建部门组织开展全面排查整改工作，视情节严重程度下发技术监督告（预）警单。

3.3.8.3 设备连接

1. 监督要点及监督依据

竣工验收阶段电压互感器设备连接监督要点及监督依据见表 3-172。

表 3-172 竣工验收阶段电压互感器设备连接监督

监督要点	监督依据
1. 电压互感器的二次引线端子应有防转动措施。 2. 线夹不应采用铜铝对接过渡线夹。 3. 在可能出现冰冻的地区，线径为 400mm² 及以上的、压接孔向上 0°～90° 的压接线夹，应打排水孔	1.《国家电网有限公司关于印发十八项电网重大反事故措施（修订版）的通知》（国家电网设备〔2018〕979 号）中"11.1.1.7 互感器的二次引线端子和末屏引出线端子应有防转动措施。" 2～3.《变电站设备验收规范 第 7 部分：电压互感器》（Q/GDW 11651.7—2016）表 A.5

2. 监督项目解析

设备连接是竣工验收阶段非常重要的监督项目。

在竣工验收阶段，对设备投运前的收尾工作进行检查。对设备连接紧固性进行排查可以发现设备调试阶段拆开设备连接后未有效恢复的问题。使用铜铝对接过渡线夹时，铜铝接触面容易氧化，增加线夹间的接触电阻，容易出现发热缺陷，因此应避免选用该类型线夹。为避免户外软导线压接线夹管内的积水在严寒天气结冰造成线夹胀裂，需要在投运前在压接线夹底部打泄水孔。电压互感器的一次接线端子一般都固定在金属膨胀器上，不能承受较大的电动力。如将电压互感器一次线夹串接入主导流引线，当系统发生故障出现大短路电流时，电动力会直接作用于一次线夹处，损毁电压互感器；可采用 T 接引线连接电压互感器一次端子的方式解决。

3. 监督要求

开展该项目监督时，可抽查现场设备的连接情况。抽查的设备数量不少于总量的 20%且不少于3 台，当设备总数小于 3 台时应全部开展监督工作。

4. 整改措施

当发现该项目相关监督要点不满足时，由基建部门组织开展全面排查整改工作，视情节严重程度，下发技术监督告（预）警单。

3.3.8.4　设备接地

1. 监督要点及监督依据

竣工验收阶段电压互感器设备接地监督要点及监督依据见表 3－173。

表 3－173　　　　　　　　　　竣工验收阶段电压互感器设备接地监督

监督要点	监督依据
电磁式电压互感器一次绕组 N（X）端必须可靠接地。电容式电压互感器的电容分压器低压端子（N、δ、J）必须通过载波回路线圈接地或直接接地	《互感器运行检修导则》（DL/T 727—2013）中"5.1.13 电磁式电压互感器一次绕组 N（X）端必须可靠接地。电容式电压互感器的电容分压器低压端子（N、δ、J）必须通过载波回路线圈接地或直接接地。"

2. 监督项目解析

设备接地是竣工验收阶段非常重要的监督项目。

在竣工验收阶段，对设备投运前的收尾工作进行检查。对设备接地可靠性和正确性进行排查，可以避免设备调试阶段拆开设备接地连接后未有效恢复的问题。

3. 监督要求

开展该项目监督时，可抽查现场设备的接地情况。抽查的设备数量不少于总量的 20%且不少于3 台，当设备总数小于 3 台时应全部开展监督工作。

4. 整改措施

当发现该项目相关监督要点不满足时，由基建部门组织开展全面排查整改工作，视情节严重程度，下发技术监督告（预）警单。缺陷未整改前设备严禁投入运行，待处理并监督合格后方可投运。

3.3.8.5　端子箱

1. 监督要点及监督依据

竣工验收阶段电压互感器端子箱监督要点及监督依据见表 3－174。

表 3－174　　　　　　　　　　竣工验收阶段电压互感器端子箱监督

监督要点	监督依据
1. 箱体内部加热器的位置应与电缆保持一定距离，无烧烫伤可能，加热器接线端子应设置在加热器下方。 2. 每个接地螺栓固定不得超过 2 个接地线鼻（接线耳）	《输变电工程设备安装质量管理重点措施（试行）》（基建安质〔2014〕38 号）中"六、二次系统安装质量管理措施　（一）屏柜箱安装 1. 端子箱箱体应有升高座，确保下有通风口、上有排气孔；箱体内部加热器的位置应与电缆保持一定距离，加热器接线端子应设置在加热器下方。2. 电缆较多的屏柜接地铜排长度及其接地螺孔应适当增加，每个接地螺栓固定不得超过 2 个接地线鼻。"

2. 监督项目解析

端子箱是竣工验收阶段非常重要的监督项目。

在竣工验收阶段，对设备投运前的收尾工作进行检查，避免出现端子箱内加热板工作时引起周围设备、引线等的绝缘老化或烧伤。每个接地螺栓固定超过 2 个接地线鼻时，接地线鼻的紧固与接触情况很难保证长期使用的要求。

3. 监督要求

开展该项目监督时，可检查现场设备的端子箱是否满足要求。抽查的设备数量不少于总量的 20%且不少于 3 台，当设备总数小于 3 台时应全部开展监督工作。

4. 整改措施

当发现该项目相关监督要点不满足时，应由基建部门组织全面排查整改，未整改完毕不得投运。

3.3.8.6　二次绕组性能参数校核（保护与控制）

1. 监督要点及监督依据

竣工验收阶段电压互感器二次绕组性能参数校核（保护与控制）监督要点及监督依据见表 3－175。

表 3－175　　　　竣工验收阶段电压互感器二次绕组性能参数校核（保护与控制）监督

监督要点	监督依据
1. 核对保护使用的二次绕组变比与定值单是否一致，保护使用的二次绕组接线方式、准确度和容量应满足要求。 2. 所有二次绕组极性正确，同一电压等级两段电压互感器零序电压的接线方式一致。 3. 检查二次绕组中性点避雷器工作状态。 4. 双重化保护装置的交流电压应分别取自电压互感器互相独立的绕组。 5. 用于双重化保护的电子式互感器，其两个采样系统应由不同的电源供电并与相应保护装置使用同一组直流电源。 6. 330kV 及以上和涉及系统稳定的 220kV 新建、扩建或改造的智能变电站采用常规互感器时，应通过二次电缆直接接入保护装置	1～3.《继电保护及安全自动装置验收规范》（Q/GDW 1914—2013）表 C.4。 4.《国家电网有限公司关于印发十八项电网重大反事故措施（修订版）的通知》（国家电网设备〔2018〕979 号）15.2.2.1。 5.《智能变电站继电保护技术规范》（Q/GDW 441—2010）6.3.3。 6.《国家电网有限公司关于印发十八项电网重大反事故措施（修订版）的通知》（国家电网设备〔2018〕979 号）15.7.1.3

2. 监督项目解析

电压互感器二次绕组性能参数校核是竣工验收阶段重要的监督项目。

电压互感器二次绕组性能参数直接影响继电保护的可靠性和动作的正确性，竣工验收阶段应对其进行复核。性能参数若不能满足继电保护使用要求，设备不能投运，将影响工程的投产；一旦投运，电网将存在安全隐患。

3. 监督要求

开展该项目监督时，可对照设计图纸、验收记录、定值通知单，逐项核对电压互感器二次绕组性能参数是否满足继电保护使用要求。

4. 整改措施

当发现该项目相关监督要点不满足时，应由项目管理部门组织制订整改方案进行整改，整改完成前设备严禁投入运行。

3.3.8.7　二次回路接地（保护与控制）

1. 监督要点及监督依据

竣工验收阶段电压互感器二次回路接地（保护与控制）监督要点及监督依据见表3–176。

表3–176　　　　　　竣工验收阶段电压互感器二次回路接地（保护与控制）监督

监督要点	监督依据
1. 电压互感器的二次回路，均必须且只能有一个接地点；经控制室零相小母线（N600）连通的几组电压互感器二次回路，只应在控制室将N600一点接地，各电压互感器二次中性点在开关场的接地点将断开。 2. 电压互感器开口三角绕组的引出端之一应一点接地，接地引线与各星形接线的电压互感器二次绕组中性线上不得接有可能断开的开关或熔断器等	1.《国家电网有限公司关于印发十八项电网重大反事故措施（修订版）的通知》（国家电网设备〔2018〕979号）15.6.4.1。《继电保护和电网安全自动装置检验规程》（DL/T 995—2016）5.3.2.3 b）。 2.《火力发电厂、变电站二次接线设计技术规程》（DL/T 5136—2012）5.4.18。《国家电网有限公司关于印发十八项电网重大反事故措施（修订版）的通知》（国家电网设备〔2018〕979号）15.6.4.2

2. 监督项目解析

二次回路接地是竣工验收阶段重要的监督项目。

电压互感器二次回路接地是安全接地，主要是为了保障人身和二次设备安全。为了保证继电保护的可靠性，电压互感器二次回路只能一点接地。在工程投运前对二次回路接地情况进行最后的检查，保证其安全、可靠接地。二次回路接地不可靠或接地线上串接有断开可能的设备，将影响人身和设备安全；二次回路多点接地，将影响继电保护的逻辑判断，导致与电压相关的动作元件的不正确动作。

3. 监督要求

开展该项目监督时，可查阅验收报告（记录）中关于电压互感器二次回路接地情况的记录，并与设计图纸进行核对。有条件的情况下，可对接地情况进行现场核查。

4. 整改措施

当发现该项目相关监督要点不满足时，应由项目部门组织制订整改方案进行整改，整改完成前设备严禁投入运行。

3.3.9　运维检修阶段

3.3.9.1　运行巡视

1. 监督要点及监督依据

运维检修阶段电压互感器运行巡视监督要点及监督依据见表3–177。

表3–177　　　　　　　运维检修阶段电压互感器运行巡视监督

监督要点	监督依据
1. 运行巡视周期应符合相关规定。 2. 巡视项目重点关注：外绝缘表面、各连接引线、二次接线盒、均压环、油位、气体密度值等是否正常	1.《输变电设备状态检修试验规程》（Q/GDW 1168—2013）表13 电磁式电压互感器巡检项目、表16 电容式电压互感器巡检项目。 2.《国家电网公司变电运维管理规定（试行）第7分册 电压互感器运维细则》[国网（运检/3）828—2017] 2 巡视及操作

2. 监督项目解析

运行巡视是运维检修阶段重要的监督项目。

通过运行巡视可以掌握在运电压互感器的基本设备状况，针对有异常的状况可以及时发现，避免隐患的扩大，加强设备安全。

3. 监督要求

开展该项目监督时，可采用查阅资料和现场检查相结合的方式。查阅设备运行巡视记录、巡视周期是否满足规定要求；同时，依据监督要点，现场对设备进行巡视重点项目检查，结果应与巡视记录一致。

4. 整改措施

当发现该项目相关监督要点不满足时，应查明原因，并结合实际情况进行缺陷处理。

3.3.9.2 状态检测

1. 监督要点及监督依据

运维检修阶段电压互感器状态检测监督要点及监督依据见表 3-178。

表 3-178　　　　　　　　　　运维检修阶段电压互感器状态检测监督

监督要点	监督依据
1. 例行试验。 （1）电磁式电压互感器：绝缘电阻、电容量和介质损耗因数、红外热成像检测、油中溶解气体分析（油纸绝缘）检测等例行试验项目齐全，试验周期与结论正确，应符合规程规定。 （2）电容式电压互感器：红外热成像检测、分压电容器试验、二次绕组绝缘电阻等例行试验项目齐全，结论正确，应符合规程规定。 2. 诊断性试验：交流耐压、局部放电、气体密封性检测（SF_6 绝缘）等诊断性试验结论正确，应符合规程规定。 3. 电子式电压互感器应加强在线监测装置光功率显示值及告警信息的监视；更换器件后，应在合并单元输出端子处进行误差校准试验	1.《输变电设备状态检修试验规程》（Q/GDW 1168—2013）表 14　电磁式电压互感器例行试验项目、表 17　电容式电压互感器例行试验项目要求。 2.《输变电设备状态检修试验规程》（Q/GDW 1168—2013）表 15　电磁式电压互感器诊断性试验项目、表 18　电容式电压互感器诊断性试验项目要求。 3.《国家电网有限公司关于印发十八项电网重大反事故措施（修订版）的通知》（国家电网设备〔2018〕979 号）中"11.3.3.1 电子式互感器更换器件后，应在合并单元输出端子处进行误差校准试验。11.3.3.2 电子式互感器应加强在线监测装置光功率显示值及告警信息的监视。"

2. 监督项目解析

状态检测是运维检修阶段最重要的监督项目。

在设备运行期间，为掌握设备电气性能状况，按照《输变电设备状态检修试验规程》（Q/GDW 1168—2013）要求需进行例行试验，必要时进行诊断性试验。试验结论的正确与否直接影响设备的运行情况，因此，例行试验和诊断性试验为掌握在运设备状态的必要手段。

3. 监督要求

开展该项目监督时，采用查阅资料的方式。查阅设备例行试验报告，若有诊断性试验，需查阅诊断性试验报告，试验项目应齐全，结论应正确；检查电子式互感器在线监测报告是否符合要求。

4. 整改措施

当发现该项目相关监督要点不满足时，应查明原因，并由运维检修部门结合实际情况整改。

3.3.9.3 状态评价与检修决策

1. 监督要点及监督依据

运维检修阶段电压互感器状态评价与检修决策监督要点及监督依据见表 3-179。

表 3-179　　　　　　　运维检修阶段电压互感器状态评价与检修决策监督

监督要点	监督依据
1. 状态评价应基于巡检及例行试验、诊断性试验、在线监测、带电检测、家族缺陷、不良工况等状态信息，包括其现象强度、量值大小以及发展趋势，结合与同类设备的比较，作出综合判断。 2. 依据设备状态评价的结果，考虑设备风险因素，动态制订设备的检修策略，合理安排检修计划和内容	1.《输变电设备状态检修试验规程》（Q/GDW 1168—2013）中 "4.3.1 设备状态的评价应该基于巡检及例行试验、诊断性试验、在线监测、带电检测、家族缺陷、不良工况等状态信息，包括其现象强度、量值大小以及发展趋势，结合与同类设备的比较，作出综合判断。" 2.《电磁式电压互感器检修决策导则》（Q/GDW 11243—2014），《电容式电压互感器、耦合电容器检修决策导则》（Q/GDW 11240—2014），《电子式电压互感器检修决策导则》（Q/GDW 11512—2015）中 "3.6 检修决策 依据设备状态评价结果，考虑风险因数，确定检修的类别、内容及时间。"

2. 监督项目解析

状态评价与检修决策是运维检修阶段非常重要的监督项目。

通过状态评价工作，可了解设备状态，并为检修决策的制定提供依据，是状态检修工作中的重要内容。

3. 监督要求

开展该项目监督时，对应 PMS 系统内设备状态信息进行资料检查。

4. 整改措施

当发现该项目相关监督要点不满足时，应查明原因，并结合实际情况整改。

3.3.9.4　故障/缺陷处理

1. 监督要点及监督依据

运维检修阶段电压互感器故障/缺陷处理监督要点及监督依据见表 3-180。

表 3-180　　　　　　　运维检修阶段电压互感器故障/缺陷处理监督

监督要点	监督依据
1. 对运行中设备出现缺陷，根据缺陷管理要求及时消除，并做好缺陷的统计、分析、上报工作。 2. 设备出现下列情况应退出运行：① 油浸式互感器的膨胀器异常伸长顶起上盖。② 电容式电压互感器出现电容单元渗漏油。③ 设备内部出现异音、异味、冒烟或着火。④ 运行中互感器外绝缘有裂纹、沿面放电、局部变色、变形。⑤ 气体绝缘互感器严重漏气导致压力低于报警值。⑥ 本体或引线接头严重过热。⑦ 压力释放装置（防爆片）已冲破。⑧ 电压互感器接地端子 N（X）开路、二次短路，不能消除。⑨ 设备的油化试验或 SF_6 气体试验时主要指标超过规定不能继续运行。⑩ 油浸式电压互感器严重漏油，看不到油位。 3. 运行中的 35kV 及以下电压等级电磁式电压互感器，如发生高压熔断器两相及以上同时熔断或单相多次熔断，应进行检查及试验。 4. 长期微渗的气体绝缘互感器应开展 SF_6 气体微水检测和带电检漏，必要时可缩短检测周期。年漏气率大于 1% 时，应及时处理	1.《电压互感器技术监督导则》（Q/GDW 11081—2013）中 "5.9.4 重点监督内容 设备缺陷管理 对运行中设备出现缺陷，根据缺陷管理要求及时消除，并做好缺陷的统计、分析、上报工作。" 2.《国家电网有限公司关于印发十八项电网重大反事故措施（修订版）的通知》（国家电网设备〔2018〕979号）中 "11.1.3.3 运行中油浸式互感器的膨胀器异常伸长顶起上盖时，应退出运行。11.1.3.4 倒立式电流互感器、电容式电压互感器出现电容单元渗漏油情况时，应退出运行。11.2.3.4 运行中的互感器在巡视检查时如发现外绝缘有裂纹、局部变色、变形，应尽快更换。11.4.3.1 运行中的环氧浇注干式互感器外绝缘如有裂纹、沿面放电、局部变色、变形，应立即更换。11.2.3.1 气体绝缘互感器严重漏气导致压力低于报警值时应立即退出运行。"《国家电网公司变电运维管理规定（试行）第 7 分册 电压互感器运维细则》[国网（运检/3）828—2017] 1.2 紧急申请停运的规定。 3.《国家电网有限公司关于印发十八项电网重大反事故措施（修订版）的通知》（国家电网设备〔2018〕979号）中 "11.4.3.2 运行中的 35kV 及以下电压等级电磁式电压互感器，如发生高压熔断器两相及以上同时熔断或单相多次熔断，应进行检查及试验。" 4.《国家电网有限公司关于印发十八项电网重大反事故措施（修订版）的通知》（国家电网设备〔2018〕979号）中 "11.2.3.2 长期微渗的气体绝缘互感器应开展 SF_6 气体微水检测和带电检漏，必要时可缩短检测周期。年漏气率大于 1% 时，应及时处理。"

2. 监督项目解析

故障/缺陷处理是运维检修阶段非常重要的监督项目。

绝缘油是电压互感器的重要组成部分，起着主要的电气绝缘作用，其性能好坏直接影响电压互感器的电气绝缘水平。当电压互感器内部绝缘油短缺时，会造成设备绝缘性能下降，无法承受过电压冲击而引起设备故障发生。当互感器内绝缘油的体积因温度变化而发生变化时，膨胀器主体容积发生相应的变化，起到体积补偿作用，并保证互感器内油不与空气接触，减少绝缘油的老化，若运行中互感器的膨胀器发生异常伸长并顶起上盖时，说明内部绝缘油发生严重放电或老化情况，应立即退出运行。运行中的 35kV 及以下电压等级电磁式电压互感器，如发生高压熔断器两相及以上同时熔断或单相多次熔断，由于熔断器熔断电流远大于电压互感器一次电流，经过多次过电流的冲击，电压互感器绝缘可能受损，应进行检查及试验，确保互感器设备安全。

此外，设备内部如出现异音、异味、冒烟或着火，外绝缘有裂纹、沿面放电、局部变色、变形，本体或引线接头严重过热，压力释放装置（防爆片）已冲破等情况，均会严重影响设备安全运行，应及时退出。对于气体绝缘互感器，出现气压下降、漏气等缺陷时应及时处理。

3. 监督要求

开展该项目监督时，可通过 PMS 系统或原始记录，查阅设备缺陷记录；对设备进行现场检查，缺陷处理应符合要求。

4. 整改措施

当发现该项目相关监督点不满足时，应查明原因，并由运维检修部门结合实际情况整改。

3.3.9.5 反措落实

1. 监督要点及监督依据

运维检修阶段电压互感器反措落实监督要点及监督依据见表 3–181。

表 3–181　　　　　　　　运维检修阶段电压互感器反措落实监督

监督要点	监督依据
事故抢修的油浸式互感器，应保证绝缘试验前静置时间，其中 500（330）kV 设备静置时间应大于 36h，110（66）～220kV 设备静置时间应大于 24h	《国家电网有限公司关于印发十八项电网重大反事故措施（修订版）的通知》（国家电网设备〔2018〕979 号）中"11.1.3.1 事故抢修的油浸式互感器，应保证绝缘试验前静置时间，其中 500（330）kV 设备静置时间应大于 36h，110（66）～220kV 设备静置时间应大于 24h。"

2. 监督项目解析

反措落实是运维检修阶段重要的监督项目。

油浸式互感器在安装后，由于设备位置变化，内部绝缘油可能会混入空气，降低绝缘油的电气性能。当有高电压作用时，绝缘油内的气泡间隙极易发生放电，影响设备安全；通过一段时间的静置，可以将绝缘油内的空气气泡等杂质去除，进而提高绝缘油的电气绝缘性能，因此提出该要点。

3. 监督要求

开展该项目监督时，核查事故抢修安装的油浸式互感器油的静置时间，查阅 110kV（66kV）及以上电压等级允许取油的电压互感器绝缘油试验报告，报告内容应齐全、准确，符合标准要求。

4. 整改措施

当发现该项目相关监督要点不满足时，应由运维检修单位整改；如试验缺项或数据存在问题，及时补做试验或重新检测并查找原因，并由运维检修部门结合实际情况整改。

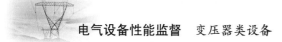

3.3.9.6 互感器受监部件

1. 监督要点及监督依据

运维检修阶段电压互感器受监部件监督要点及监督依据见表 3-182。

表 3-182 运维检修阶段电压互感器受监部件监督

监督要点	监督依据
对互感器受监部件在运行巡视中应进行外观检测,各部件应无锈蚀、开裂、变形、破损等异常情况	《电网设备金属技术监督导则》(Q/GDW 11717—2017)中"10.4.1 对互感器受监部件在运行巡视中应进行外观检测,检测应执行 Q/GDW 11075、DL/T 727 的规定,各部件应无锈蚀、开裂、变形、破损等异常情况。"

2. 监督项目解析

对互感器受监部件在运行巡视中应进行外观检测,各部件应无锈蚀、开裂、变形、破损等异常情况,若有异常会影响设备的安全运行,因此提出该条款内容要求。

3. 监督要求

开展该项目监督时,查阅互感器外观情况,应符合要求。

4. 整改措施

当发现该项目相关监督要点不满足时,应查明原因,并由运维检修部门结合实际情况整改。

3.3.10 退役报废阶段

3.3.10.1 技术鉴定

1. 监督要点及监督依据

退役报废阶段电压互感器技术鉴定监督要点及监督依据见表 3-183。

表 3-183 退役报废阶段电压互感器技术鉴定监督

监督要点	监督依据
1. 电网一次设备进行报废处理,应满足以下条件之一:① 国家规定强制淘汰报废。② 设备厂家无法提供关键零部件供应,无备品备件供应,不能修复,无法使用。③ 运行日久,其主要结构、机件陈旧,损坏严重,经大修、技术改造仍不能满足安全生产要求。④ 退役设备虽然能修复但费用太大,修复后可使用的年限不长,效率不高,在经济上不可行。⑤ 腐蚀严重,继续使用存在事故隐患,且无法修复。⑥ 退役设备无再利用价值或再利用价值小。⑦ 严重污染环境,无法修治。⑧ 技术落后不能满足生产需要。⑨ 存在严重质量问题不能继续运行。⑩ 因运营方式改变全部或部分拆除,且无法再安装使用。⑪ 遭受自然灾害或突发意外事故,导致毁损,无法修复。 2. 互感器满足下列技术条件之一,且无法修复,宜进行报废:① 严重渗漏油、内部受潮,电容量、介质损耗、C_2H_2 含量等关键测试项目不符合 Q/GDW 458、Q/GDW 1168 要求。② 瓷套存在裂纹、复合绝缘伞裙局部缺损。③ 测量误差大,严重影响系统、设备安全。④ 采用 SF_6 绝缘的设备,气体的年泄漏率大于 0.5% 或可控制绝对泄漏率大于 10^{-7}MPa·cm^3/s。⑤ 电容式电压互感器电磁单元或电容单元存在严重缺陷。⑥ 电子式互感器、光电互感器存在严重缺陷或二次规约不具备通用性	1.《电网一次设备报废技术评估导则》(Q/GDW 11772—2017)中"4 通用技术原则 电网一次设备进行报废处理,应满足以下条件之一:a) 国家规定强制淘汰报废。b) 设备厂家无法提供关键零部件供应,无备品备件供应,不能修复,无法使用。c) 运行日久,其主要结构、机件陈旧,损坏严重,经大修、技术改造仍不能满足安全生产要求。d) 退役设备虽然能修复但费用太大,修复后可使用的年限不长,效率不高,在经济上不可行。e) 腐蚀严重,继续使用存在事故隐患,且无法修复。f) 退役设备无再利用价值或再利用价值小。g) 严重污染环境,无法修治。h) 技术落后不能满足生产需要。i) 存在严重质量问题不能继续运行。j) 因运营方式改变全部或部分拆除,且无法再安装使用。k) 遭受自然灾害或突发意外事故,导致毁损,无法修复。" 2.《电网一次设备报废技术评估导则》(Q/GDW 11772—2017)中"5 技术条件 5.7 互感器满足下列技术条件之一,且无法修复,宜进行报废:a) 严重渗漏油、内部受潮,电容量、介质损耗、C_2H_2 含量等关键测试项目不符合 Q/GDW 458、Q/GDW 1168 要求。b) 瓷套存在裂纹、复合绝缘伞裙局部缺损。c) 测量误差大,严重影响系统、设备安全。d) 采用 SF_6 绝缘的设备,气体的年泄漏率大于 0.5% 或可控制绝对泄漏率大于 10^{-7}MPa·cm^3/s。e) 电容式电压互感器电磁单元或电容单元存在严重缺陷。f) 电子式互感器、光电互感器存在严重缺陷或二次规约不具备通用性。"

2. 监督项目解析

技术鉴定是设备退役报废阶段的重要监督项目。

该条款提出了电压互感器报废的技术条件依据，在实际工作中，满足其中任一条件，均可报废处理。

3. 监督要求

开展该项目监督时，查阅电压互感器退役设备评估报告、技术鉴定表等资料，抽查 1 台退役电压互感器。

4. 整改措施

当发现该项目相关监督要点不满足时，应查明原因，并由运维检修部门结合实际情况整改。

3.3.10.2 电能计量用互感器（电测）

1. 监督要点及监督依据

退役报废阶段电能计量用互感器（电测）监督要点及监督依据见表 3-184。

表 3-184　　　　　　　　　　退役报废阶段电能计量用互感器（电测）监督

监督要点	监督依据
发生以下情况，电能计量用电压互感器应予淘汰或报废： (1) 功能或性能上不能满足使用及管理要求的电能计量器具。 (2) 国家或上级明文规定不准使用的电能计量器具	《电能计量装置技术管理规程》（DL/T 448—2016）中 "7.4.4 下列电能计量器具应予淘汰或报废：2) 功能或性能上不能满足使用及管理要求的电能计量器具。3) 国家或上级明文规定不准使用的电能计量器具。"

2. 监督项目解析

该条款提出了电能计量用电压互感器报废的技术条件依据，在实际工作中，满足其中任一条件，均可报废处理。

3. 监督要求

开展该项目监督时，查阅电能计量用互感器的报废相关文件资料的形式，对报废流程及相关资料的完整性、规范性进行检查，应重点检查：① 计量技术检定机构出具的检定结果通知书或校准证书、测试报告；② 国家或上级关于禁止使用相关电能计量器具的规定。

4. 整改措施

当发现该项目相关监督要点不满足时，应查明原因，并由运维检修部门结合实际情况整改。

3.3.10.3 废油废气处置（化学）

1. 监督要点及监督依据

退役报废阶段电压互感器废油废气处置（化学）监督要点及监督依据见表 3-185。

表 3-185　　　　　　　　　　退役报废阶段电压互感器废油废气处置（化学）监督

监督要点	监督依据
退役报废设备中的废油、废气严禁随意向环境中排放，确需在现场处理的，应统一回收、集中处理，并做好处置记录	1.《变压器油维护管理导则》（GB/T 14542—2017）中 "11.5 旧油、废油回收和再生处理记录。" 2.《六氟化硫电气设备中气体管理和检测导则》（GB/T 8905—2012）中 "11.3.1 设备解体前需对气体进行全面分析，以确定其有害成分含量，制定防毒措施。通过气体回收装置将六氟化硫气体全面回收。"

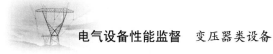

2. 监督项目解析

该条款提出了电压互感器废油、废气的处理要求，应统一回收、集中处理，并做好处置记录。

3. 监督要求

开展该项目监督时，查阅退役报废设备处理记录，废油、废气处置应符合标准要求。

4. 整改措施

当发现该项目相关监督要点不满足时，应查明原因，并由运维检修部门结合实际情况整改。

3.4 干 式 电 抗 器

3.4.1 规划可研阶段

3.4.1.1 容量选择的合理性

1. 监督要点及监督依据

规划可研阶段干式电抗器容量选择的合理性监督要点及监督依据见表 3－186。

表 3－186　　　　　　　　规划可研阶段干式电抗器容量选择的合理性监督

监督要点	监督依据
1. 串联电抗器：串联电抗器的额定电流应等于所连接的并联电容器组的额定电流。 2. 并联电抗器：变电站内装设的并联电抗器组的补偿容量，不宜超过主变压器容量的 30%；对进、出线以电缆为主的 220kV 变电站，可根据电缆长度配置相应的感性无功补偿装置，不宜超过主变压器容量的 20%。 3. 限流电抗器。 （1）普通限流电抗器的额定电流应符合主变压器或馈线回路的最大可能工作电流或满足用户的一级负荷和大部分一级负荷的要求。 （2）分裂限流电抗器的额定电流选择条件：当用于变电站主变压器回路时，应按负载电流大的一臂中通过的最大负载电流选择。当无负荷资料时，可按主变压器额定电流的 70% 选择	《并联电容器装置设计规范》（GB 50227—2017）、《35kV～220kV 变电站无功补偿装置设计技术规定》（DL/T 5242—2010）、《电力系统无功补偿配置技术原则》（Q/GDW 212—2015）、《导体和电器选择设计技术规定》（DL/T 5222—2005）

2. 监督项目解析

设备容量选择是规划可研阶段最重要的监督项目之一。

为满足电力系统使用要求，不同类型的电抗器按照不同使用场合和具体要求进行容量选择。例如，并联电抗器主要依据补偿容量确定电抗器容量，限流电抗器主要依据限流要求选择容量。

3. 监督要求

开展该项目监督时，可采用查阅工程可研报告、电气一次图纸等资料或参加设计评审会等形式。

4. 整改措施

当发现该项目相关监督要点不满足时，应由相关发展部门组织经研院（所）重新核算设备参数并修改可研图纸。

3.4.1.2 断路器保护配置

1. 监督要点及监督依据

规划可研阶段干式电抗器断路器保护配置监督要点及监督依据见表 3－187。

表 3－187　　　　　　　　规划可研阶段干式电抗器断路器保护配置监督

监督要点	监督依据
并联电抗器： （1）并联电抗器回路应装设断路器。 （2）用于保护电抗器的过电压保护装置应设在断路器的并联电抗器侧。为限制断路器开断并联电抗器产生的过电压，应在断路器的非电源侧装设氧化锌避雷器	《35kV～220kV 变电站无功补偿装置设计技术规定》（DL/T 5242—2010）、《交流电气装置的过电压保护和绝缘配合设计规范》（GB/T 50064—2014）

2. 监督项目解析

断路器保护配置是规划可研阶段最重要的监督项目之一。

变电站中的无功补偿装置的二次接线（包括控制、信号、测量）、继电保护和自动投切等的设计，应与变电站其他部分的相应设计统一考虑，必须满足安全可靠、协调配合和便于使用的要求。

3. 监督要求

开展该项目监督时，可采用查阅工程可研报告、电气一次图纸等资料或参加设计评审会等形式。

4. 整改措施

当发现该项目相关监督要点不满足时，应及时修改工程可研报告、电气一次图纸。

3.4.2　工程设计阶段

3.4.2.1　选型与参数设计

1. 监督要点及监督依据

工程设计阶段干式电抗器选型与参数设计监督要点及监督依据见表 3－188。

表 3－188　　　　　　　工程设计阶段干式电抗器选型与参数设计监督

监督要点	监督依据
1. 串联电抗器：根据工程中所选择的电容器装置容量及电抗率确定串联电抗器的容量参数，由电容器的安装位置确定电容器的型式参数；如未采用通用设备，需提供可以采用非通用设备物料批复意见。 2. 并联电抗器：根据通用设备进行选择；如未采用通用设备，需提供可以采用非通用设备物料批复意见	《并联电容器装置设计规范》（GB 50227—2017）、《35kV～220kV 变电站无功补偿装置设计技术规定》（DL/T 5242—2010）、《电力系统无功补偿配置技术原则》（Q/GDW 212—2015）、《导体和电器选择设计技术规定》（DL/T 5222—2005）

2. 监督项目解析

选型与参数设计是工程设计阶段最重要的监督项目之一。

根据经济技术比较结果确定选用设备是一个基本原则。工程设计中一般采用通用设备，否则，需提供可以采用非通用设备物料批复意见。

3. 监督要求

开展该项目监督时，可采用查阅工程设计说明书、设备安装图和说明书等资料的形式。

4. 整改措施

当发现该项目相关监督要点不满足时，应由相关基建部门组织经研院（所）或设计院（所）重新核算设备参数并修改初设图纸。

电气设备性能监督 变压器类设备

3.4.2.2 设备选型的合理性

1. 监督要点及监督依据

工程设计阶段干式电抗器设备选型合理性监督要点及监督依据见表 3-189。

表 3-189   工程设计阶段干式电抗器设备选型合理性监督

监督要点	监督依据
1. 户内型电抗器不能用于户外。如安装地点场地较小，可采用铁心电抗器；在需要防磁场干扰的场所，可采用铁心电抗器；在需要防噪声的场所，可采用空心电抗器、半心电抗器。 2. 串联电抗器： （1）35kV 及以下户外串联电抗器应优先选用干式空心电抗器，当户外现场安装环境受限而无法采用干式空心电抗器时，应选用油浸式电抗器； （2）35kV 及以下户内串联电抗器应选用干式铁心电抗器或油浸式电抗器。 3. 并联电抗器： （1）采用干式空心电抗器或半心并联电抗器，户内布置时采用干式铁心并联电抗器。 （2）非高架安装时，应设置栅栏等一类的安全防护装置	《10kV～66kV 干式电抗器技术标准》［国网（运检 4）625—2005］、《并联电容器装置设计规范》（GB 50227—2017）、《35kV～220kV 变电站无功补偿装置设计技术规定》（DL/T 5242—2010）、《干式电抗器技术监督导则》（Q/GDW 11077—2013）、《国家电网有限公司关于印发十八项电网重大反事故措施（修订版）的通知》（国家电网设备〔2018〕979 号）。 另外，低压并联电抗器和低压串联电抗器的设备选型，可参照《国家电网关于印发电网设备技术标准差异条款统一意见的通知》（国家电网生〔2017〕549 号）执行

2. 监督项目解析

设备选型是工程设计阶段最重要的监督项目之一。

电抗器选型时，应根据安装地点的条件、污秽等级等情况确定选用的型式。户内型电抗器不能用于户外。在安装地点场地较小时，可考虑一般情况下铁心电抗器的尺寸小于半心电抗器、空心电抗器。在需要防磁场干扰的场所，可考虑铁心电抗器的漏磁较小。在需要防噪声的场所，可考虑一般情况下空心电抗器、半心电抗器的噪声小于铁心电抗器。

3. 监督要求

开展该项目监督时，可采用查阅工程设计说明书、设备安装图和说明书等资料的形式。

4. 整改措施

当发现该项目相关监督要点不满足时，应由相关基建部门组织经研院（所）或设计院（所）重新核算设备参数并修改初设图纸。

3.4.2.3 电抗率选择的合理性

1. 监督要点及监督依据

工程设计阶段干式电抗器电抗率选择的合理性监督要点及监督依据见表 3-190。

表 3-190   工程设计阶段干式电抗器电抗率选择的合理性监督

监督要点	监督依据
限流电抗器电抗率选择应满足以下要求。 （1）普通限流电抗器：① 将短路电流限制到要求值；② 正常工作时，电抗器的电压损失不得大于母线额定电压的 5%；③ 当出线电抗器未装设无时限继电保护装置时，应按电抗器后发生短路，母线剩余电压不低于额定值的 60%～70%校验。 （2）分裂限流电抗器：自感电抗百分值，应按将短路电流限制到要求值选择，并按正常工作时分裂电抗器两臂母线电压波动不大于母线额定电压的 5%校验	《导体和电器选择设计技术规定》（DL/T 5222—2005）

2. 监督项目解析

电抗率选择是工程设计阶段最重要的监督项目之一。

串联电抗器的主要作用是抑制谐波和限制涌流。电抗率是串联电抗器的重要参数，电抗率的大小直接关系到电抗器的作用，电抗率的选择就是要根据它的作用来确定，电抗率与多种因素有关。

在正常工作时，经普通电抗器的电压损失不大于 5% 的校验条件，是为了保证电力用户母线电压为额定值而确定的。故对于出线电抗器，不仅在要计及经限流电抗器的电压损失，尚应计及出线上的电压损失。

对于带电抗器的出线，因其断路器的断流容量一般按照在电抗器后短路选择，对电抗器前的短路故障，则由母线保护来切除，故出线保护时间需与母线保护时间相配合，一般装设带时限的过电流保护。为防止高压电动机因低电压误跳闸，电力系统和发电厂厂用电系统不允许长时间低电压运行，必须保证在电抗器后短路时有一定的母线剩余电压，要求母线剩余电压不低于额定值的（60～70）%。这是因为火力发电厂厂用电设计时规定，对成组电动机自启动时，6kV 厂用电母线电压水平，中温中压发电厂为额定电压的（60～65）%，高温高压发电厂为额定电压的（65～70）%。它是相对于厂用电母线额定电压 6.0kV 的百分数。对额定电压为（6.3～10.5）kV 的主母线规定为（60～70）%，要求 6kV 发电机主母线应尽量取上限值 70%，在考虑主母线与厂用电母线之间厂用电抗器的电压损失 5%左右后，仍能满足厂用母线电压的最低要求，从而不致使电动机因电压过低而制动及使其回路跳闸。

3. 监督要求

开展该项目监督时，可采用查阅属地电网规划、工程可研报告电气一次图纸等资料或参加设计评审会等形式。

4. 整改措施

当发现该项目相关监督要点不满足时，应及时修改工程可研报告。

3.4.2.4 接线方式的合理性

1. 监督要点及监督依据

工程设计阶段干式电抗器接线方式的合理性监督要点及监督依据见表 3-191。

表 3-191 工程设计阶段干式电抗器接线方式的合理性监督

监督要点	监督依据
并联电抗器宜采用中性点不接地星形接线方式	《330kV～750kV 变电站无功补偿装置设计技术规定》（DL/T 5014—2010）6.2.2；《35kV～220kV 变电站无功补偿装置设计技术规定》（DL/T 5242—2010）6.3.3

2. 监督项目解析

接线方式的合理性是工程设计阶段重要的监督项目。

3. 监督要求

有此设备的工程需查阅工程设计图、一次系统图等资料，监督并联电抗器接线方式是否符合要求，无此设备的工程，此项不作为扣分项。

4. 整改措施

当发现该项目相关监督要点不满足时，建议相关基建部门组织经研院（所）或设计院（所）结合现场实际进行图纸修改。

3.4.2.5　安装设计

1. 监督要点及监督依据

工程设计阶段干式电抗器安装设计监督要点及监督依据见表 3–192。

表 3–192　　　　　　　　　　　　工程设计阶段干式电抗器安装设计监督

监督要点	监督依据
1. 35～220kV 变电站设备：干式铁心串、并联电抗器，宜采用户内布置方式，布置在户内时，应考虑电抗器的防振动措施。 2. 干式空心串、并联电抗器对金属构件的距离以及形成闭合回路的金属构件的距离，均应满足防电磁感应的要求。 3. 空心串、并联电抗器的围网、围栏在条件许可的情况下宜选用非金属材料。 4. 干式空心串、并联电抗器的板形引接线宜立放布置，电抗器所有组件的零部件宜采用不锈钢螺栓连接。 5. 330～750kV 变电站设备：干式并联电抗器可采用高位或低位"品"字形布置，干式串联电抗器宜高位分相布置。 6. 并联干式电抗器额定电压应满足安装地点系统电压的要求。 7. 户外并联干式电抗器应配置防雨装置。 8. 干式空心串联电抗器应安装在电容器组首端，在系统短路电流大的安装点，设计时应校核其动、热稳定性。 9. 新安装的 35kV 及以上干式空心并联电抗器，产品结构应具有防鸟、防雨功能	《35kV～220kV 变电站无功补偿装置设计技术规定》（DL/T 5242—2010）、《330kV～750kV 变电站无功补偿装置设计技术规定》（DL/T 5014—2010）、《干式电抗器技术监督导则》（Q/GDW 11077—2013）、《国家电网有限公司关于印发十八项电网重大反事故措施（修订版）的通知》（国家电网设备〔2018〕979 号）

2. 监督项目解析

安装设计是工程设计阶段非常重要的监督项目。

由于干式空心电抗器自身特点决定，漏磁较大，处于电抗器四周磁场中的金属部件会产生涡流，将造成金属部件发热，轻者造成电解损耗，重者酿成事故。干式空心电抗器低式布置落地安装时，为保证人员安全，需在其四周设备围栏；如果是金属围栏，应满足防磁范围要求，并不形成环路，有的工程开始用非金属围栏代替金属围栏。空心电抗器下面的支撑件和支柱绝缘子的金属部件采用无磁性材料。

3. 监督要求

开展该项目监督时，可采用查阅一次平面布置图、断面图和设备安装图等资料的形式。

4. 整改措施

当发现该项目相关监督要点不满足时，建议相关基建部门组织经研院（所）或设计院（所）结合现场实际进行图纸修改。

3.4.2.6　接地

1. 监督要点及监督依据

工程设计阶段干式电抗器接地监督要点及监督依据见表 3–193。

表 3-193   工程设计阶段干式电抗器接地监督

监督要点	监督依据
干式空心串、并联电抗器支撑绝缘子接地，应采用放射形或开口环形，并应与主接地网可靠连接	《35kV～220kV 变电站无功补偿装置设计技术规定》（DL/T 5242—2010）8.3.6

2. 监督项目解析

接地是工程设计阶段非常重要的监督项目。

干式空心电抗器由于漏磁较大，处于电抗器四周磁场中的金属部件会产生涡流，将造成金属部件发热，轻者造成电解损耗，重者酿成事故。如果支撑绝缘子的金属底座接地线闭合，将由于电磁感应形成环流，因此要求接地应该采用放射形或开口环形。

3. 监督要求

查阅资料，包括设备安装图、接地平面布置图和留存隐蔽工程影像资料。

4. 整改措施

当发现该项目相关监督要点不满足时，建议相关基建部门组织经研院（所）或设计院（所）结合现场实际进行图纸修改。

3.4.2.7 保护

1. 监督要点及监督依据

工程设计阶段干式电抗器保护监督要点及监督依据见表 3-194。

表 3-194   工程设计阶段干式电抗器保护监督

监督要点	监督依据
并联电抗器保护应满足以下要求： （1）对低压并联电抗器应装设绕组的单相接地和匝间短路保护、绕组及其引出线的相间短路和单相接地短路保护、过负荷保护。 （2）并联电抗器应装设电流速断保护。 （3）并联电抗器应装设过电流保护。 （4）为防止电源电压升高引起并联电抗器过负荷，可装设过负荷保护	《35kV～220kV 变电站无功补偿装置设计技术规定》（DL/T 5242—2010）9.6.1、9.6.3、9.6.4、9.6.5

2. 监督项目解析

保护是工程设计阶段重要的监督项目。

变电站中的无功补偿装置的二次接线（包括控制、信号、测量）、继电保护和自动投切等的设计，应与变电站其他部分的相应设计统一考虑，必须满足安全可靠、协调配合和便于使用的要求。

3. 监督要求

查阅一次系统图和设备安装图，包括施工图说明书或产品说明书等资料。

4. 整改措施

当发现该项目相关监督要点不满足时，建议相关基建部门组织经研院（所）或设计院（所）结合现场实际进行图纸修改。

3.4.3 设备采购阶段

3.4.3.1 设备选型合理性

1. 监督要点及监督依据

设备采购阶段干式电抗器设备选型合理性监督要点及监督依据见表 3-195。

表 3－195　　　　　　　　设备采购阶段干式电抗器设备选型合理性监督

监督要点	监督依据
1. 技术规范书中标准技术参数应齐全，并符合标准参数值或设计要求值，投标人应依据招标文件对标准参数值进行响应。 　2. 组件材料配置应包括元件名称、规格形式参数、单位、数量和产地等信息，投标人应依据招标文件对标准参数值进行响应。 　3. 使用环境条件应符合标准参数值或设计要求值，投标人应依据招标文件对标准参数值进行响应。 　4. 过电压及过电流保护应采用无间隙金属氧化物避雷器或过电压吸收器进行保护，投标人应依据招标文件对标准参数值进行响应。 　5. 采购设备不应存在不满足反措要求、家族缺陷等情况	《10kV～35kV 干式空心限流电抗器采购标准　第 2 部分：10kV 干式空心限流电抗器专用技术规范》（Q/GDW 13064.2—2018）、《10～66kV 干式电抗器技术标准》［国网（运检 4）625—2005］、《国家电网有限公司关于印发十八项电网重大反事故措施（修订版）的通知》（国家电网设备〔2018〕979 号）

　2. 监督项目解析

设备选型是设备采购阶段最重要的监督项目之一。

干式电抗器选型时，应根据安装地点的条件、污秽等级等情况确定选用的型式。干式电抗器的型式和结构选择应优先考虑安全可靠，同时应注意技术是否先进、制造技术及制造厂生产经验、工艺是否成熟、运行业绩是否良好，其技术性能应适应电网现在和将来安全经济运行的需要。上述要求应落实到订货合同中。

　3. 监督要求

查阅干式电抗器技术规范书、中标供应商技术应答书等资料。

　4. 整改措施

当发现该项目相关监督要点不满足时，物资管理部门应协调项目管理、厂家等部门、单位协商解决。

3.4.3.2　电气接口

　1. 监督要点及监督依据

设备采购阶段干式电抗器电气接口监督要点及监督依据见表 3－196。

表 3－196　　　　　　　　　设备采购阶段干式电抗器电气接口监督

监督要点	监督依据
1. 10kV 单相干式空心并联电抗器为户外安装，可采用"一"字形或"品"字形布置，带防雨帽。采用玻璃钢支柱支撑安装。柱高度，按电抗器下面的支柱绝缘子的瓷裙底部距离地面距离不小于 2.5m，如小于 2.5m 需加装围栏。设备引线对地距离需满足安全要求。 　2. 地震烈度在 6 度及以上地区，干式空心并联电抗器采用低式安装方式，电抗器四周应设置围栏，围栏相关尺寸应满足设计标准要求，围栏材质应采用不锈钢；电抗器中心至围栏的距离不得小于 1.1D（D 为电抗器直径）。 　3. 10kV 单相干式空心电抗器：电抗器相与相中心距离不小于 1.7D；电抗器中心对侧面的防磁距离应不小于 1.1D；电抗器顶部及底部应留有适当空间，距离按不小于 0.5D 考虑。 　4. 安装在干式空心并联电抗器防磁范围内的支柱绝缘子，其产品应为非磁性绝缘子；电抗器应带吊环，但运行前将吊环拆除。 　5. 电抗器周围及上下有影响区域内不得有封闭金属环，水泥基础内不得有封闭钢筋。干式空心电抗器下方接地线不应构成闭合回路，围栏采用金属材料时，金属围栏禁止连接成闭合回路，应有明显的隔离断开段，并不应通过接地线构成闭合回路	《10kV 干式空心并联电抗器采购标准　第 1 部分：通用技术规范》（Q/GDW 13055.1—2018）5.3

　2. 监督项目解析

电气接口是设备采购阶段重要的监督项目。

　3. 监督要求

查阅干式电抗器技术规范书、中标供应商技术应答书等资料。

4. 整改措施

当发现该项目相关监督要点不满足时，应及时修改技术规范书。

3.4.3.3 设备试验管理

1. 监督要点及监督依据

设备采购阶段干式电抗器设备试验管理监督要点及监督依据见表 3－197。

表 3－197　　　　　　　　设备采购阶段干式电抗器设备试验管理监督

监督要点	监督依据
1. 合同所供干式空心/铁心并联电抗器应在制造厂进行例行试验，试验应符合有关标准规定。 2. 对所供型式的干式空心/铁心电抗器，应进行标准的型式试验，试验应符合有关国家标准或 IEC 标准。 3. 现场安装完毕后，干式空心/铁心电抗器应接受现场试验：① 外观检查；② 绕组电阻测量；③ 绝缘电阻测量（对地，有条件时测量径向绝缘电阻）；④ 交流耐压试验；⑤ 冲击合闸试验；⑥ 运行中红外测温；⑦ 绝缘子探伤试验；⑧ 匝间耐压试验（330kV 及以上变电站新安装干式空心电抗器交接时具备试验条件应进行）	《10kV 干式空心并联电抗器采购标准　第 1 部分：通用技术规范》（Q/GDW 13055.1—2018）6.1、6.2.1、6.2.2、6.4

2. 监督项目解析

设备试验管理是设备采购阶段技术最重要的监督项目之一。

3. 监督要求

查阅干式电抗器技术规范书、中标供应商技术应答书等资料。

4. 整改措施

当发现该项目相关监督要点不满足时，物资管理部门应协调项目管理、厂家等部门、单位协商解决。

3.4.3.4 安装要求

1. 监督要点及监督依据

设备采购阶段干式电抗器安装要求监督要点及监督依据见表 3－198。

表 3－198　　　　　　　　设备采购阶段干式电抗器安装要求监督

监督要点	监督依据
1. 所有接地、安装和组装用的螺栓、螺母、垫圈和连接件由供货商提供。 2. 电抗器一次接线端子应便于连接设备线夹，并配套提供连接用的螺栓、螺母和垫圈。提供的螺栓、螺母和垫圈应满足防锈、防腐、防磁要求。 3. 电抗器外漏的金属部分应有良好的防腐蚀层，并符合户外防腐电工产品的涂漆标准和相关技术文件的要求。 4. 户外干式空心电抗器应具有良好的绝缘防潮性能：户外式应采用耐气候的绝缘材料	《10kV 干式空心并联电抗器采购标准　第 1 部分：通用技术规范》（Q/GDW 13055.1—2018）7 安装要求、《高压并联电容器用串联电抗器订货技术条件》（DL 462—1992）2.2 质量要求

2. 监督项目解析

安装要求是设备采购阶段非常重要的监督项目。

3. 监督要求

查阅干式电抗器技术规范书、中标供应商技术应答书等资料。

4. 整改措施

当发现该项目相关监督要点不满足时，物资管理部门应协调项目管理、厂家等部门、单位协商解决。

3.4.4 设备制造阶段

3.4.4.1 原材料和外购件

1. 监督要点及监督依据

设备制造阶段干式电抗器原材料和外购件监督要点及监督依据见表 3-199。

表 3-199　　　　　　　　设备制造阶段干式电抗器原材料和外购件监督

监督要点	监督依据
1. 绝缘材料的绝缘耐热等级、允许的温升应满足耐热等级要求。 2. 设备所用电磁线的绝缘、线径、包封应满足额定雷电冲击耐受电压和短时感应或外施耐受电压要求。 3. 电磁线应尽量采用连续线，减少焊接点；线圈的绕制设计应使冲击行波所致的初始电压尽可能均匀分布，以抑制电压振荡及操作过电压。导线采用纯铝材料，导线的电流密度不得大于 1.2A/mm²，绕组间电流密度差值不应超过 5%。 4. 结构件应采用非导磁材料或低导磁材料。 5. 生产原材料和外购件需有检验合格报告并符合相应质量和技术要求	《干式电抗器技术监督导则》（Q/GDW 11077—2013）、《10kV～66kV 干式电抗器技术监督规定》（国家电网生技〔2005〕174 号）、《10kV 干式空心并联电抗器采购标准　第 1 部分：通用技术规范》（Q/GDW 13055.1—2018）、《10kV 干式铁心并联电抗器采购标准　第 1 部分：通用技术规范》（Q/GDW 13056.1—2018）

2. 监督项目解析

原材料和外购件是设备制造阶段最重要的监督项目之一。

设备制造阶段技术监督工作应监督设备制造过程中订货合同和有关技术标准的执行情况。原材料和外购件需有检验合格报告并符合相应质量和技术要求。

3. 监督要求

查阅原材料检验报告及合格证/进货抽查报告或采取抽样试验等形式。

4. 整改措施

如未开展入厂抽检工作或监督项目不齐全，应尽快由相关物资部门组织协调开展监督工作；如设备已出厂，应入厂抽检同批次电抗器。情节严重时，下发技术监督告（预）警单。

3.4.4.2 主要生产检测设备和项目

1. 监督要点及监督依据

设备制造阶段干式电抗器主要生产检测设备和项目监督要点及监督依据见表 3-200。

表 3-200　　　　　　　设备制造阶段干式电抗器主要生产检测设备和项目监督

监督要点	监督依据
1. 主要生产检测设备满足中间及出厂试验项目要求且在送检周期内。 2. 中间及出厂试验项目齐全，产品一次性通过试验。 3. 厂内制造时，应见证如下试验：感应耐压试验、温升试验、脉冲电压法匝间耐压试验	《干式电抗器技术监督导则》（Q/GDW 11077—2013）、《10kV～66kV 干式电抗器技术监督规定》（国家电网生〔2005〕174 号）

2. 监督项目解析

主要生产检测设备和项目是设备制造阶段非常重要的监督项目。

3. 监督要求

查阅检测设备合格证、中间及出厂试验报告或采取现场查看等形式；对于不能满足标准的任何条款，买方有权拒绝这些用以代替规定的试验报告。

4. 整改措施

当发现该项目相关监督要点不满足时，应及时通知生产厂家整改。

3.4.5 设备验收阶段

3.4.5.1 绕组直流电阻测量

1. 监督要点及监督依据

设备验收阶段干式电抗器绕组直流电阻测量监督要点及监督依据见表 3-201。

表 3-201   设备验收阶段干式电抗器绕组直流电阻测量监督

监督要点	监督依据
1. 对于具有分接头的干式电抗器，测量应在各分接头的所有位置上进行。 2. 三相电抗器绕组直流电阻值相间差值不应大于三相平均值的 2%或满足设计要求	《电力变压器　第 6 部分：电抗器》（GB/T 1094.6—2011）

2. 监督项目解析

绕组直流电阻测量是设备验收阶段非常重要的监督项目。

测量绕组直流电阻是一个很重要的试验项目，目的主要有：检查绕组焊接质量；检查绕组或引出线有无折断处；检查层、匝间有无短路的现象；检查并联支路的正确性，是否存在由几条并联导线绕成的绕组发生一处或几处断线的情况。因此，测量绕组的直流电阻一直被认为是考察设备纵绝缘的主要手段之一。

对于绕组直流电阻的要求，不同标准存在以下差异。

（1）《电力变压器　第 6 部分：电抗器》（GB/T 1094.6—2011）第 7.8.2 条规定：出厂（例行）试验参照《电力变压器　第 1 部分：总则》（GB 1094.1—2013）"11.2 绕组电阻测量 11.2.2 干式变压器 测量前，环境温度变化小于 3℃的时间不应低于 3h。用内部温度传感器测得的绕组温度与环境温度之差不应大于 2℃。"标题为干式变压器，但根据 GB 1094.1 1 范围中的介绍，"对于具有相关标准的变压器和电抗器，本部分只适用于被其产品明确提及可互相参考的内容范围，这些产品（标准）包括电抗器（GB/T 1094.6）。"

（2）《国家电网公司变电验收管理规定（试行）　第 10 分册　干式电抗器验收细则》[国网（运检/3）827—2017] A.4 中规定：

1）相间偏差应不大于 2%；

2）电阻不平衡率异常时应确定原因。

（3）《10kV～500kV 输变电设备交接试验规程》（Q/GDW 11447—2015）6.2。

主要差异：GB/T 1094.6 对环境温度和具体测量的温度要求提出具体要求。

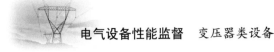

分析解释：国家电网有限公司"五通一措"、国家标准对于直流电阻要求基本一致。

处理意见：建议统一执行三相电抗器绕组直流电阻值相间差值不应大于三相平均值的 2%或满足设计要求，也可参照新颁布的《国家电网公司变电验收管理规定（试行） 第 10 分册 干式电抗器验收细则》[国网（运检/3）827—2017]。

3. 监督要求

查阅出厂试验报告或现场见证。

4. 整改措施

当发现该项目相关监督要点不满足时，交物资部门督促生产厂家整改，运检单位保存记录并跟踪整改情况，重大问题报本单位运检部协调解决。出厂验收不合格产品及整改内容未完成产品出厂后不得进行到货签收。

3.4.5.2 绝缘电阻测试

1. 监督要点及监督依据

设备验收阶段干式电抗器绝缘电阻测试监督要点及监督依据见表 3–202。

表 3–202　　　　　　　　　设备验收阶段干式电抗器绝缘电阻测试监督

监督要点	监督依据
干式铁心电抗器应开展绝缘电阻试验	《电力变压器　第 6 部分：电抗器》（GB/T 1094.6—2011）

2. 监督项目解析

绝缘电阻测试是设备验收阶段非常重要的监督项目。

测量绝缘电阻是一项简便又最常用的试验方法，根据测得的试品在 1min 时的绝缘电阻的大小，可以检测出绝缘是否有贯通的集中性缺陷、整体受潮或贯通性受潮。

对于绝缘电阻的要求不同标准存在以下差异。

（1）《输变电设备状态检修试验规程》（Q/GDW 1168—2013）中第 5.3.1 条规定：① 绝缘电阻无显著下降；② 绝缘电阻≥10 000MΩ。

（2）《10kV～66kV 干式电抗器评价标准（试行）》（国家电网生〔2006〕57 号）中第 5.7 条规定：绝缘电阻不能低于 2500MΩ。

（3）《国家电网公司变电验收管理规定（试行） 第 10 分册 干式电抗器验收细则》[国网（运检/3）827—2017] A.4 中规定：① 用 2500V 绝缘电阻表摇测，绕组绝缘电阻不小于 1000MΩ；② 使用 500V 绝缘电阻表摇测，铁心对夹件及地绝缘电阻不小于 100MΩ。

（4）《10kV～500kV 输变电设备交接试验规程》（Q/GDW 11447—2015）中第 6.1 条规定：绝缘电阻值不低于出厂值的 70%（大于 10 000MΩ 不考虑）。

（5）《现场绝缘试验实施导则绝缘电阻、吸收比和极化指数试验》（DL/T 474.1—2006）中第 6.4 条规定：测量绝缘电阻时，试品温度一般应在 10～40℃之间。

（6）《电力变压器　第 6 部分：电抗器》（GB/T 1094.6—2011）中"7.8.2 应进行下列例行试验 间隙铁心或磁屏蔽空心电抗器绕组对地的绝缘电阻测量。"

绝缘电阻随着温度升高而降低，但目前还没有一个通用的固定换算公式。温度换算系数最好以实测决定。例如正常状态下，当设备自运行中停下，在自行冷却过程中，可在不同温度下测量绝缘电阻值，从而求出其温度换算系数。

主要差异：测量绝缘电阻时是否考虑温度的影响，且对于阻值要求不同。

分析解释：绝缘电阻受温度影响较大，建议进行温度换算。根据 PMS 中历史测量记录（基本均为 100 000MΩ 或 10 000MΩ，参考价值较小），实际中的测量干变的绝缘电阻均非常大（上百 GΩ）。

处理意见：建议在设备验收阶段依据《电力变压器　第 6 部分：电抗器》（GB/T 1094.6—2011），具体试验要求可以参照《输变电设备状态检修试验规程》（Q/GDW 1168—2013）。

3. 监督要求

当发现该项目相关监督要点不满足时，交物资部门督促生产厂家整改，运检单位保存记录并跟踪整改情况，重大问题报本单位运检部协调解决。

4. 整改措施

当发现该项目相关监督要点不满足时，交物资部门督促生产厂家整改，运检单位保存记录并跟踪整改情况，重大问题报本单位运检部协调解决。出厂验收不合格产品及整改内容未完成产品出厂后不得进行到货签收。

3.4.5.3　电抗值测量

1. 监督要点及监督依据

设备验收阶段干式电抗器电抗值测量监督要点及监督依据见表 3-203。

表 3-203　　　　　　　　　设备验收阶段干式电抗器电抗值测量监督

监督要点	监督依据
1. 对于干式并联电抗器，在额定电压和额定频率下测量电抗值与额定电抗值之差不超过±5%。对于三相干式并联电抗器或单相干式并联电抗器组成的三相组，若连接到电压基本对称的系统时，当三个相的电抗偏差都在±5%容许范围内时，每相电抗与三个相电抗平均值间的偏差不应超过±2%。 2. 10～35kV 干式空心限流电抗器每相电抗值不超过三相平均值的±5%；每相电抗值不超额定值的 0～10%。 3. 干式铁心电抗器每相电抗值不超过三相平均值的±4%；干式空心电抗器每相电抗值不超过三相平均值的±2%	《6kV～35kV 级干式并联电抗器技术参数和要求》（JB/T 10775—2007）、《10kV～35kV 干式空心限流电抗器采购标准第 2 部分：10kV 干式空心限流电抗器专用技术规范》（Q/GDW 13064.2—2018）、《10kV～35kV 干式空心限流电抗器采购标准第 3 部分：35kV 干式空心限流电抗器专用技术规范》（Q/GDW 13064.3—2018）

2. 监督项目解析

电抗值测量是设备验收阶段最重要的监督项目之一。

电抗值是干式电抗器的重要参数指标，测量电抗值的目的是检查其变化情况，把测量值与额定值进行比较，可以判定内部接线是否正确或电抗器基本参数是否满足技术要求。

3. 监督要求

查阅出厂试验报告或现场见证。

4. 整改措施

当发现该项目相关监督要点不满足时，交物资部门督促生产厂家整改，运检单位保存记录并跟踪整改情况，重大问题报本单位运检部协调解决。出厂验收不合格产品及整改内容未完成产品出厂后不得进行到货签收。

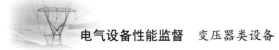

3.4.5.4 损耗测量

1. 监督要点及监督依据

设备验收阶段干式电抗器损耗测量监督要点及监督依据见表 3–204。

表 3–204　　　　　　　　　　设备验收阶段干式电抗器损耗测量监督

监督要点	监督依据

测量损耗应符合下表要求。

额定容量（kvar）	电压等级（kV）	额定电压（kV）	最高工作电压（kV）	三相组联结方式	额定总损耗（75℃）对应 K 值	额定总损耗（75℃）损耗值（kW）	声级水平［dB（A）］声压级	声级水平［dB（A）］声功率级
2000	6	$6/\sqrt{3}$	$7.2/\sqrt{3}$		0.050	15.0	51	69
2500	10				0.049 5	17.5	51	69
（3000）		$6.3/\sqrt{3}$	$12/\sqrt{3}$		0.049	20.0	52	70
3150						20.5	52	70
4000		$10/\sqrt{3}$			0.048	24.0	52	70
5000					0.047	28.0	52	70
6300		$10.5/\sqrt{3}$		Y	0.046	32.5	53	71
8000					0.044	35.0	54	72
10 000		$11/\sqrt{3}$			0.043	43.0	55	73
12 500					0.042	50.0	55	74
（15 000）					0.040	53.0	56	75
16 000						55.5	56	75
3150		$35/\sqrt{3}$			0.051	21.5	53	72
（3340）						22.5	53	72
4000		$38.5/\sqrt{3}$			0.050	25.0	53	72
5000					0.049	29.0	53	72
6300					0.048	34.0	54	73
（6670）						35.5	54	73
8000					0.046	39.0	54	73
10 000	35		$40.5/\sqrt{3}$	Y	0.045	45.0	54	74
12 500					0.044	51.0	55	74
（15 000）					0.042	57.0	56	75
16 000						60.0	56	75
20 000					0.040	65.5	57	76
25 000					0.038	75.5	59	78
31 500					0.036	85.0	61	80
40 000					0.033	93.5	62	81

注：1. 括号内的额定容量为非优先值。
　　2. 总损耗按 $P=K\cdot S^{0.75}$（K 值随容量 S 增加而递减），其他容量下的总损耗可参考本表取值计算。
　　3. 声级水平应以声功率级为准，声压级仅作参考。

监督依据：《6kV～35kV 级干式并联电抗器技术参数和要求》（JB/T 10775—2007）6.5.3

2. 监督项目解析

损耗测量是设备验收阶段非常重要的监督项目。

3. 监督要求

查阅出厂试验报告或现场见证。

4. 整改措施

当发现该项目相关监督要点不满足时，交物资部门督促生产厂家整改，运检单位保存记录并跟踪整改情况，重大问题报本单位运检部协调解决。出厂验收不合格产品及整改内容未完成产品出厂后不得进行到货签收。

3.4.5.5 工频耐压试验

1. 监督要点及监督依据

设备验收阶段干式电抗器工频耐压试验监督要点及监督依据见表 3-205。

表 3-205　　　　　　　　设备验收阶段干式电抗器工频耐压试验监督

监督要点	监督依据
电抗器工频耐压电压值符合下表中的技术要求且耐压试验通过。 表格如下	《国家电网有限公司关于印发电网设备技术标准差异条款统一意见的通知》（国家电网科〔2017〕549 号）

系统标称电压（kV）	设备最高电压（kV）	交流耐受电压（kV）	
		干式铁心电抗器	干式空心电抗器
6	7.2	20	17
10	12	28	24
20	24	44	52
35	40.5	68	80
66	72.5	112	132
110	126	160	220

2. 监督项目解析

工频耐压试验是设备验收阶段最重要的监督项目之一。

交流耐压试验是鉴定电力设备绝缘强度最严格、最有效和最直接的试验方法，特别是对考核主绝缘的局部缺陷，如绕组主绝缘受潮、开裂或者在运输过程中引起的绕组松动、引线距离不够以及绕组绝缘上附着污物等，具有决定性的作用。它对于判断干式电抗器能否继续运行具有决定性的意义，也是保证设备绝缘水平、避免发生绝缘事故的重要手段。

对于绝缘电阻的要求，不同标准存在以下差异：

（1）《电力变压器　第 6 部分：电抗器》（GB/T 1094.6—2011）中"7.8.10.2　对于间隙铁心或磁屏蔽空心电抗器，作为例行试验，参见 GB/T 1094.3—2017 的第 10 章。对于干式空心电抗器作为特殊试验。该类型电抗器通常采用标准支柱式绝缘子或母线支柱绝缘子作为电抗器的支撑和绕组间及对地绝缘以及两个或多个绕组叠装起来时的相间绝缘，所以，试验是对支柱绝缘子的试验，只有特殊要求时才进行。注：如制造方在投标时未特别标明，则认为支柱绝缘子的设计按 IEC 60273 的规定，试验按 IEC 60168 的规定。"

（2）《电力变压器　第 3 部分：绝缘水平、绝缘试验和外绝缘空气间隙》（GB/T 1094.3—2017）表 2 中规定的绕组的试验电压水平（见表 3－206），其中提到的外施耐压基本均为油浸式的电压，未明确干式电抗器。

表 3－206　　　　　　　　　　　　　　绕组的试验电压水平　　　　　　　　　　　　　　　（kV）

系统标称电压（方均根值）	设备最高电压 U_m（方均根值）	雷电全波冲击（LI）（峰值）	雷电截波冲击（LIC）（峰值）	操作冲击（SI）（峰值，相对地）	外施耐压或线端交流耐压（AV）或（LTAC）（方均根值）
—	≤1.1	—	—	—	5
3	3.6	40	45		18
6	7.2	60	65		25
10	12	75	85		35
15	18	105	115		45
20	24	125	140		55
35	40.5	200	220		85
66	72.5	325	360		140
110	126	480	530	395	200
220	252	850	950	650	360
		950	1050	750	395
330	363	1050	1175	850	460
		1175	1300	950	510
500	550	1425	1550	1050	630
		1550	1675	1175	680
750	800	1950	2100	1550	900
1000	1100	2250	2400	1800	1100

注　1. 对于系统标称电压为 750kV 和 1000kV 级的产品，制造方与用户也可结合具体工程的实际情况，协商确定表中规定值以外的其他试验电压水平。

　　2. 如果用户另有要求，则试验电压水平也可按 GB/T 1094.3 E.2 的有关规定选取，但需要在订货合同中注明。

（3）《串联电抗器试验导则》（JB/T 7632—2006）（已于 2017 年 5 月 12 日作废）中 4.6 条（见表 3－207）。

表 3－207　　　　　　　　　　　　1min 工频耐压试验电压　　　　　　　　　　　　　（kV）

系统标称电压	油浸式铁心电抗器	干式空心电抗器	外壳用绝缘台支撑
6	25	32	—
10	35	42	—
35	85	100	35
66	140	165	63

注　此处为出厂试验，现场交接一般按照 0.8 执行，即便如此，依然与 GB 50150 不同，区别之一为干式空心大于油浸铁心（50150 相反），二是电压数据不一致。

（4）《高压并联电容器用串联电抗器》（JB/T 5346—2014）表 6 地面安装的电抗器绝缘水平（见表 3－208）。

表3-208　　　　　　　　　　地面安装的电抗器绝缘水平　　　　　　　　　　（kV）

系统标称电压（方均根值）	额定短时外施耐受电压（干试）（方均根值）			额定雷电冲击耐受电压（峰值）
	油浸式铁心电抗器	干式铁心电抗器	干式空心电抗器	
6	25	25	32	60
10	35	35	42	75
20	55	50	65	125
35	85	70	100	170/200
66	140	—	165	—/325

注　1. 斜线上方的数据适用于干式铁心电抗器。

　　2. 特别区分了干式铁心电抗器。

（5）《6kV～35kV级干式并联电抗器技术参数和要求》（JB/T 10775—2007）中表4 干式铁心并联电抗器绝缘水平和表5 干式空心并联电抗器绝缘水平（见表3-209和表3-210）。

表3-209　　　　　　　　　　干式铁心并联电抗器绝缘水平　　　　　　　　　　（kV）

设备最高电压（方均根值）	额定工频耐受电压（方均根值）	额定雷电冲击耐受电压（峰值）
7.2	25	60
12	35	75
40.5	85	200

表3-210　　　　　　　　　　干式空心并联电抗器绝缘水平　　　　　　　　　　（kV）

设备最高电压（方均根值）	额定工频耐受电压（方均根值）	额定雷电冲击耐受电压（峰值）
7.2	35	60
12	45	75
40.5	100	200

（6）《1000kV变电站110kV并联电容器装置技术规范》（DL/T 1182—2012）定义中界定装置由并联电容器及相应电气配套设备组成，配套设备包括串联电抗器、避雷器等，其中第7.3.1条明确串联电抗器使用干式电抗器。对于表1 绝缘水平中规定系统标称电压110kV，其中工频耐受电压275kV，按照0.8计算为220kV，与JB系统标准基本一致。

（7）《绝缘配合　第1部分：定义、原则和规则》（GB 311.1—2012）表5 各类设备的短时（1min）工频耐受电压（有效值）（见表3-211）。

表3-211　　　　　　　　各类设备的短时（1min）工频耐受电压（有效值）　　　　　　　　（kV）

系统标称电压（有效值）	设备最高电压（有效值）	内绝缘、外绝缘（湿试/干试）				母线支柱绝缘子	
		变压器	并联电抗器	耦合电容器、高压电器类、电压互感器、电流和穿墙套管	高压电力电缆	湿试	干试
1	2	3*	4*	5**	6**	7	8
3	3.6	18	18	18/25	18	18	25

系统标称电压（有效值）	设备最高电压（有效值）	内绝缘、外绝缘（湿试/干试）				母线支柱绝缘子	
		变压器	并联电抗器	耦合电容器、高压电器类、电压互感器、电流和穿墙套管	高压电力电缆	湿试	干试
6	7.2	25	25	23/30		23	32
10	12	30/35	30/35	30/42		30	42
15	18	40/45	40/45	40/55	40/45	40	57
20	24	50/55	50/55	50/65	50/55	50	68
35	40.5	80/85	80/85	80/95	80/85	80	100
66	72.5	140 160	140 160	140 160	140 160	140 160	165 185
110	126	185/200	185/200	185/200	185/200	185	265

　*　该栏斜线上方为外绝缘湿耐受电压，斜线下方为内绝缘和外绝缘干耐受电压。

　**　该栏斜线下方为外绝缘干耐受电压。

　　主要差异：国家标准和企业标准对于不同等级、不同类型的干式电抗器，耐压试验要求存在差异。

　　分析解释：① 20kV 干式铁心耐受电压值从严执行 GB/T 1094.3—2017，未执行 JB/T 5346—2014（未严格区分串联电抗器和并联电抗器）。② 66kV 干式铁心从严执行 GB/T 1094.3—2017 和 GB 311.1—2012，未执行 GB 50150—2016，对于干式空心电抗器，继续严格执行 JB/T 5346—2014。③ 110kV 干式铁心电抗器执行 GB/T 1094.3—2017 和 GB 311.1—2012，对于干式空心电抗器，目前仅查到 DL/T 1182—2012 规定外施耐受为 275kV，但相对 GB 311.1—2012 差距较大。

　　处理意见：建议整体采用 GB/T 1094.6—2011 的要求。

　　1）干式铁心电抗器、干式半心电抗器和磁屏蔽空心电抗器工频耐压电压值符合技术要求且耐压试验通过。一般干式空心电抗器该项为特殊试验，一般对支柱绝缘子进行试验。

　　2）外施交流耐压试验的耐受电压按照表 3-212 执行。

表 3-212　　　　　　　　　　外施交流耐压试验的耐受电压　　　　　　　　　　（kV）

系统标称电压	设备最高电压	交流耐受电压	
		干式铁心电抗器	干式空心电抗器
6	7.2	20	17
10	12	28	24
20	24	44	52
35	40.5	68	80
66	72.5	112	132
110	126	160	220

　注　干式空心电抗器耐受电压普遍高于干式铁心，对于干式半心电抗器，耐受电压可参照干式铁心执行。

　　3. 监督要求

　　查阅出厂试验报告或现场见证。

　　4. 整改措施

　　当发现该项目相关监督要点不满足时，交物资部门督促生产厂家整改，运检单位保存记录并跟踪整改情况，重大问题报本单位运检部协调解决。出厂验收不合格产品及整改内容未完成产品出厂后不得进行到货签收。

3.4.5.6 绕组匝间绝缘试验

1. 监督要点及监督依据

设备验收阶段干式电抗器绕组匝间绝缘试验监督要点及监督依据见表3–213。

表3–213 设备验收阶段干式电抗器绕组匝间绝缘试验监督

监督要点	监督依据
匝间绝缘电压值符合技术要求且电抗器能够承受相应电压，试验合格	《国家电网有限公司关于印发十八项电网重大反事故措施（修订版）的通知》（国家电网设备〔2018〕979号）、《6kV~35kV级干式并联电抗器技术参数和要求》（JB/T 10775—2007）

2. 监督项目解析

绕组匝间绝缘试验是设备验收阶段最重要的监督项目之一。

由于导线的匝间在某种绕组结构型式中，在工频电压下会出现很高的电位差，所以必须对绕组的纵绝缘进行工频电压的试验。

3. 监督要求

查阅出厂试验报告或现场见证。

4. 整改措施

当发现该项目相关监督点不满足时，交物资部门督促生产厂家整改，运检单位保存记录并跟踪整改情况，重大问题报本单位运检部协调解决。出厂验收不合格产品及整改内容未完成产品出厂后不得进行到货签收。

3.4.6 设备安装阶段

3.4.6.1 现场安置

1. 监督要点及监督依据

设备安装阶段干式电抗器现场安置监督要点及监督依据见表3–214。

表3–214 设备安装阶段干式电抗器现场安置监督

监督要点	监督依据
运输或吊装过程中，支柱或线圈不应遭受损伤和变形	《电气装置安装工程 高压电器施工及验收规范》（GB 50147—2010）10.0.3

2. 监督项目解析

现场安置是设备安装阶段重要的技术监督项目。

3. 监督要求

现场查看干式电抗器安置情况。

4. 整改措施

当发现该项目相关监督要点不满足时，验收人员应及时告知项目管理单位、施工单位，提出整改意见，填入隐蔽性工程验收记录，并报送运检部门。

3.4.6.2　围栏安装

1. 监督要点及监督依据

设备安装阶段干式电抗器围栏安装监督要点及监督依据见表3-215。

表3-215　　　　　　　　　　设备安装阶段干式电抗器围栏安装监督

监督要点	监督依据
干式空心电抗器下方接地线不应构成闭合回路，围栏采用金属材料时，金属围栏禁止连接成闭合回路，应有明显的隔离断开段，并不应通过接地线构成闭合回路	《国家电网有限公司关于印发十八项电网重大反事故措施（修订版）的通知》（国家电网设备〔2018〕979号）

2. 监督项目解析

围栏安装是设备安装阶段最重要技术监督项目之一。

干式空心电抗器低式布置落地安装时，为保证人员安全，需在其四周设置围栏。如果是金属围栏，应满足防磁范围要求，并不形成环路。这是由于干式空心电抗器自身特点决定，由于漏磁较大，处于电抗器四周磁场中的金属部件会产生涡流，将造成金属部件发热，轻者造成电解损耗，重者酿成事故，因此要求金属围栏不应构成闭合回路。

3. 监督要求

现场查看金属围栏分布。

4. 整改措施

当发现该项目相关监督要点不满足时，验收人员应及时告知项目管理单位、施工单位，提出整改意见，填入隐蔽性工程验收记录，并报送运检部门。

3.4.6.3　部件安装

1. 监督要点及监督依据

设备安装阶段干式电抗器部件安装监督要点及监督依据见表3-216。

表3-216　　　　　　　　　　设备安装阶段干式电抗器部件安装监督

监督要点	监督依据
1. 干式铁心电抗器的各部位固定应牢靠、螺栓紧固，铁心应一点接地。 2. 空心、半心并联电抗器的中性点联线及线夹截面积应满足容量要求并连接可靠	《电气装置安装工程　高压电器施工及验收规范》（GB 50147—2010）、《干式电抗器技术监督导则》（Q/GDW 11077—2013）

2. 监督项目解析

部件安装是设备安装阶段重要技术监督项目。

部件安装质量对于保证干式电抗器安全运行十分重要。

3. 监督要求

现场查看干式电抗器部件安装及接地情况。

4. 整改措施

当发现该项目相关监督要点不满足时，验收人员应及时告知项目管理单位、施工单位，提出整改意见，填入隐蔽性工程验收记录，并报送运检部门。

3.4.6.4 接地端子安装

1. 监督要点及监督依据

设备安装阶段干式电抗器接地端子安装监督要点及监督依据见表 3−217。

表 3−217　　　　　　　　　　设备安装阶段干式电抗器接地端子安装监督

监督要点	监督依据
1. 设备接地端子与母线的连接符合技术要求。 2. 当其额定电流为 1500A 及以上时，应采用非磁性金属材料制成的螺栓。备注：使用磁性测量仪测量紧固件的磁性	《电气装置安装工程　高压电器施工及验收规范》（GB 50147—2010）中"10.0.14 设备接线端子与母线的连接，应符合现行国家标准《电气装置安装工程　母线装置施工及验收规范》GB 50149 的有关规定。当其额定电流为 1500A 及以上时，应采用非磁性金属材料制成的螺栓。"

2. 监督项目解析

接地端子安装是设备安装阶段重要的技术监督项目。

3. 监督要求

现场查看端子连接或抽样检验螺栓材质等。

4. 整改措施

当发现该项目相关监督点不满足时，验收人员应及时告知项目管理单位、施工单位，提出整改意见，填入隐蔽性工程验收记录，并报送运检部门。

3.4.6.5 接地安装

1. 监督要点及监督依据

设备安装阶段干式电抗器接地安装监督要点及监督依据见表 3−218。

表 3−218　　　　　　　　　　设备安装阶段干式电抗器接地安装监督

监督要点	监督依据
1. 每相单独安装时，每相支柱绝缘子均应接地。 2. 支柱绝缘子的接地线不应构成闭合环路。 3. 接地扁铁镀锌层厚度应符合要求，装置接地与主地网可靠连接	《电气装置安装工程　高压电器施工及验收规范》（GB 50147—2010）、《干式电抗器技术监督导则》（Q/GDW 11077—2013）

2. 监督项目解析

接地安装是设备安装阶段最重要的技术监督项目之一。

干式空心电抗器由于漏磁较大，处于电抗器四周磁场中的金属部件会产生涡流，将造成金属部件发热，轻者造成电解损耗，重者酿成事故。如果支撑绝缘子的金属底座接地线闭合，将由于电磁感应形成环流，因此要求接地应该采用放射形或开口环形。

3. 监督要求

现场查看支柱绝缘子的接地布局、镀锌层厚度等。

4. 整改措施

当发现该项目相关监督点不满足时，验收人员应及时告知项目管理单位、施工单位，提出整改意见，填入隐蔽性工程验收记录，并报送运检部门。

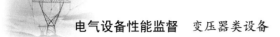

3.4.6.6 本体

1. 监督要点及监督依据

设备安装阶段干式电抗器本体监督要点及监督依据见表 3－219。

表 3－219 设备安装阶段干式电抗器本体监督

监督要点	监督依据
1. 在安装过程中，干式空心电抗器线圈绝缘损伤及导体裸露时，应按产品技术文件的要求进行处理。修补后，进行匝间耐压试验，并通过检测。 2. 干式铁心电抗器户内安装时，应做好防振动措施	《国家电网有限公司关于印发十八项电网重大反事故措施（修订版）的通知》（国家电网设备〔2018〕979 号）、《电气装置安装工程 高压电器施工及验收规范》（GB 50147—2010）

2. 监督项目解析

本体是设备安装阶段最重要的技术监督项目之一。

电容器组中串联的干式空心电抗器安装在电容器组首端，在系统短路电流大的安装点应校核其动稳定性；线圈绝缘良好、匝间耐压试验合格，是防止发生事故、保证安全的重要措施。

3. 监督要求

现场查看绝缘损伤或导体裸露情况，针对修补后干式电抗器查阅其修补后的匝间耐压试验报告。

4. 整改措施

当发现该项目相关监督要点不满足时，验收人员应及时告知项目管理单位、施工单位，提出整改意见，填入隐蔽性工程验收记录，并报送运检部门。

3.4.6.7 接地铜排

1. 监督要点及监督依据

设备安装阶段干式电抗器接地铜排监督要点及监督依据见表 3－220。

表 3－220 设备安装阶段干式电抗器接地铜排监督

监督要点	监督依据
1. 导电率应不低于 96%IACS。 2. 接地铜排外观质量：板、条材表面应清洁，不应有裂缝、起皮、夹杂、气泡、压折、锐角、毛刺、凸边等影响使用的缺陷，端面不应有分层、气孔	《导电用铜板和条》（GB/T 2529—2012）4.6

2. 监督项目解析

接地铜排是设备安装阶段重要的技术监督项目。

3. 监督要求

现场查看接地铜排、板、条材外观，或对板、条材抽样试验，检验导电率。

4. 整改措施

当发现该项目相关监督要点不满足时，验收人员应及时告知项目管理单位、施工单位，提出整改意见，填入隐蔽性工程验收记录，并报送运检部门。

3.4.6.8 基础施工

1. 监督要点及监督依据

设备安装阶段干式电抗器基础施工监督要点及监督依据见表 3－221。

表 3-221　　　　　　　　设备安装阶段干式电抗器基础施工监督

监督要点	监督依据
当运检部门认为有必要时参加隐蔽性工程验收，项目管理单位应在电抗器到货前一周将安装方案、工作计划提交设备运检单位，由设备运检单位审核，并安排相关专业人员进行隐蔽性工程验收。隐蔽性工程验收时，基础开挖重点监督干式空心电抗器基础内部的钢筋，自身没有且不应通过接地线构成闭合回路；基础安装方面重点监督电抗器基础相间中心距误差≤10mm；预留孔中心线误差≤5mm	《电气装置安装工程　高压电器施工及验收规范》（GB 50147—2010）

2. 监督项目解析

基础施工是设备安装阶段最重要的监督项目之一。

干式电抗器隐蔽性工程验收项目包括基础检查、预埋件检查等。

3. 监督要求

现场查看、查阅隐蔽工程留存影像资料。

4. 整改措施

当发现该项目相关监督要点不满足时，验收人员应及时告知项目管理单位、施工单位，提出整改意见，填入隐蔽性工程验收记录，并报送运检部门。

3.4.7　设备调试阶段

3.4.7.1　绕组直流电阻

1. 监督要点及监督依据

设备调试阶段干式电抗器绕组直流电阻监督要点及监督依据见表 3-222。

表 3-222　　　　　　　　设备调试阶段干式电抗器绕组直流电阻监督

监督要点	监督依据
1. 测量应在各分接的所有位置上进行。 2. 三相电抗器绕组直流电阻值相互间差值不应大于三相平均值的 2%。 3. 实测值与出厂值的变化规律应一致。 4. 直流电阻值与同温下产品出厂值比较相应变化不应大于 2%。 5. 对于立式布置的干式空心电抗器绕组直流电阻值，可不进行三相间的比较	《电气装置安装工程　电气设备交接试验标准》（GB 50150—2016）

2. 监督项目解析

绕组直流电阻是设备调试阶段最重要的技术监督项目之一。

测量绕组直流电阻是一个很重要的试验项目，目的主要有：检查绕组焊接质量；检查绕组或引出线有无折断处；检查层、匝间有无短路的现象；检查并联支路的正确性，是否存在由几条并联导线绕成的绕组发生一处或几处断线的情况。因此，测量绕组的直流电阻一直被认为是考察设备纵绝缘的主要手段之一。

对于绕组直流电阻的要求，不同标准存在以下差异。

（1）《电气装置安装工程　电气设备交接试验标准》（GB 50150—2016）第 9.0.3 条规定，测量绕组连同套管的直流电阻，应符合下列规定：① 测量应在各分接的所有位置上进行；② 实测值与出厂值的变化规律应一致；③ 三相电抗器绕组直流电阻值相互间差值不应大于三相平均值的 2%；④ 电抗器和消弧线圈的直流电阻，与同温下产品出厂值比较相应变化不应大于 2%；⑤ 对于立式

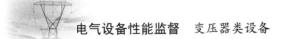

布置的干式空心电抗器绕组直流电阻值，可不进行三相间的比较。

（2）《电力变压器　第6部分：电抗器》（GB/T 1094.6—2011）第7.8.2条规定：出厂（例行）试验参照《电力变压器　第1部分：总则》（GB 1094.1—2013）"11.2　绕组电阻测量 11.2.2 干式变压器 测量前，环境温度变化小于3℃的时间不应低于3h。用内部温度传感器测得的绕组温度与环境温度之差不应大于2℃。"标题为干式变压器，但根据 GB 1094.1 1 范围中的介绍，"对于具有相关标准的变压器和电抗器，本部分只适用于被其产品明确提及可互相参考的内容范围，这些产品（标准）包括电抗器（GB/T 1094.6）。"

（3）《国家电网公司变电验收管理规定（试行）　第10分册　干式电抗器验收细则》[国网（运检/3）827—2017] A.9 中规定：

1）三相电抗器绕组直流电阻值相间差值不应大于三相平均值的2%；

2）电抗器直流电阻，与同温下产品出厂值比较相应变化不应大于2%。

（4）《10kV～500kV 输变电设备交接试验规程》（Q/GDW 11447—2015）6.2。

主要差异：GB/T 1094.6 对环境温度和具体测量的温度要求提出具体要求。交接试验标准 GB 50150—2016 规定，"对于立式布置的干式空心电抗器绕组直流电阻值，可不进行三相间的比较"，其他标准无此规定。

分析解释：交接试验标准 GB 50150—2006 和国家电网有限公司"五通一措"、企业标准对于直流电阻要求一致。新颁布的 GB 50150—2016 新增条款"对于立式布置的干式空心电抗器绕组直流电阻值，可不进行三相间的比较"，主要是针对立式布置的干式空心电抗器，由于其三相之间匝数差别大，不容易满足标准，故与出厂值比较即可。

处理意见：建议统一执行《电气装置安装工程　电气设备交接试验标准》（GB 50150—2016）。对于立式布置的干式空心电抗器绕组直流电阻值测量，可参照《电气装置安装工程　电气设备交接试验标准》（GB 50150—2016）。

3. 监督要求

查阅交接试验报告中绕组直流电阻项目数据或现场见证。

4. 整改措施

对未进行绕组直流电阻试验的，要求项目管理部门组织补做。

3.4.7.2　绝缘电阻

1. 监督要点及监督依据

设备调试阶段干式电抗器绝缘电阻监督要点及监督依据见表3-223。

表3-223　　　　　　　　　　设备调试阶段干式电抗器绝缘电阻监督

监督要点	监督依据
1. 绝缘电阻不低于产品出厂试验值的70%或不低于3000MΩ。 2. 采用2500V 绝缘电阻表测量，持续时间为1min，应无闪络及击穿现象	《电气装置安装工程　电气设备交接试验标准》（GB 50150—2016）、《国家电网公司关于印发电网设备技术标准差异条款统一意见的通知》（国家电网科〔2017〕549号）

2. 监督项目解析

绝缘电阻是设备调试阶段最重要的技术监督项目之一。

测量绝缘电阻是一项简便又最常用的试验方法，根据测得的试品在1min时的绝缘电阻的大小，可以检测出绝缘是否有贯通的集中性缺陷、整体受潮或贯通性受潮。

对于绝缘电阻的要求，不同标准存在以下差异：

（1）《电气装置安装工程　电气设备交接试验标准》（GB 50150—2016）第 9.0.7 条规定：测量与铁心绝缘的各紧固件的绝缘电阻，应符合本标准第 8.0.7 条的规定，采用 2500V 绝缘电阻表测量，持续时间为 1min，应无闪络及击穿现象。

（2）《10kV～66kV 干式电抗器评价标准（试行）》（国家电网生〔2006〕57 号）第 5.7 条规定：绝缘电阻不能低于 2500MΩ。

（3）《国家电网公司变电验收管理规定（试行）　第 10 分册　干式电抗器验收细则》[国网（运检/3）827—2017] A.9 中规定：将测试温度下的绝缘电阻换算到 20℃下的绝缘电阻值不应低于产品出厂试验值的 70%。

（4）《10kV～500kV 输变电设备交接试验规程》（Q/GDW 11447—2015）第 6.1 条规定：绝缘电阻值不低于出厂值的 70%（大于 10 000MΩ 不考虑）。

（5）《现场绝缘试验实施导则绝缘电阻、吸收比和极化指数试验》（DL/T 474.1—2006）第 6.4 条规定：测量绝缘电阻时，试品温度一般应在 10～40℃之间。绝缘电阻随着温度升高而降低，但目前还没有一个通用的固定换算公式。温度换算系数最好以实测决定，例如正常状态下，当设备自运行中停下，在自行冷却过程中，可在不同温度下测量绝缘电阻值，从而求出其温度换算系数。

（6）《电气装置安装工程　电气设备交接试验标准》（GB 50150—2016）第 8.0.10 条规定，测量绕组连同套管的绝缘电阻、吸收比或极化指数，应符合下列规定：

1）绝缘电阻值不应低于产品出厂试验值的 70%或不低于 10 000MΩ（20℃）；

2）当测量温度与产品出厂试验时的温度不符合时，油浸式电力变压器绝缘电阻的温度换算系数可按 GB 50150 中表 8.0.10 换算到同一温度时的数值进行比较。

主要差异：测量绝缘电阻时是否考虑温度的影响，且对于阻值要求不同。

分析解释：根据 PMS 中历史测量记录（基本均为 100 000MΩ 或 10 000MΩ，参考价值较小），实际中的测量干变的绝缘电阻均非常大（上百 GΩ）。

处理意见。建议将此条目改为：

1）绝缘电阻不低于产品出厂试验值的 70%或不低于 3000MΩ。

2）采用 2500V 绝缘电阻表测量，持续时间为 1min，应无闪络及击穿现象。

3. 监督要求

查阅交接试验报告中绝缘电阻项目数据。

4. 整改措施

对未进行绝缘电阻试验的，要求项目管理部门组织补做。

3.4.7.3　交流耐压

1. 监督要点及监督依据

设备调试阶段干式电抗器交流耐压监督要点及监督依据见表 3－224。

表 3－224　　　　　　　　　　　设备调试阶段干式电抗器交流耐压监督

监督要点	监督依据
1. 额定电压在 110kV 以下的消弧线圈、干式或油浸式电抗器均应进行交流耐压试验，试验电压应符合 GB 50150 附录 D.0.1 的规定。 2. 对分级绝缘的耐压试验电压标准，应按接地端或其末端绝缘的电压等级来进行。 3. 110（66）kV 干式电抗器的交流耐压试验电压值，应按技术协议中规定的出厂试验电压值的 80%执行	《电气装置安装工程　电气设备交接试验标准》（GB 50150—2016）

2. 监督项目解析

交流耐压是设备调试阶段最重要技术监督项目之一。

交流耐压试验是鉴定电力设备绝缘强度最严格、最有效和最直接的试验方法，特别是对考核主绝缘的局部缺陷，如绕组主绝缘受潮、开裂或者在运输过程中引起的绕组松动、引线距离不够以及绕组绝缘上附着污物等，具有决定性的作用。它对于判断干式电抗器能否继续运行具有决定性的意义，也是保证设备绝缘水平、避免发生绝缘事故的重要手段。

对于绝缘电阻的要求，不同标准存在以下差异：

（1）《电气装置安装工程　电气设备交接试验标准》（GB 50150—2016）中规定"9.0.6 绕组连同套管的交流耐压试验，应符合下列规定：额定电压在 110kV 以下的消弧线圈、干式或油浸式电抗器均应进行交流耐压试验，试验电压应符合本标准附录表 D.0.1 的规定"，电力变压器和电抗器交流耐压试验电压标准见表 3−225。

表 3−225　　　　　　　　　电力变压器和电抗器交流耐压试验电压标准　　　　　　　　　　（kV）

系统标称电压	设备最高电压	交流耐受电压	
		油浸式电力变压器和电抗器	干式电力变压器和电抗器
≤1	≤1.1	—	2
3	3.6	14	8
6	7.2	20	16
10	12	28	28
15	17.5	36	30
20	24	44	40
35	40.5	68	56
66	72.5	112	—
110	126	160	—

（2）《电力变压器　第 6 部分：电抗器》（GB/T 1094.6—2011）第 7.8.10.2 条中规定：

1）对于间隙铁心或磁屏蔽空心电抗器，作为例行试验。参见 GB 1094.3—2003 的第 11 章。

2）对于干式空心电抗器作为特殊试验。该类型电抗器通常采用标准支柱式绝缘子或母线支柱绝缘子作为电抗器的支撑和绕组间及对地绝缘以及两个或多个绕组叠装起来时的相间绝缘，所以，试验是对支柱绝缘子的试验，只有特殊要求时才进行。注：如制造方在投标时未特别标明，则认为支柱绝缘子的设计按 IEC 60273 的规定，试验按 IEC 60168 的规定。

（3）《电力变压器　第 3 部分：绝缘水平、绝缘试验和外绝缘空气间隙》（GB/T 1094.3—2017）表 2 中规定的绕组的试验电压水平（见表 3−206），其中提到的外施耐压基本均为油浸式的电压，未明确干式电抗器。

（4）《高压并联电容器用串联电抗器》（JB/T 5346—2014）6.6.1（见表 3−208）。

（5）《6kV～35kV 级干式并联电抗器技术参数和要求》（JB/T 10775—2007）（见表 3−209 和表 3−210）。

（6）《1000kV 变电站 110kV 并联电容器装置技术规范》（DL/T 1182—2012）定义中界定装置由并联电容器及相应电气配套设备组成，配套设备包括串联电抗器、避雷器等，其中第 7.3.1 条明确串联电抗器使用干式电抗器。对于表1绝缘水平中规定系统标称电压110kV,其中工频耐受电压275kV,按照0.8计算为220kV,与JB系统标准基本一致。

(7)《绝缘配合 第1部分:定义、原则和规则》(GB 311.1—2012)表5(见表3–211)。

(8)《电气装置安装工程 电气设备交接试验标准测量》(GB 50150—2016)第9.0.6条规定,额定电压在110kV以下的干式电抗器应进行交流耐压试验,试验电压应符合GB 50150附录D.0.1的规定;对分级绝缘的耐压试验电压标准,应按接地端或其末端绝缘的电压等级来进行。110(66)kV干式电抗器的交流耐压试验电压值,应按技术协议中规定的出厂试验电压值的80%执行(见表3–225)。

主要差异:国家标准和企业标准对于不同等级、不同类型的干式电抗器,耐压试验要求存在差异。

分析解释:① 20kV干式铁心耐受电压值从严执行GB/T 1094.3—2017,未执行JB/T 5346—2014(未严格区分串联电抗器和并联电抗器)。② 66kV干式铁心从严执行GB/T 1094.3—2017和GB 311.1—2012,未执行GB 50150—2016,对于干式空心电抗器,继续严格执行JB/T 5346—2014。③ 110kV干式铁心电抗器执行GB/T 1094.3—2017和GB 311.1—2012,对于干式空心电抗器,目前仅查到DL/T 1182—2012规定外施耐受为275kV,但相对GB 311.1—2012差距较大。

处理意见:建议整体采用GB/T 1094.6—2011的要求。

1)干式铁心和干式半心,磁屏蔽空心电抗器工频耐压电压值符合技术要求且耐压试验通过。一般干式空心电抗器该项为特殊试验,一般对支柱绝缘子进行试验。

2)外施交流耐压试验的耐受电压按照表3–212执行。

3. 监督要求

查阅交接试验报告中外施交流耐压项目数据。

4. 整改措施

对未进行交流耐压试验的,要求项目管理部门组织补做。

3.4.7.4 电抗值测量

1. 监督要点及监督依据

设备调试阶段干式电抗器电抗值测量监督要点及监督依据见表3–226。

表3–226 设备调试阶段干式电抗器电抗值测量监督

监督要点	监督依据
1. 对于干式并联电抗器,在额定电压和额定频率下测量电抗值与额定电抗值之差不超过±5%。 对于三相干式并联电抗器或单相干式并联电抗器组成的三相组,若连接到电压基本对称的系统时,当三个相的电抗偏差都在±5%容许范围内时,每相电抗与三个相电抗平均值间的偏差不应超过±2%。 2. 干式限流电抗器每相电抗值不超过三相平均值的±5%;每相电抗值不超额定值的0~10%	《6kV～35kV级干式并联电抗器技术参数和要求》(JB/T 10775—2007)、《10kV～35kV干式空心限流电抗器采购标准 第2部分:10kV干式空心限流 电抗器专用技术规范》(Q/GDW 13064.2—2018)和《10kV～35kV干式空心限流电抗器采购标准 第3部分:35kV干式空心限流电抗器专用技术规范》(Q/GDW 13064.3—2018)

2. 监督项目解析

电抗值测量是设备调试阶段非常重要的技术监督项目。

3. 监督要求

查阅出厂试验报告或现场见证电抗值测量试验。

4. 整改措施

当发现该项目相关监督要点不满足时，应及时通知交接试验单位，对未进行电抗值测量试验的，要求项目管理部门组织补做。

3.4.7.5　冲击合闸

1. 监督要点及监督依据

设备调试阶段干式电抗器冲击合闸监督要点及监督依据见表 3－227。

表 3－227　　　　　　　　设备调试阶段干式电抗器冲击合闸监督

监督要点	监督依据
电抗器应能承受合闸涌流的冲击而不得产生放电或机械损伤等异常现象	《绝缘配合　第 2 部分：使用导则》（GB/T 311.2—2013）、《电气装置安装工程　电气设备交接试验标准》（GB 50150—2016）

2. 监督项目解析

冲击合闸是设备调试阶段最重要的技术监督项目之一。

投切无功负荷时，会产生操作过电压，可对临近的内绝缘（绕组）产生极为严重的作用电压，因此需要考量电抗器能否承受合闸涌流的冲击。

3. 监督要求

查阅调试记录中对无功装置进行冲击合闸的记录，应不存在电抗器放电或机械损伤等异常现象。

4. 整改措施

对未进行冲击合闸试验的，要求项目管理部门组织补做。

3.4.8　竣工验收阶段

3.4.8.1　交接试验报告检查

1. 监督要点及监督依据

设竣工验收阶段干式电抗器交接试验报告检查监督要点及监督依据见表 3－228。

表 3－228　　　　　　　竣工验收阶段干式电抗器交接试验报告检查监督

监督要点	监督依据
绕组连同套管的直流电阻、绕组连同套管的绝缘电阻、吸收比或极化指数、绕组连同套管的交流耐压试验、额定电压下冲击合闸试验等试验项目齐全、合格	《10kV～66kV 干式电抗器技术监督规定》（国家电网生技〔2005〕174 号）、《电气装置安装工程　电气设备交接试验标准》（GB 50150—2016）

2. 监督项目解析

交接试验报告检查是竣工验收阶段最重要的技术监督项目之一。

3. 监督要求

交接试验验收要保证所有试验项目齐全、合格，并与出厂试验数值无明显差异。

4. 整改措施

当发现该项目相关监督点不满足时，应由基建部门组织完善资料收集。提供缺少的试验报告，试验项目不齐全、试验结果不合格的设备严禁投入运行。

3.4.8.2 接地铜排

1. 监督要点及监督依据

设竣工验收阶段干式电抗器接地铜排监督要点及监督依据见表 3-229。

表 3-229 竣工验收阶段干式电抗器接地铜排监督

监督要点	监督依据
1. 导电率应不低于 96%IACS。 2. 接地铜排外观质量：板、条材表面应清洁，不应有裂缝、起皮、夹杂、气泡、压折、锐角、毛刺、凸边等影响使用的缺陷，端面不应有分层、气孔	《导电用铜板和条》（GB/T 2529—2012）4.6、4.7

2. 监督项目解析

接地铜排是竣工验收阶段最重要的技术监督项目之一。

3. 监督要求

现场查看接地铜排、板、条材外观，或对板、条材抽样试验，检验导电率。

4. 整改措施

项目管理单位对验收意见提出的缺陷组织整改，由工程设计、施工、监理单位具体落实。缺陷整改完成后，由项目管理单位提出复验申请，运检单位审查缺陷整改情况，组织现场复验，未按要求完成的，由项目管理单位继续落实缺陷整改。根据需要，运检部门可采用重大问题反馈联系单方式协调解决。运检单位应保存相关验收及整改记录，确保责任可追溯、可考核。所有的缺陷应闭环整改复验后，方可通过竣工验收，由项目管理单位出具项目竣工验收报告。

3.4.8.3 紧固件

1. 监督要点及监督依据

设竣工验收阶段干式电抗器紧固件监督要点及监督依据见表 3-230。

表 3-230 竣工验收阶段干式电抗器紧固件监督

监督要点	监督依据
额定电流≥1500A 时，紧固件应为非磁性材料。备注：使用磁性测量仪测量紧固件的磁性	《电气装置安装工程 高压电器施工及验收规范》（GB 50147—2010）中"10.0.14 当其额定电流为 1500A 及以上时，应采用非磁性金属材料制成的螺栓。"

2. 监督项目解析

紧固件是竣工验收阶段最重要的技术监督项目之一。

3. 监督要求

现场对紧固件抽样检查是否为非磁性材料。

4. 整改措施

项目管理单位对验收意见提出的缺陷组织整改，由工程设计、施工、监理单位具体落实。缺陷整改完成后，由项目管理单位提出复验申请，运检单位审查缺陷整改情况，组织现场复验，未按要求完成的，由项目管理单位继续落实缺陷整改。根据需要，运检部门可采用重大问题反馈联系单方式协调解决。运检单位应保存相关验收及整改记录，确保责任可追溯、可考核。所有的缺陷应闭环整改复验后，方可通过竣工验收，由项目管理单位出具项目竣工验收报告。

3.4.8.4 接线端子与母线连接

1. 监督要点及监督依据

设竣工验收阶段干式电抗器接线端子与母线连接监督要点及监督依据见表 3-231。

表 3-231　　　　　　　　　竣工验收阶段干式电抗器接线端子与母线连接监督

监督要点	监督依据
1. 母线连接接触面应清洁，并应涂电力复合脂。 2. 母线平置时，螺栓应由下向上穿，螺母应在上方，其余情况下，螺母应在维护侧，螺栓长度宜露出螺母 2 扣~3 扣。 3. 螺栓与母线紧固面间应使用平垫圈。 4. 母线多颗螺栓连接时，相邻螺栓垫圈间应有 3mm 以上的净距。 5. 螺母侧应装有弹簧垫圈或使用锁紧螺母。 6. 母线接触面应连接紧密，连接螺栓应用力矩扳手紧固，钢制螺栓紧固力矩值应满足 GB 50149 表 3.3.3 的规定（见下表），非钢制螺栓紧固力矩值应符合产品技术文件要求 <table><tr><td>螺栓规格（mm）</td><td>力矩值（N·m）</td></tr><tr><td>M8</td><td>8.8~10.8</td></tr><tr><td>M10</td><td>17.7~22.6</td></tr><tr><td>M12</td><td>31.4~39.2</td></tr><tr><td>M14</td><td>51.0~60.8</td></tr><tr><td>M16</td><td>78.5~98.1</td></tr><tr><td>M18</td><td>98.0~127.4</td></tr><tr><td>M20</td><td>156.9~196.2</td></tr><tr><td>M24</td><td>274.6~343.2</td></tr></table>	《电气装置安装工程　母线装置施工及验收规范》（GB 50149—2010）中"3.3.1 母线连接接触面应保持清洁，并应涂以电力复合脂。2 母线平置时，螺栓应由下向上穿，螺母应在上方，其余情况下，螺母应置于维护侧，螺栓长度宜露出螺母 2 扣~3 扣。3 螺栓与母线紧固面间均应有平垫圈，母线多颗螺栓连接时，相邻螺栓垫圈间应有 3mm 以上的净距，螺母侧应装有弹簧垫圈或锁紧螺母。4 母线接触面应连接紧密，连接螺栓应用力矩扳手紧固，钢制螺栓紧固力矩值应满足表 3.3.3 的规定，非钢制螺栓紧固力矩值应符合产品技术文件要求。"

2. 监督项目解析

接线端子与母线连接是竣工验收阶段重要的技术监督项目。

3. 监督要求

现场查看母线螺栓、接触面等情况。

4. 整改措施

项目管理单位对验收意见提出的缺陷组织整改，由工程设计、施工、监理单位具体落实。缺陷整改完成后，由项目管理单位提出复验申请，运检单位审查缺陷整改情况，组织现场复验，未按要求完成的，由项目管理单位继续落实缺陷整改。根据需要，运检部门可采用重大问题反馈联系单方式协调解决。运检单位应保存相关验收及整改记录，确保责任可追溯、可考核。所有的缺陷应闭环整改复验后，方可通过竣工验收，由项目管理单位出具项目竣工验收报告。

3.4.9 运维检修阶段

3.4.9.1 运行巡视

1. 监督要点及监督依据

运维检修收阶段干式电抗器运行巡视监督要点及监督依据见表 3-232。

表 3-232   运维检修阶段干式电抗器运行巡视监督

监督要点	监督依据
1. 运行巡视周期应符合相关规定。 2. 巡视项目重点关注：绕组温度、接地装置、声响及振动等是否正常	《国家电网公司变电运维管理规定（试行）》［国网（运检/3）828—2017］、《输变电设备状态检修试验规程》（Q/GDW 1168—2013）

2. 监督项目解析

运行巡视周期是运维检修阶段重要的技术监督项目。

3. 监督要求

查阅巡视记录，巡视作业指导书/卡，对应监督要点条目，记录项目和周期是否满足要求。

4. 整改措施

当发现该项目相关监督要点不满足时，做好建档、上报、处理、验收等各环节的闭环管理，必要时联系检修人员处理。

3.4.9.2 状态评价与检修决策

1. 监督要点及监督依据

运维检修收阶段干式电抗器状态评价与检修决策监督要点及监督依据见表 3-233。

表 3-233   运维检修阶段干式电抗器状态评价与检修决策监督

监督要点	监督依据
1. 状态评价应基于巡检及例行试验、诊断性试验、在线监测、带电检测、家族缺陷、不良工况等状态信息，包括其现象强度、量值大小以及发展趋势，结合与同类设备的比较，作出综合判断。 2. 依据设备状态评价的结果，考虑设备风险因素，动态制订设备的检修计划，合理安排状态检修的计划和内容	《输变电设备状态检修试验规程》（Q/GDW 1168—2013）4.3.1、《干式并联电抗器状态检修导则》（Q/GDW 598—2011）3.1

2. 监督项目解析

状态评价是运维检修阶段重要的技术监督项目。

3. 监督要求

查阅状态评价报告，对应监督要点条目，记录状态评价时间。

4. 整改措施

当发现该项目相关监督要点不满足时，做好建档、上报、处理、验收等各环节的闭环管理，必要时联系检修人员处理。

3.4.9.3 状态检修

1. 监督要点及监督依据

运维检修收阶段干式电抗器状态检修监督要点及监督依据见表 3-234。

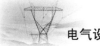

　　　　　　　　　　　运维检修阶段干式电抗器状态检修监督

监督要点	监督依据
状态检修策略应符合要求（周期和项目）；应根据状态评价结果编制状态检修计划；生产计划应与状态检修计划关联；应按缺陷性质确定检修类别	《干式并联电抗器状态检修导则》（Q/GDW 598—2011）中"5 干式并联电抗器的状态检修策略 a）干式并联电抗器状态检修策略既包括年度检修计划的制定，也包括缺陷处理、试验、不停电的维修和检查等。检修策略应根据设备状态评价的结果动态调整。b）年度检修计划每年至少修订一次。根据最近一次设备状态评价结果，考虑设备风险评估因素，并参考厂家的要求确定下一次停电检修时间和检修类别。在安排检修计划时，应协调相关设备检修周期，尽量统一安排，避免重复停电。c）对于设备缺陷，根据缺陷性质，按照缺陷管理有关规定处理。同一设备存在多种缺陷，也应尽量安排在一次检修中处理，必要时，可调整检修类别。"《输变电设备状态检修试验规程》（Q/GDW 1168—2013）4.2~4.4。《10kV～66kV 干式电抗器技术监督规定》（国家电网生技〔2005〕174 号）中"第二十五条 各级生产管理部门作为电抗器技术监督的归口管理部门应审查各单位电抗器的年度检修计划（包括预防性试验计划和缺陷消除计划），并掌握执行情况和存在问题；检查和督促各单位做好电抗器预防性试验、设备维护和缺陷消除工作。"

2. 监督项目解析

状态检修是运维检修阶段重要的技术监督项目。

3. 监督要求

查阅状态评价报告及检修计划，对应监督要点条目，记录状态检修计划情况。

4. 整改措施

当发现该项目相关监督要点不满足时，做好建档、上报、处理、验收等各环节的闭环管理，必要时联系检修人员处理。

3.4.9.4　故障/缺陷管理

1. 监督要点及监督依据

运维检修收阶段干式电抗器故障/缺陷管理监督要点及监督依据见表 3－235。

表 3－235　　　　　　　　　　运维检修阶段干式电抗器故障/缺陷管理监督

监督要点	监督依据
缺陷记录应包含运行巡视、检修巡视、带电检测、检修过程中发现的缺陷；缺陷原因应明确；更换的部件应明确；缺陷定级应正确，缺陷处理应闭环，处理应及时	《干式电抗器技术监督导则》（Q/GDW 11077—2013）5.9.5、《10kV～66kV 干式电抗器运行规范》（国家电网生技〔2005〕172 号）、《10kV～66kV 干式电抗器技术监督规定》（国家电网生技〔2005〕174 号）

2. 监督项目解析

故障/缺陷管理是运维检修阶段最重要的技术监督项目之一。

3. 监督要求

查阅缺陷记录或现场抽查一台干式电抗器，结合现场实际核查是否存在现场缺陷没有记录的情况；记录缺陷定级、处理情况。

4. 整改措施

当发现该项目相关监督要点不满足时，做好建档、上报、处理、验收等各环节的闭环管理，必要时联系检修人员处理。

3.4.9.5　反措落实

1. 监督要点及监督依据

运维检修收阶段干式电抗器反措落实监督要点及监督依据见表 3－236。

表 3 - 236 　　　　　　　运维检修阶段干式电抗器反措落实监督

监督要点	监督依据
并联电容器用串联电抗器用于抑制谐波时，电抗率应根据并联电容器装置接入电网处的背景谐波含量的测量值选择，避免同谐波发生谐振或谐波过度放大。运行中谐波电流应不超过标准要求。已配置抑制谐波用串联电抗器的电容器组，禁止减少电容器运行	《国家电网有限公司关于印发十八项电网重大反事故措施（修订版）的通知》（国家电网设备〔2018〕979号）10.3.1.1、10.3.3.1

2. 监督项目解析

反措落实是运维检修阶段最重要的监督项目之一。

严格执行反措是正确开展运行维护、保障干式电抗器安全运行的基础。电抗器的电抗率应根据系统谐波测试情况计算配置，必须避免同谐波发生谐振或谐波过度放大。运行中谐波电流应不超过标准要求。已配置抑制谐波用串联电抗器的电容器组，禁止减容量运行。

3. 监督要求

查阅电抗率配置计算值和谐波电流记录表。

4. 整改措施

当发现该项目相关监督要点不满足时，做好建档、上报、处理、验收等各环节的闭环管理，必要时联系检修人员处理。

3.5 站用变压器

3.5.1 规划可研阶段

3.5.1.1 站用变压器配置

1. 监督要点及监督依据

规划可研阶段站用变压器配置监督要点及监督依据见表 3 - 237。

表 3 - 237 　　　　　　　　规划可研阶段站用变压器配置监督

监督要点	监督依据
1. 330kV 及以上变电站应至少配置三路站用电源，主变压器为两台（组）及以上时，由主变压器低压侧引接的站用变压器台数不少于两台，并应装设一台从站外可靠电源引接的专用备用站用变压器。 　2. 330kV 以下变电站应至少配置两路不同的站用电源。 　3. 330kV 及以上变电站和地下 220kV 变电站的备用站用变压器电源不能由该站作为单一电源的区域供电。 　4. 变电站不同外接站用电源不能取至同一个上级变电站。 　5. 220kV 和重要的 110kV 地下变电站应装设三路站用电源，其中两台应为从主变压器低压侧分别引接的容量相同、可互为备用、分列运行的站用变压器；另一台为从站外电源引接的站用变压器，仅供全站停电时通风、消防等负荷使用	1～3.《国家电网公司变电专业精益化管理评价规范》（国家电网运检〔2015〕224号）中十四、站用电系统评价细则 5 站用电源配置。 　4.《国家电网有限公司关于印发十八项电网重大反事故措施（修订版）的通知》（国家电网设备〔2018〕979号）5.2.1.3。 　5.《35kV～220kV 城市地下变电站设计规程》（DL/T 5216—2017）4.6.2、4.6.4

2. 监督项目解析

站用变压器配置是规划可研阶段最重要的监督项目之一。

站用变压器为变电站内设备控制系统、保护系统、直流系统、消防系统等提供可靠电源。站用变压器是变电站站用电源系统的重要组成部分，合理的站用变压器配置是变电站安全可靠运行的保障，能有效避免变电站全停事故的发生。若其配置不符合要求，后期改造工作量大、停电要求高、施工时间长、费用较高。

3. 监督要求

查阅可研资料，主要包括工程可研报告和相关批复，确定站用变压器的配置是否符合要求。

4. 整改措施

当发现该项目相关监督要点不满足时，应及时修改工程可研报告并上报技术监督办公室。

3.5.1.2　站用变压器容量

1. 监督要点及监督依据

规划可研阶段站用变压器容量监督要点及监督依据见表 3－238。

表 3－238　　　　　　　　　　规划可研阶段站用变压器容量监督

监督要点	监督依据
变电站每台站用变压器容量按全站计算负荷选择。接地变压器作为站用变压器使用时，接地变压器容量应满足消弧线圈和站用电容量的要求，并考虑变电站检修负荷容量进行选择	《国家电网公司变电验收管理规定（试行）第 22 分册　站用变验收细则》[国网（运检/3）827—2017] A.1 站用变可研初设审查验收标准卡 3 站用变容量。 《220kV～1000kV 变电站站用电设计技术规程》（DL/T 5155—2016）3.1.5

2. 监督项目解析

站用变压器容量是规划可研阶段最重要的监督项目之一。

若站用变压器容量不符合要求，将影响变电站设备的正常运行，甚至引起系统停电和设备损坏事故。为满足站用变压器的替代功能，要求各台站用变压器的容量应相同，且均按全站计算负荷选择。接地变压器作为站用变压器使用时，接地变压器容量应满足消弧线圈和站用电容量的要求，并考虑变电站检修负荷容量进行选择。

3. 监督要求

查阅可研资料，主要包括工程可研报告和相关批复，确定站用变压器容量是否符合要求。

4. 整改措施

当发现该项目相关监督要点不满足时，应及时修改工程可研报告并上报技术监督办公室。

3.5.2　工程设计阶段

3.5.2.1　使用环境条件

1. 监督要点及监督依据

工程设计阶段站用变压器使用环境条件监督要点及监督依据见表 3－239。

表 3-239   工程设计阶段站用变压器使用环境条件监督

监督要点	监督依据
1. 站用变压器的选择应按下列使用环境条件校验：环境温度、日温差、最大风速、相对湿度、污秽、海拔高度、地震烈度、系统电压波形及谐波含量。 2. 沿海及工业污秽严重地区户外的产品，变压器的外绝缘应选用加强绝缘型或防污型产品	《导体和电器选择设计技术规定》（DL/T 5222—2005）8.0.2、8.0.4

2. 监督项目解析

使用环境条件是工程设计阶段比较重要的监督项目。

选择站用变压器时，应根据使用地点环境条件进行校核。

（1）环境温度的影响：当变压器室内安装时，如无资料，可取最热月平均最高温度加 5℃，室外安装时，应考虑日照的影响，日照对变压器的影响应由生产厂家考虑。安装地点环境温度高于 40℃ 时，变压器外绝缘在干燥状态下的试验电压应取其额定电压乘以温度校正系数 K_t：

$$K_t = 1 + 0.003\ 3 \times (T - 40) \tag{3-5}$$

式中：T 为环境温度，℃。

（2）最大风速的影响：最大风速可取离地面 10m 高、30 年一遇的 10min 平均最大风速。最大设计风速超过 35m/s 的地区，在设备布置中应采取措施。

（3）相对湿度的影响：相对湿度应采用当地湿度最高月份的平均相对湿度。湿度较高的场所，应采取该处实际相对湿度。如无资料，相对湿度可比当地湿度最高月份的平均相对湿度高 5%。

（4）污秽的影响：绝缘子直接与空气接触，受空气污秽的影响较大，造成绝缘子等值盐密度高，易遭受化学气体的腐蚀和破坏，出现污闪，增加故障概率。设备的外绝缘选型，是有效减少设备污闪事故的重要保障。

（5）海拔高度的影响：海拔高度超过 1000m，变压器外绝缘应予以校验。海拔高度在 4000m 以下时，其试验电压应乘以系数 K，系数 K 的计算公式如下：

$$K = \frac{1}{1.1 - \dfrac{H}{10\ 000}} \tag{3-6}$$

式中：H 为安装地点的海拔高度，m。

（6）地震的影响：应根据当地的地震烈度选用能够满足抗震要求的产品。对于站用变压器，当抗震设防烈度 7 度及以上时，应进行抗震强度验算。

（7）系统电压波形及谐波含量影响：站用变压器电源系统电压波形应近似于正弦波，变压器容量较小的可不考虑谐波含量。

（8）当站用变压器在室内使用时，可不校验日温差、最大风速、污秽三项；在室外使用时，可不校验相对湿度项。

3. 监督要求

查阅设计资料，主要包括工程设计图纸，确定站用变压器的使用环境条件是否符合要求。

4. 整改措施

当发现该项目相关监督要点不满足时，应及时修改工程设计图纸并上报技术监督办公室。

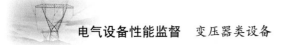

3.5.2.2　安装方式

1. 监督要点及监督依据

工程设计阶段站用变压器安装方式监督要点及监督依据见表3－240。

表3－240　　　　　　　　　　工程设计阶段站用变压器安装方式监督

监督要点	监督依据
1. 站用变压器充油电气设备的布置，应满足带电观察油位、油温时安全、方便的要求，并应便于抽取油样。 2. 站用变压器的高、低压套管侧或者变压器靠维护门的一侧宜加设网状遮栏，网门应有"五防"闭锁，变压器储油柜宜布置在维护入口侧	1.《高压配电装置设计规范》（DL/T 5352—2018）2.1.12。 2.《220kV～1000kV 变电站站用电设计技术规程》（DL/T 5155—2016）7.2.4

2. 监督项目解析

安装方式是工程设计阶段重要的监督项目。

充油电气设备布置不合理，会增加运维人员巡视设备的难度，个别情况下可能导致不必要的停电。充油电气设备运行时，需经常观察油位及油温，设计时应注意油浸式变压器的布置方位方便运行人员对变压器油位的监视，保证运行人员巡视时的人身安全。

3. 监督要求

查阅设计说明，确定安装方式是否符合要求。

4. 整改措施

当发现该项目相关监督要点不满足时，应及时修改工程设计图纸并上报技术监督办公室。

3.5.2.3　站用变压器选型

1. 监督要点及监督依据

工程设计阶段站用变压器选型监督要点及监督依据见表3－241。

表3－241　　　　　　　　　　工程设计阶段站用变压器选型监督

监督要点	监督依据
1. 地下变电站的站用变压器应选择无油型设备。 2. 220kV 及以上变电站中，当高压电源电压波动较大，经常使站用变压器母线电压偏差超过±5%时，应采用有载调压站用变压器	1.《35kV～220kV 城市地下变电站设计规程》（DL/T 5216—2017）4.6.3。 2.《220kV～1000kV 变电站站用电设计技术规程》（DL/T 5155—2016）5.0.6

2. 监督项目解析

站用变压器选型是工程设计阶段比较重要的监督项目。

地下变电站使用油浸式站用变压器时，如若发生火灾事故，由于受空间限制，将会增加安全风险，不易于对火灾事故的处理，严重威胁人身和设备安全。设备的无油化，是减少火灾事故发生的有效手段。

3. 监督要求

查阅设计说明及图纸，确定选型是否符合要求。

4. 整改措施

当发现该项目相关监督要点不满足时，应及时修改工程设计图纸并上报公司技术监督办公室。

3.5.2.4 油浸式站用变压器安全保护装置

1. 监督要点及监督依据

工程设计阶段站用变压器安全保护装置监督要点及监督依据见表 3-242。

表 3-242 工程设计阶段油浸式站用变压器安全保护装置监督

监督要点	监督依据
800kVA 及以上的变压器应装有压力保护装置	《油浸式电力变压器技术参数和要求》(GB/T 6451—2015) 4.2.2

2. 监督项目解析

油浸式站用变压器安全保护装置是工程设计阶段比较重要的监督项目。

油浸式变压器故障发热后,无压力保护装置可使故障扩大。油压保护装置应包括气体继电器和压力释放阀,以保证变压器故障时可以迅速断电和及时将发热产生的废气和膨胀油排出变压器箱体。

3. 监督要求

查阅设计说明,确定油浸式站用变压器安全保护装置是否符合要求。

4. 整改措施

当发现该项目相关监督要点不满足时,应及时修改工程设计图纸并上报技术监督办公室。

3.5.2.5 站用变压器布置

1. 监督要点及监督依据

工程设计阶段站用变压器布置监督要点及监督依据见表 3-243。

表 3-243 工程设计阶段站用变压器布置监督

监督要点	监督依据
1. 干式变压器作为站用变压器使用时,不宜采用户外布置。 2. 新建变电站的站用变压器、接地变压器不应布置在开关柜内或紧靠开关柜布置,避免其故障时影响开关柜运行	《国家电网有限公司关于印发十八项电网重大反事故措施(修订版)的通知》(国家电网设备〔2018〕979 号)5.2.1.7、12.4.1.17

2. 监督项目解析

站用变压器布置是工程设计阶段比较重要的监督项目。

固体绝缘材料在低温环境下会产生裂纹,影响安全运行。高纬度、高海拔等高寒地区环境温度长期处于 -25℃以下,因此干式站用变压器应采取室内布置,并加强室内温度监测和采暖措施维护。

站用变压器、接地变压器故障多发,若其布置在开关柜内或临近开关柜,一旦站用变压器、接地变压器起火,将直接影响到室内其他配电屏柜和设备安全,建议其单独布置,且远离开关柜。

3. 监督要求

查阅设计说明,确定站用变压器布置是否符合要求。

4. 整改措施

当发现该项目相关监督要点不满足时,应及时修改工程设计图纸并上报技术监督办公室。

3.5.2.6 站用变压器电缆敷设

1. 监督要点及监督依据

工程设计阶段站用变压器电缆敷设监督要点及监督依据见表 3-244。

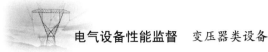

表 3–244 工程设计阶段站用变压器电缆敷设监督

监督要点	监督依据
新投运变电站不同站用变压器低压侧至站用电屏的电缆不应同沟敷设。对已投运的变电站，如同沟敷设，则应采取防火隔离措施	《国家电网有限公司关于印发十八项电网重大反事故措施（修订版）的通知》（国家电网设备〔2018〕979 号）5.2.1.6

2. 监督项目解析

站用变压器电缆敷设是工程设计阶段比较重要的监督项目。

若站用变压器低压电缆同沟敷设，当其中一条电缆着火后，受绝缘性能降低、过负荷、局部过热、机械力破坏、外部热源等影响，可能引起其他站用变压器低压电缆着火，极端情况下可能造成变电站全停。

3. 监督要求

查阅设计说明，确定站用变压器电缆敷设是否符合要求。

4. 整改措施

当发现该项目相关监督要点不满足时，应及时修改工程设计图纸并上报技术监督办公室。

3.5.2.7 站用变压器联结组别

1. 监督要点及监督依据

工程设计阶段站用变压器联结组别监督要点及监督依据见表 3–245。

表 3–245 工程设计阶段站用变压器联结组别监督

监督要点	监督依据
1. 站用变压器联结组别的选择，宜使各站用工作站用变压器及站用备用站用变压器输出电压的相位一致。 2. 220kV 及以上变电站站用变压器宜采用 Dyn11 联结组	1.《国家电网公司变电验收管理规定（试行） 第 22 分册　站用变验收细则》〔国网（运检/3）827—2017〕A.1。 2.《220kV～1000kV 变电站站用电设计技术规程》（DL/T 5155—2016）5.0.3

2. 监督项目解析

站用变压器联结组别是工程设计阶段最重要的监督项目之一。

为了抑制高次谐波电流和便于单相接地短路故障的切除，220kV 及以上变电站站用变压器宜采用 Dyn11 联结组。

3. 监督要求

查阅设计说明，确定站用变压器联结组别是否符合要求。

4. 整改措施

当发现该项目相关监督要点不满足时，应及时修改工程设计图纸并上报技术监督办公室。

3.5.3 设备采购阶段

3.5.3.1 设备参数性能

1. 监督要点及监督依据

设备采购阶段站用变压器设备参数性能监督要点及监督依据见表 3–246。

表 3-246　　　　　　　　　设备采购阶段站用变压器设备参数性能监督

监督要点	监督依据
1. 不应选用明令停止供货（或停止使用）、家族缺陷、不满足预防事故措施的产品。 2. 变压器空载损耗及负载损耗不得有正偏差。 3. 干式变压器分接引线需包封绝缘护套。 4. 户外站用变压器高、低压套管出线应有绝缘护罩	1.《油浸式电力变压器（电抗器）技术监督导则》（Q/GDW 11085—2013）5.3.2。 2～4.《10kV 变压器采购标准　第 1 部分：通用技术规范》（Q/GDW 13002.1—2018）5.1、5.2

2. 监督项目解析

设备参数性能是设备采购阶段最重要的监督项目之一。

技术监督人员应对明令停止供货（或停止使用）、家族缺陷、不满足预防事故措施的产品，提出书面禁用意见。变压器的空载损耗和负载损耗是变压器的重要性能参数，一方面表示变压器在运行过程中的效率，另一方面表明变压器在设计、制造过程中的性能是否符合要求。使用绝缘护罩可以避免因异物或小动物触碰造成的短路事故的发生，有效减少运行设备的安全隐患。

3. 监督要求

查阅技术规范书、厂家投标文件，确定站用变压器设备参数性能是否符合要求。

4. 整改措施

当发现该项目相关监督要点不满足时，应及时确认设备实际情况并上报技术监督办公室。

3.5.3.2　材质要求

1. 监督要点及监督依据

设备采购阶段站用变压器材质要求监督要点及监督依据见表 3-247。

表 3-247　　　　　　　　　设备采购阶段站用变压器材质要求监督

监督要点	监督依据
1. 10kV 变压器所有绕组材料采用铜线或铜箔。 2. 燃烧性能等级满足 GB/T 1094.11 中 F1 级的要求。 3. 35kV 变压器全部绕组均应采用铜导线或铜箔。 4. 油浸式变压器绝缘油击穿电压：35kV 及以下电压等级≥35kV	1～2.《10kV 变压器采购标准　第 1 部分：通用技术规范》（Q/GDW 13002.1—2018）5.2.1、5.2.2。 3.《35kV 站用变压器采购标准　第 1 部分：通用技术规范》（Q/GDW 13004.1—2018）5.2.2。 4.《电气装置安装工程　电气设备交接试验标准》（GB/T 50150—2016）19.0.1

2. 监督项目解析

材质要求是设备采购阶段重要的监督项目。

原材料直接影响产品的性能质量，如果原材料质量不佳，出厂试验过程不一定能够检验出来；但随着运行年限增加，问题会逐渐暴露，有的甚至引发故障。因此，设备主材和关键辅材必须严格要求按照技术条件进行选用。主材包括绕组铜线/铜箔，铜载流量大、损耗低，但密度为铝的三倍，且价格也较高，有些制造厂家为了降低成本，偷工减料，将铜绕组用铝绕组代替。设备运行过程中，负荷增加常常导致绕组发热，设备寿命大大降低，绝缘老化导致故障。

变压器油的击穿电压是衡量变压器油被水和悬浮杂质污染程度的重要指标，油的击穿电压越低，变压器的整体绝缘性越差，直接影响变压器的安全运行。因此，必须严格测试，并将变压器油击穿电压控制在规定范围内。

3. 监督要求

查阅资料招标技术条件书、厂家投标文件、重要外购或配套部件供应商清单及检验报告，确定设备原材料是否符合要求。

4. 整改措施

当发现该项目相关监督要点不满足时,应及时确认设备原材料实际情况并上报技术监督办公室。

3.5.3.3 冷却系统

1. 监督要点及监督依据

设备采购阶段站用变压器冷却系统监督要点及监督依据见表 3-248。

表 3-248　　　　　　　　　　设备采购阶段站用变压器冷却系统监督

监督要点	监督依据
35kV 干式站用变压器冷却系统可手动和自动启动；冷却系统控制箱应随变压器成套供货，控制箱应为户外式	《35kV 站用变压器采购标准　第 1 部分：通用技术规范》（Q/GDW 13004.1—2018）5.5.3

2. 监督项目解析

冷却系统是设备采购阶段重要的监督项目。

干式站用变压器冷却系统是保证变压器正常运行的散热装置，在变压器所有缺陷中，冷却系统缺陷占了很大比例。当冷却系统在运行中发生故障时，应能发出事故信号并提供上传信号接口，一旦发现故障可及时维修，避免设备因温度过高发生报警跳闸事故。冷却系统的接线不能接反，否则风机的风向错误将达不到应有的冷却效果。

3. 监督要求

查阅资料招标技术条件书、厂家投标文件，确定冷却系统运行、控制方式是否符合要求。

4. 整改措施

当发现该项目相关监督要点不满足时，应及时确认设备实际情况并上报技术监督办公室。

3.5.3.4 干式站用变压器耐热等级、防护等级及绝缘介质

1. 监督要点及监督依据

设备采购阶段干式站用变压器耐热等级、防护等级及绝缘介质监督要点及监督依据见表 3-249。

表 3-249　　　设备采购阶段干式站用变压器耐热等级、防护等级及绝缘介质监督

监督要点	监督依据
1. 干式变压器壳体防护等级应大于 IP20。 2. 干式站用变压器绝缘耐热等级不低于 F 级。干式变压器额定电流下的绕组平均温升不超过 100K（F）；额定电流下的绕组平均温升不超过 125K（H）。 3. 玻璃纤维与环氧树脂复合材料作绝缘，树脂不加填料，预置散热气道，真空状态浸渍式浇注，按特定的温度曲线固化成型。绕组内外表面用预浸树脂玻璃丝网覆盖加强。环氧树脂应具有阻燃性好、自动熄火的特性，遇到火源时不产生有害气体	1.《10kV 变压器采购标准　第 1 部分：通用技术规范》（Q/GDW 13002.1—2018）5.2.2。 2.《10kV 变压器采购标准　第 3 部分：10kV 三相干式变压器专用技术规范》（Q/GDW 13002.3—2018）表 1 技术参数特性表。 3.《10kV 配电变压器选型技术原则和检测技术规范》（Q/GDW 11249—2014）5.3.4

2. 监督项目解析

干式站用变压器耐热等级、防护等级及绝缘介质是设备采购阶段重要的监督项目。

该条款规定了变压器的防护等级、耐热等级和绝缘耐热应用材料及其制备工艺，以保证设备不发生持续高温造成绝缘介质老化或材料质量不合格造成设备外绝缘被破坏，威胁人身及设备安全。

3. 监督要求

查阅招标技术条件书和厂家的投标文件，确定设备防尘、耐热等级和绝缘材料及制造工艺是否符合要求。

4. 整改措施

当发现该项目相关监督要点不满足时，应及时确认设备实际情况并上报技术监督办公室。

3.5.3.5 局部放电

1. 监督要点及监督依据

设备采购阶段站用变压器局部放电监督要点及监督依据见表 3－250。

表 3－250　　　　　　　　　设备采购阶段站用变压器局部放电监督

监督要点	监督依据
10kV 三相干式变压器局部放电水平≤8pC，A 类优质设备局部放电水平≤5pC	《10kV 变压器采购标准　第 3 部分：10kV 三相干式变压器专用技术规范》（Q/GDW 13002.3—2018）表 1 技术参数特性表

2. 监督项目解析

局部放电是设备采购阶段比较重要的监督项目。

干式变压器主绝缘材料采用固体绝缘材料。由于受产品原材料的选择、产品结构设计、绕组浇注工艺等因素影响，有可能在同一缺陷部位反复放电，导致临近绝缘在电场力作用下被击穿的情况发生。局部放电是引起绝缘老化并导致击穿的主要原因。短时间的放电不会造成整个通道的介质受损，但是放电的电解作用使绝缘加速氧化，并腐蚀绝缘，从而降低了变压器的寿命。

3. 监督要求

查阅招标技术条件书和厂家的投标文件，确定局部放电水平是否符合要求。

4. 整改措施

当发现该项目相关监督要点不满足时，应及时确认设备实际情况并上报技术监督办公室。

3.5.3.6 温度报警

1. 监督要点及监督依据

设备采购阶段站用变压器温度报警监督要点及监督依据见表 3－251。

表 3－251　　　　　　　　　设备采购阶段站用变压器温度报警监督

监督要点	监督依据
干式变压器绕组配置有温度监视及自启动风扇，温度高时应能发出告警并启动风扇	《国家电网公司变电专业精益化管理评价规范》（国家电网运检〔2015〕224 号）十四、站用电系统评价细则 13 温度计、18 风机

2. 监督项目解析

温度报警是设备采购阶段比较重要的监督项目。

变压器绕组温度过高可使绝缘材料损坏。由于干式变压器外层绕组与内层绕组间温差较大，外壳温度不能反映出其内部绕组的实际温度，所以干式变压器应配置有温度监视。并且干式变压器普遍安装于开关柜内，由于柜内空间较小，不利于变压器散热，需要安装风扇用于变压器散热。

3. 监督要求

查阅招标技术条件书和厂家的投标文件，确定绕组配置温度监视及风扇是否符合要求。

4. 整改措施

当发现该项目相关监督要点不满足时，应及时确认设备实际情况并上报技术监督办公室。

3.5.3.7　温升

1. 监督要点及监督依据

设备采购阶段站用变压器温升监督要点及监督依据见表 3-252。

表 3-252　　　　　　　　　　设备采购阶段站用变压器温升监督

监督要点	监督依据
1. 油浸式变压器顶层油温升限值 55K，绕组(平均)温升限值 65K，绕组(热点)温升限值 78K，铁心、油箱及结构件表面的温升限值 80K(10kV)、75K(35kV)，限值均不允许有正偏差。 2. 干式变压器额定电流下绕组平均温升不超过 100K(F)；额定电流下的绕组平均温升不超过 125K(H)	1.《10kV 配电变压器选型技术原则和检测技术规范》(Q/GDW 11249—2014) 5.2.2。 2.《10kV 变压器采购标准　第 3 部分：10kV 三相干式变压器专用技术规范》(Q/GDW 13002.3—2018) 表 1　技术参数特性表

2. 监督项目解析

温升是设备采购阶段重要的监督项目。

通常变压器的温度升高主要来源于损耗，变压器铁心温度的升高主要来源于空载损耗，变压器绕组温度的升高主要来源于负载损耗。由于变压器过热等原因，将会加快变压器绝缘老化速度。

3. 监督要求

查阅招标技术条件书和厂家的投标文件，确定是否有变压器各位置温差的记录，并确定是否符合要求。

4. 整改措施

当发现该项目相关监督要点不满足时，应及时确认设备实际情况并上报技术监督办公室。

3.5.4　设备制造阶段

3.5.4.1　原材料抽检

1. 监督要点及监督依据

设备制造阶段站用变压器原材料抽检监督要点及监督依据见表 3-253。

表 3-253　　　　　　　　　设备制造阶段站用变压器原材料抽检监督

监督要点	监督依据
1. 10kV 变压器所有绕组材料采用铜线或铜箔。 2. 燃烧性能等级满足 GB/T 1094.11 中 F1 级的要求。 3. 35kV 变压器全部绕组均应采用铜导线或铜箔	1~2.《10kV 变压器采购标准　第 1 部分：通用技术规范》(Q/GDW 13002.1—2018) 5.2.1、5.2.2。 3.《35kV 站用变压器采购标准　第 1 部分：通用技术规范》(Q/GDW 13004.1—2018) 5.2.2

2. 监督项目解析

原材料抽检是设备制造阶段最重要的监督项目之一。

原材料直接影响产品的性能质量，如果原材料质量不佳，出厂试验过程不一定能够检验出来，但随着运行年限增加，问题会逐渐暴露，有的甚至引发故障。因此，设备主材和关键辅材必须严格要求按照技术条件进行选用，主材包括绕组铜线/铜箔，铜载流量大、损耗低，但密度为铝的三倍，且价格也较高，有些制造厂家为了降低成本，偷工减料，将铜绕组用铝绕组代替。设备运行过程中，负荷增加常常导致绕组发热，设备寿命大大降低，绝缘老化导致故障。

3. 监督要求

随设备材料批次抽检开展，检查原厂质量保证书，确定实物是否符合要求；必要时，同一批次组部件抽取 1 件进行复测或旁站见证。

4. 整改措施

当发现该项目相关监督要点不满足时，应及时通报物资管理部门，禁止采购。

3.5.4.2　制造工艺

1. 监督要点及监督依据

设备制造阶段站用变压器制造工艺监督要点及监督依据见表 3－254。

表 3－254　　　　　　　　　设备制造阶段站用变压器制造工艺监督

监督要点	监督依据
1. 干式变压器绕组材料宜采用无氧铜材料制造的铜线、铜箔或性能更好的导线，玻璃纤维与环氧树脂复合材料作绝缘。 2. 薄绝缘结构，埋树脂散热气道，真空状态浸渍式浇注，按特定的温度曲线固化成型，绕组内外表面用进口预浸树脂玻璃丝网覆盖加强。 3. 干式变压器环氧树脂浇注的高、低压绕组应一次成型，不得修补	《10kV 变压器采购标准　第 1 部分：通用技术规范》（Q/GDW 13002.1—2018）5.2.2

2. 监督项目解析

制造工艺是设备制造阶段最重要的监督项目之一。

制造工艺的好坏直接影响设备的制造质量。一般站用变压器采用干式环氧树脂浇注结构型式，在真空状态下按特定的温度曲线固化成型，绕组内外表面用进口预浸树脂玻璃丝网覆盖加强，玻璃纤维与环氧树脂复合材料作绝缘。环氧树脂浇注的高、低压绕组应一次成型，浇注应严格控制生产工艺，减少气泡，减小局部放电量；防止环氧树脂开裂，增强抗短路能力；采用散热气道、薄绝缘结构，增加绝缘强度。制造工艺控制不好，后续局部放电、工频耐压和雷电冲击等出厂试验结果将可能无法达到要求的技术指标。

3. 监督要求

随设备材料批次抽检开展，检查实物应符合要求，依据技术图纸和工艺单进行抽样观测，查阅完整记录单，必要时进行现场核实。

4. 整改措施

当发现该项目相关监督要点不满足时，应及时责成厂家进行整改，同时上报技术监督办公室。

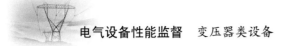

3.5.4.3　局部放电

1. 监督要点及监督依据

设备制造阶段站用变压器局部放电监督要点及监督依据见表 3-255。

表 3-255　　　　　　　　　设备制造阶段站用变压器局部放电监督

监督要点	监督依据
10kV 三相干式变压器局部放电水平≤8pC，A 类优质设备局部放电水平≤5pC	《10kV 变压器采购标准　第 3 部分：10kV 三相干式变压器专用技术规范》（Q/GDW 13002.3—2018）表 1　技术参数特性表

2. 监督项目解析

局部放电是设备制造阶段的监督项目之一。

干式变压器主绝缘材料采用固体绝缘材料。由于受产品原材料的选择、产品结构设计、绕组浇注工艺等因素影响，有可能在同一缺陷部位反复放电，导致临近绝缘在电场力作用下被击穿的情况发生。局部放电是引起绝缘老化并导致击穿的主要原因。短时间的放电不会造成整个通道的介质受损，但是放电的电解作用使绝缘加速氧化，并腐蚀绝缘，从而降低了变压器的寿命。

3. 监督要求

随设备材料批次抽检开展，查阅抽检记录、生产工艺过程和设备情况记录，必要时进行现场核实。

4. 整改措施

当发现该项目相关监督要点不满足时，应及时通报物资管理部门，禁止采购。

3.5.4.4　冷却系统

1. 监督要点及监督依据

设备制造阶段站用变压器冷却系统监督要点及监督依据见表 3-256。

表 3-256　　　　　　　　　设备制造阶段站用变压器冷却系统监督

监督要点	监督依据
10～35kV 干式站用变压器冷却系统可手动和自动启动；当冷却器系统在运行中发生故障时，应能发出事故信号并提供上传信号接口；冷却系统控制箱应随变压器成套供货，控制箱应为户外式；变压器应配备低压侧中性点电流互感器	《35kV 站用变压器采购标准　第 1 部分：通用技术规范》（Q/GDW 13004.1—2018）5.5.3

2. 监督项目解析

冷却系统是设备制造阶段最重要的监督项目之一。

干式站用变压器冷却系统是保证变压器正常运行的散热装置，在变压器所有缺陷中，冷却系统缺陷占了很大比例。当冷却系统在运行中发生故障时，应能发出事故信号并提供上传信号接口，一旦发现故障可及时维修，避免设备因温度过高发生报警跳闸事故。冷却系统的接线不能接反，否则风机的风向错误将达不到应有的冷却效果。另外，温度信号要求为 4～20mA 标准微机信号，以使接口具有通用性。

3. 监督要求

随设备材料批次抽检开展，现场核实冷却系统是否符合要求。

4. 整改措施

当发现该项目相关监督要点不满足时，应及时通报物资管理部门，禁止采购。

3.5.5 设备验收阶段

3.5.5.1 出厂外观标识验收

1. 监督要点及监督依据

设备验收阶段站用变压器出厂外观标识验收监督要点及监督依据见表3-257。

表3-257 设备验收阶段站用变压器出厂外观标识验收监督

监督要点	监督依据
1. 变压器的铭牌应清晰，其内容应符合《电力变压器 第 1 部分：总则》（GB 1094.1—2013）的规定（包含型号、厂家、出厂日期、出厂编号、容量）。油浸式站用变压器铭牌油温—油位曲线标识牌清晰、完整可识别；油号标识牌清晰、完整可识别；套管、压力释放阀等其他附件铭牌齐全。 2. 铭牌应为不锈钢或其他耐腐蚀材料	《10kV 变压器采购标准 第 1 部分：通用技术规范》（Q/GDW 13002.1—2018）5.3.12

2. 监督项目解析

出厂外观标识验收是设备验收阶段重要的监督项目。

变压器铭牌材料应不受气候影响，并且固定在明显可见的位置。铭牌上的标识必须包含以下项目：① 变压器种类；② 本部分代号；③ 制造单位名称、变压器装配所在地（国家、城镇）；④ 出厂序号；⑤ 制造年月；⑥ 产品型号；⑦ 相数；⑧ 额定容量；⑨ 额定频率（Hz）；⑩ 各绕组额定电压（V 或 kV）及分接范围；⑪ 各绕组额定电流（A 或 kA）；⑫ 联结组标号；⑬ 以百分数表示的短路阻抗实测值，对于多绕组变压器，应给出不同的双绕组组合下的短路阻抗以及各自的参考容量；⑭ 冷却方式；⑮ 总质量；⑯ 绝缘液体的质量、种类。

3. 监督要求

现场核实出厂外观标识是否符合要求。

4. 整改措施

当发现该项目相关监督要点不满足时，应及时通知设备厂家进行整改。

3.5.5.2 出厂试验

1. 监督要点及监督依据

设备验收阶段站用变压器出厂试验监督要点及监督依据见表3-258。

表3-258 设备验收阶段站用变压器出厂试验监督

监督要点	监督依据
1. 变压器的空载损耗和负载损耗不得有正偏差。 2. 10kV 三相干式变压器局部放电水平≤8pC，A 类优质设备局部放电水平≤5pC。 3. 10kV 三相干式变压器，额定电流下的绕组（F）平均温升不超过100K，额定电流下的绕组（H）平均温升不超过125K。 4. 10～35kV 三相油浸式电力变压器顶层油温升限值 55K（自然油循环），绕组（平均）温升限值65K，绕组（热点）温升限值78K，金属结构件和铁心温升限值78K，油箱表面温升限值78K	1.《10kV 变压器采购标准 第 1 部分：通用技术规范》（Q/GDW 13002.1—2018）5.1。 2～3.《10kV 变压器采购标准 第 3 部分：10kV 三相干式变压器专用技术规范》（Q/GDW 13002.3—2018）表 1 技术参数特性表。 4.《国家电网公司变电验收管理规定（试行）第 22 分册 站用变验收细则》[国网（运检/3）827—2017] A.6 油浸式站用变出厂验收（试验）标准卡 13 温升试验

2. 监督项目解析

出厂试验是设备验收阶段最重要的监督项目之一。

伴随状态检修工作的开展、试验周期的延长，设备出厂试验数据已成为其运维检修阶段试验检测的重要比对依据。试验数据的变化幅度成为开展检修工作的重要参考内容，已完全不同于以往周期性检测以限值确定设备健康水平的要求。

（1）变压器的空载损耗和负载损耗标注的值，应是最大限定值。

（2）局部放电试验可发现设备制造工艺导致的影响电气绝缘的缺陷。变压器耐压试验后，可进行局部放电试验，试验电压应从较低值迅速增加到预加电压（$0.8 \times 1.3 \times U_m$），保持至少 10s，再迅速下降电压至测量电压点，所得值不应大于 10pC。

（3）通常变压器的温度升高主要来源于损耗，变压器铁心温度的升高主要来源于空载损耗，变压器绕组温度的升高主要来源于负载损耗。由于变压器过热等原因，将会加快变压器绝缘老化速度。在特殊条件下，如果安装场所条件不符合正常使用条件的要求，则对变压器的温升限值应做相应的修正。

3. 监督要求

检查出厂试验报告是否包含空、负载损耗、局部放电及温升试验记录；必要时，同一批次抽取 1 件进行复测或旁站见证。

4. 整改措施

无出厂试验报告或试验结果不符合要求的，应及时查明原因，并报告技术监督办公室。

3.5.5.3　冷却系统

1. 监督要点及监督依据

设备验收阶段站用变压器冷却系统监督要点及监督依据见表 3－259。

表 3－259　　　　　　　　　设备验收阶段站用变压器冷却系统监督

监督要点	监督依据
35kV 干式站用变压器冷却系统可手动和自动启动；当冷却器系统在运行中发生故障时，应能发出事故信号并提供上传信号接口；冷却系统控制箱应随变压器成套供货，控制箱应为户外式；变压器应配备低压侧中性点电流互感器	《35kV 站用变压器采购标准　第 1 部分：通用技术规范》（Q/GDW 13004.1—2018）5.5.3

2. 监督项目解析

冷却系统是设备验收阶段比较重要的监督项目。

干式站用变压器冷却系统是保证变压器正常运行的散热装置，在变压器所有缺陷中，冷却系统缺陷占了很大比例。当冷却系统在运行中发生故障时，应能发出事故信号并提供上传信号接口，一旦发现故障可及时维修，避免设备因温度过高发生报警跳闸事故。冷却系统的接线不能接反，否则风机的风向错误将达不到应有的冷却效果。另外，温度信号要求为 4～20mA 标准微机信号，以使接口具有通用性。

3. 监督要求

查阅资料招标技术条件书、厂家投标文件或现场核实冷却系统是否符合要求。

4. 整改措施

当发现该项目相关监督要点不满足时，应及时查明原因，并报告技术监督办公室。

3.5.5.4 温升

1. 监督要点及监督依据

设备验收阶段站用变压器温升监督要点及监督依据见表 3－260。

表 3－260　　　　　　　　　　　　设备验收阶段站用变压器温升监督

监督要点	监督依据
1. 油浸变压器顶层油温升 55K，绕组（平均）温升 65K，绕组（热点）温升 78K，铁心、油箱及金属结构件表面的温升 80K（10kV）、75K（35kV），限值均不允许有正偏差。 2. 干式变压器额定电流下绕组平均温升不超过 100K（F）；额定电流下的绕组平均温升不超过 125K（H）	1.《10kV 配电变压器选型技术原则和检测技术规范》（Q/GDW 11249—2014）5.2.2。《35kV 站用变压器采购标准　第 2 部分：35kV 三相双绕组油浸无励磁电力变压器（站用变压器）专用技术规范》（Q/GDW 13004.2—2018）表 1　技术参数特性表。 2.《10kV 变压器采购标准　第 3 部分：10kV 三相干式变压器专用技术规范》（Q/GDW 13002.3—2018）表 1　技术参数特性表

2. 监督项目解析

温升是设备验收阶段重要的监督项目。

通常变压器的温度升高主要来源于损耗，变压器铁心温度的升高主要来源于空载损耗，变压器绕组温度的升高主要来源于负载损耗。由于变压器过热等原因，将会加快变压器绝缘老化速度。

3. 监督要求

查阅抽检记录、生产工艺过程和设备情况记录，必要时见证出厂试验（抽取一台）。

4. 整改措施

当发现该项目相关监督要点不满足时，应及时查明原因，并报告技术监督办公室。

3.5.5.5 绝缘油试验

1. 监督要点及监督依据

设备验收阶段站用变压器绝缘油试验监督要点及监督依据见表 3－261。

表 3－261　　　　　　　　　　　设备验收阶段站用变压器绝缘油试验监督

监督要点	监督依据
提供的新油（包括所需的备用油）应满足： （1）过滤后应达到油的击穿电压（kV）≥35（10kV）、40（35kV）、50（66kV）。 （2）介质损耗因数（90℃）≤0.5%（35kV 及以下）、0.3%（66kV）。 （3）含水量（mg/L）≤20（110kV 及以下）、15（220kV）。 （4）应在注油静置后、交流耐压试验和温升试验 24h 后及温升试验中每隔 4h，进行油中溶解气体的色谱分析；各次测得的 H_2、C_2H_2 及总烃含量，应无明显差别。油中 H_2 与烃类气体含量任一项不宜超过下列数值（μL/L）：总烃，20；H_2，30；C_2H_2，0.1	1.《电气装置安装工程　电气设备交接试验标准》（GB 50150—2016）19.0.1。 2.《35kV 站用变压器采购标准　第 3 部分：35kV 三相双绕组油浸有载调压电力变压器（站用变压器）专用技术规范》（Q/GDW 13004.3—2018）表 1　技术参数特性表。 3.《66kV 站用变压器采购标准　第 3 部分：66kV/0.4kV/1000kVA 油浸式三相双绕组有载调压电力变压器专用技术规范》（Q/GDW 13005.3—2018）表 1　技术参数特性表。 4.《国家电网公司变电验收管理规定（试行）第 22 分册：站用变验收细则》[国网（运检/3）827—2017] A.6 油浸式站用变出厂验收（试验）标准卡

2. 监督项目解析

绝缘油试验是设备验收阶段最重要的监督项目之一。

全密封油浸式配电变压器绝缘油系统主要起绝缘及散热作用，对绝缘油进行试验检测，能够更

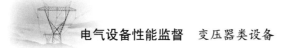

好地确保变压器内部绝缘良好。变压器绝缘油的例行试验包括击穿电压测量、介质损耗因数测量、含水量测定及油中溶解气体气相色谱分析。

（1）击穿电压测量：变压器油的击穿电压是衡量变压器油被水和悬浮杂质污染程度的重要指标，油的击穿电压越低，变压器的整体绝缘性越差，直接影响变压器的安全运行；因此，必须严格测试，并将变压器油的击穿电压控制在规定范围内。

（2）介质损耗因数测量：变压器油的介质损耗因数是衡量变压器本身绝缘性能和被污染程度的重要参数，油的介质损耗因数越大，变压器的整体介质损耗因数也就越大，绝缘电阻降低，油纸绝缘的寿命也会缩短；因此，必须严格测试，并将油的介质损耗因数控制在较低范围内。

（3）含水量测定：水分影响油纸绝缘性能、加快油纸绝缘老化速度，为了将变压器油中含水量控制到较低范围，必须在注油前后对油中含水量进行测定。

（4）油中溶解气体气相色谱分析：变压器油中溶解的和气体继电器中收集的 CO、CO_2、H_2、CH_4、C_2H_6、C_2H_4、C_2H_2 等气体的含量，间接地反映充油设备本身的实际情况；通过对这些气体组分的变化情况进行分析，就可以判定设备在试验或运行过程中的状态变化情况，并对判断和排除故障提供依据。

3. 监督要求

查阅抽检记录、生产工艺过程和设备情况记录，必要时见证出厂试验（抽取一台）。

4. 整改措施

无此项试验报告或者试验结果不符合要求的，应及时查明原因，并报告技术监督办公室。

3.5.6 设备安装阶段

3.5.6.1 与站用变压器连接电缆接头工艺

1. 监督要点及监督依据

设备安装阶段站用变压器连接电缆接头工艺监督要点及监督依据见表 3-262。

表 3-262　　　　　　　　　设备安装阶段与站用变压器连接电缆接头工艺监督

监督要点	监督依据
1. 室外电缆终端头应有防水措施。 2. 站用变压器高压电力电缆屏蔽层、钢铠应分别引出接地。 3. 新投运变电站不同站用变压器低压侧至站用电屏的电缆应尽量避免同沟敷设，对无法避免的则应采取防火隔离措施	1~2.《国家电网公司变电专业精益化管理评价规范》（国家电网运检〔2015〕224 号）九、电力电缆评价档案。 3.《国家电网公司十八项电网重大反事故措施（修订版）》（国家电网设备〔2018〕979 号）5.2.1.6

2. 监督项目解析

与站用变压器连接电缆接头工艺是设备安装阶段比较重要的监督项目。

室外电缆头一旦受潮，即会发生放电故障，应做到密闭、防水。电缆敷设应做到所有间隔都要封堵，不同线路要求完全隔离开。电缆屏蔽层、钢铠未接地，屏蔽层或铠装层可产生感应电势，易导致电缆击穿；因此电缆屏蔽层、钢铠必须牢固接地，且应直接接到接地装置。电缆敷设中应注意所有间隔应使用合格的防火材料进行封堵，尽量降低事故、火灾造成的损失。

3. 监督要求

现场检查设备安装情况是否符合要求。

4. 整改措施

当发现该项目相关监督要点不满足时，应由项目管理单位组织施工单位限期整改。验收合格后才能投运。

3.5.6.2 附件技术要求

1. 监督要点及监督依据

设备安装阶段站用变压器附件技术要求监督要点及监督依据见表 3－263。

表 3－263 设备安装阶段站用变压器附件技术要求监督

监督要点	监督依据
1. 干式变压器分接引线需包封绝缘护套。 2. 户外站用变压器高、低压套管出线应有绝缘护罩	1.《10kV 变压器采购标准 第 1 部分：通用技术规范》（Q/GDW 13002.1—2018）5.2.2。 2.《10kV 变压器采购标准 第 1 部分：通用技术规范》（Q/GDW 13002.1—2018）5.2.1

2. 监督项目解析

附件技术要求是设备安装阶段最重要的监督项目之一。

干式变压器分接引线绝缘护套和户外站用变压器高、低压套管出线绝缘护罩应由厂家进行配套，所配套的护套和护罩应做到封闭严密、相色分开。一些改装工程中不能配套而使用非原厂附件的，如密封不严密，应采取措施对缝隙进行封闭。使用绝缘护罩可以避免因异物或小动物触碰造成的短路事故的发生，对设备和人身安全意义较大，施工中应对其重视。

3. 监督要求

现场检查设备安装情况是否符合要求。

4. 整改措施

当发现该项目相关监督要点不满足时，应要求及时整改，检查招标合同中是否要求配套，并报告技术监督办公室。

3.5.7 设备调试阶段

3.5.7.1 绕组连同套管的直流电阻

1. 监督要点及监督依据

设备调试阶段站用变压器绕组连同套管的直流电阻监督要点及监督依据见表 3－264。

表 3－264 设备调试阶段站用变压器绕组连同套管的直流电阻监督

监督要点	监督依据
1. 油浸式站用变压器：测量应在各分接头的所有位置上进行。1600kVA 及以下三相变压器，各相绕组相互间的差别不应大于 4%；无中性点引出的绕组，线间各绕组相互间的差别不应大于 2%；1600kVA 以上三相变压器，各相绕组相互间的差别不应大于 2%；无中性点引出的绕组，线间相互间的差别不应大于 1%。与同温下产品出厂实测数值比较，相应变化不应大于 2%。当由于变压器结构等原因，三相互差不符合要求时，应有厂家书面资料说明原因。 2. 对于 2500kVA 及以下的干式变压器，其绕组直流电阻不平衡率：相为不大于 4%，线为不大于 2%。由于线材及引线结构等原因而使直流电阻不平衡率超标的，应记录实测值并写明引起偏差的原因	1.《电气装置安装工程 电气设备交接试验标准》（GB 50150—2016）8.0.4。 2.《干式电力变压器技术参数和要求》（GB/T 10228—2015）6.2

2. 监督项目解析

绕组连同套管的直流电阻是设备调试阶段重要的监督项目。

绕组连同套管的直流电阻测量，其目的是检查绕组内部导线、引线与绕组的焊接以及分接开关、套管等载流部分的接触是否良好。测量绕组电阻时必须准确记录绕组温度。若无完整的交接试验记录，设备将不能投运，同时也无法为后期运维和故障分析提供有效的数据支撑。

3. 监督要求

查阅比较出厂试验报告和交接试验报告，必要时现场试验见证。

4. 整改措施

当发现该试验测试值不符合要求时，应查阅试验记录，分析原因，责成设备安装单位进行整改。

3.5.7.2 所有分接头的电压比

1. 监督要点及监督依据

设备调试阶段站用变压器所有分接头的电压比监督要点及监督依据见表3-265。

表3-265 设备调试阶段站用变压器所有分接头的电压比监督

监督要点	监督依据
所有分接头的电压比与制造厂铭牌数据相比应无明显差别，且应符合电压比的规律	《电气装置安装工程　电气设备交接试验标准》（GB 50150—2016）8.0.5

2. 监督项目解析

所有分接头的电压比是设备调试阶段最重要的监督项目之一。

测量所有分接头的电压比，其目的是保证所有分接头的电压比与铭牌数据一致。分接头的电压比不正确，会造成二次电压输出错误，烧毁用电设备。

3. 监督要求

查阅试验报告所有分接头的电压比是否符合要求。

4. 整改措施

当发现该项目相关监督要点不满足时，应及时通知设备安装单位进行整改。

3.5.7.3 变压器的三相接线组别

1. 监督要点及监督依据

设备调试阶段站用变压器三相接线组别监督要点及监督依据见表3-266。

表3-266 设备调试阶段站用变压器三相接线组别监督

监督要点	监督依据
应符合设计要求且与铭牌上的标记和外壳上的符号相符	《电气装置安装工程　电气设备交接试验标准》（GB 50150—2016）8.0.6

2. 监督项目解析

变压器的三相接线组别是设备调试阶段最重要的监督项目之一。

3. 监督要求

查阅设计文件及设备铭牌是否相符。

4. 整改措施

当发现该项目相关监督要点不满足时，应及时通知设备安装单位，对照设计要求进行整改。

3.5.7.4 与铁心绝缘的各紧固件（连接片可拆开者）及铁心（有外引接地线的）绝缘电阻

1. 监督要点及监督依据

设备调试阶段站用变压器与铁心绝缘的各紧固件及铁心绝缘电阻监督要点及监督依据见表 3–267。

表 3–267　　　　设备调试阶段站用变压器与铁心绝缘的各紧固件及铁心绝缘电阻监督

监督要点	监督依据
1. 铁心必须为一点接地。采用 2500V 绝缘电阻表测量，持续时间 1min，应无闪络及击穿现象。 2. 铁心绝缘电阻≥100MΩ（新投运 1000MΩ）（注意值）	1.《电气装置安装工程　电气设备交接试验标准》（GB 50150—2016）8.0.7。 2.《国家电网公司变电专业精益化管理评价规范》（国家电网运检〔2015〕224 号）十四、站用电系统评价细则 21 本体例行试验

2. 监督项目解析

与铁心绝缘的各紧固件（连接片可拆开者）及铁心（有外引接地线的）绝缘电阻是设备调试阶段的监督项目之一。

测量铁心及其紧固件的绝缘电阻，其目的是检测铁心绝缘性能。铁心多点接地，接地点就会形成闭合回路，造成环流，引起局部过热，绝缘性能下降，严重时会使铁心硅钢片烧坏甚至烧损变压器。

3. 监督要求

查阅交接试验报告，必要时现场试验见证，确定试验过程、结果是否符合要求。

4. 整改措施

当发现该项目相关监督要点不满足时，应及时通知设备安装单位进行整改。

3.5.7.5 绕组连同套管的绝缘电阻

1. 监督要点及监督依据

设备调试阶段站用变压器绕组连同套管的绝缘电阻监督要点及监督依据见表 3–268。

表 3–268　　　　设备调试阶段站用变压器绕组连同套管的绝缘电阻监督

监督要点	监督依据
绝缘电阻值不低于产品出厂试验值的 70%或不低于 10 000MΩ（20℃）	《电气装置安装工程　电气设备交接试验标准》（GB 50150—2016）8.0.10

2. 监督项目解析

绕组连同套管的绝缘电阻是设备调试阶段最重要的监督项目之一。

在变压器制造过程中，绝缘特性测量用来确定绝缘的质量状态，发现生产中可能出现的局部或整体缺陷，并作为设备是否可以进行绝缘强度试验的一个辅助判断手段；同时提供出厂前的绝缘特性试验数据，用户由此可以对比和判断设备运输、安装、运行中由于吸潮、老化及其他原因引起的绝缘劣化程度。设备在现场安装完成后，应对绕组连同套管的绝缘电阻重新进行测量，测量值不低于出厂试验值的 70%或不低于 10 000MΩ（20℃）。

3. 监督要求

查阅交接试验报告，必要时现场试验见证，确定试验过程、结果是否符合要求。

4. 整改措施

当发现该项目相关监督要点不满足时，应及时通知设备安装单位进行整改。

3.5.7.6 绕组连同套管的交流耐压试验

1. 监督要点及监督依据

设备调试阶段站用变压器绕组连同套管的交流耐压试验监督要点及监督依据见表 3-269。

表 3-269　　　　　　　设备调试阶段站用变压器绕组连同套管的交流耐压试验监督

监督要点	监督依据
变压器线端交流耐压试验值应符合 GB 50150 表 D.0.1 和表 D.0.3 的耐压试验要求，耐压时间 1min	《电气装置安装工程　电气设备交接试验标准》（GB 50150—2016）3.0.1、8.0.13

2. 监督项目解析

绕组连同套管的交流耐压试验是设备调试阶段的监督项目之一。

绕组连同套管的交流耐压试验，其目的是考核变压器主绝缘强度，发现绝缘局部缺陷。绕组连同套管的交流耐压试验可以有效发现设备局部受潮或整体受潮和脏污，以及绝缘击穿和严重过热老化等缺陷。

3. 监督要求

查阅交接试验报告，必要时现场试验见证，确定试验过程、结果是否符合要求。

4. 整改措施

当发现该项目相关监督要点不满足时，应及时通知设备安装单位进行整改。

3.5.7.7 绝缘油试验

1. 监督要点及监督依据

设备调试阶段站用变压器绝缘油试验监督要点及监督依据见表 3-270。

表 3-270　　　　　　　　设备调试阶段站用变压器绝缘油试验监督

监督要点	监督依据
1. 过滤后应达到油的击穿电压（kV）≥35（10kV）、40（35kV）、50（66kV）。 2. 介质损耗因数（90℃）≤0.5%（35kV 及以下）、0.3%（66kV）。 3. 含水量（mg/L）：≤20（110kV 及以下）、15（220kV）	《电气装置安装工程　电气设备交接试验标准》（GB 50150—2016）19.0.1。《66kV 站用变压器采购标准　第 3 部分：66kV/0.4kV/1000kVA 油浸式三相双绕组有载调压电力变压器专用技术规范》（Q/GDW 13005.3—2018）表 1 技术参数特性表

2. 监督项目解析

绝缘油试验是设备调试阶段重要的监督项目。

全密封油浸式配电变压器绝缘油系统主要起绝缘及散热作用，对绝缘油进行试验检测，能够更好地确保变压器内部绝缘良好。变压器绝缘油的例行试验包括击穿电压测量、介质损耗因数测量、含水量测量等。

（1）击穿电压测量：变压器油的击穿电压是衡量变压器油被水和悬浮杂质污染程度的重要指标，油的击穿电压越低，变压器的整体绝缘性越差，直接影响变压器的安全运行。因此，必须严格测试，并将变压器油击穿电压控制在规定范围内。

（2）介质损耗因数测量：变压器油的介质损耗因数是衡量变压器本身绝缘性能和被污染程度的重要参数，油的损耗因数越大，变压器的整体介质损耗因数也就越大，绝缘电阻降低。因此，必须严格测试，并将油的介质损耗因数控制在较低范围内。

（3）含水量测量：水分影响油的绝缘性能、加快油的绝缘老化速度，为了将变压器油中含水量控制到较低范围，必须在注油前后对油中含水量进行测量。

3. 监督要求

查阅抽检记录、生产工艺过程和设备情况记录，必要时抽取一台见证试验。

4. 整改措施

当发现该项目相关监督要点不满足时，应及时通知设备安装单位进行整改。

3.5.8 竣工验收阶段

3.5.8.1 现场检查

1. 监督要点及监督依据

竣工验收阶段站用变压器现场检查监督要点及监督依据见表 3－271。

表 3－271　　　　　　　　　竣工验收阶段站用变压器现场检查监督

监督要点	监督依据
工程完成后、试运行前应全面检查，检查项目应包含： （1）本体及附件外观完整，且不渗油（设备出厂铭牌齐全、参数正确，相序标识清晰、正确，设备双重名称标识牌齐全、正确）。 （2）消防设施检测合格。 （3）油位正常。 （4）冷却装置启动正常。 （5）吸湿剂不应出现受潮变色情况。 （6）注入吸湿器油杯的油量要适中，在顶盖下应留出 1/5～1/6 高度的空隙。 （7）变压器的接地装置应可靠，接地电阻应合格，变压器的接地装置应有防锈层及明显的接地标志	1.《电气装置安装工程　电力变压器、油浸式电抗器、互感器施工及验收规范》（GB/T 50148—2010）4.12.1。 2.《国家电网公司变电验收管理规定（试行）　第 22 分册　站用变验收细则》[国网（运检/3）827—2017] A.10 油浸式站用变竣工（预）验收标准卡。 3.《配电网运维规程》（Q/GDW 1519—2014）5.5.5

2. 监督项目解析

现场检查是竣工验收阶段比较重要的监督项目。

竣工验收是对设备投运前的最后一次把关，开展现场检查是设备可投入运行的必要条件。设备在试运行前要对现场全面检查，每个细小环节都不能放过，通过检查设备外观、设备零部件是否正常以及施工工艺是否符合要求，确认其符合运行条件时，设备方可投入试运行。

3. 监督要求

查阅验收报告并现场检查确认。

4. 整改措施

当发现该项目相关监督要点不满足时，应分析原因，并责成厂家进行整改。

3.5.8.2 户外站用变压器安全防护

1. 监督要点及监督依据

竣工验收阶段户外站用变压器安全防护监督要点及监督依据见表 3－272。

表 3 – 272   竣工验收阶段户外站用变压器安全防护监督

监督要点	监督依据
户外站用变压器高、低压套管出线应有绝缘护罩	《10kV 变压器采购标准　第 1 部分：通用技术规范》（Q/GDW 13002.1—2018）5.2.1

2. 监督项目解析

户外站用变压器安全防护是竣工验收阶段最重要的监督项目之一。

户外站用变压器高、低压套管出线如果没有绝缘护罩，一旦有异物或者小动物进入，容易引发短路。

3. 监督要求

现场检查户外站用变压器安全防护是否符合要求。

4. 整改措施

当发现该项目相关监督要点不满足时，应责成施工单位进行整改，并上报技术监督办公室。

3.5.8.3　10kV 干式站用变压器分接引线

1. 监督要点及监督依据

竣工验收阶段 10kV 干式站用变压器分接引线监督要点及监督依据见表 3 – 273。

表 3 – 273   竣工验收阶段 10kV 干式站用变压器分接引线监督

监督要点	监督依据
1. 10kV 干式变压器分接引线需包封绝缘护套，且高、低压间需保持足够的绝缘距离。 2. 站用变压器引线、连接导体间和对地的距离符合国家现行有关标准的规定或订货要求	1.《10kV 变压器采购标准　第 1 部分：通用技术规范》Q/GDW 13002.1—2018）5.2.2。 2.《国家电网公司变电验收管理规定（试行）　第 22 分册：站用变验收细则》[国网（运检/3）827—2017] A.11 干式站用变竣工（预）验收标准卡

2. 监督项目解析

10kV 干式站用变压器分接引线是竣工验收阶段最重要的监督项目之一。

变电站户外常有小动物或者其他异物，制订该条款，主要为了防止有异物或者小动物进入从而引发短路的现象发生。

3. 监督要求

现场检查分接引线是否符合要求。

4. 整改措施

现场发现问题，应责成施工单位进行整改，并上报技术监督办公室。

3.5.8.4　引线及线夹

1. 监督要点及监督依据

竣工验收阶段站用变压器引线及线夹监督要点及监督依据见表 3 – 274。

表 3 – 274   竣工验收阶段站用变压器引线及线夹监督

监督要点	监督依据
1. 线夹等金具应无裂纹，线夹不应采用铜铝对接过渡线夹，引线应无散股、扭曲、断股。 2. 母线及引线的连接不应使端子受到超过允许的外加应力。 3. 引线、连接导体间和对地的距离符合国家现行有关标准的规定或订货要求	1.《国家电网公司变电专业精益化管理评价规范》（国家电网运检〔2015〕224 号）十四、站用电系统评价细则 12 引线及线夹。 2～3.《国家电网公司变电验收管理规定（试行）　第 22 分册　站用变验收细则》[国网（运检/3）827—2017] A.10、A.11

2. 监督项目解析

引线及线夹是竣工验收阶段最重要的监督项目之一。

变压器所用的线夹等金具应完好无裂纹，引线应无散股、扭曲、断股现象。线夹不应采用铜铝对接过渡线夹，铜铝过渡线夹在运行时较易在铜铝过渡连接处发生断裂事故，造成较为严重的电网事故，甚至引发大面积停电事故。

3. 监督要求

现场检查引线及线夹是否符合要求。

4. 整改措施

当发现该项目相关监督要点不满足时，应及时通知设备管理部门进行整改。

3.5.8.5 反措执行

1. 监督要点及监督依据

竣工验收阶段站用变压器反措执行监督要点及监督依据见表 3－275。

表 3－275 竣工验收阶段站用变压器反措执行监督

监督要点	监督依据
1. 气体继电器、压力释放阀、温度计必须经校验合格后方可使用，校验报告需符合要求。 2. 户外布置变压器的气体继电器、油流速动继电器、温度计、油位表应加装防雨罩，并加强与其相连的二次电缆结合部的防雨措施，二次电缆应采取防止雨水顺电缆倒灌的措施（如防水弯）	《国家电网有限公司关于印发十八项电网重大反事故措施（修订版）的通知》（国家电网设备〔2018〕979 号）9.3.1. 4、9.3.2.1

2. 监督项目解析

反措执行是竣工验收阶段最重要的监督项目之一。

在对一些气体继电器和压力释放装置的校验中发现，不少产品存在质量问题，因此，必须加强对非电量保护装置的校验工作。

气体继电器、油流速动继电器受潮，会造成变压器误跳闸；温度计受潮会造成无法远方监测油温或造成变电站直流电源部分接地；油位表受潮会造成远方监测变压器实际油位不准或造成变电站直流电源部分接地等问题；因此，户外布置变压器的气体继电器、油流速动继电器、温度计、油位表应加装防雨罩。为防止变压器本体保护装置发生二次电缆倒灌进水，提出了二次电缆布置形式上的要求，其中增加防水弯是一种有效防止雨水从二次电缆倒灌的方法。

3. 监督要求

现场检查反措执行是否符合要求。

4. 整改措施

当发现该项目相关监督要点不满足时，应及时通知设备管理部门进行整改。

3.5.9 运维检修阶段

3.5.9.1 运行巡视

1. 监督要点及监督依据

运维检修阶段站用变压器运行巡视监督要点及监督依据见表 3－276。

表 3-276 运维检修阶段站用变压器运行巡视监督

监督要点	监督依据
1. 运行巡视周期应符合相关规定。 2. 巡视项目重点关注：强油循环冷却器负压区及套管渗漏油、储油柜和套管油位、顶层油温和绕组温度、声响及振动等是否正常。 3. 站用变压器日常巡视检查一般包括以下内容： (1) 各部位无渗油、漏油； (2) 套管无破损裂纹、无放电痕迹及其他异常现象，套管渗漏时，应及时处理，防止内部受潮损坏； (3) 变压器声响均匀、正常； (4) 各冷却器手感温度应接近，风扇、油泵、水泵运转正常，油流继电器工作正常； (5) 水冷却器的油压应大于水压（制造厂另有规定者除外）； (6) 本体运行温度正常，温度计指示清晰，表盘密封良好，防雨措施完好； (7) 储油柜油位计外观正常，油位应与制造厂提供的油温—油位曲线相对应； (8) 吸湿器呼吸畅通，吸湿剂不应自上而下变色，上部不应被油浸润，无碎裂、粉化现象，吸湿剂潮解变色部分不超过总量的 2/3，油杯油位正常； (9) 引线接头、电缆应无过热； (10) 压力释放阀及防爆膜应完好无损，无漏油； (11) 干式站用变压器环氧树脂表面及端部应光滑、平整，无裂纹、毛刺或损伤变形，无烧焦现象，表面涂层无严重变色、脱落或爬电痕迹	1.《输变电设备状态检修试验规程》（Q/GDW 1168—2013）5.1.1.1 表 1。 2.《输变电设备状态检修试验规程》（Q/GDW 1168—2013）5.1.1.2。 3.《输变电设备状态检修试验规程》（Q/GDW 1168—2013）5.3.1 表 7。 4.《电力变压器运行规程》（DL/T 572—2010）5.1.4

2. 监督项目解析

运行巡视是运维检修阶段最重要的监督项目之一。

通过运行巡视可以掌握在运电流互感器的基本设备状况，针对有异常的状况可以及时发现，避免隐患的扩大，提高设备安全水平。

3. 监督要求

查阅巡视记录是否符合要求。

4. 整改措施

当发现该项目相关监督要点不满足时，应立即查明原因，并结合实际情况进行缺陷处理。

3.5.9.2 状态检测

1. 监督要点及监督依据

运维检修阶段站用变压器状态检测监督要点及监督依据见表 3-277。

表 3-277 运维检修阶段站用变压器状态检测监督

监督要点	监督依据
停电试验应按规定周期开展，试验项目应齐全。当对试验结果有怀疑时应进行复测，必要时开展诊断性试验	1.《输变电设备状态检修试验规程》（Q/GDW 1168—2013）5.1.1、5.1.2。 2.《输变电设备状态检修试验规程》（Q/GDW 1168—2013）5.3.1 表 8

2. 监督项目解析

状态检测是运维检修阶段比较重要的监督项目。

在设备运行期间，为掌握设备电气性能状况，应按规定周期开展例行试验，必要时进行诊断性试验。试验结论的正确与否直接影响设备的运行情况，因此，例行、诊断性试验是掌握在运设备状态的必要手段。

3. 监督要求

查阅测试记录或现场检测。

4. 整改措施

当发现该项目相关监督要点不满足时，应立即查明原因，并由运维检修部门结合实际情况整改。

3.5.9.3 状态评价与检修决策

1. 监督要点及监督依据

运维检修阶段站用变压器状态评价与检修决策监督要点及监督依据见表 3-278。

表 3-278　　　　　运维检修阶段站用变压器状态评价与检修决策监督

监督要点	监督依据
1. 状态评价应基于巡检及例行试验、诊断性试验、在线监测、带电检测、家族缺陷、不良工况等状态信息，包括其现象强度、量值大小以及发展趋势，结合与同类设备的比较，做出综合判断。 2. 依据设备状态评价的结果，考虑设备风险因素，动态制订设备的检修策略，合理安排检修计划和内容，应开展动态评价和定期评价，定期评价每年不少于一次，并对评价结果进行分析	1.《输变电设备状态检修试验规程》(Q/GDW 1168—2013) 4.3.1。 2.《油浸式变压器（电抗器）状态检修导则》(DL/T 1684—2017) 4.1

2. 监督项目解析

状态评价与检修决策是运维检修阶段最重要的监督项目之一。

随着电力技术水平的进步，电力系统运维检修由过去的定期检修、例行试验和事后检修相结合的模式，逐渐转变为状态检修模式。状态评价是开展状态检修的基础，是消除设备安全隐患和保证设备安全运行的重要手段。通过状态评价工作，可了解设备状态，并为检修决策的制定提供依据，是状态检修工作中的重要内容。

3. 监督要求

查阅试验报告是否符合要求。

4. 整改措施

当发现该项目相关监督要点不满足时，应及时通知设备管理部门进行整改。

3.5.9.4 故障/缺陷处理

1. 监督要点及监督依据

运维检修阶段站用变压器故障/缺陷处理监督要点及监督依据见表 3-279。

表 3-279　　　　　运维检修阶段站用变压器故障/缺陷处理监督

监督要点	监督依据
1. 发现缺陷应及时记录，缺陷定性应正确，缺陷处理应闭环。 2. 发现缺陷应及时制订应对处理措施。缺陷记录应包含运行巡视、检修巡视、带电检测、检修过程中发现的缺陷；结合现场核查，不应存在现场缺陷没有记录的情况；检修班组结合消缺，对记录中表述不严谨的缺陷现象进行完善；缺陷原因应明确；更换的部件应明确；缺陷定级应正确，缺陷处理应闭环。 3. 事故应急处置应到位，如事故分析报告、应急抢修记录等	《油浸式电力变压器（电抗器）技术监督导则》(Q/GDW 11085—2013) 5.9.2

2. 监督项目解析

故障/缺陷处理是运维检修阶段最重要的监督项目。

站用变压器发生缺陷、故障后，应按要求进行处理，形成闭环。油浸式站用变压器不应有以下缺陷：本体异响，严重漏油，吸湿器堵塞，导线接头松动、引线断股，套管外绝缘破损开裂或严重污秽放电等。干式站用变压器不应有以下缺陷：本体异响、外部开裂，干式套管破损开裂，导线接头发热，本体紧固件松脱，测温装置发过温信号等。现场巡视要对变压器的外观、响声、导线的接头及变压器的温度等进行检查，确保各运行参数正常。

3. 监督要求

查阅缺陷、故障记录或现场检查。

4. 整改措施

当发现该项目相关监督要点不满足时，做好建档、上报、处理、验收等各环节的闭环管理，必要时联系检修人员处理。

3.5.9.5 反措落实

1. 监督要点及监督依据

运维检修阶段站用变压器反措落实监督要点及监督依据见表3－280。

表 3－280 运维检修阶段站用变压器反措落实监督

监督要点	监督依据
1. 对运行超过20年的薄绝缘、铝绕组变压器，不再对本体进行改造性大修，也不应进行迁移安装，应加强技术监督工作并安排更换。 2. 加强对冷却器与本体、气体继电器与储油柜相连的波纹管的检查，老旧变压器应结合技改大修工程对存在缺陷的波纹管进行更换	《国家电网有限公司关于印发十八项电网重大反事故措施（修订版）的通知》（国家电网设备〔2018〕979号）9.2.3.2、9.7.3.4

2. 监督项目解析

反措落实是运维检修阶段最重要的监督项目之一。

严格执行反措，是正确开展运行维护、保障站用变压器安全运行的基础。站用变压器存在危急缺陷会危及设备及电网的安全运行，运维人员要对设备的运行情况做好详细的记录。

20世纪70年代、80年代生产了大量的薄绝缘、铝绕组变压器，这些变压器工艺质量较差，绝缘已老化，如有严重缺陷，其运行经济型和可靠性都不具备再改造价值；更换下来的薄绝缘、铝绕组变压器，若再迁移安装，将给系统带来安全隐患。

变压器用波纹管有以下用途：一是解决安装误差；二是对器身振动的传递进行隔离或缓冲。波纹管的质量不好，运行中又长期受到拉力、剪切力的作用，将造成波纹管的疲劳或破裂，导致变压器故障跳闸。

3. 监督要求

查阅资料或现场检查，确定反措落实是否符合要求。

4. 整改措施

当发现该项目相关监督要点不满足时，做好建档、上报、处理、验收等各环节的闭环管理，必要时联系检修人员处理。

3.5.9.6 例行试验（绕组连同套管的直流电阻）

1. 监督要点及监督依据

运维检修阶段站用变压器例行试验（绕组连同套管的直流电阻）监督要点及监督依据见表3－281。

表 3-281   运维检修阶段站用变压器例行试验（绕组连同套管的直流电阻）监督

监督要点	监督依据
1. 油浸式站用变压器：测量应在各分接头的所有位置上进行。1600kVA 及以下三相变压器，各相绕组相间的差别不应大于 4%；无中性点引出的绕组，线间各绕组相互间的差别不应大于 2%；1600kVA 以上三相变压器，各相绕组相互间的差别不应大于 2%；无中性点引出的绕组，线间相互间的差别不应大于 1%。与同温下产品出厂实测数值比较，相应变化不应大于 2%。当由于变压器结构等原因，三相互差不符合要求时，应有厂家书面资料说明原因。 2. 对于 2500kVA 及以下的干式变压器，其绕组直流电阻不平衡率：相为不大于 4%，线为不大于 2%。由于线材及引线结构等原因而使直流电阻不平衡率超标的，应记录实测值并写明引起偏差的原因	1.《电气装置安装工程 电气设备交接试验标准》（GB 50150—2016）8.0.4。 2.《干式电力变压器技术参数和要求》（GB/T 10228—2015）6.2

2. 监督项目解析

例行试验（绕组连同套管的直流电阻）是运维检修阶段最重要的监督项目之一。

绕组连同套管的直流电阻测量，其目的是检查绕组内部导线、引线与绕组的焊接以及分接开关、套管等载流部分的接触是否良好。测量绕组电阻时必须准确记录绕组温度。

3. 监督要求

查阅比较出厂试验报告和交接试验报告，必要时现场试验见证，确定试验过程、结果是否符合要求。

4. 整改措施

当发现该项目相关监督要点不满足时，应及时通知设备管理部门督促整改。

3.5.9.7   例行试验（绝缘油试验）

1. 监督要点及监督依据

运维检修阶段站用变压器例行试验（绝缘油试验）监督要点及监督依据见表 3-282。

表 3-282   运维检修阶段站用变压器例行试验（绝缘油试验）监督

监督要点	监督依据
1. 油浸式变压器：绝缘油的击穿电压（kV）≥30（35kV 及以下）。 2. 介质损耗因数（90℃）≤0.04。 3. 油中溶解气体含量（μL/L）：C_2H_2≤5，H_2≤150，总烃≤150	《国家电网公司变电专业精益化管理评价规范》（国家电网运检〔2015〕224 号）十四、站用电系统评价细则 21 本体例行试验

2. 监督项目解析

绝缘油试验是运维检修阶段重要的监督项目。

绝缘油试验的目的是判断设备在运行过程中的状态变化情况，为判断和排除故障提供依据。绝缘油是变压器的重要组成部分，起着主要的电气绝缘作用，其性能好坏直接影响变压器的电气绝缘水平。通过定期对变压器油进行理化、电气性能试验，同时进行色谱分析，掌握运行中变压器油的性能变化，查明原因，采取相应的处理措施，可及时消除设备缺陷，防止因油质不合格给设备造成危害，保证设备稳定、安全、经济运行。

3. 监督要求

查阅试验报告，确定试验过程、结果是否符合要求。

4. 整改措施

当发现该项目相关监督要点不满足时，应及时通知设备管理部门督促整改。

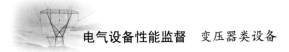
3.5.10　退役报废阶段

3.5.10.1　技术鉴定

1. 监督要点及监督依据

退役报废阶段站用变压器技术鉴定监督要点及监督依据见表 3−283。

表 3−283　　　　　　　　　　　退役报废阶段站用变压器技术鉴定监督

监督要点	监督依据
1. 油浸式站用变压器满足以下条件，应进行报废：① 运行超过 20 年，按照 GB 1094.5 规定的方法进行抗短路能力校核计算，抗短路能力严重不足，无改造价值；② 经抗短路能力校核计算确定抗短路能力不足，存在绕组严重变形等重要缺陷，或同类型设备短路损坏率较高并判定为存在家族型缺陷；③ 容量已明显低于供电需求，不能通过技术改造满足电网发展要求，且无调拨再利用需求；④ 设计水平低、技术落后的变压器，如铝绕组、薄绝缘等老旧变压器，不能满足经济、安全运行要求；⑤ 同类设计或同批产品中已有绝缘老化或多次发生严重事故，且无法修复；⑥ 运行超过 20 年，试验数据超标、内部存在危害绕组绝缘的局部过热或放电性故障；⑦ 运行超过 20 年，油中糠醛含量超过 4mg/L，按 DL/T 984 判断设备内部存在纸绝缘非正常老化；⑧ 运行超过 20 年，油中 CO_2/CO 大于 10，按 DL/T 984 判断设备内部存在纸绝缘非正常老化；⑨ 套管出现严重渗漏，介质损耗值超过 Q/GDW 1168 标准要求，套管内部存在严重过热或放电性缺陷，同类型套管多次发生严重事故，无法修复，可局部报废。 2. 干式站用变压器满足以下条件，应进行报废：运行 15 年以上且出现绝缘老化现象（如匝间绝缘击穿、固体绝缘变色、严重过热、龟裂等）	1.《电网一次设备报废技术评估导则》（Q/GDW 11772—2017）5.3。 2.《电网一次设备报废技术评估导则》（Q/GDW 11772—2017）5.10

2. 监督项目解析

技术鉴定是退役报废阶段最重要的监督项目之一。

电网电压等级的提高和电网规模的扩大，对电网内运行设备，尤其是核心设备变压器的可靠、健康运行提出了更高的要求。通过对变压器开展状态评估，确定其是否需要退役报废。

3. 监督要求

查阅项目可研报告、项目初设报告、项目建议书、拟退役主要资产清单、拟退役资产技术鉴定表、全部拟退役资产拆除、运输等相关费用概算等资料，确定技术鉴定是否符合要求。

4. 整改措施

当发现该项目相关监督要点不满足时，应立即查明原因，并通知设备管理部门结合实际情况进行处理。

3.5.10.2　废油处理

1. 监督要点及监督依据

退役报废阶段站用变压器废油处理监督要点及监督依据见表 3−284。

表 3−284　　　　　　　　　　　退役报废阶段站用变压器废油处理监督

监督要点	监督依据
如涉及旧油、废油回收和再生处理情况的： （1）应有完整的旧油、废油回收和再生处理记录。 （2）报废设备中废油严禁随意向环境中排放，确需在现场处理的，应统一回收，集中处理	《变压器油维护管理导则》（GB/T 14542—2017）11.2.5

2. 监督项目解析

废油处理是退役报废阶段比较重要的监督项目。

变压器旧油、废油中含有的有机物等有害物质，若处理不当，会对人体和生态环境造成危害，因此必须做好变压器废油处理工作。

3. 监督要求

查阅退役报废设备处理记录，确定废油、废气处置是否符合要求。

4. 整改措施

当发现该项目相关监督要点不满足时，应立即查明原因，并通知设备管理部门结合实际情况进行处理。

变压器类设备技术监督典型案例

4.1 变 压 器

4.1.1 设备采购阶段

【案例1】绕组监督不到位导致变压器短路损坏。

1. 情况简介

2012年12月2日，某220kV变电站1号主变压器工频变化量差动保护动作，跳开主变压器三

图4-1 受损绕组示意图

侧开关，约6s后主变压器保护C屏轻瓦斯保护动作。根据现场检查和主变压器吊罩检查情况，分析认为1号主变压器故障原因是1号主变压器低压侧35kV两回出线几乎同时接地，造成主变压器低压侧B、C相相间短路，低压C相绕组发生变形，导致绕组匝间绝缘性能降低，工频变化量差动保护动作，主变压器跳闸。受损绕组如图4-1所示。

2. 问题分析

此次故障过程中，主变压器低压侧最大短路电流为7608A，短路电流值只有额定电流的6.5倍，远小于技术协议中厂家承诺的40.8kA。另外，吊罩检查结果显示主变压器低压侧绕组采用半硬纸包扁铜线绕制，根据《电力变压器 第5部分：承受短路的能力》（GB 1094.5—2008）相关内容，半硬纸包扁铜线受力时的屈服强度远低于自黏换位导线，半硬纸包扁铜线绕制的绕组耐受短路电流冲击能力一般比较差，进而导致主变压器抗短路能力较弱，绕组在短路电流冲击下即发生变形损坏。

3. 处理措施

在设备采购阶段，应严格落实采购文件要求，全部绕组均应采用铜导线，其中低压及中压绕组应采用自粘性换位导线。在设备制造阶段应开展产品设计核查，重点检查变压器突发短路型式试验报告或者抗短路能力计算报告。

【案例2】铁心和夹件接地方式监督不到位导致运行过程中难以开展检测。

1. 情况简介

某 110kV 变电站 2 号主变压器的铁心及夹件接地引下线位于主变压器本体与散热器之间，无法进行接地电流测试、局部放电检测等试验项目。主变压器铁心和夹件引下线位置如图 4-2 所示。

2. 处理措施

在设备采购阶段，应对铁心和夹件接地方式提出明确要求：铁心、夹件通过小套管引出接地的变压器，应将接地引线引至适当位置，以便在运行中监测接地线中是否有环流。在竣工验收阶段应注意检查铁心和夹件的接地位置是否合理、接地标志是否清楚正确。

【案例 3】 冷却系统选型不合理导致运行过程中缺陷频发。

1. 情况简介

某 220kV 变电站运行的强迫油循环风冷油浸式变压器，本体运行正常，但油流继电器运行两年后均发出异响，内部触点时常接触不良，使冷控箱内接触器频繁投退，影响设备正常运行；此外，由于油流继电器动板轴套严重磨损，金属粉末进入变压器油内，如达到一定比例将危及变压器安全运行。轴承严重磨损的油流继电器如图 4-3 所示。

图 4-2 主变压器铁心和夹件引下线位置示意图　　图 4-3 轴承严重磨损的油流继电器示意图

2. 问题分析

强迫油循环风冷方式的冷却系统结构复杂，含有潜油泵和油流继电器等易损元件。另外，该冷却方式不具备自冷容量，对电源要求高，容易产生渗漏油，日常运行维护工作量大。

3. 处理措施

变压器冷却系统设计应优先选用自然油循环风冷或自冷方式，冷却装置尽量采用片式散热器；容量 240MVA 以下变压器宜采用自然冷却方式，容量 240MVA 及以上变压器可采用一种或多种组合冷却方式；对于无人值班变电站不宜采用强迫油循环风冷型式。

【案例 4】 未对非电量保护装置配置防雨措施提出明确要求。

1. 情况简介

2016 年 6 月 23 日，某 220kV 变电站 1 号主变压器本体重瓦斯保护动作，变压器一、二次开关分闸。对二次回路绝缘进行测量，发现重瓦斯回路绝缘为零，其他回路绝缘正常。现场将气体继电器上盖打开后，发现上盖密封良好，但内部有积水。气体继电器触点受潮情况如图 4-4 所示。

 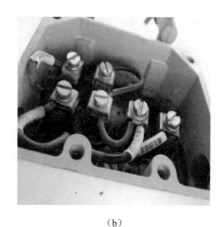

（a） （b）

图 4-4 气体继电器触点受潮示意图
（a）细节图 1；（b）细节图 2

2. 处理措施

在设备采购阶段，应严格落实采购文件要求，主设备非电量保护应防水（户外设备应加装防雨罩，本体及二次电缆进线 50mm 应被遮蔽，45°向下雨水不能直淋）、抗震、防油渗漏、密封性好。

【案例 5】 主要金属部件受力情况未进行校核。

1. 情况简介

2015 年 9 月 30 日，某变电站 2 号主变压器 C 相重瓦斯保护动作跳闸。经解体分析，故障原因为引线 T 接点与高压套管的横向水平方向的偏移量最大达 5.61m，高压套管顶部接线柱长期承受侧拉力导致接线柱及盖板歪斜变形，盖板密封功能失效，在套管顶部负压的作用下，空气及水分沿盖板缝隙吸入套管导流杆并沿导流杆内部流入变压器内部，导致高压绕组内部放电。套管结构如图 4-5 所示。

2. 处理措施

在设备采购阶段，对于新安装 220kV 及以上大型变压器（电抗器），设计单位应核算引流线（含金具）对套管接线柱的作用力，确保不大于套管及接线端子弯曲负荷耐受值。

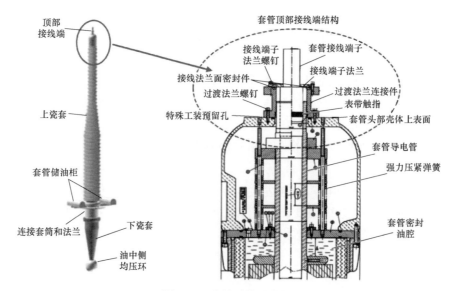

图 4-5 套管结构示意图

4.1.2 设备制造阶段

【案例1】未加强产品监造。

1. 情况简介

2015 年 2 月，某 500kV 变电站新主变压器做长时感应耐压带局部放电试验时，在 $1.5U_{\mathrm{m}}/\sqrt{3}$ 试验电压下，高压绕组局部放电量达 800pC，并且随着加压时间增加，局部放电量有上升趋势。

2. 问题分析

经分析，高中低压绕组的局部放电量比例关系与试验前方波校准结果不一致，判断为高压套管问题。更换新套管后试验通过。对异常套管进行返厂分析，局部放电量在加压 45min 后有增长趋势，数值达 10pC；对套管进行换油处理，再次局部放电试验合格，分析认为此前的套管局部放电现象是由油中小气泡引起。

3. 处理措施

加强对设备制造阶段的监造工作，尤其在出厂试验时应派遣专业技术人员进行现场见证，严格按照相关标准规定管控各侧绕组感应耐压试验的局部放电量。

【案例2】原材料及组附件验收不到位导致运行设备故障。

1. 情况简介

2016 年 5 月，巡视人员发现某 110kV 变电站 1 号主变压器下方有大面积油渍，检查发现高压 B 相套管油位异常，套管储油柜和上瓷套结合面松动，油不断外渗。解体检查发现，套管尾部中心导管断裂。

2. 问题分析

分析此次故障套管导管断裂原因为厂家使用的该批次导管牌号、规格不符合要求，抗拉强度和伸长率不足，运行过程中始终受力，运行时间稍长即发生断裂。经排查，该批次套管导管在全国已经发生多起断裂故障。断裂的套管导电管如图 4-6 所示。

图 4-6 断裂的套管导电管示意图
(a) 整体图；(b) 细节图 1；(c) 细节图 2

3. 处理措施

应加强设备制造阶段原材料及组附件验收，原材料供应商变更时应检查产品质量检验证书、进

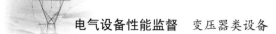
厂检验记录等，必要时对原材料进行抽查。

【案例3】总装配时未对散热器进行整体预装试验。

1. 情况简介

某220kV变压器散热片未经检测直接发货运输到现场，到现场后发现多处沙眼，同时核实散热器的有效散热面积与出厂试验时采用的散热器有效散热面积不符。经现场协商后，该批散热片全部退回，导致现场工期延误25d。劣质散热器如图4-7所示。

（a）　　　　　　　　　　　　　（b）

图4-7　劣质散热器
（a）外观图；（b）细节图

2. 处理措施

在变压器的制造阶段，110kV及以上油浸式变压器出厂试验期间使用的散热器，必须在变压器厂整体预装，开展密封性试验，并经试验合格后随变压器本体一起发往现场，不允许使用非实际运行的散热器临时代替。在设备验收时，应仔细核对技术文件，确保到货产品与订货合同和厂里经过整体预装试验的产品一致。

4.1.3　设备验收阶段

【案例1】未加强产品出厂试验见证。

1. 情况简介

2014年1月22日，某220kV变电站新主变压器在出厂时进行B相绕组短时感应耐压试验，中性点电压达74kV，维持45s后出现击穿现象；之前雷电冲击试验、工频耐压试验以及A、C相的短时感应耐压试验均已顺利结束。

2. 问题分析

经过厂家全面排查，变压器绕组以及引线均正常，然而B相有载分接开关底部有金属屑。经吊出检查发现，B相有载分接开关的偶数分接选择器的汇流环及其与轴间的绝缘衬圈存在击穿现象。结合故障有载分接开关返厂检查情况，分析原因为绝缘衬圈材质不佳，局部存在绝缘缺陷，试验过程中发生击穿。对同批次绝缘衬圈开展相关检测未发现明显异常。有载分接开关内部放电示意图如图4-8所示。

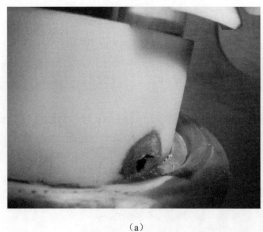 

（a）　　　　　　　　　　　　（b）

图4-8　有载分接开关内部放电示意图

（a）细节图1；（b）细节图2

3. 处理措施

加强对设备制造阶段的监造工作，尤其在出厂试验时应派遣专业技术人员进行现场见证。严格落实《国家电网有限公司关于印发十八项电网重大反事故措施（修订版）的通知》（国家电网设备〔2018〕979号）有关要求"出厂局部放电试验测量电压为 $1.5U_\mathrm{m}/\sqrt{3}$ 时，220kV及以上电压等级变压器高、中压端的局部放电量不大于100pC，110（66）kV电压等级变压器高压侧的局部放电量不大于100pC"。

【案例2】运输与储存管理问题。

1. 情况简介

2015年4月20日，某500kV输变电工程主变压器现场就位时，验收人员发现气体压力存在异常，使用肥皂水仔细检查发现C相下节油箱某处焊缝有焊接缺陷，存在气孔。后由厂家技术人员在现场进行带油补焊，漏点消除。油箱漏气部位如图4-9所示。

图4-9　油箱漏气部位示意图

2. 处理措施

在设备验收阶段应加强设备运输与储存管理，充气运输的变压器运到现场后，必须密切监视气体压力；压力过低时（低于0.01MPa）要补干燥气体，如果补气后气体压力在短时内降低明显，应查明原因，防止变压器绝缘受潮以及投运后出现渗漏油情况。

4.1.4 设备安装阶段

【案例】未对低压母线进行绝缘化处理。

1. 情况简介

某 500kV 变电站 3 号主变压器两套差动保护动作，主变压器三侧开关跳闸，故障未造成负荷损失。故障原因为主变压器低压侧套管至低压侧开关之间未进行绝缘化改造，由于异物搭接发生 A、C 相间短路。现场放电点如图 4-10 所示。

 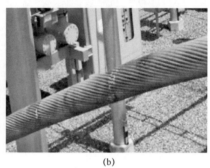

图 4-10 现场放电点示意图

（a）现场放电部位；（b）细节图

2. 处理措施

变压器 35kV 及以下出线侧相间距离较近，小动物侵入或异物掉落于变压器低压出线导致相间短路的概率较高。特别是近年来，变压器 35kV 和 10kV 侧发生出口短路造成设备损坏的事件频发，成为威胁变压器安全运行的主要问题。因此，应在基建阶段对变压器低压侧母线进行绝缘化处理。

4.1.5 设备调试阶段

【案例 1】局部放电试验参考标准不符合要求。

1. 情况简介

2017 年 6 月，某 220kV 扩建输变电工程变压器感应耐压交接试验结果异常，在 $1.5U_m/\sqrt{3}$ 试验电压下，高压绕组局部放电量达 135pC、中压绕组局部放电量达 165pC。经核查，调试单位执行的是《电力变压器　第 3 部分：绝缘水平、绝缘试验和外绝缘空气间隙》（GB/T 1094.3—2003）中"在 $1.5U_m/\sqrt{3}$ 下的长时试验期间，局部放电量的连续水平不大于 500pC"的规定，执行标准与运行单位存在差异。后经电科院专业技术人员现场指导，排除干扰影响，变压器局部放电量低于 100pC。

2. 处理措施

在设备调试阶段应加强变压器局部放电试验监督，局部放电量严格按照"220kV、500kV（330kV）电压等级变压器高、中压端的局部放电量不大于 100pC"以及"1000kV（750kV）高压绕组不大于 100pC，中压绕组不大于 200pC"执行。

【案例 2】未严格执行交接试验。

1. 情况简介

2016 年 6 月 11 日，在对某 110kV 变电站基建工程开展交接试验时，检测发现 2 号主变压器夹件对铁心及地绝缘电阻异常，试验电压（2500V）无法升高，绝缘电阻为零，铁心对夹件绝缘、铁心对夹件及地绝缘电阻值合格。初步判断夹件存在多点接地情况。

2. 问题分析

使用摄像头、经手孔检查发现，在变压器油箱底的铁心夹件垫脚处掉落一把 30/32 的扳手（见图 4－11），使用磁铁将开口扳手取出后，夹件对铁心及地绝缘电阻试验通过。排查扳手来源：变压器出厂后，厂家装货人员在做发货密封检查时，发现低压侧高压零相套管运输封板处有泄漏，曾打开过封板，并更换了该处的密封垫，在此过程中极有可能掉落扳手。

3. 处理措施

在设备调试阶段应加强交接试验检查，交接试验项目应齐全、试验结果应正确，防止运输安装过程中出现的问题影响设备安全运行。

图 4－11　油箱内掉落的扳手

4.1.6　竣工验收阶段

【案例 1】冷却装置油泵运转不正常导致主变压器油中 C_2H_2 含量异常。

1. 情况简介

2015 年 12 月，某 220kV 变电站新建 2 号主变压器投运前的油色谱试验结果异常：H_2 含量达 50μL/L，C_2H_2 含量达 7.3μL/L，总烃含量达 36.2μL/L，并且有增长趋势。检查交接试验报告、重做常规试验和局部放电试验、放油内检，均未发现异常。对比 2 号主变压器和 1 号主变压器的油温，2 号主变压器温度比 1 号主变压器高 13K，且 2 号主变压器冷却器油泵噪声较大。

2. 问题分析

检查冷却器上下部进出导油管阀门均在开启状态。对 2 号主变压器冷却器油泵电源的相序进行检查，发现油泵的电源相序接反。对 6 台油泵相序进行更换后，油泵运转正常，并对冷却器进行了两天两夜的运转试验，再从油泵处取油样进行检测，C_2H_2 无增长，且有明显降低。为验证油泵反转是否会导致油产生 C_2H_2，变压器厂家专门制作了试验工装，模拟油泵反转试验，经过将近 2d 的试验，证明油泵反转的确会导致油产生 C_2H_2。

3. 处理措施

在竣工验收阶段应强化强迫油循环的变压器冷却装置验收，确保油泵转向正确、电源切换正常。在设备调试阶段应严格按有关施工规范开展冷却装置功能调试。调试和验收过程中应加强同类设备之间的比较分析，发现异常及时处理。

【案例 2】冷却装置阀门未开启导致主变压器运行过程中温度异常。

1. 情况简介

2017 年 7 月，运行人员巡视发现某 220kV 变电站 1 号主变压器温度异常：负荷为 30% 时，油面温度达 74.4℃。进一步开展红外测温发现，主变压器本体上下温差约 30℃（上部 75℃、下部 45℃），本体两侧散热器上下温差约 35℃（上部 65℃、下部 30℃）。

2. 问题分析

对变压器进行停电处理，检查发现散热器上部汇流管与变压器本体连接处 6 只蝶阀未打开，导致油流散热管路不通畅。处理后，变压器温度恢复正常。处于关闭状态的蝶阀如图 4－12 所示。

图 4-12　处于关闭状态的蝶阀示意图

3. 处理措施

在竣工验收阶段应加强变压器冷却装置验收，重点检查阀门开闭位置、电源、法兰连接、潜油泵等。对于新投运变压器，应加强巡视及检测结果比对分析，发现异常应及时查明原因。当发现变压器油温异常时，应结合现场温度计指示、变压器油位、红外测温等方式确定变压器真实温度。温度确认后，采用红外测温手段重点检测变压器本体上部和下部、散热器、油管道阀门两侧等部位的温度，并检查是否存在个别冷却器工作不正常的情况。

4.1.7　运维检修阶段

【案例 1】 运行巡视未按要求记录本体油位导致设备低油位告警。

1. 情况简介

2015 年 12 月 31 日，某 220kV 变电站 1 号主变压器突发油位低告警信号。2016 年 1 月 7 日，主变压器转检修后检查确认为排油充氮装置自带真空阀运行中失效，主变压器本体与排油充氮装置连接板阀虽处于闭合位置但关闭不严，造成主变压器本体变压器油经排油充氮装置管道渗漏至事故油池，最终导致主变压器油位异常下降。现场异常油位如图 4-13 所示。

图 4-13　现场异常油位示意图

2. 处理措施

在运维检修阶段应加强变压器油温、油位巡视，并对照变压器油温—油位曲线做好记录。当发现油温、油位异常时，应核查历史数据，如存在明显差异或者怀疑本体存在渗漏油、温度异常等情况，应结合其他带电检测手段及时查明原因。

【案例2】带电检测案例1。

1. 情况简介

2014年7月15日，某110kV变电站2号主变压器铁心接地电流严重超标，实测值为792.9mA，远大于规程规定100mA的注意值。

2. 问题分析

7月17日，结合设备停电，检查发现变压器顶部有载分接开关上盖与铁心外引铜排之间有一可疑导线（有载分接开关上盖接地线）连接，经厂家人员确认后，检修人员随即解除了该可疑导线；主变压器恢复运行后，复测铁心接地电流数据为1mA，满足运行要求。铁心接地电流超标的原因为变压器顶部有载分接开关上盖与铁心外引铜排之间的可疑导线连接，导致铁心器身外多点接地。现场铁心不明接地如图4-14所示。

图4-14　现场铁心不明接地示意图

3. 处理措施

在运维检修阶段应按要求开展变压器铁心、夹件接地电流测试，110（66）～750kV变压器运行中铁心接地电流≤100mA（注意值），1000kV变压器≤300mA（注意值）。当发现铁心、夹件接地电流超过注意值时，应下发技术监督预警单，要求运维人员加强跟踪，及时分析缺陷原因。

【案例3】带电检测案例2。

1. 情况简介

某500kV主变压器，型号：ODFS-334000/500，2015年8月4日投入运行，2016年9月13日进行例行油色谱分析发现油色谱数据中C_2H_2严重超标，在5～7μL/L之间。变压器退出运行，现场局部放电试验发现中压绕组（自耦变压器的公用绕组）局部放电量严重超标，局部放电量达到20 000pC。返厂解体发现X柱高压侧副压板与夹件肢板头部接触处存在放电现象。变压器内部放电点如图4-15所示。

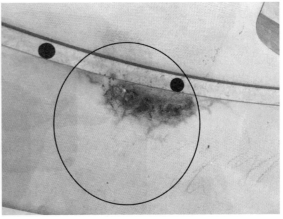

（a）　　　　　　　　　　　　　　（b）

图4-15 变压器内部放电点示意图

(a) 细节图1；(b) 细节图2

2. 问题分析

由于厂家原材料进货把关不严，靠近中压侧（自耦变压器公用绕组）上部出线部位的副压板内部存在杂质或气泡等缺陷，导致变压器油纸绝缘系统绝缘性能下降，击穿场强降低，产品运行1年后副压板对铁心上夹件肢板发生放电，油中出现C_2H_2。

3. 处理措施

在设备制造阶段应加强原材料验收，运行中定期开展油色谱分析，发现异常及时处理。

【案例4】变压器运行方式不合理导致主变压器短路损坏。

1. 情况简介

2016年4月15日，某110kV变电站10kVⅡ回114线路保护过流Ⅰ段动作跳闸，约2s后重合闸动作合闸于永久故障，过流Ⅰ段再次动作跳闸；约5S后2号主变压器本体轻瓦斯保护动作发信，又过约2s后2号主变压器本体重瓦斯保护动作跳闸。故障跳闸后，检修人员对该主变压器及114线路电缆进行了相关试验：主变压器直流电阻和频响法绕组变形试验存在明显异常；114线路为含电缆的混合线路，电力电缆B、C相绝缘为零，电缆B、C相对地已击穿（后确认为自来水厂施工外力破坏）。

图4-16 受损的绕组示意图

2. 问题分析

更换新主变压器，并对故障变压器进行返厂解体检查。检查发现C相低压绕组在上部第一个换位区域线匝已倒塌变形，并发生匝间短路，导线烧蚀严重。分析故障原因为：低压绕组采用非自粘换位导线，抗短路能力校核显示低压绕组压应力略低于《电力变压器 第5部分：承受短路的能力》（GB 1094.5—2008）要求，而且此次故障起始阶段最大短路电流峰值又高达38kA，再加上变压器短时间内连续承受两次近区短路电流冲击，变压器绕组导线性能来不及恢复，导致绕组击穿放电。受损的绕组如图4-16所示。

3. 处理措施

在运维检修阶段，应加强设备运行方式管理，及时对照电网网架结构变化，优化调整运行方式，降低变压器各侧短路电流。对于全电缆线路应禁用重合闸；对于含电缆的混合线路应采取相应措施，条件允许时应停用重合闸，防止变压器连续遭受短路冲击。

【**案例 5**】套管防污雨闪条件不满足要求导致套管雨闪跳闸。

1. 情况简介

2014 年 9 月 28 日，某 500 千伏变电站 3 号主变压器差动保护动作，三侧开关跳闸。检查发现 3 号主变压器 A 相高压套管储油柜下沿、底座法兰部位有明显的放电痕迹；用手电筒从下往上照射，对应于套管上下两处放电部位之间的瓷套表面有疑似贯穿放电通道；高压套管上瓷套有 3～4 片、下瓷套有 2～3 片伞裙表面釉层有电弧灼伤痕迹，瓷套中间部分未发现明显爬电或放电痕迹；跳闸时现场中雨，局部地区有雷雨大风。变压器本体和套管各项例行试验数据均处于正常范围，且与上次试验结果相比无明显变化。分析认为此次主变压器差动保护动作跳闸的主要原因为高压套管雨闪。对 3 号主变压器三侧及中性点套管喷涂 PRTV 涂料，并在三相高、中压套管按照 50cm 的间隔加装增爬裙，安装后按照 40kV/片进行耐压试验，无异常后主变压器恢复运行。

2. 处理措施

在运维检修阶段，应高度重视变压器套管设备防污（雨、雪）闪工作，并根据套管情况采取喷涂防污闪涂料、安装增爬裙及增设遮挡棚等措施。

【**案例 6**】电抗器本体重瓦斯保护动作未及时处理导致变压器损坏。

1. 情况简介

2016 年 12 月 14 日 9 时 32 分，某 500kV 变电站高压电抗器轻瓦斯保护动作报警，对电抗器本体进行检查，取气并进行点燃试验，试验不可燃。检查高压电抗器本体油位正常、无渗漏。排空气体后，10 时 44 分完成取油样送油化班检测。11 时 21 分、12 时 04 分、13 时 20 分、14 时 28 分先后又有 4 次轻瓦斯报警。14 时 31 分 11 秒，电抗器重瓦斯、第一套保护、第二套保护及本体压力释放阀动作，5031、5032 断路器跳闸，同时主控运维人员听见一声巨响，发现现场电抗器冒烟起火，内部严重烧损。现场烧损的电抗器示意图如图 4-17 所示。

2. 处理措施

在运维检修阶段应高度重视变压器非电量保护信号，当本体气体继电器发出轻瓦斯保护动作信号时，应立即检查气体继电器并取气样检验，以判明气体成分，同时取油样进行色谱分析。

（a）　　　　　　　　　　　　　　（b）

图 4-17　现场烧损的电抗器示意图

（a）现场图 1；（b）现场图 2

4.2 电 流 互 感 器

4.2.1 工程设计阶段

【案例】规划可研阶段保护性能要求监督不到位导致的变压器差动保护误动。

1. 情况简介

某电厂在外部电网多次发生线路故障冲击时，其1、2号发电机组主变压器差动保护多次同时动作。经试验检查发现其高、低压侧电流互感器传变特性严重不一致，导致在外部故障情况下机组差动保护回路内产生了较大的差动电流，最终造成差动保护多次误动。

2. 问题分析

发电机组差动保护中高、低压侧使用的电流互感器传变特性不一致，违反了规划可研阶段电流互感器保护性能要求监督的第2项监督要点：线路各侧或主设备差动保护各侧的电流互感器的相关特性（如励磁特性）宜一致。若在规划可研阶段及时检查变压器两侧电流互感器型号一致性，能够及时避免差动保护后期多次误动现象发生。安装调试阶段和竣工验收阶段对电流互感器特性进行认真比对，也能够避免该现象的发生。

3. 处理措施

技术监督人员应在工程设计阶段加强变压器两侧差动保护用电流互感器型号的监督，两侧电流互感器不满足特性一致要求时，应更改设计调整为特性一致的电流互感器。

4.2.2 设备采购阶段

【案例】设备技术参数监督不到位导致采购的电流互感器与实际需求不符。

1. 情况简介

某变电站设备改造时需采购110kV室外用电流互感器，在招标采购技术规范书中发现额定电流等多项设备参数与实际使用需求不符。经核查发现，设备采购阶段工作人员在填报物料时，对常规设备一般都会选用固化ID物料，不根据实际情况变更技术参数，导致采购设备的技术参数与实际需求不符。

2. 问题分析

设备技术参数不满足相关要求违反了设备采购阶段设备技术参数监督的第1项监督要点：电流互感器选型、结构设计、误差特性、短路电流、动、热稳定性能、外绝缘水平、环境适用性（海拔、污秽、温度、抗震、风速等）应满足现场实际运行要求和远景发展规划要求。若在设备采购阶段认真核对设备技术条件，就可以及时检查出与固化ID的差异而不会进行错误的招标采购。

3. 处理措施

技术监督人员应在设备采购阶段加强设备技术参数的监督，重点在技术条件编制时，检查技术条件是否满足当次工程实际设备参数需求。若在设备采购阶段技术监督人员发现设备技术条件中相关参数不按足实际需求，则应及时调整相关技术参数，填写必要的技术差异表进行正确的采购。

4.2.3　设备调试阶段

【案例1】保护性能参数检验不到位导致进线保护拒动事故。

1. 情况简介

某110kV变电站运行中发生112线路近区短路故障保护拒动事故。现场检查发现设备调试报告中二次绕组的回路负担与实际测得的参数不符，不满足10%误差曲线要求。因10%误差曲线不满足导致了112线路拒动现象。后经调整相关回路电缆走向，减小了电缆长度，经验证满足电流互感器10%误差曲线要求。

2. 问题分析

电流互感器10%误差曲线不满足要求违反了设备调试阶段保护性能参数检验监督的第3项监督要点：应对电流互感器二次回路负担进行实测；应对电流互感器进行10%误差曲线检验。若在设备调试过程中认真开展二次负担的测量，并绘制10%误差曲线进行比对，则不会发生此次拒动现象。在竣工验收阶段未对10%误差曲线进行认真核对，也可能导致该缺陷无法及时发现。

3. 处理措施

技术监督人员应在设备调试阶段加强保护性能参数检验的监督，重点在设备调试过程中，认真测量回路负担，并绘制10%误差曲线进行检查；发现不满足10%误差曲线要求时，应采取调整相关二次回路电缆路径、电缆截面等措施，确保10%误差曲线满足运行要求。

【案例2】SF_6气体试验检验不到位导致压力降低报警。

1. 情况简介

某500kV变电站5013 SF_6气体绝缘电流互感器在运行中发生"B相气体压力低报警"缺陷，经运行人员检查B相SF_6气体压力为0.41MPa，低于异常报警值0.42MPa，A相和C相气体压力均为0.46MPa。经检查，B相电流互感器SF_6年泄漏率达到4%，报警原因为B相电流互感器SF_6气体泄漏引起。经解体检查发现，套管法兰和底座连接处套管法兰表面被腐蚀较为严重，底座两层密封圈之间有白色结晶物，密封槽外边沿有局部锈蚀。缺陷原因为套管与底座连接处防水胶涂覆不规范，导致防水密封圈上粘连了防水胶，水分沿防水粘连位置进入到防水密封圈内侧，使密封面被腐蚀；套管与底座连接处螺栓防水措施不足，导致雨水沿几个螺栓进入产品密封结构内，经过长时间腐蚀密封面导致产品漏气。电流互感器设备缺陷如图4-18所示。

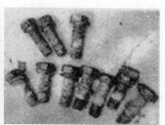

图4-18　电流互感器设备缺陷示意图

（a）漏气点；（b）已锈蚀的底座；（c）已泡水锈蚀的螺栓

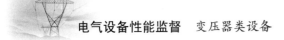

2. 问题分析

由于该变电站投运 1 年内即达到泄漏率超标现象，可确认设备调试过程中 SF_6 气体年泄漏率存在超标。SF_6 气体年泄漏率超标违反了设备调试阶段 SF_6 气体试验监督的第 2 项监督要点：SF_6 气体年泄漏率应≤0.5%。若在设备调试阶段认真开展电流互感器 SF_6 气体年泄漏率检验试验，则该缺陷应能够在设备投运前解决。若在竣工验收阶段未对相关设备进行深入检查，也可能导致该缺陷无法及时被发现。

3. 处理措施

技术监督人员应在设备调试阶段加强 SF_6 气体试验监督，重点在设备调试时，是否对电流互感器进行了标准的定量检漏试验。若在设备调试阶段监督人员发现 SF_6 气体年泄漏率超标，应认真分析泄漏原因，确认泄漏部位，消除设备缺陷。

4.2.4　运维检修阶段

【案例 1】状态检测发现的电流互感器绝缘故障。

1. 情况简介

某 110kV 变电站 113 间隔 B 相电流互感器（TAT145 型）投运 8 年后，例行试验检查发现 B 相电流互感器二次侧绝缘电阻降低至 400MΩ，且出现二次侧开路现象。经对部分电流互感器解体检查发现，该批次电流互感器存在如下问题：上盖密封胶垫、密封胶容易老化失效，导致潮气、灰尘进入电流互感器内部形成绝缘性能降低；电流互感器绝缘树脂为不饱和树脂，树脂铸造工艺不良，铸造不均匀，长期运行后容易产生开裂造成二次绕组受潮、绝缘降低；内部填充物为普通纸壳，树脂开裂后容易吸潮；二次端子焊接工艺不良，长期冷热缩胀后容易形成开路。

2. 问题分析

绝缘电阻不满足规程要求违反了运维检修阶段状态检测监督第 1 项监督要点：绝缘电阻、电容量和介质损耗因数等例行试验项目齐全，试验周期与结论正确，应符合规程规定（不扣分项）。若在设备运维检修阶段及时检查电流互感器绝缘电阻、直流电阻等例行试验项目，确认试验结果是否满足二次绕组大于 1000MΩ 的要求，则该电流互感器绝缘降低的缺陷能够被及时发现。

3. 处理措施

技术监督人员应在运维检修阶段加强状态检测的监督，认真开展绝缘电阻、直流电阻等例行试验项目。相关试验项目不满足规程要求时，应认真分析原因，找出故障的根本问题。

【案例 2】运行巡视发现的电流互感器渗油故障。

1. 情况简介

某 110kV 变电站 145 间隔油浸式电流互感器（LB6－110W1 型），投运 11 年后运维检修阶段运行巡视发现 3 台电流互感器膨胀器顶部渗油。经对渗油电流互感器的膨胀器检修发现膨胀器外罩密封不严，膨胀器法兰受潮锈蚀严重，膨胀器法兰与储油室密封胶涂抹不均匀，密封胶垫老化，导致电流互感器膨胀器法兰与储油室连接处渗油，存在潮气进入绝缘油的隐患，影响设备正常运行。缺陷电流互感器顶部渗油情况如图 4－19 所示，膨胀器拆解如图 4－20 所示。

2. 问题分析

膨胀器顶部渗油违反了运维检修阶段中运行巡视监督的第 2 项监督要点：油浸式电流互感器油位指示正常，无渗、漏油现象。若在运维检修过程中及时对电流互感器渗、漏油情况进行监督，并跟踪渗漏严重的缺陷部位，该电流互感器的渗漏缺陷就能够得到有效监控，必要时可进行停电检修处理。

3. 处理措施

技术监督人员应在运维检修阶段加强设备油位、渗漏情况的监督,重点对存在渗漏的缺陷进行及时跟踪。因油浸式电流互感器属于少油设备,应及时制订停电检修计划并找出渗漏原因,消除渗漏缺陷。

图4-19 缺陷电流互感器顶部渗油示意图
(a)渗油的膨胀器;(b)故障电流互感器

图4-20 膨胀器拆解示意图
(a)膨胀器锈蚀;(b)膨胀器顶部锈蚀

4.3 电压互感器

4.3.1 规划可研阶段

【案例1】电压互感器配置及选型不合理造成的工程施工延误。

1. 情况简介

某 110kV 变电站 35kV 户外用电压互感器改造过程中，在规划可研阶段的设计文件中缺少结构设计、动、热稳定性能、外绝缘水平、环境适用性（海拔、污秽、温度、抗震、风速等）等参数，造成图纸无法审核且后期设备采购、招标无法开展。电压互感器一次系统设计图（局部）如图 4-21 所示。

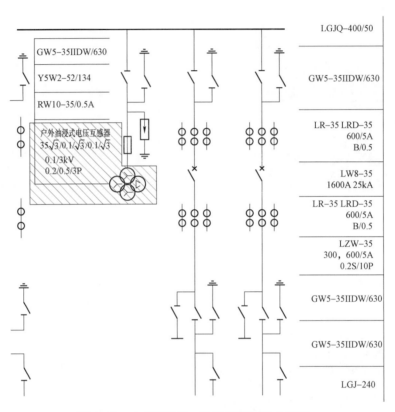

图 4-21　电压互感器一次系统设计图（局部）

2. 问题分析

配置及选型不合理违反了规划可研阶段电压互感器配置及选型合理性监督的第 1、2 项监督要点：① 应按照现场运行实际要求和远景发展规划需求，确定电压互感器选型、结构设计、容量、准确等级、二次绕组数量、环境适用性等。② 新建或改造敞开式变电站 110kV 及以上设备应选用电容式电压互感器；66kV 设备应选用电容式或电磁式电压互感器；35kV 户内设备应采用固体绝缘的电磁式电压互感器，35kV 户外设备可采用适用户外环境的固体绝缘或油浸绝缘的电磁式电压互感器。在规划可研阶段，电压互感器配置及选型要求不但应在设计文件中明确列出，相关短路计算报告、当地污区分布情况等设计依据及远景发展分析亦应明确列出，便于在后期规划可研设计审核过程中进行监督。若在规划可研设计及后期图纸审核过程中及时开展相关参数的设计论证、监督，应能够保证规划可研的准确性，不会发生后期因设备参数选择不合理而造成工程延误。

3. 处理措施

技术监督人员应在规划可研阶段加强设备配置及选型合理性监督,重点在可研设计图纸审核时,加强对配置及选型要求及相关依据的审核。若在规划可研阶段监督人员发现配置及选型要求不符合实际需求，并没有必要的设计依据，则应要求相关设计单位重新验证相关参数选取的合理性，并规范设计文件。

【案例2】 电压互感器配置及选型不合理造成的系统谐振过电压隐患。

1. 情况简介

某 500kV 变电站运维检修阶段检查发现 220kV 母线选用电磁式电压互感器，220kV 断路器采用带断口电容的断路器，存在发生系统谐振过电压隐患。电压互感器铭牌及断路器外观如图 4-22 所示。

（a）   （b）

图 4-22　电压互感器铭牌及断路器外观示意图

（a）电压互感器铭牌；（b）断路器外观

2. 问题分析

配置及选型不合理违反了规划可研阶段电压互感器配置及选型和理性监督的第 2 项监督要点：新建或改造敞开式变电站 110kV 及以上设备应选用电容式电压互感器；66kV 设备应选用电容式或电磁式电压互感器；35kV 户内设备应采用固体绝缘的电磁式电压互感器，35kV 户外设备可采用适用户外环境的固体绝缘或油浸绝缘的电磁式电压互感器。若在规划可研阶段检查 220kV 母线是否选择安装了电容式电压互感器，则该隐患很容易被发现并解决。该案例因设计建设过程中还未涉及该项反措要求，故选装了电磁式电压互感器及带断口电容的 220kV 断路器，使运行阶段发生谐振过电压的风险进一步加大。

3. 处理措施

技术监督人员应在规划可研阶段加强设备配置及选型合理性监督，重点在可研设计图纸审核时，加强对 110kV 及以上电压互感器结构型式的审核。若在规划可研阶段监督人员发现选型要求存在发生谐振过电压隐患时，则应要求相关设计单位重新设计，选择电容式电压互感器。现存的老旧变电站如存在这种型式的电压互感器，应及时进行改造。

4.3.2　设备采购阶段

【案例】 设备材质选型要求监督不到位造成电压互感器底座严重锈蚀。

1. 情况简介

某 220kV 变电站 220kV 电压互感器运维检修阶段底座锈蚀严重。经与厂家沟通，确认该设备底

图4-23　电压互感器底座锈蚀情况示意图

座未经热镀锌工艺处理，运行中底座出现严重锈蚀，影响设备安全运行。电压互感器底座锈蚀情况如图4-23所示。

2. 问题分析

材质选型在采购过程中不满足相关要求违反了设备采购阶段材质选型监督的第4项监督要点：除非磁性金属外，所有设备底座、法兰应采用热镀锌防腐。若在设备采购过程中提出底座材质要求，厂家在制造过程中采用符合要求的镀锌防腐工艺，从而可以避免运维检修阶段发生锈蚀缺陷。在出厂验收阶段和竣工验收阶段进行外观检查时，若监督项目未得到有效执行，也可能会使该缺陷未被及时发现。

3. 处理措施

技术监督人员应在设备采购阶段加强设备材质监督，重点在技术条件审核时，对底座、法兰是否采用了热镀锌防腐工艺进行监督。若在设备采购阶段技术监督人员发现设备底座、法兰材质未提出明确要求，则应更改设计文件补充相关材质要求。

4.3.3　设备制造阶段

【案例】设备组部件要求监督不到位造成的电压互感器失压故障。

1. 情况简介

某两座变电站分别发生110kV、35kV电容式电压互感器运行中电压消失现象，经检查发现问题均由于电容式电压互感器中间变压器在高压侧装设的避雷器击穿造成。现场击穿的避雷器阀片如图4-24所示。

（a）　　　　　　　　　　　（b）

图4-24　现场击穿的避雷器阀片示意图

（a）击穿的避雷器阀片；（b）故障避雷器

2. 问题分析

电容式电压互感器阻尼器在制造过程选型不满足相关要求违反了设备制造阶段外观及结构监督的第4项监督要点：对电容式电压互感器，要求制造厂选用速饱和电抗器型阻尼器，并在出厂时进行铁磁谐振试验；电容式电压互感器的中间变压器高压侧对地不应装设氧化锌避雷器。

若在设备制造过程中及时检查阻尼器选型情况，该避雷器会被及时发现而不被安装。在出厂验收阶段和竣工验收阶段进行组部件检查时，若监督项目未得到有效执行，也可能会使该缺陷未被及时发现。

3. 处理措施

技术监督人员应在设备制造阶段加强设备组部件监督，重点在设备出厂监造时，对组部件型式进行检查。若在设备制造阶段监督人员发现阻尼器选用了避雷器，则应立即更换为符合要求的阻尼器。

4.3.4 设备验收阶段

【案例】设备组部件要求监督不到位造成的电压互感器渗漏油隐患。

1. 情况简介

某 110kV 变电站 35kV 母线电磁式电压互感器在设备验收过程中发现未安装金属膨胀器，造成设备在运维检修阶段存在渗、漏油或潮气侵入隐患。问题电压互感器如图 4 - 25 所示。

2. 问题分析

金属膨胀器在设备验收过程中选型不满足相关要求违反了设备验收阶段设备本体及组部件监督的第 1 项监督要点：油浸式互感器选用带金属膨胀器微正压结构。若在设备验收过程中及时检查电压互感其是否选用了金属膨胀器结构型式，查询厂家出厂资料文件确认是否采用了微正压结构，该运行隐患会被及时发现而不被安装。在设备采购阶段进行电压互感器结构型式检查时，若对应技术监督项目未得到有效执行，也可能会使该缺陷未被及时发现。

图 4 - 25 问题电压互感器示意图

3. 处理措施

技术监督人员应在设备验收段加强组部件监督，重点在设备验收时，对油浸式电压互感器是否安装了金属膨胀器进行监督。若在设备验收阶段监督人员发现未安装金属膨胀器，则应对该型号电压互感器进行停用，协调建设、物资部门进行更换。

4.3.5 设备安装阶段

【案例】电压互感器保护用二次绕组监督不到位造成变压器零序保护误动。

1. 情况简介

某 220kV 变电站运维检修阶段发生 1 号主变压器零序保护跳闸事故，变压器三侧开关跳闸。经检查一次设备试验合格，造成误动的原因为 220kV GIS 间隔电压互感器本体引入端子箱的电缆，其开口三角绕组的两根引出线未使用独立的电缆，而是和其他绕组电缆共同引出；运行中电缆老化后，其他绕组的电压信号串入开口三角回路，造成变压器零序保护误动。存在问题的电压互感器间隔电缆引出线如图 4 - 26 所示。

图 4-26　存在问题的电压互感器间隔电缆引出线示意图

2. 问题分析

保护用二次绕组在安装过程中不满足相关要求违反了设备安装阶段保护用二次绕组监督的第 5 项监督要点：电压互感器二次绕组四根引入线和电压互感器开口三角绕组的两根引入线均应使用各自独立的电缆。若在设备安装过程中及时检查开口三角绕组和母线二次电压引出线是否使用了独立电缆，该问题能够被及时解决。大多数设计单位对现场敷设的电缆一般都会将开口三角绕组电缆独立设计敷设，但从电压互感器到端子箱的电缆，往往由厂家在厂内完成安装，很容易忽视该问题，从而形成安全隐患。在设备制造阶段和竣工验收阶段进行二次绕组检查时，若对应技术监督项目未得到有效执行，也可能会使该缺陷未被及时发现。

3. 处理措施

技术监督人员应在设备安装阶段加强保护用二次绕组的监督，重点在检查电压互感器二次绕组时，确认电压互感器二次绕组四根引入线和电压互感器开口三角绕组的两根引入线是否全程使用了各自独立的电缆。若在设备安装阶段监督人员发现电压互感器二次绕组中四根引出线和开口三角的两根引入线有混缆安装现象，应及时更改相关混缆部分的接线。

4.3.6　竣工验收阶段

【案例】设备接地形式问题造成的运行操作隐患。

1. 情况简介

某 220kV 变电站户外电容式电压互感器在竣工验收阶段发现中间电压互感器（A′，N 两侧可操作更改位置）选择开关仅有接地和不接地的指示，对运行人员来讲，现场检查同一设备两侧位置很容易混淆，不易区分哪侧是 A′端、哪侧是 N 端，设备操作过程中，容易因运行位置混淆造成中间开关分合错误造成设备或人身事故。现场将 A′端"不接地"位置命名为"运行"位置，"接地"位置命名为"试验"位置；N 端"接地"位置命名为"运行"位置，"不接地"位置命名为"试验"位置，消除了潜在的运行操作隐患。存在问题的选择开关如图 4-27 所示。

2. 问题分析

电压互感器接地开关设计形式不满足相关要求违反了竣工验收阶段设备接地监督的第 1 项监督要点：电磁式电压互感器一次绕组 N（X）端必须可靠接地。电容式电压互感器的电容分压器低压端子（N、δ、J）必须通过载波回路线圈接地或直接接地。若在竣工验收过程中及时检查接地形式

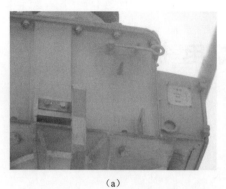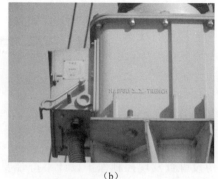

（a）   （b）

图 4-27　存在问题的选择开关示意图

（a）电容式电压互感器电磁单元左侧；（b）电容式电压互感器电磁单元右侧

是否符合可靠接地要求，现场标注是否符合运行习惯及可能存在的现场操作中理解困难，则一次绕组的 N 端可靠接地要求能够在运行中得到执行。在设备验收阶段及设备安装阶段进行设备功能检查时，若对应技术监督项目未得到有效执行，也可能会使该缺陷未被及时发现。

3. 处理措施

技术监督人员应在竣工验收阶段加强设备接地监督，重点在竣工验收设备功能检查时，对电压互感器 N 端接地操作形式、现场标注清晰度进行检查。若竣工验收阶段发现 N 端接地开关现场标注可能给运行操作过程带来潜在误导，应及时更改相关标注。

4.3.7　运维检修阶段

【案例】状态检测发现的绝缘降低缺陷。

1. 情况简介

某 110kV 变电站 35kV 电压互感器（JDJ-35 型），例行试验检测发现介质损耗因数超标，经分析为该电压互感器长期运行后密封胶垫老化，绝缘油内部进水受潮且出现渗油，造成绝缘水平下降。存在绝缘缺陷的电压互感器如图 4-28 所示。

2. 问题分析

例行试验中介质损耗因数超标违反了运维检修阶段状态检测监督的第 1 项监督要点：例行试验：绝缘电阻、介质损耗因数等例行试验项目齐全，试验周期与结论正确，应符合规程规定（不扣分项）。若在例行试验过程中认真开展绝缘电阻、介质损耗因数检测试验，试验结果满足《输变电设备状态检修试验规程》（Q/GDW 1168—2013）要求，则该类型缺陷能够被及时发现。

图 4-28　存在绝缘缺陷的电压互感器示意图

3. 处理措施

技术监督人员应在运维检修阶段加强状态检测监督，重点在设备例行试验时，对试验结果是否满足规程要求进行监督。若在运维检修阶段发现例行试验数据超出规程规定，应分析缺陷原因并根据分析结果制订检修、更换措施。

4.4 干 式 电 抗 器

4.4.1 工程设计阶段

【案例】初设审查发现控制保护设计不符合要求。

1. 情况简介

某年某月，某公司组织专家对某输变电工程进行初设审查，发现设计图纸中干式空心串联电抗器都应采用了叠装的平面布置方式。

2. 问题分析

控制保护设计在工程设计阶段不满足要求，违反关于 35～66kV 并联电容器装置所配置的干式空心串联电抗器平面布置方式的要求。《国家电网公司关于印发电网设备技术标准差异条款统一意见的通知》（国家电网科〔2014〕315 号）变压器类设备 二、电压互感器 第 3 条 关于并联电容器装置用干式空心串联电抗器的布置第 4 款中规定：35～66kV 并联电容器装置所配置的干式空心串联电抗器都采用了非叠装的平面布置方式。

3. 处理措施

联系设计院进行设计变更，将电容器串联电抗器设计为平面布置。设计图纸进行变更后，符合要求。

4.4.2 设备采购阶段

【案例】设备选型不合理。

1. 情况简介

某年某月，某 110kV 变电站电容器室电容器串联电抗器 B 相烧损。调查事故原因，之前红外测温并未发现电抗器有明显过热点，与电容器连接部位也没有过热现象。过热烧毁的电抗器如图 4-29 所示。

图 4-29 过热烧毁的电抗器示意图

2. 问题分析

设备选型不满足相关要求违反了设备采购阶段设备选型合理性监督的第 1 项监督要点：技术规范书中标准技术参数应齐全，并符合标准参数值或设计要求值，投标人应依据招标文件对标准参数值进行响应。

3. 处理措施

经过检修人员分析，不存在谐波污染、过电压或合闸涌流引起过热燃烧问题；通过和厂家沟通及现场进一步分析，最终确定发生燃烧的原因是电抗器绕组绝缘材料的耐热等级偏低，该型号的电抗器铝导线采用聚酯薄膜缠绕绝缘，各包封之间采用玻璃丝固化绝缘，包封外表面喷有一层防紫外线和臭氧的油漆涂层。该型号批次的电抗器采用的绝缘材料等级为 B 级，其绝缘耐热只有 130℃。而根据国家电网有限公司发布的相关规定：串联电抗器绕组导线股间、匝间、包封的绝缘材料耐热等级应不低于 F 级（绝缘耐热 155℃）绝缘材料，该型号电抗器所采用的绝缘材料不符合要求。

在设备采购阶段，应明确关键参数，要求厂家选择的串联电抗器绕组导线股间、匝间、包封的绝缘材料耐热等级应不低于 F 级，技术监督检查中查阅技术规范书、中标供应商技术应答书，对应监督要点条目，检查技术参数、组件材料配置要求和使用环境条件、绝缘材料耐热等级等是否满足要求。在设备验收阶段，应加强质量控制，优化设备布局，提高出厂验收标准，由此避免电抗器绕组绝缘材料的耐热等级偏低造成过热烧毁。

4.4.3　设备验收阶段

【案例】电抗器本体不符合要求。

1. 情况简介

某年某月，某公司组织专家对某 220kV 变电站进行竣工验收检查，发现 35kV 1 号电容器组 C 相干式电抗器内第三层绕组包封破损，且有较大毛刺凸起。问题干式电抗器绕组包封如图 4-30 所示。

2. 问题分析

设备验收阶段发现电抗器本体不符合要求，违反监督要点：《国家电网公司变电验收管理规定（试行）第 10 分册　干式电抗器验收细则》[国网（运检/3）827—2017]中"A.5 干式电抗器到货验收标准卡 1 电抗器本体：① 电抗器本体应无锈蚀及机械损伤；② 包封涂层完整无损伤；③ 匝间撑条排列整齐、无位移松动散落现象。"

图 4-30　问题干式电抗器绕组包封示意图

3. 处理措施

联系厂家进行消缺处理；缺陷消除后，设备正常投运。

设备验收阶段应加强验收检查，避免此类缺陷发生。

4.4.4　设备安装阶段

【案例】部件安装不符合要求。

1. 情况简介

某年某月，在对某 110kV 变电站电容器组电抗器开展竣工验收时，发现 A 相接线端有明显的放电现象,连接线绝缘层有损坏。现场检查发现,接线桩头的螺栓有明显的松动现象,用手即可拧开。现场人员对接触面进行打磨处理,更换新的螺栓后对电抗器进行电气试验,其数据均无异常。

2. 问题分析

设备安装阶段发现部件安装不符合要求,违反监督要点:《国家电网公司变电验收管理规定(试行) 第10分册 干式电抗器验收细则》[国网(运检/3)827—2017]中"A.5 干式电抗器到货验收标准卡 1 电抗器本体:"① 电抗器本体应无锈蚀及机械损伤;② 包封涂层完整无损伤;③ 匝间撑条排列整齐、无位移松动散落现象。"《电气装置安装工程 高压电器施工及验收规范》(GB 50147—2010)中"10.0.10 干式铁心电抗器的各部位固定应牢靠、螺栓紧固,铁心应一点接地。"

3. 处理措施

在设备安装阶段应注意关键连接部位的安装,竣工验收阶段应针对螺栓安装加强技术监督检查,避免事故发生。

4.4.5 运维检修阶段

【案例1】因绑扎带制作工艺与线圈表面其他位置存在差异,导致温度存在较大偏差。

1. 情况简介

某 500kV 变电站 35kV 2A 低压电抗器 B 相红外测温结果,最高温度 61.5℃,正常位置温度 36.4℃,温差 25.1℃。分析原因为用于固定线圈和上下铝排臂树脂绑扎带,因制作工艺与线圈表面其他位置存在差异,导致温度存在较大偏差,如长时间运行最终将导致绝缘降低。电抗器 B 相测温图谱如图 4-31 所示。

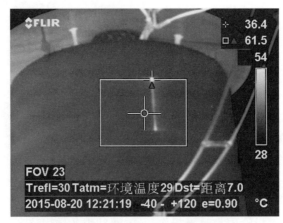

图 4-31 电抗器 B 相测温图谱示意图

2. 问题分析

运维检修阶段发现因制作工艺与绕组表面其他位置存在差异,导致温度存在较大偏差,违反运维检修阶段监督要点运行巡视项目《10kV～66kV 干式电抗器技术监督规定》(国家电网生技〔2005〕174 号)中"第二十七条 日常巡视应注意如下事项 (一)注意运行中噪声、振动情况。(二)运行中进行红外成像测温,监视接头、表面及包封表面温度是否存在局部过热异常点。检查周围环境是否存在发热现象。"

3. 处理措施

对该电抗器进行更换,更换后运行正常。

图 4-32　问题干式电抗器示意图

运维检修阶段应按照全面巡视项目加强关键项目监督检查，如包封与支架间紧固带、本体紧固件无松动、断裂现象，包封涂层完整无损伤，避免此类缺陷发生。

【案例2】 干式电抗器喷涂绝缘漆不符合要求。

1. 情况简介

某年 9 月巡视中发现，某 110kV 变电站户外电抗器外绝缘脱落、锈蚀严重，影响运行。问题干式电抗器如图 4-32 所示。

2. 问题分析

运维检修阶段干式电抗器喷涂绝缘漆不符合要求，违反监督要点：《国家电网公司变电运维管理规定（试行）　第 10 分册　干式电抗器运维细则》[国网（运检/3）828—2017] 中"2.1.1 b) 包封表面无裂纹、无爬电，无油漆脱落现象，防雨帽、防鸟罩完好，螺栓紧固。f) 绝缘子无破损，金具完整；支柱绝缘子金属部位无锈蚀，支架牢固，无倾斜变形。"

3. 处理措施

户外空心电抗器由于长期暴露在空气中，大气、雨水会对设备造成腐蚀，导致外绝缘龟裂、脱落、锈蚀严重，长时间运行容易形成绝缘击穿。运维检修阶段应按照全面巡视项目，加强干式电抗器绝缘漆检查。结合设备实际运行状况，建议户外空心电抗器每 5 年进行喷涂绝缘防锈漆。

【案例3】 干式电抗器喷涂绝缘漆不符合要求。

1. 情况简介

某并联电容器间隔串联电抗器，型号为 CKGKL-200/35-6，安装方式为"品"字形叠装，2004 年 1 月出厂，2004 年 9 月投入运行。2014 年 5 月，试验人员进行例行红外测温过程中，发现 35C4 电容器间隔 A 相电抗器绕组整体过热，最热点位于上部线匝处，最高温度达 78.9℃，见图 4-4-5。将电抗器间隔停运后进行直流电阻测试，发现 A 相电抗器绕组直流电阻异常。串联电抗器红外测温结果如图 4-33 所示。

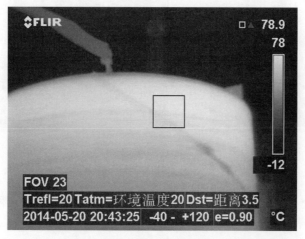

图 4-33　串联电抗器红外测温结果示意图

对电抗器绕组进行直流电阻测试，结果见表 4-1。

表4-1 直流电阻测试结果

测试值	A 相	B 相	C 相
测量值（mΩ）	98.5	101.9	101.8
交接值（mΩ）	101.0	101.1	101.1

A 相电抗器直流电阻明显低于其他两相及出厂值，同相初值差为−2.48%，超过《输变电设备状态检修试验规程》（Q/GDW 1168—2013）关于干式电抗器直流电阻同相初值差不超过+2%（警示值）的要求。

2. 问题分析

违反监督要点：《10kV～66kV 干式电抗器技术监督规定》（国家电网生技〔2005〕174 号）中"第二十七条 日常巡视应注意如下事项（一）注意运行中噪声、振动情况。（二）运行中进行红外成像测温，监视接头、表面及包封表面温度是否存在局部过热异常点。检查周围环境是否存在发热现象。"

3. 处理措施

对该电抗器进行更换，更换后运行正常。

运维检修阶段应按照设备巡视项目加强关键项目监督检查，加强红外测温，避免此类缺陷发生。

【案例4】干式空心串、并联电抗器对金属构件的距离以及形成闭合回路的金属构件的距离监督不到位导致钢筋网严重发热。

1. 情况简介

某 110kV 变电站干式空心并联电抗器在投入运行 4 年后，发现电抗器上部屋顶温度超过 130℃。经检查发现，空心电抗器磁场穿过房屋顶部混凝土内的钢筋网产生的环流导致钢筋网严重发热。设计阶段应充分考虑空心电抗器漏磁对周围金属构件的影响，或采取防电磁感应的措施。现场干式空心并联电抗器及其红外测温结果分别如图 4-34 和图 4-35 所示。

 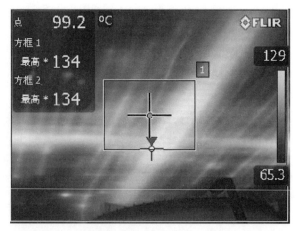

图 4-34 现场干式空心并联电抗器示意图　　图 4-35 干式空心并联电抗器红外测温结果示意图

2. 问题分析

工程设计阶段干式空心串、并联电抗器对金属构件的距离以及形成闭合回路的金属构件的距离监督不到位，违反了工程设计阶段干式电抗器安装设计监督的第 2 项监督要点：《35～220kV 变电站无功补偿装置设计技术规定》（DL/T 5242—2010）中"8.3.2 干式空心串、并联电抗器对其四周、上部、下部和基础中的金属构件的距离，以及形成闭合回路的金属构件的距离，均应满足防电磁感应的要求。"

3. 处理措施

技术监督人员在工程设计阶段应加强干式空心串、并联电抗器对金属构件的距离以及形成闭合回路的金属构件的距离审查，均应满足防电磁感应的要求。

4.5 站用变压器

4.5.1 规划可研阶段

【案例】站用变压器电源进线侧均取自站内导致全站交流失电。

1. 情况简介

某 110kV 变电站共有两台站用变压器，一台是 517 号站用变压器，一台是 529 号站用变压器，设备运行状况良好。2016 年 1 月，10kV 设备停电，导致两台站用变压器同时停电。

两台站用变压器电源进线均取自站内，无外接站用变压器。在日常的检修工作中有时会发生两台站用变压器同时停电，导致全站交流失电，电气设备无法正常工作。

2. 问题分析

案例违反了规划可研阶段站用变压器配置监督的第 2 项监督要点：330kV 以下变电站应至少配置两路不同的站用电源。

站用变压器是变电站站用电源系统的重要组成部分，合理的站用变压器配置是变电站安全可靠运行的保障，能有效避免变电站全停事故的发生。

3. 处理措施

技术监督人员应加强规划可研阶段站用变压器配置的监督，站用变压器的两路电源中最好有一路电源来自外站，提高站内供电可靠性。

4.5.2 工程设计阶段

【案例 1】站用变压器安装高度设计较低导致检修不便。

1. 情况简介

某 ±660kV 换流站 35kV 3 号站用变压器安装位置较低，导致带电部分距离下方较近。站用变压器绝缘油必须定期进行例行试验，由于安全距离不够，因此取油样工作必须停电进行。这样不仅影响工作效率，而且对电网的安全稳定运行也带来了隐患。问题站用变压器安装位置如图 4-36 所示。

2. 问题分析

案例违反了工程设计阶段站用变压器安装方式监督的第 1 项监督要点：站用变压器充油电气设备的布置，应满足带电观察油位、油温时安全、方便的要求，并应便于抽取油样。

站用变压器安装未考虑运维人员检修取油样时的人身距设备的安全距离，导致取油样必须停电，不仅影响工作效率，而且对人身安全和电网的安全稳定运行也带来了隐患。设计不合理导致后续一系列问题，且更改难度大。

图 4-36 问题站用变压器安装位置示意图

3. 处理措施

技术监督人员应加强工程设计阶段安装方式的监督,将设计评审落到实处,否则设计一旦确认,后续更改难度大。

【案例 2】 接地变压器成套设备无散热系统导致柜体内环境温度过高烧毁设备。

图 4-37 现场站用变压器(接地变压器)
成套装置示意图

1. 情况简介

某 110kV 变电站接地变压器更换工程中,采用封闭式接地变压器成套装置,成套设备无散热系统,室内环境热量无法散发,可能导致设备温度过高发生事故。现场站用变压器(接地变压器)成套装置如图 4-37 所示。

2. 问题分析

案例违反了工程设计阶段站用变压器使用环境条件监督的第 1 项监督要点:站用变压器的选择应按温度、日温差、最大风速、相对湿度、污秽、海拔高度、地震烈度、系统电压波形及谐波含量等使用环境条件校验。

接地变压器成套装置全封闭构造中未设计预留排风口或者散热装置,不利于接地变压器柜内设备的通风。观察窗口小,不便观察柜内设备情况,且位置布置不合理,不能查看柜内下部封堵情况以及部分位置的设备,不利于巡视检查。

3. 处理措施

技术监督人员应加强工程设计阶段使用环境条件的监督。设计时应对设备的使用条件进行评审,并写进采购技术合同里,不同产品应有不同的技术要求。设计初期应考虑接地变压器散热问题,特别是室外设备应加装排风扇。巡视窗口在符合安全的前提下尽量扩大,并在柜内四周都加装照明装置。

4.5.3 设备采购阶段

【案例】 使用铝绕组导致站用变压器故障。

1. 情况简介

某 220kV 变电站 243 断路器故障跳闸，运维人员现场检查后发现 243 断路器所带 1 号站用变压器故障，零序过流 I 段保护动作，故障站用变压器 A 相高压绕组上端、绝缘筒、低压绕组、铁心处有放电痕迹。故障站用变压器 A 相绕组放电情况如图 4-38 所示。

通过对故障变压器解体发现，A 相高压绕组上端部、高、低压绕组之间的绝缘筒、低压绕组表面、铁心处均有不同程度的放电痕迹。拆除上铁轭，可见高压绕组上端部表面有明显的放电击穿孔，将高压绕组环氧浇注层去除后可见绕组材质为铝。将高、低压绕组之间的绝缘筒取出可见绝缘筒烧蚀、局部融化。取出低压绕组可见绕组表面最外层绝缘烧损，绕组内部导体未见烧损，将低压绕组环氧浇注层去除后可见绕组材质为铝。铝绕组局部情况如图 4-39 所示。

2. 问题分析

案例违反了设备采购阶段站用变压器材质要求监督的第 1 项监督要点：10kV 变压器所有绕组材料采用铜线或铜箔。

该站用变压器由于电抗器切除过程中产生操作过电压，站用变压器制造时存在缺陷，高、低压绕组为铝绕组，站用变压器原材料缺陷直接影响产品的性能质量，绝缘老化导致故障。

图 4-38 故障站用变压器 A 相绕组放电情况示意图

图 4-39 铝绕组局部情况示意图

3. 处理措施

技术监督人员应加强设备采购阶段材质要求的监督，督促厂家对不满足技术条件的（含铝绕组）设备全部更换。

4.5.4 设备制造阶段

【案例】主绝缘距离不足导致绕组端部对地放电。

1. 情况简介

某 220kV 变电站 265 断路器故障跳闸，运维人员现场检查后发现 265 断路器所带 2 号站用变压器故障，所用变压器箱体外壳向外隆起，B 相绕组表面有明显放电痕迹。故障变压器箱体变形情况如图 4-40，故障变压器整体情况如图 4-41 所示，故障变压器 B 相绕组变形

图 4-40 故障变压器箱体变形情况示意图

情况如图 4-42 所示。

图 4-41 故障变压器整体情况示意图

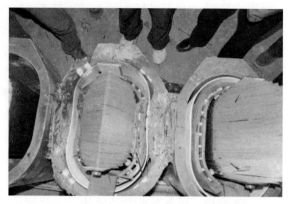

图 4-42 故障变压器 B 相绕组变形情况示意图

通过对故障变压器试验及解体初步分析，B 相高压绕组上半部发黑、积碳部位存在匝间短路，进而引发层间短路，电离后产生游离气体，向变压器上铁轭喷出；加之匝间短路点不在整个变压器的磁场中心，变压器在电动力的作用下运动，从而造成相间短路，最终导致变压器严重损坏。

2. 问题分析

案例违反了设备制造阶段站用变压器制造工艺监督的第 3 项监督要点：干式变压器环氧树脂浇注的高、低压绕组应一次成型，不得修补。

通过查阅订货技术条件及解体结果，发现故障变压器在制造工艺方面存在以下问题：

（1）故障变压器型号为 SCB10-800/10.5，检修发现，低压绕组没有按照订货技术条件要求采取环氧浇注。

（2）高压绕组最外层环氧浇注层仅 2mm 厚，环氧浇注相对较薄。

（3）该型号变压器绕组在浇注时，采取的工艺为抽真空至 200Pa 以下 0.5h，而一般厂家采取抽真空 60Pa 以下 2h。

3. 处理措施

技术监督人员应加强对设备制造阶段的制造工艺和设计图纸的监督。针对该批次设备制订"一站一案"，增加特殊巡视，开展一次全面的状态监测。

4.5.5 设备安装阶段

【案例1】劣质绝缘护罩导致分接头间短路。

1. 情况简介

某 110kV 变电站 10kV 1 号站用变压器进行投运试验，运行人员发现该变压器分接头部位有放电现象。该站用变压器绕组分接调挡使用短接片，剩余空端子使用绝缘护套遮盖。

经检查，厂家使用的绝缘护套为劣质材料制造，根本起不到绝缘作用，反而引起分接头短路，导致故障发生。事故变压器外观及分接头短路故障部位如图 4-43 所示。

2. 问题分析

劣质绝缘护套违反了设备安装阶段站用变压器附件技术要求监督的第 1 项监督要点：干式变压器分接引线需包封绝缘护套。

（a）　　　　　　　　　　　　　　　（b）

图 4-43　事故变压器外观及分接头短路故障部位示意图

（a）事故变压器外观图；（b）变压器分接头短路故障部位

使用绝缘护套可以避免因异物或小动物触碰造成短路事故的发生，对设备和人身安全意义较大。如能对关键部位的附件进行严格把控，则可避免事故发生。

3. 处理措施

技术监督人员应加强设备安装阶段附件技术要求的监督，加强厂家驻厂监造力度，提高原材料把控和制造质量控制，同时要求厂商加大不同分接连接孔的安全距离，保证设备安全可靠运行。应加强运维巡视，发现缺陷及时处理。

【案例 2】同沟电缆未分层敷设易导致故障电缆误判。

1. 情况简介

在进行交流变电站反事故措施排查工作中，发现站用变压器电缆和电容器电缆敷设层次不明，交错重叠现象严重。站用变压器夹层电缆敷设如图 4-44 所示。

2. 问题分析

案例违反了设备安装阶段与站用变压器连接电缆接头工艺监督的第 3 项监督要点：新投运变电站不同站用

图 4-44　站用变压器夹层电缆敷设示意图

变压器低压侧至站用电屏的电缆应尽量避免同沟敷设，对无法避免的则应采取防火隔离措施。

现场无作业指导书，施工人员未按照工艺施工。电缆敷设重叠交叉，导致同一沟道内无法明确识别电缆所属线路，给巡视排查工作带来困难；一旦某条发生故障，易损伤邻近电缆，同时容易导致故障电缆误判，不利于抢修工作的进行。

3. 处理措施

技术监督人员应加强设备安装阶段与站用变压器连接电缆接头工艺的监督，要求建设方按工序编制作业指导书，施工人员严格按照作业指导书进行施工。

4.5.6　竣工验收阶段

【案例】使用铝导线导致接线端子发热。

1. 情况简介

变电运维人员对某 220kV 变电站进行红外测温时，发现该变电站站用变压器 1 号交流馈线屏内，

110kV 检修电源空气开关下口三相测温达 98℃，下口绝缘部分有明显炭痕。

经现场检查发现，屏柜安装过程中接线使用铝导线，且未使用铜铝过渡接头。异常检修电源空气开关如图 4-45 所示。

2. 问题分析

案例违反了竣工验收阶段站用变压器引线及线夹监督的第 1 项监督要点：线夹等金具应无裂纹，线夹不应采用铜铝对接过渡线夹，引线应无散股、扭曲、断股。

现场无作业指导书，未配置铜铝过渡接头，施工人员盲目使用现场提供的材料进行施工。屏柜安装过程中接线使用铝导线，且未使用铜铝过渡接头，铜铝接触部分腐蚀严重，阻抗增加，导致接线端子发热。

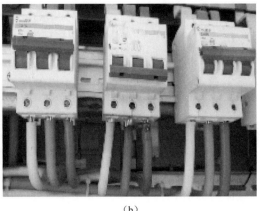

(a) (b)

图 4-45 异常检修电源空气开关示意图
(a) 空气开关下口发热情况；(b) 空气开关下口对比

3. 处理措施

技术监督人员应加强竣工验收阶段引线及线夹的监督，发现问题及时下发整改通知单，限期要求施工方进行整改。后续工作中要求建设方编制作业指导书，施工人员严格按照作业指导书进行施工。

4.5.7 运维检修阶段

【案例 1】及时处理站用变压器渗油缺陷。

1. 情况简介

某换流站运行人员在巡视过程中发现，3 号站用变压器油位计处有明显渗油痕迹，影响油位计正常的指示，影响运行人员对站用变压器正常运行情况的判断，且油杯里有杂物，影响站用变压器内油质，需结合停电处理。现场油位计及油杯如图 4-46 所示。

结合停电检修计划，对 3 号站用变压器查明渗油处，将已有的油迹擦除，并定期观测站用变压器实际油位，与油位计示数进行对比分析，确保站用变压器无渗油情况，并且更换有杂物的油杯。

2. 问题分析

及时处理站用变压器渗油缺陷遵照执行了运维检修阶段站用变压器运行巡视监督的第 3 项监督要点：站用变压器日常巡视检查一般包括以下内容，各部位无渗油、漏油。

（a） （b）

图 4-46 现场油位计及油杯示意图

（a）油位计处渗油；（b）油杯里有杂物

3. 处理措施

技术监督人员应加强运维检修阶段运行巡视的监督，运维人员及时发现设备缺陷进行停电或不停电检修，可避免由于渗漏油严重、绝缘油不足导致设备事故发生。对于运行年限较长的设备，还应对其进行定期与不定期的状态评价，问题严重的应考虑大修或退运。

【案例 2】过电压冲击导致设备损坏。

1. 情况简介

某 500kV 变电站 35kV 331 线路接地跳闸重合成功，不久 331 线路重新跳闸，同时发现 220kV 部分低压交流电系统 400V Ⅱ 段母线失电。现场检查发现 331 线路站用变压器高压侧熔断器炸毁。站用变压器 C 相外绝缘表面有烧灼痕迹，如图 4-47 所示。

该干式站用变压器型号为 SC9-Z-250/35，接线组别 Dyn11。经测试，高压侧绝缘电阻测得值为 81MΩ，低压侧绝缘电阻值为 1500MΩ，高、低压侧直流电阻值正常。对高压侧绕组进行耐压试验，在电压升至超过 40kV 时 C 相开始有局部放电，判断该干式站用变压器 C 相绝缘由于受到冲击过电压已损坏，无法继续正常运行。

图 4-47 C 相外绝缘表面烧灼情况示意图

2. 问题分析

案例违反了运维检修阶段站用变压器状态评价与检修决策监督的第 2 项监督要点：依据设备状态评价的结果，考虑设备风险因素，动态制订设备的检修策略，合理安排检修计划和内容，应开展动态评价和定期评价，定期评价每年不少于一次，并对评价结果进行分析。

故障干式站用变压器运行年限较长，对运行年限较长的干式变压器，应缩短表面清扫和维护的周期。

3. 处理措施

技术监督人员应加强运维检修阶段状态评价与检修决策的监督，运维人员应开展动态评价和定期评价，定期评价每年不少于一次。应改善线路的运行环境，降低短路接地的概率，防止对设备的冲击伤害。运维单位应定期做好运维巡视工作，保持设备本体清洁，避免形成沿面爬电，及时消缺，防止站用变压器发生故障。